AF348291

RECUEIL

DES

TRAVAUX SCIENTIFIQUES

DE

LÉON FOUCAULT

A. Quantin imprimeur
7 S Benoît 7 à Paris

RECUEIL

DES

TRAVAUX SCIENTIFIQUES

DE

LÉON FOUCAULT

MEMBRE DE L'INSTITUT

PHYSICIEN DE L'OBSERVATOIRE DE PARIS

CORRESPONDANT DE LA SOCIÉTÉ ROYALE DE LONDRES, DE L'ACADÉMIE DE BERLIN

DE L'ACADÉMIE DE SAINT-PÉTERSBOURG, ETC., ETC.

PUBLIÉ PAR MADAME VEUVE FOUCAULT SA MÈRE

MIS EN ORDRE

PAR

C.-M. GARIEL

Ingénieur des Ponts et Chaussées

Professeur agrégé de Physique à la Faculté de Médecine de Paris.

ET PRÉCÉDÉ D'UNE NOTICE SUR LES ŒUVRES DE L. FOUCAULT

PAR

J. BERTRAND

Secrétaire perpétuel de l'Académie des Sciences.

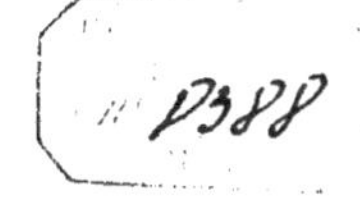

PARIS

GAUTHIER-VILLARS, IMPRIMEUR-LIBRAIRE

DU BUREAU DES LONGITUDES, DE L'ÉCOLE POLYTECHNIQUE

SUCCESSEUR DE MALLET-BACHELIER

Quai des Augustins, 55

1878

AVERTISSEMENT.

En acceptant la pieuse mission de présenter au monde savant le recueil des Mémoires de Léon Foucault, j'avais songé d'abord à tracer le rapide résumé des ingénieuses inventions qui lui sont dues. Un tel travail serait sans utilité; la simplicité et la netteté sont les qualités dominantes des pages qui vont suivre, et il suffit de dire au lecteur curieux : Lisez et jugez. Le temps n'est plus où il fallait, pour défendre le génie inventif de Léon Foucault, en montrer le principe et le guide dans une science exacte et profonde; au moment où une mort prématurée nous l'a enlevé, il avait depuis bien des années déjà, conquis le rang élevé que la postérité doit lui conserver.

L'histoire de ses études est celle de ses découvertes. Il apprenait en inventant et consultait la science suivant ses besoins et dans la mesure nécessaire seulement; bien souvent au début d'une recherche nouvelle, il avait recours à l'érudition de ses amis, et en se faisant enseigner, sans aucun embarras, les premiers éléments d'une théorie classique, il prenait l'indication des ouvrages à consulter. Quelques mois après, ceux qu'il avait surpris par l'absence des notions élémentaires dans nos écoles, le retrouvaient riche d'une invention ingénieuse et brillante, prêt à en discuter les conséquences et les principes, aussi bien préparé à tenir tête aux savants qu'à éclairer les ignorants.

Léon Foucault ne fut élève d'aucune école; les études classiques semblaient dans son enfance trop fatigantes pour son esprit rêveur; il fut un écolier médiocre, et jugea nécessaire, à la fin de ses études, de se faire aider par un répétiteur pour préparer l'examen du baccalauréat.

Il commença ses études en médecine, mais un cours de microscopie dont il devint l'auditeur assidu, et bientôt après l'habile préparateur, lui révéla ses facultés d'expérimentateur. Le professeur était le docteur Donné, qui, sachant apercevoir dans ce jeune homme si habile à monter un appareil, un esprit aussi droit que pénétrant, le présenta, dès l'année 1845, comme son successeur, à la rédaction scientifique du *Journal des Débats*. Foucault avait alors vingt-six ans.

La tâche, périlleuse à plus d'un titre, exigeait beaucoup de science, et Foucault se proposait d'en acquérir ; beaucoup de prudence en même temps et de sens critique ; il y mêla beaucoup de hardiesse. Toujours attentif à ne pas se compromettre par des jugements erronés ou douteux, ses appréciations n'avaient rien de banal. Entre tant de travaux, non moins différents par le but que par la méthode, il marquait nettement ses préférences, non sans quelque dédain pour la science, si élevée qu'elle fût, quand elle se déployait sans résultat immédiat et précis.

Malgré l'importance croissante de ses propres travaux, il n'abandonna jamais complétement cette tâche qu'il aimait et dans laquelle la franchise de ses jugements, toujours pleins cependant de convenance et de courtoisie, a éveillé plus d'une rancune et par là peut-être retardé ses succès.

Léon Foucault, associé bientôt à un collaborateur digne de lui, tourna ses premières recherches vers la photographie, puis vers les questions les plus élevées de la théorie de la lumière, en faisant faire à l'expérience fondamentale des interférences un progrès aussi considérable qu'inattendu. Cette admirable expérience, si justement célèbre dans l'histoire de la science, fait paraître, on le sait, des raies complétement obscures à la rencontre de deux rayons dont chacun, s'il était seul, donnerait une lumière brillante et pure. L'explication depuis longtemps n'est plus douteuse ; l'éther, dont les vibrations propagent la lumière, est excité en sens opposé au point de rencontre des deux rayons qui se contrarient et se détruisent ; il suffit pour cela que la différence des chemins parcourus depuis la source commune corresponde à une différence de phase. Dans les expériences antérieures de Fresnel et de Thomas Young, cette différence de marche correspondait à un petit nombre de longueurs d'onde ; MM. Fizeau et

Foucault, par une disposition ingénieuse et simple, l'ont portée jusqu'à huit mille longueurs d'onde, en ajoutant une preuve nouvelle et brillante à la parfaite précision de la théorie. Arago, si bon juge de ces matières, et glorieusement mêlé lui-même à l'histoire de ces mémorables découvertes, fit à cet élégant travail le plus chaleureux accueil et commença à espérer que Fresnel aurait des successeurs.

MM. Fizeau et Foucault étaient trop ingénieux l'un et l'autre à inventer de belles expériences, trop habiles en même temps à les réaliser, pour avoir besoin d'aide et d'appui. Leur collaboration, quoique très-fructueuse pour leur commune renommée, dut cesser cependant le jour où chacun d'eux, en pressentant des découvertes de premier ordre et se sentant la force de les réaliser seul, voulut s'en réserver la gloire tout entière. Leur séparation, en effet, fut suivie, pour tous deux, d'expériences aussi brillantes que neuves dont le retentissement fut immense. Je n'ai pas à faire connaître ici les admirables travaux de M. Fizeau; il est moins nécessaire encore d'analyser, en tête de ce volume où elles sont si bien exposées, les découvertes presque simultanées de Foucault, dirigées bientôt vers des régions entièrement différentes ; on me pardonnera cependant de reproduire ici une notice écrite en 1864 dans le but très-hautement proclamé d'aider Léon Foucault dans une candidature académique. Le jugement que j'y porte, relu après quatorze ans, me semble strictement équitable; mon amitié n'a rien exagéré; il sera ratifié, j'en ai le ferme espoir, par le suffrage, aujourd'hui impartial, de tous les juges compétents. Je ne veux rien changer à ces pages qui ont procuré à Foucault, je suis heureux de citer ses propres expressions, une des joies de sa vie.

Cette joie, hélas! fut une des dernières. Lorsque tout semblait lui sourire et que, compté parmi les maîtres de la science, il éprouvait et retrempait ses forces dans une lutte, toujours heureuse, avec les difficultés pratiques des problèmes industriels, quelques jours après le succès d'une expérience décisive, il tombait terrassé par un mal sans espoir. Un voile chaque jour plus épais enveloppait sa pensée intacte jusqu'au dernier jour, en l'obscurcissant sans l'éteindre, et l'isolant sans l'affaiblir; quand elle perçait le nuage qui l'entourait, la mémoire des mots lui manquait; tout en lui était frappé à la fois : sa vue rapidement affaiblie lui permettait à peine de reconnaître les amis qu'il invitait encore à venir causer devant lui. « Je comprends tout », disait-il avec effort ; et, par un geste désespéré, il marquait à la fois la fermeté de sa pensée, l'impossibilité de l'exprimer et la triste certitude d'une fin prochaine. Il n'avait pas achevé sa tâche : de nouvelles et précieuses inventions étaient entrevues et ébauchées ; malheureusement il écrivait peu, et sa famille, en publiant les courtes notes inédites qu'il a laissées, aura seulement la triste consolation de montrer que la science, en même temps qu'elle, a fait une perte irréparable et profonde [1].

J. Bertrand.

[1]. Jean-Bernard-Léon Foucault naquit à Paris le 19 septembre 1819 ; il était fils d'un libraire que d'intéressantes publications sur l'histoire de France ont fait connaître. Sa vie ne présente d'autres événements à rapporter que les découvertes qu'il a faites ; quelques dates suffiront pour compléter tous les renseignements qui peuvent être intéressants pour la postérité et qui n'ont pas été consignés dans la notice précédente.

Après avoir passé sa thèse de docteur ès sciences physiques sur la détermination de la vitesse de la lumière en 1853, L. Foucault fut nommé physicien à l'Observatoire en 1854 : cette place fut créée pour lui d'après les idées de l'empereur Napoléon III. En 1862, il devint membre du Bureau des longitudes.

Il avait reçu la croix de la Légion d'honneur après l'expérience du pendule (1851) et il était nommé officier en 1862.

En 1857 il se présentait à l'Académie des sciences et il obtenait assez de voix pour qu'il y eût ballottage : il échouait cependant. Il l'emportait, en revanche, après une lutte qui se traduisit par trois scrutins successifs, lorsqu'il posa sa candidature une seconde fois en 1865 : il succédait à Clapeyron.

Il était membre correspondant de la Société royale de Londres qui lui décerna en 1855 une des plus hautes récompenses qu'un savant puisse ambitionner : la grande médaille d'or de Copley ; les académies de Berlin, de Saint-Pétersbourg et la plupart des corps savants de l'étranger l'appelèrent successivement dans leur sein.

En 1867, l'installation de son dernier modèle de régulateur à l'Exposition universelle l'avait vivement préoccupé par suite des difficultés exceptionnelles qu'il avait rencontrées dans la nature des machines dont il s'agissait de régler la marche : une machine à tisser et une machine à travailler le bois ; les opérations du Jury des récompenses dont il faisait partie avaient également contribué à le fatiguer. Une cruelle maladie vint le frapper dans le courant du mois de juillet : la paralysie se manifesta d'abord par un léger engourdissement de la main. Il ne se fit pas illusion sur son état et, dès les premiers symptômes, comprit qu'il était perdu. Peu à peu la parole s'embarrassa, la vue fut atteinte, et après sept mois d'un long martyre il mourut le 11 février 1868.

Après sa mort, une Commission composée de MM. Rolland, directeur général des manufactures de l'État ; J. Regnault, directeur de la Pharmacie centrale, professeur à la faculté de médecine ; Wolf, astronome à l'Observatoire impérial ; Ad. Martin, docteur ès sciences ; Lissajous, professeur au lycée Saint-Louis, fut chargée de préparer la publication des œuvres de L. Foucault, par les ordres de l'empereur. Les événements malheureux de 1870 ont mis fin à ces projets.

La mère de L. Foucault, qui conserve pour la mémoire de son fils un pieux et tendre souvenir, a repris l'idée abandonnée par suite de ces désastreuses circonstances : par son ordre, et à ses frais, les travaux scientifiques de L. Foucault ont été réunis et elle a assuré leur publication, souhaitant seulement, et ce souhait a été rempli, de vivre assez pour voir la réalisation complète de cette pensée qui sauvegardera l'héritage scientifique d'un homme dont les découvertes ont enrichi la science.

C. M.G.

DES PROGRÈS
DE LA MÉCANIQUE[1]

M. LÉON FOUCAULT.

L'Évangile a dit : « Celui qui croit ne sera pas jugé. » Les savants devraient s'inspirer de cette maxime et dire à leur tour : Celui qui trouve ne sera pas jugé. Toute méthode qui fait trouver doit être accueillie avec reconnaissance, et quiconque apporte une vérité nouvelle doit toujours être bien reçu. Les voies de la science sont infinies, et le plus grand préjudice que l'on puisse lui porter est d'en proscrire quelques-unes en décourageant par un injuste dédain ceux qui les suivent ou les développent. Plus large et plus féconde sera la voie dans laquelle un grand homme aura engagé ses contemporains ou la postérité, plus méritants et plus utiles seront souvent les esprits rebelles qui, refusant le joug, persisteront dans les vieilles méthodes ou sauront s'en créer de nouvelles.

Deux puissants génies ont, à des époques différentes, changé la face de la géométrie et celle de la mécanique. Descartes et Lagrange, à deux siècles d'intervalle, ont créé, l'un la géométrie analytique, l'autre la mécanique analytique ; ils ont montré comment le calcul algébrique et l'analyse infinitésimale embrassent dans leurs combinaisons la solution de tous les problèmes de géométrie et de mécanique, sans qu'il soit nécessaire

1. Voir *Revue des Deux Mondes,* 1er mai 1864.

de recourir aux raisonnements faits sur la figure ou inspirés par l'étude profonde des mécanismes, comment on peut espérer d'obtenir la proportion des figures et des mouvements au moyen de règles uniformes qui remplaceraient le génie du géomètre par la patience du calculateur.

La mécanique a été renfermée dans une seule formule, mais il est difficile de l'en faire sortir : cette haute vérité, qui contient toutes les autres, ne les montre facilement que lorsqu'on les connaît à l'avance. La raison soumise, avant d'être éclairée, y trouve rarement la vue distincte de chaque résultat particulier, et ce n'est pas par là que *ceux qui ne voient pas commenceront à voir*. Parce que Lagrange s'est élevé, par un admirable effort de génie, jusqu'à la source de toutes les vérités de la science, n'a-t-on plus qu'à se confier au courant en abandonnant le gouvernail pour se laisser doucement et paisiblement descendre? Ce n'est pas ainsi qu'il le faut entendre. Le fleuve n'est pas navigable, et il n'est pas donné à tous de le parcourir sans rencontrer bien des écueils. En présence de cette formule maîtresse qui contient tout, il reste beaucoup à chercher, et pour la transformer en vérités sensibles, il faut être doué d'un génie spécial qui n'est, à proprement parler, ni celui de la mécanique ni celui de la géométrie.

Lors même que les géomètres, réussissant dans cette grande entreprise, atteindraient le but vers lequel, depuis plus d'un demi-siècle, ils s'avancent incessamment, et qui dépasse peut-être la portée de l'esprit humain, la mécanique ne serait pas absorbée par l'analyse; les deux sciences, unies d'un lien de plus en plus étroit, n'en resteraient pas moins distinctes et grandiraient l'une par l'autre en se prêtant un mutuel secours. La perfection des méthodes, pas plus là qu'ailleurs, ne pourra jamais suppléer à la puissance du talent, et les grands génies, quoi qu'il arrive, conserveront la possibilité de faire de grandes découvertes.

« Toutes les grandes choses ont leur excès », a dit un illustre écrivain; cela est vrai, même dans la science. Quoique l'on ne soit jamais allé jusqu'à rejeter l'étude directe des questions particulières, on s'est trop souvent élevé au-dessus d'elles; les belles méthodes générales de la mécanique analytique ont été, pendant quelque temps, suivies d'une manière trop exclusive, et en s'attachant à montrer ce que les divers problèmes on d'identique, on s'est exposé à perdre de vue ce qui les distingue les uns des autres. Les géomètres purs, en embrassant avec une savante monotonie l'infinie variété des détails connus dans l'application des formules, en vantant l'élégance et l'uniformité de leurs méthodes, en y pliant peu à peu l'enseignement tout entier de la science dans tous les pays, ont acquis à leurs procédés préférés une autorité, je dirai presque une tyrannie, sous laquelle les méthodes opposées, plongées dans un sommeil que nul ne troublait plus, semblaient mourir faute d'aliments.

On raconte qu'il y a une trentaine d'années à peine, un professeur, curieux des vieilles traditions, avait eu recours aux méthodes du géomètre grec Apollonius pour démontrer par la géométrie pure les propriétés principales des sections coniques; ses élèves, avancés déjà dans la science, mais habitués à rattacher toutes leurs recherches à la méthode de Descartes, exclusivement suivie jusque-là, furent charmés de l'élégance de ces idées nouvelles à leurs yeux et de la facilité inattendue avec laquelle, disaient-ils, l'application de l'*algèbre* à la géométrie pouvait se traiter sans *algèbre*.

Trois hommes supérieurs ont réagi, surtout à notre époque, contre cette exagération d'une idée grande et féconde et contre l'abandon des procédés les plus fins et les plus brillants de l'esprit humain : M. Poncelet, dans son *Traité des propriétés projectives*, et M. Chasles dans ses nombreux et admirables écrits, ont gagné, vraisemblablement pour toujours, la cause des méthodes qui les ont conduits si haut, tandis que M. Poinsot, dans une série de mémoires qui resteront d'impérissables modèles d'élégance et de profondeur, montrait que, dans la mécanique, rien ne dispense de considérer les choses en elles-mêmes, sans jamais les perdre de vue dans le cours du raisonnement. L'étude des beaux travaux que je viens de citer serait intéressante et instructive à plus d'un titre; mais chaque jour voit augmenter le nombre des lecteurs sérieux qui les considèrent à bon droit comme classiques, et celui qui voudrait aujourd'hui chercher à les défendre contre une appréciation inintelligente et injuste arriverait une trentaine d'années trop tard. Les chefs-d'œuvre sont peu à peu, quoi qu'on fasse, acceptés comme ils doivent l'être; ils ne changent pas toujours les esprits, mais ils s'imposent à leur attention. Nul n'oserait, par exemple, aujourd'hui contester l'importance et la hauteur des travaux mécaniques de Poinsot : il semble évident déjà que la postérité doit placer l'illustre auteur de la *Statique* bien au-dessus des contemporains, jadis plus célèbres, qui l'ont s longtemps méconnu. Poisson disait, au sein même, je crois, du Bureau des longitudes : « Si Poinsot se présentait à l'École polytechnique, ma conscience ne me permettrait pas de l'y admettre. » La section de géométrie, en 1813, était moins sévère dans son jugement et consentait à l'inscrire au troisième rang sur la liste des candidats à la succession de Lagrange : l'Académie le nomma, et fit bien. Une exposition de l'ensemble de ses travaux et des idées neuves qu'il a apportées dans la science aurait été alors une œuvre utile et méritante ; sans avoir aujourd'hui la même raison d'à-propos, elle offrirait encore un intérêt sérieux.

Les travaux que je veux signaler aujourd'hui sont dus à un esprit fin et délicat dont l'analogie avec celui de Poinsot m'a souvent frappé. Les voies qu'ils suivent sont très-différentes : la science de l'un tend à la pratique, celle de l'autre à la contemplation ; mais ils ont tous deux le même sentiment profond de la réalité ; ils témoignent pour les routes battues le même éloignement, poussé parfois jusqu'à l'injustice ; ils considèrent tous deux, avec un dédain que je ne partage pas, les travaux estimables qui, de près ou de loin, ressemblent au devoir d'un bon écolier, et pour ajouter enfin un dernier trait qui leur est commun, tout ce qui dans la science ne leur semble pas clair n'existe pas à leurs yeux. M. Léon Foucault se sent capable d'inventer ; absorbé par l'exploitation de ses idées, qu'il creuse consciencieusement, sans se décourager jamais, il ne se croit pas toujours le temps d'amasser des vérités dont l'usage semble encore lointain, et pour combler les lacunes d'une instruction mathématique très-solide, mais peu étendue, il attend systématiquement que le besoin s'en fasse impérieusement sentir.

On lit dans Galilée un passage très-curieux où, après avoir énoncé le principe des vitesses virtuelles, il déclare, pour toute démonstration, que quiconque niera le théorème ou conservera seulement le plus léger doute, prouvera qu'il ne comprend rien à la théorie des machines. M. Foucault prononce avec la même conviction des anathèmes du même genre contre ceux qui contestent l'exactitude de ses conceptions; il va tout droit où le conduit sa vue, et comme il est fort clairvoyant, il n'admet pas qu'on le soit moins que lui : ses contradicteurs sont pour lui rebelles à la vérité, et il les accuse de nier l'évidence. S'il se trompait souvent ou seulement quelquefois, on pourrait lui reprocher l'ignorance volontaire des formes classiques; mais ses assertions, qui ont tant occupé les géomètres, s'étant toujours trouvées exactes, je vois dans cette ignorance même la preuve d'un mérite original et très-supérieur.

I.

La première invention mécanique de M. Foucault est l'éclatante démonstration qu'il a donnée du mouvement de la terre, en le rendant sensible à tous les yeux au moyen d'un pendule librement suspendu à un fil. L'influence que la rotation de la terre devrait exercer sur les phénomènes observables à sa surface a été l'une des premières objections adressées à Copernic. On énumérait des conséquences très-dures à admettre, qu'il semblait impossible d'éviter après avoir accepté le principe; mais ses partisans ont facilement dissipé ces vaines et chimériques préoccupations, et fait triompher la vérité par des réponses complétement décisives. Ils ont montré que, malgré la rotation de la terre, les oiseaux peuvent s'élever au plus haut des airs et redescendre tranquillement vers leur nid sans que chaque minute les en éloigne de plusieurs lieues; qu'une pierre lancée verticalement de bas en haut ne doit pas retomber à une centaine de pas vers l'ouest, et qu'une armée peut envoyer des balles et des boulets de canon, des flèches même et des javelots contre un ennemi situé à l'est, sans que la rotation de la terre le dérobe à ses coups. Galilée a répondu à ces objections, mais il a légèrement dépassé le but : suivant lui, tous ces phénomènes sont absolument illusoires, et le mouvement rapide qui nous emporte tous est rigoureusement et mathématiquement insensible.

Si la terre était entraînée par un mouvement de translation, quelque rapide qu'on voulût le supposer, pourvu qu'il fût uniforme, il n'exercerait aucune influence, petite ou grande, sur les phénomènes qui s'accomplissent autour de nous; mais la terre tournant autour de son axe, cette rotation doit produire de petites perturbations qui n'ont été analysées que plus tard et peu à peu, et dont M. Foucault a montré pour la première fois les effets avec une incontestable évidence.

Varignon paraît avoir signalé le premier, en 1707, la contradiction géométrique des lois de Galilée sur la chute des corps avec l'hypothèse de la rotation de la terre et celle d'une pesanteur constante; il se borne à montrer que la réunion de ces trois hypothèses implique contradiction sans oser décider celle qui doit être modifiée, et sans indiquer même ses conjectures; il est à croire d'ailleurs que s'il se fût prononcé, il n'eût pas bien choisi; son ouvrage sur la cause de la pesanteur le montre fort mal préparé à traiter de telles questions. On voit sur le frontispice une petite vignette fort élégante représentant deux personnages, un militaire et un religieux, auprès d'un canon braqué vers le zénith; ils regardent en l'air comme pour suivre le boulet qui vient d'être lancé. Sur la gravure même on lit ces mots : « Retombera-t-il? » Le religieux est le célèbre père Mersenne, et son compagnon est M. Petit, intendant des fortifications. Ils ont répété plusieurs fois cette dangereuse expérience, et comme ils ne furent pas assez adroits pour faire retomber le boulet sur leur tête, ils crurent pouvoir en conclure qu'il était resté en l'air, où sans doute il demeurerait longtemps. Varignon ne conteste pas le fait, mais il s'en étonne : « Un boulet suspendu au-dessus de nos têtes, en vérité, dit-il, cela doit surprendre! » Les deux expérimentateurs, s'il est permis de les nommer ainsi, firent part à Descartes de leurs essais et du résultat obtenu : on sait que l'intrépide philosophe ne demeurait jamais court; c'était un oracle toujours prêt qui répondait à tous et à tout. Il ne vit dans le fait supposé exact qu'une confirmation de ses subtiles rêveries sur la pesanteur. Plus d'un siècle après, d'Alembert, qui analysa très-nettement le phénomène, calcula la déviation du boulet, en faisant abstraction de la résistance de l'air. Un projectile, lancé verticalement de bas en haut avec une vitesse de 1.800 pieds par seconde, doit être dévié vers l'est et retomber à 600 pieds de son point de départ; et c'est, suivant lui, pour l'avoir cherché trop près, que Mersenne et Petit n'ont pas retrouvé leur

boulet; mais cette explication n'est pas même admissible : la résistance de
l'air, négligée par d'Alembert, exerce une très-grande influence. D'après
les calculs de Poisson, une balle de fusil lancée avec une vitesse de 400 mètres par seconde, qui dans le vide retomberait à 50 mètres de son point
de départ, ne serait déviée dans l'air que de quelques centimètres. L'expérience de Mersenne prouve donc seulement la difficulté de lancer un boulet
dans une direction rigoureusement verticale : une balle de fusil serait plus
facile à diriger, mais l'erreur de pointage, ajoutée à l'influence des courants
d'air, produirait certainement des déviations plus considérables encore que
celles qu'il faut mesurer. D'Alembert indiqua dans la même dissertation les
effets du mouvement de la terre sur les projectiles lancés dans une direction quelconque et sur la chute verticale d'un corps pesant abandonné à
lui-même. Laplace a repris la question dans la *Mécanique céleste*, et trouvé
des résultats semblables. L'illustre Gauss s'en est également occupé.
Poisson enfin y a consacré deux longs mémoires, dont la conclusion générale est que les déviations sont toujours fort petites et exigeraient pour
être constatées des expériences minutieuses, presque toutes irréalisables.

Les plus célèbres et les plus exactes ont été faites, en 1833, dans les
mines de Freyberg par M. le professeur Reech; il laissait tomber librement
un poids et mesurait la déviation vers l'est; la hauteur de chute était de
158 mètres; la *moyenne* de cent six expériences a donné une déviation de
28 millimètres environ et trop faible pour être dégagée avec certitude de
toutes les influences perturbatrices, en sorte que l'évidence du résultat
n'est pas assez frappante pour fermer la bouche aux incrédules. C'est à
l'occasion de faits de ce genre et des déductions logiques qui y conduisent
que Laplace écrivait : « Quoique la rotation de la terre soit établie avec
toute la certitude que les sciences physiques comportent, une preuve
directe de ce phénomène doit intéresser les géomètres et les astronomes. »
Cette preuve sans réplique, M. Foucault l'a apportée à l'Académie des
sciences le 3 février 1851, et comme l'avait prévu Laplace, elle intéressa
vivement les astronomes et les géomètres : elle n'apprit à personne que la
terre tourne et que sa rotation peut modifier les phénomènes dynamiques
à la surface, mais elle en montra un effet très-net, très-facile à observer,

et qui, grandissant avec le temps, ne pouvait être ni attribué à aucun autre principe, ni masqué par les perturbations accidentelles.

Nous croyons devoir reproduire les termes mêmes de la communication de M. Foucault :

« Les observations si importantes et si nombreuses dont le pendule a été jusqu'ici l'objet sont surtout relatives à la durée des oscillations ; celles que je me propose de faire connaître à l'Académie ont principalement porté sur la direction du plan d'oscillation, qui, se déplaçant graduellement d'orient en occident, fournit un signe sensible de la rotation de la terre.

« Afin d'arriver à justifier cette interprétation d'un résultat constant, je ferai abstraction du mouvement de translation de la terre, qui est sans influence sur le phénomène que je veux mettre en évidence, et je supposerai que l'observateur se transporte au pôle pour y établir un pendule réduit à sa plus grande simplicité, c'est-à-dire un pendule composé d'une masse pesante homogène et sphérique, suspendu par un fil flexible à un point absolument fixe ; je supposerai même tout d'abord que ce point de suspension est exactement sur le prolongement de l'axe de rotation du globe, et que les pièces solides qui le supportent ne participent pas au mouvement diurne. Si, dans ces circonstances, on éloigne de sa position d'équilibre la masse du pendule, et si on l'abandonne à l'action de la pesanteur sans lui communiquer aucune impulsion latérale, son centre de gravité repassera par la verticale, et, en vertu de la vitesse acquise, il s'élèvera de l'autre côté à une hauteur presque égale à celle d'où il est parti. Parvenu en ce point, sa vitesse expire, change de signe, et le ramène en le faisant encore passer par la verticale, un peu au-dessous de son point de départ. Ainsi l'on provoque un mouvement oscillatoire de la masse suivant un arc de cercle dont le plan est nettement déterminé, et auquel l'inertie de la matière assure une position invariable dans l'espace. Si donc ces oscillations se perpétuent pendant un certain temps, le mouvement de la terre, qui ne cesse de tourner d'occident en orient, deviendra sensible par le contraste de l'immobilité du plan d'oscillation dont la trace sur le sol semblera animée d'un mouvement conforme au mouvement apparent de la sphère céleste, et si les oscillations pouvaient se perpétuer pendant vingt-quatre heures, la trace de leur plan exécuterait dans le même temps une révolution entière autour de la projection verticale du point de suspension.

« Telles sont les conditions idéales dans lesquelles le mouvement de rotation du globe deviendrait évidemment accessible à l'observation ; mais en réalité on est obligé de prendre un point d'appui sur un sol mouvant ; les pièces rigides où s'attache l'extrémité supérieure du fil ne peuvent être soustraites au mouvement diurne, et l'on pouvait craindre à première vue que le mouvement communiqué au fil et à la masse pendulaire n'altérât la direction du plan d'oscillation. Toutefois la théorie ne montre pas là une difficulté sérieuse et, de son côté, l'expérience m'a montré que, pourvu que le fil soit rond et homogène, on peut le faire tourner assez rapidement sur lui-même, dans un sens ou dans l'autre, sans influer sensiblement sur la position du plan d'oscillation, de sorte que l'expérience, telle que je viens de la décrire, doit réussir au pôle dans toute sa pureté.

« Mais quand on descend vers nos latitudes, le phénomène se complique d'un élément assez difficile à apprécier, et sur lequel je désire bien vivement d'attirer l'attention des géomètres. A mesure que l'on s'approche de l'équateur, le plan de l'horizon prend sur l'axe de la terre une position de plus en plus oblique, et la verticale, au lieu de tourner sur elle-même comme au pôle, décrit un cône de plus en plus ouvert; il en résulte un ralentissement dans le mouvement apparent du plan d'oscillation, mouvement qui s'annule à l'équateur pour changer de sens dans l'autre hémisphère. Pour déterminer la loi suivant laquelle varie ce mouvement sous les diverses latitudes, il faut recourir soit à l'analyse, soit à des considérations mécaniques et géométriques que ne comporte pas l'étendue restreinte de cette note. Je dois donc me borner à dire que les deux méthodes s'accordent en négligeant certains phénomènes secondaires, à montrer le déplacement angulaire du plan d'oscillation comme égal au mouvement angulaire de la terre dans le même temps multiplié par le sinus de la latitude. »

M. Foucault décrit ensuite l'expérience dont, comme chacun sait, la réalisation est des plus faciles. Dès la séance suivante, un géomètre habile, membre de la section de géométrie, s'empressa de montrer « comment l'expérience importante de M. Foucault aurait pu être indiquée par les équations du mouvement interprétées sans inadvertance. » Les équations, qui auraient pu indiquer l'expérience de M. Foucault, avaient en effet été formées depuis longtemps : elles indiqueraient bien d'autres choses encore, si on savait les faire parler; mais, interrogées par le célèbre géomètre Poisson, elles lui avaient répondu que « la force perpendiculaire au plan d'oscillation est trop petite pour écarter sensiblement le pendule de son plan et avoir aucune influence appréciable sur son mouvement ». Dubuat, Clairaut et Poléni avaient, avant Poisson, étudié mathématiquement l'influence du mouvement de la terre sur les oscillations du pendule. Le phénomène si simple et si concluant qui a tout d'abord frappé M. Foucault, à peine entrevu par Poléni, était resté complétement inaperçu de Clairaut et de Poisson.

L'expérience attira l'attention des savants les plus illustres, autant et plus encore peut-être que celle des ignorants : la table des Comptes rendus de l'Académie porte, en 1851, vingt-six articles au mot *Pendule;* il n'y en avait pas un seul en 1850. MM. Binet, Sturm, Poncelet, Plana, Bravais, Hansten, Quet, Dumas, en ont fait successivement le sujet de leur études analytiques. Leurs travaux sont de grande valeur sans doute, mais l'explication la plus nette et la plus élégante du phénomène reste encore celle que M. Foucault donnait à ses amis, en s'aidant, pour plus de clarté, d'une petite boule de bois sur laquelle il avait tracé les lignes qui l'on aidé à trouver la loi du phénomène.

Si l'expérience pouvait se faire au pôle, il n'y aurait aucune difficulté; la question est purement géométrique : le plan d'oscillation est invariable. L'observateur, qui tourne avec la terre sans en avoir conscience, doit attribuer à ce plan fixe un mouvement égal et contraire, et le voir par conséquent exécuter en vingt-quatre heures une révolution complète, en tournant dans le même sens que les étoiles; mais à toute autre latitude la difficulté est plus grande; le plan d'oscillation ne reste pas immobile. On peut en effet regarder comme évident qu'il doit être constamment vertical, et comme la verticale change de direction, qu'elle décrit en vingt-quatre heures un cône plus ou moins ouvert, suivant qu'on est plus ou moins près de l'équateur, le plan qui la contient à chaque instant est nécessairement un plan mobile dans l'espace. Les apparences sont donc produites ici par la combinaison du mouvement de la terre avec le mouvement inconnu que va prendre le plan du pendule, et qu'il faut déterminer. Or, pour y parvenir, M. Foucault invoque un principe dont la démonstration rigoureuse n'a pas été donnée jusqu'ici, mais qui lui semble évident, comme à Galilée le principe des vitesses virtuelles, et comme à Huyghens les *postulata* sur lesquels il a fondé la théorie du pendule. Le plan d'oscillation, tout en restant vertical, doit, selon M. Foucault, se placer à chaque instant de manière à faire le plus petit angle possible avec la position qu'il occupait dans l'instant qui précède. Si l'on se donne, en un mot, la position du plan d'oscillation à un certain moment, pour savoir ce qu'il est devenu après un temps très-court, un millionième de seconde par exemple, il faut déterminer la position nouvelle qu'a prise la verticale par suite de la rotation terrestre, et chercher, parmi tous les plans qui passent par cette direction, celui qui forme avec le plan primitif le plus petit angle possible. Cette ingénieuse hypothèse conduit très-simplement à la loi tant de fois confirmée : la rotation du plan d'oscillation est proportionnelle au *sinus* de la latitude.

La belle expérience fut rapidement répétée dans l'Europe entière. Les professeurs de Florence l'exécutèrent dès qu'ils en eurent communication, et, par une association bien naturelle d'admiration, opérèrent à côté même de la tribune de Galilée. Ils voulurent ensuite chercher dans les procès-verbaux inédits de l'Académie *del Cimento* si, parmi les nombreuses observations faites sur le pendule, il ne s'en trouverait pas qui eussent trait à l'expérience nouvelle. Ils trouvèrent en effet les lignes suivantes, écrites par Viviani : *Osservammo che tutti i penduli da un sol filo deviano dal primo verticale e sempre per il medesimo verso.*

L'assertion est très-claire. Il n'est pas supposable que les académiciens *del Cimento* n'aient pas cherché la cause d'un effet aussi extraordinaire ; mais c'était une matière délicate, où il était dangereux de prendre parti : ils avaient connu Galilée, les aventures de leur illustre compatriote étaient encore récentes, et derrière la question du mouvement de la terre ils entrevoyaient le saint-office. On connaissait son aversion opiniâtre pour certaines vérités, et la critique moderne n'avait pas encore révélé toute sa bienveillante mansuétude. Tout en gardant le silence sur la cause présumée, l'Académie a donné dans ses mémoires imprimés l'indication, moins précise il est vrai, du même phénomène, et la déclaration d'une ignorance, peut-être volontaire, sur la nature des causes qui le produisent ; elle propose de mesurer le temps en comptant directement les oscillations d'un pendule ; mais elle conseille de le suspendre à deux fils, parce que le pendule à un seul fil, *quelle qu'en soit la cause,* s'écarte insensiblement de sa direction primitive, et son mouvement ne se fait plus bientôt dans un arc vertical, mais par une spirale allongée dans laquelle les vibrations ne se distinguent plus. Comme le remarque d'ailleurs avec équité le directeur de l'institut polytechnique de Florence, ces citations inédites ou obscures et oubliées n'enlèvent rien au mérite du nouvel inventeur.

auquel elles étaient, comme à tous les physiciens, restées complétement inconnues.

Rien n'est plus ordinaire que de voir des inventeurs, persuadés qu'ils ont atteint le but aussitôt qu'ils en ont approché, s'arrêter en laissant à d'autres le soin de suivre les conséquences de leur idée et de perfectionner leur œuvre. Un premier succès éteint leur ardeur et satisfait leur curiosité. D'autres au contraire, plus persévérants et plus forts, regardent un premier résultat comme l'occasion d'un nouveau travail : ils marchent avec ardeur vers les vérités entrevues, en montrant incessamment, par l'heureuse abondance de leurs développements et par des preuves continuelles d'habileté, que le hasard n'est pas leur guide.

C'est à cette seconde classe d'inventeurs qu'appartient l'auteur de l'expérience du pendule. Après avoir heureusement résolu un problème réputé si difficile, et mis dans une lumière éclatante une expérience inaperçue jadis, dont il ne restait que quelques traces obscures, il a cherché dans des combinaisons nouvelles des preuves plus sensibles encore du mouvement de la terre ; et, par une exacte analyse des forces mises en jeu, il est parvenu à les diriger, en leur faisant produire des effets aussi brillants qu'inattendus. Un homme, enfermé sans boussole dans une chambre et n'apercevant pas le ciel, peut trouver la direction du nord et la latitude du lieu qu'il occupe. Tels sont les résultats extraordinaires démontrés et réalisés aujourd'hui, et que tous les savants, il y a vingt ans, auraient, sans hésiter, déclarés impossibles.

Frappé, comme tous les géomètres, par l'expérience du pendule, M. Poinsot avait porté son attention sur le moyen de la rendre plus nette encore, en substituant au plan idéal dans lequel se meut le fil, un objet matériel, dont la rotation de la terre déterminât le mouvement. La disposition qu'il proposa ne semble pas réalisable, mais elle fut peut-être l'occasion de l'invention du gyroscope. Le but primitif de cet instrument est de suspendre un corps de telle sorte qu'il reste indépendant de la rotation de la terre, et que les supports, tout en entraînant son centre de gravité, ne changent nullement sa direction absolue dans l'espace. Il est clair que cette immobilité réelle contrastant avec la rotation terrestre, dont nous n'avons pas conscience, produira un mouvement relatif qui mettra celle-ci en évidence; mais il faut pour cela que le système de suspension, permettant au corps tous les mouvements possibles autour de son centre, ne puisse par cela même lui en imposer aucun. Les moyens de réaliser cette condition sont connus depuis longtemps : la recherche n'en était d'ailleurs qu'un jeu pour un mécanicien aussi expérimenté que M. Foucault, et son gyroscope y satisfait avec un art parfait. Si l'on se borne cependant à suspendre une masse de cette manière, l'expérience ne donne aucun résultat : le mouvement relatif ne se produit pas, et c'est le frottement qui l'empêche. On ne peut en effet affranchir le corps de toute attache; si mobile que soit le support, il faut bien qu'il soit appuyé sur quelque chose, et malgré la finesse de l'exécution, le frottement intervient toujours dans le mouvement relatif des pièces en contact pour le ralentir ou pour l'arrêter. Pour éviter cet inconvénient, d'autant plus grave que les forces qu'il s'agit de mettre en évidence sont plus petites, M. Foucault, avant de suspendre son gyroscope, lui imprime une vitesse de deux à trois cents tours par seconde; cette rotation n'augmente pas la pression sur les supports et les frottements restent les mêmes, mais elle accroît la résistance qui serait nécessaire pour empêcher le mouvement relatif que l'on veut observer, et l'axe du corps peut alors s'arrêter, en semblant par là se mouvoir, puisque tout tourne autour de lui.

L'idée de faire tourner un corps pour affermir la stabilité de son orientation dans l'espace est extrêmement ingénieuse; elle repose sur un principe que l'auteur regarde comme évident, et qu'il justifie d'ailleurs par des expériences très-faciles et très-claires. Quelques explications semblent cependant nécessaires pour le mettre dans tout son jour.

Les géomètres anciens ont méconnu la loi d'inertie; c'est pour cela que la mécanique est une science toute moderne. Un point matériel isolé se meut en ligne droite et d'un mouvement uniforme tant qu'aucune cause étrangère ne vient le troubler. *Nego ullum motum perennem non rectum a Deo conditum esse*, a dit Képler, et les géomètres ont fait de cet axiome la base solide de la science du mouvement; toutefois, en voulant appliquer ce principe, on rencontre dès les premiers pas bien des difficultés. Les points d'un même corps sont solidaires, leur distance doit rester invariable; si donc on les lance dans des directions différentes, ce qui a lieu lorsqu'on imprime au corps une rotation, il faut absolument qu'ils réagissent les uns sur les autres, en s'imposant en quelque sorte des concessions mutuelles, sinon le corps se brise et vole en éclats; c'est ce qui arrive, par exemple, lorsque dans une machine la roue du volant se trouve lancée avec une trop grande vitesse. Mais les corps solides des géomètres ne se brisent jamais; ils trouvent dans leur rigidité, inflexible par hypothèse, la force nécessaire pour écarter incessamment chaque point de la ligne droite qu'il tend à suivre et qui le séparerait des autres. Le mouvement général qui concilie tout est fort compliqué lorsqu'il s'agit d'un corps irrégulier, et l'on ne s'en fait tout d'abord qu'une idée fort obscure. Poinsot l'a beaucoup éclaircie; c'est là une des questions qui l'ont le plus occupé, et, comme il le dit lui-même, une des choses qu'il a le plus désiré de savoir en mécanique. Dans le cas d'un corps régulier tournant autour de son axe de figure, le phéno-mène devient d'une extrême simplicité; la rotation persiste indéfiniment avec la même vitesse, et se fait toujours autour du même axe tant qu'aucune influence extérieure n'intervient. Pour changer la direction de l'axe, il faut changer celle de toutes les vitesses qui animent les différents points; l'effort nécessaire grandit avec ces vitesses, et l'on peut faire en sorte que, dans l'expérience du gyroscope, les frottements qui restent les mêmes n'aient plus la puissance de le développer. Le corps, suspendu comme nous l'avons dit et animé d'un mouvement rapide de rotation, conservera donc la même direction dans l'espace; il est soustrait ainsi à la rotation de la terre, son centre seul y participe; mais selon notre façon de juger les choses, nous verrons son axe décrire un cône de révolution avec une vitesse telle que si l'expérience se prolongeait, il accomplirait un tour en vingt-quatre heures.

Le système de suspension, légèrement modifié, permet de retirer peu à peu à l'instrument la liberté absolue qu'on lui laisse dans la première expérience; on peut à volonté fixer l'axe du corps dans un plan horizontal ou vertical d'où il ne peut plus sortir, en restant toutefois absolument libre de s'y mouvoir en tout sens. Lorsque le plan choisi est horizontal, l'axe du gyroscope ne peut y rester en équilibre qu'en se dirigeant vers le nord, et c'est autour de cette direction qu'on le voit immédiatement osciller, formant ainsi une sorte de boussole mécanique dans laquelle le magnétisme ne joue aucun rôle. En forçant l'axe du gyroscope à rester dans le plan méridien, on obtient un résultat non moins remarquable : on le voit se diriger parallèlement à l'axe du monde, et il donne la latitude approchée du lieu indépendamment de toute observation astronomique.

A ces curieux phénomènes qu'il a expliqués et prévus, M. Foucault en adjoint un grand nombre d'autres dont il serait malaisé de faire ici l'énumération et qui font de son instrument le moyen le plus élégant et le plus net d'étudier la rotation des corps; les lois suivant lesquelles les phénomènes se composent sont rendues visibles en quelque sorte, et l'autorité infaillible de l'expérience confirme, quelquefois même à l'avance, les déductions très-assurées, mais souvent très-cachées, de la géométrie la plus profonde.

II.

Tout en continuant ses travaux sur la rotation, M. Foucault poursuivait de belles recherches de physique entreprises depuis longtemps. Je ne veux parler ici que de ses inventions mécaniques, mais toutes les parties de la science sont étroitement unies : les vérités se prêtent une clarté mutuelle, et la connaissance profonde d'une théorie augmente sur tous les autres points la puissance et les ressources d'un esprit ingénieux.

M. Foucault avait appliqué son génie inventif à la construction des miroirs. Les lunettes dans lesquelles la lumière des astres est transmise à l'œil par réfraction étaient préférées depuis longtemps aux télescopes dans lesquels elle est réfléchie. La construction des miroirs présentait en effet de grandes difficultés : les moindres inégalités ont sur la netteté de l'image une influence bien plus grande que celle d'une incorrection semblable dans la construction de l'objectif de la lunette. La substitution du verre au métal dans la construction des lunettes a été un véritable événement dont l'initiative appartient en grande partie à M. Foucault. Il a montré l'étonnante efficacité des retouches locales pour perfectionner indéfiniment, sans les recommencer, les surfaces de verre, qui ensuite, argentées chimiquement. fonctionnent à la manière des plus beaux miroirs et donnent à leur foyer d'excellentes images. Pour l'exploration du ciel, un télescope ainsi constitué peut lutter avec une lunette achromatique de même diamètre et coûte environ six fois moins. La matière du miroir est en verre commun, tandis que les cristaux de haut prix doivent former les éléments de l'objectif achromatique; le miroir, en outre, n'a qu'une surface et l'objectif en a quatre; la distance focale de la lunette étant enfin trois ou quatre fois plus grande que celle du télescope, les frais de montage et d'abri sont augmentés par là dans une proportion qui rend l'achat de l'instrument inaccessible aux particuliers. Le télescope sera donc souvent préféré et tend chaque jour à l'être davantage.

Une fois construit cependant, il faut le diriger vers le ciel pour y contempler l'astre que l'on veut étudier, et comme le champ de la vision est malheureusement très-borné, il faut lui imprimer un mouvement continu pour suivre les astres, qui, se déplaçant à chaque instant, ne seraient visibles dans un instrument fixe que pendant quelques secondes ; le télescope doit donc tourner. comme les astres. d'orient en occident, en faisant un tour en vingt-quatre heures. Si l'on songe que le grand télescope construit récemment pour l'observatoire de Marseille pèse 4,000 kilogrammes, on comprend toute la difficulté d'un tel problème.

La solution obtenue par un mécanisme d'horlogerie serait complétement insuffisante ; les impulsions successives séparées nécessairement par des temps d'arrêt donneraient à la lunette un tremblement continuel, en faisant pour ainsi dire sautiller l'astre observé autour du fil auquel on doit rapporter son mouvement. et un tel instrument ne saurait suffire aux observations scrupuleuses et assidues de nos astronomes. Les systèmes le plus habituellement employés peuvent être comparés à des tournebroches plus ou moins perfectionnés et ne donnent aucune précision. Il faut citer néanmoins d'une manière spéciale l'élégant mécanisme appliqué par Gambey au petit équatorial qu'il a construit pour l'observatoire de Paris ; mais tout en admirant cette ingénieuse solution, les constructeurs l'ont trouvée généralement trop indirecte et trop dispendieuse pour chercher à l'imiter. A Greenwich le nouvel appareil est mis en mouvement par un mécanisme dont on dit beaucoup de bien, et qui cependant ne semble pas pouvoir être adopté : c'est une petite turbine à eau dont la valve est gouvernée par un pendule conique ; mais la nécessité d'un cours d'eau et la possibilité de la gelée sont des inconvénients graves devant lesquels la plupart des observatoires reculeront très-certainement.

Peu satisfait de ces appareils et de quelques autres proposés ou essayés jusqu'ici, M. Foucault ne désespéra pas de pouvoir résoudre plus simplement ce problème si difficile : il y est parvenu à l'aide d'un principe dont les applications doivent s'étendre dans toutes les branches de l'industrie. Tout le monde connaît les boules massives que l'on voit tourner dans toutes les machines à vapeur, et qui, s'écartant lorsque la rotation s'accélère, diminuent l'orifice d'admission de la vapeur en modérant la force dès qu'elle est devenue trop grande. L'efficacité de cette disposition est malheureusement trop douteuse et trop lente : on corrige l'effet que l'on veut combattre en lui faisant produire un effet contraire ; les deux causes opposées se choquent confusément, mais rien n'établit entre elles un équilibre rigoureux et ne balance exactement leur contrariété pour donner une solution précise. La vitesse, d'ailleurs, ne peut être modérée que par l'écartement des boules, qui en suppose l'accroissement préalable. L'inégalité est donc imparfaitement corrigée, et elle n'est pas prévenue. M. Foucault, profitant d'une idée déjà émise par l'habile constructeur M. Meyer, de Mulhouse, s'est proposé de rendre la vitesse de rotation de l'appareil indépendante de l'angle d'écartement, et de diminuer pour cela le poids des boules par un contre-poids dont l'action augmente quand l'écart est plus grand ; il a trouvé les conditions précises d'une compensation rigoureuse, et des dispositions diverses permettent de les réaliser mathématiquement avec une parfaite justesse : il suffirait, par exemple, de faire descendre le contre-poids sur la courbe tant de fois rencontrée depuis Huyghens par les mécaniciens géomètres, et que l'on nomme cycloïde. Cette disposition donnerait un instrument théoriquement parfait comme le pendule cycloïdal d'Huyghens, mais il n'a pas plu à M. Foucault de l'adopter ; c'est chez lui une maxime absolue, que dans un appareil durable et précis on ne doit employer ni chaînes, ni cordages, ni poulies, ni courbes, ni coulisses, ni galets, ni flotteurs, ni liquides, rien autre chose enfin que des contre-poids guidés par des droites articulées. C'est à ces pièces solides et inflexibles qu'il réduit ce que Fontenelle appelait *la matière machinale*. N'acceptant donc ni les courbes ni les fils, il a remplacé la cycloïde par un système de leviers, préférant à la perfection théorique une disposition plus efficace et plus solide, qui, sans atteindre rigoureusement le même but, satisfait pleinement à toutes les convenances de la pratique.

L'organe principal du régulateur étant mis en relation avec la machine, indiquera si la vitesse est plus grande ou plus petite que celle qui lui convient. Les boules seront *folles,* et la plus légère variation de vitesse les forcera à s'élever au plus haut ou à se rapprocher jusqu'à toucher la tige. On pourra dire alors, en un certain sens, que l'appareil est régulier par essence et capable d'une seule vitesse; mais comment lui donner la force nécessaire pour imposer cette vitesse toujours égale et toujours permanente, et communiquer son uniformité? M. Foucault y parvient en adaptant aux boules un levier qui, guidé par elles, ouvre ou ferme la communication d'un ventilateur avec l'air extérieur, en lui faisant consommer plus ou moins de travail. De là une résistance qui, croissant aussi rapidement que l'on veut, surveille pour ainsi dire la vitesse avec une continuelle vigilance, la gouverne par des efforts toujours efficaces tant qu'ils ne sont pas poussés à l'extrême, et témoigne de sa constance en conservant les boules entre les limites d'écartement arbitrairement fixées. Lorsque l'une des limites est atteinte, l'appareil abdique, et l'on est averti de son impuissance; mais jusque-là le remède précède le mal, la résistance n'attend pas pour s'accroître que le changement de vitesse se soit produit, et la machine, qui semble douée d'une prévoyance instinctive, se raidit ou se relâche avec une admirable souplesse pour soulager la puissance motrice ou la tenir en bride en lui mesurant la résistance avec la plus précise exactitude.

La fonderie de Fourchambault, l'usine de M. Sautter, constructeur de phares, et les ateliers de la maison Cail ont appliqué déjà le régulateur. Les conditions deviennent ici très-différentes : la force motrice étant la vapeur et non un poids, il est facile de la réprimer directement en réglant l'admission à l'aide du système des boules sans recourir à l'emploi du ventilateur, qui ne serait d'aucune utilité. Le succès a été décisif; on peut arrêter tout à coup le travail, les boules sont agitées un instant, mais la machine, sans ressentir aucun trouble, continue à tourner tranquillement avec une inflexible régularité.

M. Foucault a transformé très-heureusement son appareil en vue d'une application plus importante encore. Sur les bateaux à vapeur, les régulateurs ordinaires sont complétement inefficaces; l'action de la pesanteur, dérangée à chaque moment par les oscillations du navire, ne peut plus donner de résultat utile, et si pour quelques instants seulement la tempête soulève l'hélice au-dessus de l'eau, la puissante machine, qui conserve sa force tout entière, ne rencontre plus d'obstacles, et lance les ailes avec une violence tellement furieuse qu'elles se brisent parfois en retombant sur la mer. La disposition adoptée concilie l'exactitude avec la simplicité si nécessaire et si difficile à obtenir dans les appareils de ce genre. Le manchon auquel sont attachées les tiges qui portent les boules, au lieu d'être fixe, glisse librement le long de l'axe, et, par un renversement ingénieux, c'est le sommet opposé du parallélogramme articulé qui sert de point fixe. Ce système oblige les boules, quel que soit l'écartement des tiges, à rester dans un même plan horizontal; leur poids devient alors sans influence sur le mouvement, et l'effet de la pesanteur est annulé. Pour que le cercle décrit par elles soit toujours parcouru dans le même temps, on démontre alors très-aisément que la force centripète qui les sollicite doit être proportionnelle au rayon de ce cercle, c'est-à-dire à la distance des boules à l'axe, et cette condition est très-heureusement et très-simplement remplie à l'aide de ressorts dont l'énergie augmente avec l'écartement, et peut, dans les limites d'écart que permet la machine, lui être considérée comme proportionnelle. L'isochronisme une fois obtenu, on achève de résoudre le problème comme dans le cas des machines installées à terre.

III.

Pour connaître un écrivain, il suffit, a-t-on dit, d'en lire une page. Ce jugement, qui est fort juste, peut s'étendre à toutes les œuvres de l'esprit : la *faculté maîtresse*, comme dit M. Taine, apparaît dans toute production originale et personnelle, et pour la retrouver dans les autres travaux de même origine, il n'est nécessaire d'aucun parti pris.

La physique a occupé M. Foucault plus longtemps que la mécanique et avec un succès presque égal. Ce n'est pas mon dessein de passer en revue ses recherches sur l'optique et sur l'électricité; dans des sujets divers on retrouve le même esprit, et j'aurais peu de traits nouveaux à signaler dans sa manière d'aborder les questions et de les résoudre.

En physique comme en mécanique, il montre plus de sagacité que de profondeur : il ne fait pas de travaux d'ensemble, mais des inventions; il n'apporte pas de théories, mais des faits décisifs et inattendus qui éclairent et confirment les principes. Sans embrasser dans de vastes systèmes l'universalité des causes, il étudie la nature, moins pour en démêler les énigmes que pour en approprier à notre usage les forces les plus cachées, et il cherche moins curieusement enfin à contempler la lumière et à la montrer qu'à la suivre. Il est difficile aujourd'hui d'enseigner la physique sans le citer souvent avec honneur et sans manier les appareils qu'il a inventés et construits. Ses travaux sur la vitesse de la lumière ont eu un grand retentissement; il a cherché d'abord à faire réussir une expérience très-importante mais complétement irréalisable, imaginée par Arago. D'après le programme de l'illustre physicien, l'observation devait porter sur un rayon de lumière réfléchi par un miroir tournant avec une vitesse de mille tours par seconde et lancé par ce miroir à tout hasard pour aller rencontrer, s'il avait ce bonheur, un autre miroir dont la rotation n'était pas moins rapide; après ces deux réflexions, un observateur attentif et assidu pouvait, suivant un calcul de M. Babinet, nourrir l'espoir fondé d'apercevoir le rayon une fois en trois ans dans les conditions d'une bonne expérience. L'appareil avait été monté, mais ceux qui avaient regardé n'avaient rien vu, et douze ans s'étaient écoulés sans que les physiciens parvinssent à saisir les rayons fugitifs : on considérait le projet d'Arago comme une ingénieuse et brillante chimère. M. Foucault l'a réalisé; il a renvoyé le rayon dans une direction fixe en rendant par là l'expérience très-facile et très-sûre. C'est à Arago que revient sans contredit l'honneur des belles conséquences qui s'en déduisent et qu'il avait prévues; mais sans M. Foucault nous les attendrions peut-être encore. Après avoir atteint le but et forcé l'admiration des plus difficiles, lui seul ne fut pas satisfait. « Il est douteux, disait-il, que les expériences faites à la surface de la terre puissent déterminer jamais la vitesse de lumière avec la même exactitude que la discussion des observations astronomiques. » Ce doute l'a tourmenté pendant treize ans, et de perfectionnement en perfectionnement, il est parvenu enfin à assigner une vitesse de 72,500 lieues par seconde que les physiciens ne contestent pas, et que les astronomes les plus autorisés acceptent comme base de calculs importants, qui ne vont à rien moins qu'à diminuer de plus d'un million de lieues la distance présumée de la terre au soleil.

Citons encore, sans y insister, puisque la mécanique seule nous occupe, l'interruption des courants électriques obtenus en faisant plonger dans un bain de mercure, recouvert d'une couche d'alcool, le conducteur mû par un ressort métallique qui vibre sous l'influence d'un électro-aimant en fermant et rétablissant le courant avec une régularité parfaite une soixantaine de fois par seconde. La substitution de cet interrupteur aux pièces solides qui, dans les mêmes conditions, seraient hors de service en quelques minutes, est l'une des inventions qui ont permis au célèbre et habile M. Ruhmkorff la construction de ses beaux appareils d'induction. Il est impossible enfin de ne pas rappeler, en terminant, l'appareil régulateur de la lumière électrique qui, construit d'abord pour imiter le soleil dans le troisième acte du *Prophète*, a été trop souvent employé depuis pour que l'on songe encore à en citer l'inventeur. Ces travaux si divers ront eu tous l'alliance heureuse et bien rare de deux qualités que M. Foucault possède excellemment: la pratique la plus délicate et la plus ingénieuse, unie aux vues théoriques les plus exactes et les plus sûres.

Les industriels ont profité de ses inventions; les géomètres les ont prises pour thèmes de calculs justement admirés ; mais ses assertions premières ont été confirmées ; elles subsistent dans toute leur étendue, et il serait injuste d'oublier ou de méconnaître les idées simples dont elles sont nées. Quoique la renommée de M. Foucault soit égale à son mérite, on n'a pas jusqu'ici rendu pleine justice à son esprit éminemment mathématique. Les mathématiques, considérées comme un pur exercice de l'intelligence, l'avaient d'abord peu attiré, et il n'est pas impossible que les vérités abstraites les plus curieuses ne lui aient semblé autrefois que de vaines et stériles subtilités ; mais il a bien vite reconnu le lien immédiat et sensible qui les unit aux applications : il a vu en elles la source d'une lumière supérieure et pure qui éclaire les principes de la physique sans en corrompre la simplicité. Il a demandé des conseils et des inspirations aux beaux travaux de Poinsot : le commerce de ce grand esprit a élargi les vues et grandi le cercle de ses méditations. Son goût très-prononcé pour la logique naturelle subsiste toujours, mais il n'est plus exclusif : les procédés de pure intuition ne pouvaient suffire à un inventeur aussi actif et aussi bien doué. Il a compris que toutes les vérités s'éclairent mutuellement sans se gêner jamais, et que, comme l'a dit Fontenelle, « il est plus aisé d'apprendre les mathématiques que d'aller loin sans leur secours ». Nul peut-être ne saurait dire avec plus de précision jusqu'où peuvent conduire les chemins courts et faciles qu'il affectionne, et comment les principes sûrs et infaillibles de la théorie éclairent un esprit bien fait, en lui servant de guide et de flambeau. Sans eux le génie le plus heureux, conduit seulement par sa pénétration e par la logique naturelle, demeure suspendu dans une incertitude continuelle et trouve rapidement des bornes étroites auxquelles M. Foucault s'est heurté autrefois, mais qu'il a franchies depuis longtemps. On lui a reproché de manquer de rigueur, et sans rigueur, nul ne le conteste, il n'y a plus de géométrie ; c'est là une fausse accusation. M. Foucault, on ne doit pas l'oublier, ne professe pas ; il ignore l'art de présenter ses inventions selon les formes de l'école ; il persuade contre les règles, et ne sait pas réduire démonstrativement ses contradicteurs au silence. Cependant, à prendre ses expressions dans la juste étendue de leur sens véritable, toutes ses assertions sont exactes dans les termes mêmes où il les énonce : il sait toutes les routes de la science du mouvement, il a pénétré au fond de ses théories les plus abstraites, et pour l'embrasser tout entière, il ne lui manque que la manière de savoir. La langue algébrique lui est peu familière; il la comprend, mais ne la parle pas, et ne sait trop que répondre quand on lui montre ses vérités nouvelles préexistant dans de vieilles formules et découvertes une seconde fois, comme le disait Poinsot, par la méthode qu'on lui dit être la bonne et la véritable. C'est pour cela que, sans être plus modeste qu'il ne faut, il a, je crois, besoin qu'on lui répète très-haut et très-publiquement qu'il est dans une voie excellente et irréprochable et qu'il serait bien fâcheux qu'il en changeât. Ses travaux n'empruntent rien aux découvertes récentes de la science analytique; la savante simplicité de ses méthodes aurait été accessible il y a deux cents ans, c'est là son originalité à notre époque et la preuve décisive d'un rare mérite. Lorsque le terrain sur lequel on se place a été longtemps parcouru par des chercheurs aussi instruits qu'empressés, il faut beaucoup de bonheur pour y découvrir des voies nouvelles; si ce bonheur n'accompagne pas toujours le talent, on comprend que sans lui il serait impossible, et lorsqu'il est plusieurs fois renouvelé, le sentiment équitable des juges éclairés lui accorde un autre nom que l'avenir ne contestera pas. j'en ai la conviction, à l'ensemble des travaux de M. Foucault.

Faut-il pour cela le choisir pour guide, et conseiller aux jeunes gens qui cherchent leur voie de suivre son exemple et d'appliquer la méthode d'étude et de recherche qui lui a si bien réussi? Ce serait les engager dans une difficile entreprise et oublier qu'il a été dit : *qui aime le péril y périra*; l'étude du passé est le guide le plus sûr de l'avenir. A aucune époque peut-être l'instruction scientifique n'a été plus fortement organisée que de nos jours ; nos grandes écoles, gardiennes des traditions les plus élevées, la répandent avec abondance et fortifient leurs élèves par des exercices continuels et savammant gradués ; des cours publics, conduisant leur auditeurs jusqu'aux dernières cimes de la science, leur permettent de satisfaire presque sans travail une légitime et nécessaire curiosité; les théories, exposées et discutées au moment même où elles viennent de prendre naissance, sont rendues claires et intelligibles à tous. On signale les progrès qui restent à accomplir, les calculs qu'il serait utile d'entreprendre, les expériences qui décideraient un point douteux, et chacun peut, selon ses goûts, ses forces et son degré d'instruction, choisir sa tâche et contribuer à l'œuvre commune. Tout travailleur de bonne volonté est accueilli avec bienveillance ; on lui montre la trace de ceux qui l'ont devancé, en lui livrant, pour l'aider à la suivre, toutes les richesses qu'ils ont acquises : des méthodes sûres et longuement éprouvées lui donnent en quelque sorte la certitude du succès ; il peut, s'il le veut, avec de tels soutiens, apporter au progrès son modeste contingent et faire les premiers pas dans la route où l'on devient célèbre. Un débutant doit profiter de ces précieux secours : c'est le seul conseil prudent que l'on puisse lui donner, en souhaitant peut-être tout bas qu'il se sente assez fort pour ne pas le suivre.

OPTIQUE, PHOTOGRAPHIE

MÉTHODE POUR APPLIQUER LE BROME

A LA

PRODUCTION DES ÉPREUVES DAGUERRIENNES[1]

(1ᵉʳ novembre 1841.)

Le brome est, de toutes les substances connues[2], celle qui active le plus la sensibilité des plaques iodées, et cette précieuse propriété lui aurait déjà généralement attiré la préférence, si son emploi ne présentait des inconvénients qui contrebalancent bien ses avantages.

Ces inconvénients résultent principalement de la grande difficulté qu'on éprouve à préparer plusieurs plaques douées de la même sensibilité, de façon que les expériences faites sur les premières puissent servir à guider pour les suivantes. M. Fizeau, auquel on doit de connaître cette intéressante propriété du brome, a paré jusqu'à un certain point à ces irrégularités. Lorsque je commençai à employer cette substance, voici les renseignements que je reçus de lui :

1° Faire par avance une dissolution saturée de brome dans l'eau;

2° Prendre un volume connu et fixe de cette dissolution et l'étendre

---

1. Cette note a paru dans une brochure publiée par M. Ch. Chevalier sous le titre : *Nouvelles instructions sur l'usage du daguerréotype.* Paris, 1841, in-8°, 50 p.

2. Le bromure d'iode n'agit que par le brome qui entre dans sa composition.

1

dans un volume constant d'eau filtrée de rivière, de façon à obtenir à peu près la teinte de l'eau-de-vie ;

3° Prendre de cette dissolution une quantité constante et suffisante pour couvrir le fond d'une capsule, d'une soucoupe, d'un vase plat quelconque, et le recouvrir immédiatement. On place cette capsule au fond d'une boîte destinée à maintenir la planchette qui supporte la plaque environ à un décimètre et demi de la surface libre de la dissolution de brome ;

4° Exposer la plaque iodée à l'émanation de la dissolution pendant un espace de temps qu'on doit déterminer par l'expérience. Avec un appareil bien réglé, le temps doit se limiter entre vingt secondes et une minute.

Après chaque expérience on doit jeter la dissolution qui a servi, et pour l'épreuve suivante on reprend une égale quantité de la même dissolution, et ainsi l'on obtient des résultats comparables.

Comme on le voit, d'après M. Fizeau, on ne doit point consulter la teinte de la plaque ; c'est uniquement le temps qui doit guider l'expérimentateur pour faire absorber à la plaque la quantité voulue de brome.

Avec ces renseignements l'emploi du brôme devient praticable, mais je ne sais pourquoi ils sont restés généralement ignorés. On conçoit combien cette idée de renouveler la dissolution pour chaque épreuve est heureuse et importante ; c'est là un grand point sans lequel on n'aurait jamais pu arriver à l'exactitude. Cependant tout cela ne suffit pas, les plaques ainsi préparées au brome sont encore loin de présenter l'identité des plaques seulement iodées. Voyons quelles sont les difficultés que l'on rencontre encore et nous dirons ensuite comment nous en avons triomphé :

1° Il est difficile de faire en différents temps des dissolutions saturées de brome identiques entre elles. Elles varient par la nature de l'eau, par le temps depuis lequel elles sont faites, surtout si elles demeurent en présence d'un excès de brome, probablement par la formation d'acide bromhydrique qui dissout le brome en plus grande quantité ; elles varient encore selon la température. Si donc le point de départ est variable, les dissolutions étendues le seront aussi et ce sera une première cause d'erreur. Ajoutons qu'il faut environ vingt-quatre heures pour que l'eau se sature de brôme, ce qui est un inconvénient quand on veut opérer immédiatement et que l'on ne s'y est pas pris à l'avance.

2° Pendant qu'on verse la dissolution dans un vase large et plat, elle s'évapore et change de force. Elle s'évapore aussi pendant le temps qu'on la découvre et qu'on ajuste au-dessus d'elle la plaque iodée. Enfin une boîte qui maintient cette plaque à un décimètre et demi au-dessus de la surface liquide rappelle bien pour le volume les anciennes boîtes à l'iode qu'on s'est empressé d'éliminer des appareils devenus plus portatifs. En outre, cette grande boîte a l'inconvénient de permettre à la vapeur de brome de s'égarer dans un si grand espace avant que d'arriver à la plaque et d'être quelquefois absorbée par un des côtés de la boîte plutôt que par l'autre ; c'est une circonstance fâcheuse qu'il faut éviter.

3° On rencontre en outre, chemin faisant, quelques autres causes d'erreur dont il est bon d'être prévenu et dont je vais avertir en décrivant l'opération telle que je la pratique.

La dissolution de brome est tellement variable, sa force d'émanation est tellement modifiée par tous les agents, en apparence les plus inoffensifs, que toute précaution qui tendra à amener l'identité entre les diverses expériences devra être adoptée. C'est en partant de ce principe que je me suis fait une méthode.

J'emploie une dissolution beaucoup plus faible qu'on ne le fait d'ordinaire. Elle a l'avantage d'agir plus également en évitant les bouffées et de répandre moins d'odeur ; cela permet aussi d'employer une boîte beaucoup plus plate. Je la prépare en mêlant directement 5 décigrammes de brome dans 1,000 grammes d'eau de rivière filtrée[1].

Je mesure cette quantité de brome non en la pesant, mais en l'aspirant dans une petite pipette que l'on fait en effilant un tube à la lampe, puis en le tirant près de la même extrémité afin de déterminer entre ces deux rétrécissements une capacité égale au volume du poids de brome indiqué. Pour opérer avec exactitude, et cela est important, il faut faire une petite marque

---

1. Il serait plus exact d'employer toujours de l'eau distillée, mais c'est s'astreindre à une circonstance gênante ; en tous cas, après avoir pris une décision il faut éviter de changer, parce qu'on éprouverait de grandes différences.

a l'endroit le plus étroit de l'étranglement, puis on aspire le brome jusque un peu au-dessus de cette marque [1]. On ferme alors avec le doigt l'extrémité qu'on avait dans la bouche et on fait baisser peu à peu le niveau du brome jusqu'à la marque en faisant toucher à plusieurs reprises l'extrémité effilée contre la paroi intérieure du goulot du flacon au brome. Ainsi on est bien sûr de mesurer toutes les fois la même quantité; il ne reste plus qu'à mêler ce brome au poids d'eau indiqué, et en agitant fortement pendant quelques instants la dissolution est complète et prête à être employée.

On a l'habitude dans les laboratoires de conserver le brome en versant par-dessus une couche d'acide sulfurique; il faut éviter d'employer ce brome ou le débarrasser complétement de cette couche acide, parce que, en

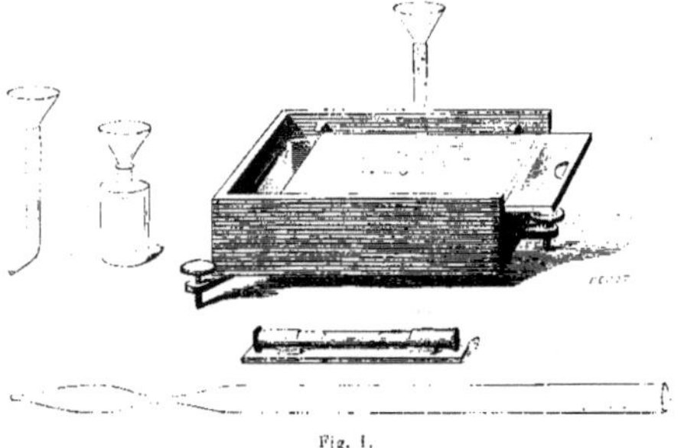

Fig. 1.

opérant comme je viens de le dire pour faire sa dissolution, il reste adhérent après la pipette plus ou moins de cet acide qui se mêlant ensuite à l'eau change sa puissance de dégagement.

Comme il est assez difficile de faire une petite pipette contenant juste 5 décigrammes de brome, il suffit de l'obtenir d'une dimension approchant; on pèse ce qu'elle contient de brome et en faisant une proportion on a le poids d'eau dans lequel ce contenu doit être dissous.

Ainsi obtenue, la dissolution de brome est d'un jaune clair. On l'emploie

1. Les personnes qui craindraient que cette aspiration du brome ne fût dangereuse pourraient déterminer d'abord l'ascension de quelques gouttes d'eau et aspirer ensuite le brome avec cet intermédiaire; mais je trouve que pour peu que le tube ait 2 ou 3 décimètres de long, il est impossible que pendant un temps aussi court la vapeur puisse parvenir jusqu'à la bouche.

dans un appareil fort simple, qui consiste dans une boîte construite en glace et mastiquée de façon à tenir l'eau bromée et à ne pas être attaquée par elle (fig. 1). Sa hauteur intérieure est d'environ 3 centimètres; elle est protégée à l'extérieur par une autre boîte en bois dans laquelle elle entre juste. Cette seconde boîte est construite de façon à laisser glisser sur les épaisseurs de la glace une trappe également en glace qui ferme convenablement; elle est telle en longueur et largeur qu'elle puisse admettre la planchette qui vient se poser sur des tasseaux situés à la hauteur convenable pour maintenir la surface de la plaque tout près de la trappe sans cependant qu'elle risque d'y toucher.

Sur l'un des côtés, à la distance d'un centimètre du bord supérieur de la glace, se trouve percé un trou dans la glace même, destiné à livrer passage à un tube par lequel arrive la dissolution que par ce moyen l'on ne verse qu'après avoir fermé la trappe. Dans l'un des angles il y a encore un autre trou dans lequel on mastique un petit bout de tube de verre habituellement bouché et destiné à faire écouler la dissolution qui a servi. Le tout est supporté par trois vis calantes qui servent, avec un niveau à bulle d'air, à placer l'appareil dans une position horizontale.

Il y a encore un tube de verre recourbé qui s'ajuste dans l'orifice situé sur le côté. Il faut aussi avoir un flacon contenant pour l'appareil à grandes plaques environ 100 grammes d'eau et un petit entonnoir.

Voyons maintenant comment faire usage de tout cela.

On commence par ioder la plaque à la manière ordinaire, ce que l'on ait très-aisément, car on ne doit pas avoir peur du jour; l'action de la lumière telle qu'elle se trouve répandue dans un appartement ne nuit pas aux plaques qui doivent être soumises à l'évaporation du chlorure d'iode ou du brôme, elle n'augmente pas non plus leur sensibilité quoi qu'en aient dit certains amateurs empressés d'annoncer du nouveau et de l'extraordinaire. Si cette action était trop prolongée, la plaque se voilerait et offrirait à des yeux inexpérimentés l'aspect d'une épreuve passée : c'est à cette circonstance qu'il faut attribuer l'erreur grossière que je viens de signaler. La plaque une fois iodée avec précision[1], on la met dans le châssis où elle

1. Par ioder avec précision, j'entends ioder bien uniformément et toujours de la même teinte dans

peut attendre un temps très-long, plusieurs heures, ce qui peut être fort commode quand on guette le moment favorable, un rayon de soleil, une circonstance quelconque. Quand on veut la bromer, on emplit de dissolution au moyen de l'entonnoir le flacon dont j'ai parlé, ce que l'on fait vivement afin que le brome ne s'évapore pas. Alors on met l'entonnoir sur le tube recourbé, et, ayant eu soin de fermer la trappe de glace, on verse rapidement la dissolution dans la boîte.

Ici se présente une précaution assez particulière ; à partir du moment où l'on voit couler les dernières gouttes jusqu'à celui où l'on tire la trappe, il est important de laisser écouler toujours le même temps, une demi-minute par exemple. On satisfait aisément à cette condition en comptant en soi-même jusqu'à un certain nombre et en même temps on agite légèrement la boîte, afin que la dissolution en mouille bien tout le fond, et l'on place la planchette sur les tasseaux destinés à la recevoir. La demi-minute écoulée, on tire vivement la trappe et on compte non plus en soi-même parce que cela n'est pas assez exact, mais au moyen d'un compteur ou d'un balancier de pendule, ou de tout autre instrument exact, un certain nombre de secondes qu'il faudra déterminer pour chaque appareil, mais qui doit se limiter entre 20 secondes et une minute[1]. On reconnaîtra que l'on est resté trop longtemps ou que la plaque a absorbé trop de brome, lorsque l'épreuve se voilera sous l'influence du mercure. A mesure qu'une plaque iodée absorbe du brome, sa sensibilité s'accroît jusqu'à une certaine limite, celle où le moindre excès cause un voile sur l'épreuve. C'est à cette limite qu'il faut arriver pour avoir le maximum de sensibilité, et il n'y a que le tâtonnement qui puisse y faire parvenir. Si l'on se tient en deçà, la plaque n'est pas assez sensible, mais on n'en acquiert la certitude que par d'autres expériences. Si l'on a été au delà, le voile de l'épreuve vous l'indique immédiatement. Le temps convenable écoulé, on lève aussitôt la planchette qu'on replace immédiatement dans le châssis et la plaque est prête à rece-

des expériences successives ; la couleur jaune d'or, telle que l'a indiquée M. Daguerre, est celle qui convient dans le plus grand nombre des cas.

1. Ce nombre de secondes ne varie qu'assez peu avec les changements de température ; l'expérience seule apprendra les limites de cette influence.

voir l'impression de la lumière. Ainsi l'on voit que dans cette opération il faut compter ses temps et ses mouvements, et cette précaution de laisser écouler à peu près le même nombre de secondes après que l'on a versé la dissolution jusqu'au moment où l'on tire la plaque, cette précaution, dis-je, qui semble superflue, je la recommande tout particulièrement, parce qu'elle est extrêmement importante et que sans elle tout le reste serait peine perdue. Ce n'est que du moment que je m'y suis astreint que je compte la méthode pour complète. Il faut bien songer qu'il reste sous la glace un espace considérable qui se sature aux dépens de cette dissolution si faible et en si petite quantité, et que cette saturation plus ou moins avancée doit influer sur l'activité avec laquelle la plaque s'empare du brome.

Comme la boîte se trouve presque complétement fermée par la planchette, il n'est pas nécessaire de se plonger dans une obscurité complète ; ce n'est réellement que l'instant où l'on retire la planchette pour la remettre dans le châssis, qui demande quelque précaution. Tout ce que je viens de m'efforcer de démontrer peut donc se résumer ainsi :

1° Préparer au moyen de la pipette une dissolution constante : 5 décigrammes de brome pour 1,000 grammes d'eau ;

2° Ioder la plaque avec précision ;

3° Mesurer dans un flacon d'une capacité convenable une certaine quantité de dissolution ;

4° Verser cette quantité dans la boîte au brome, après avoir préalablement fermé la trappe ; laisser écouler environ une demi-minute, pendant laquelle on agite légèrement la boîte et on ajuste la planchette sur les tasseaux ;

5° Tirer rapidement la trappe et compter un certain nombre de secondes au moyen d'un instrument exact après lesquelles on enlève la planchette qu'on replace aussitôt dans le châssis.

En opérant ainsi, j'ose avancer qu'on arrive à la même précision qu'avec l'iode seul. Souvent même on peut compter sur une plus grande exactitude, car en l'espace de quelques secondes qu'il faut pour impressionner convenablement une plaque préparée au brome, le temps ne peut éprouver d'aussi grandes variations que pendant la durée de l'exposition des plaques iodées seulement. Cette grande rapidité présente encore l'avantage de permettre de faire coup sur coup plusieurs expériences avant que les circonstances atmosphériques aient pu changer notablement.

Que dire donc du chlorure d'iode, qui ne présente ni l'exactitude de l'iode seul, ni la rapidité du brome? C'est une substance cependant bien généralement employée; il faut l'attribuer aux difficultés que l'on rencontrait avec le brome, difficultés qui me semblent vaincues et qui ne doivent plus nous priver de ses avantages. Mais, je dois le redire en terminant, c'est à M. Fizeau qu'appartient l'idée importante, l'idée capitale, celle de renouveler la dissolution pour chaque épreuve.

Je ne crois pas avoir à redouter la découverte de quelque nouvelle substance plus sensible encore, car plus elle serait impressionnable, plus elle exigerait de précaution et plus il serait défendu de s'en rapporter à l'inspection de la plaque pour guider la préparation. Je dis cela pour les personnes qui, comptant sur de nouveaux progrès, hésiteraient à adopter une méthode qu'elles considéreraient comme trop spéciale. Celle que je viens de décrire a au contraire l'avantage d'être générale. Car dans l'état actuel des choses, elle est applicable au chlore qu'on pourrait employer en dissolution pour remplacer le chlorure d'iode, au brome comme il vient d'être dit, et à la dissolution de bromure d'iode que M. Gaudin, dans son illusion d'inventeur, considère, mais à tort, comme plus actif que le brome. Il y a déjà longtemps que M. Fizeau a fait connaître la manière d'agir du chlorure et du bromure d'iode. Le chlorure est une façon d'appliquer le chlore et donne la sensibilité que donnerait le chlore, et le bromure est une manière d'appliquer le brome et fournit la sensibilité particulière au brôme.

Ce n'est qu'après trois mois d'expérience de cette manière d'opérer, et après l'avoir appliquée à la production de grandes épreuves, que j'ose la proposer au public, tout disposé que je suis à accepter toutes les modifications qui seraient appuyées par la production de résultats meilleurs.

DE LA

PRÉPARATION DE LA COUCHE SENSIBLE

QUI DOIT RECEVOIR

L'IMAGE DE LA CHAMBRE NOIRE[1]

(Académie des sciences, 14 août 1843.)

M. Daguerre a signalé l'existence d'une couche de matière organique à la surface d'une plaque d'argent polie et desséchée par les procédés usuels. Il a considéré cette matière organique comme un obstacle important à la formation de l'image ; et il a proposé un procédé dont le but, sinon le résultat, était de dépouiller entièrement la surface métallique de toute matière étrangère, pour l'exposer chimiquement pure à la vapeur d'iode.

Nos expériences tendent à montrer que cette couche de matière organique, dont l'existence ne saurait faire doute, est loin d'exercer sur la formation de l'image l'influence fâcheuse que lui a attribuée M. Daguerre. Cette influence paraît, au contraire, être toute favorable ; à ce point qu'il y a quelque lieu de douter si l'image daguerrienne pourrait se produire dans toute sa perfection sur une surface métallique chimiquement pure.

Cette donnée admise, on comprend que l'opération principale du procédé de M. Daguerre, la préparation de la surface de l'argent, change entièrement de caractère, cette opération n'ayant plus pour but de

1. En collaboration avec M. Belfield Lefèvre. — Voir *C. R. de l'Ac. des Sc.*, t. XVII, p. 260.

dépouiller cette surface de tout corps étranger, mais bien d'y étendre uniformément une couche de vernis infiniment mince.

Voici un mode assez simple d'atteindre à ce dernier but : ayant fait choix d'une surface d'argent dont la planimétrie et la continuité soient suffisamment parfaites, on la polit superficiellement à l'aide d'une poudre de ponce *desséchée* et de quelques gouttes d'essence de térébenthine *non rectifiée*. L'évaporation de la portion volatile de l'essence laisse pour résidu à la surface de la plaque une couche pulvérulente grisâtre, dont elle se dépouille avec une facilité extrême, et au-dessous de laquelle elle apparaît parfaitement nette et brillante. Il ne reste plus qu'à atténuer la pellicule résineuse adhérente, soit en en dissolvant une portion à l'aide de l'alcool absolu, soit en l'usant mécaniquement à l'aide des poudres sèches. Les personnes qui ont coutume d'interroger les surfaces métalliques à l'aide du souffle condensé sauront facilement reconnaître les moindres défauts dans la continuité de la couche résineuse. Un peu de poudre d'amidon pourra être employée à égaliser en dernier lieu la surface du vernis.

Exposée à la vapeur de l'iode, la plaque ainsi vernie se comporte exactement comme une plaque préparée et desséchée avec le plus grand soin par les procédés ordinaires. Les teintes se succèdent avec la même rapidité dans le même ordre, et les nuances ont la même valeur. D'ailleurs les tons seront d'autant plus chauds et plus francs, la série sera d'autant plus nette et plus tranchée, que la pellicule organique sera plus mince et plus exempte de toute trace de vapeur d'eau.

Soumise à l'action de la lumière dans la chambre noire, la couche sensible ainsi préparée se comporte exactement comme la couche iodurée obtenue par les méthodes usuelles. L'image s'y produit de la même manière et dans le même temps.

Mais l'exposition de la couche iodurée ainsi préparée à la vapeur du brome présente cette particularité remarquable, qu'un léger excès dans la quantité de vapeur absorbée ne donne plus naissance au phénomène désigné sous le nom de *voile de brome*. Un faible excès de brome ne s'annonce que par l'aspect de grisaille que prend l'image sous la vapeur du mercure, aspect qui devient de plus en plus prononcé, jusqu'à ce que l'image s'éteigne sous une cendrée blanchâtre. Toutefois une exposition prolongée à un grand excès de brome, désorganise entièrement la couche sensible, et la vapeur du mercure n'y fait plus apparaître que de larges taches d'un brun rougeâtre et à bords déchiquetés.

De l'ensemble de nos expériences nous pensons pouvoir conclure :

1° Que l'image daguerrienne se forme dans l'épaisseur d'une couche organique étendue par le polissage à la surface de l'argent;

2° Que cette couche organique suffisamment épaisse et convenablement choisie prévient la formation du voile de brome, et permet ainsi de donner toujours son maximum de sensibilité à la couche impressionnable.

NOTES SUR QUELQUES EXPÉRIENCES

TENTÉES POUR OBTENIR

DES ÉPREUVES D'OBJETS MICROSCOPIQUES[1]

(7 octobre 1843. — 3 février 1844.)

Les images que fournit le microscope sont dans les circonstances ordinaires d'une intensité si faible que jusqu'à présent ce n'est qu'en utilisant la lumière directe du soleil qu'on a obtenu des résultats satisfaisants. Cependant, pour des travaux suivis, la difficulté de réunir les échantillons convenables et un ciel parfaitement pur a naturellement suggéré l'idée de faire des essais avec une lumière artificielle. Et d'abord, la lumière de nos lampes aidées de toutes les ressources de l'optique, dans plusieurs tentatives agissant pendant trois quarts d'heure ou une heure, n'a donné aucune trace. Dès lors il fut inutile d'aller plus loin, car déjà, dans un temps aussi long, la plupart des objets se déformeraient ou se déplaceraient par la dessiccation.

La lumière de la pile qui se trouvait alors sous la main fut essayée, et en six secondes une épreuve fut obtenue et complétement venue avec un grossissement considérable; la netteté n'était pas parfaite, mais la cause en était connue. Quant au maniement de cette lumière appliquée à ce but, il est extrêmement difficile à cause du déplacement presque constant du point le plus intense; en outre, l'embarras et la dépense qu'entraîne la pile en

---

1. Notes inédites.

activité sont aussi considérables, c'est pourquoi il a fallu songer à la lumière des gaz oxygène et hydrogène brûlant sur la chaux. Moyennant certaines précautions nouvelles cette lumière se gouverne assez bien; les résultats paraissent assez sûrs, mais cinq minutes, huit et dix, tels sont les temps que cela exige et cependant il s'écoule bien du gaz! Ici comme dans le cas de l'épreuve obtenue par la pile les objets n'étaient pas bien nets; ce n'est pas étonnant, l'appareil optique était le même; une lentille convergente très-convexe, collée sur un prisme rectangle donnant la réflexion totale, rendait vertical le faisceau convergent qui sans cela fût resté horizontal, ce qui eût obligé à placer les bandes de verre verticalement, circonstance dans laquelle il est presque impossible d'avoir un liquide en repos; une seconde lentille achromatique achevait de faire converger la lumière sur l'objet. Eh bien, il résulte clairement de l'observation que lorsque le faisceau est trop convergent, les images sont moins nettes, et, si l'on se place dans la direction de l'écran, on peut voir, en regardant les lentilles objectives, une image virtuelle de la dernière lentille convergente occupant presque tout le champ des lentilles objectives; c'est là une mauvaise condition; cela produit l'effet d'une chambre noire dont le verre n'est pas assez diaphragmé; on remarque, en outre, que cette image virtuelle n'est pas uniformément éclairée, que les points les plus brillants sont le centre et le bord; cet effet est produit par l'aberration de sphéricité des lentilles collectrices. c'est pour cela que j'ai essayé d'y substituer la réflexion si régulière du miroir concave; mais il est probable qu'il faudra revenir aux lentilles différemment combinées, qui d'ailleurs perdent moins de lumière.

OBSERVATIONS

CONCERNANT L'ACTION DES RAYONS ROUGES

SUR LES PLAQUES DAGUERRIENNES[1]

(Lettre adressée à M. Arago, secrétaire perpétuel de l'Académie des sciences,
le 5 août 1846[2].)

Monsieur,

Dans la dernière séance vous avez transmis à l'Académie une observation qui a paru l'intéresser et qui avait été faite récemment par M. Lerebours; elle porte sur l'action retardatrice exercée par les rayons rouges lorsque ceux-ci agissent concurremment avec les autres rayons reconnus efficaces dans les opérations photographiques. Comme nous avons eu occasion, M. Fizeau et moi, il y a bientôt deux ans, de recueillir une observation analogue, mais dans des conditions plus nettes et plus favorables à l'étude, permettez-moi de vous adresser une réclamation à ce sujet et de vous inviter à ouvrir le paquet cacheté dont l'Académie a accepté le dépôt, le 9 décembre 1844. Vous y trouverez consignée l'action *neutralisante* que les rayons rouges et d'autres moins réfrangibles encore exercent sur les couches sensibles lorsque la lumière blanche a préalablement agi sur elles. Ces propriétés nouvelles des radiations peu réfrangibles soumises par nous

---

1. En collaboration avec M. Fizeau.
2. Voir *C. R. de l'Ac. des Sc.*, t. XXIII, p. 679. — Une note sur cette question a également été présentée à la Société philomathique, le 16 janvier 1847. Voir le Journal *l'Institut*, et *Pr. — Verbaux de la Soc. phil.*, 1847, p. 6.

à une étude attentive devaient faire l'objet d'un prochain mémoire. Comme toutes nos expériences sont faites et que l'absence de mon collaborateur, M. Fizeau, pourrait apporter quelque retard à la rédaction définitive de notre travail, je vais, pour prendre date, transcrire ici le résumé de nos principaux résultats.

Nous avons formé comme d'habitude une couche sensible sur une surface d'argent poli, par l'action successive de l'iode et du brome, puis nous l'avons exposée librement à la lumière d'une lampe pendant un temps suffisant pour l'altérer au point de la rendre capable de condenser les vapeurs mercurielles en une demi-teinte parfaitement uniforme. Sur cette couche ainsi altérée, mais avant l'exposition au mercure, nous avons fait tomber un spectre bien pur que nous avons laissé agir pendant un temps déterminé. Alors seulement la plaque a été soumise aux vapeurs mercurielles et, en la retirant, il nous a été permis d'examiner comment se comportent dans ces circonstances les divers rayons simples. A partir de la raie C en allant jusqu'au violet extrême, on remarque que les rayons orangé, jaune, vert, bleu, indigo et violet ont laissé une impression qui se détache en blanc d'une intensité variable sur le fond gris de la plaque; mais de l'autre côté de cette raie, l'impression laissée par le rouge et par d'autres rayons moins réfrangibles encore et invisibles se dessine en une teinte foncée qui se termine en mourant et par son extrémité libre et par celle qui s'engage dans le reste du spectre. En examinant la plaque en reflet on s'assure aisément que la place frappée par le rouge est devenue capable de condenser les vapeurs mercurielles et que la surface du métal est à nu. L'impression première produite par la lampe a donc été comme détruite ou neutralisée par l'action des radiations qui avoisinent le rouge.

Considérant une plaque daguerrienne impressionnée à un degré déterminé par de la lumière blanche, comme offrant au physicien une couche sensible particulière, lorsqu'on dirige sur elle le spectre entier, celui-ci se partage, quant à la manière dont il se comporte, en deux parties bien distinctes : l'une qui agit pour accroître l'intensité du fond, l'autre pour la diminuer; ces effets, qui sont de sens opposés, motivent le terme d'action négative que nous avons adopté pour désigner la manière d'agir parti-

culière à l'extrémité rouge du spectre conservant l'expression d'action
positive pour les autres rayons sur l'efficacité desquels repose tout l'art
photographique. Si d'ailleurs on voulait représenter par une courbe les
intensités propres des divers rayons simples relatives à une couche sensible
impressionnée d'avance, cette courbe devrait nécessairement croiser l'axe
des abscisses vers la limite du rouge et de l'orangé ; et à partir de ce point
jusqu'à l'extrémité la moins réfrangible du spectre, les ordonnées auraient
des valeurs négatives.

Ainsi que l'on devait s'y attendre, dans cette portion ombrée de nos
épreuves, les raies de la partie rouge se détachent en clair ; en effet, les
points de la surface métallique où tombent ces raies sont peu ou point
affectées par les radiations ; conséquemment l'effet de l'impression primitive
y devait persister. Parmi elles nous avons distingué aussitôt la raie A et
nous avons appris à la connaître avec son véritable caractère. C'est à tort
qu'elle est ordinairement représentée, même dans le dessin donné par
Fraunhofer, comme une ligne fine et simple. Nous l'avons trouvée double
et la plus grosse du spectre après la raie H.

Mais dans la partie située au delà du rouge, qui lui est à peu près égale
et que notre vue ne saurait atteindre, il existe également, sinon des raies,
du moins des changements brusques d'intensité en des points que nous
avons dû désigner provisoirement par les numéros 1, 2, 3, 4, afin d'indivi-
dualiser ces nouvelles radiations dans les différentes expériences auxquelles
nous voulons les soumettre.

Celles qui se sont présentées naturellement à notre esprit consistent à
faire varier : 1° le temps ou l'intensité de l'impression primitive ; 2° l'intensité du spectre ou, ce qui revient au même, le temps pendant lequel il
agissait sur la couche sensible préalablement impressionnée.

La première série d'expériences a seulement influé sur l'éclat du fond
sans modifier autrement les résultats.

La seconde a fait varier le lieu qu'occupe le maximum d'action négative
et nous a clairement montré qu'entre les rayons agissant franchement
d'une manière positive et ceux agissant franchement de la manière inverse,
il existe une classe de rayons qui se comportent de l'une ou de l'autre façon,

selon leur intensité ou selon la durée de leur action. Ces rayons, confinés particulièrement dans l'orangé, donnent un résultat négatif quand ils sont faibles ou qu'ils agissent peu de temps; dans le cas contraire, ils donnent un résultat positif. En un mot, ils se comportent par rapport à une couche déjà impressionnée par la lumière blanche, dans laquelle photographiquement le violet domine, comme si d'abord ils devaient détruire son effet pour ensuite modifier cette couche à leur manière propre et spéciale.

Ceci explique des apparences singulières et qui paraissent contradictoires dans nos diverses épreuves. C'est ainsi que chez celles qui ont été faites rapidement, la raie G se détache en clair, tandis qu'elle apparaît en noir chez celles pour lesquelles l'exposition au spectre a été plus longtemps prolongée. Cela explique encore pourquoi dans la pénombre qui forme presque toujours les bords supérieurs et inférieurs du spectre, on voit se dessiner un bord noir attestant une action négative qui, dans quelques-unes de nos épreuves, s'étend presque jusqu'au vert.

Nous avions intérêt à rechercher si le phénomène singulier dont je vous entretiens en ce moment se manifesterait sur d'autres couches sensibles; nous avons reconnu qu'il se produit sur toutes celles que l'on peut produire à la surface de l'argent, avec l'iode, le chlore et le brome, et nous montrerons dans notre Mémoire que les combinaisons impressionnables que l'on peut produire à leur aide ne laissent pas que d'être assez nombreuses.

Pour rendre notre Mémoire plus substantiel et plus utile, il nous restait à interroger les papiers sensibles, à construire, à l'aide des chiffres nombreux que nous avons relevés, les courbes représentant l'intensité de la puissance chimique, des diverses espèces de radiations rapportées aux couches sensibles les plus intéressantes. Il nous restait enfin à développer les faits que je viens de vous exposer rapidement et à y joindre la description succincte des procédés photographiques que nous avons adoptés pour obtenir des résultats comparables.

Pardonnez-moi, monsieur le Secrétaire, d'avoir usé envers l'Académie d'un mode de communication anticipée, blâmable en général, mais qui, dans ce cas particulier, trouvera son excuse dans les circonstances qui lui ont donné lieu.

Aussitôt le retour de mon collaborateur, M. Fizeau, nous nous mettrons à l'œuvre pour entreprendre et terminer le plus promptement possible la rédaction de notre Mémoire, afin de satisfaire avant peu à l'espèce d'engagement que je suis obligé de prendre aujourd'hui envers l'Académie.

Veuillez agréer, monsieur le Secrétaire, l'expression de mon respect et de ma haute considération.

À la suite de cette lecture, M. Foucault présenta à l'Académie une plaque daguerrienne offrant l'image du spectre telle qu'elle est indiquée dans le Mémoire (pl. 1. fig. 4).

Le paquet cacheté déposé dans la séance du 9 décembre 1844 par MM. Fizeau et Foucault fut ouvert ensuite, et il fut donné lecture de la note qui y était contenue et qui comprenait seulement l'exposé succinct des faits développés dans le mémoire précédent[1].

1. Voir *Comptes rendus de l'Ac. des Sc.*, t. XXIII, p. 682.

ÉTUDES SUR L'ACTION SPÉCIALE

EXERCÉE PAR L'EXTRÉMITÉ LA MOINS RÉFRANGIBLE DU SPECTRE

SUR LES

SUBSTANCES IMPRESSIONNABLES A LA LUMIÈRE[1]

La lumière naturelle étant composée d'éléments hétérogènes, les physiciens, désireux d'étudier l'altération qu'elle détermine dans les substances sensibles, ont été conduits à la faire agir sur ces substances après l'avoir décomposée et l'avoir étalée en un spectre bien pur. Par ce moyen, les divers rayons simples, séparés les uns des autres, ont pu agir isolément et le résultat final étant rapproché du spectre lui-même, on a bientôt reconnu que l'activité photographique des diverses radiations n'est pas proportionnelle à leur intensité optique. Si l'on s'en tient aux préparations fort nombreuses que l'on compose avec les sels d'argent, on peut dire d'une manière générale que les rayons les plus actifs à les modifier spontanément appartiennent à la partie la plus réfrangible du spectre, tandis que les rayons les moins réfrangibles n'agissent que peu ou point sur les mêmes substances. Toutes les fois que, sur une couche sensible et homogène soigneusement préparée à l'abri de la lumière, on vient à faire tomber un spectre bien pur, on voit l'action commencer dans le bleu, s'étendre peu à peu, d'une part dans le violet et au dela, et, d'autre part, vers l'extrémité opposée du spectre, mais sans jamais l'atteindre. Si donc l'on compare

1. En commun avec M. H. Fizeau. — Mémoire inédit.

l'une à l'autre l'image visible du spectre et l'image imprimée qui s'est formée sous son influence, on trouve que leurs maximums ne se correspondent pas et l'on remarque, en outre, que, vers l'extrémité la plus réfrangible, l'impression s'étend bien au delà des derniers rayons visibles et que, vers l'extrémité opposée, les derniers rayons visibles se prolongent au delà du point où l'impression vient mourir. Les résultats ainsi énoncés, personne ne les conteste aujourd'hui. Tout au plus arrive-t-il en employant des préparations différentes que le maximum de l'altération se déplace tant soit peu et que les extrémités de l'image s'étendent plus ou moins loin. Vers l'extrémité rouge du spectre se trouvent des rayons visibles et qui n'agissent pas ; au delà du violet, il existe des rayons qui agissent et qui ne se voient pas ; entre les deux, on rencontre une série de rayons actifs et visibles et dont l'aptitude à former épreuve n'est pas proportionnelle à l'intensité optique et dépend de la nature de la substance employée. Les choses se passent donc de la manière la plus nette quand une substance impressionnable et inaltérée ne subit en chaque point que l'action d'une lumière simple ; mais les résultats se compliquent et deviennent plus difficiles à interpréter lorsque l'on combine les divers éléments de la lumière pour les faire agir soit simultanément, soit successivement. Dirige-t-on sur une matière déjà modifiée par la lumière les rayons que nous avons reconnus inactifs, on les trouve capables d'agir de deux manières opposées, soit pour continuer l'altération commencée, soit pour la détruire et rétablir la couche sensible dans son état primitif. Les fait-on agir sur une substance non impressionnée concurremment avec d'autres rayons efficaces par eux-mêmes, on trouve qu'ils se comportent de manière à activer ou à entraver l'action produite par ces derniers. Aussi les observateurs ont-ils noté et annoncé d'une manière absolue les résultats les plus contradictoires.

Dans ce Mémoire, nous nous proposons de prouver que l'extrémité la moins réfrangible du spectre possède réellement la propriété d'influencer les sels impressionnables d'argent, de manière à produire une action opposée à celle exercée par les rayons les plus réfrangibles. Nous exposerons les effets de continuation tels que nous les avons observés dans le spectre ; et, en discutant ces deux ordres de phénomènes, nous en ferons ressortir tout naturellement l'explication des principaux faits annoncés par les observateurs et qui semblaient incompatibles.

Wollaston a émis le premier, au commencement de ce siècle, l'idée que les deux extrémités du spectre pouvaient agir en sens opposés sur les substances impressionnables. Ayant fait tomber un trait de lumière solaire dispersé par le prisme sur un papier imprégné de résine de gaïac et préalablement bleui au grand jour, il a vu les portions de la feuille influencées par le rouge s'éclaircir peu à peu et reprendre insensiblement leur première teinte jaune clair. Mais, peu après, ayant reconnu que cette interversion de teinte s'opérait également par une simple élévation de température, il en a conclu que si dans le spectre son papier virait au jaune, cet effet était dû à l'échauffement produit par le rouge et non à la radiation elle-même.

Longtemps après, c'est-à-dire en 1840, M. John Herschell, expérimentant l'action du spectre sur les préparations d'argent, a reconnu aux rayons rouges une propriété protectrice. Un spectre intense était projeté sur un papier imprégné de sel d'argent; et, tandis que les divers rayons simples, régulièrement réfractés, se rendaient sur des portions limitées de la surface sensible, une certaine quantité de lumière diffuse, dispersée aux surfaces des appareils optiques, se répandait sur toute l'étendue de la feuille soumise à l'expérience. Au bout d'un certain temps, cette lumière diffuse finit par impressionner l'écran d'une manière générale et par y développer une demi-teinte sur laquelle le spectre se détachait en noir dans les parties correspondant aux rayons les plus réfractés et en clair dans les portions correspondant aux rayons rouges.

Dans les points atteints par le rouge, la couche sensible avait conservé la teinte première; elle avait été préservée de l'altération que la lumière diffuse tendait à lui faire subir : les rayons rouges les avaient protégés. Pour caractériser leur manière d'agir en ces circonstances, M. Herschell les appela *protecting rays*. C'était le cas de recourir à l'expérience de Wollaston. M. Herschell tenta de la reproduire et sur le gaïac et sur les sels d'argent. Le gaïac bleui au grand jour revint au jaune clair sous l'action des rayons rouges, il fut reconstitué (*restorated*) dans son état primitif. Mais les sels d'argent noircis à la lumière, les sels d'argent qui perdent alors un élément volatil, ne purent pas, sous la seule action des rayons, reprendre leur apparence première; tout ce qu'on put obtenir, ce fut de les faire tourner vers une teinte rousse particulière et différente de celle que leur aurait communiquée un surcroît de lumière naturelle.

La résine de gaïac est donc la seule substance qui ait réussi entre les mains de M. Herschell à manifester l'action négative que les rayons rouges sont susceptibles de produire; toutefois le résultat fut assez net pour que le savant anglais pût s'apercevoir que le point où elle s'exerce avec le plus d'énergie est loin de coïncider avec celui où le spectre offre son maximum de température. Alors il abandonne l'opinion de Wollaston; mais en présence des résultats que lui offrent les sels d'argent, soit qu'on les dépose sur le papier ou qu'on les forme à la surface de l'argent métallique, il demeure indécis, il hésite et finit par proposer l'expression de rayons parathermiques pour désigner ceux des rayons du spectre qui n'agissent pas à la manière ordinaire; il reconnaît ainsi deux classes de rayons capables d'influencer les substances sensibles et de produire sur elles des actions différentes mais non opposées (*not opposed, but different*). Ces rayons, dit encore M. John Herschell, produisent apparemment leur effet par le moyen d'une espèce particulière de chaleur développée par eux. *They are no way entitled to be called light... but... are entitled to be regarded as heat.*

A peu près à la même époque, M. Draper, professeur de chimie à l'Université de New-York, obtenait, en opérant sur des plaques daguerriennes, des résultats qu'il publia en 1842, et qui présentaient de l'analogie avec ceux que M. Herschell avait constatés au moyen des papiers. Toutefois, les expériences de ce chimiste sont bien moins probantes que celles du physicien anglais, et l'on peut dire qu'il n'a fait qu'entrevoir l'action protectrice des rayons rouges. En effet, l'apparence noirâtre que présentaient ses plaques dans les points exposés au rouge se manifestait également dans l'extrémité violette et régnait encore tout autour de l'image du spectre, laquelle se trouvait ainsi cernée d'un bord noir. Ces apparences accidentelles doivent être attribuées à une mauvaise préparation des plaques, ce qui n'offre rien de surprenant quand on se reporte à l'époque où ses expériences ont été faites. Cette manière de voir devient plus probable encore quand on considère que M. Draper dit avoir obtenu dans ses images du spectre des traces de raies qui ne correspondaient pas aux raies de Fraunhofer. A la vue de ces images complexes, le chimiste américain, au lieu de s'en prendre, ce qui était le plus simple, à une mauvaise préparation des plaques, a donné essor à son imagination et, pour signaler une action étrange, qu'il attribuait à une nouvelle classe de radiations, il a lancé dans la science une expression nouvelle et qui n'est pas encore très-connue; il attribue à la tithonicité l'action spéciale qui faisait noircir ses plaques soit sur les bords, soit aux deux extrémités du spectre. Ce ne fut que bien plus tard qu'il eut l'idée plus étrange encore de rattacher ces phénomènes à la théorie des interférences.

Quant à l'idée que les portions extrêmes du spectre seraient capables de produire une action négative, il n'en est pas fait mention dans les écrits de M. Draper, antérieurs à l'époque où nous avons fait notre première communication à ce sujet.

En France, on était bien loin de marcher dans cette voie. Le travail remarquable de M. Ed. Becquerel avait produit, en 1843, une sensation assez vive, et l'on était loin de soupçonner qu'au delà et tout auprès des rayons qui agissent pour continuer, il pût s'en trouver qui agissent pour détruire. Le travail de M. Becquerel est trop connu, il a été appuyé par un rapport académique trop bien raisonné pour qu'il soit nécessaire de lui donner place dans cet historique autrement qu'en le citant, et ses conclusions principales n'auront à subir de l'exposé de nos recherches que des modifications assez légères.

Ce que M. Herschell avait obtenu sur des papiers et M. Draper sur des plaques en employant tous deux les couleurs prismatiques, M. Lerebours l'a reproduit en opérant avec des verres colorés; ainsi il a remarqué que l'activité photographique d'un faisceau de lumière blanche s'accroît d'une manière sensible par son passage à travers un verre bleu clair. Les rayons rouges étant retenus et absorbés par le verre bleu, les autres rayons n'en agissent que mieux; donc, quand il est conservé, le rouge agit comme retardant l'action des autres couleurs. Cette remarque intéressante, confirmative des expériences précédemment citées, ne porte encore que sur le résultat final produit par un mélange de rayons agissant simultanément. Mais, déjà à cette époque, nous nous étions assurés que non-seulement les rayons les moins réfrangibles se comportent comme il vient d'être dit, mais en outre nous avions constaté, comme un dépôt cacheté en fait foi, que ces rayons tombant sur une couche déjà impressionnée, possèdent la singulière propriété de la reconstituer dans son état primitif. Les premiers résultats démonstratifs ont été obtenus sur les plaques que l'on rend sensibles en les exposant aux vapeurs d'iode et de brome ; mais nous avons eu hâte de nous assurer que cette action se produisait sur toutes les couches sensibles que l'on peut produire à la surface de l'argent, ainsi que sur les papiers sensibles au chlorure d'argent. Pour procéder méthodiquement dans le récit de nos expériences, nous parlerons d'abord des effets qu'on observe sur les plaques iodées seulement ; puis nous dirons ce qui arrive quand on emploie soit des plaques plus sensibles iodées et chlorées, soit des plaques plus sensibles encore iodées et bromées. Enfin, nous rapporterons les quelques essais que nous avons tentés pour manifester le même phénomène sur les papiers préparés au chlorure d'argent.

Toutes les expériences entreprises dans le but de reconnaître la part d'action que prend chaque rayon simple dans l'altération totale produite par la lumière blanche, toutes ces expériences, disons-nous, ne sauraient être concluantes si, d'une part, le spectre n'a été amené par la perfection des appareils à une grande pureté et si on ne s'est assuré, d'autre part, des moyens de préparer des couches sensibles identiques à elles-mêmes.

Nous ne nous arrêterons pas à décrire les moyens bien connus aujourd'hui des physiciens, par lesquels on arrive à former par projection un spectre assez net pour que les raies propres à la lumière solaire apparaissent distinctes. Mais nous croyons utile d'indiquer d'une manière sommaire les procédés de préparation qui nous ont constamment réussi pour former à la surface de l'argent différentes couches sensibles, homogènes dans toute leur étendue et douées d'une sensibilité déterminée.

Dans tous les cas, nous avons adopté le polissage à l'essence de lavande et au tripoli indiqué par l'un de nous comme facilitant la rapidité des opérations et laissant la surface des plaques dans l'état le plus convenable à l'accomplissement des réactions successives qui permettent de constater et de conserver avec le plus d'éclat les impressions photographiques.

La plaque dont on veut faire usage est traitée comme il suit, qu'elle soit dans son neuf ou qu'elle ait déjà servi.

On saupoudre la surface de tripoli réduit en poudre impalpable et l'on y verse quelques gouttes d'essence de lavande ordinaire du commerce; puis, avec un tampon de coton, on frotte dans tous les sens la plaque dont la surface est bientôt renouvelée. On enlève, en renouvelant le coton, le cambouis noir qui s'est formé, et en rajoutant du tripoli et en polissant à sec, on fait réapparaître le brillant de la plaque qui se trouve ainsi prête à recevoir la couche sensible.

Pour soumettre la plaque aux vapeurs d'iode et former à sa surface la couche jaune d'or qui doit servir de point de départ pour former les différentes couches sensibles, nous employons un appareil dit boîte à l'iode, qui diffère à peine de celles qu'on emploie le plus communément. Cette boîte est plate; elle ne porte environ que 5 centimètres de haut, elle est garnie à l'intérieur de verre à vitre fixé sur les parois par de la colle forte. Dans le fond, on a étendu uniformément une couche d'iode grossièrement pulvérisé; à une petite distance du fond on a disposé une tablette de plâtre fin gâché à l'eau, portant 7 ou 8 millimètres d'épaisseur, à faces parallèles et dressées. C'est à travers cette sorte de diaphragme qui reste à demeure dans la boîte que les vapeurs d'iode se tamisent et se rendent sur la plaque que l'on place parallèlement et à la distance de 1 centimètre environ. A la température qui règne ordinairement dans les appartements, la couche jaune d'or se forme ainsi très-rapidement, et en moins de deux minutes nous la voyons apparaître d'une manière uniforme.

Quand nous voulons faire agir les substances accélératrices, le chlore ou le brome, nous les employons en solution titrée; le brome surtout se manie d'une manière très-régulière. On dissout directement un décigramme de brome dans 1.000 grammes d'eau commune et aiguisée de quelques gouttes d'acide nitrique; on obtient ainsi une liqueur titrée, légèrement colorée en jaune et toujours comparable à elle-même, pourvu que le peu d'acide ajouté soit plus que suffisant pour décomposer les carbonates préexistants qui, sans cette précaution, absorberaient une partie ou même la totalité du brome dissous. Cette dissolution s'emploie dans un appareil ou boîte à brome, par petites parties que l'on renouvelle à chaque opération. Sans vouloir décrire en détail notre boîte à brome[1], nous dirons qu'elle consiste essentiellement en une boîte rectangulaire en porcelaine ou en glaces mastiquées, dont les bords rodés peuvent recevoir un obturateur en glace; cette boîte est protégée par une enveloppe en bois, pourvue de rainures pour faire glisser l'obturateur et pour admettre la planchette qui porte la plaque.

Au moment de bromer une plaque, on introduit dans la boîte fermée et, par une ouverture latérale, une certaine quantité de dissolution titrée, 50 grammes par exemple. On agite pendant quelque temps; il en résulte qu'en quelques secondes seulement les vapeurs très-rares de brome se dégagent, se répandent dans l'espace qui surmonte la dissolution et acquièrent une tension maximum qui fait équilibre aux portions de brome restées dissoutes. C'est alors seulement que la plaque ayant été déposée en sa place, sa surface est démasquée par la soustraction de l'obturateur et se trouve exposée au contact direct des vapeurs qui s'étaient répandues dans la boîte et qui avaient acquis une tension déterminée. La durée de cette exposition aux vapeurs de brome est la seule condition qu'il soit utile de faire varier pour faire prendre à la plaque des quantités plus ou moins grandes de cette substance accélératrice. Dans nos expériences, elle s'est toujours trouvée limitée entre 15 et 30 secondes. Ce n'est qu'en nous assujettissant à opérer de la sorte, que nous sommes arrivés à préparer des plaques à coup sûr et à leur communiquer cette sensibilité extrême et cette homogénéité si indispensable pour mener à bonne fin de pareilles recherches.

1. Voir page 3.

ACTION DU SPECTRE SOLAIRE SUR LES PLAQUES PRÉPARÉES A L'IODE ET AU BROME ET PRÉALABLEMENT IMPRESSIONNÉES

Les plaques préparées comme il vient d'être dit et qui, par une absorption de brome convenablement dirigée, ont acquis la plus grande sensibilité possible, commencent à éprouver une légère altération lorsqu'on les expose pendant 3 secondes et à la distance de 3 décimètres au rayonnement d'une flamme de Carcel à bec dit de 11 lignes. Après une aussi courte exposition à cette lumière artificielle, la plaque soumise au contact des vapeurs mercurielles commence à blanchir d'une manière sensible, et pour peu que l'action de la lampe ait duré une douzaine de secondes, la condensation des vapeurs devient assez abondante pour montrer que la couche sensible a subi précisément ce degré d'altération qui la rend propre aux expériences que nous voulions tenter.

Soit donc une plaque polie, iodée, bromée et impressionnée à point; on la place, pendant un certain temps, comme écran dans le plan focal où se rendent les rayons qui concourent à former un spectre solaire bien pur, puis on la porte dans la boîte à mercure où apparaît, comme résultat final, une image composée de la manière suivante : le fond de la plaque est une demi-teinte grise, et qui régnerait uniformément sur toute la surface si le spectre n'avait pas agi; mais il a laissé sa trace, et dans les points frappés par les rayons orangé, jaune, etc., et jusque bien au delà du violet la teinte de fond a gagné; elle a été modifiée en plus avec une intensité particulière correspondant à chaque rayon simple ; dans les points atteints par le rouge et par d'autres rayons moins réfrangibles encore, la teinte de fond a perdu : elle a été modifiée en moins et même elle a disparu complétement dans une certaine étendue correspondant aux rayons qui ont produit le maximum d'effet. Ces deux parties de l'image du spectre se fondent insensiblement l'une dans l'autre et viennent aboutir à une zone étroite qui possède une intensité égale à celle du fond lui-même. La trace laissée par les rayons peu réfrangibles est ombrée et se détache en noir, l'impression produite par les autres rayons se déta-

cherait en clair dans toute son étendue s'il ne survenait une complication
qui nuit à la symétrie de l'image, mais qui ne peut embarrasser que les
personnes étrangères aux opérations photographiques. Cette portion de
l'image qui a pris naissance sous l'influence des rayons compris entre
l'orangé et l'extrémité la plus réfrangible présente ainsi, dans son milieu,
une teinte noirâtre (Pl. 1, fig. 4), mais c'est la teinte caractéristique des
parties solarisées, et elle indique qu'en ce point la lumière a agi plus énergiquement que partout ailleurs. Cette teinte, quoique foncée à l'œil, a pour
le physicien le même sens que si elle brillait du plus vif éclat et sa présence donne le point correspondant aux rayons les plus actifs. Laissant donc
de côté une anomalie qui n'est qu'apparente, tous les rayons que nous
avons reçus sur une plaque impressionnée se partagent en deux catégories : les uns dont l'effet s'ajoute à celui de l'impression première et
les autres qui agissent pour détruire l'effet de cette impression. Si l'on
tient à mettre en évidence ces actions distinctes et opposées, il faut de toute
nécessité opérer sur une couche sensible préalablement altérée par une exposition convenablement prolongée à une lumière riche en rayons réfrangibles.
Cette couche devient alors un réactif particulier sur lequel les rayons
empruntés aux deux extrémités du spectre produisent des effets inverses.
C'est pour représenter nettement à l'esprit les deux manières différentes
et opposées dont se comportent les deux classes de rayons rendues
distinctes dans nos expériences, que nous avons adopté l'expression d'action
négative pour désigner celle que produit l'extrémité la moins réfrangible
du spectre, considérant comme positive l'action antérieurement connue et
sur laquelle se fonde tout l'art photographique.

Le seul fait de l'impressionnabilité des différentes matières sensibles
aujourd'hui connues, sous l'influence de la lumière blanche, montre que,
dans cette lumière, les rayons qui agissent positivement l'emportent sur ceux
qui agissent négativement, et, quand on cherche à apprécier par l'expérience directe le rapport des effets qui peuvent être produits simultanément
dans les deux sens par les rayons de diverses sortes et tels qu'ils sont
répartis dans la lumière blanche, on trouve que l'activité négative des uns
est beaucoup moindre que l'activité positive des autres ; ceux-ci l'em-

portent tellement sur ceux-là, qu'il ne faut pas s'étonner si, dans les expériences courantes de la photographie, la coopération négative des rayons rouges passe inaperçue. On peut, jusqu'à un certain point, apprécier le rapport de leurs activités respectives, en recevant un spectre solaire sur une plaque rendue sensible et impressionnée et en cherchant par voie de tâtonnement les durées d'exposition nécessaires à l'apparition des premières traces des actions positive et négative avec nos plaques bromées; si les rayons bleus marquent en blanc au bout de deux secondes, il ne faut pas moins de deux secondes pour que les rayons rouges puissent diminuer sensiblement la teinte du fond.

Après avoir constaté ces faits d'une manière générale, il importait d'entrer dans le détail des phénomènes et de varier les expériences de diverses manières.

C'est encore à l'aide des plaques iodées et bromées que nous avons procédé à l'examen de ces questions de détail, non-seulement à cause de la célérité que leur extrême sensibilité permet d'apporter dans l'expérimentation, mais surtout à cause de la comparabilité des résultats obtenus dans un temps assez court pour que les conditions atmosphériques n'aient pu varier et influencer d'une manière sensible l'intensité de la lumière solaire.

Il nous a semblé utile de rechercher en premier lieu quelle pouvait être l'influence d'une altération plus ou moins avancée de la couche sensible avant qu'elle ne fût exposée au spectre; nous avons examiné en second lieu comment varient les effets produits sur une couche impressionnée lorsqu'on l'expose à un spectre plus ou moins intense ou qu'on laisse agir plus ou moins longtemps.

INFLUENCE DU DEGRÉ D'ALTÉRATION DÉVELOPPÉ
PAR L'IMPRESSION PRIMITIVE.

Nous avons impressionné par bandes parallèles une plaque iodobromée, et nous avons fait tomber successivement le spectre sur toutes ces bandes pour le laisser agir sur chacune d'elles pendant un temps donné. La plaque était, par exemple, partagée en quatre bandes : la première était conservée à l'abri de toute lumière; sur la seconde on laissait agir le rayonnement de la lampe pendant 4 secondes; sur la troisième pendant 12 secondes et sur la quatrième pendant 36 secondes. Ces diverses parties d'une même plaque étaient ensuite exposées au spectre pendant 3 minutes, et, au sortir de la boîte au mercure, la plaque montrait à sa surface quatre images du spectre : l'une apparaissait sur un fond tout à fait noir, c'était l'image ordinaire du spectre, telle qu'on l'obtient sur une plaque non impressionnée; les trois autres se détachaient sur des fonds de plus en plus clairs, qui s'étaient formés par suite d'une exposition de plus en plus prolongée à la lumière de la lampe. Ces trois images étaient semblables quant à l'étendue de l'action négative et quant aux lieux occupés par le maximum de cette action (pl. 1, fig. 6, n° II); elle commençait et elle finissait exactement au même point, et la ligne neutre qui établit toujours la transition de l'impression positive à l'impression négative occupait la même position dans ces trois images; de plus, en comparant l'une quelconque de ces trois images à la première, on remarquait que celle-ci, entièrement positive, se prolongeait aussi loin par son extrémité la moins réfrangible que la partie positive des trois autres images ; il n'y avait pas eu ainsi manifestation sensible d'action continuatrice pour les plaques bromées au point de présenter le maximum de sensibilité, il n'y avait pas de rayons continuateurs. Ce résultat concorde avec les observations des artistes en photographie, qui n'ont jamais pu appliquer avec succès les verres continuateurs à la formation des images daguerriennes sur des plaques déjà rendues par le brome éminemment sensibles.

Mais revenons à nos trois images négatives et, au lieu de considérer leur étendue et leurs positions relatives, comparons-les au point de vue de l'intensité avec laquelle elles se détachent sur leurs fonds respectifs, et nous apercevrons des différences qui méritent d'être mentionnées.

Tandis que l'image n° 2, formée sur un fond léger résultant d'une impression qui n'a duré que 4 secondes, est saillante et bien marquée; tandis qu'en son milieu la teinte du fond a complétement disparu et que la couche sensible a été rétablie (*restorated*) dans son état primitif, nous trouvons que les deux autres images n° 3 et n° 4 sont moins apparentes, la dernière surtout, et qu'en aucun point de ces images le fond n'a été complétement effacé; qu'il n'y a pas eu neutralisation complète de l'impression produite par la lampe; que la couche sensible enfin n'est pas revenue complétement à son premier état. Il n'y a rien dans ce résultat qui doive nous surprendre; il était tout naturel qu'une substance impressionnable, ayant subi une certaine altération, exigeàt de la part des rayons capables de la ramener à son premier état une action de plus en plus prolongée pour neutraliser une altération de plus en plus avancée.

Cette expérience a été répétée au moins trois fois, en variant les durées d'impression et d'exposition au spectre, et toujours les résultats ont parlé dans le même sens. On peut donc en tirer les conclusions suivantes :

Le degré plus ou moins avancé de l'altération première[1] n'a pas d'influence sur l'étendue de l'image négative produite par le spectre, ni sur la position de son maximum d'intensité.

Pour les plaques bromées et douées du maximum de sensibilité, il n'y a pas de rayons continuateurs.

Plus une couche sensible a été impressionnée, plus il faut de temps aux rayons capables d'agir négativement pour la ramener à son état primitif.

INFLUENCE DE L'ACTION PLUS OU MOINS PROLONGÉE DU SPECTRE SUR UNE COUCHE PRÉALABLEMENT IMPRESSIONNÉE.

Dans cette série d'expériences, nous n'avions plus à faire varier la durée de l'impression primitive ; c'est, au contraire, le spectre qui devait agir plus ou moins longtemps sur les différentes parties d'une même plaque. Nous avons donc préparé comme à l'ordinaire la couche éminemment sensible que l'iode et le brome forment à la surface de l'argent, et nous l'avons impressionnée uniformément en la tenant démasquée pendant

1. Ceci n'est vrai qu'autant que l'impression n'est pas poussée jusqu'au point de solariser la plaque.

15 secondes à la distance de 3 décimètres en face notre lampe Carcel, puis nous l'avons portée dans la chambre noire, au foyer du système réfringent qui forme le spectre. La plaque était assez large, comparée à la hauteur du spectre, pour que l'on pût obtenir de celui-ci cinq images parallèles et distantes les unes des autres de quelques millimètres. Les temps employés à former ces diverses images ont varié comme il suit :

Pour la première, 120 secondes; pour la deuxième, 60 secondes; pour la troisième, 25 secondes; pour la quatrième, 10 secondes; pour la cinquième, 5 secondes.

Après l'action du mercure, nous avons pu comparer entre eux les résultats de ces diverses impressions, que nous représenterons par la figure 6, pl. 1, n° III.

Quand on rapproche l'une de l'autre les images 1 et 5, on aperçoit entre elles certaines différences : dans l'image 1 la partie négative est moins étendue que dans l'image 5 et elle répond à une portion moins réfrangible du spectre; en même temps, les maximums ne se correspondent pas et celui de la première image est plus reculé vers l'extrême rouge que celui de la dernière. Si l'on jette ensuite un coup d'œil sur les images 2, 3 et 4, on trouve que, par leurs caractères intermédiaires, elles établissent une transition entre la première et la cinquième. En remontant de l'image qui n'a exigé que 5 secondes pour se produire, vers celle qui s'est formée en 120 secondes, on voit le maximum de l'action négative apparaître d'abord vers la raie C, puis se reculer jusqu'au point de se placer à peu près à la moyenne distance entre A et B. Par des expériences isolées et longtemps prolongées, nous nous sommes assurés que ce maximum continue à rétrograder vers le rouge extrême à mesure que l'action du spectre continue d'agir; nous l'avons vu plusieurs fois atteindre et même dépasser la raie A.

La durée de l'exposition du spectre a aussi une influence marquée sur la position qu'occupe la ligne neutre qui sépare les parties positives et négatives de l'image. D'abord située dans le vert au moment de la première impression, cette limite recule successivement dans le jaune et l'orangé, par suite d'une exposition de plus en plus prolongée de la

plaque à la radiation prismatique. La variabilité de position occupée par
cette ligne nous a semblé un fait digne de remarque; en effet, puisque
cette limite n'est pas fixe, elle vient se placer tantôt au delà, tantôt en
deçà de certains points de l'épreuve qui se trouvent par là même rejetés
tantôt dans la partie positive, tantôt dans la partie négative, et les rayons
qui leur correspondent présentent les propriétés singulières de produire
un résultat positif ou négatif, selon leur intensité propre et selon la durée
de leur action. Ces rayons, à réaction variable, occupent dans le spectre
précisément la position que leur assignent leurs propriétés mixtes; ils sont
situés dans le jaune et dans l'orangé, entre les rayons qui agissent toujours
d'une manière positive et ceux qui exercent toujours une action négative.
Dans l'effet produit par les rayons mixtes, l'action négative précède
toujours l'action positive, ainsi que l'indique le sens même dans lequel
se transporte la ligne neutre; et, comme tout est continu dans le spectre,
ceux des rayons mixtes qui sont le plus réfrangibles produisent un effet
négatif peu durable et qui est bientôt remplacé par l'effet positif, tandis que
ceux qui sont le moins réfrangibles produisent un effet négatif plus
persistant et qui ne le cède à l'effet inverse que par suite d'une radiation
vive et longtemps prolongée. On peut se représenter géométriquement la
série de ces phénomènes, en supposant que la courbe 5, représentant la
première impression du spectre, se modifie graduellement en passant
successivement par les états indiqués en 3 et 2, pour acquérir définitivement la forme qu'on lui voit en 1.

Le rôle des rayons mixtes ayant été analysés de la sorte, on ne
s'étonnera plus de certaines particularités que présentent nos épreuves et
qui auraient semblé, au premier abord, difficiles à expliquer. Dans la partie
positive, les raies propres du spectre se détachent en noir comme dans la
nature; dans la partie négative, au contraire, les raies apparaissent en
clair, car elles laissent persister la teinte du fond; exemple la raie A qui,
dans toutes nos épreuves, se montre sous la forme d'une double
ligne blanche. Mais, puisque les parties positives et négatives ne sont
pas toujours contenues dans les mêmes limites, il y a certaines raies
qui doivent figurer tantôt dans l'une, tantôt dans l'autre, tantôt en

noir, tantôt en blanc; c'est ce qui arrive notamment à la raie D, laquelle, très-distincte par elle-même, se distingue en blanc dans les images peu avancées et tire ensuite au noir dans les images engendrées par une exposition de longue durée.

C'est encore à la même cause qu'il faut rapporter le bord noir qui, dans certaines épreuves, prend naissance à la partie négative et s'étend en cernant la partie positive jusque dans le rayon du vert et au commencement du bleu.

Il est rare, à moins de recourir à des précautions toutes spéciales, qu'on obtienne un spectre dont les raies soient nettes en même temps que les bords, et, dans la mise au point, on a l'habitude de sacrifier celles-ci à ceux-là. L'image prismatique reçue sur la plaque ne possède plus alors la même intensité dans toute sa hauteur, l'action marche plus vite au milieu de l'image où l'intensité prédomine que sur ses limites inférieure et supérieure; il en résulte tout naturellement que les bords de l'image, faiblement affectés, en restent à la période d'action négative et conservent une teinte foncée, tandis que les points plus en pleine lumière, quoique exposés aux mêmes radiations, traversent rapidement cette période d'action négative et prennent une teinte plus ou moins avancée. Pour preuve de l'exactitude de cette explication, nous ajouterons que l'on prévient sûrement la formation du liséré noir dès qu'on s'astreint à mettre exactement au point les bords supérieur et inférieur du spectre. Des expériences que nous venons de décrire et de la discussion à laquelle nous les avons soumises nous pouvons conclure :

Que la durée de l'exposition au spectre influe aussi bien que la vivacité de la radiation sur la nature de l'image produite sur une plaque iodobromée et convenablement impressionnée;

Que la partie négative de l'image se déplace et se transporte vers l'extrémité la moins réfrangible du spectre au fur et à mesure que grandit la somme d'action photogénique exercée sur la plaque; qu'en même temps cette image se retient quelque peu et que son maximum visible recule comme elle, ainsi que la limite ou ligne neutre qui la sépare de l'image positive;

Que le déplacement de cette ligne neutre révèle entre les deux espèces de rayons qui agissent toujours d'une manière positive ou négative, une troisième classe de rayons susceptibles d'agir successivement d'une et d'autre sorte;

Que toujours l'action négative précède l'action positive, en sorte que ces rayons intermédiaires confinés dans le vert, le jaune et l'orangé se comportent, par rapport à la couche impressionnée, comme s'ils devaient d'abord détruire l'effet produit par d'autres rayons, pour modifier ensuite cette couche à leur manière propre et spéciale;

Que cette classe de rayons une fois reconnue et admise, on explique facilement pourquoi certaines raies, la raie D, par exemple, se détache tantôt en clair, tantôt en noir, suivant la quantité d'action lumineuse qui a concouru à former l'épreuve; qu'on explique également la formation du liséré foncé qui entoure une portion de l'image positive d'un spectre dont les bords manquaient de netteté.

Après avoir reconnu, dans certains rayons, la propriété singulière d'agir successivement en deux sens opposés, nous ne pouvions guère nous en tenir à la simple constatation de ce fait; nous avons recherché, par des moyens rationnels, à lui donner plus d'importance et de généralité et nous nous sommes posé les questions suivantes :

Chaque rayon simple ne serait-il pas doué d'une spécialité d'action qui le rendrait incapable de continuer l'altération commencée par d'autres rayons d'une réfrangibilité plus ou moins différente, auquel cas l'extrême violet devrait commencer par agir négativement sur une plaque impressionnée par l'orangé ou le rouge? Les expériences que nous décrivons plus loin nous ont bientôt montré qu'il n'en est pas ainsi. Jamais nous n'avons pu obtenir d'impression négative en faisant agir sur une même plaque des rayons de plus en plus réfrangibles. Mais, en suivant l'ordre inverse, on produit assez facilement ces sortes d'impression. Il nous restait donc encore à examiner si, sur une plaque impressionnée exclusivement par les rayons les plus réfrangibles, la partie négative de l'image foncée par le spectre ne présenterait pas une plus grande étendue. En d'autres termes, nous nous sommes demandé si, dans les rayons peu réfrangibles, l'aptitude à produire une impression négative n'était pas tellement liée à la nature de l'impression première, qu'on ne pût manifester la même aptitude dans des rayons de plus en plus avancés dans le spectre, en les faisant tomber sur une couche impressionnée par des radiations de plus en plus réfrangibles. Sur ce point encore nos expériences n'ont pas donné les résultats aussi saillants que ce que nous avions prévu; nous allons toutefois faire connaître la manière dont nous avons procédé.

PROCÉDÉ EMPLOYÉ POUR IMPRESSIONNER UNIFORMÉMENT UNE PLAQUE AVEC DES RAYONS DE RÉFRANGIBILITÉ DÉTERMINÉE. — EFFETS QUI EN RÉSULTENT.

La lumière de la lampe est d'un emploi très-commode et convient parfaitement dans les cas où l'on se propose de projeter sur une plaque une lumière uniforme et sensiblement blanche; mais du moment où nous nous sommes proposé d'impressionner nos plaques avec des lumières colorées, il a fallu songer à emprunter au spectre lui-même les éléments lumineux dont nous voulions faire usage et à les étaler uniformément sur une large surface, comparable en étendue à celle de nos plaques. C'est ainsi que nous avons été conduits à disposer un système réfringent spécialement destiné à impressionner les couches sensibles. Nous allons en faire connaître la composition; ce sera une occasion pour nous de décrire avec quelques détails une des belles expériences qu'on puisse faire en optique, et qu'un professeur puisse dans un cours mettre sous les yeux des élèves.

Un faisceau de lumière rendu fixe et horizontal pénètre dans la chambre noire par la fente verticale F (fig. 2), large d'un millimètre au moins. A un mètre et demi de distance, ce faisceau, qui s'est dilaté en chemin par suite de la grandeur de l'angle solaire, tombe sur une surface du prisme vertical P et ressort par la face opposée suivant une direction nouvelle. Reçu sur un écran opaque E, aussitôt après sa sortie du prisme, ce faisceau y trace une image presque entièrement blanche, sauf sur les bords latéraux, où l'on commence à distinguer des bandes irisées. Perçons donc cet écran

d'une ouverture quadrangulaire de dimension à laisser passer la partie
blanche du faisceau et à retenir les portions colorées et nous serons sûr
qu'au niveau de cette ouverture la lumière qui passe est encore indécom-
posée. Laissons ce faisceau continuer sa route, et 30 centimètres plus loin
recevons-le en totalité, quoique déjà dispersé sur la surface d'une lentille
convergente de 24 centimètres de foyer L. A la distance focale principale de
cette lentille se formera un petit spectre solaire assez pur pour laisser voir
les principales raies de Fraunhofer; mais à une distance beaucoup plus

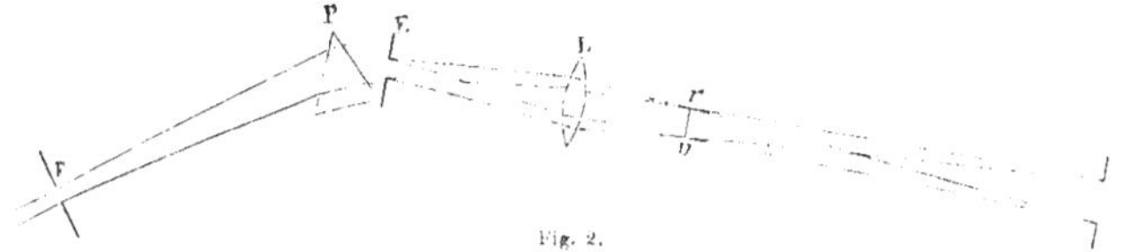

Fig. 2.

grande, à la distance de 1ᵐ,20 environ, il se formera dans l'espace une
image amplifiée de l'ouverture rectangulaire du diaphragme, et si, à partir
de cette ouverture tous les rayons ont suivi librement leur trajet, si aucun
d'eux n'a été intercepté en route, l'image amplifiée de l'ouverture sera
parfaitement et uniformément blanche, comme le faisceau lui-même au
moment où il passe au niveau du diaphragme. Ainsi notre faisceau de
lumière se dégage parfaitement blanc de l'ouverture rectangulaire du
diaphragme, puis il se disperse et va se constituer au foyer de la lentille L
en un petit spectre r r que l'on peut étudier sur un écran; puis continuant
leur route, les rayons des diverses couleurs vont à la rencontre les uns
des autres, malgré la dilatation toujours croissante du faisceau, et à une
certaine distance dans l'espace, la lumière blanche est recomposée en une
image amplifiée de l'ouverture d'où elle est partie. Là vous pouvez placer
un écran et vous y verrez se dessiner une image blanche et rectangulaire
dont les dimensions sont données par la loi des foyers conjugués. Jusque-
là nous ne faisons qu'assister à une décomposition et à une recomposition
très-nette et très-complète de la lumière blanche. Tous les rayons partis
d'un point se séparent, se disposent en spectre et vont converger vers un
nouveau point de concours. Mais, de tous ces rayons qui partent ensemble,

rien n'est plus facile que d'arrêter une partie en route et de laisser les autres continuer leur marche ; il n'y a qu'à placer dans le plan focal du petit spectre un obstacle configuré de manière à arrêter certaines couleurs et à laisser passer les autres; le spectre se trouvera partagé de la sorte en parties nécessairement complémentaires, dont une seulement concourra à former l'image terminale, laquelle revêtira aussitôt les plus vives couleurs. On dispose du petit spectre d'une manière tout à fait arbitraire : les raies sont là qui servent de point de repère; on peut absolument laisser passer tel rayon qu'on veut; on peut même disposer de l'intensité de chacun d'eux en les diminuant sur leur hauteur ; par conséquent on peut donner à l'image rectangulaire toutes les teintes imaginables, qui ne cesseront pas d'être uniformes tant que les obstacles opposés aux rayons du spectre seront placés exactement au foyer. Cette image est très-propre à remplir le but que nous nous étions proposé, car elle est susceptible de prendre toutes les teintes possibles; elle est étendue et uniforme, et en la laissant tomber sur une plaque daguerrienne, on est sûr de produire une impression due exclusivement à l'action des rayons qu'on a laissés passer. Mais, indépendamment de l'application spéciale qui nous a porté à disposer ainsi un appareil réfringent, qu'il nous soit permis de faire remarquer le parti que l'on peut tirer de ce système optique pour étudier la manière dont les teintes se composent. Tous les rayons simples sont rangés par ordre dans ce petit spectre, comme les couleurs sur la palette d'un peintre, et le physicien peut faire son choix; il peut à volonté prendre tels et tels rayons, les étaler en surface, les combiner ensemble sur l'écran en toute proportion et procéder dans cette opération d'une manière aussi sûre, aussi positive que l'artiste quand il prend ses couleurs matérielles et qu'il les mélange pour les jeter sur la toile[1].

Nous avons donc eu recours à ce mode d'expérimentation, d'abord pour impressionner une plaque iodo-bromée avec la lumière rouge, dans le but de rechercher si, dans ces conditions, les rayons les plus réfrangibles ne produiraient pas une action négative. Les rayons employés pour produire

---

1. Voir ci-après : Sur la recomposition des couleurs du spectre en teintes plates.

sur la couche sensible cette impression uniforme étaient ceux compris entre les raies B et D. Comme ils sont par eux-mêmes peu actifs, il n'a pas fallu moins de 29 minutes pour compléter cette opération préalable. Ensuite on a fait tomber pendant 60 secondes le spectre entier sur cette couche ainsi impressionnée. Cette expérience, plusieurs fois reproduite, a donné pour résultat une image ordinaire du spectre, dépourvue d'impression négative à l'une et à l'autre de ses extrémités (pl. I, fig. 6, n° IV). Les rayons les moins réfrangibles, qui d'ordinaire manifestent ce genre d'action, sont restés impuissants à la produire sur une couche impressionnée seulement par les rayons rouges; les plus réfrangibles ont continué à agir comme d'habitude.

Ainsi sur la couche sensible formée par l'iode et le brome à la surface de l'argent et préalablement impressionnée par le rouge, l'image du spectre vient tout entière positive.

Pour les expériences suivantes, nous avons fait nos impressions de fond avec des rayons empruntés à des régions de plus en plus voisines de l'extrémité la plus réfractée du spectre. En nous servant des rayons orangés et jaunes compris entre C et E, nous avons impressionné une plaque sur laquelle l'action prolongée du spectre a fait poindre une impression négative correspondant à l'espace A B.

Passant aux rayons bleus compris entre G et H pour produire l'impression primitive, nous avons déterminé, sur la plaque, un commencement d'altération générale assez comparable à celui qu'occasionne la lumière blanche, car ces rayons sont ceux qui possèdent le maximum d'activité photographique, et, en effet, le spectre, en tombant sur la couche ainsi modifiée. a fourni des résultats qui rappellent ceux obtenus sur les plaques impressionnées à la lampe. L'action négative s'est d'abord montrée à partir de la raie A, s'étendant jusqu'à la moyenne distance entre D et E; puis, à mesure que le spectre continuait d'agir, cette action semblait reculer vers l'extrémité la moins réfrangible (pl. 1, fig. 6, n° V).

Enfin, nous avons impressionné une plaque avec les rayons gris-lavande presque invisibles situés au delà de H. Sur la couche ainsi modifiée, la partie négative de l'image du spectre s'est avancée plus loin que jamais vers le milieu du spectre, elle s'est étendue jusqu'à la raie E (pl. 1, fig. 6, n° VI).

On ne peut donc se refuser à admettre qu'il existe sur la limite de l'orangé, dans le jaune et au commencement du vert, des rayons susceptibles d'agir en deux sens opposés; qu'en tombant sur une lame déjà impressionnée par des radiations d'une réfrangibilité inférieure, égale ou peu supérieure, ces rayons agissent immédiatement d'une manière positive; mais que si l'impression préalable est due à l'influence de radiations d'une réfrangibilité suffisamment élevée, ces mêmes rayons commencent par agir négativement et persistent d'autant plus dans ce mode d'action que la source lumineuse employée à produire l'impression première émet des radiations d'une réfrangibilité plus forte.

En recourant, pour impressionner nos plaques, à un procédé qui nous permettait d'employer exclusivement telle ou telle lumière simple, nous nous attendions à reconnaître que tout rayon simple agit positivement par rapport à ceux qui le précèdent, et négativement par rapport à ceux qui le suivent dans l'ordre de leurs réfrangibilités respectives, et nous espérions étendre ainsi à la majorité des rayons du spectre cette variabilité d'action que nous avons bien réellement reconnue à une petite portion seulement d'entre eux. Mais quelque soin que nous ayons mis à varier ces expériences, nous ne sommes arrivés à confirmer ces actions successives qu'entre les limites étroites où elles s'étaient d'abord montrées à nous, alors que nous nous bornions à produire en des temps variables une série d'épreuves du spectre sur une plaque impressionnée en blanc.

Les rayons susceptibles d'agir ainsi en deux sens opposés nous ont paru se localiser dans le jaune, dans la fin de l'orangé et le commencement du vert. C'est en opérant sur des plaques iodées et bromées que nous avons reconnu et étudié leur manière d'agir. Il est très-probable que des phénomènes analogues se produiraient sur d'autres couches sensibles; il est très-probable aussi qu'ils ne seraient pas dus aux mêmes radiations; nous n'avons pas cru devoir en faire l'objet de recherches spéciales. Ce qu'il y avait d'important pour nous, c'était de démontrer que l'action négative de l'extrémité la moins réfrangible du spectre, si facile à mettre en évidence quand on opère sur les plaques bromées, se reproduit également sur la plupart des matières impressionnables à la lumière, pourvu qu'on ait recours aux précautions que réclame leur moindre sensibilité.

Nous avons opéré sur les plaques simplement iodées de M. Daguerre, puis sur les plaques iodées et rendues plus sensibles par l'application du chlore; nous avons employé encore deux nouvelles couches sensibles, peu connues, qu'on obtient par l'application du chlore et du brome en excès; enfin, nous avons expérimenté sur des papiers enduits de chlorure d'argent; toujours le même effet s'est reproduit sous l'influence plus ou moins prolongée des rayons peu réfrangibles. Il nous reste à faire connaître comment nous avons procédé.

ESSAIS SUR DIVERSES COUCHES SENSIBLES.

C'est particulièrement sur la couche simple d'iodure d'argent telle que M. Daguerre la formait, que nous avons eu hâte de retrouver l'apparition du phénomène précédemment étudié sur les plaques bromées. Le défaut de sensibilité de cette substance nous arrêta d'abord; mais ayant augmenté graduellement la durée d'exposition de nos plaques au spectre solaire, nous avons bientôt reconnu qu'au bout d'un temps très-long et surtout en donnant au spectre toute l'intensité possible, la lumière, diffusée aux surfaces de nos appareils, devenait assez puissante pour impressionner notre plaque en dehors même de l'image du spectre, assez puissante aussi pour masquer l'action négative qui tendait à se produire. Renonçant donc à recevoir le spectre entier, nous avons placé sur la fente qui admettait la lumière solaire deux épaisseurs d'un verre rouge clair qui supprimait tous les rayons les plus réfrangibles à partir de l'orangé. Le spectre visible ainsi réduit à la partie rouge, nous l'avons fait tomber sur une plaque à l'iode que nous avions impressionnée tout simplement à la lumière du jour, et, après une heure d'une pareille exposition, la plaque a donné au mercure une image partie positive, partie négative. La partie négative était à la fois très-manifeste et très-limitée; elle commençait au delà de la raie A, s'étendait à une très-petite distance et correspondait à des rayons à peu près invisibles (pl. 1, fig. 6, n° VII).

Les rayons capables de produire une action négative sur les plaques préparées à l'iode seul et impressionnées sont donc en très-petite quantité et situés au delà du rouge extrême. L'énorme prédominance des rayons qui, sur les plaques à l'iode agissent d'une manière positive, rend suffisamment compte de la nécessité de recourir au verre rouge pour arrêter la partie diffusée de ces rayons, qui viendraient, sans cette précaution, se mêler à la petite quantité des rayons agissant à la manière inverse et masqueraient leur effet. Cette particularité explique aussi pourquoi la couche simple d'iodure d'argent a semblé, pour quelques expérimentateurs, ne pouvoir se prêter à chercher l'action photographique spéciale qui fait l'objet de ce mémoire.

Tout en poursuivant ces recherches, nous ne perdions pas de vue l'action continuatrice annoncée par M. Edmond Becquerel. Sur les plaques bromées, elle ne s'est jamais manifestée; sur les plaques à l'iode, au contraire, elle s'est toujours montrée d'une manière évidente. Qu'un spectre tombe sur une plaque iodée non impressionnée, il y trace une image qui commence à la moyenne distance comprise entre F et G et qui s'étend, comme on le sait, bien au delà du violet; mais, pour peu que la plaque ait déjà subi une impression faible, toute la partie visible du spectre restée inactive dans le premier cas, devient capable de former une image positive dont le maximum est en D. Malgré son peu de sensibilité, la plaque iodée de M. Daguerre permet donc de constater les trois modes d'action annoncés jusqu'ici. Action négative correspondant à des radiations invisibles situées au delà de A, action continuatrice positive due aux rayons compris entre la raie A et la demi-distance entre F et G ; action immédiatement positive due aux rayons les plus réfrangibles compris à partir de ce point.

Plaques préparées à l'iode et au chlore. — On emploie souvent, pour augmenter la sensibilité des plaques iodées, une substance moins efficace que le brome, le chlorure d'iode, qui n'agit évidemment que par le chlore qu'elle contient. Nous nous sommes proposé de faire quelques expériences sur cette couche sensible que le fréquent usage qu'on en fait ne nous permettait pas de négliger, mais au lieu de la former par l'application successive de l'iode et du chlorure d'iode, nous avons préféré recourir isolément à l'iode et au chlore en mettant en pratique, pour ce dernier corps, la méthode qui nous réussissait si bien pour l'emploi du brome. Débarrassés des incertitudes inhérentes à l'emploi du chlorure d'iode, nous sommes bientôt arrivés en lui substituant une solution titrée de chlore à préparer des plaques identiques entre elles et à les rendre à coup sûr aussi sensibles que possible. Cette méthode d'application du chlore étant calquée de tous points sur celle qui nous sert pour le brome, nous ne nous arrêterons pas à la décrire et nous passons aux résultats obtenus.

Sous tous les rapports, la plaque chlorée vient se placer entre la plaque iodée et la plaque bromée, elle est cinq ou six fois plus sensible que la première et beaucoup moins sensible que la seconde, aussi sommes-nous arrivés assez promptement à constater qu'elle est apte comme l'une et l'autre à manifester l'action inverse des rayons les moins réfrangibles. Il a fallu l'impressionner 30 ou 40 secondes à la lampe et l'exposer au spectre pendant 10 minutes pour obtenir une épreuve du faisceau dispersé, terminée à l'extrémité la moins déviée par une ombre bien sensible correspondant en son milieu à la raie A s'étendant d'une part jusqu'à a et gagnant d'autre part la région des rayons invisibles.

Plaques iodées traitées par le chlore et le brome en excès. — Outre les couches sensibles que nous venons de passer en revue on peut encore en former d'autres sur les plaques qui se distinguent par des propriétés spéciales et qui, à ce titre, méritaient aussi de fixer notre attention; on s'arrête ordinairement dans l'application du brome et du chlore aux plaques iodées à une certaine limite que l'on a crue longtemps infranchissable, cette limite est posée par un accident qui survient presque constamment quand on la dépasse. Fait-on absorber aux plaques iodées une quantité de chlore ou de brome un peu supérieure à celle reconnue convenable pour lui donner le maximum de sensibilité, il se produit dans la pellicule dont l'argent s'est recouvert une révolution telle qu'elle semble perdre brusquement sa sensibilité, son aspect physique ne change pas pour cela, elle continue de noircir au grand jour, mais elle a perdu la faculté de condenser la vapeur de mercure en quantité proportionnelle à la somme d'action du fluide lumineux, elle n'est plus propre à former épreuve et mise en présence des vapeurs mercurielles, elle s'en recouvre uniformément et prend un aspect chatoyant et irisé, c'est ce que les artistes en photographie appellent le voile de brome et de chlore. L'apparition de ce voile est donc l'indice certain d'un léger excès de vapeur accélérative brome ou chlore. Mais, chose singulière, l'un de nous en commun avec M. Belfield Lefèvre a montré, en septembre 1846, qu'un excès de brome plus considérable encore reconstituait la couche daguerrienne dans un nouvel état qui la rendait de nouveau sensible.

La dose de brome nécessaire à la production de ce singulier résultat est égale à trois fois la dose ordinaire, à trois fois celle qui convient pour porter une plaque au maximum de sensibilité; mais il est à remarquer qu'en prenant trois fois plus de brome, la plaque devient trois fois moins sensible. Nous avons reconnu depuis que le chlore donne lieu aux mêmes phénomènes. Nous avons, dès lors, à notre disposition deux nouvelles couches sensibles qui se distinguent à plusieurs égards de celles qu'on emploie communément. Soumises comme les autres à l'expérience, elles ont également rendu manifeste l'activité négative de l'extrémité la moins réfrangible du spectre photographique. Sur les plaques bromées à triple dose dont la sensibilité est encore très-grande, l'image négative s'est montrée sans peine, son maximum correspondait à la raie A (pl. 1, fig. 6, n° IX).

Mais les plaques chlorées à triple dose, dont la sensibilité n'est que peu supérieure à celle des plaques préparées à l'iode seul, ont résisté plus longtemps à nos efforts, il a fallu recourir au verre rouge pour supprimer la diffusion des rayons réfrangibles et pour faire apparaître l'image négative qui se trouve reléguée comme sur les plaques à l'iode seul au delà de la raie A (pl. 1, fig. 6, n° VIII). Enfin, comme dernier trait de ressemblance, nous avons constaté une action continuatrice sensible.

Voici donc cinq couches impressionnables à la lumière qui diffèrent entre elles par leur sensibilité, par leur composition chimique et qui toutes accusent des propriétés opposées dans les extrémités du spectre. En les énumérant dans l'ordre de leur variabilité, la plaque bromée à la manière ordinaire se présente en première ligne, vient ensuite la plaque bromée en excès, la plaque chlorée vient après, puis la plaque chlorée à triple dose et enfin la plaque préparée à l'iode seul. Il est à remarquer que ces différentes couches se rangent encore dans le même ordre, si on les considère au point de vue de la facilité avec laquelle elles se prêtent à traduire l'action spéciale des rayons peu réfrangibles; ainsi sur les plaques bromées ordinaires cette action n'est plus contestée par personne; sur la plaque iodée elle a été contestée jusqu'ici par les expérimentateurs qui n'ont pas eu l'idée de recourir au verre rouge. Le phénomène de continuation paraît être, au contraire, incompatible avec une grande sensibilité, car il ne se montre que sur la couche d'argent iodé et sur celle qui la suit immédiatement dans l'ordre croissant de la sensibilité.

Papier enduit de chlorure d'argent. — Les diverses préparations examinées jusqu'ici se forment toutes à la surface de l'argent métallique et les épreuves sur plaques, que nous obtenions à leur aide, n'ont pas semblé pour tout le monde aussi concluantes que possible; on a supposé que l'éclat du métal était un obstacle à la saine appréciation de l'état de la couche déposée à la surface, on a cru que nous pouvions confondre l'état solarisé et l'état primitif d'une plaque non impressionnée. On s'est surtout effrayé de voir employer concurremment l'iode et le brome, l'iode et le chlore, et l'on nous a renvoyé aux papiers en nous affirmant que les phénomènes seraient tout autres. Nous ne demandions pas mieux que de soumettre les propriétés du spectre à ce nouveau genre d'épreuve. Nous savions bien pourtant, d'après MM. Herschell et Seebeck, que le chlorure d'argent noirci à la lumière ne peut pas, dans les rayons rouges, retrouver le chlore qu'il a perdu et que, dans ces circonstances, il ne fait que prendre une teinte rosée particulière.

Mais nous avons pressenti qu'en exposant momentanément à la lumière du chlorure d'argent et qu'en le soustrayant à cette influence bien avant l'époque à laquelle le chlorure change sensiblement de teinte.

nous provoquerions dans cette substance une modification dans la teinte qui pourrait s'annuler sous l'influence des rayons rouges; nous comptions d'ailleurs sur l'acide gallique pour rendre sensible à l'œil le résultat final de ces deux opérations successives.

Voici comment l'expérience a été conduite : nous avons déposé le chlorure d'argent sur l'une des surfaces d'une feuille de papier, en nous fondant sur la double décomposition qui s'opère dans le tissu même de la feuille lorsqu'on l'imprègne d'abord de chlorure de sodium et qu'après l'avoir laissée sécher on la dépose sur la surface libre d'une dissolution étendue de nitrate d'argent. Après l'avoir fait sécher de nouveau par pression entre plusieurs doubles de papier buvard, nous l'avons fixée sur une tablette en bois comme une plaque et nous l'avons exposée pendant cinq minutes au rayonnement de la lampe. Le chlorure ne paraissait nullement altéré, le papier avait conservé toute sa blancheur. Nous savions, par expérience, qu'il fallait quatre fois plus de temps pour modifier sensiblement sa teinte. Ainsi impressionnée, nous l'avons placée au foyer du spectre et l'y avons maintenue pendant une heure. Peu à peu l'action photographique s'est exercée avec une intensité particulière et correspondant à chaque rayon simple, et, quand nous avons retiré la feuille, elle présentait une image nuancée du spectre qui se détachait en foncé sur le blanc inaltéré du papier. le point le plus marqué correspondait au bleu, une des extrémités de l'image s'étendait comme d'habitude bien au delà du violet, l'autre s'avançait en mourant jusque auprès du rouge. C'est alors seulement qu'on a fait intervenir l'acide gallique qui, suivant une observation importante de M. Talbot, jouit de la propriété de mettre en évidence les modifications les plus légères imprimées par la lumière à la constitution des sels d'argent. A l'égard des papiers sensibles, l'acide gallique joue le même rôle que la vapeur de mercure à l'égard des plaques, il fait apparaître des images qui, sans lui, resteraient latentes. Notre épreuve a été plongée dans une dissolution saturée d'acide gallique, elle est devenue le siége d'un phénomène de réduction presque général. Tout le fond, qui, malgré le rayonnement de la lampe, avait conservé jusque-là son blanc parfait, a bientôt noirci uniformément dans toute son étendue, excepté dans les points qui avaient été frappés par les rayons rouges du spectre et qui prolongeaient son image en une petite traînée blanchâtre. La conservation de cette partie claire est une nouvelle manifestation de cette action inverse qui s'est montrée si souvent dans le cours de nos expériences. Quelle que soit la modification imprimée par la lumière au chlorure d'argent, cette modification est réelle et incontestable, puisqu'elle devient la cause de la réduction que ce corps éprouve ultérieurement en présence de l'acide gallique; il est également incontestable que cette modification est neutralisée par les rayons rouges et autres moins réfrangibles encore, puisque les parties soumises à leur influence prolongée se conservent intactes dans l'acide gallique tout comme celles qui sont restées à l'abri de toute espèce de lumière. Les résultats fournis pour les papiers et étudiés par l'acide gallique sont donc en tout point comparables à ceux qu'on produit sur les plaques avec le concours des vapeurs mercurielles.

Conclusion. — Sur les papiers enduits de chlorure d'argent aussi bien que sur les plaques daguerriennes, les rayons les moins réfrangibles du spectre exercent une action négative capable de neutraliser un commencement d'altération due à l'effet des autres rayons.

CONSIDÉRATIONS SUR LA NATURE DES MODIFICATIONS PRODUITES
PAR LA LUMIÈRE SUR LES SUBSTANCES IMPRESSIONNABLES.

Ce mémoire est consacré tout entier à la démonstration d'un fait nouveau, à savoir, que la modification produite sur les substance simpressionnables par l'action des radiations réfrangibles peut s'effacer sous l'influence d'autres radiations moins réfrangibles pourvu que cette modification n'ait pas été poussée au delà de certaines limites. Ce fait, observé par nous d'abord sur les plaques bromées, a perdu les apparences d'un phénomène accidentel pour revêtir un caractère de généralité du moment où nous l'avons vu se reproduire sur des couches sensibles différentes; les conséquences qui en découlent prennent elles-mêmes une certaine importance et méritent qu'on les expose avec quelque développement. Les changements survenus sous l'influence prolongée de la lumière dans les substances impressionnables ont généralement été rapportés à une action chimique. Quand le chlorure d'argent, en particulier, noircit au soleil, on ne saurait nier qu'il subit une décomposition chimique bien réelle, puisque le dégagement du chlore ou de composés chlorés tombe sous le sens de l'odorat, puisqu'à la longue ce chlorure d'argent perd de son poids, cesse de disparaître dans ses dissolvants et finit par reprendre l'aspect métallique. Mais, de cette réaction franche et poussée à l'extrême, comment oser conclure à ce qui se passe sur une plaque ou sur un papier qui ne fait qu'entrevoir le jour, qui ressort de la chambre noire sans modification directement appréciable? Qui pourrait affirmer que, dans ce cas comme dans l'autre, il y ait décomposition? où est le produit dégagé? qui a constaté une diminution de poids? il n'y a même pas de changement sensible dans l'aspect physique de la couche sensible. C'est donc en raisonnant par analogie, et par une analogie bien éloignée, qu'on en est venu à rapporter à une action chimique la formation des images latentes du daguerréotype et des papiers dits calotypés. Toutefois, si rien ne démontrait qu'il y eût action chimique, rien non plus, il faut en convenir, ne démontrait que cette action n'avait pas lieu. La manifestation des propriétés négatives de certains rayons nous semble le premier fait incompatible avec une théorie qui, dans la formation des images photographiques, rapporterait tout à l'action chimique. Si, en effet, les couches d'iodure, de bromure ou de chlorure d'argent perdent, dès le moment du premier contact de la lumière, un de leurs éléments, un élément volatil, comment concevoir que, sous l'influence de certains rayons simples, cette couche soit restituée dans son état primitif? comment concevoir qu'elle recouvre l'élément qu'elle a perdu? cela n'est pas possible. Une expérience, publiée par M. Claudet, vient encore déposer contre la possibilité d'un changement survenu dans le rapport des éléments constituants de la couche sensible. Cette expérimentation a montré qu'après avoir été réparée par les rayons peu réfrangibles, la matière impressionnable était encore apte à être modifiée par la lumière ordinaire, confirmant ainsi la proposition avancée par nous ; que cette matière était reconstituée dans son état primitif. Cette curieuse expérience a été poussée plus loin encore. M. Claudet affirme avoir fait agir alternativement, et un grand nombre de fois, des rayons excitateurs et des rayons réparateurs sur une même plaque bromée qui, toujours sous l'influence de ces derniers, redevenait telle qu'elle était à l'origine.

Il nous semble de plus en plus difficile de concilier ces faits avec les principes d'une théorie qui rapporterait exclusivement à une action chimique toutes les variations qui surviennent dans les affinités des substances impressionnables à la lumière. Sans doute nous croyons qu'à la longue le rayonnement lumineux les modifie chimiquement, nous sommes même très-portés à croire que leur composition élémentaire varie dès l'instant où leur couleur s'altère ; mais bien avant cette époque leurs affinités se modifient, leur stabilité diminue, et cette première altération nous semble devoir être attribuée à un changement dans leur état physique soit mécanique, soit électrique. Parmi les corps indécomposables à la lumière, il en est bien qui sont modifiés par cet agent, les substances phosphorescentes entre autres : les sulfures de calcium et de baryum calcinés sont vivement impressionnés aux plus faibles lueurs sans qu'on puisse soupçonner un changement de composition, il y a purement action physique. Pourquoi les iodures, les bromures, les chlorures ne seraient-ils pas aussi, eux, physiquement impressionnés avant que d'être chimiquement altérés ? Il y aurait ainsi, dans la série des altérations que ces substances peuvent subir, au moins deux périodes à distinguer, une période d'action physique et une période d'action chimique. L'action physique se produirait d'abord, surviendrait ensuite l'action chimique. Tant que l'état physique seul serait troublé, les rayons reconnus capables d'agir négativement se montreraient capables de réparer l'atteinte portée par l'impression lumineuse ; du moment que la décomposition chimique commencerait à s'effectuer, ces rayons deviendraient impuissants à ramener le corps altéré à son premier état. C'est bien réellement ainsi que les choses se passent tant que les papiers ou les plaques ne sont que faiblement impressionnés ; le spectre, en s'y imprimant, donne facilement une image qui, mise complétement en évidence par les réactifs appropriés, présente toujours une partie négative. Mais, du moment que l'impression première a été poussée jusqu'au point de devenir directement sensible à l'œil, il y a lieu de penser que la décomposition a déjà eu lieu et les rayons qui, tout à l'heure, paraissaient doués de propriétés réparatrices ont perdu leur puissance. Le rapprochement que nous avons établi entre les phénomènes de phosphorescence et ceux qui caractérisent la première période des actions photographiques ne laisse pas que d'être favorable à notre manière de voir. Par sa manière d'agir sur les phosphores de Canton et de Bologne, le spectre se partage aussi en deux parties dont l'une, la plus réfrangible, provoque la phosphorescence et dont l'autre l'éteint. De même qu'il y a une action photogénique négative, il y a aussi une action phosphorogénique négative; il n'est pas possible de méconnaître l'analogie qui réunit étroitement ces deux ordres de faits.

Dans le courant de nos recherches, nous n'avons eu que très-rarement occasion de constater l'action continuatrice découverte par M. Ed. Becquerel; quand elle a lieu elle se rapporte à une classe de rayons situés entre les rayons qui agissent immédiatement d'une manière positive et ceux qui manifestent des propriétés inverses. Ces effets de continuation, nous ne voulons donc pas les mettre en doute, nous croyons même qu'ils se produisent d'une manière assez générale, mais nous sommes disposés à les rapporter à la période d'action chimique. Les choses se passeraient alors dans un ordre facile à concevoir. Les rayons les plus réfrangibles seraient doués de la propriété de constituer les couches sensibles dans cet état physique particulier qui doit, selon nous, précéder toujours la décomposition chimique; les rayons les moins réfrangibles posséderaient la propriété inverse; entre ces deux classes de rayons, il s'en trouverait une troisième dont les aptitudes, à l'effet physique, seraient peu développées, mais qui posséderaient, comme les plus réfrangibles, une grande activité chimique, ils deviendraient par là même des rayons continuateurs, aussitôt qu'ils trouveraient occasion de s'exercer sur une matière déjà physiquement modifiée.

SUR

LA RECOMPOSITION DES COULEURS DU SPECTRE

EN TEINTES PLATES[1].

Je suis depuis plusieurs années[2] en possession d'une méthode expérimentale qui permet d'opérer en teintes uniformes le mélange de rayons simples quelconques arbitrairement choisis dans le spectre. Cette méthode me paraissant très-propre à vérifier les résultats intéressants nouvellement énoncés par M. Helmholtz, je crois utile de la faire connaître et de rappeler qu'elle a été enseignée et expérimentée publiquement en 1849 par M. Pouillet dans l'une de ses leçons de physique à la Sorbonne.

On prend pour source lumineuse l'image linéaire du soleil formée par une lentille cylindrique C à court foyer (pl. 3, fig. 8) ; les rayons se rendent en divergeant sur une lentille simple L, faisant fonction de collimateur, et tombent ensuite parallèlement sur un prisme P en flint très-blanc et très-pur. D est un diaphragme placé sur le trajet du faisceau réfracté et dont l'ouverture laisse voir une partie de la surface du prisme ; puis vient un objectif achromatique O à large surface et placé à une distance OD plus grande que sa distance focale principale. Les rayons dispersés qui tombent sur cet objectif peuvent être considérés comme venant d'une image virtuelle du spectre placée à l'infini en avant du prisme, et donnent en conséquence un spectre réel très-net *r r* au foyer principal de l'objectif. Mais en

1. *Cosmos*. T. II. 1853, p. 232.
2. Voir ci dessus. p. 36.

passant au niveau du diaphragme D, le faisceau est encore complétement blanc, car ce diaphragme élimine de part et d'autre les portions dispersées, en sorte qu'à une distance OI égale à celle du foyer conjugué de D, se forme une image également blanche de l'ouverture du diaphragme formée par la recomposition des mêmes rayons, qui, à une distance moindre, se disposent en spectre.

Comme ce spectre *r r* peut être obtenu très-net, on est à même de limiter par des obstacles ou par des fentes variables en largeur et en hauteur les rayons simples que l'on veut laisser passer, et le résultat de leur composition se produit en teintes plates dans l'image uniforme I reçue sur un écran.

Pour obtenir un spectre complet, pour respecter les rapports d'intensités naturelles des rayons qui le composent, aussi bien que pour opérer leur recomposition en teintes réellement uniformes, il y a surtout deux précautions essentielles à prendre : il faut d'une part que l'objectif O soit assez grand pour recevoir la totalité des rayons dispersés qui ont passé au travers du diaphragme ; il faut, en outre, que l'ouverture de ce diaphragme soit assez rétrécie pour n'admettre à passer outre que la partie moyenne du faisceau qui, en raison de la proximité du prisme, n'a pas encore subi de décomposition.

L'expérience telle que je viens de la décrire permet de reproduire avec éclat toutes les teintes imaginables, et me paraît susceptible d'être répétée dans les cours à propos de la théorie des couleurs; de plus, elle me semble éminemment propre à vérifier tout ce qu'on a dit jusqu'ici de la combinaison des couleurs, car elle donne un moyen simple pour composer ensemble, et en proportions quelconques, toute espèce de rayons simples et déterminés par leur position dans le spectre, avec autant de rigueur et de facilité que s'il s'agissait de mélanger des couleurs matérielles.

Parmi les instruments qui ont été laissés par L. Foucault et dont il n'a pas donné de description, nous en avons trouvé un qui se rapporte à l'expérience relatée ci-dessus : c'est un écran à fentes variables, permettant de laisser passer, pour donner une image colorée sur un écran, deux portions quelconques du spectre.

Cet appareil (pl. 3, fig. 9 et 10) consiste en un cadre $a\,b\,c\,d$ monté sur un pied ; dans ce cadre peuvent se mouvoir, à l'aide de vis de rappel v, v, deux plaques $m\,n, m'\,n$ dans lesquelles sont pratiquées des fentes $p\,q, p'\,q'$, dont on peut à volonté faire varier la largeur et la hauteur en faisant mouvoir, à l'aide de boutons g, g', h, h', des lames métalliques constituant l'un des bords latéraux et le bord inférieur de chaque fente. Les bords $n\,o, n'\,o'$ des deux plaques mobiles sont reliés par deux volets à charnière $n\,o\,l, n'\,o'\,l$, susceptibles, par la variation de l'angle qu'ils font entre eux, de masquer complétement l'ouverture $n\,o, n'\,o'$ et de s'opposer au passage de rayons qui viendraient tomber sur cette partie sans empêcher le passage des faisceaux qui, ayant traversé les fentes $p\,q$ et $p'\,q'$, vont converger sur l'écran.

Pour se servir de cet appareil, on limite à l'avance les dimensions des fentes $p\,q$, $p'\,q'$; puis, plaçant le cadre dans le plan où se forme le spectre $v\,r$ fig. 8, on agit sur les vis de rappel jusqu'à ce que les fentes correspondent absolument aux parties du spectre que l'on veut composer en une teinte plate unique.

NOTE

LES PLAQUES BROMÉES AU SECOND DEGRÉ[1]

(Académie des Sciences, 12 octobre 1846.)

Après que M. Daguerre eut fait connaître sa brillante découverte, les amateurs et les artistes n'ont pas tardé à s'apercevoir que la plaque iodée n'est pas apte à reproduire l'image complète de toute espèce de sujets. Il suffit que les diverses parties d'un même point de vue possèdent des intensités notablement différentes, pour que dans l'épreuve obtenue avec une plaque iodée ces parties ne puissent venir simultanément avec des tons correspondants à leurs intensités respectives. Il faut choisir : il faut ou s'arrêter au point convenable pour donner aux clairs leur véritable valeur, auquel cas les détails des parties obscures n'apparaîtront pas ; ou bien il faut prolonger l'action pour favoriser l'apparition de ces détails et alors les parties claires se confondront les unes avec les autres et elles seront, comme on dit, *brûlées*.

L'emploi des substances accélératrices est venu modifier heureusement cet état de choses. En même temps qu'elles permirent d'opérer plus rapidement, elles offrirent à l'expérimentateur une couche sensible capable d'embrasser des degrés plus éloignés dans l'échelle de tons. Toutefois ces degrés sont encore bien loin d'atteindre ceux mêmes que l'œil de l'homme

---

1. En collaboration avec M. Belfield-Lefèvre. — Voir *C. R. de l'Ac. des Sc.* T. XXIII. p. 713.

peut apprécier en même temps. Et si quelque réaction nouvelle peut, sans être favorable à la sensibilité des plaques, augmenter leur aptitude à conserver distincte l'empreinte des tons les plus disparates, il ne sera pas inutile d'y recourir en certain cas. Si d'ailleurs le photographiste sait manier habilement ces différentes couches sensibles sans s'adonner exclusivement à la plus impressionable, il pourra dans l'exercice de son art maîtriser et varier ses effets; il pourra, selon les cas. tempérer la dureté d'un soleil trop cru frappant en plein sur des objets inégalement réfléchissants, ou bien rehausser la vigueur d'un sujet uniforme ou manquant de relief.

C'est dans l'intention de concourir à accroître ces ressources, que nous nous décidons, M. Belfield et moi. à faire connaître un nouveau mode de préparation de la couche qui a précisément pour effet de donner aux plaques cette qualité dont nous venons de parler et qui les rapproche en quelque sorte de la rétine de l'homme.

Notre méthode exige l'emploi de l'iode et du brome et réussira facilement entre les mains des personnes qui ont l'habitude d'employer ces substances isolément. Elle consiste à polir les plaques et à les ioder comme à l'ordinaire, puis à leur faire absorber par un procédé quelconque une quantité de vapeur de brome égale à trois fois celle que l'usage et la pratique ont reconnue susceptible de communiquer aux plaques le maximum de sensibilité. Tandis que la dose ordinaire de brome ne change pas sensiblement la teinte de la couche iodurée, celle que nous recommandons ici lui fait acquérir une teinte foncée d'un violet bleuâtre.

La sensibilité des plaques ainsi surchargées de brome se trouve réduite au tiers de ce qu'elle serait si l'on s'était arrêté à la dose ordinaire, mais elles sont devenues aptes à donner une épreuve complète et détaillée des sujets qui présentent les plus grandes variétés de tons. On en jugera par l'inspection du petit tableau que nous présentons et qui a été fait par un temps de soleil. On y voit, à la fois, des nuages au ciel, des maisons blanches avec des ombres portées transparentes et des arbres dont le feuillage se dessine par groupes, à peu près comme un artiste les aurait indiqués.

Nous recommandons de tripler la quantité de brome parce que si l'on n'observait pas franchement ce nouveau dosage, si l'on se tenait en deçà, on serait presque sûr d'obtenir une image complétement voilée ; il ne faudrait pas non plus aller au delà : la plaque aurait de la peine à condenser le mercure et l'image serait moins apparente.

Cette propriété nouvelle et bien constatée qu'un excés de brome communique aux plaques iodées pourra fournir quelques applications utiles ; mais, en outre, il nous a semblé qu'au point de vue physique et chimique ces faits n'étaient pas sans intérêt ; c'est ce qui nous a engagés à les communiquer à l'Académie.

NOTE

SUR

L'EMPLOI D'UN DIAPHRAGME ÉTOILÉ [1]

POUR L'OBTENTION DES FONDS DÉGRADÉS DANS LES ÉPREUVES DAGUERRIENNES

(Sans date.)

L'aberration de sphéricité est un défaut des instruments d'optique, et particulièrement de la chambre noire, que l'on s'est efforcé, dans ces derniers temps, de combattre par toutes les combinaisons possibles. Cependant, il est certain que dans l'application du daguerréotype au portrait, ce phénomène peut, employé dans de certaines limites, produire des effets imitant les productions de l'art. On peut donc, en agrandissant peu à peu les diaphragmes, s'arrêter au moment où l'on trouve les contours suffisamment estompés ; c'est ce que l'on s'est borné à faire jusqu'à présent.

Mais n'ayant pu par ce moyen obtenir tous les effets désirables, sentant bien qu'il y avait de ces nuances indéfinissables de modèle que je n'obtenais pas, j'ai pensé qu'en modifiant d'une manière différente l'aberration de sphéricité, j'obtiendrais peut-être les effets désirés et j'eus l'idée d'employer un diaphragme découpé, mais toujours régulièrement inscrit dans un cercle ; ainsi j'obtins une image nette, entourée d'un nuage imperceptible, mais qui suffit pour détruire la sécheresse des contours et les rugosités de la

---

1. Note inédite.

peau. Mais ce n'est pas là un résultat empirique ; on se rend bien compte de la manière d'agir de ce diaphragme. Si l'on marque les découpures sans aller au delà. on aura un diaphragme circulaire qui donne une image nette et sèche ; si l'on augmente le diamètre de ce diaphragme de façon à atteindre la profondeur des découpures. on a la précédente image perdue dans un nuage d'aberration trop lumineux où elle se trouve noyée. Mais que l'on ménage les découpures telles que je les indique ici et l'on obtient une image nette et lavée dans un nuage qui s'étend aussi loin que dans les cas précédents. mais qui étant moins lumineux laisse apercevoir les contours et les détails et tend seulement à les adoucir.

Ce principe une fois reconnu, rien de plus simple que de varier les effets ; en faisant les découpures plus profondes, le nuage s'étend plus loin ; en les élargissant davantage et rendant par conséquent les séparations plus étroites on augmente l'intervalle de ce nuage et on se rapproche davantage des circonstances du diaphragme circulaire à grand diamètre. On peut en outre varier leur forme, faire dominer les parties plus ou moins rapprochées du centre, etc.

On comprend dès lors qu'un pareil diaphragme, dont l'application dans les autres instruments serait une grande faute. peut, grâce aux exigences particulières du daguerréotype, prendre sa place parmi les modifications utiles des appareils optiques.

OBSERVATIONS

SUR LA LUMIÈRE ÉLECTRIQUE[1]

(7 octobre 1843. — 11 février 1844.)

Soixante couples de Bunsen sont montés et attelés en une seule série ; l'acide nitrique marque 20° et l'acide sulfurique est étendu de quatorze fois son volume d'eau. L'expérience est disposée de manière à essayer l'effet du charbon des usines à gaz à l'air libre. Ce charbon est taillé en bâtons carrés de 3 millimètres de côté qui sont montés chacun dans deux demi-cylindres de coke dans lesquels on a ménagé leur place ; ces deux demi-cylindres sont maintenus rapprochés l'un de l'autre par un porte-crayon, lequel est vissé sur une tige capable de glisser suivant sa longueur ; les deux charbons sont montés de même. Pour la facilité de l'expérience, l'extrémité des conducteurs, au lieu de s'accrocher directement sur les tiges dont ils tendraient par leur poids à changer la direction, viennent aboutir à l'extrémité des ressorts, qui, par leur élasticité, maintiennent leur autre extrémité en contact avec les tiges.

Le tout ainsi disposé, le courant fut mis en circulation ; aussitôt éclata une vive lumière qu'on a tenté d'utiliser pour la production des épreuves d'objets microscopiques, et il n'a pas fallu plus de six secondes pour obtenir une épreuve complète, l'appareil n'étant pas encore disposé de la manière la plus favorable, et l'objet étant très-petit et fortement grossi. C'étaient les écailles de Forbium.

Remarquant que les charbons s'usaient assez rapidement et deman-

1. Notes inédites.

daient à être constamment rapprochés. il était convenable d'estimer la rapidité de cette combustion : un bâton comme ceux qui ont été indiqués, long de 0^m.05 centimètres, placé au pôle positif et un autre de 0^m.25 placé à l'autre pôle ont donné 20 minutes de lumière constante; les bâtons qui ont servi présentent cette singularité que l'extrémité sur laquelle a agi le courant trace sur le papier comme la plombagine et devient en même temps luisante. l'autre extrémité conservant sa texture ordinaire sur le sommet. — Ophthalmie intense jusqu'à trois heures et qui n'a cédé qu'au bain de pied.

14 octobre 1843.

Soixante couples de Bunsen ont donné au microscope solaire de beaux effets; on voyait très-bien les écailles de Forbium à 1^m,50 de distance avec la série forte sans verre concave. Une personne était chargée de la direction des charbons. Les effets ont été assez beaux pour qu'on pût s'apercevoir d'un défaut grave. c'est la coloration du champ en bleu ou en rouge, selon qu'on opérait après ou avant la réunion des rayons au foyer des objectifs collecteurs. De là l'indication d'employer des verres achromatiques; mais leur prix élevé a fait que j'ai tenté de me retourner vers le miroir étamé concave; immédiatement l'essai fut fait de réunir en un foyer la lumière émise par la pile et il fut facile de constater le triple avantage d'avoir une image plus grande, plus lumineuse et achromatique. Ces résultats ne sont pas complétement empiriques; ils résultent tous de la propriété des miroirs concaves à égalité de courbures, de rassembler plus puissamment les rayons. ce qui fait qu'avec un miroir concave on peut recevoir une valeur angulaire des rayons émanés d'un point lumineux beaucoup plus considérable.

7 novembre 1843.

Soixante couples de Bunsen attelés en une série de façon à donner la

lumière ordinaire. L'essai fut fait de l'appliquer au microscope en tentant
de remplacer les objectifs collecteurs non achromatiques par un miroir
concave ; le miroir avait 0^m,08 de foyer et 0^m,08 aussi de diamètre. Le
point lumineux était placé à 0^m,13 et l'image un peu amplifiée se faisait
dans l'espace à une distance de 0^m,22 ; cette image était très-brillante et
achromatique, la température même y était notablement élevée. En plongeant dans cette image un objet microscopique et plaçant au devant, à la
distance convenable, la série forte du microscope solaire de Chevalier, on
obtenait à 2 mètres une image assez brillante pour qu'on pût distinguer en
mettant au point les détails de l'écaille de Forbium, quoique tout l'appareil fût situé dans la même pièce et l'inondât de lumière.

19 novembre 1843.

Nouvel essai avec soixante couples de Bunsen, la source de lumière et
le miroir concave étant séparés du lieu d'observation par une cloison. Dans
ces circonstances, l'écaille de podure, observée à 2 mètres de distance
avec la série forte et le verre concave, se distinguait très-bien, et malgré
cette amplification la lumière était encore plus intense qu'elle ne l'est au
microscope à gaz avec les grossissements les plus faibles.

L'image du charbon positif passait à travers une ouverture de 3/4 de
centimètre de diamètre, et celle du pôle négatif et celle du pôle se faisant
à quelque distance de là, ne passaient pas par l'ouverture et tombaient dans
une cloison de bois blanc ; la température se trouvait tellement élevée,
qu'en cet endroit le bois fut complétement carbonisé ; on tenta de produire
le même effet avec des lentilles, mais tout ce qu'on put faire fut d'allumer
une allumette chimique.

27 novembre 1843.

D'après les résultats satisfaisants fournis par l'emploi d'un miroir concave, un appareil régulier a été disposé, à l'aide de mécanismes situés sous

la main de l'opérateur ; les charbons pouvant être rapprochés graduellement l'un de l'autre à mesure qu'ils s'usaient, ils pouvaient aussi par un mouvement prompt être approchés ou éloignés l'un de l'autre, afin d'établir et d'interrompre le courant, ces manœuvres pouvant être constamment observées par l'opérateur à travers un verre noir qui permettait d'apercevoir les extrémités lumineuses, mais ne laissait pas passer assez de lumière pour nuire à l'effet. Le miroir concave, monté sur un pied maintenu dans une coulisse, était susceptible d'être approché ou éloigné, de façon à faire varier par suite la position de l'image du point lumineux et à remplacer ainsi l'effet du focus dans le microscope solaire. Le système de lentilles et l'engrenage étaient portés sur une planchette indépendante du système éclairant, et douée de deux petits mouvements de haut en bas et de droite à gauche pour suivre facilement les petits déplacements imprévus de la lumière.

La pile fut portée à 112 couples disposés en deux séries pour doubler la surface, les effets au microscope étant très-beaux, très-lumineux et passablement fixes, la fixité semblant dépendre du volume du courant, mais le porte-objets s'échauffant promptement et cassant même assez facilement, action très-différente de ce qu'on remarque au microscope solaire où le verre ne s'échauffe pas, et où la température élevée se fait particulièrement sentir sur les objets plus ou moins opaques placés sur le passage des rayons, ce qui indique une différence dans la nature des radiations calorifiques qui accompagnent ces deux radiations lumineuses. Ceci indique aussi quelques essais à faire pour absorber par des écrans une partie de cette chaleur contraire aux expériences.

La quantité du courant jouant un rôle très-important, il sera avantageux d'avoir une pile donnant un courant plus que suffisant et de modérer cette quantité au moyen d'un fil d'un diamètre et d'une longueur appropriés ou de deux lames métalliques plongeant plus ou moins dans un liquide conducteur.

3 décembre 1843.

Répétition des expériences précédentes devant M. Donné, plus le régulateur à lame de platine et eau acidulée et la glace pour arrêter les rayons calorifiques. Succès complet ; néanmoins encore un peu trop de chaleur au foyer du miroir. Aussi à la prochaine expérience sera-t-il bon de placer une seconde glace immédiatement derrière l'objet que l'on observe, et puisque la chaleur s'accumule dans le porte-objet, il est probable qu'une partie s'arrêtera dans la glace que l'on aura soin de laisser mobile, afin de la déplacer à mesure qu'elle s'échauffera. Dans cette dernière expérience, le champ se trouvait limité par un diaphragme porté au bout d'un tube à tirage, monté sur la pièce qui porte les objectifs ; à la faveur du tirage, on pouvait approcher ou éloigner ce diaphragme, ce qui limitait le champ à volonté.

11 février 1844.

Dans l'espérance d'avoir une lumière plus fixe, j'ai fait passer le courant fourni par 46 couples de Bunsen d'une pointe de charbon de gaz sur de l'argent fin ; à peine l'argent était-il fondu, que le courant s'interrompait. Ayant repris l'expérience en sens inverse, l'argent se mit à fondre et promptement, et à fournir un arc verdâtre très-fixe et que l'on pouvait étendre jusqu'à plus d'un centimètre. Dans ces circonstances, le courant n'avait aucune tendance à quitter le globule d'argent pour passer par le charbon qui le supportait, lors même qu'une plus courte distance aurait pu le faire croire. Ces deux phénomènes si opposés ne pourraient-ils pas s'expliquer, en admettant que dans le premier cas l'arc est formé par du charbon transporté, et dans le second par de l'argent? l'interruption du courant, dans le premier cas, ne proviendrait-elle pas de ce que l'arc du charbon au contact de l'argent fondu serait brûlé et interrompu par l'oxygène dissous et condensé par l'argent? l'arc si étendu que l'on obtient dans le second cas ne pourrait-il pas être attribué à une plus grande volatilité de l'argent, propriété démontrée par l'expérience même pendant laquelle se dégageaient d'énormes quantités de vapeur d'argent?

La longueur de l'arc ne serait-elle pas dépendante à la fois de la quantité, de la tension du courant et de la volatilité du pôle positif? la largeur
de cet arc ne serait-elle pas influencée par le milieu ambiant susceptible
d'agir chimiquement sur la substance de l'arc?

APPLICATION

DE LA

LUMIÈRE VOLTAÏQUE AU MICROSCOPE SOLAIRE[1]

(Paquet cacheté déposé à l'Académie des Sciences, par M. Al. Donné, le 18 décembre 1843.)

L'application de la lumière voltaïque au microscope solaire est devenue possible entre nos mains à l'aide des conditions suivantes :

1° Substituer aux cônes de charbon employés jusqu'ici des solides de ce même corps présentant la même section dans toute la longueur de la partie qui doit subir l'incandescence ;

2° Opérer à l'air libre et non dans le vide, ni même en vase clos ;

3° Employer pour développer la lumière le charbon dense et brillant qui se dépose à la longue sur les parois des cylindres où l'on distille la houille pour produire le gaz d'éclairage. Le charbon à cet état possédant les deux propriétés précieuses d'être très-conducteur et presque incombustible à l'air, peut, sans inconvénient, être réduit en bâtons carrés portant $0^m,10$ de longueur et $0^m,003$ de côté ;

4° Réparer incessamment l'usure irrégulière causée par la combustion et *surtout* par le transport, au moyen d'un mécanisme à portée de l'opérateur ;

5° Rassembler la lumière ainsi produite en un cône convergeant sur l'objet à observer par un miroir étamé concave, donnant une image un peu

---

1. En collaboration avec M. Al. Donné. — Note inédite.

9

grossie du point lumineux, un peu au delà et au-dessous du centre de courbure, tandis que le point lumineux se trouve un peu en deçà et au-dessus de ce même point;

6° Modérer l'intensité de la chaleur concentrée au même lieu que la lumière par l'interposition de deux glaces planes et épaisses, l'une située devant le miroir, l'autre placée immédiatement derrière l'objet soumis à l'observation. Cette dernière est mobile, afin de pouvoir être déplacée à mesure qu'elle s'échauffe;

7° Engendrer le courant au moyen d'une pile de Bunsen de 120 couples attelés en deux séries réunies pôle à pôle. Pour la durée de l'effet et la conservation des zincs amalgamés, l'acide sulfurique doit être au moins à » et l'acide nitrique à 20 degrés au plus; circonstance importante, qui permettra de modifier plus tard la disposition de cette pile afin d'en rendre le service prompt et facile;

8° Enrayer le courant au moyen d'un régulateur placé à portée de l'opérateur, formé de deux lames de platine triangulaires maintenues à distance plongeant la pointe en bas dans un liquide conducteur.

Sur ces données, nous avons disposé un instrument fonctionnant actuellement et permettant d'observer des objets délicats à une distance de plus de 3 mètres.

NOTICE

sur

LE MICROSCOPE PHOTO-ÉLECTRIQUE [1]

Académie des Sciences, 15 avril, 1844 [2].

Aujourd'hui, personne n'ignore qu'il existe un instrument pour peindre en grand, sur un écran, les objets très-petits au moyen de la lumière du soleil : c'est le microscope solaire inventé par Lieberkühn, en 1738, et qui fit, à cette époque, une grande sensation. Avec cet instrument, une réunion nombreuse peut contempler à loisir des détails minutieux qui, au microscope ordinaire, ne sont vus que par un seul individu.

A son début, comme tout ce qui paraît, le microscope solaire était fort imparfait; depuis, il a reçu de grandes améliorations; mais à mesure qu'il se perfectionnait, il semblait se reléguer au nombre des objets de pure curiosité. Toutefois, dans ces dernières années, la microscopie ayant pris un grand développement, on a compris qu'il y aurait de l'intérêt à tirer de son abandon le microscope solaire, non pour en faire un instrument de recherches, mais pour mettre sous les yeux du public les résultats de la science.

Malheureusement, dans notre climat, le soleil est bien rare; pendant

1. Cet appareil, inventé par MM. Donné et Léon Foucault, a été présenté à la Société d'encouragement en 1845 : des expériences ont été faites avec ce microscope dans la séance extraordinaire du 12 mars 1845.

2. Voir : *C. R. de l'Ac. des Sc.*, XVIII, p. 696. *Bull. de la Soc. d'encouragement*, 1845, p. 389.

une grande partie de l'année il se montre à peine, et même pendant la belle saison il n'est pas possible de décider à l'avance le jour où l'on devra se réunir pour observer les effets du microscope solaire.

Ces considérations devaient amener des tentatives qui auraient pour but de remplacer la lumière du soleil par quelque foyer artificiel, dont on pourrait disposer à son gré. C'est en Angleterre qu'on a construit le premier *microscope à gaz*, et pour cela on a mis à profit la lumière de M. Drummond; mais véritablement l'effet est resté trop au-dessous de ce que l'on voulait obtenir.

Bien avant M. Drummond, Davy avait su produire, au moyen d'une forte pile, une lumière que l'on disait comparable à celle du soleil; mais il fallait des appareils si puissants, qu'on ne pouvait répéter l'expérience dans toute sa splendeur qu'à l'Institut royal de Londres. Ce que l'on faisait dans nos cours n'en était qu'une pâle représentation, quand M. Bunsen inventa la pile à charbon et mit entre les mains des physiciens une source énergique d'électricité dynamique; alors l'expérience de Davy fut répétée de tous côtés, et dans nos amphithéâtres on fut ébloui des torrents de lumière versés par les cônes de charbon.

Il n'y avait plus à hésiter, et ce qu'on avait fait avec la lumière de Drummond, il fallait le tenter avec celle de Davy, bien plus brillante, mais bien moins facile à gouverner. Ainsi le problème que nous nous proposions était celui-ci :

1° Régulariser une source lumineuse;

2° Modifier l'appareil optique d'une façon appropriée à la nature de cette lumière.

Et c'est en exposant les moyens par lesquels on a satisfait à ces deux conditions que nous croyons donner la meilleure description du nouvel instrument que nous avons présenté sous le nom de *microscope photo-électrique*.

Dans les expériences que l'on fait ordinairement avec la pile et les pointes de charbon, la lumière produite est tout à fait impropre aux expérience d'optique : 1° parce qu'elle varie continuellement en couleur et en intensité; 2° parce que les parois du ballon où elle se produit se ternissent en peu d'instants; et 3° parce que les surfaces irrégulières de ce ballon troublent considérablement la marche des rayons.

On est arrivé à triompher de ces obstacles par le choix qu'on a fait du charbon dense qui se dépose dans les appareils où se fait la distillation de la houille. Le charbon, aussi compacte que possible et exempt de fissures, est réduit, par un lapidaire, en bâton prismatique, à base carrée de $0^m,003$ de côté sur une longueur de $0^m,10$ à $0^m,12$.

Quand on fait éclater la lumière électrique entre les extrémités de ces baguettes de charbon, on remarque : 1° que la lumière a gagné en fixité, blancheur et intensité; 2° que ce charbon est très-bon conducteur, et 3° que sa combustion à l'air libre est très-lente et très-difficile.

Il ne reste donc plus, pour que le phénomène persiste, qu'à rapprocher les charbons à mesure qu'ils se consument.

Ceci ne peut être confié à un mouvement d'horlogerie dont la vitesse uniforme ne saurait s'accommoder à l'usure irrégulière des charbons. Dans l'appareil dont il s'agit, ces charbons peuvent être continuellement rapprochés et maintenus vis-à-vis l'un de l'autre par un mécanisme placé à la portée de l'opérateur et sans qu'ils cessent un seul instant d'être en communication avec la pile.

Après avoir ainsi régularisé le foyer de lumière, on pouvait croire qu'il ne restait plus qu'à présenter au-devant le système optique tel qu'il est disposé au microscope à gaz. Cependant cela ne fournit pas de bons résultats; en voici la raison : pour transformer en rayons très-convergents des rayons très-divergents, on a coutume d'employer deux fortes lentilles de crown-glass; mais comme l'extrémité lumineuse du charbon est un point très-petit, l'image de ce point formée au foyer des lentilles est tellement entachée d'aberrations de sphéricité et de réfrangibilité, qu'il aurait fallu essayer de nouvelles courbures et achromatiser les objectifs collecteurs. Il a paru plus simple de se servir d'un miroir étamé concave, de façon que le point lumineux placé au-devant de ce miroir, et un peu au-dessus de son axe, vînt former une image amplifiée plus nette et achromatique un peu plus loin et au-dessous de cet axe.

Ainsi on a fait construire un miroir de $0^m,08$ de foyer principal et de

0^m.10 de diamètre : placé à 0^m,15 des charbons. il en forme une image dans l'espace. à 20 et quelques centimètres. un peu amplifiée, achromatique et suffisamment nette, quoique les rayons opposés du cône convergent fassent entre eux un angle de 25 à 30 degrés, condition importante d'où dépend l'éclairement des objets, et à laquelle il eût été difficile de parvenir avec des lentilles.

La lumière émanée du charbon positif rassemblée ainsi en un foyer sur un papier blanc est tellement brillante, que l'œil peut à peine en supporter l'éclat; mais aussi les radiations calorifiques qui suivent le même chemin y élèvent tellement la température. que les substances organiques y sont presque aussitôt carbonisées. Toutefois, en observant de plus près, on s'aperçut que cette chaleur rayonnante n'est pas identique avec celle provenant du soleil et qu'il serait plus facile de lui barrer le passage.

À cet effet, nous avons placé devant le miroir une boîte à faces parallèles en glaces blanches et polies et remplie d'une solution d'alun saturée et limpide. Par cette disposition, la masse liquide deux fois traversée par la lumière la dépouille en grande partie de la chaleur qui l'accompagne. et les observations peuvent être prolongées aussi longtemps qu'on le juge à propos.

Tels sont les moyens à l'aide desquels nous avons pu réaliser ce nouveau genre d'expériences.

Dans l'exécution de l'appareil, on a réservé la mobilité du miroir d'avant en arrière. et réciproquement, afin de pouvoir faire varier dans le même sens la distance à laquelle se forme le foyer, ce qui remplace le verre *focus* des microscopes solaires; de plus, la facilité qu'on s'est ménagée de faire tourner le miroir autour de son diamètre horizontal permet de parer au déplacement que le point lumineux pourrait subir suivant la verticale; mais pour ceux qu'il éprouverait dans le sens horizontal. c'est tout le système de lentilles accompagné de la platine du microscope. qui se transporte tout d'une pièce et va au-devant du foyer lumineux.

Enfin tout ce qui concerne la production de la lumière a été enfermé dans une boîte à laquelle on a ménagé des jours garnis de verres colorés très-foncés qui laissent à l'expérimentateur la surveillance de cette lumière qu'il peut, du reste, éteindre ou rallumer à son gré.

Pour prévenir l'accumulation de l'énorme chaleur dégagée par l'incandescence des charbons, on a formé le dessus et le dessous de la boîte de deux séries de lames métalliques, obliques et placées dans le sens le plus convenable pour laisser circuler l'air et empêcher que la lumière ne se répande au dehors.

Le courant qui alimente l'appareil est fourni, comme nous l'avons dit, par une pile à charbons de Bunsen. Il faut au moins 60 couples. Comme cette pile n'est pas à effet constant et qu'elle fournirait, dans les premiers instants, une trop grande quantité d'électricité pour ensuite ne plus donner seulement le nécessaire, il a fallu mettre sur le chemin du courant un régulateur situé sous la main de l'opérateur. Ce régulateur est formé de deux lames de platine triangulaires, maintenues à une petite distance l'une de l'autre par un corps non métallique, et qui plongent plus ou moins, la pointe en bas, dans une eau légèrement acidulée; par ce moyen, on peut régler la quantité d'électricité, qui doit être proportionnée à la grosseur des charbons.

Après avoir spécialement destiné cet appareil aux démonstrations microscopiques, nous nous sommes livrés à quelques expériences d'optique, et les résultats que nous avons obtenus nous font penser qu'il ne faudrait pas de grandes modifications pour le rendre apte à répéter les expériences qui réclamaient jusqu'à présent la lumière solaire.

Tout l'appareil, sauf la pile, a été construit par M. Charles Chevalier, et la coopération de cet habile artiste a singulièrement facilité la tâche que nous nous étions imposée.

En résumé, l'application de la lumière voltaïque aux démonstrations microscopiques s'est réalisée, entre nos mains, à l'aide des artifices suivants :

1° Substituer aux cônes de charbon employés jusqu'ici des prismes du même corps, afin qu'ils présentent une égale section dans toute la longueur où ils doivent subir l'incandescence ;

2° Opérer à l'air libre et non dans le vide, ni même en vase clos :

3° Employer, pour développer la lumière, le charbon dit *charbon de gaz*, qui est à la fois le plus conducteur et le moins combustible ;

4° Réparer incessamment l'usure irrégulière des charbons et les maintenir presque en contact au moyen d'un mécanisme à portée de l'opérateur ;

5° Rassembler la lumière ainsi produite en un cône convergent sur l'objet à observer, au moyen d'un miroir étamé concave ;

6° Modérer l'intensité de la chaleur concentrée aux mêmes points que la lumière, par l'interposition d'une boîte à faces parallèles en glace, et remplie d'une solution saturée d'alun ;

7° Enfermer dans une boîte très-perméable à l'air les charbons incandescents, afin qu'aucun autre rayon que ceux qui concourent à l'effet optique ne se répande au dehors ;

8° Engendrer le courant au moyen d'une pile de Bunsen de 60 couples au moins ;

9° Enrayer le courant par un régulateur consistant en deux lames de platine triangulaire plongeant dans une eau faiblement acidulée.

C'est avec un appareil construit sur ces principes que nous avons répété devant la Société d'encouragement toutes les expériences du microscope solaire.

DESCRIPTION DU MICROSCOPE PHOTO-ÉLECTRIQUE DE MM. DONNÉ ET LÉON FOUCAULT [1].

La figure 1, planche 2, représente le microscope vu de face. La figure 2 est une section verticale et transversale prise sur la ligne A B de la section longitudinale, figure 3.

La figure 4 est une section verticale du miroir et la figure 5 l'objectif et l'assemblage des lentilles achromatiques formant l'appareil amplificateur du microscope : ces deux figures sont dessinées sur une plus grande échelle.

Une partie de l'appareil est destinée à éclairer vivement l'objet qu'on

1. Voir : *Bull. de la Soc. d'encouragement*, 1845, p. 578.

veut soumettre à l'observation, le reste effectue le grossissement, d'après les principes anciennement connus, et a été emprunté au microscope solaire ordinaire.

Les diverses pièces dont se compose le nouvel appareil sont groupées tant à l'intérieur qu'à l'extérieur de la boîte A; celles qui concourent à l'éclairage de l'objet sont plus particulièrement reléguées à l'intérieur; on les voit dans les figures 2 et 3 : nous allons en donner l'énumération et indiquer leur destination spéciale.

La lumière fournie par la pile éclate au point a, à l'extrémité de la baguette de charbon qui est en communication avec le pôle positif d'une forte pile. En face de ce charbon, on en voit un autre semblable a', qui communique avec le pôle négatif : ces charbons, très-grêles, sont montés chacun dans une espèce de porte-crayon par l'intermédiaire de deux demi-cylindres de coke aggluriné b, b', qui s'engagent dans les viroles métalliques c, c; ces viroles sont soutenues chacune par des queues c. d, qui se prolongent jusqu'en c' d'.

Les porte-crayons ou plutôt les porte-charbons ne sont point adhérents à l'appareil et peuvent être retirés à la main toutes les fois qu'on a besoin de changer les charbons; cependant ils sont, pendant l'expérience, en communication chacun avec un des pôles de la pile; en outre, pour réparer l'écartement qui résulte de la combustion des charbons, et pour établir ou interrompre à volonté le passage du courant, ils ont besoin d'exécuter chacun deux espèces de mouvement. On a satisfait à ces conditions par la disposition suivante :

k, l, figure 3, sont les supports des porte-charbons pourvus l'un et l'autre de deux rebords e, e'; aux points qu'indiquent ces lettres on a pratiqué des encoches dans lesquelles viennent s'engager les tiges des porte-charbons; dans la position verticale de l'appareil, ceux-ci tomberaient dans l'intérieur de la boîte, s'ils n'étaient maintenus en place par les ressorts f, f, qui sont en communication métallique directe avec les anneaux o, o', lesquels communiquent eux-mêmes avec les pôles de la pile. Aussi, dès que le contact s'établit entre les extrémités des charbons, l'électricité entre en circulation.

Quoique pressés par les ressorts, les porte-charbons peuvent se mouvoir de diverses manières. Le support *l* est fixé sur un axe vertical *i*, autour duquel il peut tourner quand l'opérateur agit sur un petit levier qu'on y a fixé ; ce levier, qui fait saillie à la face antérieure de la boîte, est terminé par un bouton *v'*, figure 1 ; il en résulte que l'extrémité du charbon *a'* se meut en décrivant horizontalement un arc de cercle ayant son centre sur l'axe *i*.

Le support *k*, au contraire, tourne autour d'un axe horizontal très-court *j'*, quand l'opérateur saisit le bouton *v''*, qui termine au dehors de la boîte l'extrémité d'un petit levier inhérent à ce même support. Comme conséquence de ce mouvement, il arrive que l'extrémité du charbon *a* décrit dans un plan vertical un arc de cercle ayant son centre au point *x*.

Or, si les pointes *a*, *a'* sont suffisamment prolongées, il est évident que, à l'aide des deux mouvements qu'on vient de décrire, elles peuvent s'entre-choquer ; mais ces pointes se consument par suite de la vive combustion dont elles sont le siége, et, quoique mises en contact au commencement de l'expérience, peu d'instants suffisent pour établir entre elles une distance telle qu'elle devient un obstacle insurmontable au courant : il a donc fallu songer à combler cette distance, et voici comment on y est parvenu. Les tiges des porte-charbons étant cylindriques, peuvent glisser dans les encoches des supports, quoique pressés par leurs ressorts respectifs, et sans cesser d'être en contact avec eux. Si donc, par suite de la combustion, les pointes charbonneuses *a*, *a'* s'éloignent l'une de l'autre, il suffit de presser sur les extrémités libres *c'*, *d'* des tiges, pour neutraliser aussitôt cet effet. L'action est produite du dehors par l'intermédiaire d'un mécanisme composé de deux barres métalliques *h*, *h*, dentées sur leur bord supérieur, et dans lesquelles engrènent des pignons dont les têtes *i'*, *i'* font saillie au-devant de la boîte. Ces crémaillères se meuvent horizontalement, en s'éloignant ou en s'approchant l'une de l'autre.

Sur la surface des barres qui regarde dans l'intérieur de la boîte A, on voit s'élever perpendiculairement deux plans métalliques *g*, *g*, qui font saillie d'une manière assez prononcée pour que, entraînés par le mouvement de la barre, ils chassent devant eux les porte-charbons, à mesure que le besoin l'exige. On conçoit que la course de l'engrenage doit être égale à la longueur des charbons.

Telles sont les dispositions qu'on a dû prendre pour faire naître et pour entretenir au point *a* la lumière électrique.

Nous allons nous occuper maintenant de la manière d'employer cette lumière le plus utilement possible.

Il faut, pour les besoins du microscope que l'on voit de profil, figure 2, en avant de la boîte, qu'un faisceau conique de lumière intense vienne s'engager dans l'ouverture *m* et que son axe coïncide avec l'axe de l'instrument. Cependant on voit que le point *a* est bien au-dessus de cet axe; aussi n'est-il destiné à fournir aucune lumière directe, et ce n'est qu'après avoir été réfléchis sur le miroir concave C que les rayons se réuniront en un foyer *m* et tomberont sur l'objet à observer.

La position du foyer *m* est très-importante; de plus, elle dépend de celle du point *a* que l'opérateur ne peut pas maintenir rigoureusement fixe : il faut donc obvier aux déplacements qui pourraient survenir.

Le foyer *m* tend-il à s'avancer ou à se reculer, le miroir C, porté sur la colonne horizontale D, peut être reculé ou avancé au moyen du pignon E, qui mord dans un engrenage ; si le foyer *m* monte ou descend, le miroir concave, qui peut tourner autour de son diamètre horizontal *n' n'*, est plus ou moins incliné par l'action d'une vis sans fin cachée dans le tube carré G et traversant la colonne D; cette vis engrène dans un secteur *s*, fixé sur la monture du miroir. La rotation est imprimée à la vis par la tête moletée *j*.

Reste encore un déplacement possible du foyer *m*, c'est celui qui le ferait tomber soit à droite, soit à gauche de l'axe du microscope. A cet effet, le microscope est porté sur une planche P, suspendue par un boulon N, qui est le centre des petits mouvements nécessaires pour suivre le foyer dans cette dernière espèce de déplacement.

Ainsi voilà l'objet vivement éclairé; il ne reste plus, pour obtenir une image amplifiée, qu'à placer au-devant le système de lentilles achromatiques et à court foyer du microscope solaire; encore faut-il placer l'objet bien au milieu du champ, l'engager sous des pinces destinées à le soutenir, mettre l'instrument au point, tout en surveillant la lumière, en repoussant les charbons ou en replaçant le foyer, etc. On voit que c'est bien de l'occupation pour un seul expérimentateur ; cependant la chose est possible, et nous l'avons prouvé maintes fois. Ce n'était pourtant pas une raison pour s'abstenir de recourir aux moyens auxiliaires qui auraient pu se présenter, et j'ai pensé que, en bien des occasions, on ne serait pas fâché de faciliter cette tâche en se la partageant ; c'est là ce qui motive l'emploi de quelques pièces additionnelles dont il n'a pas encore été parlé.

Ainsi l'on voit en i', i'', figure 3, deux têtes de pignons semblables à celles qui ont été indiquées sur le devant de la boîte ; par leur moyen, une personne placée derrière la boîte peut, en écartant modérément les bras, s'affecter exclusivement à entretenir et à diriger la lumière.

Au-dessous de ces têtes de pignons on voit, dans la figure 3, deux boutons plus petits l', l'', reliés, par les tringles p', p'', aux boutons r', r'', situés également sur le devant de la boîte et, comme eux, destinés à imprimer aux supports des charbons les mouvements dont ils sont susceptibles. La personne placée derrière la boîte a donc sous la main ces quatre pièces importantes, à l'aide desquelles elle dirigera les charbons, à condition, toutefois, qu'elle puisse voir ce qu'elle fait.

C'est pour cela qu'on a pratiqué en O une petite porte à jour garnie d'un verre noir qui amortit presque complétement l'éclat de la lumière, et n'en laisse passer que ce qu'il faut pour juger de la situation et de l'état des charbons. Si la personne préposée à gouverner la lumière s'acquitte bien de son office, celle qui est en avant de la boîte et qui manie le microscope n'aura pas plus à faire que si elle opérait avec un microscope solaire.

Dans notre appareil, le microscope proprement dit L, porté sur la planche P, se compose d'une colonne carrée à engrenage t, figure 2, sur laquelle se meut, à la faveur d'un pignon u, une boîte r, portant un jeu de lentilles achromatiques y, y, dont on voit la composition détaillée, figure 5.

Le mouvement communiqué par l'engrenage étant un peu brusque, on a ajouté un mouvement lent qui permet de mettre au point avec précision, ce qu'on fait en tournant l'écrou à tête x'.

Sur l'extrémité de la colonne t glisse à frottement un seconde boîte carrée qui porte un diaphragme circulaire p, qui limite le champ d'observation et arrête les rayons les plus obliques; un écran q est fixé au-devant de ce diaphragme.

En n on voit une espèce de lorgnon garni d'un verre presque noir : il répond à une ouverture pratiquée dans la planche P et permet, sans être ébloui, de surveiller les charbons; quand on veut regarder directement dans l'appareil, il suffit de pousser sur la queue pour le faire tourner autour de la vis n'; et alors l'ouverture sous-jacente se trouve complétement dégagée.

Pour soutenir les objets de toute espèce que l'on se propose d'observer, on utilise ensemble ou séparément les différentes pinces à ressort r, r', qui, toutes, prennent leur point d'appui sur la planche P.

L'énorme quantité de chaleur rayonnante qui accompagne la lumière serait venue, comme elle, se concentrer au point m, si on ne l'arrêtait en grande partie par l'interposition d'une boîte F, à faces parallèles, en glace blanche et polie, dans laquelle on verse une dissolution d'alun saturée et limpide. Ainsi traversée deux fois par la lumière, la masse liquide arrête en grande partie la chaleur rayonnante, qui, sans cette précaution, désorganise les substances et brise les verres que l'on place au foyer.

Ce même développement de chaleur nous a déterminés à ne pas fermer complétement la boîte et à en garnir le dessus et le dessous de deux doubles rangées de lames de tôle obliques K, figure 2. La lumière ne saurait donc parvenir au dehors, et cependant l'air se renouvelle et circule librement dans l'intérieur de la boîte.

Ainsi disposé, l'appareil serait complet si nous possédions une pile à courant énergique et constant. La pile de *Bunsen*, qui seule, jusqu'à ce jour, peut suffire à ces sortes d'expériences, jette, dans les premiers instants, un feu qu'il faut modérer et même économiser.

A cet effet, il y a, sous la boîte, un régulateur formé de deux lames de platine b', b''', figure 2, terminées en pointe et soutenues, à hauteur variable, par un support à engrenage S : une de ces lames b''' communique, par une lanière métallique H et par l'anneau o', avec le pôle positif de la pile, et l'autre, b', par une lanière H' avec l'anneau o: ces deux lames

peuvent, par conséquent, plonger plus ou moins dans l'eau légèrement
acidulée contenue dans le vase I. Il est important que ces lames de platine soient fixées sur une pièce n' non métallique et non conductrice, parce
que le courant, forcé d'aller d'une lame à l'autre, par le conducteur liquide
intercepté entre elles, se proportionne à la section de ce conducteur.

Indiquons de nouveau le chemin passablement compliqué que doit
suivre le courant voltaïque ; prenons-le à la sortie de la pile au pôle positif
qui vient s'accrocher à l'anneau o'. Par ce point, il fait son entrée dans le
régulateur, se rend par un chemin tout métallique jusqu'à la lame b''' ; il
la quitte, traverse le liquide pour aller se jeter sur la lame b'', et, continuant par la lanière de cuivre jusqu'à l'anneau o, il trouve encore une voie
non interrompue jusqu'au point x, où il quitte le ressort pour entrer dans
le porte-charbon et dans le charbon lui-même ; arrivé à l'extrémité, il
s'élance sur le charbon opposé, et c'est là qu'il produit l'effet qu'on en
attend. Rendu dans le second charbon, il retrouve une voie analogue à
celle par laquelle il est venu, porte-charbon, ressort, conducteur métallique jusqu'en o', où l'on accroche le pôle négatif de la pile.

L'appareil est porté sur un tréteau B, qui l'élève à la hauteur convenable. R est une tablette qui sert à porter le régulateur et sur laquelle se
posent tous les menus objets qui doivent servir aux expériences.

À 3 mètres en avant, on tendra un écran blanc de $1^m,50$ de diamètre
au moins : on emploiera de préférence du papier blanc un peu fort et bien
tendu.

Pour obtenir un courant suffisamment énergique, nous nous sommes
servis, jusqu'à présent, d'une pile de *Bunsen* de 60 couples au moins, comme
M. *Deleuil* les construit. Si l'on voulait dépasser ce nombre afin d'avoir un
peu plus d'intensité, et surtout opérer plus longtemps, il faudrait le porter
brusquement à 120. Dans ce cas, on ferait deux piles ayant chacune son
pôle positif et son pôle négatif ; on réunirait entre eux les pôles semblables,
et les quatre conducteurs se réduiraient à deux, dont on disposerait
comme de ceux d'une pile simple ordinaire. Dans la pile de *Bunsen*, le pôle
positif est l'extrémité terminée par un élément charbon, et le pôle négatif
est l'extrémité terminée par un élément zinc.

Cette manière d'atteler ensemble deux piles de même force produit le même résultat que si l'on doublait la surface des éléments sans en augmenter le nombre.

Les petites baguettes charbonneuses a, a' doivent être composées d'une nature de charbon toute particulière; il faut les prendre dans ces masses denses et compactes qui se déposent à la surface interne des parois des cylindres où l'on distille la houille pour en obtenir le gaz d'éclairage.

Ces blocs de charbon sont très-durs et très-difficiles à attaquer, et, pour les débiter, il faut recourir aux procédés dont on se sert pour entamer les pierres précieuses; on les réduit en baguettes carrées de 0°,10 de long et 0^m,003 seulement de large sur chaque face.

Quand on veut opérer, l'essentiel est de centrer l'appareil. Je suppose que l'on soit au moment où la pile es prête et où les pôles ont été accrochés à leurs anneaux respectifs o', o'. On tient à la main les porte-charbons garnis de baguettes neuves : pour les mettre en place, on commence par éloigner le plus possible l'une de l'autre les barres métalliques h, h, au moyen des boutons i', i'; par suite, les petits plans g, g présentent entre eux un grand écartement et viennent s'appliquer jusque contre les parois de la boîte. Alors, en ouvrant une des portes T ou T', qui ont été pratiquées sur les côtés de la boîte, on pénètre et on voit librement dans l'intérieur. Il est donc facile de saisir les porte-charbons, d'engager les extrémités c', d' de leurs tiges sous les ressorts f, f, de les soulever un peu, et d'abandonner la pièce lorsqu'elle se trouve vis-à-vis des encoches e, e; en même temps on repousse ces porte-charbons jusqu'à ce que les extrémités c', d' viennent buter contre les plans g, g.

Si les baguettes de charbon ont été choisies de longueur convenable, il doit exister, dans cette position, une certaine distance entre leurs extrémités a, a'; c'est le moment de se placer devant la boîte, figure 1, de soulever la planche P autour du boulon N ou de l'enlever tout à fait, afin de démasquer l'ouverture V, figure 2, et, par suite, les charbons que l'on aperçoit les premiers. On saisit les têtes des pignons et on agit sur eux pour combler l'intervalle qui sépare les extrémités a et a' des charbons; mais on fait prédominer l'action de l'un ou de l'autre de ces pignons de façon que le contact des charbons s'opère sensiblement dans le plan médian de l'appareil.

Les choses en cet état, si le contact a lieu, la lumière doit jaillir, et, pour le faire cesser, il suffit, en poussant le bouton r', d'éloigner le charbon négatif à une distance infranchissable au courant. Pour rallumer, il n'y aura qu'à agir en sens contraire sur ce bouton, afin de ramener le charbon négatif en contact avec l'autre, et, si cela ne suffisait pas, à agir sur l'un des boutons i'', i'''.

Cela fait, on remet la planche P en place, dans une situation à peu près verticale, puis on fait paraître la lumière, et on regarde par la porte T si le faisceau réfléchi tombe dans l'ouverture m; s'il n'y tombait pas, on l'y amènerait soit en variant l'inclinaison du miroir par le bouton j, soit en obliquant légèrement la planche P, mobile autour du boulon N.

Quand le faisceau de lumière réfléchi s'engage dans l'ouverture m, on voit le champ de l'instrument se projeter lumineux sur l'écran, et, pour obtenir le maximum d'intensité, il n'y a plus qu'à faire avancer ou reculer le miroir C au moyen du bouton E.

Pendant tous ces préparatifs, les lames du régulateur ne doivent plonger qu'à peine dans l'eau acidulée du vase I, et ce n'est qu'au moment d'opérer définitivement qu'on les fait plonger un peu plus.

Quelques tâtonnements seront nécessaires la première fois qu'on fera fonctionner l'appareil, afin d'acquérir la notion de l'intensité que l'on doit donner au courant, intensité qui dépend, d'une part, de l'énergie de la pile, et, d'autre part, de la position du régulateur.

Si l'intensité est trop forte, les charbons se consument avec rapidité, et il se dégage une telle chaleur, que les parties voisines de l'appareil ne tarderaient pas à être compromises ; si l'intensité est trop faible, la lumière est faible aussi et surtout vacillante, parce que la moindre trace d'impureté ou de cendre devient un obstacle au passage du courant.

Par suite de la facilité qu'on a d'éteindre et de rallumer à volonté la lumière électrique, on ne la laisse jamais briller inutilement, et, pendant ces interruptions, l'appareil et l'assemblée seraient plongés dans une obscurité complète. On échappe à cet inconvénient en plaçant dans l'intérieur de la boîte une bougie allumée ; la disposition des lames obliques K fait qu'elle y brûle très-bien et qu'elle ne fond même pas sous l'action de la chaleur. On peut aussi voir à tout moment, dans l'intérieur de la boîte, où en sont les choses, lors même que l'électricité ne l'éclaire pas ; il suffit, pour cela, de détourner le lorgnon n ou d'ouvrir la petite porte O.

Lorsque tout est prêt et qu'on se propose de faire définitivement l'expérience, l'opérateur principal se place devant l'appareil et à droite : dans cette position, il a sous la main toutes les pièces importantes ; il voit ce qui se passe au dedans à travers le lorgnon n, et il peut aussi jeter les yeux sur l'écran ; il fait donc apparaître la lumière au moyen du bouton r', en ayant soin de maintenir le charbon positif a un peu en avant du charbon négatif a', puis il l'amène au maximum d'intensité par les diverses manœuvres que nous avons décrites. On place l'objet sous la pince r, en s'aidant, s'il le faut, des autres plus petites r', r', et on met au point comme pour tout instrument d'optique.

Tant que dure l'observation, il faut rapprocher les charbons souvent et à petits coups ; c'est ce que doit faire l'opérateur, s'il est seul, au moyen des têtes de pignons i', i'.

S'il a recours à un aide, celui-ci se place derrière la boîte, et, en écartant les bras, il atteint aux têtes des pignons i'' et i''' et aux boutons l', l' ; en même temps il voit, à travers le verre noir de la porte O, la combustion des charbons et peut en apprécier le résultat en regardant l'écran par-dessus l'appareil ; même il peut disposer du courant à son gré, puisqu'il a le régulateur sous la main.

Un appareil construit suivant cette disposition a fonctionné devant la Société d'encouragement dans sa séance du 12 mars 1845, et nous a servi à dérouler devant une assemblée nombreuse, non-seulement les images amplifiées d'objets conservés et préparés d'avance, mais aussi celles de la cristallisation des sels, d'animalcules vivants et de la circulation du sang s'opérant chez un animal vivant.

Le même appareil nous a encore servi à peindre sur l'écran l'image agrandie des extrémités incandescentes des charbons ; dans cette expérience nouvelle, le foyer de la lumière est devenu lui-même l'objet à observer.

Enfin nous avons fait voir à l'improviste quelques phénomènes de lumière polarisée, afin de montrer de quel secours serait, pour l'enseignement. un appareil de ce genre; il faudrait, pour cela. lui faire subir quelques modifications et surtout des simplifications : nous nous en occupons et nous avons l'espoir que, en facilitant ainsi les expériences et les démonstrations, nous réussirons à présenter aux commençants la belle science de l'optique, avec tous les attraits qui. d'ordinaire, ne se manifestent qu'au petit nombre d'adeptes qui ont le courage d'affronter l'aridité de ses éléments.

La lumière électrique possède une propriété perfide dont il faut être bien prévenu : dans les premiers instants qu'elle frappe directement la vue, elle éblouit vivement et l'on n'est pas tenté de la regarder fixement, mais peu à peu on s'y habitue, et c'est là le danger; malheur à qui se laisse aller à contempler attentivement et à nu le radieux spectacle de la lumière électrique, car, dans la nuit qui suivra cette action imprudente, il sera pris d'une ophthalmie des plus intenses et des plus douloureuses. Jusqu'à présent, cet accident n'a pas eu de suites fâcheuses chez les personnes qui l'ont éprouvé; mais, encore une fois, c'est un service à rendre à ceux qui croiraient pouvoir impunément regarder les charbons incandescents. que de leur faire savoir qu'il se passe alors, au fond de l'œil et à leur insu, une altération dont ils éprouveront, plusieurs heures après, les terribles effets. On arrive facilement, par l'emploi de verres colorés plus ou moins foncés. à se mettre à l'abri d'accidents aussi graves[1].

1. Voir ci-après les Mémoires sur les Régulateurs de la lumière électrique.

DESCRIPTION DU MICROSCOPE-DAGUERRÉOTYPE

ET DES

PROCÉDÉS PHOTOGRAPHIQUES EMPLOYÉS

DANS L'EXÉCUTION DE CET ATLAS

C'est à la belle découverte de M. Daguerre qu'on a eu recours pour obtenir les dessins originaux d'après lesquels ont été copiés fidèlement les planches qui composent cet Atlas. Mais une application aussi spéciale demandait quelque chose de plus que les méthodes qui suffisent chaque jour entre des mains exercées à produire les plus belles épreuves. Il fallait, pour remplir notre cadre, des moyens photographiques presque sûrs et donnant des résultats assez prompts pour que les objets délicats soumis à l'expérience n'eussent pas le temps de s'altérer ni même de se déplacer. Il fallait, en outre, un appareil optique susceptible de donner de belles images d'un grossissement déterminé, depuis 20 jusqu'à 400 fois.

Au point où en est parvenue la photographie en fait de système, on n'a vraiment que l'embarras du choix. Pour fixer le nôtre, nous nous sommes attachés à bannir autant que possible l'incertitude et le tâtonnement. Nous nous sommes efforcés de réunir un ensemble de procédés qui

1. Un vol. in-folio de 20 planches comprenant 86 figures. Paris, J.-B. Baillière, 1845. En collaboration avec M. Al. Donné.

Cet atlas, qui est le complément du *Cours de microscopie* de M. Al. Donné, comprend la reproduction gravée d'images obtenues par le microscope-daguerréotype et se rapportant à un certain nombre d'objets divers dont la connaissance complète est nécessaire aux médecins.

nous permît de profiter du beau temps dès qu'il se montrait. Après avoir fait quelques essais sur des objets faciles et préparés d'avance, nous nous sommes mis à l'œuvre, en procédant de la manière suivante :

La plaque, placée sur quelques doubles de papier, est polie à la ponce et à l'essence de lavande au moyen d'un fort tampon de coton ; quand, après quelques instants, la formation d'un cambouis noir indique que l'action a été suffisamment prolongée, on change le tampon et le papier ; puis, avec de nouvelle ponce, on fait reparaître le brillant de la plaque ; il suffit alors de continuer à polir légèrement à sec pour amener la plaque à un état parfait en moins de cinq minutes.

De là, cette plaque, montée sur la planchette, est portée sur la boîte à l'iode et menée jusqu'à la teinte jaune légèrement rosée.

C'est alors qu'il faut appliquer la substance dite *accélératrice*. Malgré tout ce qu'on a proposé, nous nous en sommes tenus au brome et au brome seul, c'est-à-dire simplement dissous dans l'eau à la dose d'un dix-millième. Avec cette substance, on peut facilement, et dans la pratique ordinaire, centupler la sensibilité de la plaque iodée. Il suffit pour cela d'employer l'appareil que nous avons décrit[1] sous le nom de *boîte à brome*, et de pousser l'absorption jusqu'au maximum de sensibilité.

Quand on est arrivé là avec la plaque et l'objet que l'on veut reproduire, il faut mettre l'instrument au point avec précision, en faisant la part de la différence existant presque toujours entre les foyers des radiations lumineuses et chimiques ; puis on substitue à la glace dépolie la plaque nouvellement préparée, et on laisse agir la lumière pendant un temps qui, dans nos expériences, s'est trouvé compris entre 4 et 20 secondes.

Après cela, il ne reste plus qu'à mettre la plaque au mercure, et, dans le cas où l'expérience a réussi, à la laver et à la fixer par le procédé si connu du chlorure d'or.

L'appareil optique n'est, à vrai dire, qu'un microscope solaire à court foyer.

Le miroir plan réflecteur, la lentille destinée à faire converger les

1. Voy. *Nouvelles instructions sur l'usage du daguerréotype.*

rayons sur l'objet et la platine du microscope sont tous trois portés sur une colonne verticale, sur laquelle ils peuvent occuper des distances variables. Ces différentes pièces se meuvent suivant l'axe commun des lentilles objectives, montées au-dessus d'elles d'une manière fixe. D'après cela, l'image semblerait devoir se faire dans un plan horizontal; mais aussitôt après leur sortie des lentilles objectives, les rayons éprouvent une réflexion totale à l'intérieur d'un prisme rectangle, comme dans le microscope de M. Amici, et continuent leur marche horizontalement pour aller former leur image au fond d'une chambre obscure ordinaire, à la distance variable de 2 à 4 décimètres.

Trois jeux de lentilles de rechange servent à varier le grossissement; en outre, une lentille achromatique concave, située à une petite distance des premières, sert, en augmentant la divergence des faisceaux lumineux, à accroître le grossissement et à remédier aux aberrations. La distance de cette lentille influe sur le pouvoir amplifiant aussi bien que celle à laquelle on reçoit l'image; et la possibilité de les varier toutes deux, combinée avec le changement des jeux de lentilles, permet toujours d'obtenir avec précision un grossissement quelconque et un champ d'une étendue convenable.

Au reste, avant d'arriver sur le miroir propre du microscope, la lumière solaire est déjà réfléchie dans une direction constante par un héliostat; et, dans les beaux jours d'été, malgré ces deux réflexions, la chaleur qui accompagne la lumière est parfois assez vive pour désorganiser les particules placées au foyer, ou tout au moins pour exciter des mouvements dans les liquides où elles sont plongées. Pour parer à cet inconvénient, nous avons été forcés de placer sur le chemin de ces rayons un écran en verre bleu foncé, qui arrête avec la chaleur rayonnante une portion de lumière peu active et laisse passer le bleu et le violet, qui possèdent presque à eux seuls le pouvoir photographique.

D'après ce mode d'observation, il est évident que les résultats obtenus de la sorte sont doués d'un grossissement absolu, et que, si l'objet a des dimensions connues, la comparaison de ces dimensions avec celles de son image donne le pouvoir amplifiant de l'instrument. C'est pourquoi nous avons fait, avec deux des grossissements les plus employés dans le cours de cet ouvrage, les épreuves de deux micromètres ; et en nous arrangeant de manière à ce que telle division dans l'image occupât un espace de 200 ou 400 fois plus grand que celui qu'occupe réellement la même division du micromètre, il est clair que les épreuves reproduites dans les mêmes circonstances représentent aussi l'objet grossi 200 ou 400 fois. Par suite, connaissant le grossissement de ces images, on comprend avec quelle facilité on en déduit les dimensions réelles des objets qu'elles représentent.

Au lieu de la lumière solaire, on peut aussi se servir, pour obtenir les images daguerriennes au microscope, d'une lumière artificielle très-vive, telle que celle qui résulte de l'incandescence du charbon sous l'influence d'un courant électrique. Nous avons produit des images de cette manière, que nous donnerons comme échantillons, à l'aide d'un appareil analogue à celui dont nous nous servons pour certaines démonstrations dans nos cours de microscopie.

RECHERCHES SUR L'INTENSITÉ

DE

LA LUMIÈRE ÉMISE PAR LE CHARBON

DANS L'EXPÉRIENCE DE DAVY[1].

Académie des Sciences, 22 avril 1844.

On sait avec quelle facilité l'on peut répéter aujourd'hui l'expérience de l'incandescence du charbon par la pile, au moyen du puissant instrument que M. Bunsen a mis récemment entre les mains des physiciens ; dès lors il nous a semblé possible de tenter quelques expériences dans le but de comparer cette source lumineuse aux autres sources les plus remarquables par leur intensité. Nous avons choisi pour cette comparaison la lumière solaire et la lumière produite par la chaux placée dans la flamme du chalumeau à gaz oxygène et hydrogène.

Notre but n'étant pas de comparer entre elles les quantités de lumière versées par ces différentes sources, mais de comparer leurs intensités mêmes, le choix du procédé photométrique devenait difficile ; nous avons donc pensé à avoir recours aux propriétés chimiques de la lumière. Cette application des procédés photographiques, indiquée, il y a plusieurs années, par M. Arago, n'a pas encore été tentée, ce qui nous oblige à exposer en quelques mots les principes sur lesquels nous nous sommes appuyés.

Il est certain, d'après ce que l'on sait aujourd'hui sur les propriétés

---

1. En collaboration avec M. Fizeau. Voy. *Compte rendu de l'Acad. des Sc.*, t. XVIII. p. 746 et 860. — *Bull. de la Soc. d'encouragement*, 1845, p. 393.

chimiques de la lumière. que l'on ne peut pas confondre en général l'intensité *chimique* des radiations avec leur intensité *optique*; de sorte que l'on peut concevoir deux faisceaux lumineux tels que, le premier possédant une intensité optique supérieure à celle du second, le second, au contraire, l'emporte sur le premier en intensité chimique.

Il suit de là qu'un procédé photométrique fondé sur les propriétés chimiques de la lumière ne doit être considéré que comme donnant la mesure de l'intensité chimique des sources lumineuses. C'est donc dans ce sens qu'il convient d'interpréter ce que nous allons dire sur les moyens de comparer les intensités de deux sources lumineuses par leurs effets sur les substances impressionnables.

Si l'on expose une couche sensible à l'influence de l'image formée par un objet lumineux au foyer d'une lentille, le degré d'altération qu'elle subit dépend du temps d'exposition et de l'intensité de l'image focale.

Si dans deux expériences ce temps et cette intensité focale restent constants. le degré d'altération sera le même; si, le temps étant le même, on obtient le même degré d'altération, on en pourra conclure que l'intensité focale est la même. Or cette intensité i de l'image focale est liée à l'intensité I de l'objet lumineux, au rayon d'ouverture de la lentille r et à la distance focale d par la relation

$$(1 \qquad i = \frac{I\,r^2}{d^2} = I \tang^2 \alpha.$$

2α étant l'angle sous lequel on verrait l'ouverture en se plaçant au foyer.

Par conséquent, *si dans un même temps on obtient le même degré d'altération dans deux mêmes couches sensibles placées aux foyers de deux lentilles pour lesquelles les angles α et α' seront différents* et que l'on aura dirigées vers deux objets lumineux d'intensités I et I', on en pourra conclure l'égalité des intensités focales $i = i'$. ou bien, par suite de la relation (1)

$$I \tang^2 \alpha = I' \tang^2 \alpha'.$$

d'où l'on tire

$$\frac{I}{I'} = \frac{\tang^2 \alpha}{\tang^2 \alpha'};$$

or, ces tangentes étant données par la mesure directe des ouvertures et des distances focales des deux lentilles, on aura donc le rapport entre les intensités des deux sources lumineuses.

Dans ces sortes d'expériences, il est quelquefois difficile de disposer les ouvertures et les distances focales de manière à obtenir un même degré d'altération dans le même temps; il était donc important de pouvoir arriver au rapport I : I' en obtenant un même degré d'altération dans des temps différents. Pour cela, il suffirait d'admettre, ce qui d'abord semble probable, qu'il y a égalité d'action chimique lorsque les temps sont en raison inverse des intensités. Il fallait rechercher jusqu'à quel point ce principe était vrai; c'est ce que nous avons fait dans les expériences suivantes :

Nous avons dirigé une chambre obscure sur une lampe à lumière bien fixe, puis, en faisant varier l'intensité focale avec des diaphragmes variables, nous avons obtenu sur une couche sensible une série d'images de la lampe; la durée de l'impression pour chaque image était en raison inverse de l'intensité focale.

Nous avons trouvé que les images successives ainsi obtenues sont sensiblement égales tant que les temps et les intensités varient entre les limites 1 et 10, c'est-à-dire tant que les rapports $\frac{i}{i'} = \frac{t'}{t}$ n'atteignent pas une valeur plus grande que 10. Si l'on continue à faire varier l'intensité et le temps au delà de cette limite, on s'aperçoit bientôt que les images ne sont plus égales; pour les valeurs $t' = 60t$ et $i' = \frac{i}{60}$, l'image obtenue avec l'intensité i' et le temps t' est incontestablement plus faible que celle qui a été produite par l'intensité i et le temps t.

Il n'est donc pas rigoureusement exact de dire qu'il y a égalité d'action chimique lorsque les temps varient en raison inverse des intensités; mais nos expériences nous ont montré que l'on pouvait sans erreur sensible admettre ce principe entre des limites de temps telles que l'on ait $t' < 10t$; c'est-à-dire qu'entre ces limites, si l'on a $\frac{i}{i'} = \frac{t'}{t}$, on aura égalité d'action chimique.

Réciproquement, si l'on a égalité d'action chimique dans des temps t'

renfermés entre ces limites, on en pourra conclure le rapport entre les intensités focales i' et i,

$$\frac{i}{i'} = \frac{l'}{l},$$

ou bien, d'après la relation $i = I \tan^2 \alpha$,

$$I \frac{\tan^2 \alpha}{\tan^2 \alpha'} = \frac{l'}{l}, \quad \text{d'où} \quad \frac{I}{I'} = \frac{l' \tan^2 \alpha'}{l \tan^2 \alpha},$$

ce qui permet d'obtenir le rapport entre les intensités de deux sources lumineuses dans le cas plus général où, les temps d'exposition, les ouvertures et les foyers des lentilles étant différents, on a obtenu un même degré d'altération dans deux mêmes couches sensibles.

Il s'agit donc, en dernière analyse, de déterminer, dans la série des altérations qu'éprouvent les couches sensibles, un point fixe qui permette de reconnaître qu'elles ont subi un même degré d'altération.

La couche sensible qui nous a paru le mieux se prêter à cette détermination, en raison de sa préparation assez facilement constante, est la couche d'iodure d'argent de M. Daguerre; et le point fixe que nous avons adopté est le degré d'altération auquel la couche sensible commence à condenser la vapeur du mercure; c'est là le point auquel commence à naître l'image photographique.

Cette couche d'iodure d'argent, quoique peu impressionnable en comparaison des couches sensibles employées aujourd'hui, nous a présenté de graves difficultés par la rapidité avec laquelle elle s'est impressionnée sous l'influence des radiations très-intenses que nous voulions étudier. On comprendra cependant que nous ayons rejeté l'emploi de papiers sensibles, moins impressionnables il est vrai, mais aussi d'une préparation difficilement constante et surtout ne présentant pas dans la série de leurs altérations un point fixe aussi facile à reconnaître que celui que nous venons de signaler dans la couche d'iodure d'argent. Cependant nous devons dire que cette dernière couche sensible elle-même doit être préparée, pour des expériences comparatives, par des moyens absolument identiques et par la même personne, des différences en apparence insignifiantes dans son mode de préparation pouvant faire varier sa sensibilité d'une manière très-notable.

Les expériences étaient faites de la manière suivante : une chambre obscure était dirigée vers la source lumineuse. le corps lumineux formait ainsi son image au foyer de la lentille; cette image ayant de petites dimensions dans nos expériences, on pouvait, en déplaçant un peu l'axe de l'instrument, la déplacer elle-même dans le plan focal.

La lentille étant couverte par un écran. on plaçait la plaque sensible dans le plan focal. on soulevait alors l'écran pendant un temps compté avec soin, puis, ayant déplacé un peu l'axe de l'instrument, on soulevait de nouveau l'écran, pendant un temps un peu différent. et ainsi de suite on obtenait cinq ou six impressions successives correspondant à des temps différents.

La plaque étant alors soumise aux vapeurs du mercure, on voyait naître une série d'images décroissantes correspondant aux différents temps de l'impression; si l'expérience avait réussi. la série était incomplète. l'altération de la couche sensible. pendant les temps les plus courts, n'ayant pas été suffisante pour la rendre apte à agir sur la vapeur de mercure. On notait le temps correspondant à la première image. c'est-à-dire à l'image naissante, puis on mesurait l'ouverture de la lentille et sa distance focale.

En opérant de la même manière sur une autre source lumineuse. on avait de même le temps correspondant à l'image naissante. l'ouverture de la lentille et la distance focale.

De ces quantités on déduit. par la relation (2). le rapport I : I'. Nous avons ainsi opéré : 1° sur le soleil; 2° sur les charbons incandescents d'une pile; 3° sur un fragment de chaux placé dans la flamme du chalumeau à gaz oxygène et hydrogène.

1° Pour le soleil, nous avons fait usage d'une chambre obscure. munie d'une lentille achromatique de $1^m,413$ de foyer; l'ouverture était limitée par des diaphragmes compris entre $1^{mm},3$ et 3 millimètres;

2° Pour les charbons de la pile et la chaux du chalumeau à gaz. nous avons fait usage de lentille d'un foyer principal plus court; plaçant alors la lentille à une distance de la source lumineuse égale au double de la distance focale principale, nous pouvions opérer sur une image dont les dimensions étaient celles du corps lumineux lui-même. Le peu d'étendue de ces sources lumineuses rendait nécessaire une telle disposition. La distance focale déterminée par cette position de l'objet était de $0^m,56$ dans nos premières expériences, et fut portée, dans les suivantes, à $1^m,125$. L'ouverture du diaphragme varia entre 17 et 3 millimètres.

Dans toutes nos expériences les temps, correspondant à la naissance de l'image, furent compris entre trois secondes et trois cinquièmes de seconde; on comptait les quarts ou les cinquièmes de seconde.

Lumière solaire. — Les expériences relatives à la lumière solaire ont été faites dans le mois d'août et septembre derniers, et répétées dans les premiers jours d'avril courant.

Il fallait opérer par un temps très-pur et à des heures voisines de midi, conditions auxquelles il a été rare de pouvoir satisfaire simultanément.

Deux séries ont réussi : l'une, le 2 avril à onze heures quinze minutes, par un temps d'une pureté remarquable, nous a donné la plus grande intensité; nous la représentons par 1 000.

L'expérience, répétée le même jour à midi quarante minutes, a donné le même nombre : 1 000.

L'autre, le 20 septembre, à deux heures, par un ciel d'un bleu pâle, a donné une intensité plus faible : 751.

Il sera intéressant de répéter comparativement ces expériences vers le solstice d'été, ainsi qu'à des heures variables de la journée; c'est ce que nous nous proposons de faire.

Lumière de la pile. — Pour la lumière des charbons de la pile, nous avons fait nos premiers essais en plaçant nos charbons dans le vide; mais nous avons été obligés de renoncer à ce moyen, par la rapidité avec laquelle les parois intérieures du globe de verre se ternissent. Dans un gaz non combustible le même effet se fût produit; il fallait donc opérer à l'air libre et cependant éviter la combustion rapide que les charbons ordinairement employés subissent dans ce cas. L'un de nous, M. Foucault, a atteint ce but par l'emploi du charbon provenant de la distillation de la houille;

ce charbon permet d'obtenir à l'air libre une lumière fixe et surtout durable, à cause de la lenteur de sa combustion; toutes nos expériences ont été faites avec ce charbon.

Dès nos premiers essais nous avons remarqué une différence notable dans la distribution des surfaces lumineuses sur les deux pôles de la pile, le pôle positif l'emportant de beaucoup en surface lumineuse et même en intensité, sur le pôle négatif.

Le premier présente une surface circulaire de 2 ou 3 millimètres de diamètre douée d'un éclat à peu près uniforme; en dehors de cet espace l'intensité décroît rapidement; le second ne présente qu'une surface plus petite et qui nous a paru moins brillante; l'arc lumineux qui les unit émet une lumière d'un bleu pourpré et d'une intensité optique évidemment inférieure à celle des deux pôles.

Le pôle positif se prêtait donc le mieux à nos expériences; c'est sur lui que nous avons opéré.

La pile était, comme nous l'avons dit, une pile de Bunsen dont les dimensions étaient telles que les cylindres de charbon d'un diamètre intérieur de 5^{cm},5 plongeaient dans l'acide de 9 centimètres; l'acide nitrique employé marquait 20 degrés à l'aréomètre, et l'acide sulfurique 15 degrés.

Dans ces conditions, nous avons obtenu les nombres suivants :

46 couples ont donné pour intensité. 235
80 couples ont donné. 238

Si l'intensité ne varie pas d'une manière notable avec le nombre des couples, elle s'accroît beaucoup avec leur surface, comme on pouvait le prévoir.

46 couples simples ayant donné. 235
Trois séries semblables réunies pôle à pôle, ou 46 couples à grandes surfaces.
la pile fonctionnant depuis une heure, ont donné. 385

Ce qui nous a empêchés de varier ces expériences autant que nous l'aurions désiré, c'est l'affaiblissement assez rapide qu'éprouve la pile lorsqu'elle est montée depuis quelque temps lors même que le circuit n'est pas fermé.

Ainsi.

80 couples ayant donné pour intensité. 238
Les mêmes 80 couples, trois heures après, ont donné. 159
46 couples ayant donné. 235
40 couples, une autre fois, la pile étant montée depuis deux heures, ont donné. 136
Deux séries semblables pôle à pôle, ou 40 couples doubles, dans les mêmes circonstances 238

L'augmentation d'intensité avec la surface est ici remarquable.

La moyenne des deux premiers nombres 235 et 238 doit être regardée comme l'expression de l'intensité produite par une série de couples de Bunsen de la dimension indiquée en nombre compris entre 46 et 80, et dans les premiers temps de leur action; il faut ajouter la condition que le circuit sera fermé par le charbon très-dense que nous avons employé; car il nous a paru que les charbons d'une densité moindre produisaient une intensité moindre aussi.

Cette intensité peut être prise pour unité et comparée alors à l'intensité solaire du 2 avril; on a le rapport 1 : 4,23; la plus grande intensité 385 produite par 46 couples à grande surface, comparée de la même manière, donnerait le rapport 1 : 2,59; mais le nombre 385 est certainement trop faible, car il a été obtenu lorsque la pile fonctionnait depuis une heure et, dès lors, avait dû s'affaiblir. Nous pensons rester au-dessous de la correction à faire en donnant le rapport 1 : 2.5.

Lumière produite par le gaz oxygène et hydrogène projeté sur la chaux. — Nous avons trouvé pour son intensité un nombre d'une faiblesse inattendue; en effet.

L'intensité solaire, le 2 avril étant 1 000
L'intensité de la lumière du chalumeau à gaz a été trouvée. 6,85

Ce nombre est le plus grand que nous ayons pu obtenir en augmentant la pression sous laquelle s'échappait le gaz autant que le permettait l'appareil dont nous disposions; cette pression était produite par un poids de 20 kilogrammes sur une surface de 430 centimètres.

Quand on diminue la pression ou que l'on retarde par quelque obstacle la vitesse d'écoulement du gaz, l'intensité décroît rapidement; en effet, nous avons substitué un orifice plus étroit, et l'intensité trouvée dans ce cas n'a plus été que 3, 4.

Au lieu de diminuer l'orifice du chalumeau, nous avons réduit le poids à 8 kilogrammes; l'intensité est descendue à 0.86.

Avec le même orifice et le même poids, l'addition d'un tube de sûreté en plomb, qui permettait de placer le réservoir du gaz dans une pièce voisine, a réduit l'intensité à 0,54.

En prenant pour unité l'intensité maximum 6.85 et la comparant à celle de la lumière solaire et de la lumière de la pile, on trouve,

Avec l'intensité solaire, le rapport . . . . 1 : 146
Pour 46 couples à grande surface. . . . . 1 : 56
Pour 46 couples ordinaires . . . . 1 : 34.3

Le procédé photométrique sur lequel reposent ces déterminations d'intensité donne en réalité la mesure des intensités chimiques des sources lumineuses, comme nous l'avons dit; or, la faible intensité trouvée pour la lumière produite par le gaz pouvait être expliquée en admettant que les intensités chimiques seraient très-différentes des intensités optiques dans les sources lumineuses que nous comparions; nous avons donc été conduits à tenter la mesure des intensités optiques par la voie ordinaire des comparaisons simultanées.

Des difficultés de mise en expérience nous ont empêchés de donner à cette partie de notre travail l'étendue qu'elle méritait; cependant nous avons obtenu, dans la comparaison optique de la lumière produite par le gaz avec celle des charbons de la pile, des résultats assez nets.

Sans décrire en détail la disposition photométrique que nous avons adoptée, nous dirons qu'au moyen d'une lentille, les images des deux sources lumineuses venaient se former l'une à côté de l'autre sur un écran translucide, avec des dimensions égales à celles des objets lumineux; chacun des faisceaux lumineux qui formait des images était limité par un diaphragme; l'ouverture de l'un de ces diaphragmes pouvait varier par degrés insensibles, de manière à permettre d'amener les deux images à la même intensité. Cette égalité étant obtenue, le rapport inverse des surfaces des diaphragmes donnait le rapport entre les intensités lumineuses.

Les deux surfaces lumineuses avaient, dans nos expériences, des dimensions sensiblement égales.

Les intensités optiques de la lumière émise par le chalumeau à gaz comparé à la lumière produite par 46 couples, ont été trouvées. par cette méthode, dans les rapports suivants :

$$1 : 26.5$$
$$1 : 33,6$$
$$1 : 37,7$$

Les intensités chimiques avaient été trouvées. . . . . 1 : 34.3

Bien que ces nombres soient assez différents. nous pensons que l'on peut en conclure que ces deux sources lumineuses possèdent des intensités optiques et des intensités chimiques qui sont sensiblement dans le même rapport.

Si l'on considère la grande différence d'intensité qui existe entre ces deux sources de radiations, et surtout la nature très-différente des causes physiques qui leur ont donné naissance, on est conduit à généraliser ce résultat et à regarder comme très-probable que les radiations lumineuses émanées de sources différentes, mais qui produisent de la lumière blanche, possèdent des intensités optiques et des intensités chimiques qui sont dans le même rapport.

Si l'on admet ce principe, les mesures d'intensité chimique que nous avons données dans ce travail, et qui se rapportent à la lumière solaire, à celle des charbons de la pile et à celle du gaz oxygène et hydrogène projeté sur de la chaux, seraient également les mesures des intensités optiques de ces sources lumineuses.

(Académie des Sciences, 6 mai 1844.)

Nous avons observé, dans le cours de ce travail, quelques faits que nous allons rapporter.

1° *Images solaires.* — Le diamètre de l'image solaire avec la distance focale dont nous disposions (1^m,413) avait seulement 13 millimètres de diamètre, et cependant, vers la fin d'août, nous avons eu, d'une manière très-distincte, l'image d'une tache assez grande qui traversait, à cette époque, le disque solaire. Nous ne doutons pas qu'à l'aide d'appareils optiques convenables, on n'obtienne ainsi des dessins précieux de certaines taches remarquables par leur forme et leur étendue.

Un autre fait s'est constamment présenté à nous : c'est un faible décroissement dans l'intensité des images du centre à la circonférence, mais surtout près des bords. Ce fait touchant à l'importante question des intensités relatives des bords et du centre du soleil, nous nous proposons de répéter nos expériences à ce point de vue : nous comprenons, en effet, que cette simple remarque, faite incidemment dans nos recherches, n'a pas une valeur proportionnée à l'importance de la question [1].

2° *Arcs lumineux de la pile.* — La lumière d'un bleu pourpré qui se produit entre les charbons possède une intensité chimique égale à un tiers environ de celle que possède la lumière émise par le pôle positif.

La formation de l'arc lumineux entre quelques métaux nous a présenté les résultats suivants avec 80 couples :

Tous les métaux que nous avons employés comme pôles ont produit des arcs de couleurs et d'intensités variables : le *platine forgé* comme les autres métaux ; nous devons dire que M. de la Rive a observé le contraire avec ce corps.

Des particularités intéressantes se présentent lorsqu'un des pôles est terminé par du charbon, et l'autre par un métal. Le pôle positif étant de

---

1. À la suite des recherches qui les avaient conduits à signaler un faible décroissement dans l'intensité des images daguerriennes du soleil, du centre à la circonférence, MM. Fizeau et Foucault firent des expériences comparatives directes, dans lesquelles ils obtenaient, après des temps variables de pose, d'une part des images du soleil, d'autre part des images d'un disque de carton blanc placé en pleine lumière à une certaine distance de l'objectif. Nous devons à l'obligeance de M. H. Fizeau de pouvoir reproduire (pl. 1. fig. 2 et 3) les images correspondant à une série d'expériences. La figure 2, qui montre des images successives du soleil après des temps de pose variables, présente sur le bord de chaque disque un décroissement d'intensité lumineuse que l'on ne retrouve en aucune façon dans la figure 3. qui reproduit les images d'un disque blanc après les mêmes temps de pose.

l'argent et le négatif du charbon, l'arc se forme facilement; bientôt l'argent fond et distille abondamment; dès lors on peut éloigner davantage le charbon négatif sans rompre l'arc lumineux qui est d'une fixité et d'une beauté remarquables. Si l'on intervertit les pôles, le phénomène n'est plus le même. Dans les premiers instants, l'arc se forme, comme précédemment, du charbon positif à l'argent négatif; mais, lorsque l'argent est entré en fusion, l'arc se brise. Si l'on cherche à le rétablir, on éprouve beaucoup de difficultés; lorsqu'on y parvient pendant quelques instants, la partie de l'arc qui touche au globule d'argent s'agite avec un bruit particulier.

Le platine et le charbon présentent un phénomène analogue, mais à un degré beaucoup moins marqué.

Ce fait nous semble devoir être rattaché aux phénomènes de transport du pôle + au pôle —, étudiés avec tant de soin par M. de la Rive. Pour l'argent qui, comme l'on sait, absorbe de l'oxygène lorsqu'il est en fusion, la rupture de l'arc pourrait être attribuée à la combustion du charbon transporté au contact même de l'argent; la crépitation singulière dont nous avons parlé appuierait cette manière de voir.

3° L'explication que donna Davy de la nature des flammes éclairantes nous a conduits à essayer de fermer le circuit d'une pile de 40 couples par la flamme d'une bougie; on observe alors les faits suivants : un faible courant s'établit, mais sans lumière, et l'on voit peu à peu le pôle négatif se couvrir d'un charbon très-léger qui se dépose sous forme d'arborisations.

Avec une pile de 80 couples, le charbon se dépose de plus sur le pôle positif avec les mêmes apparences, mais en moindre quantité que sur le pôle négatif.

4° Un phénomène particulier de lumière se présente lorsque l'on décompose l'eau avec des fils métalliques assez fins et une pile de 80 couples; les fils s'échauffent sans rougir, s'ils sont d'un diamètre suffisant, mais les gaz qui les enveloppent sont alors lumineux, leur dégagement étant accompagné d'un bruit particulier. Le phénomène est le plus marqué au pôle négatif; on remarque que tant que les gaz sont ainsi lumineux, l'intensité du courant est beaucoup diminuée. Ce fait doit-il être rattaché aux phénomènes des arcs lumineux? aurait-on ainsi, au pôle négatif, un arc formé par l'hydrogène?

5° Nous terminerons en appelant l'attention sur une modification remarquable, éprouvée par le charbon lorsqu'il a supporté la très-haute température qui se développe pendant l'incandescence des pôles de la pile.

Le charbon très-dense qui provient de la distillation de la houille, et que nous avons employé, a des caractères physiques qui le rapprochent de l'espèce minérale appelée *anthracite*; en examinant, après les expériences d'incandescence, le charbon transporté au pôle négatif et l'extrémité du pôle positif lui-même, nous avons remarqué que ses caractères physiques sont alors changés.

Ce charbon est mou, traçant; sa surface étant frottée, devient d'un gris plombé métallique. Ces caractères l'assimilent complétement à l'espèce minérale appelée *graphite*; cette modification se fait très-rapidement, et s'obtient également avec d'autres espèces de charbons conducteurs. Il suffit de promener l'arc lumineux sur la surface d'un des pôles de charbon pour que cette surface soit à l'instant revêtue d'une couche de graphite.

Cette formation de graphite, sous l'influence d'une température très-élevée, nous semble devoir jouer un rôle important dans l'étude des masses minérales où se rencontre si fréquemment cette variété de charbon.

PHOTOMÈTRE A COMPARTIMENT[1]

Je me suis occupé d'organiser un appareil agissant par illumination directe, et qui permît à l'observateur de profiter de toute la sensibilité de l'organe de la vue.

En disposant le nouvel appareil, je me suis préoccupé seulement d'illuminer les deux parties d'un même écran par le rayonnement direct des deux sources que l'on veut comparer, en satisfaisant à cette condition expresse que les deux régions soumises aux rayonnements différents fussent exactement contiguës sans interposition d'aucune pénombre visible. La sensibilité du procédé dépend de la disparition plus ou moins complète de toute limite perceptible entre les deux régions éclairées au moment où les deux rayonnements deviennent également intenses de part et d'autre. L'appareil que je vais décrire permet de réaliser assez commodément cette parfaite continuité d'un même champ illuminé localement par deux sources différentes.

Il consiste en une boîte cubique (Fig. 3), qu'une cloison mobile dans

1. Extrait d'un *Rapport sur le pouvoir éclairant des produits gazeux fournis par la distillation de la tourbe,* par Léon Foucault, physicien de l'Observatoire de Paris. — Petit in-8 de 28 pages; Paris. 1855.

En dehors de la description du photomètre à compartiments, ce rapport ne contient que des données numériques sans intérêt, relatives au pouvoir éclairant du gaz fourni par la distillation de la tourbe.

son propre plan partage en deux compartiments égaux : le fond de la boîte qui fait face à l'observateur est formé par un écran très-mat, dont j'indiquerai la composition, et qui joue à peu près le rôle de la glace dépolie dans la chambre noire ordinaire. La paroi opposée fait défaut, et c'est par là que les rayonnements des deux sources pénètrent librement et isolément

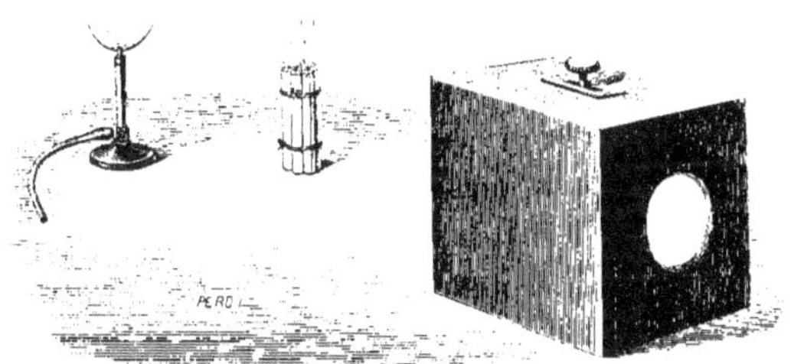

Figure 3.

dans leurs compartiments respectifs. On met naturellement l'appareil dans une position symétrique, de manière à ce que la cloison médiane partage en deux parties égales l'angle formé par les rayons des deux sources qui convergent sur le milieu de l'écran.

Dans cette situation, il peut arriver que les ombres portées de part et d'autre par la cloison sur l'écran se trouvent séparées par un espace lumineux, ou bien, au contraire, que ces deux ombres empiètent l'une sur l'autre ; dans tous les cas, leurs bords intérieurs seront très-nettement terminés. Or, comme la cloison peut être mue dans son propre plan au moyen d'un bouton qui fait saillie au dehors, on lui donnera la position nécessaire pour amener exactement les deux ombres au contact. On saisit alors avec une facilité surprenante le moindre excès d'intensité d'un rayonnement sur l'autre, et comme on dispose des positions des deux flammes, on arrive à déterminer avec précision les distances respectives qui égalisent à l'œil les deux moitiés du champ, en faisant disparaître leur limite commune. Quand cette espèce d'équilibre se trouve réalisée, il ne reste plus qu'à mesurer directement les distances des objets lumineux, pour en déduire le rapport des pouvoirs éclairants.

Il ressort de cette description que l'effet produit sur l'écran s'observe par transparence, comme les images de la chambre obscure ordinaire pendant la mise au point. L'analogie semblait conseiller l'emploi du verre dépoli : cependant j'ai bientôt reconnu que cette sorte d'écran ne possède pas assez de pouvoir diffusif, qu'il est trop transparent; que, par suite, l'effet optique, contemplé à sa surface, dépendait trop de la position de l'observateur, et qu'on serait exposé à porter de faux jugements. Sous ce rapport, le papier aurait mieux convenu; mais les inégalités de sa structure auraient masqué des différences que l'œil eût saisi sur une trame plus fine et plus homogène. J'en suis donc arrivé à former cet écran d'une couche d'amidon suspendu dans l'eau et déposé par le repos sur une lame de glace. Cet écran possède toutes les qualités requises; on peut le rendre aussi diffusif que le papier, et, de plus, il offre à l'œil toute la finesse, toute l'homogénéité désirables. Le choix d'un bon écran n'était pas sans importance : en le formant d'une couche mate et fortement diffusive, on rend l'appréciation des intensités lumineuses à peu près indépendante du lieu de l'observation. On peut, sans bouger la tête, se servir indifféremment d'un œil ou de l'autre; on peut, par conséquent, observer avec les deux yeux à la fois, ce qui permet d'asseoir le jugement d'une manière plus certaine.

Le nouvel appareil ne requiert aucune des subtilités de l'optique moderne; la manière dont il fonctionne est accessible à tout le monde; il isole et rapproche les éclairements des sources proposées, il permet de les ramener à l'égalité par de simples variations de distance, et il fournit par suite le moyen d'évaluer en nombre les pouvoirs éclairants : le tout se réalise au moyen d'une simple boîte qu'en raison de son emploi et de sa construction j'appellerai *photomètre à compartiments*.

. . . .

J'arrive maintenant à la recherche d'un moyen pratique pour déterminer la valeur photométrique d'un gaz en valeur absolue, ou du moins pour rapporter cette valeur à quelque unité suffisamment constante et facile à se procurer en tout temps. On a depuis longtemps proposé la bougie comme unité photométrique; mais les variations de cette source lumineuse sont tellement considérables qu'elles sautent aux yeux, Si l'on prend deux bougies dans le même paquet, et qu'on les mette à des distances égales au-devant du photomètre à compartiments, on reconnaît que l'équilibre ne se réalise que très-accidentellement; à chaque instant la supériorité d'éclat passe de l'une à l'autre, et l'instrument accuse presque constamment une inégalité choquante. Cependant cette fixité que l'on chercherait vainement dans une bougie isolée se réalise assez convenablement dans un système de bougies, et elle est d'autant plus parfaite que le groupe est plus nombreux. J'ai pensé qu'en réunissant en faisceau plusieurs de ces éléments dont l'instabilité m'avait d'abord frappé, on réussirait à former une source multiple qui donnerait au photomètre le même effet qu'une flamme simple et qui déjà présenterait en pratique assez de stabilité pour être utilement employé comme terme de comparaison. Des bougies au nombre de sept se groupent naturellement en faisceau hexagonal, et si l'on a soin de maintenir entre elles une distance d'un centimètre, on trouve qu'elles brûlent avec une remarquable fixité; des courants d'air s'établissent qui tendent les flammes et leur donnent plus de stabilité que lorsqu'elles brûlent isolément. J'ai pris au hasard 14 bougies de l'Étoile et les ayant formées en deux faisceaux, j'ai placé ceux-ci à des distances égales en avant du photomètre. L'effet sur l'écran a été satisfaisant, non pas que l'équilibre ait été complétement et constamment maintenu, mais les différences qui se sont montrées étaient de l'ordre de celles qui apparaissent d'elles-mêmes, lorsqu'on met deux becs de gaz dans les mêmes conditions.

Pour reconnaître jusqu'à quel point on pourrait compter sur ce mode d'évaluation, nous avons employé une séance (11 décembre 1854) à évaluer les deux gaz en bougies de l'Étoile au moyen du photomètre à compartiments; la moyenne de cinq déterminations a donné le bec de gaz de tourbe comme équivalent à 23 bougies 1/4 : le même bec alimenté par le gaz de la ville, à la suite du même genre d'épreuves, a paru égal à

6 bougies 8/10; divisés l'un par l'autre, ces deux nombres de bougies donnent pour le gaz de tourbe 342, celui de la ville étant 100.

Nous avons ensuite comparé directement les deux gaz et nous avons trouvé 331, c'est-à-dire le même nombre à 1/30 près.

. . . .

SUR LE PHÉNOMÈNE

DES

INTERFÉRENCES ENTRE DEUX RAYONS DE LUMIÈRE

DANS LE CAS DE GRANDES DIFFÉRENCES DE MARCHE

ET SUR

LA POLARISATION CHROMATIQUE

PRODUITE PAR LES LAMES ÉPAISSES CRISTALLISÉES [1]

(Académie des Sciences, 24 novembre 1845 et 9 mars 1846.)

PREMIÈRE PARTIE.

Lorsque deux rayons de lumière se rencontrent dans les conditions d'interférence, si l'on augmente par degrés leur différence de marche, on arrive toujours à une limite où le phénomène, après s'être affaibli progressivement, finit par cesser d'être appréciable. L'existence de cette limite s'explique naturellement par la non-homogénéité des faisceaux interférents, et est, en effet, d'autant plus reculée que ces faisceaux sont constitués par la lumière plus simple.

Cependant la théorie indique encore une autre cause qui, tôt ou tard, doit mettre un terme aux phénomènes d'interférence, cause tout à fait

1. En commun avec M. Fizeau.

A la suite d'un rapport présenté par M. Babinet, l'Académie décida l'insertion de ce travail dans les *Mémoires des savants étrangers*. (Voir *C. R. de l'Ac. des Sc.*, t. XXVI, p. 680); cette insertion n'eut d'ailleurs pas lieu. — Voir *C. R. de l'Ac. des Sc.*, t. XXI, p. 1155 et t. XXII, p. 422; *Ann. de Ch. et de Ph.* [3], t. XXVI, p. 138, et t. XXX, p. 146.

14

indépendante de la complexité de la lumière, et qui se rattache au mode même suivant lequel se produisent les mouvements lumineux.

En effet, la non-interférence des rayons émanés de sources différentes, et celle de deux rayons de même origine, d'abord polarisés à angle droit, puis ramenés dans un même plan de polarisation, mais sans avoir été préalablement polarisés dans un plan unique, ont conduit à considérer le mouvement lumineux comme soumis à des perturbations très-fréquentes, lesquelles produiraient de tels changements dans la lumière envoyée successivement par un même point que, si la différence de marche de deux rayons interférents émanés de ce point devenait suffisamment grande, il n'y aurait plus aucun rapport persistant entre les deux mouvements qui se superposeraient; dès lors le phénomène cesserait entièrement.

Cette cause aurait-elle quelque influence sur la cessation des phénomènes d'interférence dans les conditions où on les observe ordinairement, ou bien la complexité de la lumière étant la seule cause influente, quelle est la limite de différence de marche que la simplicité toujours imparfaite de la lumière permet d'établir entre deux rayons sans rendre insensible l'interférence?

Ces questions, intéressantes pour la théorie de la lumière, sont le principal sujet de ce travail. Cependant le mode d'observation que nous avons employé, permettant de suivre le phénomène d'interférence produit par les rayons ordinaire et extraordinaire des corps doués de la double réfraction dans le cas de grandes épaisseurs, nous donnait en même temps le moyen d'observer toutes les circonstances de la polarisation chromatique alors si complexe; nous n'avons pas négligé cette étude, qui se rattachait d'ailleurs directement à notre sujet. Ce mode d'observation est fondé sur les principes suivants :

Si un même lieu de l'espace est éclairé par deux faisceaux de lumière blanche émanant d'une même source, mais dont l'un est en retard sur l'autre, le phénomène des interférences ne peut être observé dans ce lieu que dans le cas où le retard est peu considérable. Au lieu de regarder immédiatement ce lieu lui-même, on peut le prendre comme centre de rayonnement, en isoler une partie limitée par un écran percé d'une fente et, au moyen d'un système réfringent convenable, former un spectre très-pur de la lumière qui en émane ; ce spectre, dans lequel on distinguera toutes les raies de Fraunhofër, si c'est de la lumière solaire que l'on emploie, pourra être considéré comme constitué par la juxtaposition d'un nombre presque infini d'images de la fente rayonnante, chacune desquelles sera formée par des rayons d'une longueur d'ondulation particulière, mais les plus homogènes que l'on puisse obtenir ; chacun des éléments du spectre représentera donc, par l'intensité des rayons particuliers qui le composent, le résultat de l'interférence de ces mêmes rayons dans le lieu de l'espace dont il est l'image ; en observant le spectre entier, on observera donc simultanément dans toutes les espèces de lumière simple, les phénomènes produits par la rencontre de deux faisceaux lumineux dans un même lieu de l'espace.

Ces spectres d'interférence sont généralement formés par des bandes obscures et des bandes lumineuses parallèles aux lignes fixes, et qui se succèdent alternativement dans toute la longueur du spectre, en nombre d'autant plus grand que la différence de marche est plus grande entre les faisceaux interférents. Plus resserrées vers l'extrémité rouge, ces bandes se dilatent de plus en plus en atteignant la partie la plus dispersée qui se termine au violet : le passage des unes aux autres se fait par degrés insensibles, le milieu des bandes lumineuses présentant un éclat maximum qui décroît par degrés jusqu'au milieu des bandes obscures où, dans les circonstances les plus favorables, il y a absence complète de lumière. Si l'on observe les phénomènes successifs qui prennent naissance lorsque l'on fait croître d'une manière continue le retard de l'un des faisceaux sur l'autre, on voit les bandes obscures et brillantes naître alternativement à l'extrémité violette, traverser successivement les espaces occupés par les différentes couleurs, et disparaître en semblant sortir du spectre par l'extrémité rouge. D'abord assez larges pour qu'une seule d'entre elles couvre entièrement le spectre, elles se resserrent de plus en plus par l'effet du ralentissement que leur mouvement éprouve à mesure qu'elles se rapprochent de l'extrémité rouge; ces bandes sillonnent les diverses parties du spectre en nombre toujours croissant, et peuvent devenir tellement nombreuses, que nous avons réussi à en compter près de mille semblables dans la longueur du spectre solaire, et même à les apercevoir en nombre encore plus grand.

Nous allons maintenant rapporter les expériences que nous avons faites par cette méthode dans les diverses circonstances où nous avons pu l'appliquer, et les nombres que nous avons obtenus pour la différence de marche des faisceaux interférents.

INTERFÉRENCES PRODUITES PAR L'APPAREIL DES MIROIRS.

Considérons le système des deux miroirs de Fresnel, disposé devant le foyer radieux d'une lentille cylindrique éclairée par le soleil, de manière à donner à une certaine distance, dans l'espace, des franges symétriques d'une certaine largeur; recevons ces franges sur un écran percé d'une fente très-fine, et faisons correspondre la fente au milieu même de la frange centrale; recevons maintenant la lumière qui traversera la fente dans un système réfringent destiné à dilater cette lumière en un spectre très-pur que l'observateur regardera dans l'espace au moyen d'une loupe, la frange centrale pour laquelle la différence de marche des deux rayons réfléchis est nulle fournissant alors la lumière, le spectre sera le spectre ordinaire avec ses lignes fixes. Maintenant, si tout restant en cet état, on fait avancer l'un des miroirs parallèlement à lui-même (le plus éloigné de la source lumineuse convient le mieux), on déplacera la frange centrale qui sera remplacée par une autre frange d'un ordre d'autant plus élevé que le mouvement du miroir aura été plus grand; l'observateur verra le spectre se couvrir des bandes obscures et brillantes dont nous avons parlé, et l'on pourra les resserrer de plus en plus en faisant continuer le mouvement du miroir.

On remarquera que les lignes fixes existant simultanément dans le spectre, il est possible de compter le nombre de bandes semblables qui se trouvent entre deux quelconques d'entre elles à chaque moment de l'expérience. Nous verrons tout à l'heure que ce nombre permet de calculer la différence de marche correspondante.

Dans ces conditions, l'observation nous a donné les résultats suivants :

Le nombre des bandes peut devenir considérable sans qu'elles cessent d'être observables dans toute l'étendue du spectre. Lorsque l'on en compte 66 entre les raies E et F, le phénomène est encore très-beau et très-net; le spectre entier en contient alors près de 500. Lorsque leur nombre s'accroît beaucoup au delà, elles commencent à ne plus être aperçues vers l'extrémité rouge, puis dans l'orangé, puis dans le jaune, en reculant vers l'extrémité la plus réfrangible, où l'on peut les apercevoir longtemps encore; le nombre le plus élevé que nous ayons obtenu entre E et F est 141. Nous les avons vues plus resserrées encore, mais sans pouvoir en apprécier le nombre à cause de la faible intensité de la lumière qui, dans cette disposition, concourt à la formation du spectre.

La disparition progressive des bandes, en commençant par la partie la moins réfrangible du spectre, lorsque la différence de marche devient de plus en plus grande, est un phénomène qui s'observe constamment, quel que soit le moyen employé pour produire l'interférence. Si l'on remarque toutefois qu'il ne commence à se manifester que lorsque les bandes sont devenues d'une finesse extrême, et si l'on se rappelle qu'en vertu de la dispersion décroissante du violet au rouge, la lumière est de moins en moins pure en se rapprochant de l'extrémité rouge, on est conduit à attribuer ce fait à l'imparfaite séparation des rayons simples, qui doit toujours devenir sensible à une certaine limite.

Nous avons dit que la différence de marche pouvait être déduite du nombre de bandes comprises entre deux lignes fixes dont on connaît les longueurs d'ondulation λ et λ'.

En effet, en vertu de l'égal retard de l'un des faisceaux sur l'autre pour toutes les couleurs, on a

$$n\lambda = n'\lambda',$$

n et n' étant les nombres d'ondulations λ et λ' qui mesurent ce retard. Mais on a observé que, dans le spectre, il existait des intervalles terminés par des bandes semblables, en allant de la raie qui a λ pour longueur d'ondulation à celle qui a λ'. Or, si l'on suppose λ' plus grand que λ, on en conclura le nombre $n' = n - m$. Substituant cette valeur de n' dans l'équation précédente, on trouve

$$n = \frac{m\lambda'}{\lambda' - \lambda}.$$

Pour les raies E et F on a le rapport $\frac{\lambda'}{\lambda' - \lambda} = 12,32$; ainsi, pour les deux valeurs $m = 66$ et $m = 141$ trouvées précédemment, on a $n = 813$, et pour la seconde observation $n = 1737$. Ces nombres correspondent à la raie F, c'est-à-dire au milieu du bleu; pour le violet correspondant à la raie G, on trouve les nombres encore plus élevés $n = 917$, $n = 1960$.

Au lieu d'augmenter la différence de marche en faisant avancer l'un des miroirs parallèlement à lui-même, nous avons placé, suivant la méthode de M. Arago, une lame mince sur le trajet de l'un des faisceaux, et nous avons vu de même notre spectre se couvrir de bandes d'autant plus nombreuses que la lame était plus épaisse; cependant, n'ayant pas eu à notre disposition une série de lames assez parfaitement travaillées pour cet usage, nous n'avons pas été aussi loin par ce moyen que par le précédent.

Pour une petite glace d'environ $0^{mm},5$ d'épaisseur, nous avons trouvé pour le nombre de bandes, toujours entre E et F, le nombre 48.

Pour en déduire la différence de marche, il faut changer la formule qui a été trouvée, pour le cas des miroirs seuls, en cette autre

$$n = \frac{m\lambda'}{\lambda' - \lambda \cdot \dfrac{r' - 1)}{r - 1}},$$

r' et r étant les indices de réfraction des rayons λ' et λ pour la substance dont la lame est formée; cette quantité n, qui se déduit encore facilement de l'épaisseur de la lame, a été trouvée pour la raie F, $n = 512$.

INTERFÉRENCES PRODUITES PAR RÉFLEXION SUR DES LAMES MINCES.

Si l'on fait tomber perpendiculairement sur une lentille cylindrique à court foyer un faisceau de lumière solaire, il se produit derrière la lentille, et à la distance focale principale, une sorte d'image linéaire du soleil; mais si l'on place derrière la lentille, parallèlement à son plan, et à la moitié de sa distance focale. une lame mince transparente. chacune des surfaces de cette lame réfléchit vers la lentille une portion du faisceau convergent. La lumière provenant de ces deux réflexions va converger vers l'intérieur de la lentille, la traverse en formant deux foyers linéaires situés l'un devant l'autre, et très-voisins si la lame est très-mince. puis continue sa route en sens contraire du faisceau incident, comme si elle émanait de ces foyers mêmes. Si donc un observateur pouvait se placer dans ce faisceau de lumière solaire qui tombe sur la lentille, il apercevrait à l'intérieur même de cette lentille un foyer linéaire rayonnant. qui résulterait de la superposition des deux images très-voisines situées l'une devant l'autre.

En inclinant un peu le faisceau incident. l'observation devient possible; on peut donc aussi former un spectre avec la lumière émise par ce foyer rayonnant; et comme ce foyer est constitué par deux faisceaux réfléchis aux deux surfaces d'une lame mince, le spectre devra se couvrir de bandes d'interférences dont le nombre dépendra de l'épaisseur et de la nature de la lame réfléchissante. Nous avons observé. à l'aide de cette disposition, les interférences produites par la réflexion aux deux surfaces d'une petite glace dont l'épaisseur était $0^{mm},537$.

Les bandes d'une ténuité extrême, mais très-distinctes. entre les raies F et G, n'ont pu être comptées, à cause de leur finesse extrême; mais on peut calculer le nombre d'ondulations qui constitue la différence de marche, au moyen de l'épaisseur de la lame qui a été mesurée très-exactement : la formule est dans ce cas, $n = \dfrac{2\,er}{\lambda}$.

On trouve alors pour la raie F, $n = 3406$, et pour la raie G, $n = 3859$.

INTERFÉRENCES PRODUITES
AU MOYEN DE LA DOUBLE RÉFRACTION.

Si l'on place sur le trajet d'un faisceau de lumière solaire, d'abord un prisme de Nicol, puis une lame d'un corps biréfringent dans une position convenable, puis un second prisme de Nicol dont le plan polarisant soit parallèle ou perpendiculaire à celui du premier, puis enfin une fente derrière laquelle, et à la distance convenable, sera disposé l'appareil réfringent destiné à former le spectre, on observera dans le spectre le résultat de l'interférence du rayon ordinaire avec le rayon extraordinaire.

En plaçant entre les deux prismes polarisants des lames de gypse d'épaisseurs croissantes, nous avons vu, comme dans les circonstances précédentes, un nombre croissant de bandes se former dans le spectre; pour une épaisseur de gypse de 15 millimètres, le phénomène est très-beau : le défaut seul de transparence des cristaux dont nous disposions ne nous a pas permis d'augmenter encore l'épaisseur.

Un morceau de quartz à faces parallèles à l'axe, dont l'épaisseur était de 54^{mm},6, a produit un spectre sillonné d'environ six cents bandes noires ; entre E et F, nous en avons compté quatre-vingt-neuf.

Une lame de spath, aussi parallèle à l'axe, et d'une épaisseur de 4^{mm}.79, en donne environ mille pour l'étendue du spectre, car entre E et F nous en avons compté cent cinquante-cinq.

Les différences de marche pour ces diverses expériences sont évidemment moindres que celles que nous avons déjà obtenues; on les calcule d'une manière très-approchée par la formule

$$n = \frac{e(r' - r)}{\lambda}$$

r' et r étant les indices de réfraction ordinaire et extraordinaire; en calculant pour la raie F, on a avec le quartz $n = 1082$, et avec le spath $n = 1692$.

Nous avons observé encore les phénomènes produits par plusieurs
lames diversement épaisses de cristal de roche perpendiculaires à l'axe,
et nous avons vu la même série d'apparences se manifester dans le spectre.

Nous allons montrer maintenant comment on peut déduire de ce
mode d'observation des données précises sur la dispersion de double
réfraction, en appelant ainsi la variation que subit la différence de marche
des rayons ordinaire et extraordinaire pour les diverses couleurs.

En effet, on a dans tous les cas le nombre n d'ondulations λ qui mesure
cette différence de marche par la formule

$$n = \frac{e\,(r' - r)}{\lambda}.$$

e étant l'épaisseur, r' et r les indices de réfraction ordinaire et extraordinaire pour la couleur λ. Or, si l'on parvient à connaître n par l'observation directe pour les diverses couleurs, on en déduira pour chacune d'elles
la valeur de $r'-r$.

Pour montrer que l'on peut trouver le nombre n directement, supposons que les prismes polarisants étant croisés à angle droit, une lame
cristallisée soit convenablement placée dans l'intervalle qui les sépare.

Supposons de plus que, pour observer le spectre, on fasse usage d'un
oculaire à fils croisés qui permette de considérer un point déterminé de
l'espace, et fixons l'intersection de ces fils sur le milieu d'une bande noire ;
le nombre n correspondant à ce point sera un nombre entier. Si l'on
pouvait alors faire décroître l'épaisseur de la lame par degrés insensibles
jusqu'à la rendre nulle, on verrait le point considéré passer par des états
périodiques d'éclat et d'obscurité ; mais il est clair que, pour chaque
retour à l'obscurité première, il y aurait une interférence de moins dans
la différence de marche, de sorte que l'on aurait pour ces périodes successives n, $n-1$, $n-2$, et enfin $n-n$ pour une épaisseur nulle : le nombre
de ces périodes ferait connaître le nombre cherché. Or, l'on est parvenu à
construire des systèmes de deux prismes glissant l'un sur l'autre, qui permettent précisément d'obtenir des épaisseurs continuement variables dans

les cristaux, et l'on peut même, par certains artifices de compensation.
faire décroître l'épaisseur active jusqu'à la rendre nulle. Il est donc possible
d'arriver à la détermination directe du nombre d'ondulations qui mesure
la différence de marche pour une couleur donnée. Ayant obtenu ce nombre
n pour une couleur, on trouve aisément le nombre n' correspondant à une
autre couleur λ', en comptant sur le spectre même le nombre entier ou
fractionnaire d'intervalles séparés par des bandes noires que l'on rencontre
en allant du premier point au second. Soit m ce nombre ; si λ' est plus
grand que λ, on aura

$$n' = n - m.$$

On pourra donc aussi, pour un cristal donné, calculer la quantité
$(r'-r)$ pour les divers points du spectre dont on connaît la longueur
d'ondulation. Cette étude offrira un intérêt particulier dans le cas de la
double réfraction circulaire du cristal de roche ; car, selon la remarque de
Fresnel, il résulterait de la loi trouvée par M. Biot pour la rotation des
plans de polarisation des diverses couleurs produite par cette double réfraction, que la quantité $(r'-r)$ devrait varier alors suivant une loi simple, et
en raison inverse de la longueur d'ondulation de chaque couleur.

Dans la seconde partie de ce travail, nous considérerons les effets
produits sur la lumière polarisée par les cristaux biréfringents, non plus
précisément sous le point de vue des interférences, mais sous le rapport
des modifications imprimées par eux à la polarisation primitive, et l'on
verra avec quelle facilité on peut étudier dans le spectre les phénomènes
si complexes de la polarisation chromatique dans les plaques épaisses.

SECONDE PARTIE.

Au lieu de considérer les interférences qui se produisent lorsqu'on ramène, dans un même plan de polarisation, les deux rayons ordinaire et extraordinaire résultant de la transmission, à travers une lame biréfringente, d'un rayon primitivement polarisé, on peut considérer l'état même de polarisation du rayon après son passage à travers la lame, alors qu'il est constitué par la superposition des faisceaux ordinaire et extraordinaire. Les états de polarisation que prennent, dans cette circonstance, les divers rayons simples, produisent les phénomènes variés de la polarisation chromatique; phénomènes que la théorie définit de la manière la plus précise, mais qui ne se présentent généralement à l'observation que d'une manière très-complexe par suite de la non-homogénéité de la lumière. Étudiés par la méthode décrite dans la première partie de ce travail, ces phénomènes, si compliqués, prennent un caractère de simplicité remarquable, qui permet de soumettre à l'observation les conséquences variées de la théorie.

Supposons donc placés sur le trajet d'un faisceau lumineux, d'abord un prisme de Nicol, puis une lame bi-réfringente dont l'axe soit convenablement incliné, puis un écran percé d'une fente, enfin le système réfringent destiné à former le spectre; le prisme qui réfracte la lumière dans ce dernier système ayant une certaine action polarisante qui compliquerait les phénomènes, on place près de la fente une petite glace à faces parallèles, et inclinée de telle manière qu'elle exerce une action polarisante contraire à celle du prisme. En l'inclinant plus ou moins, on arrive à produire une compensation exacte; de sorte que la lumière qui, après avoir traversé la lame cristalline, sort de la fente, puis est transformée en un spectre par la réfraction, ne subit, en dernier résultat, aucune action polarisante accidentelle.

De même donc que les interférences subies par les divers rayons simples, dans le lieu de l'espace occupé par la fente, se manifestaient précédemment dans le spectre, de même ici l'état de polarisation que possèdent les divers rayons simples au moment où ils traversent la fente se conservera dans le spectre qu'ils formeront, après avoir été séparés par la réfraction.

On produit ainsi des spectres polarisés chromatiquement de la manière la plus curieuse, et qui jouissent, en général, des propriétés suivantes : observés immédiatement à l'œil nu, ou au moyen d'un oculaire, ces spectres ne diffèrent pas du spectre ordinaire, et les raies de Fraunhofër s'y distinguent avec la même netteté. Si l'on place au devant de l'œil un analyseur, on reconnaît que les divers rayons simples sont dans des états de polarisation divers et que le même état de polarisation se reproduit périodiquement dans la longueur du spectre un nombre de fois d'autant plus grand pour une même lame cristalline que son épaisseur est plus grande.

La reproduction périodique du même état de polarisation dans la longueur du spectre suit les mêmes lois que la reproduction périodique des bandes d'interférence que nous avons vues se manifester dans le spectre, lorsque les rayons ordinaire et extraordinaire étaient ramenés dans un plan commun de polarisation.

C'est qu'en effet la théorie montre que ces deux ordres de phénomènes sont intimement liés l'un à l'autre, et qu'ils dépendent tous deux de la même cause; c'est-à-dire de l'état d'accord ou de désaccord dans lequel se trouvent les rayons ordinaire et extraordinaire de chaque couleur simple, par suite de leur inégale vitesse dans la lame cristallisée.

Nous allons décrire les plus intéressants de ces spectres polarisés chromatiquement, et rapporter les observations que nous avons faites pour constater les états variés de polarisation des divers rayons simples.

Cas où la section principale de la lame cristallisée est à 45 degrés du plan primitif de polarisation.

Soient OP, fig. 4, le plan primitif de polarisation, et OS le plan de la section principale de la lame que nous supposerons douée de la double réfraction attractive. Comme on le voit, nous supposons le plan de la section principale situé à droite du plan primitif. Soit AH le spectre produit avec la lumière qui a traversé la lame cristallisée. La réfraction qui lui donne naissance est supposée produite dans un plan perpendiculaire au plan primitif de polarisation. La direction de ce plan primitif considéré dans le spectre et pour les divers rayons simples, sera donc donnée par la direction même des lignes fixes.

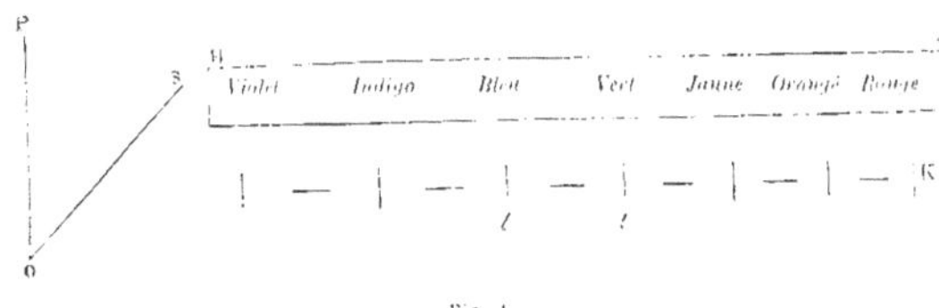

Fig. 4.

Si l'on analyse ce spectre en plaçant devant l'œil un prisme de Nicol, dont on fait varier la position, on reconnaît d'abord que certains rayons simples sont complétement polarisés, les uns dans le plan primitif de polarisation, les autres dans un plan rectangulaire. La fig. K représente, pour une certaine épaisseur de la lame, la position de ces rayons et la direction de leur polarisation.

Les points intermédiaires ne sont pas complétement polarisés, mais présentent, les uns l'apparence d'une polarisation partielle, les autres celle d'une dépolarisation complète.

Le phénomène étant périodique dans la longueur du spectre, il suffit d'examiner les propriétés des rayons compris entre deux points qui se trouvent polarisés de la même manière.

Soient l, t, fig. 4, la portion du spectre considérée; en l'analysant avec un prisme de Nicol, tourné dans les différents azimuts, on lui reconnaît une constitution qui peut être figurée par les lignes rectangulaires tracées en L, fig. 5, dont les longueurs indiquent les intensités lumineuses des différents rayons dans deux positions de la section principale du prisme analyseur, l'une parallèle, l'autre perpendiculaire au plan primitif.

En l et t la polarisation est complète, et son plan correspond au plan primitif; en *m* et *s*, on trouve que la lumière est polarisée partiellement dans le plan primitif; en *n* et *r*, on ne trouve aucune trace de polarisation; suivant deux directions rectangulaires quelconques, le prisme transmet la même quantité de lumière; en *o* et *q*, la lumière est de nouveau polarisée partiellement, mais dans un plan perpendiculaire au plan primitif; enfin en *p*, la polarisation est de nouveau complète, mais son plan est perpendiculaire au plan primitif.

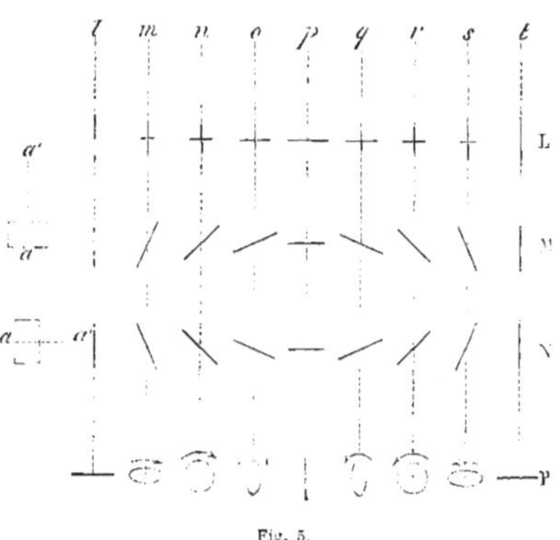

Fig. 5.

Pour les rayons intermédiaires à ceux que nous venons de considérer, on trouve des états de polarisation intermédiaires formant des transitions insensibles entre les différents états que nous venons de décrire.

Cet examen, fait au moyen du prisme de Nicol, fixe, d'une manière certaine, la nature de la polarisation des rayons situés en *l*, *p* et *t*; c'est la polarisation ordinaire, celle que Fresnel a appelée *rectiligne*. Mais il n'en est pas de même à l'égard des autres points, qui tantôt présentent les apparences de la lumière partiellement polarisée, tantôt celle de la lumière naturelle. En effet, Fresnel a fait connaître deux états particuliers de la lumière, qu'il a désignés sous les noms de polarisation *elliptique* et de polarisation *circulaire*, et les propriétés que possède la lumière dans l'un et l'autre de ces états sont telles, que les analyseurs ordinaires au moyen desquels on étudie la polarisation rectiligne ne peuvent suffire à les constater.

De la lumière polarisée elliptiquement, par exemple, étant analysée par le moyen d'un prisme de Nicol, présentera toutes les apparences de la lumière partiellement polarisée, et de la lumière polarisée circulairement étant analysée par le même moyen, se confondra complétement avec de la lumière naturelle.

Les apparences de polarisation partielle ou nulle, observées au moyen d'un analyseur ordinaire, ne déterminent donc pas l'état de polarisation d'un rayon, il faut rechercher de plus s'il possède les caractères de la polarisation elliptique ou circulaire.

Ces caractères sont les suivants :

Un rayon polarisé elliptiquement étant transmis à travers le parallélipipède de Fresnel, dans lequel il subit, comme on le sait, deux réflexions totales sous l'angle 54° 30′ et dans le même plan, il y a toujours deux positions rectangulaires du plan de réflexion pour lesquelles le rayon sortira polarisé rectilignement, et il n'y en a que deux.

Un rayon polarisé circulairement étant transmis à travers le même parallélipipède, en sortira toujours polarisé rectilignement, quel que soit l'azimut du plan de réflexion.

Ces caractères sont propres à ces deux états de polarisation, qu'ils permettent, par conséquent, de connaître d'une manière certaine.

Pour soumettre à ce mode d'analyse les rayons qui nous occupent, il faut placer le parallélipipède devant le prisme de Nicol, dont nous avons fait usage précédemment, et faire mouvoir dans les différents azimuts tantôt le premier, tantôt le second de ces appareils. On trouve ainsi :

1° Qu'en n et r la lumière a les caractères de la polarisation circulaire; car, pour l'un et l'autre de ces points, quelle que soit la position du parallélipipède, la lumière qui l'a traversé est polarisée rectilignement;

2° Qu'en m, o, q, s, la lumière a les caractères de la polarisation elliptique; car, pour chacun de ces points, il y a deux positions rectangulaires du parallélipipède pour lesquelles la polarisation devient rectiligne, et il n'y en a que deux : on observe de plus que ces deux positions sont les mêmes pour ces différents points, et telles, que dans l'une le plan suivant lequel la réflexion se fait dans le parallélipipède coïncide avec le plan primitif de polarisation, et que dans l'autre il lui est perpendiculaire;

3° Que tous les points compris entre *l, m, n, o, p, q, r, s* et *t* possèdent également la polarisation elliptique, et avec la même particularité que les précédents, c'est-à-dire qu'ils se polarisent tous rectilignement lorsque le plan de réflexion du parallélipipède est parallèle ou perpendiculaire au plan primitif.

Il résulte de là que, dans ces deux positions particulières du parallélipipède, *tous les rayons, sans exception, seront polarisés rectilignement;* car, d'une part, la polarisation circulaire trouvée pour les points *n* et *r* devient rectiligne dans une position quelconque du parallélipipède, et d'autre part la polarisation rectiligne trouvée pour les rayons *l, p* et *t* ne sera pas altérée, puisque, pour chacune des deux positions dont il s'agit, les plans de polarisation de ces rayons seront parallèles ou perpendiculaires au plan de réflexion dans le parallélipipède.

Les fig. M et N indiquent les azimuts des plans de polarisation des divers rayons pour ces deux positions du parallélipipède, les azimuts étant intermédiaires pour les rayons intermédiaires à ceux qui sont représentés, *a* étant une coupe du parallélipipède, la ligne *aa'* indique la direction du plan de réflexion.

On voit par ces figures :

1° Que, dans l'intervalle compris entre *l* et *t*, la polarisation rectiligne produite par le parallélipipède dans les deux positions indiquées, a lieu dans les plans différents pour les différents rayons, et qu'il n'y a pas deux rayons qui soient polarisés dans le même azimut;

2° Que, pour les points *n* et *r*, auxquels nous avons trouvé la polarisation circulaire, le plan de polarisation se trouve également incliné sur le plan primitif, pour l'un vers la droite et pour l'autre vers la gauche; cette symétrie s'observe aussi, à l'égard des points *m* et *s, o* et *q*, et est même générale dans tout l'intervalle *l, t*, à l'égard des points situés à des distances sensiblement égales du point *p* :

3° Que la fig. N jouit de la même symétrie par rapport à M.

Les propriétés variées et singulières des différents rayons compris entre *l* et *l*, s'accordent de la manière la plus complète avec la constitution que la théorie des ondulations leur assigne. Cette constitution théorique, qui se déduit des principes posés par Fresnel pour la composition des mouvements vibratoires, est représentée en P. Les lignes tracées représentent la nature du mouvement lumineux, tantôt rectiligne, tantôt elliptique ou circulaire de droite à gauche, tantôt elliptique ou circulaire de gauche à droite. La théorie assigne à ces divers états de la lumière des propriétés précisément identiques avec celles que nous avons constatées précédemment.

Dans ce qui précède, nous avons supposé la section principale de la lame cristallisée placée à 45 degrés à droite du plan primitif, mais nous avons également examiné le cas où la section principale est à 45 degrés à gauche de ce même plan. Pour représenter ce cas, il suffit, dans la fig. P, d'intervertir le sens des mouvements indiqués par la direction des flèches ; le même changement représentera ce qui arrive lorsqu'à une lame douée de la double réfraction attractive on substitue une autre lame douée de la double réfraction répulsive. L'observation confirme encore exactement ces indications théoriques.

En isolant dans le spectre l'intervalle *l l* pour examiner avec détail les états de polarisation des différents rayons simples qui le composent, nous avons admis, d'après les indications fournies par le prisme de Nicol, que les états divers de polarisation se renouvelaient périodiquement dans toute la longueur du spectre ; et, en effet, toutes les propriétés que nous avons trouvées pour l'un de ces intervalles se retrouvent identiquement les mêmes pour un autre intervalle quelconque compris entre deux points du spectre qui ont conservé la polarisation primitive. Cette périodicité est encore une conséquence immédiate de la théorie.

Pour l'épaisseur particulière de la lame indiquée plus haut, le nombre des périodes ou des retours à un même état de polarisation est peu considérable ; mais, l'épaisseur de la lame venant à croître, ce nombre croît aussi, et peut devenir aussi considérable que celui des bandes d'interférence obtenues avec les lames cristallisées et décrites dans la première partie. Au reste, quelque nombreuses que soient ces périodes, et, par conséquent, quelque resserré que soit l'intervalle que chacune d'elles occupe dans le spectre, chacun de ces intervalles présente toujours la même série d'états variés de polarisation. Avec la plaque de cristal de roche parallèle à l'axe dont nous avons déjà fait usage, le nombre des retours périodiques au même état de polarisation est, pour le spectre entier, d'environ six cents. On a donc alors un spectre dans lequel mille deux cents rayons simples sont polarisés rectilignement et alternativement dans un plan primitif et dans un plan rectangulaire ; un même nombre de rayons présente la polarisation circulaire, et alternativement de droite à gauche et de gauche à droite ; le reste enfin est polarisé elliptiquement de la manière la plus variée. Si l'on resserre, par la pensée, un tel spectre dans le sens de sa longueur, de manière à concevoir un rayon de lumière blanche formé par la superposition de tous les rayons colorés, on aura reconstitué la lumière blanche dans toute la complexité mécanique que lui avait imprimée son passage à travers le corps biréfringent.

CAS OU LA SECTION PRINCIPALE DE LA LAME CRISTALLISÉE FAIT,

AVEC LE PLAN PRIMITIF,

UN ANGLE DIFFÉRENT DE 0, 45 ET 90 DEGRÉS.

Sans entrer dans les détails que nous avons donnés précédemment pour le cas où l'angle était de 45 degrés, nous allons indiquer les principaux résultats que nous avons obtenus dans cette seconde circonstance.

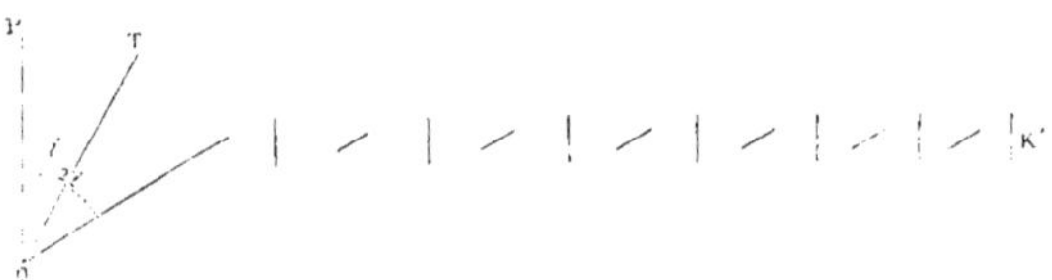

Fig. 6.

Soient OP, figure 6, le plan primitif de polarisation, et OT celui de la section principale ; nous supposons que la lame est la même que précédemment ; et soit i l'angle compris entre les deux plans.

En analysant avec le prisme de Nicol le spectre produit dans cette circonstance, on reconnaît qu'il est constitué comme l'indique la figure K', c'est-à-dire qu'il présente la polarisation rectiligne aux mêmes points que dans le cas précédent ; mais les plans de polarisation, au lieu d'être alternativement parallèles ou perpendiculaires au plan primitif, sont alternativement parallèles à ce plan, ou inclinés sur lui d'un angle $2\,i$.

En employant le parallélipipède pour étudier les rayons intermédiaires, on reconnaît qu'aucun d'entre eux ne possède la polarisation circulaire, mais que tous, sans exception, possèdent la polarisation elliptique. Pour chacun d'eux, en effet, il y a deux positions rectangulaires du parallélipipède qui produisent la polarisation rectiligne, et il n'y en a que deux.

On remarque, de plus, que ces positions sont différentes pour les différents rayons, de sorte qu'on ne peut pas polariser rectilignement tous les rayons à la fois, comme cela était possible dans le cas précédent. Ces résultats répondent, aussi bien que les précédents, aux déductions de la théorie.

CAS D'UNE LAME DE CRISTAL DE ROCHE TAILLÉE PERPENDICULAIREMENT A L'AXE.

Dans ce cas on reconnaît immédiatement, à l'aide du prisme de Nicol, que tous les rayons simples qui composent le spectre sont polarisés rectilignement et dans des plans diversement inclinés sur le plan primitif. Si l'on considère l'intervalle compris entre deux points pour lesquels la polarisation a lieu dans le plan primitif, on trouve que les divers plans sont inclinés comme le représente la figure M, si la lame est tirée d'un cristal tournant à gauche, et la figure N, si c'est d'un cristal tournant à droite [1]. Cette constitution est parfaitement en harmonie avec ce que l'on sait sur

1. Il est à peine nécessaire de faire remarquer que nous supposons toujours ces figures rapportées au spectre A...H dans lequel la réfrangibilité croît de droite à gauche ; il est facile de déduire de là ce qui arriverait dans le cas où la réfraction se faisant en sens contraire, la réfrangibilité viendrait à croître de gauche à droite.

la polarisation chromatique produite par le cristal de roche dans la
direction de son axe.

POLARISATION CHROMATIQUE MODIFIÉE PAR LE PARALLÉLIPIPÈDE À RÉFLEXION TOTALE.

Il résulte des propriétés que Fresnel a assignées à son parallélipipède
diverses conséquences curieuses, relatives aux modifications diverses
qu'un faisceau polarisé chromatiquement doit éprouver par son passage à
travers cet instrument.

Nous nous bornerons à énoncer les plus remarquables d'entre ces
modifications, qui toutes s'observent dans le spectre avec une grande
facilité.

1° Si un faisceau lumineux, sortant d'une lame cristallisée dont la
section principale est à 45 degrés du plan primitif de polarisation, traverse
le parallélipipède de manière à ce que le plan des réflexions totales soit
parallèle ou perpendiculaire à ce plan primitif, ce faisceau se comportera
comme un faisceau polarisé qui aurait traversé un corps doué du pouvoir
rotatoire, et la rotation des plans de polarisation aura lieu vers la gauche
ou vers la droite, suivant que le parallélipipède sera dans l'une ou dans
l'autre position. Le sens de la rotation sera également interverti en tournant de 90 degrés la section principale de la lame cristallisée.

2° Si, dans les mêmes circonstances, on ajoute un second parallélipipède de façon à soumettre le faisceau à quatre réflexions totales dans le
même plan, les phénomènes rotatoires disparaissent, et l'effet produit par
ces quatre réflexions est simplement celui qu'on obtiendrait en tournant
de 90 degrés la section principale de la lame cristallisée.

3° Si un faisceau, sortant d'une lame de cristal de roche perpendiculaire à l'axe, traverse un parallélipipède de manière que le plan de
réflexion soit parallèle ou perpendiculaire au plan primitif de polarisation,
les phénomènes rotatoires disparaissent, et sont remplacés par ceux que

présenterait une lame cristallisée dont la section principale serait à 45 degrés à droite ou à gauche du plan primitif.

4° Si, dans les mêmes circonstances, on ajoute un second parallélipipède, les phénomènes rotatoires reparaissent, mais l'effet produit par les quatre réflexions est d'intervertir le sens des rotations; de sorte qu'une lame tournant à gauche présentera les phénomènes d'une lame tournant à droite, et *vice versa*.

ADDITION.

Pendant les beaux jours qui ont marqué la fin de cet hiver (1846), nous avons pu faire de nouvelles observations sur les interférences dans le cas de grandes différences de marche, et nous sommes parvenus à des nombres encore plus élevés que ceux que nous avons cités dans la première partie de ce travail. Pour obtenir ce résultat, nous avons cherché observer les bandes d'interférence dans un spectre plus pur encore que celui que nous avions pu produire. Ce but est facile à atteindre par l'emploi de plusieurs prismes au lieu d'un seul.

Dans nos premières expériences, nous avions trouvé avantageux de placer une lentille entre la source de lumière et le prisme, afin de rendre parallèles les faisceaux envoyés par chaque point de cette source de lumière avant leur passage à travers le prisme[1]. On voit que, dans ce cas, chaque faisceau de lumière simple est dévié par le prisme suivant sa réfrangibilité propre, mais reste parallèle comme il était avant la réfraction. Il résulte de là que, si l'on place un second prisme après le premier, de manière à ce que leurs réfractions se fassent dans le même sens, chaque faisceau de lumière simple recevra un accroissement de déviation, mais restera parallèle comme il était avant la seconde et la première réfraction. Un troisième prisme ne fera, comme le deuxième, que disperser la lumière davantage, sans troubler le parallélisme des faisceaux; de sorte que l'on

---

1. Il y avait, en outre, la lentille que l'on emploie toujours lorsqu'on veut avoir un spectre pur elle était placée comme à l'ordinaire, entre l'observateur et le prisme, près de ce dernier.

peut ainsi, en employant plusieurs prismes, obtenir des spectres de plus en plus étendus, et dans lesquels les éléments de lumière simple sont de plus en plus dispersés.

Le succès de cette disposition dépend, comme on le voit, du parallélisme des faisceaux avant leur réfraction ; ce qui explique pourquoi l'on trouve ordinairement peu d'avantage à l'emploi de plusieurs prismes lorsqu'on veut obtenir des spectres très-purs.

Nous avons observé, par ce moyen, les interférences produites par la réflexion aux deux surfaces de petites glaces à faces parallèles, dont les épaisseurs en millimètres ont été trouvées, telles qu'elles sont dans le tableau ci-dessous.

Les différences de marche calculées d'après les épaisseurs, et pour les raies F et G, entre lesquelles les bandes sont le plus nettement aperçues, par suite de la dispersion de cette région du spectre, sont les suivantes, en nombre d'ondulations :

	N° 1.	N° 2.	N° 3.
Épaisseur des lames en millimètres........	0,671	0,903	1,029
Pour la raie F...........................	4 256	5 728	6 527
Pour la raie G...........................	4 821	6 489	7 394

RÉSUMÉ.

Il résulte des faits rapportés dans la première et la seconde partie de ce travail, que l'influence mutuelle que deux rayons de lumière exercent l'un sur l'autre a pu être manifestée par l'analyse prismatique dans les circonstances importantes où cette influence n'avait pas été constatée.

Le phénomène des interférences, qui n'était observable que pour les différences de marche d'un petit nombre d'ondulations, a pu être constaté lorsque la différence s'élevait à plus de sept mille ondulations.

Les phénomènes de polarisation chromatique des lames cristallisées ont pu être observés dans un état de simplicité remarquable avec des lames relativement épaisses, puisque les nouvelles épaisseurs peuvent être cent fois et au delà plus grandes que celles qui rendaient jusqu'ici les phénomènes insensibles à l'observateur.

Nous concluons de ces faits que les limites de différence de marche fort restreintes au delà desquelles on ne pouvait plus manifester l'influence mutuelle de deux rayons ne dépendaient que de la complexité de la lumière. En employant la lumière la plus simple que l'on puisse obtenir, ces limites peuvent être considérablement reculées.

L'existence de ces phénomènes d'influence mutuelle entre deux rayons, dans le cas de grande différence de marche, est intéressante pour la théorie de la lumière, en ce qu'elle révèle dans l'émission des ondes successives une régularité persistante qu'aucun phénomène n'indiquait jusqu'ici.

SUR LA MANIÈRE DE PRODUIRE LES INTERFÉRENCES

A GRANDES DIFFÉRENCES DE MARCHE [1].

R est un faisceau de lumière parallèle pénétrant dans la chambre obscure (fig. 7).

L est une lentille cylindrique de $0^m.01$ de foyer; son axe est placé verticalement.

A 1 mètre du foyer f sont les miroirs de Fresnel M et M'; c'est le miroir M' qui pendant l'expérience doit prendre l'avance sur l'autre. Quelle que soit cette avance du miroir M' sur le miroir M, il faut toujours que ceux-ci fassent entre eux un angle tel que les faisceaux réfléchis empiétent légèrement l'un sur l'autre comme dans la figure.

A $1^m.50$ environ des miroirs et au milieu de l'espace où les faisceaux réfléchis se pénètrent, on place une fente verticale F dont la largeur doit être très-petite par rapport à celles des franges visibles ou invisibles sur ses bords.

Le mince pinceau qui traverse cette fente va tomber en divergeant à $1^m.50$ de distance sur une lentille sphérique L' non achromatique jouant le rôle de collimateur et ayant en conséquence $1^m.50$ de foyer.

De là, le faisceau rendu parallèle traverse successivement un ou plusieurs prismes P. P'. etc., puis va tomber à la surface d'une lentille achromatique L' de $0^m.50$ de foyer et qui a pour effet de réunir en un spectre

---

1. Note inédite.

focal V R le faisceau dispersé. Enfin l'on observe ce spectre dans l'espace au moyen d'un oculaire O monté sur un support que l'on promène à la main pour examiner les bandes d'interférence dans les différentes couleurs. La lentille L″ et l'oculaire O jouent ici le rôle d'une véritable lunette et rien ne s'oppose à ce qu'on les monte à demeure sur un tube; mais il faudrait alors que le corps de l'instrument eût un mouvement angulaire autour d'un point c dont la position n'a pas besoin d'être déterminée avec une grande précision, mais qui doit être située au moins entre l'objectif L″ et le dernier prisme.

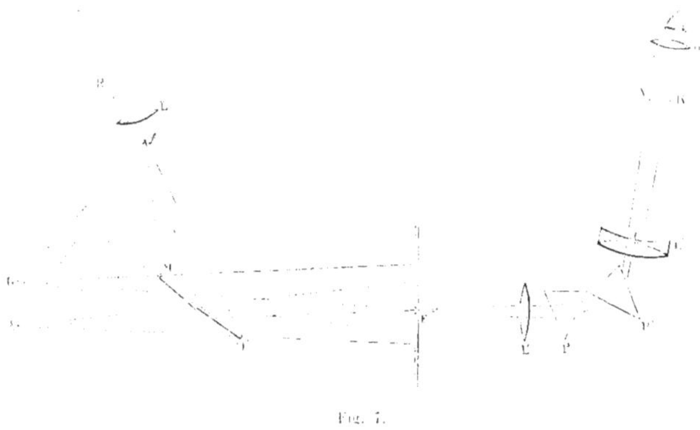

Fig. 7.

Il est évident qu'à partir de la lentille collimateur L′ le système des prismes et de la lunette peut être placé symétriquement d'un côté ou de l'autre à volonté.

Quand on veut pousser aussi loin que possible l'observation des bandes d'interférence dans le spectre, il est bon de placer à l'origine du faisceau incident deux lentilles cylindriques à axes parallèles et à distance variable; l'on obtient ainsi l'image de l'image linéaire du soleil et l'on peut l'amener progressivement à un état de finesse extrême.

RECHERCHES

INTERFÉRENCES DES RAYONS CALORIFIQUES[1]

(Académie des Sciences, 27 septembre 1847.)

Les expériences qui font le sujet de ce mémoire ont eu pour but de rechercher si les rayons calorifiques possèdent, comme les rayons lumineux, la propriété d'interférer ou de s'influencer mutuellement, de manière à s'ajouter et à se détruire suivant les conditions dans lesquelles ils se rencontrent.

Le procédé d'observation employé consiste à étudier la distribution de la chaleur dans les divers phénomènes qui prennent naissance lorsque les rayons lumineux interfèrent. Les franges qui se produisent dans ces circonstances étant de leur nature peu intenses et de petites dimensions, il a fallu recourir à des moyens thermoscopiques très-délicats.

Nous avons employé pour cette étude des thermomètres à alcool, auxquels on peut donner des dimensions très-petites et en même temps une grande sensibilité; les mouvements de la colonne étaient observés au microscope et des divisions placées dans l'oculaire servaient à les mesurer.

Le meilleur thermomètre que nous ayons pu nous procurer pour ces recherches a un réservoir sphérique dont la dimension n'excède pas $1^{mm},1$; la valeur de 1 degré centigrade sur la tige est cependant encore de $0^{m},008$.

---

1. Extrait d'un mémoire présenté en commun avec M. H. Fizeau, et reproduit ci-après, page 135. Voir *Comptes rendus de l'Ac. des Sc.*, t. XXV, p. 447, 485.

En plaçant dans l'oculaire du microscope un micromètre divisé en dixièmes de millimètre, on s'est assuré que chaque division parcourue par la colonne équivalait à $\frac{1}{100}$ de degré.

L'instrument était placé dans une enceinte exactement close, afin qu'il fût à l'abri des mouvements de l'air et des changements brusques de la température. Plusieurs ouvertures fermées par des glaces permettaient d'introduire les rayons soumis à l'expérience et d'observer la colonne avec le microscope placé extérieurement. Une disposition particulière permettait, en outre, d'observer avec exactitude la position du thermomètre au milieu des franges lumineuses.

Des observations successives faites dans des points très-rapprochés faisaient connaître la distribution de la chaleur. Pour chaque point, l'observation était double : l'une faite en admettant les rayons, l'autre en les interceptant; la moyenne des deux nombres obtenus donnait l'élévation de température due à l'action des rayons. Les changements de température de l'enceinte étant toujours lents et réguliers, leur influence se trouvait ainsi annulée.

Nous avons étudié de cette manière la répartition de la chaleur dans les principaux phénomènes où les interférences des rayons lumineux se manifestent. Après quelques essais, nous avons reconnu que, malgré la sensibilité de nos moyens thermométriques, cette étude n'était possible qu'en employant la lumière solaire pour la production de ces phénomènes, toutes les autres sources de lumière et de chaleur étant beaucoup trop faibles.

1° Franges produites au moyen de deux miroirs inclinés l'un sur l'autre. — En produisant ces franges dans des dimensions assez grandes pour que le réservoir du thermomètre n'occupât que le quart d'une frange brillante, nous avons trouvé des signes d'interférence incontestables dans le voisinage de la frange centrale blanche. Dans une des observations rapportées dans le mémoire, on a trouvé les nombres suivants pour les élévations de température en divisions du micromètre : 20 ; 9 ; 35 ; 9 ; 20. Le nombre le plus élevé correspond à la frange centrale et les deux plus petits à la première frange obscure qui limite à droite et à gauche la précédente.

Les expériences ont été variées de plusieurs manières et toutes s'accordent à montrer que, dans ce phénomène, il existe des franges calorifiques de dimensions semblables à celles des franges lumineuses.

2° Spectres à bandes brillantes et obscures obtenues en analysant par le prisme les phénomènes d'interférence produits dans la lumière polarisée par les lames cristallisées. — Lorsqu'on forme un spectre avec de la lumière modifiée par l'influence combinée de la polarisation et de la double réfraction dans les circonstances où, pour de petites épaisseurs du corps biréfringent, se manifesteraient les couleurs des lames cristallisées, on donne naissance à un spectre discontinu formé de bandes alternativement brillantes et obscures, dues aux interférences des deux rayons produits par la double réfraction de la lame cristallisée.

Cette expérience a été décrite avec détail dans un précédent travail sur le phénomène des interférences dans le cas de grandes différences de marche. Nous rappellerons seulement que, dans cette circonstance, bien que l'observation porte simultanément sur les rayons de toutes les couleurs, c'est comme si l'on observait dans de la lumière simple, car les effets de l'interférence sont distincts et séparés pour chaque rayon simple.

La recherche de la distribution de la chaleur dans ces spectres présentait un intérêt particulier, surtout parce qu'il devenait possible d'étudier, sous le point de vue des interférences, les rayons calorifiques obscurs découverts par Herschell au delà de l'extrémité rouge du spectre visible.

Nous rapportons avec détail les résultats de cette étude dans le cas d'une lame de gypse de $0^{mm}.83$. Une lame de cette épaisseur produit dans le spectre huit bandes obscures; la largeur des bandes brillantes qui les séparent était telle que le thermomètre occupait un sixième de la bande située dans le jaune. Pour la partie du spectre calorifique formée par les rayons invisibles situés au delà du rouge, la position du thermomètre a été relevée à chaque observation et rapportée au spectre visible.

Il résulte de cette étude que la chaleur est distribuée comme la lumière dans le spectre visible, le centre des bandes lumineuses présentant un maximum de chaleur et le centre des bandes obscures un minimum ; dans la région invisible du spectre, la distribution est analogue : on a fixé la position de quatre bandes non calorifiques séparées par des bandes calorifiques.

Pour distinguer de ces bandes d'interférence trouvées dans la région calorifique invisible les inégalités d'intensité signalées dans cette région par J. Herschell, on a constaté qu'elles disparaissaient en tournant de 45 degrés la section principale de la lame de gypse. Nous avons trouvé que cette intensité varie, en effet, d'une manière très-irrégulière : à une distance de la raie A, égale à celle qui sépare cette raie de la raie D, nous avons reconnu l'existence d'une raie très-large où il n'existe aucune chaleur sensible.

En tournant l'un des plans de polarisation de 90 degrés, on donne naissance à un spectre complémentaire du précédent et qui a été étudié de la même manière. Les bandes calorifiques sont alors remplacées par des bandes non calorifiques et réciproquement.

En substituant à la lame de gypse une lame de cristal de roche perpendiculaire à l'axe, on peut observer dans le spectre les rotations que les plans de polarisation des couleurs éprouvent de la part de ce cristal ; le phénomène consiste en des bandes semblables aux précédentes ; la distribution de la chaleur est semblable aussi.

En ajoutant aux modifications que subissent les rayons dans les circonstances qui viennent d'être rapportées celles qui résultent de la réflexion totale dans le parallélipipède de Fresnel, on produit des phénomènes d'interférence qui se manifestent toujours dans le spectre par des bandes diversement situées ; la distribution de la chaleur suit tous ces changements.

Ainsi l'on trouve toujours : 1° que des bandes d'interférence se manifestent dans toute l'étendue du spectre calorifique toutes les fois qu'il s'en produit dans le spectre lumineux ; 2° que, dans toute l'étendue du spectre lumineux, les bandes lumineuses coïncident avec les bandes calorifiques.

3° *Diffraction produite par un bord rectiligne unique.* — Nous avons, de plus, étudié le cas le plus simple de la diffraction, celui où l'on produit des franges par l'interposition d'un écran terminé par un bord rectiligne : ce phénomène étant nécessairement très-petit, son étude a présenté des difficultés assez grandes ; cependant nous avons obtenu des résultats intéressants en produisant les franges dans des dimensions telles que le thermomètre occupât la moitié de l'espace compris entre la première et la seconde frange obscure, telles qu'on les voit avec un verre rouge. La position de la limite géométrique de l'ombre avait été déterminée par un procédé particulier.

Lorsque le thermomètre, d'abord situé dans l'intérieur de l'ombre, pénètre graduellement dans l'espace éclairé, on observe qu'il commence à monter avant d'atteindre la limite géométrique de l'ombre ; il continue à monter rapidement en pénétrant dans la première frange brillante, atteint un maximum vers le bord de cette frange voisin de la première frange noire, puis descend d'une manière continue à mesure qu'il pénètre dans l'espace éclairé pour atteindre bientôt un état stationnaire. Ainsi, dans le lieu occupé par la première frange brillante, il existe une frange calorifique de diffraction dans laquelle la température est plus élevée que dans les points où les rayons parviennent directement sans avoir été influencés par l'écran.

SUR LES INTERFÉRENCES CALORIFIQUES[1]

(Académie des Sciences, 27 septembre 1847.)

Les expériences que nous allons rapporter ont été entreprises afin de rechercher si les rayons calorifiques donnent lieu, comme les rayons lumineux, à des phénomènes d'interférence. Cette classe de phénomènes, qui résulte des influences mutuelles que deux rayons exercent l'un sur l'autre et en vertu desquelles ces rayons peuvent s'ajouter ou se détruire mutuellement, acquiert une importance considérable par les conséquences qui en résultent relativement à la nature de l'agent qui les produit. Ce sont, en effet, ces phénomènes qui ont conduit à abandonner la théorie de l'émission de la lumière, et à considérer celle-ci comme constituée par des mouvements ondulatoires se propageant dans un fluide universellement répandu.

Les analogies nombreuses révélées par l'expérience entre les propriétés des rayons calorifiques et celles des rayons lumineux, ont amené à étendre l'idée des mouvements ondulatoires aux rayons calorifiques. Cette manière de voir est généralement admise aujourd'hui, et cependant elle n'est fondée que sur des analogies, car aucune des propriétés observées jusqu'ici dans les rayons calorifiques ne révèle en eux une nature ondulatoire. L'existence de phénomènes d'interférence serait décisive dans cette question et fournirait à la théorie de la chaleur rayonnante une base aussi solide que celle sur laquelle repose la théorie de la lumière.

---

1. En commun avec M. H. Fizeau. — Nous devons à M. Fizeau de pouvoir donner le texte et les figures de ce mémoire qui n'a pas été publié.

La recherche de phénomènes d'interférence dans les rayons calorifiques devait, en outre, jeter un grand jour sur la question distincte de la précédente et également importante, celle de savoir si la chaleur rayonnante et la lumière doivent être considérées comme étant d'une nature différente ou identique. Les premières expériences de M. Melloni avaient révélé des différences considérables et même des oppositions entre les propriétés des deux agents; ainsi des corps transparents pour la lumière arrêtaient la chaleur, et des corps opaques la laissaient passer. Ces phénomènes ne parurent explicables qu'en admettant une différence de nature entre la chaleur et la lumière; toutefois, dans ces derniers temps, ce même savant a fait de nouvelles expériences qui ont donné à la théorie contraire des résultats plus favorables. Dans ses derniers mémoires, il se déclare même formellement partisan de la théorie de l'identité. On verra par la suite de ce mémoire combien les résultats de nos expériences sont favorables à cette manière de voir.

Si les interférences des rayons calorifiques n'ont pas encore été constatées jusqu'ici, on doit en rechercher la cause dans les difficultés que présentent ces recherches, difficultés dont nous devons dire quelques mots, afin d'expliquer la nécessité des dispositions qui ont été adoptées dans les expériences. Il faut dire d'abord que les seules circonstances dans lesquelles il nous ait paru possible de tenter cette étude sont celles dans lesquelles les rayons lumineux interfèrent; ainsi le *procédé d'observation a consisté à chercher quelle est la distribution de la chaleur dans les divers phénomènes d'interférence de la lumière.* Mais l'on sait combien ces phénomènes sont délicats à produire, puisqu'ils dépendent de quantités aussi petites que les longueurs d'ondulation, longueurs qui, pour les rayons situés au milieu du spectre solaire, ne dépassent pas un demi-millième de millimètre. Les alternatives de couleurs ou d'éclat et d'obscurité qui constituent les franges d'interférence se produisent en général dans des points très-rapprochés les uns des autres : ce sont de petits phénomènes qu'il faut observer de près et souvent à la loupe.

L'intensité des rayons qui concourent à la production des franges est encore une cause de difficultés; la source d'où la lumière émane ne doit avoir que de petites dimensions et, par suite, l'intensité est nécessairement très-limitée.

Ainsi les expériences devaient consister à comparer les élévations de température produites par des rayons d'une faible intensité et dans des points très-voisins les uns des autres.

Les instruments thermoscopiques que l'on emploie pour étudier l'action calorifique de rayons très-faibles, tels que le thermomètre différentiel à air et la pile thermo-électrique de M. Melloni, ne pouvaient pas convenir dans ces circonstances; ces instruments présentent une surface trop étendue, et il ne nous a pas paru possible d'en modifier la construction de manière à les rendre propres à ces recherches.

Nous avons fait usage de *thermomètres à liquides* auxquels on peut donner des dimensions très-petites en leur conservant une grande sensibilité.

Les mouvements de la colonne *étaient observés au microscope* et mesurés au moyen de divisions placées dans l'oculaire. Parmi plusieurs thermomètres très-petits qui ont été essayés, le n° 5 s'est trouvé supérieur aux autres; c'est celui qui a été employé pour les expériences rapportées dans ce travail. (Pl. III, fig. 5.)

Ce thermomètre est à alcool, le réservoir est sphérique et de 1^{mm},1 de diamètre; la moitié de la surface sphérique a été couverte de noir de fumée; c'est sur cette surface que tombaient les rayons.

Malgré ses petites dimensions, l'instrument est encore très-sensible; pour 1 degré centigrade, la colonne parcourt une étendue d'environ 0^m,008, et cette valeur est sensiblement la même pour plusieurs degrés successifs.

Lorsque l'on observe les mouvements de la colonne au moyen du microscope, les indications de l'instrument acquièrent une délicatesse bien plus grande.

Le micromètre placé dans l'oculaire étant divisé en dixièmes de millimètre, on a placé au foyer du microscope, au lieu du thermomètre, une échelle divisée, et l'on a trouvé qu'un demi-millimètre de cette échelle occupait sensiblement 25 divisions de l'oculaire; or un degré occupant sur la tige du thermomètre une étendue de 0^m,008, on voit que chaque division de l'oculaire parcourue par la colonne vaut $\frac{1}{400}$ de degré.

La chaleur d'une bougie placée à une distance de $0^m.50$, sans écran intermédiaire, produit dans la colonne un mouvement de 7 divisions. L'instrument possède, en outre, la propriété de donner des indications dans un temps très-court. Dans nos expériences, le temps nécessaire pour que la colonne parvînt à son état stationnaire a toujours été compris entre 30' et 60".

Pour apprécier ces faibles changements de température, il a fallu garantir l'instrument des mouvements de l'air et de l'influence calorifique de l'observateur. La figure 2 (Pl. 3) représente la disposition adoptée.

Le thermomètre fixé sur un support (fig. 1) était placé en t dans une enceinte en bois exactement close; quatre ouvertures a, b, c, d percées dans les parois de cette enceinte étaient fermées avec des glaces.

Une lampe placée en L éclairait la tige de l'instrument à travers la glace a qui était dépolie.

L'éclairement, dans ce cas, est bien meilleur; une lentille servait à concentrer la lumière sur cette glace.

Par la glace b, on observait, au moyen du microscope M; les rayons soumis à l'expérience pénétraient à travers la glace c, rencontraient la boule du thermomètre en t qui formait écran pour une partie d'entre eux et sortaient par la quatrième glace d.

Dans ces expériences, il était nécessaire de connaître exactement la position du thermomètre dans le phénomène lumineux soumis à l'examen; on a satisfait à cette condition en plaçant sur le trajet des rayons à leur sortie de l'appareil d'abord une lentille m, puis un écran blanc N à des distances relatives telles qu'il se formait sur l'écran une image nette de la boule du thermomètre; on pouvait ainsi observer sur l'écran la position du thermomètre par rapport aux franges, comme si l'écran avait été placé au lieu même occupé par le thermomètre.

Dans cette disposition, l'on voit que le thermomètre ne pouvait pas être déplacé pour explorer les diverses franges; c'était, au contraire, le système des franges qui était mobile et que l'on faisait passer sur la boule du thermomètre.

Les élévations de température observées dans ces circonstances sont en général très-petites; rarement elles atteignent 40 divisions et n'ont jamais dépassé 50; ainsi, en général, elles sont inférieures à $\frac{1}{10}$ de degré. Pour des excès de température compris dans des limites aussi restreintes, on doit regarder comme certain que les excès sont proportionnels aux intensités des rayons qu'ils produisent; ainsi la mesure des élévations de température donne immédiatement les intensités des rayons.

Si la température de l'enceinte où est placé le thermomètre pouvait être maintenue parfaitement stationnaire, la mesure dont nous parlons serait facile et certaine; mais il n'en est pas ainsi, et cette température varie toujours un peu; aussi la colonne thermométrique n'est jamais parfaitement immobile; elle est toujours animée d'un mouvement d'élévation ou d'abaissement qui toutefois n'a jamais lieu que d'une manière lente et uniforme.

Ce mouvement propre de la colonne tantôt s'ajoute au mouvement dû à l'action calorifique des rayons, tantôt s'en retranche; mais comme il est sensiblement uniforme, il est facile de rendre son influence nulle. Pour cela, on fait deux observations : l'une par élévation, en admettant les rayons; l'autre par abaissement en les interceptant. La demi-somme des deux nombres obtenus est l'élévation de température due à l'action seule des rayons.

Les phénomènes lumineux qui ont été soumis à ces moyens d'observation sont :

1° Les franges d'interférence produites au moyen de deux miroirs inclinés l'un sur l'autre;

2° Les spectres à bandes obtenus en analysant par le prisme les phénomènes d'interférence produits dans la lumière polarisée par les lames cristallisées.

L'étude de la répartition de la chaleur dans ces spectres devait présenter beaucoup d'intérêt; car non-seulement elle devait permettre de décider si les bandes alternativement brillantes et obscures que l'interférence y produit sont communes au spectre lumineux et au spectre calorifique, mais encore si les rayons calorifiques invisibles qui existent au delà de l'extrémité rouge possèdent, comme la lumière, la propriété d'interférer.

3° Enfin nous avons étudié également le phénomène de la diffraction produite par un bord rectiligne unique. La doctrine des interférences jouant un rôle important dans l'explication théorique de la diffraction, cette étude se rattachait naturellement à notre sujet.

1° *Franges d'interférence produites au moyen de deux miroirs inclinés l'un sur l'autre.* — Nous rappellerons seulement en quelques mots les conditions dans lesquelles cet important phénomène se produit, afin de pouvoir expliquer les dispositions particulières que nos recherches ont rendues nécessaires.

Lorsque l'on reçoit la lumière émanée d'une source lumineuse de petites dimensions sur un système de deux miroirs plans inclinés l'un sur l'autre sous un angle peu différent de 180°, de manière à produire après la réflexion un entre-croisement des rayons réfléchis par l'un et l'autre miroir, on voit apparaître, dans le lieu de l'espace où les deux faisceaux se rencontrent ainsi, des lignes alternativement lumineuses et obscures, sensiblement rectilignes et parallèles entre elles lorsqu'on ne les observe que dans une petite étendue.

Ces franges ont une largeur particulière dans chaque espèce de lumière simple et sont d'autant plus resserrées que les rayons qui les produisent sont plus réfrangibles; il en résulte, lorsque l'on emploie la lumière blanche, un phénomène compliqué de la superposition de tous les systèmes de franges produits par les rayons simples de diverses couleurs.

Dans cette circonstance, les franges sont colorées d'une manière variée et disposées symétriquement des deux côtés d'une frange blanche centrale. Quelques essais nous ont bientôt fait voir que l'emploi de la lumière blanche était nécessaire pour produire le phénomène avec l'intensité convenable à l'étude thermométrique que nous voulions faire.

La grandeur des franges était une condition très-importante; il fallait qu'elles fussent beaucoup plus larges qu'elles ne sont ordinairement lorsque l'on produit le phénomène dans le but d'observer seulement les interférences des deux faisceaux ou de mesurer les longueurs d'ondulation, comme l'a fait Fresnel; car évidemment leurs dimensions devaient surpasser celles du thermomètre destiné à donner la température de leurs diverses parties. Le raisonnement et l'expérience montrent que plusieurs éléments influent sur cette grandeur; d'abord la distance à laquelle on observe le phénomène : plus on s'éloigne de l'appareil des miroirs et plus les franges se dilatent, mais en perdant de l'intensité; en second lieu, la distance qui sépare l'appareil des miroirs de la source de lumière : plus on diminue cette distance et plus les franges se dilatent sans perdre d'intensité, mais en devenant moins nettes; enfin l'angle que forment entre eux les deux miroirs : plus cet angle s'approche de 180° et plus les franges sont larges. Mais en augmentant la valeur de cet angle, on introduit une autre cause de complication qui dépend de la diffraction que la lumière éprouve sur les bords des miroirs; lorsque les deux miroirs sont presque dans le même plan, les deux faisceaux ne se rencontrent que dans une petite étendue, et la portion de chaque faisceau qui seule contribue à la formation des franges est justement celle qui a été réfléchie sur le bord du miroir et, par conséquent, troublée dans sa marche par l'effet de la diffraction.

Si l'on remarque que la diffraction consiste surtout en des changements considérables dans l'intensité des rayons et que le phénomène des interférences exige pour se reproduire avec netteté une intensité égale dans les deux faisceaux qui se rencontrent, on voit combien l'influence de cette cause doit compliquer le phénomène des interférences. Nous avons bientôt reconnu qu'il n'était pas possible de s'affranchir de cette difficulté et en même temps de produire des franges d'une largeur convenable; il a donc fallu renoncer à produire un système de franges et à placer successivement le thermomètre dans ses diverses parties; les résultats obtenus dans des circonstances aussi complexes eussent été peu utiles à la solution de la question qui nous occupe.

Le moyen que nous avons employé et qui nous a donné des résultats nets et réguliers est fondé sur les faits suivants :

Lorsque l'appareil des miroirs est bien réglé, la frange centrale blanche est située juste au milieu de l'espace éclairé par les deux faisceaux; dans cette position, les deux rayons qui se rencontrent se sont réfléchis à des distances égales des bords des miroirs; malgré la diffraction, ils ont donc la même intensité, ce qui est la condition la plus favorable aux interférences.

Mais au lieu de la frange centrale blanche, on peut produire dans le même lieu une frange d'un autre ordre sans changer sensiblement les autres circonstances. Il suffit de mouvoir l'un des miroirs parallèlement à lui-même d'une quantité très-petite ; on établit ainsi une différence de marche entre les deux rayons qui permet de faire passer successivement les franges des divers ordres dans le même lieu ; pour remplacer ainsi la frange centrale par celles des premiers ordres dont l'étude promettait le plus de résultats, le mouvement est si petit que les autres conditions peuvent être regardées comme n'ayant pas sensiblement varié.

Dans le fait, nous n'avons fait que nous rapprocher de ce cas théorique. Il est très-difficile de donner à l'un des miroirs un mouvement tel qu'il reste parallèle à lui-même ; dans l'appareil dont nous disposions, ce déplacement se compliquait d'un petit mouvement angulaire ; mais en se bornant à l'étude des deux ou trois premières franges, l'inconvénient qui en résulte est insensible.

La disposition générale de l'expérience était la suivante : un faisceau de lumière solaire était introduit horizontalement dans une chambre noire et maintenu fixe au moyen d'un héliostat ; afin d'avoir une plus grande intensité, on a muni cet instrument d'un prisme dans lequel la lumière subissait la réflexion totale.

Dans l'ouverture du volet de la chambre noire, le faisceau de lumière rencontrait une lentille cylindrique biconvexe de $0^m.01$ de foyer et placée verticalement ; le foyer linéaire produit ainsi était la source de lumière. A $0^m.23$ de la lentille se trouvait l'appareil des miroirs, disposé de manière à produire une réflexion très-oblique. Ces miroirs étaient de petites glaces parfaitement planes, noircies à leur seconde surface. Le thermomètre placé au milieu de son enceinte et au devant du microscope était éloigné des miroirs de $2^m,68$.

Entre les miroirs et le thermomètre, à $0^m.48$ de ce dernier, il y avait une lentille cylindrique disposée de manière à contracter les franges dans le sens de leur longueur, afin d'augmenter leur intensité. Au delà du thermomètre, à 0ᵐ.33, les rayons rencontraient la lentille sphérique; enfin, à 1 mètre plus loin, l'écran blanc sur lequel venait se peindre l'image du thermomètre et des franges dans lesquelles il se trouvait plongé.

Comme les franges colorées ne présentent pas de point de repère bien déterminé, on observait sur l'écran en regardant à travers un verre rouge. Dans ce qui suit, la position du thermomètre est rapportée aux franges brillantes et obscures formées par les rayons rouges; mais c'étaient toujours les franges produites par la lumière blanche qui étaient reçues sur l'instrument. excepté dans un cas dont nous parlerons plus loin.

L'observation a donné les résultats suivants :

Dans la première frange brillante ou centrale, la colonne du thermomètre monte.

Dans la première frange obscure, elle redescend, mais d'une quantité inférieure à celle dont elle avait monté dans la frange centrale.

Dans la seconde frange brillante. elle monte de nouveau, mais beaucoup moins que dans la première.

Dans la seconde frange obscure, elle baisse, mais d'une manière à peine sensible.

Dans la troisième frange brillante, elle continue à baisser d'une petite quantité.

Il n'a pas été possible d'aller plus loin, et déjà pour ces dernières franges le déplacement subi par le miroir trouble le phénomène d'une manière sensible, car le thermomètre ne se trouve plus exactement au milieu de l'espace où les deux faisceaux s'entre-croisent. et même l'entre-croisement des faisceaux a changé par l'effet du mouvement angulaire dont nous avons parlé. Mais pour les trois premières franges, le résultat obtenu nous paraît à l'abri de toute difficulté; les expériences ont été répétées à plusieurs reprises avec quelques différences dans la disposition des pièces. et le résultat a été très-régulièrement le même ; en faisant passer successivement sur le thermomètre les trois premières franges, on fait monter, redescendre et monter de nouveau la colonne et le minimum correspond à la frange obscure.

Le tableau suivant renferme les élévations de température observées sous l'influence de ces diverses franges d'après la méthode rapportée plus haut, et dans trois circonstances différentes. La série A a été obtenue avec la disposition que nous venons de décrire : le thermomètre occupait environ le quart de la frange centrale. Pour la série B. on a dilaté ces franges au moyen d'une lentille cylindrique divergente placée après les miroirs, ce qui a produit une diminution d'intensité. Enfin la série C a été obtenue dans les mêmes conditions que A, mais avec l'addition d'un verre rouge qui ne laissait passer que les rayons les moins réfrangibles.

	1re BRILLANTE CENTRALE.	1re OBSCURE.	2e BRILLANTE.	2e OBSCURE.	3e BRILLANTE.	POSITIONS DU THERMOMÈTRE RAPPORTÉES AUX FRANGES ROUGES.
A	35,2	9,2	20	19,2	17,5	Élévations de température
C	10,5	2,7	7	4.7	4,7	en divisions du micromètre
B	22,2	5,5	9,5	9,2	9	$\frac{n + n'}{2}$

Plusieurs autres séries n'ont pu être obtenues d'une manière complète par suite de quelques dérangements dans les appareils ou parce que des nuages sont survenus pendant les expériences; mais ces résultats incomplets nous ont néanmoins permis de contrôler les nombres précédents et de nous assurer de leur exactitude.

On voit en comparant ces nombres, que les différences obtenues pour les intensités calorifiques des premières franges sont trop considérables et trop constantes pour que l'on puisse les attribuer à des erreurs d'observation ; les résultats fournis par le verre rouge montrent aussi que lorsque la lumière est plus simple, ces différences sont plus sensibles; pour la série B, il faut remarquer que la lentille divergente placée sur le passage des rayons introduit une cause de complication par la dispersion qu'elle exerce sur les rayons simples; les couleurs des franges en sont un peu modifiées. Cependant, dans ce cas encore, les différences d'intensité calorifique sont incontestables.

Nous croyons pouvoir conclure de ces expériences : *que dans le phéno-mène des franges d'interférence produites avec l'appareil des miroirs, il existe des franges calorifiques de dimensions semblables à celles des franges lumineuses; que ces franges calorifiques paraissent être d'autant plus marquées que la lumière est plus simple.*

2° *Spectres à bandes brillantes et obscures obtenus en analysant par le prisme les phénomènes d'interférence produits dans la lumière polarisée par les lames cris-tallisées.* — Cette classe de phénomènes, qui se rattache à la découverte de M. Arago sur les couleurs des lames cristallisées dans la lumière polarisée, a été décrite avec détails dans un précédent travail. Rappelons seulement en quelques mots les circonstances dans lesquelles ces phénomènes prennent naissance et les principaux caractères qu'ils présentent.

Supposons que l'on ait formé par les procédés connus un spectre dans lequel les radiations diversement réfrangibles soient assez séparées pour que les raies se distinguent nettement : si l'on place sur le trajet du rayon de lumière un système composé de deux polariseurs, dont les plans de pola-risation soient parallèles ou perpendiculaires entre eux, et d'une lame biré-fringente comprise entre les deux et dont la section principale soit située dans l'azimut 45° par rapport à l'un de ces plans, on voit le spectre se cou-vrir de bandes alternativement obscures et brillantes dont le nombre est d'autant plus grand que la lame cristallisée est plus épaisse.

Ces bandes sont le résultat de l'interférence variable pour chaque rayon simple des deux systèmes d'ondes, l'ordinaire et l'extraordinaire, produits par la double réfraction dans la lame cristallisée.

Parmi les positions diverses que l'on peut donner à la lame et relatives aux polariseurs, nous considérerons les trois suivantes :

1° Les deux plans de polarisation parallèles entre eux et parallèles au plan de la section principale de la lame. Dans ce cas, il n'y a qu'un seul système d'ondes : l'ordinaire. Il n'y a donc pas d'interférence et le spectre ne présente aucune bande.

2° Les deux plans de polarisation parallèles entre eux, section principale de la lame à 45°. Dans ce cas, il y a deux systèmes d'ondes d'intensités égales; c'est la condition la plus favorable pour manifester l'interférence; aussi les bandes sont-elles très-apparentes, et le centre des bandes obscures parfaitement noir.

3° Les deux plans de polarisation à angle droit, section principale de la lame à 45°. Ce cas ne diffère du précédent que par le fait du croisement à angle droit des deux plans de polarisation. Cette circonstance produit dans l'un des systèmes d'ondes un changement correspondant à la perte d'une demi-ondulation; le spectre est alors complémentaire du précédent; les bandes obscures remplacent les bandes brillantes, et réciproquement.

Dans nos expériences, nous avons employé comme lame biréfringente des lames de gypse de différentes épaisseurs. Celle qui nous a paru la plus convenable pour l'étude que nous nous proposions a $0^{mm}.83$ d'épaisseur; les spectres obtenus avec cette lame dans les trois cas précédents sont représentés (fig. 3, pl. 3) en S, S', S''[1]. Cette partie de la figure représente le spectre lumineux de A en H, depuis son extrémité rouge, où se voit la raie A, jusqu'à son extrémité violette, où se voit la raie H.

Pour la recherche de la distribution de la chaleur dans chacun de ces spectres, il fallait que le thermomètre occupât successivement toutes les positions possibles, non-seulement dans la partie visible du spectre, mais dans la partie moins réfrangible que le rouge où se trouvent les rayons calorifiques obscurs. Le thermomètre étant nécessairement fixe dans son enceinte et au devant du microscope, il restait à faire mouvoir le spectre dans le sens de sa longueur. Cet effet pouvait être obtenu de deux manières différentes, soit en tournant le prisme réfracteur autour d'un axe vertical, soit en faisant subir au faisceau lumineux, à sa sortie du prisme, une réflexion totale dans l'intérieur d'un second prisme qui seul serait mobile autour d'un axe vertical; le premier moyen, que nous avons employé d'abord, a le grave inconvénient d'altérer les dimensions du spectre et même les distances relatives des rayons simples à chaque observation.

---

1. La réfraction était produite par un prisme équilatère de flint dans la position du minimum de déviation pour les rayons violets extrêmes situés au delà de la raie H.

Cette complication, très-nuisible surtout à l'étude de la partie obscure, devait être évitée; nous avons donc préféré recourir au second moyen, à la *réflexion totale dans l'intérieur d'un second prisme;* car en faisant tourner ce prisme réflecteur, on peut faire tomber successivement sur le thermomètre tous les points de la longueur du spectre, et dans ces mouvements le spectre n'éprouve aucun changement dans ses dimensions ni dans les distances relatives de ses diverses parties.

Il fallait de plus que l'on connût exactement la position du thermomètre dans le spectre à chacune des observations successives. Pour toute la partie occupée par les rayons visibles, il suffisait d'observer cette position sur l'écran extérieur, comme dans l'expérience des miroirs. Mais pour la partie occupée par les rayons obscurs, l'observation devenait impossible; nous avons employé l'artifice suivant :

Le thermomètre étant seulement à quelques centimètres de la paroi antérieure de l'enceinte, le spectre était encore assez net au niveau de cette paroi pour qu'on pût y distinguer les bandes et même les lignes fixes; un écran composé d'une feuille de papier collée sur une glace étant appliqué sur cette paroi, on y pouvait tracer au crayon ces bandes et les lignes fixes de manière à relever un dessin exact du spectre visible. Ce dessin étant obtenu, on traçait encore sur la paroi elle-même, à une petite distance de la fenêtre, une ligne de repère verticale; enfin l'on amenait le spectre dans une position telle que le thermomètre occupât le centre d'une bande noire déterminée, la dernière du côté rouge, par exemple; rapportant alors le dessin dans le spectre de manière à produire une superposition exacte, on prenait la distance D de la bande à la ligne de repère. Lorsque l'on avait déplacé le spectre de manière que le thermomètre se trouvât dans la partie obscure, on obtenait une autre distance D′; la distance à laquelle le thermomètre se trouvait de la dernière bande était donnée par la différence D′ — D.

Avec quelques précautions qu'il serait trop long de détailler, ce moyen est susceptible d'une grande exactitude. Il nous a permis de relever dans chaque observation la position du thermomètre et de la rapporter au spectre visible.

Passons maintenant aux résultats observés.

Dans le premier des trois cas distingués plus haut, celui où la section principale de la lame est parallèle aux deux plans de polarisation et où il n'y a pas interférence, on observe ce qui suit :

L'action calorifique commence à être sensible dans les rayons situés à l'extrémité du violet au delà de H ; son intensité va en croissant à mesure que l'on pénètre dans le spectre visible en se rapprochant des rayons rouges ; elle atteint son maximum dans les rayons extérieurs voisins de la raie A, puis commence à décroître à mesure que l'on pénètre dans la partie obscure et finit par être insensible à une distance de la raie A égale à celle qui sépare cette raie de la raie E. Ce décroissement d'intensité dans la partie obscure présente des particularités importantes; il a lieu d'une manière irrégulière et présente plusieurs maximums et minimums. Parmi ces derniers, l'un est une véritable lacune assez limitée, mais complète; on l'a représentée en ϱ dans la figure; elle a tous les caractères d'une ligne fixe existant dans les rayons solaires obscurs, et nous nous sommes assurés de son existence dans le spectre normal sans lame cristallisée ni polariseurs. L'ensemble de ces résultats est représenté dans la figure par la courbe ponctuée dont les ordonnées représentent les intensités des diverses parties du spectre calorifique dans les circonstances où nous nous sommes placés. Les indications du thermomètre, pour quelques points a, b, c, d.... sont données dans le tableau suivant :

a	b	c	d	e	f	g	h	i	j	k	l	POSITIONS DU THERMOMÈTRE.
1	6	20,6	35.5	58,5	27	40,5	17,5	31	0	23,5	0	Élévation de température en divisions du micromètre $\frac{n+n'}{2}$

En tournant la lame cristallisée à 45°, on passe au second cas, celui dans lequel les bandes d'interférence se produisent. Alors, dans ce cas, si l'on fait tomber successivement sur le thermomètre toutes les parties du spectre calorifique, on *voit la colonne thermométrique monter et redescendre alternativement* un grand nombre de fois, aussi bien dans la partie obscure que dans la partie lumineuse; d'où l'on doit conclure à *l'existence de bandes alternativement calorifiques et incalorifiques* dans le spectre tout entier.

Dans la partie lumineuse, on trouve que le thermomètre monte lorsqu'il est dans une bande brillante et redescend lorsqu'il est dans une bande noire; ainsi *les bandes calorifiques coïncident avec les bandes lumineuses.*

Il était important de déterminer exactement la position des bandes calorifiques dans la partie obscure; mais comme cette partie est constituée d'une manière irrégulière, cette détermination devenait difficile directement, car on pouvait confondre une bande d'interférence avec un minimum normal de l'intensité calorifique. Pour obtenir cette détermination, on a fait un grand nombre d'observations dans des points très-voisins les uns des autres; pour chacun d'eux, on notait les indications du thermomètre dans chacune des deux positions de la lame cristallisée à 45° et à 0°. On obtenait ainsi deux séries de nombres, l'une correspondante au cas où l'interférence se produit, l'autre au cas où elle n'a pas lieu; en divisant respectivement les nombres de la première série par ceux de la seconde, on a une suite de rapports qui oscillent périodiquement de 0 à l'unité. Les points pour lesquels ce rapport se rapproche le plus de 0 sont les bandes non calorifiques et ceux pour lesquels il se rapproche le plus de l'unité sont les bandes calorifiques.

La figure S′ représente les positions que nous avons ainsi trouvées pour les bandes situées dans la partie calorifique obscure de A en O. Ces bandes ont été par analogie représentées de la même manière que celles qui existent dans la partie visible, l'accroissement de l'ombre représentant alors la diminution de l'intensité calorifique.

Nous avons réuni dans le tableau suivant les rapports pour les points occupés par les bandes calorifiques et par les bandes non calorifiques dans la partie obscure et dans la partie visible du spectre :

BANDES non CALORIFIQUES.	BANDES CALORIFIQUES.	RAPPORT $\frac{l'}{l}$	BANDES non CALORIFIQUES.	BANDES CALORIFIQUES.	RAPPORT $\frac{l'}{l}$
b.	»	0	»	*l.*	0.928
c.	»	0	*m.*	»	0,079
d.	»	0	»	*n.*	0,847
e.	»	0,023	*o.*	»	0,134
f.	»	0,032	»	*p.*	0,673
g.	»	0,056	*q.*	»	0,197
»	*h.*	0.906	»	*r.*	0.932
i.	»	0,437	*s.*	»	0.250
»	*j.*	0.931	»	*t.*	0.936
k.	»	0,068			

Cette série n'est complète que pour la partie obscure, dans laquelle il
était important de fixer la position des bandes. Pour la partie visible. cette
détermination n'a pu être faite que sur un certain nombre de bandes. Les
lettres *b c*.... *s* et *t* correspondent à celles de la figure et indiquent la position des bandes.

Les deux plans de polarisation sont à angle droit. La section principale de la lame est à 45°. Pour passer du cas précédent à celui-ci. il suffit
de tourner l'un des polariseurs de 90°; les bandes brillantes et obscures se
changent alors les unes dans les autres en donnant lieu à un spectre complémentaire du précédent.

L'analyse thermométrique nous a fait reconnaître que le spectre calorifique subit par l'effet de ce changement du plan de polarisation les
mêmes modifications que le spectre lumineux ; les bandes calorifiques ont
pris la place des bandes non calorifiques, et réciproquement. dans la partie
invisible aussi bien que dans la partie visible; par conséquent. dans cette
dernière partie, les bandes calorifiques coïncident exactement avec les
bandes lumineuses, comme dans le cas précédent. La figure S″ représente
cette nouvelle distribution de l'action calorifique dans toute l'étendue
du spectre.

Nous joindrons à ces résultats ceux que nous avons obtenus en
étudiant de la même manière deux autres phénomènes d'un grand intérêt.

α. *Cristal de roche perpendiculaire à l'axe.* — Tout restant disposé comme dans les précédentes expériences, si l'on substitue à la lame de gypse une lame de cristal de roche taillée perpendiculairement à l'axe et d'une épaisseur suffisante, on voit également le spectre lumineux se couvrir de bandes ; mais avec cette particularité qu'elles ne disparaissent pour aucune position relative des deux plans de polarisation, et si l'on tourne d'une manière continue dans le même sens l'un des polarisateurs, les bandes persistent ; mais on les voit se déplacer d'une manière continue en paraissant parcourir toute la longueur du spectre.

Toutes ces apparences résultent des rotations différentes que le cristal de roche imprime aux plans de polarisation des divers rayons simples, lorsqu'il est traversé dans la direction de son axe ; les lois expérimentales de ces rotations ont été l'objet d'importantes recherches de la part de M. Biot. Fresnel a découvert la cause de cette rotation elle-même : il a montré qu'elle dépend d'une double réfraction particulière, la double réfraction circulaire qui se produit le long de l'axe du cristal en donnant naissance à deux systèmes d'ondes polarisés circulairement en sens contraire et doués de vitesses inégales ; par cette découverte, Fresnel a fait rentrer ces faits curieux dans la classe des phénomènes d'interférence.

Nous dirons tout de suite que, dans cette circonstance, nous avons encore constaté *que le spectre calorifique est constitué dans toute son étendue comme le spectre lumineux, et que les bandes visibles coïncident avec les bandes calorifiques.*

β. *Influence de la réflexion totale.* — Nous avons enfin obtenu *exactement les mêmes résultats* en étudiant de la même manière un cas dans lequel le phénomène de la réflexion totale intervient pour modifier l'interférence ; le cas que nous avons choisi est celui dans lequel on combine *le parallélipipède à deux réflexions totales avec une lame biréfringente,* une lame de gypse, par exemple. Le parallélipipède étant placé sur le trajet du rayon, entre la lame et le second polariseur, dans un azimut tel que le plan commun des deux réflexions totales coïncide avec le premier plan de polarisation et la lame étant à 45°, les deux systèmes d'ondes à vitesses inégales dans la lame biréfringente se trouvent transformés par l'effet des réflexions totales en deux systèmes polarisés circulairement en sens contraire. C'est le cas du cristal de roche; et en effet, le résultat final de l'interférence observé dans le spectre présente les mêmes caractères, bandes toujours visibles, quelle que soit la position du second plan de polarisation, mais mobile avec lui. Aussi l'analyse thermométrique donne-t-elle exactement les mêmes résultats que dans le cas du cristal de roche. Nous avons encore constaté que ces phénomènes d'interférence calorifique produits par la double réfraction disparaissent comme ceux de la lumière, lorsque l'on supprime l'un des deux polariseurs entre lesquels est placée la lame cristallisée, ou tous les deux à la fois. Nous n'avons pas cru nécessaire de varier davantage les conditions d'interférence, les résultats obtenus dans les cas précédents sont assez nets et assez concordants pour permettre de prévoir avec certitude ce qui arriverait dans toute autre circonstance.

Ainsi nous avons vu constamment : 1° des bandes d'interférence se manifester dans toute l'étendue du spectre calorifique, toutes les fois qu'il s'en produit dans le spectre lumineux; 2° dans toute l'étendue du spectre lumineux, les bandes lumineuses coïncider avec les bandes calorifiques, en d'autres termes, tous les rayons de réfrangibilités diverses qui composent le spectre calorifique dans les circonstances décrites plus haut, sont capables de produire des phénomènes d'interférence, et dans toute l'étendue du spectre visible, l'interférence se manifeste simultanément dans les mêmes points pour la lumière et pour la chaleur.

3° Diffraction produite par un bord rectiligne unique. Lorsque l'on place sur le trajet des rayons émanant d'une source lumineuse de petites dimensions, un écran terminé par un bord rectiligne, on donne naissance au phénomène le plus simple de la diffraction. Ce phénomène consiste dans une distribution particulière de la lumière vers la limite qui sépare l'espace éclairé de l'espace obscur, distribution qui n'est nullement celle qu'affecteraient des rayons se mouvant en ligne droite. Dans cette hypothèse, en effet, la lumière devrait s'éteindre brusquement à la limite géométrique déterminée par une ligne droite passant par le point lumineux et rasant le bord de l'écran ; au lieu de cette extinction brusque, on voit la lumière éprouver plusieurs changements d'intensité près de cette limite et décroître ensuite graduellement en pénétrant dans l'intérieur de l'ombre géométrique. Ces franges de diffraction sont nombreuses et alternativement brillantes et obscures dans la lumière simple; dans la lumière blanche, elles sont colorées et bien moins nombreuses, alors la première du côté de l'ombre est surtout remarquable: elle est relativement large et plus brillante que le reste du champ lumineux : c'est le phénomène tel qu'il se reproduit dans la lumière blanche, que nous avons étudié avec le thermomètre; dans la lumière simple, l'intensité est toujours beaucoup trop faible pour produire dans l'instrument des changements notables de température; l'expérience a été disposée de la manière suivante :

Un faisceau de lumière fixé par l'héliostat était reçu sur une lentille cylindrique à court foyer; l'axe étant placé verticalement, l'image linéaire que ces sortes de lentilles produisent à leur foyer était prise comme source rayonnante.

A 3 décimètres de la lentille, les rayons rencontraient un écran formé d'une lame mince de métal, terminée par un bord vertical parfaitement rectiligne; une vis micrométrique permettait de mouvoir lentement cet écran dans son plan, de manière à faire avancer ou reculer, par degrés insensibles, le bord rectiligne sans changer sa distance à la lentille; on avait la possibilité de déplacer à volonté les franges de diffraction sans rien changer à la nature du phénomène; par ce mouvement, le thermomètre étant fixe dans son enceinte et au devant de la lunette, c'étaient les franges que l'on faisait mouvoir en déplaçant l'écran par degrés, et l'instrument pouvait de cette manière occuper toutes les positions possibles par rapport aux franges. Comme dans les précédentes expériences, une lentille cylindrique placée devant le thermomètre augmentait l'intensité des franges en les contractant; la distance du thermomètre à l'écran était d'environ 3 mètres; les positions du thermomètre par rapport aux franges ont été relevées avec soin sur l'écran blanc. Pour plus d'exactitude, on regardait sur l'écran avec un verre rouge; les franges sont alors plus nombreuses et plus distinctes, et fournissent des points de repère mieux déterminés.

La figure 4 représente l'aspect des franges vues avec le verre rouge et la grandeur relative de la boule du thermomètre. On voit que la figure reproduit ce phénomène dans des dimensions plus grandes que celles qu'il occupait, le diamètre de la boule tracée en T n'avait en réalité que 1^{mm},1 ; la ligne ponctuée *l* est *la limite géométrique de l'ombre;* cette position ne doit être regardée que comme une approximation, c'est une moyenne entre cinq déterminations dont les écarts extrêmes sont marqués en *m* et *n*. Voici ces distances en nombre ainsi que celles qui séparent les trois premières franges noires lorsque l'on observe avec un verre rouge ces distances se rapportant au milieu des franges.

De la troisième frange noire à la deuxième. 6

De la deuxième frange noire à la première. 8,7

De la première frange noire à la limite géométrique de l'ombre.
$\left.\begin{array}{c} 20 \\ 15 \\ 19,5 \\ 12,5 \\ 16,5 \end{array}\right\}$ 16,7

Moyenne. 16,7

Pour obtenir cette détermination de la limite géométrique de l'ombre, on place une lentille achromatique de manière à former, dans le lieu occupé par le thermomètre, une image de la source rayonnante, on marque la position de cette image par une ligne tracée sur l'écran blanc, on fait ensuite mouvoir l'écran noir au bord duquel se produit la diffraction jusqu'à ce que l'image de son bord coïncide exactement avec la ligne tracée précédemment. D'après les lois de la réfraction pour les lentilles, cette ligne est précisément la limite géométrique de l'ombre projetée par l'écran.

En enlevant la lentille, le phénomène de la diffraction apparaît, et l'on peut relever la position des franges par rapport à cette limite. Ce procédé théoriquement exact présente quelques difficultés pratiques que nous n'avons pas pu éviter entièrement, et qui s'opposent à une détermination précise de la limite cherchée; cependant, malgré son incertitude, cette détermination nous a paru présenter assez d'intérêt pour être rapportée ici. Passons aux résultats obtenus.

Lorsque le thermomètre, d'abord situé dans l'intérieur de l'ombre très-loin de la première frange, pénètre graduellement dans l'espace éclairé, on observe qu'il commence à monter à une grande distance de cette frange et avant d'atteindre la limite géométrique de l'ombre; il continue à monter rapidement en pénétrant dans la première frange brillante, atteint un maximum vers le bord de cette frange voisin de la première frange noire, puis descend d'une manière continue, à mesure qu'il pénètre dans l'espace éclairé, pour atteindre enfin un état stationnaire vers la quatrième ou cinquième frange noire; la courbe de la figure 4 représente l'ensemble de ces résultats; la grandeur relative du thermomètre est représentée en T. On voit, d'après cette grandeur, que la figure représente le phénomène lumineux amplifié.

Les franges représentées sont celles que l'on obtient en interposant un verre rouge sur le trajet des rayons, mais les résultats se rapportent à la lumière blanche; cette courbe a été tracée d'après deux séries d'expériences assez concordantes dans lesquelles les températures ont été prises dans des points très-rapprochés.

Le tableau suivant renferme quelques-uns des nombres obtenus indiquant la position du centre du thermomètre.

	ÉLÉVATION de température en divisions du micromètre $\frac{n+n'}{2}$		ÉLÉVATION de température en divisions du micromètre $\frac{n+n'}{2}$
$a.$	1,5	$f.$	33,5
$b.$	3	$g.$	29
$c.$	20,5	$h.$	27,5
$d.$	34	$i.$	25,5
$e.$	37	$j.$	24,5

Nous avons aussi fait l'expérience avec le verre rouge; mais dans ce cas l'intensité calorifique est réduite à peu près au tiers de ce qu'elle était avec la lumière blanche, les différences de température deviennent alors trop petites pour donner des résultats bien certains; cependant, dans ce cas encore nous avons reconnu, d'une manière indubitable, l'existence d'un maximum de chaleur dans la première frange brillante près de la première frange obscure.

On peut conclure de ces expériences que dans le phénomène de la diffraction produite par un bord rectiligne avec la lumière, blanche, la chaleur présente une distribution analogue à celle de la lumière, et que, dans le lieu occupé par la première frange brillante des rayons rouges, il existe *une frange calorifique de diffraction*, dans laquelle la température est plus élevée que dans les points auxquels les rayons parviennent directement sans avoir été influencés par l'écran.

REMARQUES SUR LES EXPÉRIENCES PRÉCÉDENTES.

Avant de résumer les résultats obtenus dans ces expériences, il convient d'examiner une cause de complication inhérente au mode d'observation et d'apprécier son influence ; on a vu que toutes les expériences qui viennent d'être rapportées ont été faites en employant les rayons solaires et que toujours ces rayons avaient à traverser des écrans de verre avant de parvenir au thermomètre, dans le cas des lames cristallisées où les rayons devaient être polarisés; il y avait en outre sur le trajet des rayons une certaine épaisseur de spath calcaire et une lame de gypse ou de cristal de roche. Or, il résulte des recherches de M. Melloni sur l'absorption des rayons de chaleur par les écrans de différentes matières que, dans de semblables circonstances, les divers éléments qui constituent la chaleur solaire subissent des absorptions importantes; considérés dans un spectre pour la formation duquel on n'aurait employé aucune autre substance que le sel gemme, ce sont les rayons les moins réfrangibles situés dans la région obscure qui subissent l'absorption la plus forte par le fait de l'interposition de ces écrans. l'absorption est même totale pour ceux qui occuperaient l'extrémité de cette région ; il résulte également des recherches du même auteur que ces rayons obscurs peu réfrangibles qui accompagnent la lumière solaire et qui sont arrêtés par les écrans de verre de spath, doivent être assimilés aux rayons calorifiques émis par les corps dont la température est peu élevée [1].

Ce rapprochement, qui paraît très-légitime, est fondé sur la similitude des absorptions que ces deux espèces de rayons éprouvent dans leur passage à travers différentes substances. Ainsi ce n'est pas sur la totalité des éléments de la chaleur solaire que les expériences précédentes ont porté; certains rayons ont été absorbés par les milieux qu'il a fallu placer sur leur trajet pour produire le phénomène des interférences, et ont ainsi échappé aux recherches. Telle est réellement la seule influence fâcheuse que l'absorption de la chaleur par les écrans ait exercée sur les résultats; certains autres rayons ont été sans doute modifiés dans leur intensité par la même cause, mais en considérant l'ensemble des expériences, on voit que ces modifications d'intensité sont de peu d'importance et que les faits observés ne sont pas de nature à être expliqués par une semblable influence.

RÉSUMÉ.

Les expériences qui précèdent peuvent être rapportées à deux catégories distinctes.

La première comprend les expériences faites sur les spectres à bandes d'interférence que l'on obtient en analysant par le prisme les effets produits dans la lumière polarisée par les lames cristallisées douées de la double réfraction.

---

1. Nous avons fait quelques tentatives pour substituer à la chaleur solaire celle d'un fil de platine maintenu incandescent par le passage d'un courant électrique, et nous avons trouvé cette source de chaleur beaucoup trop faible pour les moyens thermométriques que nous possédions; ce n'est qu'à la distance de 0^m3 du fil de platine que le thermomètre commençait à être influencé d'une manière sensible, les rayons n'ayant à traverser aucun écran, et pour produire les phénomènes d'interférence avec des dimensions convenables, il aurait fallu s'éloigner de la source rayonnante d'environ 3 mètres; dans le cas où le fil est simplement chaud sans être lumineux, son rayonnement est moins sensible encore. On voit combien nous sommes loin de pouvoir faire ces expériences dans de semblables conditions, et quel degré de sensibilité il faudrait donner aux instruments pour que ces expériences devinssent possibles.

Dans ces circonstances le résultat de l'interférence est rendu indépendant du mélange des rayons de réfrangibilités différentes et se manifeste d'une manière distincte et séparée pour chacun d'eux; ce sont des expériences faites sur des rayons simples.

La seconde comprend l'étude des franges obtenues avec l'appareil des miroirs et celle de la diffraction produite par un bord rectiligne. Dans ces deux cas, les phénomènes sont troublés par la superposition des effets dus aux différents rayons et l'on n'observe que des résultats complexes.

Cependant on va voir que les résultats obtenus dans ces circonstances sont d'accord avec les précédents lorsque l'on a égard au mélange des rayons simples.

Les expériences de la première catégorie montrent que *tous les rayons qui composent le spectre calorifique dans la région lumineuse comme dans la région obscure ont la propriété d'interférer et que dans la région lumineuse les interférences se manifestent simultanément aux mêmes points pour les rayons lumineux et pour les rayons calorifiques;* c'est ce qui résulte de l'existence des bandes calorifiques dans toute l'étendue du spectre et de leur coïncidence avec les bandes lumineuses dans la région des rayons visibles.

Ainsi, en ne considérant d'abord que les éléments de la chaleur qui existent dans la région lumineuse, on voit que les interférences ne révèlent aucune différence de propriété entre les rayons lumineux et calorifiques et que, sous ce rapport, ces deux ordres de rayons se confondent entièrement; tout se passe comme si chaque rayon, séparé par la réfraction, était simple et unique et doué de la double propriété d'échauffer les corps et d'impressionner notre œil.

Cette étroite liaison des deux ordres de phénomènes s'est montrée dans tous les cas d'interférences qui ont été étudiés dans le spectre, et toujours avec la même évidence; on doit donc regarder ce fait comme général, et admettre que, dans toutes les circonstances où les rayons lumineux interfèrent, la même connexion se maintient et que toujours la chaleur est liée inséparablement à la lumière.

Si nous considérons maintenant les autres éléments de la chaleur qui constituent la partie obscure du spectre, on voit qu'ils ne diffèrent des précédents qu'en ce qu'ils ont été moins réfractés par le prisme et qu'ils sont invisibles, mais comme eux ils sont susceptibles d'interférer en donnant lieu à des bandes disposées d'une manière semblable et faisant suite à celles des rayons visibles d'une manière non interrompue.

Ainsi sous le rapport des interférences ces rayons ne diffèrent pas plus des rayons visibles que ceux-ci ne diffèrent entre eux.

Au point de vue de la théorie des ondulations, on considère les rayons rouges comme ne différant essentiellement des rayons violets, plus réfrangibles, que par les longueurs d'ondulations plus grandes; de même on doit considérer ces rayons obscurs comme ne différant des rayons visibles que par les longueurs plus grandes de leurs ondulations.

A ce point de vue le spectre calorifique doit être considéré comme composé de rayons simples inégalement calorifiques, les uns visibles, les autres invisibles et doués chacun d'une longueur d'ondulation particulière et d'autant plus grande que la réfrangibilité est moindre; ceux qui sont visibles constituent le spectre lumineux et ont pour longueur d'ondulation les longueurs mesurées; pour ceux qui sont invisibles, les longueurs sont plus grandes encore que celles des rayons rouges et d'autant plus que l'on considère un point plus éloigné de ces derniers.

Ainsi, sous ce rapport, les éléments de la chaleur sont plus dissemblables encore que ceux de la lumière.

Si on se reporte aux expériences de la seconde catégorie, on verra combien elles sont d'accord avec ces résultats et ces déductions; ces expériences montrent en effet, aussi bien dans les cas des franges obtenues avec l'appareil des miroirs que dans celui de la disposition produite par un bord rectiligne, qu'il existe toujours des bandes calorifiques analogues aux bandes lumineuses et que le phénomène est d'autant plus marqué que l'on se rapproche davantage du point où le mélange des rayons n'influe pas sensiblement pour troubler le phénomène lumineux; dans le cas des miroirs, c'est dans le voisinage de la frange centrale blanche, pour la diffraction c'est près de l'ombre géométrique, dans la première frange blanche, que l'existence des franges calorifiques a pu être constatée.

C'est dans ces mêmes rayons que les franges lumineuses se produisent

aussi de la manière la plus distincte; aussitôt que l'on s'en éloigne le phénomène se trouble d'autant plus que la lumière est composée d'un plus
grand nombre de rayons simples. Chaque rayon, en effet, donne lieu à des
franges d'une largeur particulière et d'autant plus grande que la largeur
d'ondulation est plus considérable. D'après ce qui précède, il en doit être
de même pour la chaleur, et même le trouble que le mélange des rayons
apporte dans ces phénomènes doit être plus sensible, puisque les éléments
de la chaleur sont plus nombreux encore que ceux de la lumière et que
la longueur de leurs ondulations varie dans des limites plus étendues.

LONGUEURS D'ONDES

DES RAYONS CALORIFIQUES

(Société Philomathique, 11 décembre 1847 [1].)

M. Fizeau fait une communication relative aux longueurs d'ondes des rayons calorifiques invisibles qui prolongent le spectre solaire au delà des rayons rouges. La mesure directe de ces longueurs n'a pu être tentée jusqu'ici et présenterait d'ailleurs les plus grandes difficultés ; l'auteur a cherché à déduire cet élément de la considération des spectres à bandes d'interférence qui ont été décrits et étudiés dans un précédent travail fait avec M. Foucault sur les interférences des rayons calorifiques. Dans ce travail, les auteurs ont constaté que les bandes d'interférence qui sillonnent les spectres dans toute leur étendue sont communes à la chaleur et à la lumière ; ils ont trouvé, de plus, qu'il existe des bandes semblables dans la partie invisible du spectre située au delà du rouge, et ont fixé la position de ces bandes invisibles en mesurant leurs distances aux bandes visibles ; la position de ces dernières a été fixée elle-même par rapport aux raies du spectre. En considérant ces phénomènes, d'après les principes des interférences posés par Fresnel, on trouve une relation entre les longueurs d'onde de trois rayons, et le nombre des bandes qui les séparent ; ces longueurs ayant été mesurées très-exactement par Fraunhofër pour sept rayons

1. Voir *Procès-Verbaux de la Soc. Philom.*, 1847, p. 108 : — *l'Institut.*

du spectre B, C, D, E, F, G, H, on peut introduire dans la formule ces valeurs pour deux rayons ; elle donne alors la longueur d'onde d'un rayon en fonction du nombre des bandes que l'on peut compter dans le spectre entre ce rayon et l'un des deux pour lesquels cette valeur est regardée comme connue.

La position des bandes calorifiques invisibles n'a pu être étudiée que, dans le cas où l'interférence est produite au moyen d'une lame cristallisée parallèle à l'axe placée entre deux polariseurs ; dans cette circonstance, il entre dans le calcul un élément qui présente de l'incertitude, c'est la dispersion de double réfraction. Cet élément n'a pu être introduit qu'au moyen d'une hypothèse que l'auteur regarde comme suffisamment justifiée par les résultats obtenus lorsque l'on applique la formule aux rayons pour lesquels la longueur d'onde est connue, la concordance étant alors très-satisfaisante. Pour que cette cause d'incertitude pût influer sur les nombres trouvés, il faudrait admettre des anomalies extraordinaires et peu probables dans la dispersion des rayons de chaleur invisible.

L'auteur donne les résultats du calcul pour les points principaux de la région obscure : ceux qui présentent un maximum, un minimum ou une raie ; parmi ces nombres, nous rapporterons les suivants : ce sont des millionièmes de millimètre ; la longueur pour le violet extrême H était, d'après Fraunhofër, 393, et pour le rouge B, 688 ; on trouve pour les rayons calorifiques invisibles, 1 011, 1 196, 1 320, 1 445 ; ce dernier nombre correspond au point occupé par une raie remarquable ; pour un point plus éloigné : 1 745 ; enfin, pour la limite de la chaleur sensible, lorsque le spectre est formé au moyen d'un prisme de flint : 1 940.

SUR QUELQUES PHÉNOMÈNES

DE LA VISION AU MOYEN DES DEUX YEUX[1]

(Société Philomathique, 16 décembre 1848[2].)

Parmi les questions intéressantes de la physiologie optique, celles qui se rattachent à la vision au moyen des deux yeux peuvent être placées au premier rang; elles comprennent le problème si délicat de la vue simple avec le concours de deux appareils distincts, et l'étude de quelques faits qui sont l'objet spécial de ce travail, et qui peuvent servir à éclairer les théories proposées sur le premier sujet.

Ce sont les phénomènes sensitifs nés de l'ébranlement simultané des rétines des deux yeux, ou d'une portion des éléments correspondants de ces rétines par des rayons lumineux doués de réfrangibilités, c'est-à-dire au point de vue physiologique, de colorations différentes.

Avant de présenter les résultats de nos recherches, faisons observer que si les deux champs visuels sont éclairés par des rayons identiques pour chacun d'eux, mais différents de l'un à l'autre, plusieurs cas peuvent se présenter relativement à l'impression produite sur le sensorium.

S'il n'existe pas de rapport intime entre les éléments de l'une des rétines et ceux de l'autre dans l'encéphale, deux sensations parfaitement distinctes pourront être perçues à la fois, ce sera un phénomène compa-

---

1. En commun avec M. J. Regnauld.
2. Voir *Procès-verbaux de la Société Philomathique*, 1848, p. 72; *l'Institut*, 4 janvier 1849.

rable à celui qui résulte de l'immersion d'une main dans l'eau à 0° et de la seconde dans un liquide porté à une température élevée; il y a évidemment dans cette circonstance deux modifications dissemblables des appareils nerveux périphériques, puis deux ébranlements différents du sensorium.

Mais si d'un même point du cerveau s'irradient deux agents de transmission qui se rendent à des éléments correspondants des deux rétines, plusieurs phénomènes sensitifs sont encore possibles.

Lorsque l'impression produite sur l'une des rétines arrivera seule jusqu'au sensorium, il n'y aura qu'une sensation chromatique, correspondant aux rayons qui affectent cette dernière. Dans le cas où la prépondérance de la première membrane nerveuse est remplacée après un certain temps par celle de la seconde, l'observateur recevra successivement les impressions procédant des rayons de réfrangibilités différentes qui agissent sur les écrans sensibles.

Enfin, dans la même hypothèse, s'il arrive que la puissance et l'activité des deux organes visuels soient égales, la même partie de l'encéphale reçoit au même instant deux ébranlements, et la sensation éprouvée doit être la résultante des deux impressions simultanées; exactement de la même manière que cela se passe quand chaque élément de l'une des rétines reçoit deux ébranlements différents; il naît de là, comme on sait, une sensation mixte essentiellement distincte de celle qui résulterait de l'une ou de l'autre des impressions prises isolément.

Nous nous sommes servis dans nos recherches de verres colorés transparents lorsqu'il s'agit d'éclairer en même temps toute l'étendue des champs visuels, et du stéréoscope de M. Wheatstone quand nous voulions impressionner des portions correspondantes des deux rétines.

Ces prémisses étant posées, nous résumerons dans les propositions suivantes les principaux faits relatifs à notre sujet.

Les deux champs visuels étant éclairés à la fois par des rayons colorés différents, jamais on ne perçoit au même instant deux sensations distinctes. La première hypothèse sur les relations existant entre l'encéphale et les deux rétines doit donc être rejetée d'une manière absolue.

Lorsque les deux champs visuels reçoivent en même temps les impressions produites par des rayons colorés dissemblables, il existe chez tous les hommes une tendance, presque irrésistible dans l'origine, à ne se servir que de l'un des yeux, et une puissance abstractive (tenant probablement à une cause psychique), en vertu de laquelle l'ébranlement engendré sur une des membranes nerveuses cesse d'être transmis au cerveau.

Notons ici que cette faculté doit certainement exister à un plus haut point de développement chez un grand nombre d'animaux occupant divers degrés de la série qui, par la disposition anatomique de leurs organes optiques, embrassent continuellement deux images différentes dans leurs champs visuels.

Si l'on éclaire un des yeux par des rayons rouges et l'autre par des rayons bleus, dans les premiers moments de l'observation une seule des impressions est perçue, et un des yeux reste complétement inactif, tandis que l'autre jouit de toutes ses propriétés. Après un temps variable, les rôles sont intervertis, l'œil actif devient inerte, les interversions se renouvellent ainsi plusieurs fois, et, dans le cas cité, on éprouve successivement la sensation du rouge et puis celle du bleu.

Mais en donnant à l'observation une durée suffisante, il arrive constamment que les alternatives cessent et que l'on perçoit une sensation mixte, celle du violet dans l'exemple que nous avons choisi.

La sensation mixte perçue n'est toutefois pas celle qui résulterait de l'interposition des deux verres devant un seul œil ; mais elle est identique avec celle que l'on ferait naître en dirigeant deux faisceaux de lumière blanche à travers les verres colorés et les faisant par réflexion concourir et se superposer dans le même organe visuel.

Nous n'insisterons pas sur cette remarque portant sur un point dont la réalité ne saurait être contestée; si nous la mentionnons, c'est qu'elle nous semble aussi expliquer l'erreur de quelques auteurs qui ont nié que la recomposition des teintes pût s'opérer par le procédé qui nous occupe, précisément parce qu'ils cherchaient à obtenir un résultat irréalisable.

Nous avons constaté une observation déjà faite par Helcker [1] et que

1. *Muller's Archiv.*, 1836, p. 60.

nous allons indiquer. La superposition des impressions colorées s'opère souvent d'une façon irrégulière dans le champ de celui des yeux qui perçoit nettement; à un instant donné apparaissent des taches plus ou moins étendues qui se couvrent de la couleur correspondant aux rayons arrivant à l'œil qui semble inerte.

Il résulte de ce fait qu'il existe des portions de la rétine, de formes irrégulières, qui ont une sensibilité faible ou nulle. Les parties correspondant aux taches doivent être considérées comme totalement privées, au moment de l'expérience, de la faculté de recevoir les impressions lumineuses.

Il paraît probable *a priori*, d'après cette expérience, que la portion des rétines désignée sous le nom de *punctum cœcum* doive être constamment mise en évidence par ce genre d'observation, puisque les éléments des rétines qui occupent leur étendue ne se correspondent pas. Il n'en est pas ainsi, et nous pensons que l'on peut se rendre compte du phénomène en admettant que les *punctum cœcum*, peu sensibles aux impressions directes, reçoivent avec une grande facilité les ébranlements que leur transmettent les éléments nerveux qui les avoisinent. Cette expérience confirme du reste un résultat analogue déjà obtenu par M. D. Brewster au moyen d'une autre méthode.

Nous avons constaté que l'insensibilité de quelques portions des rétines n'est pas permanente, ce qui est indiqué par le déplacement et le changement d'étendue des taches; que l'on peut faire naître à volonté des taches, c'est-à-dire suspendre l'activité d'une portion limitée de la rétine par divers moyens, et surtout en l'impressionnant par une vive lumière. La durée de l'inertie est alors généralement proportionnelle à l'intensité ou à la durée de l'ébranlement qui l'a engendrée.

La recomposition des teintes dans les expériences citées peut s'opérer avec plus ou moins de facilité, suivant les individus, et d'après certaines conditions dont nous avons reconnu l'influence dans ces phénomènes physiologiques.

Si au lieu de considérer un champ très-étendu uniformément éclairé et ne présentant aucun détail capable de fixer l'attention, on trace sur ce champ une figure quelconque, l'activité des deux yeux est excitée en même temps et la sensation mixte naît avec une grande facilité.

Il est évident alors que la tendance de l'un des appareils visuels à se distraire dans ce mode d'impressionnement anormal est combattue par la puissance de l'attention.

Cette condition se trouve naturellement remplie quand on se sert du stéréoscope de M. Wheatstone et que l'on présente aux yeux deux cercles diversement colorés.

Nous sommes arrivés, en faisant usage de cet appareil, à des résultats que nous avons répétés avec un grand nombre de personnes : ils sont entièrement opposés à ceux que ce physicien a énoncés.

La recomposition des teintes, au moyen de deux impressions différentes, est un fait nié par M. Wheatstone, et dont nous affirmons la réalité ; la dernière expérience que nous avons tentée doit être considérée d'ailleurs comme sa confirmation la plus absolue et la plus frappante.

Si deux rayons colorés, capables en arrivant sur un écran blanc de produire une teinte mixte, font naître la même sensation en arrivant isolés sur les éléments correspondants des rétines, il nous a semblé fort probable que deux rayons colorés complémentaires, c'est-à-dire susceptibles d'engendrer la lumière blanche par leur rencontre, devaient produire la sensation du blanc en ébranlant les portions correspondantes de la membrane sensible.

Pour constater la possibilité de cette recomposition, nous devions nécessairement agir sur des teintes complémentaires naturelles; c'est ce que nous avons fait en adoptant la disposition expérimentale suivante. Nous avons annexé à l'appareil de M. Wheatstone deux miroirs plans formant un angle dièdre variable dont l'arête verticale est placée symétriquement par rapport à celle des deux glaces du stéréoscope. Les montants verticaux portant les coulisses destinées à faire glisser les images ont été percés de deux larges orifices circulaires. Dans les coulisses, nous plaçons deux glaces sur lesquelles sont collés deux écrans circulaires de papier blanc de même grandeur et d'un diamètre moindre que celui des orifices pratiqués aux montants.

Au moyen des phénomènes de polarisation chromatique, nous obtenons deux larges faisceaux cylindriques offrant des teintes complémentaires, nous les dirigeons horizontalement de manière qu'ils se réfléchissent sur nos miroirs plans ; ils traversent les glaces des coulisses qui restent obscures, mais se réfléchissant irrégulièrement sur les écrans circulaires plans, ils donnent deux disques lumineux exactement identiques quant à la forme et à l'étendue, qui deviennent les images que l'on amène par le stéréoscope à tomber sur des éléments correspondants des rétines.

La disposition des appareils polarisateurs permet de passer par une série de teintes complémentaires nombreuses, de faire varier en même temps l'intensité des deux images colorées et de modifier l'intensité de l'une ou de l'autre des images isolément.

Voici les résultats physiologiques constatés :

Lorsque les éléments correspondants des deux rétines sont impressionnés en même temps par les images des deux disques de teintes complémentaires, les alternatives d'activité ou d'inertie de l'un des yeux se manifestent généralement au début de l'expérience, et l'on perçoit tantôt l'une des teintes, tantôt sa complémentaire ; mais après quelques instants, nous avons constaté, sur nous et sur d'autres observateurs, que l'on ne voit plus qu'un seul cercle blanc.

Quand les yeux sont en quelque sorte accoutumés à ce mode d'impressionnement inusité, la tendance à la recomposition devient tellement énergique chez quelques personnes, que l'on peut faire passer les écrans par toute la série des teintes complémentaires que donne l'appareil sans qu'il y ait sensation correspondant aux couleurs ; on perçoit seulement la lumière blanche.

Si on diminue l'intensité de l'une des couleurs l'autre restant constante, la recomposition s'opère encore, mais le disque blanc paraît se teindre légèrement de la teinte dominante.

Lorsque l'intensité des rayons complémentaires varie de la même manière pour les deux faisceaux, on observe que la recomposition se fait avec d'autant plus de facilité au début de l'observation que leur intensité est plus modérée.

Parmi les rayons complémentaires que nous avons essayés, la teinte bleue sensible et le jaune se prêtent le mieux à l'expérience et donnent immédiatement la sensation du blanc. Nous pensons que ce dernier phénomène tient à ce que l'accommodation des yeux étant la même pour ces groupes de rayons, d'après les portions du spectre qu'ils occupent, les efforts nécessaires à la recomposition sont par cela même beaucoup moindres.

Nous n'insisterons pas sur l'intérêt qui s'attache au phénomène que nous venons d'énoncer. Bornons-nous à faire remarquer : Que jamais on n'avait fait naître la sensation de la lumière blanche par deux impressions chromatiques dans chacun des yeux ; — Que la sensation unique blanche naissant de deux rayons complémentaires est tout à fait indépendante d'une action réciproque de ces rayons en dehors de l'appareil visuel ; — Que les impressions lumineuses produites sur les rétines conservent toutes leurs propriétés jusque dans les profondeurs les plus intimes de l'encéphale.

NOTE

SUR LA LUMIÈRE DE L'ARC VOLTAÏQUE [1]

(Société Philomathique, 20 janvier 1849.)

L'arc du charbon, qui est sans contredit le plus facile à manier, fournit à l'analyse prismatique le plus curieux et le plus éblouissant spectacle. Son spectre est sillonné, comme on sait, dans toute son étendue d'une multitude de raies lumineuses irrégulièrement groupées; mais parmi elles on remarque une ligne double située sur la limite du jaune et de l'orangé. Cette double raie rappelant, par sa forme et sa situation, la raie D du spectre solaire, j'ai voulu rechercher si elle lui correspondait; à défaut d'instrument pour mesurer les angles, j'ai eu recours à un procédé particulier.

J'ai fait tomber sur l'arc lui-même une image solaire formée par une lentille convergente, ce qui m'a permis d'observer à la fois superposés le spectre électrique et le spectre solaire; je me suis assuré de la sorte que la double ligne brillante de l'arc coïncide exactement avec la double ligne noire de la lumière solaire.

Ce procédé d'investigation m'a fourni matière à quelques observations inattendues. Il m'a d'abord prouvé l'extrême transparence de l'arc qui ne porte à la lumière solaire qu'une ombre légère ; il m'a montré que cet arc, placé sur le trajet d'un faisceau de lumière solaire, absorbe les rayons

---

1. Voir *Procès-verbaux de la Soc. Philomathique*, 1849, p. 16; *l'Institut*, n° 788; *Bibliothèque universelle de Genève*, 1849, t. X; *Ann. de Ch. et de Ph.* [3], t. LVIII, p. 476.

D, en sorte que la dite raie D de la lumière solaire se renforce considérablement quand les deux spectres sont exactement superposés. Quand, au contraire, ils débordent l'un sur l'autre, la raie D apparaît plus noire qu'à l'ordinaire dans la lumière solaire et se détache en clair dans le spectre électrique, ce qui fait qu'on juge facilement de leur parfaite coïncidence. Ainsi l'arc nous offre un milieu qui émet, pour son propre compte, les rayons D, et qui, en même temps, les absorbe lorsque ces rayons viennent d'ailleurs.

Pour faire l'expérience d'une manière plus décisive encore, j'ai projeté sur l'arc l'image réfléchie d'une des pointes incandescentes du charbon qui, comme tous les corps solides en ignition, ne donne pas de raies, et, dans ces circonstances, la raie D m'est apparue comme dans la lumière solaire.

Passant alors à l'examen des arcs fournis par d'autres matières, j'ai presque constamment trouvé la raie D positive et à sa place, et j'ai constaté qu'elle coïncide exactement aussi avec la raie brillante de la flamme de la bougie.

Quand on emploie comme pôle des métaux qui ne font apparaître que faiblement cette raie D, comme le fer et le cuivre, on peut toujours la faire revivre avec une intensité extraordinaire en les touchant avec la potasse, la soude ou l'un des sels formés de chaux ou de l'une de ces bases.

Avant de rien conclure de la présence presque constante de la raie D, il faudra sans doute s'assurer si son apparition ne décèle pas une même matière qui serait mêlée à tous nos conducteurs. Néanmoins ce phénomène nous semble dès aujourd'hui une invitation pressante à l'étude des spectres des étoiles, car si par bonheur on y retrouvait cette même raie, l'astronomie stellaire en tirerait certainement parti.

J'ai tenté aussi de faire concourir ces différents arcs comme celui du charbon avec la lumière solaire, et dans ces circonstances j'ai encore été frappé de l'apparition de phénomènes imprévus. Pendant la coïncidence de ces différents spectres, j'ai vu les raies électriques se détacher sur le fond relativement uniforme du spectre solaire, de sorte qu'on pouvait constater que, malgré l'apparence de leur disposition fortuite, elles possèdent toutes la nuance que leur assigne la réfrangibilité; cette appréciation se fait d'une manière sûre, car le terme de comparaison n'est pas loin.

Mais ce qui frappe surtout dans cette expérience, c'est que parmi les raies électriques il en est qui possèdent une intensité absolue énormément supérieure à celle du rayon solaire correspondant. Dans l'arc de l'argent notamment, on trouve une raie verte pour ainsi dire ingrossissable par les prismes et d'un éclat éblouissant. C'est une véritable source de lumière simple, et comme cette raie est isolée, comme l'arc d'argent est transparent, tranquille et durable, rien n'empêchera de rendre cette source de lumière verte aussi intense qu'on voudra et de l'utiliser pour la démonstration de phénomènes que la théorie seule indiquait jusqu'à présent. La photographie nous servira à mesurer l'intensité extrême de ce beau rayon dont on pourra constater aussi, sans aucun doute, l'action calorifique.

D'autres rayons très-intenses vont encore se localiser dans les différentes parties de ces spectres et même aux extrémités, et il y a de grandes chances pour y découvrir des raies isolées dont les rayons correspondants ne peuvent être aperçus dans la lumière solaire.

MÉTHODE GÉNÉRALE

POUR MESURER LA VITESSE DE LA LUMIÈRE

DANS L'AIR ET LES MILIEUX TRANSPARENTS.

VITESSES RELATIVES DE LA LUMIÈRE DANS L'AIR ET DANS L'EAU. PROJET
D'EXPÉRIENCE SUR LA VITESSE DE PROPAGATION DU CALORIQUE RAYONNANT[1].

(Académie des Sciences, 6 mai 1850.)

La nouvelle méthode expérimentale que je propose pour évaluer la
vitesse de la lumière se propageant à petite distance, est fondée sur l'emploi
du miroir tournant inventé par M. Wheatstone, et indiqué par M. Arago,
comme pouvant servir à attaquer ce genre de question. Le miroir tournant
associé à un appareil optique convenable permet en effet de constater, à
moins d'un trentième près, la durée du double parcours de la lumière à
travers une colonne d'eau de 3 mètres de longueur, et lorsqu'on se propose
d'opérer seulement dans l'air, une légère modification de cet appareil
permet d'atteindre à un degré de précision dont il n'est pas encore possible de préciser la limite. Une troisième modification, ayant pour but de
ménager beaucoup les pertes de lumière, servira, ainsi que j'ai pu m'en
rendre compte, à constater par des indications thermométriques que le
rayonnement calorique, jusqu'ici inséparable de la lumière, se propage avec
la même vitesse.

Pour faire connaître ces expériences, j'aurai à décrire les diverses

1. Voir *C.-R. de l'Ac. des Sc.*, t. XXX, p. 551.

dispositions du système optique ainsi que la nouvelle machine qui me sert à animer le miroir tournant d'un mouvement rapide et promptement mesurable : on opère avec la lumière solaire; on le peut aussi avec la lumière électrique.

Un faisceau de lumière directe pénétrant par une ouverture carrée traverse presque aussitôt un réseau présentant onze fils verticaux de platine au millimètre; de là il se dirige vers une excellente lentille achromatique à long foyer, placée à une distance du réseau moindre que le double de la distance focale principale. L'image du réseau tend à se former au delà sous des dimensions plus ou moins amplifiées; mais, après avoir traversé la lentille, le faisceau tombe avant sa convergence en foyer sur la surface du miroir tournant, et, entraîné d'un mouvement angulaire double de celui du miroir. il forme dans l'espace une image du réseau qui se déplace avec une grande rapidité. Dans une portion assez limitée de son trajet, cette image rencontre la surface d'un miroir concave ayant son centre de courbure sur le centre de figure et sur l'axe de rotation du miroir tournant, et pendant tout le temps qu'elle se promène à sa surface, la lumière qui a concouru à la former rebrousse chemin et vient retomber sur le réseau lui-même en une image d'égale grandeur. Pour observer cette image sans masquer le faisceau d'origine, on place obliquement sur le faisceau, auprès du réseau, entre lui et la lentille objective, une glace parallèle. soit épaisse, soit mince, et l'on observe avec un puissant oculaire les images déjetées sur le côté. Quand la glace est épaisse, les deux images sont plus ou moins complétement séparées ; quand la glace est mince, elles se recouvrent en partie, et l'on choisit pour l'inclinaison de la glace sur le faisceau un angle tel. qu'il y ait superposition des lignes noires équidistantes dont elles sont sillonnées ; par ce moyen, l'on utilise les réflexions des deux surfaces. Le miroir en tournant fait reparaître cette image à chaque révolution. et si la vitesse du mouvement de rotation est uniforme, elle reste immobile dans l'espace. Pour des vitesses qui ne dépassent pas trente tours par seconde, ses apparitions successives sont plus ou moins distinctes, mais au delà de trente tours, il y a persistance des impressions dans l'œil, et l'image paraît absolument calme.

Il est facile de démontrer que le miroir, en tournant de plus en plus rapidement, doit déplacer cette image comme si elle était entraînée dans le sens du mouvement. En effet, la lumière qui s'échappe entre les mailles du réseau n'y revient qu'après avoir subi sur le miroir tournant deux réflexions séparées par la durée de son double parcours du miroir tournant au miroir concave. Or, si le miroir tourne très-vite, la durée de ce va-et-vient, même dans une longueur restreinte de 4 mètres, ne peut passer pour nulle, et le miroir a le temps de changer sensiblement de position, ce qui se trahit par un déplacement de l'image formée par le rayon réfléchi au retour. Rigoureusement parlant, cet effet se produit dès que le miroir tourne, même lentement; mais il ne devient observable que quand il acquiert une certaine grandeur, et qu'on emploie pour le constater des précautions particulières. Tous mes efforts ont tendu à rendre cette déviation aussi apparente que possible.

Le principal obstacle à surmonter tient à ce que, dans un trajet aussi compliqué, la lumière ne peut se reconstruire en un foyer bien net; l'étranglement que le faisceau éprouve en se réfléchissant deux fois sur le miroir tournant à très-petite surface, détruit nécessairement la netteté de l'image et apporte dans ses contours un trouble absolument inévitable; c'est pour cela qu'on a pris pour source de lumière les espaces linéaires équidistants ménagés entre les fils d'un réseau très-fin. Bien que l'image qu'on en obtient ne soit jamais nette, elle se présente sous la forme d'un système de rayures blanches et noires semblables à des franges incolores et dont chacune présente un maximum et un minimum de lumière bien déterminé. Ainsi que les fils mêmes du réseau, ces espaces lumineux ou obscurs sont distants les uns des autres de $\frac{1}{11}$ de millimètre, et si, pour les observer, on place dans l'oculaire un micromètre divisé en dixièmes de millimètre les deux systèmes de lignes fonctionnent, par leurs déplacements relatifs, à la manière du vernier, et permettent de saisir, sans équivoque, dans l'image un déplacement de $\frac{1}{100}$ de millimètre.

D'après la vitesse déjà connue de la lumière, avec un objectif de 2 mètres de foyer et en opérant sur un double parcours de 4 mètres, on rouve qu'il ne faut pas donner au miroir une vitesse bien exagérée (6 à

800 tours) pour obtenir des déplacements de 2 et 3 dixièmes de millimètre. Mais il est un moyen bien simple de doubler l'étendue des déviations, et qui peut être utile en maintes circonstances ; j'y ai déjà eu recours plusieurs fois, et je me suis assuré qu'il réussit. Il consiste à faire réfléchir, comme l'indiqua Bessel, le faisceau lumineux du miroir tournant sur un miroir fixe auxiliaire placé tout près, et de celui-ci sur le miroir tournant avant et après son excursion sur le miroir concave. On obtient ainsi, par la considération de l'image virtuelle du miroir tournant dans le miroir auxiliaire, le même effet que M. Arago a obtenu du concours de deux miroirs tournant simultanément en sens inverse, avec cet avantage que le miroir tournant et son image ont toujours des positions rigoureusement symétriques, mais en subissant les inconvénients d'une notable diminution d'intensité et d'une augmentation du trouble de l'image.

Telle est la disposition de l'appareil optique qui m'a permis de constater la propagation successive des rayons lumineux. Mes premières expériences ont réussi dans l'air avec un miroir qui ne faisait pas plus de vingt-cinq à trente tours par seconde, la longueur du double parcours étant de 4 mètres.

Pour les exécuter dans l'eau, il n'y a qu'à interposer entre le miroir tournant et le miroir concave une colonne de ce liquide maintenue entre deux glaces parallèles dans un tube métallique conique, intérieurement verni au copal, afin que l'eau y demeure transparente et limpide, à prendre les précautions nécessaires pour que les glaces terminales ne soient pas forcées dans leurs montures, et pour obvier à l'inconvénient de l'allongement du foyer par l'interposition d'une couche liquide à faces parallèles de 3 mètres d'épaisseur. On arrive en fin de compte assez facilement à obtenir, avec le rayon affaibli et verdâtre qui a traversé l'eau, une image aussi distincte que celle qui se forme sans l'interposition du liquide. Il n'y a donc plus absolument qu'à s'occuper de faire tourner le miroir et de mesurer avec précision sa vitesse de rotation, si l'on tient à en déduire les vitesses absolues dans l'air et dans l'eau, ou bien à opérer simultanément sur ces deux milieux si l'on veut seulement reconnaître le sens de la différence de ces deux vitesses.

Jusqu'à présent, pour communiquer à un miroir un mouvement de rotation rapide, on a eu recours à des moyens différents. M. Wheatstone, en se servant d'un fil flexible agissant sur une poulie solidaire avec l'axe, a obtenu une vitesse de six à huit cents tours par seconde. Après lui, M. Bréguet, utilisant les propriétés précieuses de l'engrenage de White, a obtenu de mille à quinze cents tours. Il me semble que ces deux modes de communication de mouvement ont l'inconvénient d'être trop rapidement destructeurs, de ne pas permettre de changer la vitesse d'une manière continue, ou de la maintenir constante pendant un temps suffisamment long.

L'appareil qui m'a servi est, je pense, à l'abri de ces divers reproches ; il communique au miroir une vitesse qui varie, à volonté, de trente à huit cents tours, et que l'on maintient suffisamment constante et mesurable au moment même de l'observation.

Il consiste en une petite turbine à vapeur assez comparable à la sirène, mais qui donne comparativement peu de son. On emploie la vapeur fournie par une chaudière sous une pression d'une demi-atmosphère ; la vapeur est surchauffée par une lampe à l'alcool au moment où elle va s'engager dans la machine. Elle s'échappe par deux orifices percés obliquement sur un même diamètre dans la paroi supérieure de la chambre placée sous le plateau de la turbine, qui lui-même est percé de vingt-quatre trous inclinés en sens inverse, et séparés les uns des autres par de minces parois. Ces parois sont les aubes de la turbine qui, à cause de leur peu de hauteur, n'ont pas besoin d'être courbes. Les orifices d'écoulement de la vapeur ont un diamètre cinq ou six fois plus grand que l'épaisseur des palettes, en sorte que l'écoulement de la vapeur est continu et ne donne que peu de son.

On conçoit sans peine le principal avantage d'une pareille communication de mouvement. La force motrice engendrée dans la chaudière se communique sans choc à l'axe de la turbine. Il n'y avait plus à craindre que l'effet de la pression suivant l'axe ; pour l'annuler, j'ai fait monter sur cet axe un plateau de contre-pression, qui approche extérieurement la paroi inférieure de la chambre de vapeur, laquelle est comprise entre le plateau percé et le plateau plein. Sur ce dernier débouchent des orifices qui exercent une pression de sens inverse à celle qui est due à l'écoulement des jets moteurs sur le plan oblique des palettes ; mais j'ai bientôt reconnu que la pression verticale que je voulais ainsi combattre reste inférieure pour une demi-atmosphère au poids de l'axe tournant et de ses appendices et que cette pression ne fait que soulager la machine. Mais je me réserve d'employer ce plateau de contre-pression lorsque, poussant les choses à l'extrême, j'essayerai d'obtenir les plus grandes vitesses de rotation possibles.

L'axe de la turbine se prolonge inférieurement au-dessous de la chambre de vapeur, et il est interrompu par un anneau d'acier, dans lequel on engage le miroir de verre, maintenu en place comme les objectifs de lunette dans leur barillet, entre deux viroles à vis garnies de rondelles de plomb ; ce miroir est taillé dans une glace parallèle et recouvert d'un dépôt d'argent sur l'une de ses faces : il constitue une masse solide et cylindrique, dont le centre de gravité passe au centre du mouvement, et qui résiste efficacement aux déformations que tend à produire le développement excessif de la force centrifuge. Au-dessous de l'anneau porte-miroir, l'axe reparaît, trempé et terminé en cône, comme à son extrémité supérieure ; il est d'ailleurs maintenu vertical entre deux vis d'acier non trempées, fixées au bâti de la machine par des contre-écrous, et percées, dans toute leur longueur, d'un canal étroit qui se termine par une empreinte conique, dont l'ouverture s'accommode avec les cônes terminaux de l'axe de rotation. Le canal, qui traverse la vis d'outre en outre, est destiné à l'aménagement de l'huile, qui afflue continuellement sous l'effort d'une pression d'une colonne de mercure de 30 à 40 centimètres de hauteur. Le conducteur, M. Froment, qui m'a prêté le concours de son zèle et de son talent, a employé tous ses soins au centrage exact de l'axe et de ses annexes ; c'est la seule partie délicate de la machine. Plus ce centrage est exact, moins le martelage inévitable se fait sentir aux points d'appui, et plus la marche de la machine est rapide, constante et durable. Du reste, on procède à la rectification de cette pièce importante avec la plus grande facilité.

Il va sans dire que, pour la mise en expérience, le miroir est abrité par des écrans convenablement disposés contre le jaillissement de la vapeur et de l'huile, et contre les courants d'air échauffé. On peut même le faire tourbillonner dans une enceinte très-limitée, où l'on entretient par un écoulement constant une atmosphère artificielle de gaz hydrogène, dont la très-petite masse équivaut presque au vide ; c'est encore une ressource que je me réserve pour l'occasion où je me propose d'expérimenter sur de très-grandes vitesses.

Je ne me hasarderai pas encore à donner des nombres ni à poser la formule qui sert à les interpréter ; je me bornerai seulement à constater que les déviations obtenues sur un trajet de 4 mètres sont observables au trentième de leur grandeur. Jusqu'à présent, la vitesse de rotation des miroirs n'a été évaluée que par la hauteur du son que donne en tournant l'axe qui les porte, au moyen des battements qu'il fournit avec le son d'un diapason étalonné. La turbine s'accorde du lieu même où l'on observe, en réglant l'écoulement de la vapeur par le moyen d'un robinet dont la clef porte un long levier que l'on fait manœuvrer, à distance, avec un fil qui s'enroule sur un treuil placé sous la main. J'indiquerai plus loin un moyen beaucoup plus sûr et plus rapide pour évaluer à tout instant la vitesse de rotation des miroirs.

En me bornant à des appréciations de la vitesse par le son, j'ai déjà constaté, par deux observations successives, que la *déviation de l'image après le parcours de la lumière dans l'air est moindre qu'après son parcours dans l'eau.* J'ai fait aussi une autre expérience confirmative, qui consistait à observer l'image formée en partie par la lumière qui a traversé l'air, et en partie par la lumière qui a traversé l'eau. Pour les vitesses faibles, les rayures de l'image mixte étaient sensiblement continues les unes aux autres, et par *l'accélération du mouvement de rotation, l'image s'est transportée, et les rayures se sont rompues à la ligne de jonction de l'image aérienne et de l'image aqueuse, les rayures de celles-ci prenant l'avance dans le sens de la déviation générale. De plus, en tenant compte des longueurs d'air et d'eau traversées, les déviations se sont montrées sensiblement proportionnelles aux indices de réfraction.* Ces résultats accusent une *vitesse de la lumière moindre dans l'eau que dans l'air* et confirment pleinement, selon les vues de M. Arago, les indications de la théorie des ondulations.

Il est à remarquer, comme l'a fait observer M. Arago, séance tenante, que l'expérience, en démontrant une vitesse moindre dans l'eau que dans l'air, est tout à fait décisive et qu'elle prononce sans appel entre les deux systèmes. Si l'on eût trouvé un résultat inverse, la théorie de Newton restait encore soutenable, mais la théorie des ondulations n'était pas nécessairement renversée, attendu qu'il est possible de constituer l'*éther* de manière à expliquer, quel qu'en soit le sens, le changement de vitesse aux changements de milieux.

Pour compléter les prévisions de M. Arago, il ne restait qu'à constater le sens de la dispersion qui accompagne nécessairement la déviation du rayon qui a traversé un milieu réfringent. La délicatesse des moyens d'observation inhérents à la méthode, me laisse l'espoir d'arriver à fournir ce complément désirable.

Les expériences qui viennent d'être rapportées ne comportent pas une grande précision, attendu qu'on est limité par la longueur à donner à la colonne d'eau qui doit être traversée deux fois par le faisceau lumineux; à moins de recourir à des artifices nouveaux, il n'est guère possible de donner à cette colonne plus de 3 mètres de longueur, tant l'eau la plus transparente absorbe la lumière en la colorant en vert. Je ne sais ce que produiront, dans les mêmes circonstances, d'autres liquides, tels que l'alcool, l'essence de térébenthine, le sulfure de carbone, etc., sur lesquels je me propose d'opérer; mais quand les expériences se font dans l'air seulement, il est possible, en modifiant quelque peu la disposition optique, de faire intervenir des longueurs extrêmement considérables, et d'arriver par suite à des mesures excessivement précises. Les déviations peuvent être singulièrement agrandies et se compter par centimètres. Dans ces nouvelles circonstances, l'exactitude des mesures ne dépend plus de la grandeur du phénomène optique qui peut être évaluée au demi-millième, mais de la difficulté qu'on rencontrerait à donner au miroir un mouvement d'une exactitude du même ordre. Je vais essayer de décrire le complément à donner à l'appareil optique pour le rendre applicable à des distances indéfiniment croissantes.

Sans changer la disposition déjà connue, rien n'empêche de doubler, de tripler le rayon de courbure du miroir concave, et de le placer à une distance double ou triple; seulement, on est bientôt arrêté dans l'allongement progressif de ce rayon par plusieurs difficultés. Si l'on ne veut pas perdre d'intensité, il faut donner à ce miroir, à mesure qu'on l'éloigne, une surface plus grande et proportionnelle au carré de la distance au miroir tournant ; et sans compter la difficulté qu'on éprouverait à faire construire un pareil miroir pour une distance de 50 mètres, il devient de plus en plus difficile aussi de l'orienter de façon à placer son centre de courbure exactement sur le centre de figure du miroir tournant. C'est pour lever du même coup tous ces obstacles, que je place entre le miroir tournant et le miroir concave, aussi éloignés qu'on les suppose l'un de l'autre, jusqu'à concurrence de plusieurs centaines de mètres, une chaîne d'un nombre pair d'objectifs à long foyer, qui se transmettent de deux en deux, et alternativement, l'image mobile du réseau et l'image fixe du miroir tournant. L'extrémité de cette chaîne se termine par le miroir concave, qui conserve alors ses petites dimensions et son petit rayon de courbure, qui reçoit la dernière image du réseau, et qui est orienté de manière à renvoyer la lumière dont elle est formée sur la surface de l'objectif le plus voisin ; on est sûr, dès lors, que le faisceau remonte la chaîne et repasse exactement par le miroir tournant sans pouvoir être déjeté dans aucune direction. En définitive, cette série d'objectifs que la théorie permet d'allonger indéfiniment, que la pratique limitera sans doute, a pour effet de saisir le faisceau dès qu'il tombe sur la lentille la plus voisine du miroir tournant, de s'opposer à sa divergence et de changer son mouvement angulaire dans l'espace en un mouvement de serpentement qui le retient dans la ligne d'expérience pendant un temps nécessaire à l'excitation de la sensibilité de la rétine.

Au premier abord, une objection se présente, à laquelle je me hâte de répondre. Le faisceau de lumière, au moment où il s'engage dans cette série de lentilles, tombe sur le bord de la première d'entre elles, et il les rencontre de deux en deux sur des bords alternativement opposés, puis, un moment après, il tombe au centre de la première lentille, et chemine directement dans tout le système ; il serait à craindre que, dans ces deux positions, le faisceau n'eût à parcourir des routes notablement différentes, ce qui serait fâcheux dans une expérience qui aurait pour but d'arriver à une haute précision; mais je ferai remarquer d'abord qu'en raison des foyers très-longs qu'on emploie pour réduire le plus possible le nombre des verres, cette obliquité est très-faible; en outre, on démontre qu'entre deux foyers conjugués des lentilles, les rayons qui passent par le centre et par les bords parcourent des chemins sinon égaux, du moins équivalents, en sorte que l'objection devient nulle, et que la disposition demeure irréprochable.

Reste enfin à discuter la question relative à la régularité de la marche du miroir et aux moyens de mesurer sa vitesse de rotation.

Remarquons d'abord que l'image rayée qui semble permanente au foyer de l'oculaire, a une certaine étendue, 2 millimètres carrés; que cette image est, en réalité, intermittente, et que ses apparitions réitérées sont en même nombre que les tours des miroirs. Profitant des apparitions périodiques de l'image, je masque la partie supérieure par le bord d'une roue de 5 centimètres de diamètre et fendue de 400 dents. Supposant que cette roue, mue par un appareil chronométrique, fasse exactement 2 tours par seconde, il est clair qu'en une seconde il passera 800 dents sous le regard de l'observateur; mais si, de son côté, l'axe de la turbine donne 800 tours par seconde, il y aura 800 apparitions de l'image du réseau; et, comme les apparitions sont très-courtes relativement à $1/800^e$ de seconde, les dents successives de la roue se substitueront exactement les unes aux autres dans l'intervalle de deux apparitions, et la roue paraîtra immobile. Puis, pour peu qu'il y ait de discordance, soit en plus, soit en moins, entre les retours successifs de l'image et les passages des dents, autrement dit, pour peu que la turbine exécute plus ou moins de 400 tours pour un tour de la roue dentée, celle-ci s'armera d'un mouvement apparent de sens contraire ou de même sens que son mouvement réel; dès lors on saura dans quel sens il faut agir sur l'écoulement de vapeur pour établir une concordance complète, accusée par une apparente immobilité du bord denté de la roue. Il est parfaitement inutile de s'attacher à maintenir cette concordance pendant plus de quelques secondes, car il suffit de saisir le moment de l'apparente immobilité de la roue pour faire aussitôt l'observation de la déviation de l'image. Ces deux observations, dont l'une concerne la vitesse de la turbine et l'autre la déviation du faisceau réfléchi, sont, pour ainsi dire, simultanées; la première sert seulement d'avertissement pour procéder immédiatement à la seconde. En réalité, l'appareil à roue dentée est un compteur surajouté à la turbine qui, mécaniquement, n'influence aucunement sa marche et qui n'est qu'en simple relation optique avec elle.

Je terminerai en montrant que la même méthode fournit les moyens de mesurer approximativement la vitesse de propagation du rayonnement calorifique. Les travaux des physiciens modernes, et particulièrement de M. Mellonj, ne permettent plus de conserver de doute sur l'identité des rayonnements lumineux et calorifiques; ce sont deux effets d'une même cause; toute modification qu'on imprime à l'un doit se retrouver dans l'autre. Si la lumière est déviée dans l'expérience qui vient d'être décrite, le lieu de l'influence calorifique doit se déplacer avec elle. Il me semble que la constatation de ce fait mérite d'être tentée. On y arrivera par le thermomètre même, en ménageant convenablement l'intensité du faisceau lumineux.

Lorsque le miroir tournant est au repos et qu'il se présente sous l'incidence voulue, tout l'appareil optique est incessamment traversé par le rayonnement lumineux, et l'image du réseau possède une intensité plus que suffisante pour impressionner un de ces petits thermomètres que nous avons employés avec M. Fizeau pour la recherche des interférences calorifiques. Quand le miroir, agissant par ses deux faces, se met à tourner, cette image conserverait la même intensité si, dans son mouvement de translation, l'image mobile ne cessait de tomber sur une surface miroitante et sphérique ayant son centre sur le centre du mouvement. Or, il est permis de se rapprocher de ces conditions en multipliant les miroirs sphériques et en les alignant sur le trajet de l'image mobile; un petit thermomètre, placé tout auprès de la source de lumière du côté vers lequel l'image fixe doit se dévier, sera en effet impressionné dès que cette déviation sera suffisamment agrandie par la vitesse de rotation. Je n'en dis pas davantage sur une expérience qui est encore à faire.

Ce mémoire ne contient, en réalité, qu'un seul résultat : c'est la réussite, par des moyens nouveaux, de l'expérience décisive imaginée depuis plusieurs années par M. Arago pour prononcer définitivement entre les deux théories rivales de la lumière ; mais ce mémoire a encore pour but de prendre date pour une série d'applications de la nouvelle méthode, laquelle consiste essentiellement *dans l'observation de l'image fixe d'une image mobile.*

Les circonstances qui m'ont obligé à rédiger précipitamment ce mémoire ne m'ont pas permis de traiter la partie historique de la question. En publiant la suite de mon travail, je ne manquerai pas de rappeler les magnifiques recherches de ceux qui m'ont précédé, de M. Wheatstone, de M. Arago, et de M. Fizeau.

Si les physiciens accueillent favorablement le fruit de mes premiers efforts, que tout l'honneur en revienne à M. Arago qui, dans une pensée d'une hardiesse admirable, a montré que les questions relatives à la vitesse de la lumière devaient passer du domaine de l'astronomie dans celui de la physique, et qui, par une généreuse abnégation, a permis aux jeunes savants de se lancer avec ardeur dans la voie qu'il leur a tracée.

SUR LES

VITESSES RELATIVES DE LA LUMIÈRE

DANS L'AIR ET DANS L'EAU[1].

(Thèse de doctorat ès sciences physiques, 25 avril 1853.)

PRÉLIMINAIRES HISTORIQUES.

À l'époque où j'entrepris ce travail, la science possédait déjà trois méthodes différentes pour déterminer la vitesse de la lumière. L'astronomie a fourni les deux premières, fondées sur l'observation des éclipses des satellites de Jupiter, et sur le phénomène de l'aberration des étoiles. La troisième a été imaginée plus récemment par M. Fizeau, et rentre dans le domaine de la physique expérimentale. Sans atteindre au même degré de précision, ces diverses méthodes se contrôlent les unes les autres, de telle sorte qu'il ne peut plus subsister le moindre doute sur la véritable valeur de la vitesse de la lumière dans l'espace vide ou dans notre atmosphère. Quant aux vitesses que prend la lumière en pénétrant dans les milieux réfringents, elle n'était donnée que par le calcul, qui, interprétant la réfraction dans le système de l'émission ou dans le système des ondulations, donnait, selon l'hypothèse adoptée, des résultats bien différents. M. Arago, dès l'année 1838, fit le premier sentir l'importance d'une expérience qui, sans même conduire à la mesure exacte des vitesses de la lumière dans des milieux inégalement réfringents, mettrait seulement leur diffé-

---

1. Voir aussi *Ann. de Ch. et de Phys.* [3], t. XLI, p. 129.

24

rence en évidence, et fixerait, par suite, les physiciens sur la manière d'interpréter la réfraction. La méthode expérimentale que je vais décrire dans ce Mémoire, offrant la possibilité de mesurer la vitesse de la lumière dans un trajet très-court, permet d'opérer sur différents milieux, et donne la solution complète de l'importante question posée, il y a quinze ans, par M. Arago.

Mais, avant d'entrer en matière. il convient de jeter rapidement un coup d'œil sur l'ensemble des phénomènes naturels ou artificiellement produits, qui sont susceptibles de mettre en évidence la propagation successive des rayons lumineux.

En astronomie, les phénomènes se sont produits d'eux-mêmes; ils se sont d'abord montrés comme des anomalies ; on ne les cherchait pas, on ne s'attendait pas à les rencontrer, on n'a eu qu'à les observer et à les rapporter à leur véritable cause pour en déduire, par le calcul, le chiffre exprimant l'étonnante vitesse de la lumière. Ce résultat porte le caractère distinctif des œuvres de l'astronomie; il est empreint d'une haute précision, et l'on peut encore douter que les expériences faites à la surface de la terre puissent prétendre un jour au même degré d'exactitude; jusqu'à présent, du moins, on n'a cherché qu'à contrôler approximativement par la physique les nombres fournis par les observatoires, et l'on s'estime heureux d'avoir obtenu des valeurs qui oscillent assez largement autour du chiffre véritable.

Le phénomène sensible qui dut révéler pour la première fois la vitesse de la lumière. se passe dans les limites de notre système planétaire; il a été observé et expliqué par Roëmer, dans le courant des années 1675 et 1676; il consiste, comme on sait, dans l'inégalité apparente des retours successifs des éclipses de satellites qui accompagnent Jupiter. Le premier de ces satellites surtout, à cause de son petit volume, de la rapidité de sa marche et de sa proximité de la planète, offre à l'observation le spectacle d'*immersions* dans l'ombre et d'*émersions* très-nettes et faciles à saisir. C'est un flambeau qui s'allume et qui s'éteint à des intervalles de temps réellement égaux, et que l'on observe à des distances variables. Entre l'opposition et la conjonction, la distance de la terre à Jupiter augmente de toute la valeur du diamètre de l'orbite terrestre. Pendant cette période, les émersions seules sont visibles et semblent de plus en plus tardives, par rapport aux instants équidistants où elles devraient paraître quand on les déduit du nombre d'éclipses qui arrivent pendant l'année entière. Entre la conjonction et l'opposition, la distance entre les deux planètes se réduit d'un diamètre de l'orbite terrestre, et pendant cette seconde période, on ne peut voir que les émersions, qui se précipitent de manière à rétablir une compensation exacte. La somme des retards pendant la période d'éloignement est égale à la somme des avances pendant la période de rapprochement, et chacune d'elles donne le temps qu'emploie la lumière à franchir le diamètre de notre propre orbite. Ce temps, mesuré directement aux instruments chronométriques, s'est trouvé égal à $16^m.26^s$; ce qui donne, en tenant compte de l'espace parcouru par la lumière, une vitesse de 79,572 lieues de 4,000 mètres par seconde.

Cinquante années plus tard, Bradley arriva au même résultat, par l'étude approfondie d'un mouvement annuel auquel participent toutes les étoiles, et qui est désigné, dans la science, sous le nom d'*aberration*. En vertu de l'aberration, toutes les étoiles semblent déplacées vers le point du ciel où aboutit la tangente menée à l'orbite terrestre par le point qu'occupe la 'erre à un moment donné et dans le sens même de son mouvement de translation. Le plan perpendiculaire à cette ligne trace sur la sphère céleste un grand cercle qui passe par toutes les étoiles pour lesquelles le déplacement dû à l'aberration acquiert sa valeur maximum. Autrement dit, toutes les étoiles qui nous envoient leur lumière dans une direction perpendiculaire à celle de notre propre mouvement, nous apparaissent les plus déviées dans le sens de ce mouvement, et écartées de leur position vraie d'un arc de $20''{,}3$. Le grand cercle considéré, accomplissant dans le cours d'une année sa révolution complète autour du diamètre qui passe par les pôles de l'écliptique, il en résulte non-seulement que toutes les étoiles participent au phénomène de l'aberration, mais que pour chacune d'elles il acquiert deux fois par an sa valeur maximum.

Pour toutes les étoiles comprises dans le plan de l'écliptique, ce déplacement a lieu suivant un petit arc de grand cercle qui se confond avec une droite; pour les deux seules étoiles situées aux pôles mêmes de l'écliptique, ce déplacement s'effectue sur le contour d'un cercle; enfin, pour toutes les étoiles occupant des positions intermédiaires, l'aberration engendre des ellipses graduellement variées et qui présentent toutes les formes comprises dans la même espèce de courbe entre la ligne droite et le cercle.

A ces caractères remarquables, Bradley reconnut que la cause de l'aberration n'est pas dans les étoiles elles-mêmes, mais qu'il faut la chercher dans un principe unique, dans le principe lumineux qui nous met en relation avec les corps célestes, et dont la vitesse de propagation, déjà connue, ne peut être considérée comme infiniment grande par rapport à la vitesse de la terre entraînée dans l'espace par son mouvement de translation.

Les deux vitesses sont comme 10.200 est à 1; conséquemment, lorsqu'une lunette est dirigée vers une étoile située sur le cercle d'aberration maximum, elle est entraînée dans un sens perpendiculaire à la direction de son axe, par le mouvement de la terre; et pendant le temps que la lumière emploie à franchir la distance du centre optique de l'objectif à son foyer, l'oculaire de l'instrument s'avance parallèlement au plan focal, de la dix-millième partie environ de cette distance; il en résulte pour l'observateur un déplacement relatif de l'image de l'étoile, qui semble avoir été laissée en arrière, tandis que l'étoile elle-même paraît nécessairement déviée en sens inverse; la grandeur de ce déplacement, rapportée à la longueur focale de la lunette, est précisément la mesure de l'aberration.

Si l'on admet l'explication que je viens de rappeler, la grandeur absolue de l'aberration exprime le rapport entre la vitesse de la lumière dans la lunette, et celle de la lunette elle-même participant au mouvement de la Terre; et, en effet, le chiffre obtenu par cette méthode s'accorde, à un deux-centième près, avec celui que donne l'observation des satellites de Jupiter. Ainsi envisagée, l'aberration donnerait la vitesse de la lumière, non dans le vide planétaire, mais dans l'étendue qu'occupent les instruments; elle rendrait sensible la durée du parcours des rayons lumineux franchissant la longueur si restreinte de nos lunettes, les espaces célestes ne concourant que d'une manière indirecte au résultat final, pour offrir un point de mire placé à l'infini, et permettre le libre développement du mouvement de translation de la terre.

Il ne m'appartient pas d'insister davantage sur ces glorieux travaux. Je n'ai voulu, en les rappelant, que les considérer au point de vue physique, et faire ressortir les conditions naturelles et indépendantes du concours de l'homme, qui ont fait naître, comme conséquence de la propagation successive de la lumière, des phénomènes sensibles et observables. Tout le mérite consistait à les saisir, à les mesurer avec précision et à les rapporter à leur véritable cause. Pour les physiciens, la tâche était plus étendue; ils avaient à imaginer et à réaliser, dans les espaces terrestres, un système d'expériences équivalant à celles que les astronomes ont trouvées toutes faites dans le ciel; aussi leur a-t-il fallu, avant de rien tenter, qu'ils fussent en possession du chiffre réel qu'ils cherchaient à contrôler.

Le premier physicien qui entreprit de mesurer la vitesse de propagation d'un agent impondérable à la surface de la terre est M. Wheatstone; et, bien que ses expériences aient porté sur l'électricité et non sur la lumière, il est assuré de voir son nom attaché à la question résolue par l'emploi du miroir tournant. Cet instrument est, en effet, une des plus heureuses inventions de M. Wheatstone, et l'on n'en connaît pas d'aussi puissant pour évaluer de petites fractions de temps.

En 1835, M. Wheatstone cherchait à déterminer la durée de l'étincelle électrique, la durée de son parcours dans l'air, et la durée de la transmission de l'électricité à travers le fil conducteur, ou, ce qui revient au même, le temps qui s'écoule entre les explosions de deux étincelles jaillissant en deux points éloignés d'un même circuit. Après avoir vainement fait tourner d'un axe les organes excitateurs des étincelles, dans l'espérance d'accroître leur largeur et d'altérer leurs directions et leurs positions respectives, il a songé à communiquer le mouvement de rotation à un simple miroir plan établi à une certaine distance des appareils excitateurs et fixes. Le miroir, en tournant autour d'une ligne passant par sa surface réfléchissante, donnait, de ces appareils, une image virtuelle qui cessait bientôt d'être distincte, à cause de la rapidité de son mouvement angulaire double de celui du miroir. Mais quand éclataient les étincelles, leur peu de durée fixait, dans le miroir, les images dont les apparences plus ou moins modifiées prenaient une signification facile à saisir. Si, par exemple, un long circuit excitateur destiné à décharger la bouteille de Leyde était interrompu en trois points, dans son milieu et près de chaque extrémité; si, d'ailleurs, il était replié de manière à ce que les trois interruptions fussent placées sur une même droite parallèle à l'axe de rotation du miroir, au moment de la décharge, les trois étincelles vues directement apparaissaient en même temps et sans que rien pût faire soupçonner à l'observateur l'ordre dans lequel elles se succèdent réellement; mais, vues par réflexion dans le miroir tournant, le retard de l'étincelle moyenne et la simultanéité des étincelles extrêmes devenaient également manifestes, attendu que ces deux dernières se montraient encore sur une même verticale, tandis que l'étincelle moyenne, éclatant un peu plus tard, était déviée dans le sens de la rotation du miroir.

M. Wheatstone a déduit de ce genre d'expériences une valeur de la vitesse de l'électricité qui ne s'accorde pas avec les résultats de mesures plus récentes. Peut-être a-t-il été induit en erreur par des phénomènes accessoires qui compliquent le phénomène principal, mais qui sont indépendants du procédé optique qu'il a mis en usage. Si donc son travail offre encore matière à discussion, il ne semble pas que les objections puissent porter sur la propriété précieuse que possède le miroir tournant de séparer, par le déplacement angulaire de certaines images, les instants très-rapprochés qui correspondent aux apparitions de phénomènes instantanés. C'est donc à juste titre qu'à peine sorti des mains de l'inventeur, l'instrument de M. Wheatstone fut adopté par M. Arago, comme devant servir à juger par une épreuve décisive les deux théories qui se disputent l'explication des phénomènes lumineux. Tous les physiciens ont lu et relu la note si intéressante dans laquelle le Secrétaire perpétuel de l'Académie des Sciences a exposé et développé son magnifique projet, et j'imagine qu'en réfléchissant profondément, ils ont dû arriver comme moi à cette conviction, que l'expérience conçue par M. Arago se tenait sur la limite des choses possibles, et qu'avant de réussir, elle aurait à subir quelque modification.

M. Arago se proposait d'opérer sur deux rayons partant simultanément de deux sources situées sur une même verticale, et tombant, l'un à travers l'air, l'autre à travers un liquide, sur un miroir tournant; la marche des deux rayons étant inégalement rapide à travers les milieux différents, le miroir tournant aurait eu pour fonction de rendre distincts les instants de leur arrivée à la surface réfléchissante. Voici, au reste. en quels termes M. Arago a résumé lui-même ses idées :

« Deux points rayonnants placés l'un près de l'autre et sur la même verticale brillent instantanément en face d'un miroir tournant. Les rayons du point supérieur ne peuvent arriver à ce miroir qu'en traversant un tube rempli d'eau; les rayons du second point atteignent la surface réfléchissante sans avoir rencontré dans leur course aucun autre milieu que l'air. Pour fixer les idées, nous supposerons que le miroir, vu de la place que l'observateur occupe, tourne de droite à gauche. Eh bien, si la théorie de l'émission est vraie, si la lumière est une matière. le point le plus élevé *semblera à gauche* du point inférieur; *il paraîtra à sa droite*, au contraire, si la lumière résulte des vibrations d'un milieu éthéré.

« Au lieu de deux seuls points rayonnants isolés, supposons qu'on présente instantanément au miroir une ligne lumineuse verticale. L'image de la partie supérieure de cette ligne se formera par des rayons qui auront traversé l'eau; l'image de la partie inférieure résultera des rayons dont toute la course se sera opérée dans l'air. Sur le miroir tournant, l'image de la ligne unique semblera brisée; elle se composera de deux lignes lumineuses verticales, de deux lignes qui ne seront pas sur le prolongement l'une de l'autre.

« L'image rectiligne supérieure est-elle moins avancée que celle d'en bas? paraît-elle à sa gauche?

« *La lumière est un corps.*

« Le contraire a-t-il lieu? l'image supérieure se montre-t-elle à droite?

« *La lumière est une ondulation !* »

Réduite ainsi à sa plus simple expression, l'expérience de M. Arago est facile à concevoir; il semble qu'il n'y avait plus qu'à se mettre à l'œuvre; mais c'est en suivant la discussion des conditions matérielles auxquelles il faut satisfaire, que l'expérimentateur entrevoit des difficultés sérieuses.

Quelle vitesse de rotation faut-il communiquer au miroir? Quelle étendue d'air et d'eau convient-il de disposer sur le trajet des rayons pour que la lumière soit retardée ou accélérée dans sa marche à travers le milieu réfringent au point de donner, par réflexion, des images distinctes? Quelle source de lumière présentera la vivacité et l'instantanéité requises? Sur tous ces points, on trouve dans la note de M. Arago les indications les plus précises.

En supposant qu'une déviation d'une demi-minute fût observable dans une lunette, une colonne d'eau de 14 mètres de longueur n'eût exigé, pour la produire, que mille tours du miroir par seconde. Mais, comme il fallait se ménager quelque latitude, comme des circonstances imprévues pouvaient dérouter les prévisions les plus réfléchies, M. Arago s'était réservé d'agrandir au besoin le phénomène par la multiplication des miroirs tournant alternativement en des sens différents, et destinés à se renvoyer successivement l'un à l'autre les deux faisceaux dont la divergence eût augmenté à chaque réflexion, et proportionnellement au nombre des miroirs. Il indiquait aussi, comme ressource précieuse, d'employer, au lieu d'eau, un milieu plus réfringent, le sulfure de carbone, qui n'est pas moins transparent.

En portant à quatre le nombre des miroirs, en ne cherchant que des déviations d'une demi-minute, et en laissant l'eau pour le sulfure de carbone, la longueur nécessaire du tube destiné à le contenir se réduisait finalement à $2^m.2$.

Il est évident que le nombre des miroirs et le nombre des tours, leur distance à la source, la différence des indices de réfraction des deux milieux traversés, et la grandeur de la déviation relative, sont autant de quantités assujetties à une dépendance mutuelle et faciles à enchaîner dans une même formule. On peut, sur le papier, les faire varier d'une manière arbitraire en certaines limites, mais c'était au tâtonnement à désigner les valeurs les plus favorables à l'observation.

La pièce la plus importante et la plus nouvelle de cet appareil était la machine qui devait communiquer aux miroirs le mouvement de rotation.

La construction en fut confiée à M. Bréguet, dont le talent garantissait une réussite complète. Après plusieurs années de travail. M. Bréguet se trouva en mesure de monter une machine composée de rouages à dents obliques, dont le dernier axe portait un miroir d'acier de 1 centimètre de diamètre ; quand on appliquait sur le premier mobile une force motrice suffisamment grande, on voyait le miroir s'animer d'un mouvement de rotation très-rapide. Il était facile d'en apprécier la vitesse et de la déduire des mouvements lents et directement observables des premiers mobiles, et de s'assurer que l'axe porteur du miroir exécutait réellement 1,500 tours par seconde. Un jour M. Bréguet essaya de supprimer le miroir, et il vit que le dernier axe ainsi soulagé pouvait acquérir une vitesse de 6 à 8.000 tours par seconde. On crut alors que la présence de l'air était l'obstacle qui empêchait le miroir de prendre une vitesse pareille, et l'on eut recours aux dispositions nécessaires pour faire marcher la machine dans le vide ; mais, sous le récipient destiné à prévenir l'accès de l'air, la marche du miroir ne s'est pas accélérée comme on s'y attendait. C'est que la résistance provient surtout de la masse à mouvoir et de son excentricité sur l'axe de rotation ; or la masse, il faut l'accepter ; quant à l'excentricité, il paraît que les soins les plus minutieux apportés par le constructeur n'ont pas suffi jusqu'ici à la rendre sensiblement nulle.

Je dois encore donner sur l'appareil de M. Arago un renseignement important, et indiquer comment on devait procéder à l'observation.

Quand on se borne à l'emploi d'un seul miroir agissant par ses deux surfaces, ce qui est le cas le plus simple et le plus abordable. le double faisceau est toujours réfléchi, mais il l'est dans une direction quelconque. absolument indéterminée, ainsi que la position dans laquelle la lumière, en arrivant, rencontre la surface réfléchissante. Si, comme l'avait fait M. Wheatstone dans une autre circonstance, M. Arago avait cru devoir établir entre l'appareil excitateur de la lumière instantanée et l'appareil du miroir tournant, une dépendance qui ne permît aux éclats de se produire qu'au moment où le miroir occupe telle ou telle position plus ou moins bien déterminée. la direction du rayon réfléchi l'eût été également, et le champ d'observation. ainsi restreint entre certaines limites, aurait permis à un seul observateur de viser toujours utilement dans une direction connue d'avance. Mais, dans le projet de M. Arago, il n'était pas question d'établir une telle relation; l'illuminateur et le miroir tournant devaient conserver une indépendance complète, et laisser au hasard à décider de la direction des rayons réfléchis. C'est pourquoi il fallait multiplier les observateurs, et répéter l'expérience plusieurs fois par seconde, et un très-grand nombre de fois, jusqu'à ce qu'une heureuse coïncidence dirigeât les faisceaux réfléchis dans le voisinage de l'axe d'une des nombreuses lunettes braquées autour du miroir tournant et visant toutes sur lui. En employant plusieurs miroirs indépendants les uns des autres, bien des éclats se seraient produits en pure perte avant que la réflexion eût lieu réellement sur tous, et la chance favorable à l'un quelconque des observateurs diminuait avec une grande rapidité. La disposition que j'ai adoptée a surtout pour but de lever toute incertitude sur la position des rayons réfléchis; mais, avant de la décrire, je dois encore parler de l'expérience de M. Fizeau, expérience par laquelle un physicien pût mesurer, pour la première fois, la vitesse de la lumière se propageant dans l'air entre deux stations choisies à la surface de la terre.

L'appareil imaginé par M. Fizeau présente à considérer deux parties distinctes : un système de deux lunettes visant l'une sur l'autre à très-grande distance, et destinées à limiter la course des rayons lumineux et à les renvoyer exactement à leur point de départ; puis un disque tournant partagé à sa circonférence, à la manière des roues dentées, en intervalles égaux, alternativement vides et pleins, et susceptible de prendre, par l'action d'un moteur, des vitesses variables à volonté.

Les deux lunettes A et B sont dirigées l'une vers l'autre, de manière que l'image de l'objectif de chacune d'elles se forme au foyer de l'autre. La lumière provenant latéralement d'une source très-vive est dirigée dans l'axe du système par une glace sans tain inclinée à 45 degrés sur cet axe et placée entre l'oculaire et le foyer de la lunette A. Tout ce qui tombe de lumière sur l'objectif de A, après avoir traversé en son foyer le lieu de l'image très-petite de l'objectif de l'autre lunette B, se dirige vers celui-ci en obéissant à la loi des foyers conjugués. En vertu de la même loi, les rayons vont ensuite concourir au foyer de la seconde lunette B, en une image qui représente, sous de très-petites dimensions, l'objectif de la première; puis cette image tombant sur un miroir normal, le faisceau qui l'a formée se réfléchit sur lui-même, traverse successivement les deux objectifs, quelle que soit leur distance, et vient, en convergeant, repasser exactement au foyer de A, son point de départ. On constate aisément leur retour : en mettant l'œil à l'oculaire, on aperçoit une image très-petite, un point lumineux semblable à une étoile.

Le temps que la lumière emploie à traverser deux fois l'appareil dans toute sa longueur dépend évidemment de la distance des deux lunettes; et quand on rend cette distance suffisamment grande, il devient sensible et mesurable par l'emploi du disque tournant.

La position à donner au disque est définie par la condition du parallélisme de son axe de rotation avec l'axe optique commun aux deux lunettes, et par la nécessité de faire passer les dents qu'il porte à sa circonférence par le point de rencontre des rayons qui se croisent au foyer de A avant et après leur excursion dans l'appareil.

Ces conditions étant satisfaites, le disque en tournant a pour effet d'opposer et de lever périodiquement un même obstacle au passage des rayons marchant en sens inverses, les uns pour aller, les autres pour revenir. Comme la vitesse de la lumière n'est pas infinie, comme la distance à parcourir est très-grande, les instants précis du départ et du retour d'un même rayon ne coïncident pas exactement; ils sont sensiblement postérieurs l'un à l'autre, et il est possible de donner au disque une vitesse telle, que tout rayon qui passe librement entre deux dents soit intercepté à son retour par une dent qui aura eu le temps de venir lui faire obstacle. Il est également possible de donner au disque telle autre vitesse qui permettra à tout rayon admis entre deux dents de repasser par un autre intervalle. Mais, comme les changements de vitesse ont lieu d'une manière continue, les phénomènes aussi varient peu à peu, et traversent graduellement leurs différentes phases. Au moment où le disque commence à se mouvoir, l'observateur aperçoit au foyer de l'oculaire le point lumineux brillant au point de concours des rayons réfléchis qui reviennent vers lui;

puis en prenant un mouvement de plus en plus rapide, le disque détermine un affaiblissement progressif et même une extinction complète des rayons de retour. Par des vitesses toujours croissantes, à cette première éclipse succède un second éclat, puis une seconde éclipse, et ainsi de suite, autant de fois que le permet la puissance des moyens mécaniques dont on dispose. L'observation consiste à produire, à soutenir et à mesurer, au moyen d'un compteur inhérent à la machine, la vitesse de rotation correspondante à une éclipse dont on note le numéro d'ordre. La distance des deux lunettes, étant connue, donne la moitié de l'espace franchi par la lumière pendant le temps que le disque emploie à parcourir un espace angulaire mesuré pour la première éclipse, par l'arc sous-tendu par une seule dent, et mesuré pour les éclipses suivantes, par le même arc multiplié par le terme de la série naturelle des nombres impairs, correspondant au numéro d'ordre de l'éclipse observée.

M. Fizeau avait placé la lunette à oculaire dans le belvédère d'une maison située à Suresne, et la lunette à réflexion sur la hauteur de Montmartre, à une distance approximative de 8,633 mètres. Le disque, portant sept cent vingt dents, était monté sur un rouage mû par des poids ; un compteur permettait d'apprécier la vitesse de rotation. La lumière était empruntée à une ampe à éther, dont la flamme, alimentée par l'oxygène, était projetée sur un fragment de chaux, de manière à y exciter une vive incandescence.

Les premiers essais tentés jusqu'à présent par cette méthode ont fourni une valeur de la vitesse de la lumière, peu différente de celle qui est admise par les astronomes. La moyenne, déduite de vingt-huit observations, donne, pour cette valeur, 70,948 lieues de 25 au degré.

Le travail de M. Fizeau date déjà de plus de trois années; il a paru sous forme d'extrait au mois de juillet 1849. dans les *Comptes rendus de l'Académie des sciences*. Depuis cette époque jusqu'au moment où j'ai annoncé le succès de mon entreprise (30 avril 1850), on n'a rien publié, que je sache. concernant le même sujet. Si le résumé que je viens de tracer n'est pas encore complet. j'ai du moins cette confiance que les faits y sont appréciés d'une manière équitable. En rappelant parmi les astronomes les noms illustres de Roëmer et de Bradley, en citant parmi les physiciens contemporains des noms tels que ceux de MM. Wheatstone, Arago et Fizeau, auxquels est venu se joindre tout naturellement celui de l'habile mécanicien M. Bréguet, je crois avoir décrit l'état où se trouvait ce rameau de la science physique au moment où j'ai commencé à m'en occuper activement, et à mettre à exécution un projet conçu depuis plusieurs années, dans le but de mesurer directement la vitesse de la lumière dans l'air et dans des milieux plus réfringents.

MÉTHODE GÉNÉRALE POUR MESURER LA VITESSE DE LA LUMIÈRE DANS LES MILIEUX TRANSPARENTS. — VITESSES RELATIVES DE LA LUMIÈRE DANS L'AIR ET DANS L'EAU.

Le propre de la nouvelle méthode qui me reste à décrire est d'offrir le moyen d'opérer à petite distance, et d'évaluer le temps qu'emploie la lumière à franchir un intervalle de quelques mètres. Pour la définir nettement, aussi bien que pour la distinguer de celles qui ont été proposées auparavant, il suffit d'énoncer son caractère essentiel, lequel consiste dans *l'observation d'une image fixe d'une image mobile.*

Le miroir tournant, associé à un objectif de lunette, donne aisément une image mobile d'un objet fixe ; mais, ce qui n'est pas moins vrai, quoique moins évident peut-être, c'est qu'au moyen d'une réflexion sur un miroir fixe, le même système optique est très-propre à redonner une image fixe de l'image mobile.

Je vais d'abord établir ce premier point, après quoi je montrerai que le mouvement de rotation du miroir produit un déplacement de l'image fixe, *une déviation* qui donne la vitesse de la lumière dans le milieu traversé en fonction des quantités faciles à mesurer.

Le changement de milieu, toutes choses restant égales d'ailleurs, de modifier la déviation, de manière à montrer comment la vitesse de la lumière se lie aux indices de réfraction. J'insisterai sur ce genre de comparaison, qui est le but principal de ce travail, et je ferai connaître la disposition qui permet d'opérer sur plusieurs milieux à la fois, et d'observer simultanément et comparativement les déviations correspondantes. Je compléterai ensuite la description des appareils, et j'y joindrai le détail des précautions nécessaires pour assurer le succès de l'expérience et favoriser l'exactitude des mesures.

Disposition générale de l'expérience.

On place sur une même ligne horizontale : 1° une mire formée par un fil fin de platine tendu au milieu d'une petite ouverture carrée de $0^m,002$ de côté, taillée dans une lame opaque ; 2° le centre optique d'un objectif achromatique; et 3° le centre de figure d'un miroir plan, susceptible de tourner autour d'un axe vertical passant très-près de sa surface réfléchissante. On dirige et l'on fixe par un héliostat un faisceau de lumière solaire dans l'alignement de ces trois pièces. La mire laisse alors passer une certaine portion de lumière qui se rend sur l'objectif placé à une distance un peu moindre que le double de sa distance focale principale; réfractée par cet objectif, la lumière se réfléchit sur le miroir plan et va former dans l'espace une image amplifiée de l'ouverture et de son fil. Comme on dispose à volonté de la distance de l'objectif à la mire, on fait varier par suite arbitrairement la distance de son image au miroir, et, quand celui-ci vient à tourner, l'image se meut dans l'espace sur une circonférence dont le rayon peut prendre telle étendue qu'on voudra.

Ainsi s'obtient l'image mobile dont on peut recevoir et distinguer la trace sur un écran. Pour obtenir l'image fixe, il faut placer sur la circonférence décrite par l'image mobile la surface réfléchissante d'un miroir sphérique, concave, tellement orienté, que son centre de courbure vienne coïncider avec le centre de figure du miroir tournant; quand cette condition est remplie, le faisceau tournant est réfléchi sur lui-même pendant tout le temps qu'il rencontre le miroir concave dont tous les éléments sont normaux à son axe; et, de plus, le faisceau continue à remonter l'appareil jusqu'à la mire, son point de départ, qu'il recouvre d'une image droite et de grandeur naturelle, tous les points de l'image se superposant aux points homologues de la mire elle-même.

En effet, soient ab (fig. 1 pl. IV), un objet, et $a'b'$ son image, formée par l'objectif L et tombant à la surface réfléchissante d'un miroir concave M; soit c le point de l'espace où l'on placera plus tard le centre de figure d'un miroir tournant; si le miroir concave a son centre de courbure au point c, le faisceau réfléchi à sa surface ira repasser en majeure partie par l'objectif pour reformer sur l'objet ab une image droite et de grandeur naturelle; car, du moment où la lumière retourne vers l'objectif, l'image $a'b'$ devient un objet dont le point a' est au foyer conjugué de a, et le point b' au foyer conjugué de b. Donc, toute lumière revenant de a' et passant par l'objectif, doit se rendre en a; toute lumière revenant de b' doit se rendre en b, et ainsi de même pour tous les autres points : donc, l'objet ab est recouvert d'une image égale à lui-même et semblablement située.

Maintenant on place le miroir plan m sous une obliquité quelconque; et pour savoir où va se former l'image réfléchie $a''b''$, on a recours à une construction bien connue : on prolonge la trace cg du plan du miroir et l'on détermine, pour les points $a''b''$, les positions symétriques d'un côté de ce plan avec celles qu'occupent, de l'autre côté, les points $a'b'$; on place alors le miroir concave en M' et on l'oriente en faisant tomber son centre de courbure au point c; le faisceau lumineux retourne alors au miroir plan, de là vers l'objectif, comme s'il provenait de $a'b'$, et il va former définitivement une image de l'objet ab sur l'objet lui-même.

Cette construction donne le même résultat, pour toute obliquité du miroir plan, car la démonstration est indépendante de la valeur de l'angle d'incidence; donc il est indifférent que l'image mobile tombe en $a''b''$ ou en $a'''b'''$, et quelle que soit sa position à la surface du miroir M', l'image, en retour, coïncide invariablement avec l'objet ab. Pour constater, par expérience, l'invariabilité de position de cette image, on place obliquement à l'axe de l'objectif L, entre lui et l'objet ab, une glace épaisse à faces parallèles dont la surface g donne, par voie de réflexion partielle, une image $\alpha\beta$ facile à observer. Examinée avec un oculaire O, l'image $\alpha\beta$ garde absolument la même position, quelle que soit la direction de la partie mobile du faisceau comprise entre les deux miroirs plan et concave; elle est donc bien réellement *l'image fixe d'une image mobile.*

Dans l'appareil qui a servi, l'objet *ab* est la mire (fig. 5) telle qu'elle a été décrite; l'objectif L a 1^m.90 de foyer, et l'oculaire à micromètre (fig. 10) grossit de dix à vingt fois; le miroir tournant a 0^m.044 de diamètre, et le rayon de courbure du miroir concave est de 4 mètres. La distance du miroir tournant à l'objet peut varier dans des limites très-étendues, et la position de l'objectif est donnée par la nécessité de placer l'objet et la surface du miroir concave à deux de ses foyers conjugués.

Mettons actuellement le miroir en marche et faisons-le tourner d'abord lentement d'une manière continue, dans le sens indiqué par la flèche (fig. 1).

L'angle d'incidence variant progressivement et l'angle de réflexion devant rester toujours égal à celui-ci, le faisceau réfléchi tourne autour du point *c*, comme le miroir, mais avec une vitesse angulaire double; l'image circule sur sa circonférence de cercle, et, à chaque tour du miroir plan, elle passe une fois sur le miroir concave en faisant naître, pour l'observateur, l'image $\alpha\beta$, qui reste éteinte pendant tout le temps compris entre deux passages consécutifs. Aussi, quand le nombre des tours du miroir est inférieur à trente par seconde, l'image ne brille-t-elle que par intermittences; pour des vitesses supérieures, les apparitions se succèdent assez rapidement pour se confondre les unes avec les autres par la persistance des impressions visuelles; l'image $\alpha\beta$ semble alors permanente, et son intensité est réduite, pour l'observateur, dans le rapport de la circonférence entière à la moitié de l'arc réfléchissant du miroir concave.

Mais quand le miroir tourne suffisamment vite, un autre effet se produit, et l'on voit apparaître le phénomène important de la *déviation.* L'image $\alpha\beta$ se déplace sous le trait du micromètre oculaire et dans un sens tel, qu'on la dirait entraînée par le mouvement du miroir. Ce déplacement montre que la durée de la propagation de la lumière entre les deux miroirs n'est pas nulle, et qu'elle peut être mesurée par la grandeur de la déviation elle-même.

Pour simplifier la démonstration, réduisons la source de lumière à un point unique a (fig. 2), ne considérons que le rayon central ac du faisceau qui s'engage dans l'appareil, et étudions sa marche au moment où le miroir tournant se présente sous l'incidence voulue pour l'envoyer faire image en un point a' sur un élément normal quelconque de la surface du miroir concave M. Réfléchi sur lui-même, ce rayon vient retrouver le miroir plan, mais déjà celui-ci a tourné, et le rayon, en s'y réfléchissant une seconde fois sous une incidence nouvelle, prend une direction nouvelle aussi, qui ne lui permet plus de former image à son point de départ, mais qui l'oblige à donner en a_1 une image déviée dans le sens du mouvement de rotation, et, par suite, une image α' également déviée pour l'observateur.

Il est facile de voir comment la grandeur de cette déviation est liée à la vitesse de la lumière, au nombre de tours du miroir dans l'unité de temps et aux distances qui séparent les différentes pièces de l'appareil.

Désignons par r la distance oa du centre optique de l'objectif à la mire, par l et l' les distances du miroir tournant au miroir fixe et au même centre optique o; nommons n le nombre de tours du miroir par seconde, π le rapport de la circonférence au diamètre, et V la vitesse de la lumière ou l'espace qu'elle parcourt en une seconde, d l'arc de déviation aa_1, égal à $\alpha\alpha'$, et prenons ω pour désigner l'angle dont le miroir a tourné pendant le temps qu'emploie la lumière pour aller et venir entre les deux miroirs.

Afin d'avoir l'angle de déviation δ exactement double de l'angle ω, je commencerai par négliger la distance l', c'est-à-dire par supposer l'objectif placé à une distance insensible du miroir tournant. Dans cette hypothèse, si l'on imprime au miroir une vitesse de n tours par seconde, la déviation d que l'on observe fera connaître l'angle $\omega = \frac{\delta}{2}$, dont tourne le miroir pendant que la lumière franchit la distance $2l$. Le rapport de l'angle ω à n fois quatre angles droits, ou le rapport de la déviation d à $2n$ fois la circonférence entière $2\pi r$, est alors égal au rapport de la distance $2l$ à celle que franchit la lumière en une seconde, ou égal à $\frac{2l}{V}$, ce qui donne

$$d = \frac{8\pi l n r}{V}.$$

Mais, en réalité, l'objectif ne se confond jamais avec le miroir tournant, et même l'expérience exige qu'on établisse entre eux une distance telle, que la déviation en est notablement diminuée. La correction qu'il faut faire subir à la valeur ci-dessus ressort clairement de la construction représentée dans la figure 2.

On prolonge les traces $c\mu$, $c\mu'$ du plan du miroir tournant dans les deux positions qu'il occupe aux instants précis qui limitent la durée d'une excursion de la lumière vers le miroir concave, et l'on construit, relativement à ces traces, les points a'' et a''' symétriques du point a'. L'angle $a''ca'''$ est bien alors égal à 2 ω, et serait égal aussi à l'angle de déviation, si l'objectif avait son centre appliqué en c : mais comme, en réalité, cette condition ne peut être remplie, et comme l'objectif est toujours placé à une certaine distance l' du miroir, l'angle de déviation égal à l'angle opposé $a''oa'''$ est moindre que $a''ca'''$ égal à 2ω. Ces angles étant très-petits et aux sommets de deux triangles qui ont même base $a''a'''$, donnent sensiblement, avec leurs hauteurs l et $l+l'$, la proportion

$$\delta : 2\omega :: l : l+l';$$

d'où il suit qu'au lieu d'avoir simplement

$$\delta = 2\omega, \quad \text{on a} \quad \delta = 2\omega \times \frac{l}{l+l'}.$$

En conséquence, il vient pour la véritable valeur de la déviation,

$$d = \frac{8\pi l^2 nr}{V(l+l')},$$

et, pour la vitesse de la lumière,

$$V = \frac{8\pi l^2 nr}{d(l+l')}.$$

Cette formule peut servir en effet à calculer la vitesse de la lumière dans l'air avec une approximation qui dépend de la précision avec laquelle on mesure la déviation, ainsi que les diverses quantités représentées par les lettres l, l', r et n.

On arrive à la même expression en raisonnant de cette autre manière: la vitesse de la lumière est l'espace qu'elle parcourt dans l'unité de temps

$$V = \frac{e}{t};$$

or

$$e = 2l, \quad t = \frac{d(l+l')}{4\pi l' n};$$

remplaçant e et t par leurs valeurs, on trouve, comme précédemment,

$$V = \frac{8\pi l^2 nr}{d(l+l')}.$$

La même méthode s'applique à la mesure de la vitesse de la lumière dans tout milieu homogène et transparent que l'on placerait entre le miroir tournant et le miroir concave. Le milieu seul venant à changer sur toute la longueur de ce trajet, la déviation varierait dans le simple rapport des vitesses de la lumière dans le nouveau et dans l'ancien milieu. Si, par exemple, on remplit d'eau l'espace compris entre les deux miroirs, sans rien changer du reste, l'indice de réfraction de l'eau étant sensiblement égal à $\frac{4}{3}$, la déviation doit augmenter dans le rapport de 3 à 4, pour confirmer la théorie des ondulations, ou diminuer dans le rapport de 4 à 3 pour justifier le système de l'émission.

Mais quand on interpose une colonne d'eau comprise entre deux plans parallèles, on est obligé de laisser entre ces deux plans et chacun des miroirs une certaine distance; alors la distance l se trouve partagée en deux parties, l'une P occupée par le milieu réfringent, et l'autre Q où l'air persiste. En pareil cas, la déviation observée donne seulement la vitesse moyenne U de la lumière dans un espace occupé en partie par l'air et en partie par l'eau. Mais comme la vitesse V dans l'air est déjà connue, comme la vitesse moyenne U s'obtient de la même manière, comme on peut mesurer directement les longueurs P et Q, dont la somme est égale à l, on obtient facilement la vitesse V' de la lumière dans l'eau. En effet, la vitesse moyenne de la lumière dans le trajet P+Q est

$$U = \frac{(P+Q)VV'}{PV+QV'};$$

d'où l'on tire

$$V' = \frac{PVU}{(P+Q)V-QU}.$$

Au reste, pour trancher la question, qui intéresse à un si haut point la théorie, il n'est pas nécessaire de mesurer la vitesse de la lumière dans l'eau, ni de se préoccuper des moyens d'y parvenir; il suffit de constater dans quel sens la déviation qui se produit en opérant uniquement dans l'air, se modifie quand on interpose une colonne d'eau assez longue pour produire un effet sensible; mieux vaut encore disposer dans l'appareil deux lignes d'expériences, l'une pour l'air seul, l'autre pour l'air et l'eau, et observer simultanément les deux déviations correspondantes. La comparaison en devient alors tellement facile, qu'il est inutile de procéder à aucune mesure : on dispose les choses comme elles sont représentées dans la figure 3.

J'éviterai encore de compliquer le tracé géométrique de l'expérience, en réduisant, comme précédemment, le faisceau de lumière à son rayon central; il est bien entendu que son point de départ, marqué en a, est toujours la mire (fig. 5) formée par une ouverture carrée, traversée en son milieu par un fil vertical, et dont l'image vue à l'oculaire offre l'aspect représenté figure 6.

A droite et à gauche du faisceau direct, et sur la trajectoire de l'image mobile, on place deux miroirs concaves M et M', dont les surfaces appartiennent à la même sphère ayant son centre en c. Chacun d'eux limite une distance, une ligne d'expérience qui s'étend de sa surface à celle du miroir tournant.

Le rayon mobile trouve alors à se réfléchir à chaque tour dans deux directions différentes, et quand il tombe sur M, et quand il tombe sur M'; par suite, le nombre des apparitions de l'image α se trouve doublé; autrement dit, cette image est en réalité produite par la superposition des impressions de deux images, l'une due au passage de la lumière suivant la ligne cM, l'autre due à son passage suivant cM'. Tant que les longueurs cM et cM' sont maintenues égales, tant que les milieux, traversés de part et d'autre, restent identiques, l'accélération du mouvement de rotation, produisant sur les deux images une même déviation, ne saurait les rendre distinctes l'une de l'autre. Mais l'interposition d'un milieu réfringent sur l'une des deux directions cM ou cM', altérant la symétrie parfaite du système, doit, en modifiant la vitesse de la lumière dans l'une des deux voies, produire le dédoublement $\alpha'\alpha''$ de l'image α. C'est, en effet, ce qui arrive lorsque, au devant du miroir M' on place le tuyau T rempli d'eau et terminé, à ses deux extrémités, par des glaces parallèles. Seulement, pour assurer le succès de l'expérience et en rendre le résultat plus apparent et plus rigoureux, il est nécessaire de prendre encore certaines précautions.

L'interposition du tube à eau apporte dans la marche des rayons un trouble dont il est facile de se rendre compte en considérant que la face d'entrée T agit sur le faisceau convergent, de manière à rapprocher de la normale tous les rayons, et à produire un allongement de foyer. Si, en l'absence du tube, l'image mobile vient tomber exactement sur la surface réfléchissante M', le tube étant remis en place, on observe que l'image paraît trouble à l'oculaire parce qu'elle tend à se former au delà du miroir concave.

Pour rétablir le degré de convergence nécessaire à la netteté de l'image en M', on place en avant du tube une lentille simple L' d'une très-grande longueur focale, facile à déterminer par le tâtonnement ou par le calcul. Cela fait, l'image en retour présente la même netteté, soit qu'elle revienne par l'un ou l'autre chemin ; elle ne varie plus que par la couleur et l'intensité : blanche et vive, quand la lumière a constamment cheminé dans l'air, elle devient verte et sombre par l'interposition de la colonne d'eau, et si l'on n'avait recours à un artifice particulier, cette différence d'éclat ne permettrait pas de voir le dédoublement qui doit survenir avec la déviation.

Appelant *image dans l'air* la superposition des impressions produites par les réapparitions rapides de l'image formée après le parcours complet de la lumière dans l'air, et appelant *image dans l'eau* la superposition des impressions de la lumière dirigée dans l'autre voie, je vais montrer comment on les rend distinctes l'une de l'autre dans toutes les phases de l'expérience.

Faisons tourner le miroir à raison de plus de trente tours par seconde, afin d'avoir, en mettant l'œil à l'oculaire, une impression continue. Si l'on masque le miroir M', on ne voit que l'image dans l'air ; si, au contraire, l'on transporte l'obstacle au devant du miroir M, on ne voit que l'image dans l'eau, et pour que l'une ou l'autre soit entièrement visible (fig. 6), il faut que le miroir concave, soit le miroir M' (fig. 4), reste découvert dans toute la hauteur de la trace *h* de l'image mobile à sa surface. Veut-on réduire la hauteur de l'image perçue, on n'a qu'à placer comme en M (fig. 4), au devant du miroir concave, un écran percé d'une fente dont la hauteur soit moindre que celle de la trace *h*; nécessairement l'image perçue se réduit d'autant, et prend l'aspect représenté figure 7.

Couvrons donc le miroir M de son écran fendu, dégageons complétement le miroir M', faisons tourner le miroir mobile assez vite pour confondre les impressions sans donner encore de déviation sensible ; il est évident que l'image perçue sera formée de la superposition de l'image dans l'eau conservant toute sa hauteur, son intensité, et sa couleur propre, et de l'image dans l'air, plus vive et plus basse, traversées toutes deux par le même trait vertical et rectiligne : z sera une image résultante, telle que celle représentée figure 8.

Pour compléter l'appareil, il ne reste plus qu'à placer au foyer de l'oculaire un verre plan marqué d'un trait vertical qui, pour une rotation lente ou même nulle du miroir tournant, se confonde avec le trait médian, image du fil de la mire. Alors on peut lancer le miroir à toute vitesse, et à mesure que sa rotation s'accélère, on voit l'image se transporter en masse et se disloquer, ainsi que dans la figure 9; le trait fixe appartenant à l'oculaire reste là comme point de repère très-propre à faire juger des grandeurs absolues et relatives des deux déviations.

En fait, la déviation de l'image médiane est toujours *moindre* que celle des portions visibles de l'image verte, qui la dépasse en haut et en bas. Si, par exemple, on adopte pour l'expérience les données suivantes :

$$r = 3^m \qquad\qquad n = 500$$
$$l = 4^m \qquad\qquad \mathrm{P} = 3^m$$
$$l' = 4^m,18 \qquad\qquad \mathrm{Q} = 1^m$$

on a pour l'image blanche une déviation de $0^{mm},375$, et pour l'image verte une déviation de $6^{mm},469$; leur différence ne peut évidemment pas échapper à l'observation.

Mais l'image blanche, c'est l'image dans l'air, et sa déviation donne la mesure de la durée du séjour de la lumière entre les deux miroirs; l'image verte, c'est l'image dans l'eau, et sa déviation donne aussi la mesure du temps correspondant à une même distance parcourue. Nous arrivons donc à cette conclusion définitive et à tout jamais inconciliable avec le système de l'émission *:*

La lumière se meut plus vite dans l'air que dans l'eau.

DESCRIPTION DES APPAREILS. — DÉTAILS PRATIQUES SUR LA MISE EN EXPÉRIENCE.

Quand j'ai résolu d'aborder cette opération délicate, mon premier soin a été de me procurer un moteur spécial pour communiquer au miroir un mouvement de rotation rapide et persévérant. M. Wheatstone, l'inventeur du miroir tournant, employait une machine qui agissait comme une sorte de rouet au moyen d'un cordon embrassant les circonférences inégales d'une roue motrice et d'une petite poulie solidaire avec l'axe du miroir; il obtenait ainsi une vitesse de 6 à 800 tours par seconde. M. Bréguet, chargé par M. Arago de réaliser une vitesse plus grande encore, a construit la machine déjà citée qui a paru à l'Exposition des produits de l'industrie pour l'année 1844. L'application de l'engrenage de White aux derniers mobiles, et l'extrême légèreté du miroir, permirent d'atteindre de 1000 à 1500 tours par seconde. Au moment de choisir entre les deux systèmes, j'ai redouté les effets destructeurs de ces divers modes de communication de mouvement; j'ai craint de ne pas pouvoir modifier à volonté la vitesse suivant le besoin, et la maintenir constante pendant un temps suffisamment long. J'ai pensé, au contraire, obtenir vitesse, solidité et régularité de marche en adoptant une petite machine qui utilise l'écoulement des gaz par les orifices étroits.

Cette machine consiste en une petite turbine à vapeur (fig. 11), assez comparable à la sirène, mais qui donne comparativement peu de son. Le même axe, sur lequel est fixée la couronne des palettes exposées à l'action du fluide, porte aussi le miroir, ce qui réduit toute la partie mobile de l'appareil à une pièce unique sur laquelle ont dû se concentrer tous les soins du constructeur, sur laquelle doit porter également toute la surveillance de l'expérimentateur. En jetant les yeux sur la figure, on saisit au premier coup d'œil la disposition générale de la machine.

Au milieu se trouve une sorte de chambre qui communique avec le générateur de vapeur. Cette chambre, représentée en détail figures 12 et 13, est échancrée de manière à permettre d'ôter et de remettre l'axe à sa place sans démonter les annexes qu'il porte; elle repose (fig. 11) sur deux colonnes réunies inférieurement par une traverse; une arcade la surmonte dans le but d'offrir avec la traverse inférieure les deux points d'appui qui déterminent la position de l'axe du mobile. Cet axe est terminé en pointe à ses extrémités qui s'engagent dans des empreintes coniques, pratiquées au bout des vis d'acier maintenues par des contre-écrous, l'une au sommet de l'arcade, l'autre au milieu de la traverse; ces vis sont d'ailleurs traversées d'outre en outre par un canal étroit, creusé pour le passage de l'huile déposée dans les petits réservoirs qui les terminent en haut et en bas.

Le réservoir supérieur fonctionne de la manière la plus simple: un tube de caoutchouc lui communique, par l'intermédiaire de l'air contenu dans un flacon, la pression d'une colonne de mercure de 0^m,15 à 0^m.20. Sous l'influence de cette pression, l'huile pénètre dans le canal de la vis et vient suinter à l'extrémité supérieure de l'axe. Le réservoir inférieur supporte aussi une égale pression; mais comme il s'agit de faire monter l'huile au-dessus de son niveau, la vis se prolonge par un tube plongeant qui pénètre jusqu'au fond d'un godet intérieur dont les parois n'étant pas rigoureusement en contact avec celles du réservoir, laissent la pression se transmettre librement par l'air à la surface de l'huile. Par ce moyen, les deux extrémités de l'axe du mobile sont incessamment et abondamment lubrifiées.

Si maintenant on examine le mobile lui-même, on voit que son axe porte trois appendices différents : l'un situé au-dessus et les deux autres au-dessous de la chambre à vapeur.

Le premier seulement a la forme circulaire (fig. 14). C'est un disque analogue à celui de la sirène et percé d'une rangée de vingt-quatre trous situés à égales distances du centre ; les cloisons qui les séparent sont planes, minces et inclinées de manière à recevoir le choc du fluide élastique et à fonctionner comme aubes de la turbine. La vapeur s'échappe de la chambre placée au-dessous (fig. 13), par deux orifices pratiqués aux extrémités d'un même diamètre dans l'épaisseur de la paroi et percés obliquement en sens inverse de l'inclinaison des palettes du disque tournant. Comme ce disque est placé très-près de la paroi sous-jacente, le fluide qui s'écoule des orifices fixes est obligé de changer de direction et produit une réaction qui sollicite successivement toutes les aubes à circuler dans le même sens, autour de leur centre commun.

Il eût été plus conforme à la théorie d'employer des aubes courbes ; mais j'en ai été détourné par les difficultés qu'on aurait rencontrées pour les construire avec toute la régularité désirable ; d'ailleurs il ne s'agit pas, en pareille circonstance, de réaliser un effet utile, mais bien d'obtenir une certaine vitesse. Or, comme la force motrice est à discrétion, on arrive facilement, avec des aubes plates, à réaliser les vitesses que comportent la délicatesse des pivots et la résistance de la matière au développement excessif de la force centrifuge. En laissant écouler la vapeur sous une pression d'une demi-atmosphère seulement, on fait prendre au mobile une vitesse de six à huit cents tours ; le calcul et la manifestation de certains phénomènes s'accordent à montrer qu'il ne serait pas prudent d'aller beaucoup au delà. Quand on compare ce résultat à celui qu'a obtenu M. Bréguet, il semble que la turbine à vapeur reste en arrière de la machine à roues dentées ;

mais si l'on compare les dimensions des miroirs entraînés dans les deux cas, on trouve que l'avantage est encore à la nouvelle machine : pour l'observation, il vaut mieux faire huit cents tours avec un miroir de $0^m,014$, que douze cents avec un miroir de $0^m,010$ de diamètre.

Dans sa partie inférieure (fig. 11), l'axe est interrompu par un anneau dans lequel on enchâsse un ou deux miroirs placés dos à dos ; des viroles à vis les maintiennent en place, en exerçant une pression modérée ; les miroirs sont en verre, taillés dans une même glace parallèle et argentés sur les faces qui ont appartenu au même côté de la glace. L'étamage au mercure ne résiste pas à une rotation de plus de deux cents tours par seconde, même après s'être consolidé par le temps et après être demeuré deux ou trois années en repos. La partie réfléchissante de l'amalgame qui reste toujours liquide, chassée par la force centrifuge, se réfugie vers les bords, s'écoule dans la monture, et l'on voit apparaître au milieu du miroir une bande mate, qui s'étend de proche en proche, et finit par envahir la surface tout entière : voilà pourquoi il a fallu recourir à l'étamage solide à l'argent tel qu'on commence à l'appliquer régulièrement dans le commerce.

Entre l'anneau récepteur des miroirs et la chambre à vapeur, l'axe reparaît dans une étendue suffisante pour recevoir un dernier annexe de forme triangulaire, et muni de trois vis susceptibles de se déplacer dans le sens vertical. Cet organe est destiné à rétablir après coup, par la distribution de sa masse, la coïncidence de l'axe d'inertie du système tournant, avec son axe de figure. En cela il joue un rôle très-important. Quelque soin qu'on apporte dans la construction pour rendre le mobile parfaitement symétrique, l'hétérogénéité de la matière ne permet pas de faire passer d'emblée l'axe d'inertie par les pointes qui déterminent l'axe de rotation. L'appareil vibre en tournant ; il se produit un son dont l'intensité menace les pivots d'une prompte destruction. L'adjonction du *compensateur d'inertie* permet de remédier à cet inconvénient redoutable. Un coup de lime, appliqué méthodiquement sur un ou deux des trois sommets du triangle, ramène d'abord le centre de gravité du système sur l'axe de figure, qui déjà croise ainsi l'axe d'inertie. Pour redresser ce dernier et le faire coïncider avec l'autre, il n'y a plus qu'à déplacer convenablement deux des vis du compensateur [1].

Quelque soin que l'on prenne pour opérer cette rectification, on ne réussit jamais à annuler complétement les vibrations sonores qui se développent sur les pivots; car, lors même qu'on arriverait à distribuer la masse de manière à équilibrer le système ainsi qu'à annuler le couple résultant des forces centrifuges, les pivots n'étant pas rigoureusement de révolution, produiraient encore des chocs ou des pressions périodiques qui suffisent pour engendrer un son; mais on réussit au moins à placer la machine dans de telles conditions, qu'elle peut marcher des heures entières sans détérioration appréciable; ce qui est le point essentiel, et constitue la solution pratique des difficultés qui s'opposaient à l'emploi régulier du miroir tournant.

Quant à la dureté qu'il faut communiquer aux extrémités de l'axe et des vis d'acier qui le maintiennent en place, pour ralentir l'usure aux points de contact, je m'en suis complétement remis aux soins et à l'expérience

[1]. Voici comment on procède à ces deux rectifications : On retire le mobile et on le place horizontalement en le faisant reposer par ses extrémités sur deux glaces inclinées suivant un angle moindre que celui des deux génératrices des cônes terminaux. Dans cette situation, le mobile tourne avec une extrême facilité; et si son centre de gravité n'est pas exactement sur la ligne des pointes, il oscille autour d'une position d'équilibre avec une vitesse qui donne la notion du sens et de la grandeur de la correction à faire; on use alors à la lime ceux des sommets du compensateur qui, dans la position d'équilibre, se placent au-dessous du plan horizontal, mené par l'axe du corps : peu à peu on arrive à rendre l'équilibre indifférent, et dès lors les axes de figure et d'inertie se coupent au centre de gravité du système.

Il se peut néanmoins qu'ils fassent encore un certain angle entre eux : on en est averti par la persistance du son d'axe et des vibrations qui l'accompagnent lorsque, le mobile étant remis en place, on vient à faire fonctionner la machine. Il faut alors procéder à une seconde rectification beaucoup plus délicate encore que la première; pour cela on s'en prend aux vis à régler, que je désignerai par les numéros d'ordre 1, 2, 3. On surcharge d'abord la vis n° 1 de quelques centigrammes de cire à l'une de ses extrémités, et l'on en fait autant sur le milieu du côté opposé au compensateur. Le centre de gravité ne change pas de position; cependant, quand on met la machine en action, il peut arriver que les vibrations soient devenues moins ou plus intenses, ou bien qu'il ne soit survenu aucun changement appréciable. Dans le premier cas, il faut agir sur la vis n° 1 dans le sens de la surcharge ou en sens opposé; dans le cas contraire, il faut la laisser en place et agir sur les vis 2 et 3. On tâte alors dans quel sens il faut les déplacer, en les surchargeant simultanément, en sens inverse, de petites masses égales, que l'on équilibre par deux masses semblables placées aux deux bouts de la vis n° 1, et l'on agit peu à peu en les déplaçant dans le sens indiqué jusqu'à ce qu'on n'obtienne plus d'amélioration sensible; puis on revient à la vis n° 1, et ainsi de suite, de manière à atténuer, autant que possible, le son d'axe, par cette méthode d'approximations successives.

consommée de M. Froment, notre habile artiste français, qui m'a si puissamment secondé, et dont le nom rappelle déjà de si nombreux et si parfaits ouvrages.

A côté de la petite turbine représentée conformément à la description que je viens d'en donner, on voit, dans la figure 44, les deux flacons destinés à régler l'alimentation d'huile ; remplis d'air, ils communiquent chacun avec l'un des réservoirs précédemment décrits. Quand on veut développer la pression, on verse du mercure dans le tube vertical qui plonge au fond de chacun des flacons. L'air se comprime et exerce une pression mesurée par la hauteur de colonne soutenue à l'intérieur du tube. En vertu de la parfaite adaptation des cônes terminaux dans leurs creux respectifs, l'huile est gardée sous une pression de $0^m,15$ à $0^m,20$, et ne suinte que très-lentement quand la machine fonctionne.

Le générateur chargé de fournir un écoulement constant de fluide élastique est une simple chaudière semblable à celles qui, dans les cabinets de physique, sont annexées aux petits modèles de la machine de Watt. Je ne m'arrêterai donc pas à la décrire. Je dirai seulement que sa capacité est de 25 litres, qu'elle est pourvue d'un manomètre, d'une soupape, d'un tube jaugeur du niveau, et d'un ajutage à robinet pour régler la dépense de la vapeur et sa vitesse d'écoulement. Le tube de communication qui se rend à la turbine a dû être garni de plusieurs épaisseurs de lisières pour diminuer la perte de chaleur par rayonnement, et réduire autant que possible la condensation qui en résulte.

Malgré cette précaution, la vapeur arrivait au petit moteur tellement chargée de liquide, qu'il a fallu la surchauffer avec une forte lampe à esprit-de-vin avant son admission dans la turbine. La pièce destinée à cette opération, ou le *surchauffeur*, est un tube en métal aplati, tel qu'on le voit dans la figure, et qui porte un robinet à trois fins pour la mise en train. Dans sa position normale, ce robinet permet la libre communication de la chaudière à la turbine ; mais en agissant sur la clef dans un sens ou dans l'autre, on suspend l'écoulement, ou l'on dirige la vapeur à l'extérieur par un tube additionnel sans la laisser passer à travers la machine. C'est ainsi qu'on rejette au dehors l'eau qui se condense au moment de la mise en train dans l'intérieur du tube de communication. Dès que l'eau cesse d'être entraînée en quantité notable, on remet le robinet à trois fins dans sa position normale; aussitôt la vapeur se dirige à travers le surchauffeur et va agir sur la turbine comme un gaz véritable. Quand l'écoulement est ainsi établi, on en règle la vitesse au moyen du robinet ordinaire qui tient à la chaudière et qui s'ajuste au tube de communication. Afin d'agir sur la clef de ce robinet, du lieu même où l'on observe, on se sert d'un cordon enroulé sur un petit treuil placé à la portée de la main.

Il va sans dire que, pour conserver la netteté des images, le miroir tournant doit être abrité par des écrans convenablement disposés, contre les rejaillissements de la vapeur et de l'huile, et contre l'interposition des courants d'air échauffés.

Il importe également de conserver à la colonne d'eau qui fait partie de l'appareil, toute sa transparence et son homogénéité. Placée dans un tube de zinc entre des glaces parallèles, cette eau se présente aux rayons qui vont et viennent, sous une épaisseur de 3 mètres ; c'est en réalité comme si l'on opérait sur une épaisseur double. Or, il est évident que pour une épaisseur de 6 mètres, la coloration la plus faible ajoutée à celle du milieu, ou la suspension des particules les plus rares, produirait bientôt une extinction complète des rayons qui s'y propagent, de même que les plus petites variations de densité troubleraient leur marche, au point de compromettre les observations. J'ai reconnu que l'eau commune qui a passé par le filtre des fontaines ordinaires présente toute la limpidité désirable, et même une transparence bien supérieure à celle de l'eau distillée, dans laquelle flottent toujours des matières organiques qui se reproduisent sans cesse; mais pour que cette eau restât claire, pour éviter qu'elle se chargeât de flocons d'oxyde de zinc, il a fallu recouvrir le métal d'une forte couche de vernis. Puis, en ayant soin de ne pas remplir le tube, on se réserve la facilité de rétablir, par l'agitation, l'homogénéité du milieu, malgré les variations inévitables de la température ambiante. Enfin il peut arriver que, malgré toutes ces précautions, l'image à l'oculaire soit encore trouble et difforme; c'est qu'alors les glaces qui terminent la colonne d'eau sont forcées dans leurs montures; il faut en pareil cas leur donner du jeu dans

les sertissures et recourir simplement à la cire pour prévenir l'écoulement
du liquide sans exercer de pressions inégales.

Jusqu'ici, rien ne laisse supposer que je me sois préoccupé des moyens
de mesurer la vitesse de rotation du miroir ; c'est qu'en effet, tant qu'il ne
s'agit que d'apprécier les vitesses relatives de la lumière dans l'air et dans
l'eau, la détermination du mouvement angulaire du miroir n'offre qu'un
intérêt secondaire. Cependant, ne fût-ce que pour connaître la puissance
du moteur que j'avais adopté, j'ai mis à profit le son que donne l'axe en
tournant avec rapidité, pour le comparer à celui d'un diapason étalonné,
et pour déduire approximativement de l'intervalle musical de ces deux
sons, le nombre de tours du mobile sur lui-même ; j'ai ainsi reconnu que
la petite turbine à vapeur acquiert facilement, par une pression de $\frac{1}{2}$ atmosphère, une vitesse de six à huit cents tours par seconde. Mais déjà, par
une vitesse de cinq cent douze tours, qui donne l'unisson de l'ut_4, la question est jugée ; la déviation a lieu simultanément pour les deux images, et
la déviation de l'image dans l'eau est manifestement plus grande que celle
de l'image dans l'air. De plus, en tenant compte des longueurs d'air et
d'eau traversées, les déviations se montrent sensiblement proportionnelles
aux indices de réfraction.

RÉSUMÉ. — CONCLUSION.

Depuis nombre d'années, deux systèmes rivaux prétendent à l'explication des phénomènes lumineux. Parmi ces phénomènes, l'un des plus
simples et des plus apparents, la réfraction, résulte de deux actions opposées
de la part des corps, suivant qu'on cherche à l'interpréter dans l'une ou
dans l'autre théorie. D'après le système de l'émission, le changement de
direction de la lumière serait dû à une accélération subie à son entrée
dans les milieux réfringents. Dans le système des ondulations, ce même
changement de direction devrait coïncider avec un ralentissement dans la
vitesse de propagation du principe lumineux.

Frappé de cet antagonisme entre les deux systèmes, M. Arago déclare,
en 1838, que l'un des deux succombera le jour où l'on constatera, par une

expérience directe, dans quel sens se modifie la vitesse, lorsque la lumière pénètre d'un milieu rare dans un milieu plus dense, lorsqu'elle passe de l'air dans l'eau ou dans tout autre liquide; en même temps il annonce que le miroir tournant, récemment inventé par M. Wheatstone, servira à réaliser une pareille entreprise.

Douze années s'écoulent sans qu'on puisse saisir au retour le rayon fugitif réfléchi par le miroir tournant. C'est alors qu'en lui associant un miroir concave, je reconnais que le miroir tournant peut donner à l'observateur l'image fixe d'une image mobile; image fixe pour une rotation uniforme, mais qui se dévie en raison directe de la vitesse angulaire du miroir et de la durée du double parcours de la lumière entre deux stations très-rapprochées. Un calcul très-simple montre que l'on obtient ainsi un signe sensible et mesurable de la durée de la propagation du principe lumineux entre deux points distants d'un petit nombre de mètres. Dès lors il devient possible d'interposer aussi bien ou de l'air ou de l'eau, et de juger des vitesses relatives par les déviations correspondantes. Un artifice expérimental permet, en outre, d'obtenir simultanément les deux déviations, de les superposer dans le champ d'un même instrument, et d'en opérer la comparaison directe sans les rapporter à une unité commune, sans qu'il soit besoin de prendre aucune mesure.

Que l'on modifie la vitesse du miroir ou la distance des stations ou celle des différentes pièces de l'appareil, les déviations changent de grandeur sans doute; mais toujours celle qui correspond au trajet dans l'eau se montre plus grande que l'autre, toujours la lumière se trouve retardée dans son passage à travers le milieu le plus réfringent.

La conclusion dernière de ce travail consiste donc à déclarer le système de l'émission *incompatible* avec la réalité des faits.

DÉTERMINATION EXPÉRIMENTALE

DE LA VITESSE DE LA LUMIÈRE

PARALLAXE DU SOLEIL[1]

(Académie des Sciences, 22 septembre 1862.)

Dans la séance du 6 mai 1850, j'ai donné le résultat d'une expérience différentielle sur la vitesse de la lumière dans deux milieux d'inégales densités, et j'ai indiqué que, plus tard, le même procédé, fondé sur l'emploi du miroir tournant, servirait à mesurer la vitesse absolue de la lumière dans l'espace.

Au commencement de l'été, l'appareil se trouvait en état de fonctionner, mais la mauvaise saison ne m'a pas permis de me livrer aussi promptement que je l'aurais désiré à des observations qui exigeaient le concours de la lumière solaire.

Cependant le ciel a fini par se découvrir, et, profitant de ces derniers beaux jours, j'ai obtenu des résultats qui me semblent contenir, à peu de chose près, l'expression de la vérité.

L'appareil actuel ne diffère essentiellement de celui qui a été précédemment décrit que par l'adjonction d'un rouage chronométrique destiné à mouvoir un écran circulaire denté, pour la mesure exacte de la vitesse

---

1. Voir *C. R. de l'Ac. des Sc.*, t. LX, p. 501.

du miroir et par l'extension de la ligne d'expérience qui, au moyen de réflexions multiples, a été portée de 4 à 20 mètres. Augmentant ainsi la longueur du trajet lumineux et apportant plus d'exactitude dans la mesure du temps, j'ai obtenu des déterminations dont les variations extrêmes ne dépassent pas $\frac{1}{100}$, et qui, combinées par voie de moyenne, donnent rapidement des séries qui s'accordent au $\frac{3}{100}$.

En définitive la vitesse de la lumière se trouve notablement diminuée. Suivant les données reçues, cette vitesse serait de 308 millions de mètres par seconde ; et l'expérience nouvelle du miroir tournant donne, en nombre rond, 298 millions.

On peut, ce me semble, compter sur l'exactitude de nombre, en ce sens que les corrections qu'il pourra subir ne devront pas s'élever au-dessus de 500,000 mètres.

Si l'on accepte ce nouveau chiffre et qu'on le combine avec la constante de l'aberration : $20'',45$ pour en déduire la parallaxe du soleil qui est évidemment fonction de l'un et de l'autre, on trouve au lieu de $8'',57$, la valeur notablement plus forte $8'',86$. Ainsi la distance moyenne de la terre au soleil se trouve diminuée environ de $\frac{1}{30}$.

Pour donner une idée du degré de confiance qu'on peut accorder au système d'observation qui a été employé dans cette circonstance, je transcrirai ici une série de déterminations brutes, choisie parmi celles dont la moyenne s'accorde le mieux avec la moyenne générale.

1024	1025	1029	1028	1027
1026	1027	1025	1026	1027
1026	1026	1026	1025	1026
1028	1028	1027	1026,5	1027

Moyenne   1026,7

Ce nombre 1026,7 se rapporte à une longueur arbitraire qui intervient dans l'appareil et que l'on fait varier à chaque détermination de manière à obtenir un déplacement constant de l'image déviée par le miroir tournant.

Dans une prochaine communication je m'appliquerai à donner de l'appareil une description suffisante pour offrir une base à la discussion, et pour reconnaître le talent et les services des artistes éminents qui ont bien voulu m'assister.

DÉTERMINATION EXPÉRIMENTALE

DE LA VITESSE DE LA LUMIÈRE

DESCRIPTION DES APPAREILS[1]

(Académie des Sciences, 24 novembre 1862.)

Malgré le peu d'espace et le manque de figures, j'essayerai de décrire, dans ses parties principales, l'appareil qui vient de me servir à recueillir sur la vitesse de la lumière une valeur si différente de celle qu'on connaissait.

L'appareil se compose :

D'une mire microscopique, taillée à jour à la surface d'une lame de verre argenté;

D'un miroir tournant porté sur l'axe d'une petite turbine à air;

D'une soufflerie à pression constante;

D'un objectif achromatique;

D'une série impaire de miroirs sphériques concaves en verre argenté;

D'une glace à réflexion partielle;

D'un microscope à micromètre;

Et d'un écran circulaire en forme de roue dentée mis en mouvement par un rouage chronométrique.

Je décrirai d'abord l'appareil au repos.

1. Voir *C. R. de l'Acad. des Sc.*, t. LV, p. 792; *Cosmos*, t. XXI, p. 599.

Un faisceau de lumière solaire horizontalement réfléchi par un hélio-stat. vient tomber sur la mire micrométrique qui consiste en une série de traits verticaux distants les uns des autres de $\frac{1}{10}$ de millimètre; cette ligne qui, dans l'expérience, est l'étalon de mesure, a été divisée avec beaucoup de soin par M. Froment. Les rayons qui ont traversé ce plan d'origine se rendent sur le miroir rotatif à surface plane, où ils éprouvent une pre-mière réflexion qui les renvoie à 4 mètres de distance vers le premier miroir concave. Entre ces deux miroirs, et le plus près possible du miroir plan, vient se placer l'objectif ayant d'un côté l'image virtuelle de la mire et de l'autre le miroir concave, à deux de ses foyers conjugués. Ces condi-tions étant remplies, le faisceau de lumière après avoir traversé l'objectif va former une image de la mire à la surface de ce premier miroir concave.

De là le faisceau se réfléchit un peu obliquement afin d'éviter l'appa-reil du miroir rotatif, dont il va former l'image à une certaine distance dans l'espace. Au lieu où cette image se produit, on place le second miroir concave orienté de telle sorte que le faisceau. encore une fois réfléchi, repasse auprès du premier miroir sphérique en formant une seconde image de la mire; celle-ci est reprise par une troisième surface concave, et ainsi de suite jusqu'à formation d'une dernière image de la mire à la surface d'un mi-roir concave d'ordre impair. J'ai pu employer ainsi jusqu'à cinq miroirs qui développaient une ligne de 20 mètres de long. Le dernier de ces miroirs, sé-paré de l'avant-dernier qui lui fait face par une distance de 4 mètres, égale à son rayon de courbure, renvoie le faisceau exactement sur lui-même; condi-tion qu'on remplit sûrement en superposant à la surface du miroir opposé l'image d'allée avec l'image de retour; cela fait, on est certain que le faisceau retourne tout entier au miroir plan de l'appareil rotatif, et que finalement tous les rayons repassent par la mire, point par point, comme ils sont entrés.

On arrive à constater ce retour des rayons et à se procurer une image accessible, en détournant par réflexion partielle à la surface d'une glace inclinée une partie du faisceau qu'on examine avec un microscope faible. Ce dernier. semblable en tout point aux microscopes micrométriques en usage dans les observations astronomiques, forme avec la mire et la glace inclinée un tout solidaire très-stable.

Dans l'appareil ainsi décrit, l'image renvoyée vers le microscope et formée par les rayons de retour occupe une position définie par rapport à la glace et à la mire elle-même : cette position est précisément celle de l'image virtuelle de la mire vue par réflexion dans le plan de la glace ; mais quand le miroir plan vient à tourner, cette image change de place, attendu que pendant la durée du temps que la lumière emploie à parcourir deux fois la ligne des miroirs concaves, le miroir rotatif continue de tourner et que les rayons au retour ne se trouvent plus sous la même incidence qu'au moment de l'arrivée. Il en résulte que l'image de retour est déplacée dans le sens du mouvement du miroir, et cette *déviation* augmente avec la vitesse de rotation ; elle augmente évidemment aussi avec la longueur du trajet et avec la distance qui la sépare du miroir tournant.

La manière dont ces diverses quantités interviennent dans l'expérience, ainsi que la vitesse de la lumière elle-même, s'exprime par une formule très-simple qui a été déjà établie et que je n'aurai qu'à rappeler ici.

Appelant V la vitesse de la lumière, n le nombre de tours du miroir, l la longueur de la ligne brisée comprise entre le miroir tournant et le dernier miroir concave, r la distance de la mire au miroir tournant et d la déviation, on trouve par la discussion de l'appareil .

$$V = \frac{8\,\pi\,nlr}{d}$$

expression qui donne la vitesse de la lumière au moyen de quantités qu'il faut mesurer séparément.

Les distances l et r se mesurent directement à la règle ou par un ruban de papier qu'on reporte ensuite sur l'unité de longueur. La déviation d s'observe micrométriquement, mais il reste à montrer comment on mesure le nombre n des tours du miroir par seconde.

Disons d'abord comment on imprime au miroir une vitesse constante.

Ce miroir en verre argenté, qui a $0^m,014$ de diamètre, est monté directement sur l'axe d'une petite turbine à air d'un système connu, admirablement construite par M. Froment ; l'air est fourni par une soufflerie à haute pression de M. Cavaillé-Coll, qui s'est acquis une juste renommée dans la fabrication des grandes orgues; et comme il importe que la pression soit d'une grande fixité, au sortir de la soufflerie l'air traverse un régulateur récemment imaginé par M. Cavaillé et dans lequel la pression ne varie pas de $\frac{1}{8}$ de millimètre sur $0^m,30$ de colonne d'eau. En s'écoulant par les orifices de la turbine, l'air représente donc une force motrice remarquablement constante; d'un autre côté, le miroir en s'accélérant rencontre bientôt dans l'air ambiant une résistance qui, pour une vitesse donnée, est aussi parfaitement constante. Le mobile, placé entre ces deux forces contraires qui tendent à l'équilibre, ne peut manquer de prendre et de garder une vitesse uniforme. Un obturateur quelconque, agissant sur l'écoulement de l'air, permet d'ailleurs de régler cette vitesse dans des limites très-étendues.

Restait enfin à compter le nombre de tours ou plutôt à imprimer à ce mobile une vitesse déterminée. Ce problème a été complétement résolu de la manière suivante :

Entre le microscope et la glace à réflexion partielle se trouve un disque circulaire dont le bord finement denté empiète sur l'image qu'on observe et l'intercepte en partie; le disque tourne uniformément sur lui-même, en sorte que si l'image brillait d'une lumière continue, les dents qu'il porte à sa circonférence échapperaient à la vue par la rapidité du mouvement; mais l'image n'est pas permanente, elle résulte d'une série d'apparitions discontinues qui sont en nombre égal à celui des révolutions du miroir; et, dans le cas particulier où les dents de l'écran se succèdent aussi en même nombre, il se produit pour l'œil une illusion facile à expliquer qui fait apparaître la denture comme si le disque ne tournait pas. Supposons donc que ce disque portant n dents à sa circonférence fasse un tour par seconde et qu'on mette la turbine en marche, si en réglant l'écoulement de l'air on parvient à maintenir l'apparente fixité des dents, on pourra tenir pour certain que le miroir fait effectivement n tours par seconde.

M. Froment qui avait fait la turbine a bien voulu se charger de composer et de construire un rouage chronométrique pour faire mouvoir le disque, et la réussite est tellement complète que journellement il m'arrive de faire tourner le miroir à quatre cents tours par seconde et de voir les deux appareils marcher d'accord à un dix-millième près pendant des minutes entières.

Cependant, après avoir obtenu toute sécurité du côté de la mesure du temps, j'ai été surpris de constater dans mes résultats des discordances qui n'étaient pas en rapport avec la précision des moyens de mesure; après d'assez longues recherches j'ai fini par trouver que la cause d'erreur était dans le micromètre qui ne comporte pas, à beaucoup près, le degré de précision qu'on lui attribue volontiers.

Pour faire face à cette difficulté imprévue, j'ai introduit dans le système d'observation une modification qui, finalement, revient à un simple changement de variable; au lieu de mesurer micrométriquement la déviation, j'ai adopté pour celle-ci une valeur constante, soit $\frac{7}{10}$ de millimètre, ou 7 parties entières de l'image observée, et j'ai cherché par expérience quelle était la distance qu'il fallait établir entre le miroir tournant pour produire cette déviation; les mesures portant alors sur une longueur d'environ 1 mètre, les dernières fractions gardaient encore une grandeur directement visible qui ne laissait plus place à l'erreur. Par ce moyen l'appareil a été purgé de la principale cause d'incertitude. Depuis lors les résultats se sont accordés dans les limites des erreurs d'observation et les moyennes se sont fixées de telle sorte que j'ai pu donner avec confiance le nouveau chiffre qui me paraît devoir exprimer, à peu de chose près, la vitesse de la lumière dans l'espace.

A savoir : 298,000 kilomètres par seconde de temps moyen.

A la suite des explications fournies par L. Foucault à l'Académie des sciences, nous croyons devoir donner dans le tableau suivant (tabl. I) les données numériques et les résultats de plusieurs séries d'expériences dont nous avons trouvé le détail.

Ainsi qu'il est dit dans le mémoire, la vitesse V est donnée par la formule

$$V = \frac{8\pi n l r}{d}$$

dans laquelle n désigne le nombre de tours du miroir, l la longueur de la ligne brisée comprise entre le miroir tournant et le dernier miroir concave, r la distance de la mire au miroir tournant et d la déviation.

TABLEAU I.

DATE DE L'EXPÉRIENCE.	VALEUR DE LA DÉVIATION EN DIVISIONS.	VALEUR DE 1 MILLIMÈTRE EN DIVISIONS.	d	l	r	V	P
1	2	3	4	5	6	7	8
			millim.	mètres.	mètres.	kilomètres.	secondes.
22 Mai 1862........	73,91	116,56	0,63409	20,07	0,94	299104	8,8354
23 Mai.............	90,12	115,20	0,78229	20,07	1,152	297117	8,89352
25 Mai.............	75,31	115,20	0,65373	20,07	0.969	299061	8,8857
30 Mai.............	84,645	116,37	0,72737	20,085	1,068	296471	8,9128
3 Juin.............	77,334	116,36	0.66461	20,245	0,973	297960	8,8683
4 Juin	77,42	116,36	0,66535	20,245	0.9735	297782	8,8736
8 Juin	58,67	»	0,50770	20,39	0,735	296751	8,9045
9 Juin.............	58,42	115,82	0,5044	20,39	0,734	298286	8,8586
9 Juin.............	58,105	115,29	0.50399	20,39	0,734	298329	8,8514
25 Juin............	83,93	*116,00	0,723534	20,41	1,049	297478	8,8827
27 Juin	83.3875	*115,857	0,719745	20,41	1,05	299329	8,8277
29 Juin	83,43	*114,9	0,726109	20,40	1,055	297973	8,8679
9 Juillet..........	83,9187	*115,843	0,724417	20,40	1,051	297536	8,8809
14 Juillet..........	82,775	*114,39	0,72362	20,40	1,0535	298572,5	8.8501
20 Juillet..........	83,29	*114,98	0,724386	20,40	1,0535	298256,7	8,8595
1ᵉʳ Août...........	104,49	*115,29	0,906323	20,305	1,33	299549	8,8212
18 Septembre.......	»	»	0,7	20,232	1,0254	297940,640	8,8689
19 Septembre.......	»	»	0,7	20,24	1,0257	298027,822	8,8663
21 Septembre.......	»	»	0,7	20,24	1,0281	298843,29	8,8421
21 Septembre.......	»	»	0,7	20,24	1,0292	299163,02	8,8329

* Les nombres marqués d'un astérisque correspondent à des mesures qui ont été prises sur une longueur de 0,^{mm}7.

Dans ces expériences, n a eu la valeur constante 400 et le produit $8\pi n$ constant également, a été pris égal à 10,053; les quantités l et r, mesurées directement comme il est dit ci-dessus, sont indiquées au tableau dans les colonnes 5 et 6. La valeur de d, dans les premières expériences, était mesurée à l'aide d'une vis micrométrique; la deuxième colonne donne en divisions de la vis la valeur du déplacement; d'autre part, Foucault mesurait à l'aide de la même vis une longueur connue de 0^{mm}001, et la troisième colonne donne les moyennes des mesures; le quotient du premier de ces nombres par le second donne en fractions de millimètres la valeur de la déviation telle qu'elle est portée à la

— 225 —

colonne 4. (Dans quelques séries, la longueur étalon mesurée était seulement de 0ᵐ,0007 ;
les nombres qui mesurent le millimètre ont été obtenus par une division : ils sont
signalés par un astérisque dans le tableau.)

TABLEAU II.

	18 SEPTEMBRE.	19 SEPTEMBRE.	21 SEPTEMBRE. 1ʳᵉ SÉRIE.	21 SEPTEMBRE. 2ᵉ SÉRIE.
	1,025	1,024	1,027	1,030
	1,024	1,025	1,029	1,029
	1,027	1,029	1,029	1,0295
	1,028	1,028	1,027	1,030
	1,029	1,027	1,027	1,030
	1,024	1,026	1,030	1,030
	1,029	1,027	1,029	1,029
	1,026	1,025	1,027	1,0285
	1,028	1,026	1,027	1,029
	1,027	1,027	1,027	1,029
	1,027	1,026	1,028	1,029
	1,028	1,026	1,028	1,028
	1,026	1,026	1,028	1,028
	1,027	1,025	1,0295	1,029
	1,026	1,026	1,0305	1,029
	1,027	1,028	1,030	1,0285
	1,028	1,028	1,0275	1,0295
	1,024	1,027	1,027	1,029
	1,023	1,0265	1,0275	1,0295
	1,025	1,027	1,027	1,030
Moyennes..............	1,0264*	1,0265*	1,0281	1,0292

* Moins un millimètre d'erreur ?

Dans les expériences définitives faites à partir du 18 septembre, Foucault a cherché
la valeur de r qui donnait à d la valeur constante de 0ᵐ,0007 ; dans ces expériences les
colonnes 2 et 3 doivent donc rester vides. Les valeurs correspondantes de r données dans
la colonne 6 sont les moyennes de vingt mesures prises dans chaque série ; vu l'importance de ces mesures, nous donnons dans le tableau II le détail complet des mesures
effectuées dans ces dernières expériences.

La colonne 7 du tableau I contient les valeurs de la vitesse V, telles qu'elles résultent des nombres des colonnes précédentes. Enfin la colonne 8 contient la parallaxe **P** donnée par la formule

$$10 \quad \mathrm{P} = \frac{\mathrm{C}}{\mathrm{V}}$$

dans laquelle C représente une constante [1] égale à 264 241 et où **V** est la valeur de la vitesse calculée de la lumière [2].

[1]. Si l'on désigne par α la valeur de l'aberration, par ρ le rayon de la terre, et par **T** la durée de la révolution de la terre autour du soleil, on sait que l'on a :

$$\text{tang. P} = \frac{1}{\mathrm{V}} \cdot \frac{2\pi\rho}{\mathrm{T. tang. }\alpha}$$

et comme les angles P et α sont très-petits :

$$\frac{\pi\,\mathrm{P}}{180 \times 60 \times 60} = \frac{1}{\mathrm{V}}\,\frac{2\pi\rho \times 180 \times 60 \times 60}{\mathrm{T}\,\pi\,\alpha}$$

d'où enfin

$$\mathrm{P} = \frac{1}{\mathrm{V}} \cdot \frac{2\pi\rho \times (180 \times 60 \times 60)^2}{\mathrm{T} \cdot \pi^2\,\alpha}$$

La constante C est égale à $\frac{1}{10}$ du coefficient de $\frac{1}{\mathrm{V}}$ dans lequel on a introduit les valeurs suivantes :

$$2\pi\rho = 40000\ ^{\mathrm{km}}$$
$$\mathrm{T} = 365{,}25 \times 86400$$
$$\alpha = 20''{,}445$$

[2]. Nous reproduisons plus loin une lettre de M. Foucault, relative à la vitesse de la lumière, et insérée dans le *Journal des Débats* ; nous donnerons également à l'explication des planches quelques détails sur les expériences.

UN NOUVEAU TÉLESCOPE EN VERRE ARGENTÉ [1]

(Académie des Sciences, 16 février 1857.)

———

J'ai été appelé, dans ces derniers temps, par le Directeur de l'Observatoire impérial, à étudier les diverses questions relatives à la construction et au perfectionnement des instruments d'optique en usage dans la pratique de l'astronomie. Au premier rang figure la lunette dont la portée s'étend à mesure qu'on lui donne de plus grandes dimensions et qu'on apporte plus de précision dans la fabrication des verres.

Après avoir pris connaissance des méthodes d'approximation par lesquelles nos premiers artistes arrivent à construire une bonne lunette, il m'a semblé qu'on gagnerait bien du temps sur la durée des essais, si au lieu d'éprouver les objectifs en les dirigeant sur une mire éloignée, on prenait image sur quelque objet très-petit, placé au foyer d'un collimateur. La difficulté, il est vrai, se trouvait ainsi reculée plutôt que résolue, car en pareille circonstance, le rôle assigné au collimateur suppose implicitement qu'il possède toutes les qualités d'un objectif parfait.

On ne pouvait donc, sans tourner dans un cercle vicieux, recourir à

1. Voir *C. R. de l'Acad. des Sc.*, t. XLIV, p. 339; *Cosmos*, t. X, p. 186. — Une note sur cette question avait été présentée à la Société philomathique, le 31 janvier 1857. Voir le journal l'*Institut* et les *Procés-verbaux de la Soc. phil.*, 1857, p. 15.

un autre objectif pour en faire un collimateur. J'ai songé à employer le miroir de télescope, dont on estime aisément le degré de perfection en plaçant près du centre de courbure un objet délié, et en étudiant au microscope l'image qui se forme tout auprès de l'objet. Mais bientôt j'ai dû renoncer à me procurer un miroir de métal qui résiste à ce genre d'épreuves ; et, revenant à l'emploi du verre, j'en ai obtenu, par réflexion partielle sur une surface sphérique concave, des images assez nettes pour supporter le microscope. Bien qu'on fût encore un peu gêné par le défaut de lumière, le collimateur d'essai était réalisé ; plus tard, comme il est dit dans cette note, le collimateur est devenu à son tour un nouveau télescope.

La lunette astronomique, comparée au télescope de même dimension, a toujours eu l'avantage de donner plus de lumière : le faisceau des rayons incidents, qui tombe sur l'objectif de verre, le traverse en majeure partie et contribue presque en entier à la formation de l'image au foyer ; tandis que sur le miroir du télescope une partie seulement de la lumière est réfléchie en un faisceau convergent qui éprouve encore une perte pour être ramené, par une seconde réflexion, vers l'observateur.

Cependant, comme le télescope est exempt d'aberration de réfrangibilité ; comme la pureté de l'image ne dépend que de la perfection d'une seule surface ; comme à égalité de longueur focale, il comporte un plus grand diamètre que la lunette et qu'il rachète ainsi les pertes que la lumière subit aux réflexions, quelques observateurs, en Angleterre surtout, ont continué à lui donner la préférence sur les lunettes, pour l'exploration des objets célestes.

Il est certain qu'à l'époque actuelle, et malgré tous les perfectionnements apportés à la fabrication des grands verres, le plus puissant instrument qu'on ait encore dirigé sur le ciel est un télescope à miroir en métal. Le télescope de lord Rosse a 6 pieds anglais de diamètre et 55 pieds de distance focale. Peut-être même les instruments à réflexion auraient-ils pris le dessus si le métal se travaillait aussi bien que le verre, s'il prenait un poli aussi durable et s'il n'était beaucoup plus pesant.

Mettant ainsi en parallèle ces deux sortes d'instruments et discutant leurs qualités et leurs défauts, j'arrivai à concevoir qu'il y aurait tout avantage à construire un télescope en verre, si, le miroir une fois taillé et poli, on pouvait lui communiquer l'éclat métallique, afin d'en obtenir des images aussi lumineuses que celles des lunettes. Cette conception qui, au premier abord, me semblait purement fictive, n'a pas tardé à se réaliser d'une manière satisfaisante.

Quand le verre a été taillé par un opticien habile et qu'il a été poli à fond, il est très-propre à se recouvrir, par le procédé Drayton, d'une pellicule d'argent, mince et uniforme. Cette couche métallique, qui, en sortant d'un bain, paraît terne et sombre, s'éclaircit aisément par le frottement d'une peau douce légèrement teintée de rouge d'Angleterre, et elle acquiert en peu d'instants un très-vif éclat. Par cette opération, la surface du verre se trouve métallisée et devient énergiquement réfléchissante, sans que les épreuves les plus délicates puissent déceler la moindre altération de forme.

Pour avoir un disque de verre à surface concave parfaitement travaillée, je me suis adressé à M. Secretan, qui a eu l'obligeance de mettre à ma disposition un ouvrier habile; d'un autre côté, pour arriver à former le dépôt d'argent, j'ai eu recours aux cessionnaires du brevet anglais, MM. Power et Robert, qui actuellement exploitent le procédé en France, et qui m'ont remis de la solution argentifère, en me prodiguant les renseignements par lesquels je devais promptement réussir.

Mon miroir de verre étant argenté et ayant pris au tampon un poli vif, j'en ai formé un télescope de 0^m,10 de diamètre et de 0^m,50 de longueur focale. Ce petit instrument supporte bien l'oculaire qui élève à 200 son pouvoir amplifiant; et examiné comparativement avec la lunette de 1 mètre, il donne des effets sensiblement supérieurs.

J'ai désiré connaître le pouvoir réfléchissant de la couche d'argent déposée sur le verre et polie après coup, ou du moins, j'ai voulu comparer l'intensité d'un faisceau réfléchi par une surface ainsi préparée avec celle d'un faisceau transmis par une surface égale d'un objectif de lunette. Cette détermination s'est faite sans difficulté, au moyen du photomètre à *compartiments* que j'avais employé dans une autre circonstance. Le résultat de cette opération assure un avantage marqué au nouveau télescope. Le faisceau réfléchi vaut sensiblement les 90 centièmes du faisceau transmis à travers un objectif à quatre réflexions partielles, en sorte que le nouvel instrument bénéficie du surcroît de lumière qui, en vertu du plus grand diamètre du miroir, concourt d'une manière efficace à la formation de l'image focale. A diamètre égal le télescope en verre est moitié plus court que la lunette et donne presque autant de lumière et plus de netteté aux images; à longueur égale, il comporte un diamètre double et recueille trois fois et demi plus de lumière.

Considérée à un autre point de vue, la nouvelle combinaison optique se distingue en ce qu'elle produit tout son effet sans réclamer le concours des nombreuses conditions auxquelles jusqu'ici on a dû satisfaire pour obtenir, soit comme lunette, soit comme télescope, un instrument doué d'une certaine perfection. La lunette surtout, exige que le constructeur se préoccupe à la fois de l'homogénéité des deux sortes de verres qui forment l'objectif, de leurs pouvoirs réfringents et dispersifs, de la combinaison des courbures, du centrage, et de l'exécution de quatre surfaces sphériques.

Dans le nouveau télescope, au contraire, comme le verre n'intervient pas comme milieu réfringent, mais seulement comme support d'une mince couche de métal, l'homogénéité n'est nullement requise, et la glace la plus ordinaire, travaillée avec soin sous une épaisseur suffisante, peut revêtir une surface concave qui, argentée et polie, fournisse à elle seule, et par réflexion, de très-bonnes images.

On a reproché aux miroirs de télescope de s'oxyder avec le temps et de se ternir au contact de l'air. Depuis six semaines j'ai des miroirs argentés qui n'ont pas encore subi d'altération sensible. Cet état de conservation sera-t-il de longue durée? L'expérience est encore trop récente pour qu'on puisse rien affirmer dans un sens ou dans l'autre; mais lors même que l'éclat spéculaire viendrait à faiblir, puisqu'une première fois il a été obtenu au tampon, rien n'empêcherait de le raviver par le même moyen; si, enfin, l'argent s'altérait dans sa profondeur, l'opération par laquelle on le dépose est d'une exécution si facile et si prompte qu'on se résignerait encore à la répéter.

En résumé, le nouvel instrument, comparé à la lunette astronomique, donne, à beaucoup moins de frais, plus de lumière, plus de netteté, et il est affranchi, comme télescope, de toute aberration de réfrangibilité.

———

A la suite de la présentation de ce Mémoire à l'Académie des sciences et à la Société philomathique, l'auteur présenta à l'une et à l'autre société, diverses notes faisant connaître les progrès accomplis; il publiait en même temps des articles sur ce sujet dans le *Cosmos*. Nous ne reproduisons pas ces notes dont tous les éléments sont donnés dans le Mémoire complet suivant; nous nous bornerons à donner les indications bibliographiques correspondantes.

Comptes Rendus de l'Académie des sciences, t. XLVII, pp. 205, 958; t. XLIX, p. 85; t. LIV, p. 859.

Procès-Verbaux de la Société philomathique, 1858, pp. 41, 47, 49, 51, et Journal *l'Institut,* 1858.

Cosmos, t. XI, p. 368; t. XII, p. 590; t. XIII, pp. 162, 328 et 749. t. XX, p. 500.

MÉMOIRE

SUR LA

CONSTRUCTION DES TÉLESCOPES

EN VERRE ARGENTÉ[1]

On a souvent remis en discussion les qualités qui distinguent le télescope à réflexion et la lunette achromatique. En réalité, ces instruments ont, l'un et l'autre, rendu d'éclatants services à l'astronomie, et la science les a adoptés tous les deux. Aux télescopes de grandes dimensions tels que ceux que W. Herschel construisait de sa main, on demande une perception distincte et détaillée des objets célestes ; quant aux lunettes achromatiques, qui jamais n'atteignent les mêmes proportions, le degré de stabilité dont elles ont fait preuve les a plus spécialement rendues propres aux observations précises, aux déterminations de position. Les rôles étant ainsi partagés, le télescope à réflexion ne conserve son importance qu'à la condition de garder hautement la supériorité sous le rapport des effets optiques. En Angleterre, où la lutte a été vivement soutenue en faveur des instruments à réflexion, les grands miroirs métalliques sont restés en petit nombre, et les dépenses qu'ils ont occasionnées n'étaient pas de nature à encourager de nombreuses tentatives du même genre. Ajoutons que ces miroirs sont d'un poids telle-

1. Extrait des *Annales de l'Observatoire impérial de Paris*, t. V, 1858.

ment considérable, qu'on a toujours hésité à les transporter sur les hautes montagnes, seuls points du globe où il y ait chance d'utiliser toute la puissance des grands instruments. Dans cet état de choses, il nous a semblé que la substitution du verre au métal, dans la construction du miroir, apporterait au télescope une amélioration, pourvu qu'on parvînt à métalliser la surface après coup; or, à cet égard, l'argenture par voie humide, telle qu'on l'obtient par le procédé Drayton, ne laisse rien à désirer. La solution, par son contact avec le verre, laisse déposer à froid une mince couche d'argent qui, une fois séchée, revêt un très-beau poli par le frottement d'une peau imprégnée d'oxyde de fer. Le 16 février 1857, l'Académie des sciences a vu passer sous ses yeux un miroir de 0m.40 obtenu de la sorte, et qui, monté en télescope newtonien, donnait de bonnes images et supportait un grossissement de cent cinquante à deux cents fois. Ce miroir existe encore avec son argenture primitive. Il a été conservé comme le premier spécimen qui ait été présenté à une société savante [1].

Après la présentation de ce premier télescope de 0m.20 de diamètre et de 0m,50 de longueur focale, nous en avons obtenu sans difficulté un second qui porte 0m,22 de diamètre pour un foyer de 1m.50. Puis abordant un diamètre de 0m.42, l'ouvrier, chargé de tailler le miroir, a échoué à cinq reprises différentes; ce qui a bien forcé de reconnaître l'insuffisance des procédés ordinairement employés pour engendrer des surfaces moins grandes.

En présence d'un insuccès qui compromettait les espérances qu'on

---

avait conçues au sujet des nouveaux miroirs, nous avons senti l'impérieuse
nécessité d'étudier la figure des surfaces qui, bien que travaillées avec le
plus grand soin, ne produisaient pas l'effet optique voulu ; de là sont sortis
trois procédés d'examen qui s'appliquent directement aux surfaces réfléchissantes concaves et à l'aide desquelles on reconnaît, avec le degré de
précision requise, si ces surfaces sont plus ou moins correctement sphériques. Nous avons donc constaté que rarement les opticiens construisent
des surfaces qui appartiennent à la sphère, et que ces surfaces en diffèrent d'autant plus qu'elles sont plus étendues. Nous avons pour ainsi dire mis le doigt
sur une éminence centrale qui se reproduisait constamment dans le travail
du miroir de $0^m,42$, et cette constatation fut si claire et si manifeste, qu'elle
a suggéré la pensée de retoucher localement la surface sans en altérer le
poli. Cette tentative, peu encouragée par les hommes de l'art, a cependant parfaitement réussi, et de ce moment l'entreprise, débarrassée de
toute entrave, a pris un nouvel essor.

En effet, dès qu'on eut acquis la preuve que la taille d'une bonne surface ne dépendait pas nécessairement d'un travail à exécuter d'emblée, dès
qu'il fut démontré qu'on pouvait y revenir indéfiniment, le progrès n'était
plus d'arriver précisément à la sphère, mais il consistait désormais à modifier par degrés les surfaces optiques pour les faire tendre vers la courbure parabolique [1], qui seule est capable de ramener en un foyer commun
tous les rayons d'un faisceau parallèle. Les procédés d'examen optique qui
d'abord avaient servi à reconnaître la sphéricité des surfaces, modifiés suivant la théorie des foyers conjugués et combinés avec la méthode des
retouches locales, ont bientôt permis de conduire telle surface de révolution fournie par l'artiste depuis la sphère jusqu'au paraboloïde, en la faisant passer par tous les ellipsoïdes intermédiaires. Par ce moyen, les
instruments, délivrés des aberrations qui compromettaient la netteté des
images, ont pu être réduits à de moindres longueurs focales et grandir
proportionnellement dans leurs trois dimensions.

Les proportions auxquelles on s'est définitivement arrêté assignent au

1. Voir *Procès-verbaux de la Soc. phil.*, pp. 48, 51 ; *C. R. de l'Ac. des Sc.*, t. XLVII, p. 205,
et *Cosmos*, t. XIII, p. 162.

télescope une longueur qui ne dépasse pas six fois le diamètre du miroir. Nous n'avons adopté ce rapport constant entre le diamètre et la distance focale, qu'après nous être assuré que la convergence exacte des rayons lumineux est la seule condition à remplir pour qu'un instrument donne tout son effet. La surface parabolique remplit cette condition expresse : c'est pourquoi elle communique au télescope une pénétration, ou, comme on dit, un *pouvoir optique,* qui, mesuré, avec soin, s'est montré indépendant de la longueur focale et varie proportionnellement au diamètre du miroir. En ramenant à des règles précises[1] la détermination de ces pouvoirs optiques dont l'appréciation était arbitraire, nous avons voulu fournir à ceux qui manient les instruments un moyen d'en apprécier directement la valeur ; et de plus nous avons mis en évidence, dans tout instrument d'un diamètre donné, l'existence d'un pouvoir limité ou absolu, qui dépend de la constitution physique de la lumière et vient mettre forcément un terme à nos efforts.

Le télescope, débarrassé successivement du poids énorme de l'ancien miroir métallique et de l'excès de longueur imposé par l'emploi des surfaces sphériques, devenait de plus en plus facile à manier. Nous avons pensé y ajouter un complément utile en le montant parallactiquement sur un support construit en charpente légère.

En publiant ce Mémoire, nous nous proposons non-seulement de constater les résultats acquis, mais nous avons aussi l'intention de faire connaître les procédés pratiques qui ont servi à les obtenir. Sans vouloir abuser des détails, nous nous mettrons à la place de ceux qui auraient le désir de faire l'application de ces mêmes procédés et nous nous expliquerons de manière à les mettre à même de réussir. Telle est la mesure des développements dans lesquels nous croyons devoir entrer.

Nous aurons donc à décrire en premier lieu les divers procédés d'optique géométrique par lesquels on explore les surfaces sphériques concaves; puis nous ferons l'application générale des mêmes procédés à l'étude des surfaces ayant pour section méridienne une section conique, et nous démontrerons que ces procédés d'examen, appelés à se contrôler les uns les

1. Voir *Procès-verbaux de la Soc. phil.,* 1858, p. 47; *Cosmos,* t. XII, p. 590, et *C. R. de l'Ac. des Sc.,* t. XLVII, p. 205.

autres, sont plus que suffisants pour diriger le travail manuel par lequel on se propose de réaliser une surface proposée.

Passant alors à l'application des procédés, nous emprunterons aux arts les moyens de préparer les miroirs, d'agir sur les surfaces de verre, et de réaliser par des retouches locales une surface correcte. Nous énoncerons les caractères d'une surface parfaite et nous définirons les pouvoirs optiques.

Nous donnerons ensuite les détails pratiques pour métalliser, quelque grandes qu'elles soient, les surfaces du verre par le procédé Drayton, et nous indiquerons les précautions à prendre pour prévenir les déformations des miroirs et les adapter au tube du télescope ; nous discuterons la composition des oculaires, et nous terminerons par la description d'un pied parallactique en charpente spécialement applicable aux télescopes à court foyer

EXAMEN OPTIQUE DES SURFACES CONCAVES ; TROIS PROCÉDÉS DIFFÉRENTS. ABERRATION POSITIVE ET NÉGATIVE[1].

Quand un miroir ne donne pas de bonnes images, on se contente ordinairement de le rejeter sans chercher à reconnaître en quoi il pèche ; on refait la surface à nouveau, et l'on répète le travail jusqu'à ce qu'on juge avoir réussi. Mais sur ce point bien souvent les avis diffèrent. Pourtant il existe des caractères auxquels on reconnaît si une surface réalise sensiblement la figure qui convient aux circonstances où elle doit fonctionner.

Supposons qu'on ait à vérifier un miroir sphérique concave. La propriété d'un pareil miroir est de renvoyer au centre de courbure et sans aberration aucune tous les rayons émanés de ce même centre. Autour de ce point et à très-petite distance sont distribués dans l'espace une infinité de foyers conjugués, qui jouissent sensiblement de la même immunité. Imaginons donc un point lumineux placé à côté et tout près du centre de courbure : de l'autre côté se forme une image que l'on vient observer avec un microscope faible ; si la surface est parfaite, la mise au point est bien

1. Voir *C. R. de l'Ac. des Sc.*, t. XLVII, p. 958 ; *Cosmos*, t. XIII, p. 749.

définie, l'image est nette, entourée des anneaux de la diffraction, et les altérations qu'elle subit en deçà et au delà du foyer par la variation de la mise au point sont symétriques. Tels sont les caractères d'un foyer parfait formé par un cône de rayons qui se croisent tous au même lieu dans l'espace.

Si l'image manque de netteté, la mise au point, sans être aussi bien définie, produit cependant un maximum de condensation de lumière que l'on peut considérer comme le vrai foyer. Si alors l'image est ronde, on en conclut que la surface du miroir, sans être exactement sphérique, est du moins de révolution autour de son centre, et dès lors il est certain qu'en faisant varier la mise au point, on produira de part et d'autre du foyer des altérations dissemblables et complémentaires l'une de l'autre; des condensations et des raréfactions de lumière, distribuées en anneaux concentriques, apparaîtront disposées d'une manière réciproque, indiquant, dans les zones correspondantes de la surface réfléchissante, des variations du rayon de courbure dont une discussion indique aisément le sens.

En effet, quand on porte au devant des rayons le microscope oculaire, et qu'on dépasse le foyer, on observe l'état du faisceau avant son point de convergence. Or, si ce point n'est pas unique pour toutes les zones concentriques, celles qui ont le foyer le plus court produisent, au niveau du plan d'observation, une condensation prématurée de lumière qui accuse un foyer plus proche; le contraire a lieu pour les zones qui ont le plus long foyer. Si maintenant on recule l'oculaire de manière à observer l'état des faisceaux après l'entre-croisement des rayons, on constate que les apparences deviennent inverses, tout en conduisant aux mêmes conclusions.

Généralement, dans les surfaces bien faites, les altérations de forme ne proviennent que d'un changement continu du rayon de courbure, qui varie d'une petite quantité et dans un même sens à partir du centre jusqu'au bord. Aussi les deux images qu'on observe symétriquement de part et d'autre du foyer se présentent-elles habituellement comme des cercles, dont l'un offre une condensation de lumière vers le centre, et l'autre vers la circonférence.

Lorsque la surface à étudier n'est pas de révolution, on en est averti par la déformation des images qui cessent d'être rondes, et se partagent en concamérations d'intensités inégales.

Quand on en vient à l'expérience, on réalise le point lumineux qui sert d'origine aux rayons émis, en collant une lentille plan-convexe à court foyer sur l'une des deux surfaces égales d'un petit prisme rectangle à réflexion totale (Pl. 6, fig. 1). Une flamme de lampe placée sur le côté, à quelques décimètres de la ligne d'expérience, éclaire par ses rayons horizontaux cette lentille qui se présente normalement ; les rayons convergents sont réfléchis totalement par la surface hypoténuse, et vont former, en dehors du prisme, une image de flamme que l'on fait tomber sur un écran opaque, percé en mince paroi d'une très-petite ouverture assimilable à un point.

Cette manière d'examiner les surfaces concaves suffirait à la rigueur pour en faire connaître les moindres imperfections ; mais elle se recommande surtout dans les circonstances où il importe de s'assurer que la figure est de révolution. Cependant lorsqu'on se propose d'opérer des retouches, il est utile de recueillir des indications plus précises sur les variations du rayon de courbure : c'est le cas de recourir à un second procédé fondé sur un tout autre principe.

Dans une région voisine du centre de courbure, on dispose deux droites rapprochées, telles que les deux bords d'un fil métallique de $0^m,001$ de diamètre ; on éclaire cet objet par un miroir oblique, de telle sorte que, vu de tous les points de la surface du miroir objectif, il se projette sur un fond éclairé ; l'image qui vient s'en former tout auprès, s'observe à l'œil nu, ou mieux au moyen d'une petite lunette réduite, par un diaphragme, à $0^m,0015$ d'ouverture. Dans ces circonstances, l'objet apparaît dans l'étendue d'un disque éclairé dont l'étendue correspond à l'ouverture du miroir, et si les bords ne semblent pas rectilignes, les inflexions qu'ils présentent sont propres à caractériser les variations du rayon de courbure. Pour s'en rendre compte, il suffit de faire le tracé de la marche des rayons à partir de la surface du miroir jusqu'au plan focal de la lunette (fig. 2). On voit alors comment le petit diaphragme, en éliminant la majorité des rayons qui

ont formé l'image directe *i*, a pour effet de composer l'image transmise *i'*
avec des rayons réfléchis par différentes parties du miroir. Or, si le rayon
de courbure varie d'une zone à l'autre, l'image *i* manquera de netteté, et
l'image *i'* sera formée en chacun de ses points par des faisceaux partiels à
foyers différents; elle se courbera dans l'espace, et les angles sous-tendus
dans l'œil de l'observateur par les différentes parties de l'image ne seront
pas proportionnels aux parties correspondantes de l'objet. En un mot, cette
image paraîtra déformée, on y verra des contractions et des dilatations
accusant une diminution ou une augmentation du rayon de courbure des
éléments correspondants du miroir.

Si l'on veut inspecter d'un coup d'œil le miroir dans toute son étendue,
il faut prendre pour objet un réseau régulier à mailles carrées, dont
l'image devient très-sensible aux déformations, en quelque point qu'elles
se manifestent. Supposons, ce qui arrive le plus souvent, que le miroir,
exactement sphérique dans sa partie centrale, s'évase vers les bords par
un allongement progressif du rayon de courbure. Soumis à l'épreuve du
deuxième procédé, un pareil miroir donne une image dans laquelle toutes
les lignes sont courbées comme dans la figure 4, en tournant leur concavité
en dehors. Il en résulte que les mailles vont en croissant d'étendue du
centre vers les bords, et varient dans le même sens que le rayon de courbure des éléments correspondants de la surface.

Une déformation inverse du miroir, qui consiste dans un relèvement
trop rapide des bords, produit un renversement dans la courbure des
lignes (fig. 5), d'où résulte que l'étendue des mailles diminue vers les bords
du champ, et varie encore dans le même sens que le rayon de courbure.
Enfin, il arrive fort souvent que les bords d'un miroir sont abaissés au-dessous du niveau sphérique, et qu'en même temps la surface présente une
éminence centrale, limitée tout autour par une sorte de rigole circulaire.
En pareil cas, le rayon de courbure varie successivement dans les deux
sens du centre jusqu'au bord; cette particularité se révèle encore très-
clairement par les sinuosités des lignes observées (fig. 6), dont la disposition fait naître une variation analogue dans l'étendue des mailles qui résultent de leur entre-croisement. On a eu soin de mettre en regard dans la

même planche les figures qui représentent les images observées et le profil énormément exagéré des surfaces déformées. Ce deuxième procédé fournit donc, sur la configuration des surfaces qu'on examine, des indications très-sûres et très-faciles à interpréter, mais il manque un peu de sensibilité, et, dans le cas où il laisse percevoir les lignes du réseau sensiblement droites (fig. 5), on n'est pas encore certain d'avoir obtenu une surface irréprochable et susceptible de résister à l'épreuve rigoureuse d'un troisième et dernier procédé.

On dispose, comme dans le cas du premier essai, un point lumineux au voisinage du centre de courbure de manière à ne pas masquer les rayons en retour ; après s'être croisés, ces rayons forment un cône divergent dans lequel l'œil se place, pour ensuite se porter au devant du foyer jusqu'à ce que la surface paraisse entièrement illuminée ; puis, à l'aide d'un écran à bord rectiligne, on intercepte l'image jusqu'au point de la faire disparaître entièrement. Cette manœuvre produit, pour l'œil qui observe, une extinction progressive de l'éclat du miroir qui, dans le cas d'une sphéricité exacte, conserve jusqu'au dernier moment et dans toute l'étendue de sa surface une intensité uniforme. Dans le cas contraire, l'extinction n'a pas lieu simultanément sur tous les points, et du contraste des ombres et des lumières résulte pour l'observateur, avec un sentiment de relief exagéré, la perception en clair-obscur des proéminences et des dépressions qui portent atteinte à la figure sphérique. C'est là un effet résultant nécessairement de la marche des rayons qui convergent plus ou moins exactement vers un foyer commun.

Dans l'hypothèse d'une surface parfaite, l'image du point lumineux est un disque nettement terminé qui comprend tous les rayons réfléchis et qui, une fois masqué par l'écran (fig. 7), ne laisse plus aucune lumière parvenir dans l'œil ; mais pour peu que ce disque déborde sur l'écran, comme en chacun de ses points passent des rayons réfléchis par la surface entière, cette surface s'illumine plus ou moins et revêt pour l'observateur un éclat uniforme.

Supposons à présent la surface défectueuse : l'image du point, au lieu d'être nettement terminée, va s'entourer d'une auréole lumineuse formée par les rayons en aberration, et quand l'image proprement dite sera masquée par la présence de l'écran, ces rayons, passant outre, iront dans l'œil de l'observateur y dénoncer les éléments de la surface qui ne se présentent pas sous l'incidence voulue.

Dans la figure 8, qui représente l'effet d'une surface à bords trop relevés, on voit clairement que l'écran interceptant le faisceau central qui forme image, laisse cependant passer les rayons venant du bord supérieur. Conséquemment, au moment de l'extinction progressive du faisceau central, ce bord supérieur paraîtra brillant et le bord opposé déjà noir, tandis que la région centrale et régulière présentera une teinte évanouissante uniforme.

Généralement, si la surface soumise à ce genre d'examen est altérée par des éminences et des dépressions distribuées d'une manière quelconque (fig. 9), tous les versants inclinés du côté de l'écran paraîtront noirs, et tous les versants inclinés du côté opposé paraîtront brillants. Donc, en définitive, l'aspect d'une telle surface sera le même que celui d'une surface mate qui présenterait, avec un degré d'exagération extrême, des saillies et des creux semblablement distribués, et qui serait éclairée par une lumière oblique provenant d'une source placée du côté *opposé* à l'écran qui intercepte l'image. Cette règle est importante à consulter si l'on tient à écarter toute incertitude dans l'interprétation des résultats observés, car souvent il arrive que, sous l'influence d'une disposition morale indépendante de la volonté, les creux et les reliefs semblent s'intervertir; mais, quelle que soit la sensation perçue, on est certain d'éviter l'erreur de signe, pourvu que l'on prenne garde à la position de l'écran et qu'on interprète en conséquence la disposition des ombres et des lumières.

Nous avons donc, en résumé, trois procédés à mettre en usage pour contrôler la configuration des surfaces réfléchissantes concaves. Le premier fondé sur l'observation microscopique de l'image d'un point lumineux : il s'applique particulièrement au cas où l'on veut reconnaître si la figure est de révolution. Le second, qui agit par élimination au moyen d'une lunette étroitement diaphragmée appliquée à l'observation de l'image d'un réseau à mailles carrées : il a surtout la propriété de faire connaître les variations du rayon de courbure aux différents points de la surface. Et le troisième, qui est le plus sensible de tous, et qui repose sur l'observation directe de la surface contemplée à l'œil nu par les rayons constitués en foyer et passant aux limites d'un écran opaque. Observer au microscope l'image d'un point, étudier à la lunette diaphragmée les déformations du réseau, et regarder à l'œil nu la surface au moyen des rayons échappés à l'image interceptée, tels sont les artifices appelés, en se contrôlant mutuellement, à fournir tous les renseignements désirables sur la configuration des surfaces optiques.

Jusqu'à présent nous avons supposé que ces procédés s'appliquaient uniquement à l'examen des surfaces sphériques limitées dans leur application au cas où elles fonctionnent pour des foyers conjugués très-voisins du centre de courbure. Ces restrictions admises, la démonstration en est devenue plus facile et plus claire. Mais, considérés à un autre point de vue, ces procédés prennent un caractère de généralité qui vient en augmenter l'importance.

Faisant abstraction de la surface pour ne considérer que le faisceau réfléchi, les indications fournies par les procédés d'examen s'appliquent au faisceau lui-même, et les particularités qui ont été signalées comme des attributs d'une surface sphérique deviennent à juste titre les propriétés réelles d'un faisceau lumineux exactement conique.

Or, comme dans les instruments d'optique la netteté des images dépend expressément de la convergence finale des rayons lumineux, ces instruments, quels qu'ils soient, tombent sous le contrôle des mêmes moyens d'épreuve.

Nous ne sommes donc plus assujettis à observer un miroir en son centre de courbure, et puisque le but proposé est de construire des télescopes pour observer des objets situés à l'infini, nous allons prendre le miroir concave tel qu'il sort des mains de l'artiste et le conduire, par une série de transformations, à la figure qu'il convient de lui donner pour le faire fonctionner utilement sur les corps célestes.

Ce miroir de verre, même sans être argenté, réfléchit assez de lumière pour qu'on puisse le soumettre à l'épreuve des trois procédés; on l'observe près du centre de courbure, et s'il est sphérique, l'image du point lumineux est ronde, nette et tranchée, les lignes du réseau sont droites et, revenant à l'image du point qu'on contemple par l'écran, on produit l'extinction simultanée sur toute la surface.

Ce fait constaté, on rapproche l'objet de la surface du miroir : nécessairement l'image s'éloigne et l'écartement qui survient entre les deux foyers conjugués exigerait, pour qu'il y eût encore convergence parfaite des rayons réfléchis, que la surface appartînt à un ellipsoïde de révolution. Or, comme elle est restée sphérique, les rayons émanés d'un point ne doivent plus se croiser en un seul point. On constate, en effet, par l'application des trois procédés, qu'il y a aberration, et dans un sens tel, que les différents éléments du miroir donnent leur foyer à plus courte distance à mesure qu'ils s'éloignent de la partie centrale. L'image du point lumineux examinée au microscope commence à s'entourer d'une auréole d'aberration; quand on change la mise au point, on voit cette image dégénérer de part et d'autre du plan focal en deux images complémentaires, dont l'une, plus rapprochée du miroir, présente au pourtour une accumulation de lumière, et dont l'autre affecte la disposition inverse; les lignes du réseau commencent à se courber en tournant leur convexité à l'extérieur comme dans la figure 5, et l'extinction de l'image par l'écran produit sur la surface du miroir une distribution inégale de lumière (fig. 13) qui semble accuser un centre bombé et des bords relevés, avec une rigole circulaire entre deux. À tous ces caractères on reconnaît que la surface du miroir n'est pas celle qui conviendrait à la position actuelle des foyers conjugués et qu'elle en diffère de telle sorte, que le rayon de courbure est relativement trop court et de plus en plus aux divers éléments à mesure qu'ils s'éloignent de la partie centrale. On voit déjà clairement indiquée la modification qu'il faudrait imprimer à cette surface pour la ramener à de meilleures conditions : évidemment il y aurait à la retoucher de manière à rétablir entre les rayons de courbure cette variation qui leur manque, et l'on verra plus loin qu'il y a une infinité de manières d'opérer cette retouche.

Poursuivons : c'est-à-dire, rapprochons encore l'objet du miroir, et repoussons du même coup l'image à plus grande distance. L'aberration va croissant, ainsi que les phénomènes qui en décèlent la grandeur et le sens ; en sorte qu'il devient manifeste que l'aberration pour une surface sphérique augmente avec la distance des foyers conjugués. Mais supposons que, partant du centre de courbure et avant de passer d'une station à une autre, on maîtrise les phénomènes d'aberration en exécutant les retouches conseillées par les indications de procédés d'examen, la figure du miroir, primitivement sphérique, sera graduellement modifiée par une série de retouches légères qui la feront successivement passer par la série des figures ellipsoïdales ayant le paraboloïde pour limite. Telle est la méthode qui a été suivie avec succès pour obtenir des miroirs à large ouverture donnant sans aberration sensible l'image des objets situés à l'infini.

Lorsqu'on a réussi à détruire toute aberration pour une situation particulière des foyers conjugués. et qu'on revient à l'une des positions précédemment occupées, on voit reparaître en sens inverse l'ensemble des phénomènes qui accusent une aberration dans le cône des rayons convergents. L'image du point lumineux entourée au foyer même d'une auréole lumineuse dégénère. quand on tire à soi le microscope oculaire, en un cercle cerné de lumière avec un centre plus ou moins obscur ; les fils du réseau apparaissent courbés dans l'image en tournant leur concavité en dehors (fig. 4). et la surface, examinée quand on masque l'image, apparaît (fig. 14) avec un creux dans la partie centrale et des bords renversés en arrière. En un mot, tous les phénomènes deviennent inverses de ceux qu'on observe sur une surface sphérique éprouvée en dehors du centre de courbure.

Si l'on convient de considérer comme *positive* l'espèce d'aberration qui résulte le plus souvent de l'extension disproportionnée des surfaces sphériques, on désignera comme *négative* l'aberration de sens inverse qui provient d'une correction exagérée ou inopportune de l'aberration de sphéricité. Mais pour ne considérer que l'ensemble du faisceau indépendamment de l'appareil chargé d'en opérer la convergence, on peut convenir d'exprimer par aberration positive la constitution d'un faisceau dont les parties centrales convergent les dernières, auquel cas la caustique (fig. 10) formée par la suite des rayons entre-croisés a son sommet tourné du côté vers lequel la lumière se dirige; tandis que par aberration négative on entendra désigner la constitution inverse d'un faisceau où les parties centrales convergent les premières : d'où résulte une caustique dont le sommet se tourne vers l'appareil convergent (fig. 11). A ces deux états du faisceau lumineux correspondent deux apparences contraires, et comme une même surface ellipsoïde peut donner une aberration positive ou négative, suivant qu'elle fonctionne pour des foyers situés en dedans ou en dehors des limites correspondantes à ses propres foyers, il en résulte qu'une même surface peut offrir au troisième procédé les deux aspects opposés. Pour s'en rendre compte, il importe de rechercher quel est le sens géométrique de la figure qui apparaît en pareille circonstance.

Et d'abord il faut bien remarquer que pourvu qu'une surface fonctionne de manière à renvoyer vers l'observateur un faisceau exempt d'aberration, cette surface, quelle qu'elle soit, examinée au troisième procédé, apparaît uniformément éclairée comme si elle était plane. Si donc surviennent des altérations de forme capables de troubler la convergence des rayons, l'aspect de la surface en sera modifié de telle sorte, qu'elle semble différer du plan comme la figure altérée diffère de la figure correcte. En d'autres termes, le relief du solide qui se montre en pareil cas, au lieu de révéler la véritable figure du miroir, fait connaître la figure du solide superposé à la surface correcte.

Supposons, par exemple, qu'une surface sphérique soit mise en observation dans des circonstances où elle devrait présenter la figure ellipsoïde. C'est dire qu'à la surface qui convient s (fig. 12) on substitue la surface s' qui ne convient pas. Pour avoir une idée de l'aspect qui devra s'ensuivre, rapportons le cercle et l'ellipse aux mêmes coordonnées, puis construisons la courbe donnée par la variation de la différence des ordonnées correspondantes aux mêmes abscisses. Cette courbe, qui est du 4e degré, est bien celle qui, supposée tournant autour de l'axe, engendrerait une surface conforme à celle qui se dessine en clair-obscur (fig. 13 ou 14) sur un miroir soumis au troisième procédé, lorsque ce miroir a pris pour section méridienne une section conique, et qu'il est éprouvé en dehors des conditions définies par la position de ses propres foyers. On comprend d'ailleurs qu'il y ait dans cette figure interversion des creux et des reliefs, suivant que la surface réelle du miroir est intérieure ou extérieure à la surface théoriquement correspondante aux positions occupées dans l'espace par l'objet et l'image. Ainsi s'expliquent, dans leur variation progressive et continue, les divers aspects que présente un miroir ellipsoïde considéré à toutes les distances où peut se former l'image résultant du concours des rayons réfléchis.

Des trois procédés qui viennent d'être successivement décrits, un seul, à la rigueur, suffirait pour guider la main qui doit opérer les retouches et faire passer la surface du miroir par tous les ellipsoïdes qui conduisent à la figure limite du paraboloïde. Mais en les employant concurremment, on est plus assuré de se mettre en garde contre les fausses manœuvres. D'ailleurs ces divers procédés se complètent plutôt qu'ils ne se suppléent les uns les autres. L'expérience a montré bien des fois que, dès qu'ils s'accordent à désigner une surface sans défaut, l'effet optique atteint un degré de perfection qui ne laisse plus rien à désirer; on peut même sciemment laisser persister de légères ondulations qui s'accusent au troisième procédé, sans que l'effet optique en paraisse sensiblement altéré, ce qui semble indiquer que ce genre d'examen réalise, à l'égard des surfaces optiques, une sorte de réactif sensible à l'excès. La difficulté n'est donc plus de constater les imperfections du travail des surfaces, et, pour les rendre irréprochables, ce qui reste à faire, c'est d'attaquer la substance du verre par un agent approprié aux minimes quantités qu'il s'agit de soustraire.

DÉTAILS PRATIQUES SUR LA TAILLE DES MIROIRS EN VERRE, ET SUR L'EXÉCUTION DES RETOUCHES LOCALES.

Quand le miroir de verre n'atteint pas de grandes dimensions, quand son diamètre ne dépasse pas une vingtaine de centimètres, le travail de la surface ne présente pour ainsi dire aucune difficulté, et l'on peut s'en tenir aux procédés en usage dans les bons ateliers d'optique. On commence par préparer une paire de bassins en cuivre un peu plus grands que le verre, on leur donne au tour la courbure voulue, et on les réunit, *balle et bassin*, en les frottant l'une sur l'autre avec de l'émeri de plus en plus fin. Le verre étant mis d'épaisseur, dégrossi et débordé, on le rode à l'émeri et à l'eau sur la partie convexe ou balle, jusqu'à ce que la surface ait pris un douci très-fin et bien uniforme. Ensuite on colle sur ladite balle une feuille de papier que l'on imprègne de rouge d'Angleterre, et, par le frottement prolongé sur ce polissoir, on éclaircit la surface du verre qui finit, avec le temps, par prendre un poli parfait. En opérant ainsi, une main habile obtient ordinairement une surface de révolution qui ne coïncide pas exactement avec la sphère, mais qui en diffère dans le sens favorable à la correction de l'aberration de sphéricité. Aussi un pareil miroir comporte-t-il souvent une ouverture plus grande que celle qui correspond à la figure rigoureusement sphérique. Mais quand on aborde de plus grands diamètres, on ne peut plus compter sur l'exactitude de cette correction empirique, et il devient nécessaire de recourir à des retouches locales. De plus le prix des bassins augmente dans une proportion très-rapide; leur poids devient considérable, et l'adhérence qui va croissant entre le verre et le métal, rend le travail plus pénible et diminue les chances de succès. Pour ces divers motifs, nous avons renoncé à l'emploi des bassins en métal, et nous en sommes revenu à travailler les miroirs verre sur verre. Dès lors les frais d'établissement ne consistent plus que dans l'acquisition de deux disques en verre de forme et de grandeur appropriées à celles que l'on veut conserver à la pièce.

S'agit-il, par exemple, de construire un miroir de 40 à 50 centimètres, on commence par se procurer, en les coulant dans un moule en fonte, deux disques de verre épais bien recuits, et terminés chacun par un revers convexe. Par un premier travail de dégrossissage opéré mécaniquement, on amène approximativement les deux surfaces principales à la courbure voulue, on déborde circulairement les deux disques en laissant un excès de diamètre à celui qui doit jouer le rôle de balle, on polit le revers de l'autre disque, et sur le pourtour de chacun d'eux on creuse une gorge destinée à recevoir des cordages pour faciliter les manœuvres.

Les deux pièces ainsi préparées, balle et miroir, sont dirigées vers l'atelier des opticiens et confiées à une main habile, afin d'y être travaillées l'une par l'autre avec tous les soins nécessaires pour engendrer une surface de révolution.

L'opération s'exécute sur un *poste* solidement établi, sorte de pilier isolé de toute part et qui porte en son centre un pas de vis sur lequel se montent les molettes qu'on fixe à la poix au revers de l'un et de l'autre disque ; verticalement au-dessus de ce centre à vis, on fixe au plafond un fort piton où s'accroche un ressort en hélice capable de supporter le poids du miroir. Enfin, pour donner prise à la main qui doit imprimer le mouvement, un appendice circulaire à rebord saillant et volumineux se monte à vis sur la molette et offre au besoin en son centre un point d'attache au cordage plus ou moins tendu qui, d'autre part, s'unit au ressort de suspension.

La balle en verre étant fixée sur le poste, on étend à la surface un émeri un peu grossier délayé avec de l'eau ; on dépose avec précaution le miroir par-dessus et l'on use les deux pièces l'une sur l'autre, en ayant soin de varier les mouvements de manière à distribuer également l'action dans tous les sens. En même temps qu'il tourne autour du poste, l'ouvrier fait circuler sous sa main le rebord de la molette, de manière à occuper avec la balle et le miroir des positions relatives constamment changeantes. Peu à peu l'émeri s'écrase, et pour éviter qu'il ne se dessèche, on l'humecte à tout instant d'eau projetée en gouttelettes sur les parties qui se découvrent tour à tour. Mais à mesure que le travail se prolonge, l'émeri perd son mordant, et parce qu'il devient de plus en plus fin, et parce qu'il s'encombre de parcelles détachées de l'une et de l'autre surface; au bout d'un certain temps l'ouvrier reconnaît qu'il convient de relever la pièce, d'éponger les deux parties et de renouveler l'émeri.

Il y a un certain art à bien conduire, comme on dit, un émeri de manière à le distribuer uniformément entre les surfaces et à le garder convenablement mouillé pendant un temps suffisant pour qu'il produise tout son effet; entre des mains inhabiles, l'émeri ne s'étend pas bien, ne se lie pas convenablement et s'échappe sans avoir exercé toute son action. On passe alors son temps en fausses manœuvres, on consomme inutilement des poudres, et le travail n'avance pas.

Les premiers émeris sont destinés à produire la coaptation des surfaces; on reconnaît que ce résultat est obtenu à ce que les parties se meuvent indifféremment l'une sur l'autre dans toutes les directions. On emploie alors les émeris de plus en plus fins, qu'on désigne dans le commerce par le temps ou le nombre de minutes qui en opère la séparation quand on les traite par lévigation dans l'eau. En se succédant entre les surfaces frottantes, ces émeris, à une, à deux..., à quarante, à soixante minutes, communiquent au douci un grain uniforme et velouté dont la finesse se révèle par un ton opalin et demi-transparent.

Si l'on tient à obtenir une surface d'un rayon déterminé, il est prudent, pendant cette longue succession des différents émeris, de consulter de temps en temps le sphéromètre, car dans le cas où il serait indiqué d'augmenter le rayon de courbure, il n'y aurait qu'à fixer le miroir sur le poste et à continuer le travail avec la balle en-dessus; dans le cas contraire, il faudrait laisser les choses dans les conditions premières et faire dépasser le miroir en lui imprimant des mouvements étendus. Ces deux manières d'agir sur le rayon de courbure ont une grande efficacité, surtout quand on travaille verre sur verre. On s'en rend compte aisément en considérant qu'aussitôt que les pièces dépassent l'une sur l'autre, la partie qui surplombe presse par son milieu sur le bord de l'autre; d'où il suit que l'usure, au lieu de se distribuer uniformément, porte en majeure partie sur le pourtour de la pièce inférieure et sur le milieu de la pièce supérieure. Il n'en faut pas davantage pour expliquer comment cette inégale répartition de pression et d'usure tend à augmenter la courbure, dans le cas où la partie concave est en dessus, et à la diminuer lorsqu'on agit dans la position inverse. Quand on sait tenir compte de cette influence, non-seulement on n'a plus à en redouter les effets, mais encore on en tire parti pour maintenir la surface à son degré de courbure jusqu'au moment de commencer le poli.

Le douci étant amené au plus haut degré de finesse et d'uniformité, il s'agit de le transformer en un poli parfait. On connaît plusieurs procédés pour polir le verre ; celui qui a paru le mieux convenir au travail des miroirs est le polissage au papier et au rouge d'Angleterre. Sur la surface même du disque qui a servi à doucir le miroir, on colle à l'empois une feuille de papier dont la trame paraît aussi égale que possible ; au moyen d'une sorte de ménisque en verre appelé *colloir*, on chasse l'excès d'empois vers les bords, et on applique intimement le papier sur le verre ; puis, en l'attaquant légèrement par le frottement d'une éponge humide, on détache des parcelles, on *dégarnit* ce papier de manière à soulever une peluche qui, une fois séchée, retient utilement les poudres à polir. Il faut encore passer la pierre ponce, la chasser ensuite avec la brosse, après quoi on étend le rouge d'Angleterre avec un chiffon de papier froissé, et le polissoir est prêt.

Le miroir, lavé et séché, est déposé sur ce polissoir, qui le touche de toute part et qui va l'éclaircir aux premiers frottements ; mais avant de mettre la pièce en mouvement, il est indispensable de supporter une partie de son poids en la rattachant au ressort de suspension, au moyen d'une corde suffisamment tendue. A cette disposition on gagne déjà l'avantage de mouvoir sans effort une assez forte masse. Mais ce qui est plus important, c'est qu'en diminuant la pression sur le polissoir on ralentit le dégagement de la chaleur due au frottement, et l'on évite dans une certaine mesure les déformations qui en résultent. Si au contraire on néglige cette précaution, la chaleur qui provient d'un frottement énergique fait bomber les deux pièces, qui bientôt se quittent vers les bords et ne se touchent plus que par le milieu. Le miroir *pivote* sur son centre, la partie moyenne seule se polit, la surface se creuse, et les bords restent mats. Mais, par l'emploi du ressort, on rétablit l'égalité d'action, et tout en prolongeant la durée du polissage, on n'est que plus assuré d'obtenir un bon résultat.

Quand le miroir paraît entièrement poli, on le démonte, on le soumet à un premier examen, et si la surface ne présente pas d'imperfection grave, on entreprend de l'amener par une série de retouches locales à la figure définitive qui doit en faire un miroir objectif parfait.

Pour exécuter convenablement cette délicate opération, il est nécessaire de disposer d'un local fermé où l'on puisse établir une ligne d'expérience quatre ou cinq fois plus longue que la distance focale principale du miroir. A l'une des extrémités, on place le miroir monté dans un cadre qui s'adapte au tube du télescope. Ce tube, débarrassé du prisme et des oculaires, est porté sur deux tréteaux qui le maintiennent dans une position horizontale et l'élèvent à une hauteur commode pour les observations. Des tables occupées par les objets nécessaires à l'examen des surfaces se meuvent dans toute l'étendue de la ligne. De plus, sur un bâti isolé comme un poste d'opticien, on dispose, pour recevoir le miroir, un bassin en bois dont la courbure s'adapte au revers de la pièce. Enfin on prépare, pour effectuer les retouches, une série de polissoirs dont le diamètre varie du cinquième au tiers de celui de la pièce à retoucher. Ces polissoirs sont en verre recouvert de papier et montés sur molettes en bois ou en liége. On s'en sert pour attaquer le miroir et pour exercer dans des points déterminés une usure de la même nature que celle qui a engendré le poli général de la surface. Mais, pour que cette soustraction de matière s'opère sans rompre la continuité de la courbure, en d'autres termes, pour que les retouches se fondent sans solution de continuité et sans ligne de démarcation perceptible à la surface primitive, il est indispensable d'apporter le plus grand soin à la préparation des polissoirs. Aussi croyons-nous utile d'aborder les détails pratiques et de donner à ce sujet les renseignements les plus précis.

Dès les premiers essais, on a reconnu que la meilleure courbure à donner au polissoir pour exécuter des retouches partielles n'est pas celle qui coïncide exactement avec la courbure du miroir : le mieux est de lui assurer un léger excès de convexité, parce qu'alors le contact a lieu au centre; par suite, la retouche s'adresse plus directement à l'élément auquel on la destine, et elle se fond dans la surface de part et d'autre du point de contact par une transition insensible. Cependant il ne faudrait pas exagérer cet excès de courbure, car le contact se restreindrait à une étendue qui ne serait plus en rapport avec celle du polissoir. Enfin, lors même que le polissoir aurait la courbure voulue, il importe encore de surveiller attentivement l'état du papier qui sert de véhicule aux poudres polissantes, car parfois il arrive que ces poudres voyagent et qu'en se déplaçant elles décentrent le point d'attaque de manière à dérouter l'opérateur et à fausser la retouche. Il y a donc un ensemble de conditions délicates à remplir. Mais l'art des opticiens offre des ressources qui permettent de surmonter toutes les difficultés.

Quand on veut préparer un polissoir et lui communiquer la courbure précise qui convient au travail de retouche, la marche à suivre consiste à le marier avec une contre-partie en verre de même diamètre et de courbure inverse : on a ainsi, d'après les expressions reçues, une balle et un bassin que l'on rode l'un sur l'autre avec le soin qu'on apporterait à l'exécution d'une bonne surface. Ces disques une fois *réunis*, il faut en vérifier la courbure. Pour cela on pose la partie concave ou bassin sur la grande balle qui a servi au travail du miroir et dont la surface est restée dépolie, et par un frottement développé sur place on fait apparaître une trace blanchâtre qui décèle la répartition des points de contact. Pour que le polissoir qui est convexe arrive à toucher le miroir par son centre, il est clair qu'il faut que le petit bassin touche la grande balle par le bord et y laisse par le frottement une trace annulaire. Tant que ce résultat n'a pas été obtenu, on continue de modifier par un rodage réciproque la courbure des deux pièces, en ayant soin de tenir le bassin dessus ou dessous, suivant qu'il faut augmenter ou diminuer la courbure; puis enfin, lorsque l'épreuve du frottement sur le dépoli de la grande balle donne une trace annulaire qui va en mourant jusqu'au milieu de la distance au centre, on est sûr que les deux disques ont la courbure voulue, et l'on peut s'occuper de coller les papiers.

A la rigueur il suffirait de garnir le polissoir; mais, de même que les deux pièces ont servi à se régulariser l'une par l'autre en les rodant verre sur verre, de même une fois garnies toutes deux on perfectionne les papiers en les soumettant à un traitement analogue. On colle ces papiers à l'empois dont l'excès s'échappe sous l'action du colloir; on promène à la surface une éponge mouillée en ayant soin d'attaquer légèrement l'espèce d'épiderme formé par l'encollage primitif, et on laisse sécher. Quand l'humidité s'est dissipée, on trouve le papier bien tendu, mais il est comme rugueux et chargé de parcelles roulées en globules qui ont été détachées par l'éponge; on les enlève par le frottement d'une ponce plate et on les chasse avec la brosse. En cet état on pourrait considérer le polissoir comme prêt à entrer en action; cependant, comme le papier peut présenter des inégalités d'épaisseur, nous lui faisons subir une dernière préparation qui a aussi pour effet de soulever un velouté très-propre à fixer et à retenir les poudres. Cette préparation consiste à réunir les deux papiers, à les attaquer l'un par l'autre avec de la ponce pulvérisée et mouillée d'un liquide qui ne décolle pas l'empois. On fixe donc le polissoir sur l'établi, on l'arrose de benzine, on le saupoudre de ponce pilée, on dépose le bassin par-dessus, et l'on agit pendant un certain temps comme si l'on voulait doucir une surface. Peu à peu la benzine s'évapore, la ponce qui formait bouillie redevient pulvérulente, et quand on sent qu'elle a une tendance à se réunir en tas, on l'écarte, et on recommence ainsi deux ou trois fois. On donne pour finir un coup de brosse que l'on prolonge avec insistance, et l'on voit le papier recouvrer sa blancheur. Mais si on l'examine avec attention, on reconnaît que la surface s'est avantageusement modifiée en se recouvrant d'un velouté uniforme dont la présence favorise toujours l'action du polissoir.

A la manière dont s'étalent et se fixent soit le rouge, soit le tripoli qu'on ajoute pour donner du mordant, on constate déjà que le traitement à la ponce et à la benzine réalise des conditions d'uniformité qui rarement se rencontrent dans la feuille de papier employée telle quelle. Mais lorsque

le travail se prolonge, lorsqu'un polissoir a servi pendant plusieurs heures,
on le voit se comporter bien différemment suivant qu'il a subi ou non cette
dernière préparation. Quand on omet de réunir les papiers, l'opération
marche bien, il est vrai, pendant un certain temps; mais bientôt dans la
partie centrale où s'exercent les plus fortes pressions, le papier se tasse, perd
sa porosité et se dépouille de son duvet; il se lisse et ne retient plus les
poudres, qui se réfugient vers les bords. En pareil cas, malgré l'excès de
courbure du polissoir, l'attaque n'a plus lieu par le centre, ce sont les bords
qui mordent; en sorte qu'au lieu de pratiquer des retouches qui se fondent
insensiblement les unes dans les autres, on court le risque de tracer des
sillons plus ou moins profonds et toujours difficiles à réparer. Si au contraire
on a pris soin de roder le polissoir suivant le procédé décrit, comme cette
opération met à nu les parties profondes et spongieuses du papier, les
poudres s'y logent et s'y fixent d'une manière plus durable, en sorte que
la partie centrale garde beaucoup plus longtemps son efficacité. On ne voit
pas cette région se lisser, se dégarnir comme dans le premier cas, et l'on
ne risque pas de faire de fausses retouches par suite de l'affaissement des
parties centrales du polissoir et de la prédominance fâcheuse des bords.

Étant ainsi pourvu de deux ou trois polissoirs de grandeurs différentes et bien adaptés à la courbure moyenne du miroir, rien n'empêche
d'entreprendre le travail de retouche. Des trois procédés d'examen qui ont
été décrits, deux suffisent à diriger l'opération, le premier et le dernier :
c'est-à-dire l'observation microscopique de l'image et la vision directe de
la surface par les rayons déviés de l'image interceptée. Ce qui détermine
le choix de ces deux procédés, c'est que l'objet lumineux est le même pour
tous deux et que, pour passer de l'un à l'autre, il suffit d'échanger le microscope pour l'écran.

Par un premier examen au voisinage du centre de courbure, on explore
la surface, et suivant qu'elle réclame une retouche plus ou moins locale, on
détermine la grandeur du polissoir qu'il convient d'employer; puis on dépose le miroir sur son bassin en bois tapissé d'une étoffe de laine, et l'on
procède à la mise en train.

Généralement toute surface qui a séjourné un certain temps au contact de l'air se montre rebelle à l'action du polissoir, si on ne prend soin de la nettoyer de manière à lui communiquer un état d'homogénéité parfaite. On la saupoudre de blanc d'Espagne, on y verse un peu d'eau, et au moyen d'un tampon de coton on en forme une pâte qu'on étend uniformément et qu'on laisse sécher. On saisit ensuite un nouveau tampon léger, bouffant, peu serré, dont on effleure seulement la surface; le blanc peu adhérent se détache, s'échappe au dehors et laisse apparaître le verre uniformément recouvert d'un voile transparent; en continuant de frotter légèrement avec du coton constamment renouvelé, on voit ce voile se dissiper peu à peu et la surface du verre finit par se montrer nette et pure. Toutefois, sur une surface préparée de la sorte le polissoir glisse tout d'abord et ne finit par mordre qu'après avoir repassé plusieurs fois sur les mêmes parties. Les points où il commence à prendre se distribuent çà et là, irrégulièrement, par plaques où les poudres s'attachent et où l'on sent naître l'adhérence qui décèle un travail. Ces plaques grandissent peu à peu; mais tant qu'elles ne sont pas devenues confluentes, l'action du polissoir manque d'uniformité, et il y aurait danger d'altérer la surface si l'on se servait du rouge qui a beaucoup de mordant; il est préférable d'employer, pour commencer, le tripoli de Venise qui s'étend bien sur le papier, qui attaque le verre moins vivement et qui semble avoir qualité pour la mise en train.

Lorsque le polissoir s'applique également bien sur tous les points, lorsque son adhérence est la même partout, on peut remplacer le tripoli par le rouge d'Angleterre, et désormais le travail commence. C'est le moment de chercher, d'après l'examen optique des surfaces, à se représenter la figure du solide de révolution qui est comme superposé au miroir et en altère la figure; puis il faut se demander quel est le mouvement à donner qui, étant répété un grand nombre de fois, en tournant autour du centre, sera capable d'enlever par usure le solide en excès. Ce mouvement, quel qu'il soit, une fois adopté, devra être exécuté sans changement tel qu'on en a décidé, pendant un certain temps. dix minutes, un quart d'heure, après quoi le miroir sera de nouveau examiné.

Sans doute il pourra arriver qu'on ait mal jugé et que le mouvement exécuté donne un résultat autre que celui qu'on attendait; mais au moins l'épreuve portera un enseignement, tandis que si on variait la manœuvre plusieurs fois entre deux examens, le résultat observé ne conduirait à aucune conclusion précise. Du reste, quand les polissoirs sont bien préparés, qu'ils touchent par le milieu et non par les bords, que le papier ne se glace pas et conserve son velouté, que les poudres ne voyagent pas, il n'y a pas à craindre que les résultats soient en discordance manifeste avec les manœuvres qu'on a exécutées. Le polissoir mené successivement suivant tous les diamètres produira à coup sûr une creusure centrale; mais si on le dirige suivant une série de cordes égales, on ne manquera pas de creuser une rigole annulaire qui s'éloignera du centre à mesure qu'on agira suivant des cordes plus petites, et la largeur de la zone attaquée variera avec l'étendue de la partie frottante et avec l'excès de sa courbure sur celle du miroir. Le mouvement de polissage dirigé suivant toute corde suffit donc déjà pour attaquer tous les points de la surface; mais, afin d'arriver à croiser les traits, on a encore la ressource de tracer des ellipses tournantes plus ou moins allongées, plus ou moins dilatées : seulement il ne faut pas négliger de surveiller l'état du polissoir, de circuler d'un pas uniforme autour de la pièce et de contrôler par un examen fréquemment répété l'effet produit par chaque espèce de retouche. On arrivera ainsi à rendre d'abord la surface sphérique, c'est-à-dire à obtenir au voisinage du centre de courbure une image nette du point lumineux et à produire l'extinction simultanée du faisceau en interceptant cette image par le bord de l'écran opaque.

Une fois réalisé, ce premier résultat, qui déjà témoigne de l'efficacité des retouches, prépare la voie au travail qui doit suivre et qui a pour objet de parvenir au paraboloïde de révolution en passant par les ellipsoïdes intermédiaires. Le point lumineux qui était placé au centre de courbure étant rapproché du miroir, le foyer se déplace en sens inverse, et l'examen optique, qui tout à l'heure accusait une surface parfaite, décèle dans cette nouvelle position un commencement d'aberration de sphéricité, l'image s'entoure d'une nébulosité légère, qui disparaît quand on force la mise au point du côté du miroir, et qui s'exagère dans le cas contraire ; c'est le caractère de l'aberration positive. En effet, l'écran qui s'avance pour intercepter l'image communique à la surface l'aspect déjà signalé (fig. 13). On croit y voir une éminence centrale séparée du bord par une creusure annulaire ; mais en variant tant soit peu la distance de l'écran au miroir, on détermine dans l'aspect stéréoscopique de cette surface des changements par suite desquels le fond de la gorge annulaire semble s'approcher plus ou moins du centre de figure. L'interprétation rationnelle de ce phénomène conduit à reconnaître qu'il existe une infinité de manières de retoucher le miroir pour effacer l'aberration : cela revient à dire qu'entre l'ellipsoïde osculateur au centre (fig. 15) et l'ellipsoïde tangent au bord de la surface sphérique (fig. 17) il existe une infinité d'ellipsoïdes qui ont avec la surface réelle un cercle de contact (fig. 16) dont le diamètre peut prendre toute longueur moindre que le diamètre du miroir.

Parmi ces surfaces, vers laquelle faut-il tendre ? Cela dépend des dimensions du miroir. Quand son diamètre ne dépasse pas $0^m,25$ à $0^m,30$, il y a intérêt à adopter la retouche la plus facile à exécuter ; or c'est évidemment celle qui, respectant le bord, s'exerce particulièrement sur la partie centrale ; mais quand le miroir prend des dimensions plus grandes, il vaut mieux se laisser guider par une autre considération et rechercher le système de retouche qui conduit à enlever le minimum de matière : on est ainsi conduit à partager la retouche entre le bord et le centre et à réserver, conformément à l'indication de la figure 16, la zone qui correspond au cercle de contact. De toutes manières on arrive à opérer le nivellement apparent de la surface et à détruire du même coup l'aberration qui entourait l'image du point lumineux.

Ce résultat constaté, on répète la même opération pour une position plus avancée des foyers conjugués et, par suite, le miroir se modifie en prenant une forme ellipsoïde de plus en plus prononcée. Passant ainsi de station en station, les deux foyers cheminent en sens opposés, et ils indiquent, en s'écartant l'un de l'autre, que l'ellipsoïde subit un allongement correspondant.

Enfin l'image du point, repoussée de proche en proche et toujours maintenue exempte d'aberration, se trouve portée à l'extrémité de la ligne d'expérience. Il s'agit maintenant, par une dernière retouche, de la rejeter toute corrigée à l'infini. Plus la ligne d'expérience sera longue, moins cette dernière phase du travail semblera hasardeuse ; cependant il faut savoir se maintenir dans les limites pratiques. Nous avons supposé que, dans l'emplacement où l'on opère, la distance des deux stations extrêmes est au plus égale à cinq fois la longueur focale du miroir ; conservons ces données, et montrons que la dernière retouche peut encore être soumise à un contrôle rigoureux.

Lorsque l'image du point lumineux est reléguée à l'extrémité de la ligne, le point lui-même est encore à une certaine distance du foyer principal, et comme ce dernier est à moitié chemin du centre de courbure, sa position est déterminée. Nommons f le point correspondant au foyer principal, f' la position actuelle du point lumineux, et f'' une de ses positions antérieures, avec la condition de prendre ff'' égal à ff'. En vertu des principes précédemment exposés sur la marche des aberrations positive et négative, il arrivera que si l'on ramène le point lumineux en f'', les apparences seront sensiblement conformes à celles qui devront se montrer lorsque le miroir sera rendu parabolique, et que le point lumineux sera maintenu en f'. Étudions donc le relief de la figure qui se produit alors, puis, ramenant le point lumineux en f', appliquons-nous à reproduire ce relief en modifiant la surface par une dernière retouche. Par ce moyen, on arrive à rejeter sans aberration l'image à l'infini, et à communiquer au miroir une figure voisine du paraboloïde de révolution. Mais s'il est impraticable d'aller observer l'image à l'infini où on l'a repoussée, rien n'est plus aisé, en intervertissant l'image et l'objet, que d'obtenir la vérification du résultat obtenu. On n'a qu'à prendre pour point de mire un objet extérieur situé à une distance aussi grande qu'on voudra, et à l'observer au moyen du miroir monté en télescope newtonien. L'image doit se montrer exempte d'aberration, et présenter des traces de diffraction aux contours de l'objet. Si cet objet est un point lumineux ou s'il affecte l'apparence du réseau à maille carrée, les trois procédés deviennent applicables au foyer principal, et pour peu qu'un défaut perceptible eût échappé à la dernière touche, il serait toujours temps d'y revenir et de le faire disparaître.

En résumé, la méthode que nous venons de décrire consiste à soumettre les surfaces à des épreuves optiques, et à les modifier par des retouches faites à la main jusqu'à ce qu'elles se montrent sans défaut. La nature des choses, avec laquelle il faut toujours compter, a permis d'instituer, d'une part, des procédés d'examen et, d'autre part, de recourir à des moyens d'attaquer la substance du verre, qui, sous le rapport de la précision, fussent les uns et les autres au niveau du résultat qu'il fallait obtenir. Si, contrairement à ce que l'expérience a pleinement démontré, les procédés d'examen manquaient de sensibilité, ou si les moyens d'attaque étaient moins délicats, la méthode eût échoué; aussi n'osons-nous affirmer qu'elle soit applicable aux miroirs métalliques, car il n'est pas démontré que l'alliage cristallin dont on les a formés jusqu'ici soit susceptible de supporter indéfiniment comme le verre l'action du polissoir. Mais lors même qu'on échouerait en essayant d'étendre aux miroirs métalliques le bénéfice des retouches locales, il n'y aurait pas à le regretter sérieusement, car l'opération venant à réussir, on n'en tirerait qu'un résultat précaire, et qui se trouverait compromis dès l'instant où le poli s'altérerait sous l'influence des agents atmosphériques. Sur le verre, au contraire, la courbure une fois réalisée peut être considérée comme acquise d'une manière définitive, attendu que les altérations qui surviennent avec le temps n'intéressent que la couche métallique déposée après coup par une opération que rien n'empêche de renouveler indéfiniment.

DÉFINITION ET DÉTERMINATION NUMÉRIQUE

DES POUVOIRS OPTIQUES[1].

La méthode que nous venons de décrire et dont l'application a été répétée un grand nombre de fois a pour effet constant de porter les surfaces optiques à un degré de perfection qu'on atteint assez rapidement, et

---

[1] Voir *C. R. de l'Ac. des Sc.*, t. XLVII, p. 205; *Procès-verbaux de la Soc. phil.* 1858, p. 47, t *Cosmos*, t. XII, p. 590, et t. XIII, p. 162.

qu'on ne peut bientôt plus dépasser. Quand on est arrivé à ce point, il y a lieu de se demander si l'impossibilité de progresser encore tient à l'imperfection des procédés, ou si elle provient de ce qu'on a touché le but en réalisant une surface parfaite. Pour nous la question n'est pas douteuse, et nous n'hésitons pas à considérer comme parfaite une surface qui agit sensiblement sur la lumière comme le ferait un miroir rigoureusement conforme à la figure désignée par la théorie.

Lorsqu'une surface approche de ce degré de perfection relative, on voit survenir un ensemble de caractères qui, une fois appréciés, servent de de guide à l'opérateur et l'avertissent du moment où il doit considérer son travail comme terminé. En même temps que s'effacent les défauts trahis par les divers procédés d'examen, l'image fournie par une telle surface prend au microscope un aspect particulier qui flatte l'œil, et qui ne se dément pas lors même qu'on y applique des grossissements exagérés. Cet aspect remarquable provient de ce que l'image est alors formée par le groupement d'éléments correctement circulaires. Chacun de ces disques élémentaires est, à la vérité, entouré d'un certain nombre d'anneaux ; mais, comme ces derniers n'ont qu'une intensité rapidement décroissante, le disque central conserve une supériorité d'éclat qui lui assure la prépondérance dans le tracé précis des contours. Des divers anneaux qui entourent ce disque on n'aperçoit ordinairement que le premier, et comme un intervalle obscur les sépare, il en résulte que ce premier anneau n'apporte dans l'image aucune confusion sensible, et qu'en se superposant à lui-même il se borne à dessiner un pâle cordon qui circule parallèlement aux contours les plus accentués de l'image. La théorie de la diffraction explique ce phénomène qui dénote que tous les rayons du cône convergent arrivent au sommet dans un accord de vibration à peu près complet. Si à la surface approximative obtenue par la méthode expérimentale on pouvait substituer une surface rigoureusement exacte, les rayons arriveraient au sommet du cône en concordance parfaite, mais le point lumineux ou plutôt le disque étroit formé par leur concours n'en serait pas moins entouré d'anneaux. Il n'y a donc pas d'intérêt pratique à pousser la perfection des surfaces au delà du degré nécessaire à l'apparition des phénomènes caractéristiques de la diffraction. Lorsque ces phénomènes se montrent au foyer d'une manière évidente, c'est-à-dire lorsque l'image d'un point formée à miroir entièrement découvert apparaît sous la forme d'un disque entouré d'anneaux circulaires d'une intensité rapidement décroissante, on peut être assuré qu'un pareil miroir, dirigé sur toute espèce d'objet terrestre ou céleste, donnera de bonnes images, et qu'il produira un effet optique en rapport avec son étendue diamétrale.

Mais pour juger sûrement du résultat, et pour en donner une expression moins vague que celle qu'on emprunte habituellement au langage ordinaire, il convient de diriger le miroir monté en télescope newtonien vers une mire lointaine, systématiquement composée de manière à offrir à l'observation des détails placés à la limite de visibilité. On construit ces mires d'épreuve en traçant sur une lame d'ivoire des séries de divisions partagées en groupes successifs où le millimètre est fractionné en parties de plus en plus petites. La largeur du trait doit varier d'un groupe à un autre en proportion telle, que dans chacun d'eux les espaces noircis aient la même étendue que l'intervalle qui les sépare (figure 18). Quand on considère à l'œil nu une pareille mire placée à distance ou qu'on l'observe avec un instrument trop faible, les différents groupes présentent une teinte grise uniforme. Mais si l'on diminue la distance ou si l'on prend des instruments plus puissants, on voit les groupes de divisions les plus écartées se résoudre en traits distincts, tandis que les autres restent confondus. En augmentant le grossissement, et en éclairant suffisamment la mire, on s'assure que dans les groupes qui demeurent uniformément gris, la confusion des traits n'est pas imputable à l'impuissance de l'œil; elle est donc à mettre tout entière sur le compte de l'instrument qui résout l'un des groupes et ne résout pas le suivant. En constatant ainsi quel est le groupe dont les divisions se trouvent par leur rapprochement placées à la limite de visibilité, on acquiert la preuve positive que l'instrument sépare les parties écartées par un certain espace angulaire, et ne sépare pas celles qui sont plus rapprochées les unes des autres. Il suit de là que l'aptitude de l'instrument à pénétrer les détails des objets observés, ou ce qu'on peut appeler son *pouvoir optique,* est inversement proportionnel à l'angle limite de séparabilité de divisions contiguës : il a, en définitive, pour expression le quotient de la distance de la mire par l'intervalle moyen des dernières parties distinctes.

Nous avons soumis à ce genre d'épreuve un grand nombre de miroirs de toutes dimensions et de toute longueur focale ; ces expériences nous ont conduit à une expression générale des pouvoirs optiques qui est d'une remarquable simplicité. Nous avons trouvé que ce pouvoir optique est indépendant de la longueur focale, qu'il varie uniquement et proportionnellement avec l'étendue transversale du miroir, et qu'il peut être compté sensiblement à raison de 150,000 unités par $0^m,10$ de diamètre. Sans avoir opéré des déterminations aussi nombreuses sur les objectifs achromatiques, nous avons cependant reconnu, en les réduisant à leur surface efficace, qu'ils sont soumis à la même loi, et qu'à diamètres égaux, lunette et télescope sont susceptibles du même pouvoir optique.

Ce fait, qui désormais paraît établi, conduit naturellement à rechercher dans la constitution physique de la lumière, et non dans l'imperfection des instruments, l'obstacle qui limite l'extension des effets déjà obtenus. Quelle que soit la variété de construction dont ils sont susceptibles, ces instruments, à mesure qu'ils approchent de la perfection, tendent à accuser des pouvoirs optiques qui soient dans un rapport constant avec les diamètres respectifs des faisceaux admis. On ne saurait donc se refuser à considérer ce rapport comme une constante physique dont la valeur exprime l'aptitude de la lumière à former des images plus ou moins détaillées. En prenant pour unité de longueur le millimètre, auquel on rapporte habituellement l'ondulation lumineuse, on trouve, d'après les mesures expérimentales des pouvoirs optiques, pour la valeur de cette constante, le nombre 1500. Cette constante optique de la lumière est intimement liée à la longueur d'onde et lui est inversement proportionnelle, en sorte qu'elle varie pour les rayons de différentes couleurs de manière à assurer la plus grande puissance de définition aux rayons les plus réfrangibles, ce que l'expérience a confirmé bien des fois, notamment par la netteté remarquable des épreuves photographiques d'objets microscopiques, qui s'engendrent sous l'action prépondérante des rayons ultra-violets.

En général les constantes physiques ont une raison d'être qui découle directement de la nature de l'agent dont elles définissent les propriétés fondamentales. Évidemment ce nombre 1500, qui exprime en quelque sorte la *séparabilité* des éléments lumineux, procède du nombre d'ondulations contenues dans l'unité de longueur, et multiplié par un certain coefficient qui dépend à la fois du procédé employé pour déterminer les pouvoirs optiques, et de l'aptitude physiologique de la rétine à percevoir les impressions différentielles.

Il est à craindre qu'en essayant de donner cours à la notion des pouvoirs optiques nous provoquions, sans le vouloir, l'annonce de pouvoirs impossibles; il n'est rien dont on n'abuse; aussi, pour mettre les observateurs en garde contre des assertions illusoires, avons-nous pris soin d'indiquer les moyens d'obtenir des déterminations comparables, tout en insistant sur l'existence d'une limite absolue à l'exaltation des pouvoirs réalisables par les instruments d'optique.

Il y a cependant à réserver le cas où les instruments seraient éprouvés sur le ciel. Par un temps très-pur il pourra arriver que l'observation des étoiles doubles de grandeurs égales révèle un pouvoir optique plus fort, et jusqu'à deux fois plus élevé que celui qu'on aurait conclu de l'observation de mires terrestres. Voici l'explication de cette discordance possible. Dans la mire terrestre, les détails qu'on cherche à distinguer sont des espaces égaux alternativement noirs et blancs; c'était là une disposition nécessaire pour retomber facilement en toute occasion dans des conditions identiques d'éclairement et d'observation. Mais cette égalité des noirs et des blancs n'est pas à beaucoup près la condition la plus favorable à la résolution de l'ensemble. En effet, dans l'image d'un pareil système la largeur des blancs est égale à leur étendue géométrique augmentée du diamètre sensible inhérent à la grandeur des disques élémentaires, en sorte qu'au moment où ces blancs commencent à se confondre, ils ont une largeur double de celle qu'ils présenteraient, si dans l'objet les parties blanches étaient infiniment petites par rapport aux noires; mais au ciel la dimension réelle des étoiles doubles est infiniment petite par rapport à l'espace qui les sépare. Aussi leur étendue dans l'image se trouve-t-elle réduite à celle des disques élémentaires, ce qui fait que par une atmosphère homogène leur séparation à égalité d'angle sous-tendu est plus facile que celle de la mire. Nous ne sommes pas en mesure de dire combien le pouvoir optique déterminé sur les étoiles l'emporte sur celui que fournit l'observation d'une mire divisée, mais nous avons reconnu qu'il est effectivement plus considérable. Un télescope de $0^m.33$ qui nous a fourni la première occasion de revoir le dédoublement du compagnon bleu de γ Andromède [1], en vertu de son pouvoir optique évalué à 400.000, semblait ne devoir atteindre que la demi-seconde. Cependant on estime à $\frac{1}{10}$ de seconde le petit arc sous-tendu par le système binaire des étoiles bleues de γ Andromède.

Nous avons exprimé d'une manière générale que dans un instrument parfait le pouvoir optique est indépendant de la distance focale. Si l'on tient à s'en rendre compte, il faut analyser la constitution des images réelles en suivant pas à pas les déductions de la théorie. Dans une image parfaite, le nombre des points distincts dépend évidemment de l'étendue des disques élémentaires qui représentent les différents points de l'objet. Or, comme ces disques sont limités par un cercle obscur qui est le lieu géométrique de tous les points où une moitié du faisceau lumineux est en discordance de vibration avec l'autre moitié, il en résulte que l'étendue de ces disques dépend à la fois de la longueur d'onde et de l'angle de convergence des rayons extrêmes. Pour une longueur d'onde invariable, et pour un diamètre constant de la base du faisceau, l'image varie en étendue avec la distance focale; mais comme l'étendue des disques élémentaires varie sensiblement dans le même rapport, il en résulte que le nombre des parties distinctes ne change pas. C'est en se fondant sur ce genre de considération qu'on a été conduit à construire des instruments à court foyer sans crainte de porter atteinte aux pouvoirs optiques.

Mais si réellement ce pouvoir ne dépend que du diamètre de la surface utile de l'objectif, on doit s'attendre, en réduisant par un diaphragme la surface agissante d'un miroir reconnu comme bon, à diminuer propor-

---

1. Voir *C. R. de l'Ac. des Sc.*, t. XLVII, p. 205, et *Cosmos*, t. XIII, p. 162.

tionnellement l'effet optique. Ce résultat, qui était prévu, semblait tellement contraire à ce qui arrive ordinairement, qu'il nous a semblé utile de
le constater d'une manière directe.

L'expérience a été répétée plusieurs fois sur des instruments de toutes
dimensions, et il est maintenant constaté que par l'application des retouches
locales on porte les miroirs à ce degré de perfection où ils ne supportent
aucun diaphragme sans perdre de leur puissance optique. De là il résulte
un nouveau caractère et une épreuve bien simple à consulter pour reconnaître la valeur des instruments, car suivant qu'ils perdent ou qu'ils ga-
gnent à être plus ou moins diaphragmés, on jugera d'une manière décisive
s'ils approchent plus ou moins de la perfection.

Tous ces faits sont autant de confirmations en faveur de la théorie des
ondulations. Dans l'ancienne théorie, le foyer est simplement le point de
croisement de rayons indépendants; plus il y a de rayons, plus il y a d'intensité, mais moins il y a de chance que le croisement ait lieu en un point
unique. Suivant le système des ondulations, le foyer qui se forme au sein
d'un milieu homogène est le centre d'ondes sphériques de mouvements
concordants; plus l'onde a d'étendue, mieux ce centre est déterminé. Les
rayons que l'on considère géométriquement n'ont pas d'existence indivi-
duelle, ce sont de simples directions de propagation. Parmi les prétendus
rayons qu'une surface est chargée de grouper en foyer, il n'en est pas d'in-
différents; ceux qui vibrent en concordance se constituent effectivement en
foyer limité; ceux qui par une imperfection de surface ont subi une différence de marche capable de les mettre en discordance, sont rejetés à une
certaine distance des premiers sans jamais en approcher au delà d'une
certaine limite; il y a discontinuité entre les rayons concordants et les
rayons discordants, et cette discontinuité s'accuse par la présence d'un
cercle noir qui règne comme un rempart autour du gros des rayons efficaces. Que si par des retouches locales on s'applique à ramener les rayons
déviés, on remarquera que jamais ils ne pénètrent dans cet espace obscur,
qu'ils l'évitent et le franchissent comme par l'effet d'un équilibre instable,
pour se réunir, en les pressant, au groupe des rayons concordants.

Cette discontinuité dans la marche des rayons appelés à devenir ellicaces explique un phénomène dont la singularité nous a souvent frappé. Quand une surface, même très-incorrecte, est seulement de révolution, le phénomène qui se remarque pendant les tâtonnements de la mise au point consiste en ce que, dans une étendue plus ou moins considérable de part et d'autre du meilleur foyer, on constate la présence d'une image qui ne cesse d'être nette, tout en se détachant sur un fond de lumière ambiante. Assurément, si les rayons déviés pouvaient approcher de plus en plus du foyer, ce phénomène n'apparaîtrait pas, attendu que les foyers successifs formés par les différentes zones seraient continûment noyés les uns par les autres. Mais, comme en réalité tout foyer est cerné et comme préservé de la confusion par un anneau noir, la zone, quelle qu'elle soit, qui forme image dans le plan où l'on observe, est bornée, de part et d'autre, de zones inefficaces qui assurent à sa propre image la faculté de dominer sur le fond lumineux formé par la dissémination brusque des autres rayons.

La même explication rend compte du phénomène de doublure qui se produit si fréquemment dans les grands instruments. Les opticiens supposent que la doublure des images est due à un accident de travail, qui partage l'étendue de l'objectif en deux surfaces discontinues séparées par une arête de rebroussement. Cette explication n'est nullement fondée, car jamais on ne constate directement ni intersection, ni discontinuité de surface. En réalité, la doublure des images résulte de la superposition, dans l'appareil convergent, de deux défauts distincts : elle se produit toutes les fois que l'objectif est entaché d'une aberration générale positive ou négative, et que de plus il présente deux sections méridiennes rectangulaires de courbures inégales. On comprend, en discutant les chemins parcourus, qu'en pareil cas il se forme dans le cône convergent deux groupes excentriques de rayons efficaces, et que les rayons centraux laissés en discordances deviennent inefficaces dans leur direction normale. On produit à volonté le phénomène de doublure des images, en choisissant un miroir affecté d'aberration, et en le comprimant suivant un diamètre. Quand l'aberration est positive, la doublure se produit perpendiculairement au diamètre comprimé; dans le cas contraire, elle se manifeste parallèlement à ce même diamètre.

Si maintenant on considère que cet anneau noir qui entoure l'image focale de chaque point lumineux, et qui concourt si puissamment à donner de la fermeté aux images, a aussi pour effet de rejeter les rayons nuisibles à une distance sensible des rayons utiles. on jugera combien sa présence doit favoriser l'application du troisième procédé d'examen des surfaces, lequel a précisement pour objet d'établir, par l'interposition du bord d'un écran opaque, le départ entre les uns et les autres.

Lorsque par l'effet des retouches tous les rayons nuisibles sont rentrés dans l'ordre, on n'en saurait conclure, comme nous l'avons déjà dit, que la surface réfléchissante réalise en toute rigueur la perfection géométrique ; mais il en résulte que les écarts qui subsistent sont contenus dans des limites dont on peut déterminer, par des considérations très-simples, la minime étendue. La formation d'un foyer exact implique la concordance rigoureuse ou l'égalité absolue des chemins parcourus par tous les rayons. Si donc il y a formation d'un foyer sensiblement parfait. ce n'est pas exagérer que d'admettre que tous les rayons concordent à moins d'une demi-ondulation près, car ceux qui seraient en différence de marche d'une longueur de chemin plus grande seraient rejetés en dehors du premier anneau noir, et viendraient renforcer les anneaux extérieurs. Or l'ondulation moyenne est d'un demi-millième de millimètre, et la demi-ondulation d'un quart de millième ; mais si quelque portion de la surface est en erreur d'une certaine quantité, cette erreur réagira sur les chemins parcourus où elle sera doublée par la réflexion, et puisque. par hypothèse. tous les rayons s'accordent à moins d'une demi-ondulation, il en résulte que tous les points de la surface réelle approchent de la surface théorique à moins d'un huit-millième de millimètre près, soit un dix-millième. Tel est, indépendamment de l'étendue des surfaces, le degré de précision que comporte l'application des retouches locales poussée jusqu'au point de réaliser des foyers physiquement parfaits. Interrogé sur des quantités de cet ordre, le sphéromètre ne répond plus qu'avec incertitude ; comment donc une machine à travailler le verre pourrait-elle les atteindre ? Il fallait s'en tenir au travail à

la main, et encore la main de l'homme n'agit-elle pas seule, et doit-elle à
tout instant se guider d'après les indications mêmes de la lumière.

En résumé, dans ce chapitre, spécialement consacré aux pouvoirs
optiques, nous établissons qu'il existe un ensemble de caractères auxquels
on reconnaît qu'une surface approche de la perfection. Soumises à l'épreuve
des différents procédés d'examen, de telles surfaces cessent de montrer aucun défaut perceptible. Les images qu'elles donnent prennent un bon
aspect qui se conserve dans les plus forts grossissements; les contours deviennent vifs et se montrent distinctement accompagnés des franges pâles
de la diffraction. De plus, si l'on en vient à l'application des diaphragmes,
on reconnaît qu'aucune partie de l'objectif ne peut être masquée sans qu'il
en résulte un affaiblissement comparable de l'effet optique.

Afin de donner une expression numérique du pouvoir optique, nous le
considérons comme un inversement proportionnel à l'angle limite sous
lequel s'opère la séparation des plus proches détails distinctement visibles
au foyer d'un instrument, et nous prenons pour objet d'épreuve une mire
lointaine formée d'espaces contigus alternativement noirs et blancs qui,
par leur distance entre eux et à l'instrument, se placent à la limite de visibilité. Le pouvoir optique se trouve alors exprimé par le quotient de la
distance de la mire au centre optique de l'objectif divisé par l'écartement
moyen des parties homologues.

A la suite d'un grand nombre de déterminations effectuées sur des
miroirs et des objectifs réfracteurs de toutes dimensions et de toute longueur focale, il est reconnu que le pouvoir optique dépend uniquement du
diamètre de la surface efficace, et par suite que ce pouvoir et ce diamètre
sont dans un rapport constant qui caractérise la lumière blanche et exprime
d'une manière générale la délicatesse de l'agent ou sa puissance virtuelle
de séparation.

En prenant pour unité de longueur le millimètre auquel on rapporte
habituellement l'ondulation lumineuse, on trouve pour cette constante
moyenne de la lumière blanche un nombre sensiblement égal à 1,500;

d'où l'on tire par une simple proportion la valeur du pouvoir optique maximum d'un objectif de dimension quelconque.

Nous insistons sur l'existence réelle d'un pouvoir limite ou absolu, afin de bien établir ce qu'on doit attendre d'un instrument d'une dimension donnée, et aussi pour détourner les artistes d'annoncer ou de chercher à obtenir des résultats impossibles.

ARGENTURE SUR VERRE, APPLICATION AUX MIROIRS DE TÉLESCOPE.

On connaît aujourd'hui un certain nombre de procédés pour réduire l'argent à la surface du verre poli. Dans l'origine, ces procédés ont eu seulement pour objet de former une sorte d'étamage destiné, comme celui des glaces d'appartement, à briller d'un éclat spéculaire du côté appliqué contre le verre et visible à travers sa substance. On n'avait à s'inquiéter ni de l'égalité d'épaisseur de la couche déposée, ni de son adhérence plus ou moins intime, ni du degré de poli qu'elle conservait à son revers ; on ne redoutait pas de favoriser la réaction par une certaine élévation de température, mais on avait à tenir compte de la question d'économie.

Dans l'application aux usages de l'optique, les frais d'argenture sont à peu près insignifiants, et l'on a toute latitude pour satisfaire à des conditions qui prennent une importance majeure du moment où la couche métallique chimiquement déposée est appelée à réfléchir la lumière par sa surface extérieure, à former des images et à reproduire en toute exactitude la surface sous-jacente du verre. Le procédé Drayton, auquel l'industrie reproche d'employer, comme dissolvants, des alcools très-purs, et comme agents réducteurs, des substances balsamiques et essentielles d'un prix élevé, est celui que nous avons employé à l'époque de nos premiers essais et qui, après trois années d'expérience, nous paraît encore mériter la préférence. Il agit à la température ordinaire, et la couche d'argent qu'il forme sur le verre est déjà miroitante au sortir du bain; elle présente une épaisseur uniforme et se montre suffisamment adhérente pour supporter le frottement prolongé d'une peau rougie d'oxyde de fer; ainsi polie elle réfléchit environ 75 pour 100 de la lumière incidente.

Le procédé, tel qu'il nous a été communiqué par MM. Power et Robert, qui disposent actuellement du brevet Drayton, avait déjà subi des perfectionnements qui le rendaient d'une application plus facile et d'un emploi moins dispendieux. En n'hésitant pas à nous en faire part, en y joignant tous les renseignements qui pouvaient suppléer à notre inexpérience, MM. Power et Robert ont singulièrement facilité nos recherches et se sont acquis tous les droits à notre reconnaissance et à nos remercîments.

Nous n'avons rien eu à changer au fond du procédé ; mais par la nécessité d'en faire une application nouvelle et très-délicate, nous avons été conduit à régulariser des détails de manipulation, à changer quelque peu les proportions des éléments qui entrent dans la formule et surtout à étudier par excès ou par défaut l'influence empirique de chacun d'eux. C'était la seule marche à suivre pour arriver en toute circonstance à tirer le meilleur parti des produits variables que l'on trouve dans le commerce.

Il y a trois opérations à exécuter successivement sur un miroir de verre pour lui communiquer le vif éclat métallique de l'argent : la préparation ou le nettoyage préalable de la surface, la formation du dépôt d'argent et le polissage de cette même couche de métal.

La préparation de la surface de verre qui doit recevoir le dépôt d'argent exerce une grande influence sur la manière dont la réduction s'opère. La solution argentifère, qui possède la propriété spéciale de se réduire au contact des parois solides et polies, agit d'autant plus vite et forme un dépôt d'autant plus adhérent et homogène, que cette paroi est plus pure de corps étrangers à sa propre substance. Mais pour qu'une surface de verre présente ce degré de pureté chimique, il ne suffit pas qu'elle apparaisse à l'œil parfaitement nette et brillante, il faut qu'en la nettoyant on ait recouru à des précautions d'une efficacité assez éprouvée pour n'exiger d'autre vérification que celle de l'argenture même.

Que la surface ait déjà été argentée ou non, on commence par la mouiller de quelques gouttes d'acide nitrique pur que l'on étend rapidement au moyen d'un tampon de coton, puis on lave cette surface à l'eau et on l'essuie avec un linge sec. En cet état la surface ne retient plus que ce qui provient de l'eau elle-même et du linge dont on s'est servi pour l'essuyer. Pour arriver sinon à la purifier d'une manière complète, du moins à lui communiquer un état uniforme, on la saupoudre de blanc d'Espagne, on ajoute assez d'eau distillée pour former une pâte qu'on étend au moyen d'un tampon de coton. La pièce est laissée à plat pendant le temps nécessaire à l'évaporation de l'eau ; les principes solubles se fixent alors dans le blanc qui recouvrent la pièce et leur sert d'excipient. Il faut qu'à son tour ce blanc disparaisse. On prend du coton dans la carde, on évite de le serrer, et par un frottement léger on attaque la couche de blanc qui se détache et laisse la surface encore recouverte d'un voile uniforme. C'est ce voile qui, une fois enlevé, laissera le verre dans l'état le plus propice à recevoir l'argenture. On forme donc un nouveau tampon par superposition de couches régulières empruntées à la carde, on en frotte légèrement tous les points de la surface en prenant soin d'écarter la couche superficielle de coton à mesure qu'elle se charge de blanc. Par ce moyen, le voile qui régnait sur le verre se dissipe peu à peu sans solution de continuité, sans ligne de démarcation appréciable. On sent alors que le tampon glisse sur une surface nette ; c'est le moment de prendre un tampon plus ferme pour agir énergiquement sur le verre en insistant particulièrement près des bords. Au bout d'un certain temps, quand on suppose que la surface n'a plus rien à gagner, on chasse avec le coton les poussières qui tendent à s'attacher au verre électrisé par le frottement, et l'on pose la pièce sur champ en attendant qu'on l'immerge dans le bain d'argenture. Mais avant de décrire cette manipulation, il convient de donner la formule à suivre pour préparer la solution.

La composition du bain d'argent est assez complexe : il y entre comme matières premières de l'eau, de l'alcool, du nitrate d'argent, du nitrate d'ammoniaque, de l'ammoniaque, de la gomme galbanum et de l'essence de girofles. Avant d'entrer dans le bain définitif, ces éléments s'unissent dans des solutions provisoires dont nous allons donner la composition.

(1). *Ammoniaque étendue.* On part de l'ammoniaque pure du commerce et on l'étend d'eau distillée jusqu'à ce que la solution marque 13 degrés à l'aréomètre de Cartier.

(2). *Nitrate ammoniacal d'ammoniaque.* Dans 200 grammes d'eau, on dissout 100 grammes de nitrate d'ammoniaque sec et on ajoute 100^{cmc} de la précédente solution d'ammoniaque étendue; on a ainsi une solution composée comme il suit :

Nitrate d'ammoniaque sec.	100 gr.
Eau distillée	200 »
Ammoniaque à 13 degrés (Cartier).	100 cmc.

(3). *Teinture de galbanum.* On trouve dans le commerce, sous le nom de gomme galbanum, une gomme-résine un peu molle, blonde et douée d'une forte odeur vireuse; on rejette celle qui est friable, compacte et sans odeur, ou verdâtre et mêlée d'une sorte de chapelure inerte. On prend environ 20 grammes de la substance pour 80^{cmc} d'alcool rectifié à 36 degrés, on malaxe le tout dans un mortier de porcelaine chauffé à 40 ou 50 degrés, et l'on obtient une solution de la partie résineuse troublée par une gomme insoluble. On décante dans un flacon et on laisse reposer. On filtre la partie liquide, on épuise le dépôt opaque et par addition d'alcool on ramène cette solution à marquer 29 degrés à l'aréomètre de Cartier.

(4). *Teinture de girofles.* C'est une solution qui résulte du mélange de l'alcool et de l'essence dans les proportions suivantes :

Essence de girofles.	25 cmc.
Alcool à 36 degrés (Cartier)	75 »

De tous les produits déjà énumérés on forme ensuite un mélange ainsi composé :

Nitrate d'argent fondu	50 gr.
Eau distillée	100 cmc.
Nitrate ammoniacal d'ammoniaque (2)	7 »
Ammoniaque étendue (1)	24 »
Alcool rectifié à 36 degrés (Cartier)	450 »
Teinture de galbanum (3)	110 »

On fait d'abord dissoudre le nitrate d'argent dans l'eau, puis on ajoute le nitrate d'ammoniaque, qui a pour effet d'empêcher la solution de précipiter par l'addition de l'ammoniaque libre. L'alcool vient à son tour, et en dernier la teinture de galbanum. En d'autres termes, les produits doivent être incorporés les uns aux autres, suivant l'ordre même où ils figurent dans la formule.

La solution qui en résulte brunit promptement et forme un précipité qui se dépose en quelques jours. On décante la partie claire et on la porte dans l'obscurité, où on la conserve pour l'usage sous la désignation de *solution normale*. Cette solution, inactive par elle-même, est cependant très-disposée à se réduire au contact du verre du moment où l'on y ajoute 3 pour 100 de teinture de girofles (4).

Cependant le dépôt qui se forme rapidement à 15 ou 20 degrés centigrades, malgré le bon aspect qu'il présente, ne possède pas toute la consistance nécessaire pour résister à un polissage ultérieur. L'addition de 4 à 5 pour 100 d'eau pure, qui ralentit la réaction, communique en même temps au dépôt d'argent une plus grande solidité. Si l'on ajoutait trop d'eau, la solution deviendrait de plus en plus tardive, et la couche d'argent à peine formée s'arrêterait dans son développement à un degré de minceur où elle ne posséderait pas encore son entier coefficient de réflexion. C'est donc à l'observation et à l'expérience à décider précisément de la quantité d'eau qu'il convient d'ajouter à la solution normale pour en obtenir le meilleur dépôt.

Il en est de même de l'ammoniaque qui, entrant dans le mélange en très-petite quantité, n'est presque jamais dosée du premier coup d'une manière assez précise. Par insuffisance d'ammoniaque, la solution peut rester tardive, et alors il y a à distinguer si ce défaut provient d'un excès d'eau ou du manque d'alcali. Quand c'est l'ammoniaque qui manque, le dépôt d'argent retiré du bain présente une couleur violette très-prononcée et semble recouvert d'un voile blanchâtre. Si au contraire l'alcali était en excès, la solution sous l'influence du girofle se réduirait en masse et au détriment de l'action élective des parois, et le dépôt sortant du bain serait terni et recouvert d'une couche pulvérulente d'un gris foncé. La juste proportion d'ammoniaque est celle qui communique au dépôt une riche couleur d'or tirant sur le rose, avec formation d'un léger voile gris-cendré. Mais tandis que l'addition de l'eau s'effectue par centièmes, les tâtonnements qui concernent l'ammoniaque pure et concentrée ne doivent porter que sur les millièmes. Si par une erreur on avait ajouté de l'ammoniaque en excès, la solution ne serait pas perdue pour cela, car il serait facile de la réparer par l'acide nitrique : il n'en résulterait qu'une légère augmentation dans la dose du nitrate d'ammoniaque qui n'exerce pas sur le dépôt d'influence nuisible. En somme, c'est par l'eau et l'ammoniaque qu'on met pour ainsi dire les solutions au point. Pour éviter les pertes de temps, on fera bien de préparer à l'avance de grandes quantités de solution normale, de les réunir dans un seul flacon, de les traiter en masse pour les amener au point, et de les conserver hermétiquement bouchées sous la dénomination de *solution éprouvée*.

On ne doit tenter d'argenter une pièce importante que lorsqu'on a une solution déjà ancienne et éprouvée d'avance. L'opération s'exécute pour les grandes pièces dans des bassines en cuivre argentées intérieurement par la galvanoplastie, et qui ne s'attaque pas au contact du nitrate d'argent. Il faut qu'elles soient de grandeur appropriée à celle de la pièce et que le diamètre du fond dépasse de $0^m,03$ à $0^m,05$ celui de la surface à argenter. Pour les miroirs de petites dimensions, on peut se contenter des porcelaines plates que l'on trouve dans le commerce.

Il est indispensable de terminer le revers des miroirs par une surface polie, et de laisser cette surface libre de tout obstacle qui, gênant l'accès de la lumière, empêcherait de surveiller les progrès de l'argenture ; aussi, dès qu'un miroir est assez grand pour qu'on ne puisse plus le manier avec sécurité en le saisissant uniquement par les bords, devient-il nécessaire de creuser sur la tranche une gorge où s'insèrent deux anses de cordes solidement fixées par plusieurs tours de ficelle. Il faut encore préparer trois fiches en bois, ou mieux en baleine, effilées en biseau, que l'on glisse sous le bord du miroir aussitôt après son immersion dans le bain pour l'isoler du fond du vase et ménager un espace à la circulation du liquide. Enfin, quand on opère sur des pièces d'un poids considérable, on fait reposer la bassine sur une planche garnie de courbes qui en forment une sorte de berçoir. Dans tous les cas, l'opération doit se faire au grand jour et dans un local porté à une température de 15 à 20 degrés, car la lumière et la chaleur exercent une influence indispensable sur la réduction de l'argent.

Lors même que la surface à argenter aurait subi un nettoyage irréprochable, si l'immersion dans le bain n'était pas faite avec toutes les précautions requises, il pourrait encore survenir dans l'argenture diverses espèces de taches, des inégalités ou des temps d'arrêt. La bassine étant nettoyée au blanc d'Espagne, on prépare, pour y verser la solution, un grand cornet de papier collé que l'on engage dans un entonnoir comme un papier à filtrer et dont on coupe la pointe pour ménager un orifice d'écoulement de $0^m,002$ à $0^m,003$ de diamètre. Cet orifice est maintenu à $0^m,03$ ou $0^m.04$ au-dessus du fond de la bassine. Au moment même d'opérer, on mélange, en les agitant dans un même vase, la solution éprouvée et les 3 pour 100 de teinture de girofles qui déterminent la réaction ; on en verse aussitôt dans la bassine une petite quantité que l'on se hâte d'étaler avec un tampon de coton, puis aussitôt on verse dans le cornet le reste qui s'écoule par l'orifice en renouvelant sa surface et ne rencontre en se répandant que des parois déjà mouillées. On saisit alors le miroir par les anses, on le présente obliquement pour le faire reposer d'abord sur l'angle de la surface principale et on l'abaisse d'un mouvement uniforme qui détermine l'envahissement progressif de la nappe liquide; on glisse pour l'isoler du fond les fiches en trois points équidistants et l'on pose la bassine sur le berçoir en l'exposant librement au grand jour. À partir de ce moment, on n'a plus qu'à agiter doucement le liquide en inclinant l'appareil d'un côté et de l'autre et en faisant tourner de temps en temps la bassine sur elle-même.

Dans les premiers instants avant que la réaction commence, la surface immergée dans un liquide moins réfringent que le verre donne des objets extérieurs une image perceptible à travers l'épaisseur du disque; mais bientôt, sous l'influence du premier dépôt, cette image s'affaiblit, prend une teinte brunâtre, s'éteint presque complétement, puis soudain reparaît avec un éclat métallique où l'on juge que la réflexion a changé de nature. La durée du temps qui s'écoule entre l'immersion du miroir et la réapparition de l'image réfléchie est importante à noter, parce qu'elle sert de guide pour la durée totale de la réaction, qui généralement n'exige qu'un temps cinq à six fois plus long pour engendrer l'argenture complète. Dans les conditions moyennes de température et de lumière, la réapparition de l'image a lieu cinq minutes après l'immersion, et par un séjour dans le bain qui se prolonge vingt à vingt-cinq minutes de plus, la couche d'argent acquiert toute l'épaisseur convenable.

Dès qu'on juge le dépôt suffisamment épaissi, on doit retirer le miroir, le laisser égoutter jusqu'à ce que le liquide menace de sécher et le déposer dans une seconde bassine contenant de l'alcool ordinaire étendu par l'eau au point de marquer 67 degrés à l'alcoomètre de Gay-Lussac ou 25 degrés à l'aréomètre de Cartier. On l'agite jusqu'à ce que les égouttures ne soient plus colorées et on le transporte dans une troisième bassine contenant de l'eau ordinaire filtrée. Une certaine agitation communiquée sans faire émerger la surface peut hâter la dissolution de l'alcool dans l'eau ; mais il est toujours prudent de prolonger ce lavage au delà des six à huit minutes strictement nécessaires.

Le miroir est enfin porté dans l'eau distillée et de là posé sur sa tranche en contact avec un linge dans une position presque verticale, où on le laisse sécher. Quand l'opération a été bien conduite, on voit la nappe d'eau se retirer peu à peu et laisser à découvert une surface d'un jaune d'or tirant sur le rose et recouverte d'un léger voile gris-cendré. Examinée par transparence, cette couche d'argent ne laisse apercevoir que les objets vivement éclairés et les colore fortement en bleu.

Il s'agit maintenant d'enlever ce léger voile qui colore l'argent et diminue son éclat. L'expérience a appris qu'il faut commencer par frotter cette surface avec une peau de chamois disposée en un tampon mollement rembourré de coton cardé. On doit se garder d'étendre sur cette peau aucune poudre à polir, attendu que le frottement de ce premier tampon a principalement pour effet de fouler le dépôt d'argent, d'écraser le velouté inhérent à sa structure et de lui communiquer une solidité qui lui permette de supporter le polissage complet.

Un singulier phénomène qui ne manque jamais de se produire semble démontrer qu'en effet, sous la douce pression exercée par cette peau, la couche d'argent se modifie dans sa constitution. La transparence dont elle jouit à un faible degré en sortant du bain diminue notablement par le frottement ; le bleu transmis devient plus foncé comme si de très-petits interstices capables de transmettre de la lumière blanche venaient à s'oblitérer par suite de l'écrasement des parties saillantes. Toujours est-il qu'une fois polie la couche d'argent, qui a plutôt perdu que gagné, transmet évidemment moins de lumière qu'auparavant. Quand le tampon de peau nue a produit son effet, on en prend un second disposé de même sorte, mais imprégné de rouge d'Angleterre fin et lavé avec le plus grand soin. On le promène légèrement en rond sur toutes les parties de la surface en insistant particulièrement sur les bords, qui ont toujours une tendance à rester en retard. Peu à peu l'argent recouvre sa blancheur et contracte un poli qui reproduit celui de la surface sur laquelle il repose. C'est le poli du verre dans sa perfection, rehaussé par l'intensité de l'éclat métallique. Pendant une heure ou deux, suivant l'étendue de la surface à polir, l'éclat spéculaire va toujours croissant. Mais enfin, dès que le miroitage des objets ombrés donne un reflet d'un beau noir, on doit s'abstenir de prolonger un traitement qui finirait par altérer la texture de la mince couche d'argent.

Telle est dans tous ses détails la marche que nous avons suivie pour argenter régulièrement les miroirs de verre sans que la surface en éprouve le moindre changement perceptible aux différents procédés d'examen.

Nous ne prétendons pas que tant de précautions soient rigoureusement indispensables à la réussite d'une argenture suffisante pour l'usage ; mais ayant maintes fois observé que rarement on se résigne à accepter les moindres défauts qui viennent troubler l'uniformité d'une belle surface, nous avons compris que nous serions tenu d'indiquer, quels qu'ils soient, les moyens d'obtenir des miroirs sans taches.

DÉTAILS DE CONSTRUCTION SUR LES TÉLESCOPES DE GRANDE DIMEN-
SION; DISPOSITION DES OCULAIRES; CHANGEMENTS DE GROSSISSE-
MENT; MONTAGE DU MIROIR. — NOUVEAU PIED PARALLACTIQUE EN
CHARPENTE.

En sortant des mains de Newton, le télescope a été bien des fois
remanié par les savants et les artistes. Dans cet instrument, l'image formée
au foyer du miroir ne se présente pas aussi naturellement à l'observation
que celle qui résulte du concours de rayons réfractés; les dispositions
qu'on a imaginées pour la rendre accessible reposent sur des artifices qui
prêtent matière à discussion. Newton a pris dès l'origine le parti le plus
sage, qui consiste à rejeter l'image sur le côté et à l'observer au moyen
d'un oculaire monté sur la paroi du tube et dirigé perpendiculairement
sur l'axe. Le cône des rayons convergents était réfléchi par un miroir plan
incliné à 45 degrés qui était nécessairement placé en deçà du foyer, à une
distance au moins égale au rayon du tube.

En vue d'éviter la perte d'intensité causée par une seconde réflexion
métallique, on a tenté de remplacer le miroir oblique par un prisme à
réflexion totale qui agit sur le faisceau sans lui faire subir d'autre perte
que celle qui provient de l'absorption et des réflexions partielles aux deux
surfaces normales. Mais dans les grands instruments le prisme tend à
prendre des proportions telles, qu'il devient presque irréalisable. Dans les
instruments à court foyer, tels que ceux que nous avions en vue, ce prisme
devait prendre des dimensions plus grandes encore et menaçait, par ses
imperfections propres, d'exercer sur les images la plus fâcheuse influence.

Nous avons pris le parti de briser près du sommet le cône des rayons
par un prisme de petite dimensions qui laisse l'image à l'intérieur du tube
pour aller ensuite chercher cette image au moyen d'un oculaire composé.
Quelles que soient les préventions des observateurs contre l'oculaire à
quatre verres, on ne peut méconnaître les nombreux avantages que présente cette disposition. Elle résout toute difficulté, car, au moyen d'un
prisme réduit aux dimensions seulement suffisantes pour ne pas restreindre

l'étendue du champ, elle réalise le bénéfice de la réflexion totale ; de plus, comme ce prisme vient se placer à petite distance du foyer, il est hors d'état de compromettre l'image lors même qu'il laisserait à désirer relativement à la qualité de la matière, à l'exécution des surfaces et à la précision des angles. Enfin, ce qui ne nuit en rien, l'image vue dans l'oculaire à quatre verres se trouve redressée.

Cependant, comme l'oculaire composé a été conçu et organisé à l'occasion des lunettes, il arrive qu'en l'associant tel quel à des miroirs paraboliques à court foyer on fait reparaître une certaine aberration de sphéricité ; c'est-à-dire que dans cet oculaire où se trouvent deux verres qui jouent réellement le rôle d'objectif, on recommence à éprouver les imperfections des courbures sphériques. A cet inconvénient, le remède est bien simple : il consiste à opérer une dernière retouche qui, en sacrifiant l'image du miroir, aura pour effet de reporter la netteté sur l'image résultante du système optique composé du miroir et de la partie objective de l'oculaire. Par ce moyen, le miroir et le système des verres amplificateurs de l'image sont invariablement associés l'un à l'autre, et pour varier le grossissement on se borne à changer le système des deux autres verres, qui est tout conforme à l'oculaire astronomique ordinaire. Nous n'en sommes donc plus à construire des miroirs exactement paraboliques, et nous croyons mieux faire en les terminant par une surface expérimentale qui possède expressément la propriété d'agir de concert avec le système des verres amplificateurs de l'oculaire, pour assurer la perfection à l'image résultante[1].

Les considérations que nous avons développées en parlant de la formation des images nous ont servi à évaluer le degré de précision que réclame l'exécution des retouches locales ; ces mêmes considérations déterminent la limite où les déformations accidentelles du miroir commenceraient à nuire à la qualité des images. Si l'on veut que les images conservent leur netteté, il est indispensable que dans toutes les positions imprimées au miroir les divers éléments de la surface restent solidaires entre eux à la précision d'un dix-millième de millimètre, car tout déplace-

1. Voir *C. R. de l'Ac. des Sc.*, t. XLIX, p. 85.

ment relatif qui excéderait cette minime quantité mettrait certains rayons en discordance avec les autres et les jetterait en dehors du groupe efficace. On comprend dès lors l'extrême importance des précautions à prendre pour détourner du miroir les forces qui tendraient à en altérer la figure.

Lorsque le miroir est placé au fond du tube et que l'instrument est obliquement dirigé vers un point quelconque du ciel, la pesanteur agit suivant deux composantes rectangulaires, l'une qui tend à comprimer le miroir dans la direction du diamètre compris dans un plan vertical, l'autre qui le presse contre les parties résistantes sur lesquelles il repose par son revers. Ces deux composantes, qui varient en sens contraires avec la direction de l'instrument, demandent à être combattues isolément[1]. A celle qui comprime le miroir sur sa tranche, on ne peut opposer que la rigidité de la matière qui, sous un poids donné, prend une valeur maximum lorsqu'on termine le revers du miroir par une surface suffisamment convexe. Nous avons trouvé avantageux de faire tailler la face postérieure du miroir sur une courbe telle que l'épaisseur aille en doublant du bord vers le centre où elle atteint au moins le dixième du diamètre. Ce n'est là, du reste, qu'un palliatif qui n'obvie pas radicalement à la déformation, mais en réalité cette composante diamétrale de la pesanteur n'est que peu redoutable et parce qu'elle diminue à mesure que l'instrument s'élève vers le zénith, et parce que l'aplatissement qui pourrait en résulter dans la totalité des faisceaux convergents se corrigerait aisément par l'emploi d'une lentille cylindrique.

L'autre composante, dont l'intensité varie en sens inverse de la première, exerce sur l'image une influence beaucoup plus fâcheuse. A mesure que l'instrument se dresse, les parties solides sur lesquelles le miroir s'appuie font saillir les parties correspondantes de la surface et déterminent des ondulations qui s'accusent au foyer par de longues traînées de lumière. Il faut supprimer ces pressions locales et les répartir uniformément sur toute l'étendue du revers du miroir. Solidairement avec la monture de ce miroir on fixe un plancher en bois et l'on ménage entre deux un espace où l'on glisse un sac circulaire en caoutchouc qui, une fois

1. Voir *C. R. de l'Ac. des Sc.*, t. XLIX, p. 85; et *Cosmos*, XIII, p. 328.

gonflé, s'applique sur le verre. Le tube étroit qui conduit l'air dans ce coussin circule le long du corps de l'instrument, se prolonge jusqu'à l'oculaire et se termine par un robinet. En soufflant avec la bouche, l'observateur peut ainsi, sans perdre l'image de vue, régler à son gré la pression et l'amener précisément au degré suffisant pour que le miroir flotte dans sa monture sans la presser ni par l'une ni par l'autre surface. Il est clair que dans ces conditions le miroir échappe à la pesanteur quant aux effets de la composante qui s'exerce totalement sur le coussin pneumatique. Le jeu régulier de l'appareil n'exige nullement que le miroir ait du ballottement dans sa monture, et l'addition du coussin n'augmente pas cette instabilité de l'axe optique qu'on a jusqu'à présent reproché au télescope. Rien n'empêche d'assujettir le miroir dans son barillet en le saisissant près des bords en trois points équidistants. Le coussin, qui ne peut plus se déplacer en masse, n'en continue pas moins, suivant la pression, à modifier la surface et à réagir distinctement sur la netteté de l'image. Le cadre qui porte l'ensemble du miroir, du barillet et du coussin pneumatique se rattache au corps du télescope par des vis calantes et butantes qui servent à régler l'axe optique par rapport au prisme et à le maintenir dans une position définie.

Le corps des nouveaux télescopes est en bois; il a la forme d'un tube octogonal. Des diaphragmes largement ouverts et fixés intérieurement de distance en distance communiquent au système une rigidité dont on tire partie dans la manière de le monter parallactiquement. Au tiers de sa longueur comptée à partir du miroir on a fixé (fig. 19) deux tourillons montés perpendiculairement sur la direction de l'axe de figure. D'un autre côté, on a construit une table tournante à deux colonnes roulant par des galets sur un plateau orienté parallèlement à l'équateur et maintenu dans cette position par un bâti en charpente. Les deux colonnes de la table tournante sont armées de coussinets pour recevoir les tourillons du corps de l'instrument; de plus elles gardent l'écartement voulu et la hauteur suffisante pour le laisser passer librement. Le télescope étant donc posé à sa place se trouve suspendu parallactiquement, car son double mouvement s'exécute en déclinaison autour des tourillons et en ascension droite autour de l'axe de la table tournante. L'observation prolongée d'un astre exige que l'instrument soit arrêté en déclinaison; c'est pourquoi on fixe sur le plateau tournant une sorte de bras dont l'extrémité se rattache en quelque point du corps du télescope par une barre à coulisse et à serrage qui figure un côté variable dans un triangle et détermine l'ouverture de l'angle opposé.

Un disque métallique divisé à sa circonférence et monté sur l'axe des tourillons fait l'office de cercle de déclinaison, et des divisions tracées sur le contour du plateau équatorial figurent les parties d'un cercle horaire; mais les positions qu'ils indiquent ne comportent pas plus de précision que n'en exige la recherche d'un astre qu'on veut mettre dans le champ.

Ce système de pied ne constitue, à vrai dire, qu'un support disposé parallactiquement pour la commodité des observations. les mouvements en sont doux et rien n'empêchera d'y ajouter au besoin un rouage moteur.

On construit en ce moment une semblable monture pour le télescope de 0^m,42 établi depuis plusieurs mois à l'Observatoire impérial. Le miroir a été fondu à Saint-Gobain, puis dégrossi et débordé dans l'usine Sautter et Cie. spécialement consacrée à la construction des phares lenticulaires. Depuis lors M. Sautter a préparé pour l'avenir de bien plus grands disques, et nous avons reçu de lui l'assurance d'une coopération qui ne reculerait que devant une impossibilité matérielle; soulagée d'une préparation qui exigeait un outillage spécial, la maison Secretan a fait tout le reste, sauf les dernières retouches dont elle n'aurait pas accepté la responsabilité. Par les soins de M. Eichens, qui a la direction des ateliers, la partie mécanique se perfectionne et s'achève. en sorte qu'avant peu nous serons en possession de l'appareil complet.

Nous voici parvenu au terme de cette série de détails qu'il fallait tous indiquer sous peine de laisser à d'autres le soin de rechercher ce que la pratique nous avait enseigné. Nous les avons donnés à titre de renseignements pour ceux qui souhaiteraient de reproduire les effets que nous avons obtenus. Parmi ces détails d'exécution, il en est un grand nombre que nous avons recueillis dans les ateliers de M. Secretan, et nous nous plaisons à reconnaître que ces rapports de chaque jour avec des ouvriers habiles, des contre-maîtres intelligents et un chef d'établissement doué d'un esprit éclairé nous ont considérablement abrégé notre tâche.

Cette tâche, en quoi consistait-elle? Nous nous étions proposé, ou plutôt nous avions reçu du directeur de l'Observatoire la mission de préparer les voies pour la taille des objectifs de grand diamètre. Fallait-il se contenter d'appliquer empiriquement en grand les méthodes dont on s'est contenté jusqu'ici pour le travail des verres? Quels résultats pouvait-on se flatter d'obtenir en compensation de l'accroissement des dépenses? A quoi jugerait-on d'avoir réussi? Savait-on seulement si dans l'état actuel nos meilleurs instruments laissent carrière à d'importants progrès? N'y aurait-il pas en optique comme en mécanique un maximum d'effet utile qui viendrait tôt ou tard limiter nos efforts? Toutes ces questions étaient implicitement comprises dans la mission que nous avions reçue du directeur.

En cherchant à les résoudre, il y avait danger, nous le voyons aujourd'hui, de s'engager dans une voie qui vraisemblablement était sans issue. Heureusement nous avons pris le chemin détourné et, délaissant provisoirement la réfraction, nous avons emprunté à la réflexion les moyens d'agir plus simplement sur la lumière et d'en former correctement ce point focal où se révèle toute la théorie physique des images. Comme nous n'avions affaire qu'à une seule surface, comme par le fait même de la réflexion la ligne d'expérience repliée sur elle-même se contenait à l'intérieur d'un emplacement fermé et ramenait le point et l'image à proximité l'un de l'autre, nous avons pu, sans nous écarter de la figure sphérique, nous familiariser avec les moyens d'agir sur les surfaces de verre, de les observer et de les modifier à la demande des phénomènes optiques. Appliquant ensuite les mêmes procédés au cas où le point et l'image s'éloignent progressivement l'un de l'autre, nous avons vu se réaliser naturellement les surfaces qui procèdent des sections coniques et qui étaient désignées depuis si longtemps comme spécialement propres aux usages de l'optique; et maintenant que l'expérience est acquise, nous n'hésiterions pas à faire sur les objectifs achromatiques l'application d'une méthode qui n'a rien à redouter de la complication analytique des surfaces. Cependant les miroirs de verre qui n'étaient qu'accessoires ont emprunté à l'argenture un éclat métallique si remarquable que maintenant ils rivalisent avec les objectifs de même dimension.

Sans perdre de vue l'objet principal de ce travail, qui était de fournir des résultats pratiques, nous avons été conduit, chemin faisant, à reconnaître l'insuffisance des considérations purement géométriques sur lesquelles on se fondait pour établir la théorie des instruments d'optique. Tous les faits observés condamnent un système dans lequel on ne tient aucun compte du caractère périodique de l'agent lumineux, où par suite on néglige l'élément principal qui intervient dans le mécanisme de la formation des images; ils démontrent, au contraire, qu'au foyer des surfaces appropriées par leur degré de précision à la constitution intime de la lumière les rayons obéissent au principe fondamental des interférences. Ainsi se justifie dans ses dernières conséquences une doctrine que l'esprit humain s'est donnée pour guide, et qui paraît devoir embrasser l'universalité des phénomènes de l'optique physique.

Dans une note présentée à l'Académie des Sciences[1] le 24 avril 1862, L. Foucaul annonça qu'il était arrivé à obtenir un miroir de $0^m,80$ de diamètre et de $4^m,50$ de distance focale qui, monté sur un pied altazimutal et soumis aux épreuves les plus nombreuses et les plus variées, a été reconnu présenter une précision comparable à celle des miroirs plus petits précédemment construits.

Cette note contient en outre quelques détails de construction sans grand intérêt.

1. *Comptes rendus de l'Académie des Sciences*, t. XLIV, p. 859.

MICROSCOPE CATADIOPTRIQUE

AVEC MIROIR EN VERRE ARGENTÉ[1]

(Société Philomathique, 19 février 1859.)

M. Foucault donne la description d'un nouveau microscope catadioptrique dans lequel l'aberration des lentilles est exactement compensée par l'intervention d'un miroir argenté dont la courbure a été modifiée par le procédé des retouches locales. Par ce moyen, la surface des lentilles est utilisée dans toute son étendue, et le nombre des rayons efficaces croissant dans le même rapport, les images deviennent en même temps plus nettes, plus lumineuses et supportent de plus forts grossissements.

L'instrument se compose d'un petit microscope vertical dont les lentilles forment image à 5 centimètres de distance, dans l'intérieur d'un prisme à réflexion totale, qui dirige horizontalement les rayons émergents sur le miroir concave en verre argenté.

Ce dernier a dû être travaillé sur un rayon de courbure de 0^m,40, et il est placé de telle sorte que son centre de courbure occupe le milieu du bord supérieur de la surface hypoténuse du prisme. En vertu de cette disposition, les rayons renvoyés par le miroir viennent former au-dessus et à l'extérieur du prisme une image corrigée de celle qui existe à l'intérieur.

[1]. Voir *Procès-verbaux de la Soc. Philom.*, 1859, p. 16.

Cette image est définitivement observée au moyen d'un microscope faible horizontalement dirigé.

L'image qui se forme finalement sur la rétine résulte du concours de rayons qui, dans un trajet assez compliqué, se croisent pour la quatrième fois; et cependant ces transmissions d'images se font dans des conditions qui, loin de nuire au résultat, contribuent manifestement à augmenter la puissance de l'instrument.

Pour donner une idée de l'apparence que prend un objet bien connu quand on l'observe au nouveau microscope, M. Foucault met sous les yeux de la Société une esquisse que M. Bulard a bien voulu tracer à la hâte et qui représente les globules du sang humain. Chacun de ces globules apparaît avec une surface modelée, des contours sinueux, des bords relevés, et quelquefois ils imitent une éminence centrale, une sorte de bouton en relief, qui correspond au noyau signalé par les micrographes.

Au reste, pour se défendre contre toute illusion, M. Foucault se propose de recourir à la photographie et d'appeler ainsi en témoignage des résultats qui suppléeront à son inexpérience en micrographie.

LA CONSTRUCTION DU PLAN OPTIQUE

(Sans date.)

Depuis longtemps j'ai eu la pensée que la méthode des retouches locales, qui m'a servi à donner aux miroirs en verre la figure parabolique, conviendrait également pour engendrer ou perfectionner la surface d'un miroir rigoureusement plan. Ayant eu le loisir de faire l'expérience, j'ai obtenu une réussite qui me permet de présenter la méthode comme étant d'une application facile et assurée.

Le miroir dont il s'agit a $0^m,35$ de diamètre, et, sous quelque incidence qu'il se présente aux rayons qui tombent à sa surface, le faisceau réfléchi observé dans les lunettes ne présente aucune différence avec le faisceau direct.

Pour arriver à ce résultat, on ne s'est servi ni du sphéromètre, ni des bassins multiples ordinairement employés pour engendrer la surface du plan.

Le disque de verre, après avoir été fondu à Saint-Gobain et dégrossi dans les ateliers de M. Sautter, a été attaqué à la main au moyen d'un disque plus petit que l'on faisait mouvoir à sa surface avec interposition d'émeris de plus en plus fins détrempés dans l'eau.

On a ainsi engendré une surface doucie, qui, sous une incidence oblique, réfléchissait spéculairement la lumière émanée d'un point de mire placé à la distance de trois ou quatre mètres.

Le faisceau, réfléchi et observé dans une petite lunette, donnait au foyer une image qui, par sa déformation, indiquait l'état de la surface, et suivant que cette surface était reconnue convexe ou concave, on insistait en la travaillant de nouveau sur le centre ou sur les bords.

Quand l'image réfléchie s'est montrée aussi nette que l'image directe, on s'est occupé de donner le poli à cette surface doucie. Pour cela on a préparé un polissoir en verre de $0^m,12$ à $0^m,15$ de diamètre et légèrement convexe. On l'a recouvert d'un papier collé à l'empois, et, après l'avoir enduit d'oxyde de fer, on s'en est servi pour exercer, sur la surface à polir, un frottement également et méthodiquement distribué sur toute son étendue. Ce travail a duré trois jours, et, au bout de ce temps, le miroir s'est trouvé poli sans que la rectitude du plan ait été altérée. On avait pour garantie l'observation de la mire réfléchie sous l'incidence rasante, et l'on dirigeait le travail de manière à combattre la moindre tendance à la déformation dans un sens ou dans l'autre.

Il est donc établi que l'on peut construire le plan optique par simple retouche locale et sans recourir à l'ancienne et laborieuse méthode, qui consistait à réunir deux à deux une série impaire de bassins jusqu'à superposition exacte de l'un quelconque avec tous les autres.

Il n'est pas nécessaire d'insister sur l'importance d'un pareil résultat. Le miroir plan est pour l'optique expérimental un ciel artificiel sur lequel on peut éprouver les grands instruments astronomiques, lunettes ou télescopes, en les amenant à se collimer par eux-mêmes.

Il convient d'ajouter, aux applications précédentes de la méthode des retouches locales, l'emploi qu'en a fait L. Foucault pour la taille des objectifs : deux objectifs, l'un de 7 pouces et l'autre de 9 pouces, ont été taillés par lui et sont actuellement employés l'un à Lima (Pérou), l'autre à Paris. L. Foucault n'a laissé aucun mémoire sur ce sujet : nous nous bornons à le signaler, nous réservant de donner en annexes les renseignements que nous aurons pu recueillir.

MOYEN D'AFFAIBLIR LES RAYONS DU SOLEIL

AU FOYER DES LUNETTES[1]

(Académie des Sciences, 3 septembre 1866.)

Lorsqu'on veut étudier dans les instruments d'observatoire la constitution physique du soleil, il est indispensable de recourir à certains procédés pour diminuer l'intensité de la lumière et de la chaleur qui se concentrent dans l'image focale.

En plaçant un verre noir devant l'oculaire, on réussit dans les premiers instants à protéger l'œil contre l'intensité du rayonnement; mais si l'observation se prolonge et si l'objectif est à large ouverture, le verre s'échauffe et se brise en exposant l'observateur à l'action directe des rayons solaires.

On croit parfois remédier à cet inconvénient en réduisant par un diaphragme l'étendue libre de l'objectif, mais c'est là un procédé qui n'agit qu'au détriment du pouvoir optique, et qui, par conséquent, ne supporte pas l'examen.

On a encore proposé de faire subir au faisceau une réflexion partielle sous l'angle de polarisation et d'armer l'oculaire d'un analyseur dont on

---

1. Voir *C. R. de l'Ac. des Sc.*, t. LXIII, p. 413, et *Cosmos* (2), t. II, p. 302.

fait varier l'azimut dans le but de diminuer à volonté l'intensité des rayons qui le traversent. On arrive par ce moyen à affaiblir les images sans leur donner de coloration sensible, mais il est rare que par un traitement aussi compliqué la netteté ne soit pas compromise. L'instrument perd de son pouvoir optique, et c'est là précisément ce qu'il faut éviter si l'on veut tirer de l'emploi des grandes lunettes tout ce qu'elles peuvent nous apprendre sur la structure et sur les révolutions qui s'opèrent a la surface de l'astre.

Ayant été conduit, par mon travail sur le télescope, à argenter un grand nombre de miroirs en verre, j'ai eu bien souvent occasion de remarquer que cette couche métallique, dont l'éclat est si vif, possède en même temps une transparence et une limpidité comparable à celles des plus beaux verres colorés. Cette transparence est telle, qu'en regardant le soleil au travers de cette mince couche d'argent, on aperçoit distinctement et sans aucune fatigue les moindres vapeurs qui viennent à passer sur le disque. J'en vins aisément à supposer qu'un verre argenté pourrait être employé comme verre coloré, et qu'il présenterait sur ces derniers le grand avantage de réfléchir tous les rayons qui ne passent pas au travers.

Assurément une glace parallèle argentée sur une de ses faces et placée dans le corps d'une lunette, sur le trajet du faisceau, devait offrir un moyen commode d'observer le soleil. Mais, puisque cette couche d'argent peut être considérée comme un milieu sans épaisseur, j'ai pensé qu'il serait préférable d'argenter l'objectif lui-même, en laissant d'ailleurs absolument intacte l'organisation de la lunette astronomique. Je ne change donc rien aux oculaires, je laisse le micromètre en place avec ses fils, et je me borne à argenter la surface extérieure de l'objectif.

Par ce moyen l'instrument tout entier se trouve protégé contre l'influence de la chaleur solaire qui est réfléchie presque totalement vers le ciel, tandis qu'une minime partie de lumière bleuâtre traverse la couche de métal, se réfracte à la manière ordinaire et va former au foyer une image calme et pure que l'on peut observer sans danger pour la vue. Le contour du disque se détache nettement sur un ciel noir, les taches se dessinent avec précision, les facules se montrent distinctement, ainsi que e décroissement de lumière vers les bords, et, dès le premier coup d'œil, on se sent armé d'un puissant moyen d'investigation. La teinte vraie du soleil est un peu altérée par la prédominance des rayons bleus; mais les rapports d'intensité sont si bien conservés qu'on ne perd aucun détail, et qu'au bout d'un certain temps l'œil, accoutumé à cette couleur bleuâtre, cesse d'en avoir le sentiment distinct.

Il est vrai qu'une lunette ainsi préparée est un instrument sacrifié, pour un temps du moins, à un seul objet. Peut-être trouvera-t-on que l'objet en vaut la peine. Au moment où les plus grandes questions s'agitent concernant la constitution physique du soleil, où les aperçus les plus neufs et les plus ingénieux tendent à nous dévoiler le mécanisme d'une aussi prodigieuse effusion de chaleur et de lumière, il ne serait sans doute pas sans intérêt de tenter l'opération sur un grand instrument.

En laissant de côté la question de savoir quelle peut être l'origine de la chaleur solaire, en considérant de parti pris la masse de l'astre comme étant douée d'une température initiale, ce qui semblait encore impénétrable c'était le mystérieux mécanisme de la réparation des pertes qui se font par rayonnement dans l'espace; non-seulement ce mécanisme était inconnu, mais la question n'était même pas posée. A M. Faye appartient le mérite d'avoir fait remarquer, dans ces derniers temps, qu'en supposant la substance du soleil plus conductrice que le plus conducteur des métaux, la chaleur ne s'y transportant que par simple conductibilité, sa surface ne pourrait pas conserver un éclat permanent. Puis, se fondant sur la théorie de la dissociation chimique de M. Henri Deville, M. Faye a montré que dans ce pêle-mêle de tous les éléments dissociés, dont la masse est formée, se rencontraient en toute probabilité les conditions de mobilité qui leur permettent de se transporter vers la surface pour s'y combiner tour à tour avec cette vive et inépuisable incandescence qui caractérise la photosphère. La chaleur est aussi charriée avec les corps de la profondeur à la surface et non transmise par voie de simple conductibilité à travers leur substance. C'est ce renouvellement perpétuel de matériaux alternativement combinés et redissociés qu'il faut maintenant saisir sur le fait. MM. Faye et H. Deville ont émis les idées premières; je m'estimerais heureux si je pouvais contribuer à mon tour à élucider un pareil sujet en fournissant quelque nouveau moyen d'observation.

En réponse à une observation faite par M. Chevreul, M. Foucault répondit que, suivant lui, la coloration verte de la lumière transmise à travers l'or battu suffit à prouver que ce métal peut, ainsi que l'argent, laisser passer la lumière par transparence véritable, ce qui n'empêche pas que dans cet état de minceur extrême l'or des livrets ne présente de petits interstices, visibles au microscope, et qui livrent passage à une certaine quantité de lumière directe. Pareille chose arrive pareillement pour l'argent déposé dans certaines conditions, bien que le microscope ne puisse pas en fournir la preuve. Il suffit, en mettant les réactifs en présence, d'altérer les proportions qui donnent une réaction franche pour que l'argent précipité cesse de présenter la teinte bleue. Tout porte à croire qu'en pareil cas, la couche qui se dépose n'a pas une continuité parfaite, car en la frottant avec une peau pour augmenter son éclat métallique, on diminue la quantité de lumière transmise et on fait reparaître la couleur bleue. Évidemment, sous la pression de la peau, l'argent est refoulé, les pores se referment et la lumière ne trouve à passer qu'à travers l'argent même. Ce qui est démontré pour l'or et l'argent s'appliquerait sans doute à tous les métaux si on savait les réduire en lames suffisamment minces.

APPLICATION

DU

PROCÉDÉ D'ARGENTURE A UN OBJECTIF

DE 0^m,25 DE DIAMÈTRE[1]

(Académie des Sciences, 1er octobre 1866.)

Dans la séance du 3 septembre dernier, l'Académie a eu communication d'un procédé proposé par M. L. Foucault pour affaiblir les rayons du soleil au foyer des lunettes. Il était intéressant de constater si l'expérience, répétée sur un grand instrument, donnerait les résultats que semblait promettre un premier essai. L'Observatoire possède un équatorial dont la lunette admet un objectif de 0^m,25. D'un autre côté, M. Secretan fait construire en ce moment, dans ses ateliers, un objectif de cette grandeur qui, sans être complétement terminé, est déjà arrivé à un certain degré de perfection.

C'était une excellente occasion pour faire un second essai sans entraver le courant des observations ordinaires. M. Secretan a bien voulu prêter cet objectif. La surface extérieure du crown a donc été argentée sous l'épais-

1. Voir Comptes rendus de l'Acad. des Sc., t. XLIII, p. 547. — Cette note a été lue à l'Académie par M. Le Verrier: mais d'après la minute qui a été retrouvée, elle a été rédigée, très-probablement, par L. Foucault.

seur voulue, et l'objectif étant mis en place, on a pu profiter des éclaircies de ces derniers jours pour examiner le soleil et pour apprécier sommairement le nouveau moyen d'observation.

Par cette nouvelle épreuve il est bien établi que l'image du soleil est ainsi débarrassée de presque toute chaleur et de l'excès de lumière qui en rendait l'opération difficile ou dangereuse. La présence de la couche d'argent ne paraît aucunement altérer les propriétés optiques de l'objectif, elle diminue seulement l'intensité de la lumière transmise sans troubler la marche des rayons et sans produire de diffusion sensible. La netteté des images reste évidemment subordonnée comme d'ordinaire à l'état de l'atmosphère, et en choisissant les instants favorables, on arrive à appliquer utilement des grossissements de 300. On distingue alors dans les taches solaires ces nombreux détails qui ont été décrits et figurés par les observateurs les plus expérimentés. La surface entière de l'astre se montre parsemée d'un pointillé irrégulier dont les éléments peuvent se classer en différentes grandeurs, et se groupent en constellations diversement configurées. À mesure que l'on gagne en netteté, on échappe à l'illusion d'une structure régulière comme celle qui résulterait de l'agglomération d'éléments identiques juxtaposés ou enchevêtrés les uns avec les autres. Il y a de ces instants de netteté fugitive qui amènent la résolution des parties ombrées et qui font souhaiter de recourir à l'emploi d'instruments de plus en plus puissants.

La seule altération consiste donc dans une légère teinte bleuâtre, à laquelle on s'habitue promptement, mais dont il importait de connaître la composition.

Par l'application du spectroscope déjà employé à l'étude des étoiles, M. Wolf a constaté que la teinte résultante contient presque tous les rayons du spectre, à l'exception du rouge extrême, dont l'élimination semble coïncider avec celles des rayons calorifiques obscurs. En même temps l'orange, le jaune et le vert subissent une extinction partielle ; le bleu et le violet conservent, ainsi qu'on pouvait s'y attendre, une prédominance marquée.

Cette observation n'est pas sans importance, car si l'argent ne laissait passer qu'une lumière monochromatique, il serait impossible de saisir les particularités susceptibles de se manifester par des effets de couleurs, mais comme en réalité tous les éléments du spectre visible figurent, à peu de chose près, dans la lumière transmise, on peut compter qu'aucun détail de coloration ne passera inaperçu.

DU SPECTRE SECONDAIRE ET DE SON INFLUENCE

SUR LA

VISION DANS LES INSTRUMENTS D'OPTIQUE

(Sans date.)

———— ————

On est convenu de donner le nom de spectre secondaire au phénomène de dispersion qui persiste lorsqu'on cherche à compenser l'action
d'un milieu sur la lumière par celui d'un autre milieu. Le spectre secondaire peut être considéré comme un spectre ordinaire replié sur lui-même
avec condensation de lumière aux environs du repli. Quand on cherche à
le produire correctement par deux prismes de crown et de flint achroma-
tisés l'un par l'autre, on constate qu'il se termine brusquement à une
extrémité, et qu'à l'autre, il finit en mourant comme le spectre ordinaire.

La raison de cette dissymétrie provient de ce que, indépendamment
de leur intensité propre, les rayons de réfrangibilités moyennes sont condensés au voisinage de la direction limite correspondant au maximum de
déviation, tandis que les rayons de réfrangibilités extrêmes, de moins en
moins déviés, vont en se désunissant à mesure que leur intensité propre
diminue. Ainsi vers l'extrémité la plus déviée où viennent s'accumuler les
rayons moyens, tout concourt à augmenter l'intensité du spectre secondaire et à constituer un faisceau efficace qui domine sur le reste et résume

la presque totalité du faisceau primitif. En ce point, où viennent s'accumuler la plus grande partie des rayons par le fait de l'existence d'un
maximum de déviation, il y a formation d'une teinte résultante qui diffère
du blanc par l'absence des rayons qui composent tout le reste du spectre
secondaire; cette teinte du faisceau efficace est variable avec la région du
spectre où la combinaison des deux milieux détermine le maximum de
déviation; mais dans les conditions ordinaires de l'achromatisme, le centre
des rayons efficaces est pris dans la région la plus éclairante du spectre,
ce qui donne pour l'extrémité brillante du spectre secondaire une teinte
jaune verdâtre fortement lavée de blanc. L'autre extrémité de ce spectre est
évidemment formée de la superposition du rouge et du violet qui donnent
du pourpre, en sorte qu'on peut se faire une idée assez rapprochée de la
distribution des teintes dans le spectre secondaire, en se figurant une extrémité d'un jaune-verdâtre clair, très-vif; l'autre extrémité d'une teinte
pourpre sombre, et entre deux une dégradation établissant la transition
comme teinte et comme intensité.

Telle est donc la constitution du spectre secondaire, ainsi qu'il résulte
généralement des actions successives et opposées de deux milieux différents
sur la lumière blanche. Pour passer de cette notion simple à l'application
précise des apparences qui se montrent dans le champ des lunettes achromatiques, il suffit de considérer que la série des foyers qui donnent l'image
d'un point affecte la même distribution que la série des teintes dans le
spectre secondaire. Si, par exemple, on dirige vers quelque étoile une
lunette achromatisée par la combinaison ordinaire de deux verres en
crown et en flint, parmi tous les rayons émanés de l'étoile, il y aura un
groupe formé des rayons moyens du spectre qui donnera, suivant l'axe de
l'instrument, une image dominante de couleur jaune-verdâtre. A une certaine distance, les rayons extrêmes du spectre, rouge et violet, formeront une
image d'une teinte pourprée sombre, et entre deux viendront se placer une
infinité d'images de teintes et d'intensités intermédiaires. Si maintenant on
vient à considérer cet ensemble avec un oculaire, la mise au point aura
lieu naturellement sur l'image formée par les rayons dont l'intensité domine, laquelle paraîtra entourée d'une auréole formée par la superposition

de tous les autres rayons, dont les cônes convergents sont interceptés par le plan de l'image principale. C'est ainsi qu'au foyer des lunettes achromatiques l'image d'un point blanc est formée d'une image centrale jaune-verdâtre, entourée d'une auréole dont l'extrême limite est d'un bleu pourpre d'une intensité décroissante et dont les zones intermédiaires présentent toutes les teintes et toutes les intensités intermédiaires.

Cette image d'un point telle qu'elle se forme au foyer des lunettes achromatiques participe, comme on voit, à toute la complication de constitution du spectre secondaire ; comme lui, elle présente à considérer un groupe de rayons efficaces, formé par les rayons de réfrangibilité moyenne, condensés en vertu du maximum de déviation. Ce sont ces rayons efficaces qui font en quelque sorte tous les frais de l'image qu'on observe et des détails que l'observation y cherche. Ces rayons sont suivis à distances variées par les différents couples de rayons diversement colorés, qui ne convergent pas au même point et que l'on considère volontiers comme étant au moins inutiles à la vision. Le fait est que l'on comprendrait difficilement comment des rayons disséminés dans une image en dehors des points homologues de ceux qui les ont émis dans l'objet pourraient ne pas nuire à la perfection de la vision, et si dans les lunettes les rayons réfractaires à l'achromatisme ne nuisent pas davantage aux observations, cela semble conduire à conclure que leur somme d'intensité est négligeable par rapport à celle des rayons utiles.

Telle est du moins l'opinion que je m'étais faite et que j'ai conservée jusqu'au jour où une observation remarquable est venue changer ma manière de voir.

C'était en 1860. Je venais de terminer un télescope de $0^m,33$ de diamètre et j'avais la certitude que toute la surface du miroir contribuait efficacement à la formation du foyer optique. En même temps on venait d'achever dans la maison Secretan une lunette achromatique de même dimension que l'on destinait à l'Observatoire et qui, soumise à mes procédés d'examen, laissait entrevoir quelques défauts dans la figure des surfaces. En outre, comme dans toute lunette de grande dimension, l'achromatisme était loin de faire disparaître toute dispersion sensible. J'avais donc deux

raisons de penser que, pour l'effet optique, le télescope l'emporterait franchement sur la lunette, et que l'occasion serait toute favorable aux instruments à réflexion. Mais, contrairement à mes prévisions, je dus reconnaître
que, sous certain rapport, la lunette se montrait manifestement supérieure
au télescope. A quoi pouvait tenir cette différence qui depuis s'est confirmée
en mainte circonstance? Elle tenait précisément à l'influence du spectre
secondaire qui, par défaut d'achromatisme, intervenait dans la formation
des images au foyer de la lunette. Le télescope, au contraire, était trop
parfaitement achromatique, et c'est de là seulement que provenait son infériorité relative.

Pour concevoir comment un défaut d'achromatisme peut être favorable
à la sensibilité de certains détails, il faut d'abord bien distinguer deux
sortes de détails : 1° ceux qui échappent à la vue par leur petitesse angulaire; 2° ceux qui sont difficiles à percevoir par défaut de contraste. Quand
il s'agit de distinguer l'un de l'autre deux points dont la distance sous-
tend un angle d'une petitesse déterminée, ce qu'il faut à l'instrument c'est
une perfection optique absolue, et dans ce cas un télescope parfait vaudra
toujours mieux qu'une lunette de même ouverture. Tel est le cas où il s'agit
de séparer des étoiles doubles. Mais quand on veut arriver à saisir des
différences de nuance ou d'éclat dans des parties contiguës d'un objet dont
la visibilité ne dépend plus des dimensions angulaires, il peut arriver et il
arrive ordinairement que la lunette convienne précisément à cause de l'imperfection de l'achromatisme; l'explication ne relève plus alors des seuls
principes de l'optique, mais bien des propriétés physiologiques des organes
de la vision.

On démontre que l'œil n'est guère sensible à une différence d'intensité
inférieure au $\frac{1}{60}$ de l'éclat d'un objet observé. Si des ombres sont projetées
sur un écran et que ces ombres correspondent à une diminution de lumière
moindre que $\frac{1}{60}$, ces ombres pourront passer inaperçues. Mais si, quoique
très-faibles, ces ombres ont une nuance propre et différente de celle du
reste de l'écran, elles pourraient devenir visibles quoique différant très-peu
du fond en intensité absolue. Tel est le principe qui donne l'avantage aux
lunettes, par suite du défaut d'achromatisme.

En effet, supposons qu'avec une mire très-déliée on ait tracé sur un tableau blanc des bandes d'un gris très-faiblement perceptibles. En plaçant cet objet au loin et en l'observant avec un télescope, on aura une image dans laquelle les bandes se juxtaposent en gardant leurs rapports d'intensité réelle. Mais qu'on fasse l'observation avec une lunette achromatisée par les procédés ordinaires, et on reconnaîtra, par une discussion attentive, que dans les images contiguës de deux bandes d'intensités différentes il y a un contraste qui provient non-seulement des différences d'intensité, mais qui s'exalte encore par l'opposition des teintes propres du spectre secondaire. Si une bande claire est placée auprès d'une bande sombre, non-seulement cette bande conservera dans l'image un excès d'intensité, mais de plus elle prendra une couleur jaunâtre qui tranchera avec la teinte violacée de la bande juxtaposée qui, dans la nature, ne diffère que par un moindre éclat.

Ce résultat est surtout sensible quand on observe les bandes de Jupiter. Pour peu que l'on emploie un grossissement de trois ou quatre cents, ces bandes ont assez de largeur pour que leur invisibilité ne dépende plus de leurs dimensions angulaires. Mais assurément elle dépend encore du plus ou moins de différence d'intensité de ces bandes et du corps de la planète. Or il m'a toujours semblé que, vues dans une lunette même médiocre, les bandes de Jupiter paraissent plus fortement accusées que dans le meilleur télescope à réflexion. C'est que le télescope les montre telles qu'elles sont, tandis que la lunette les colore en bleu en même temps qu'elle jette une teinte jaunâtre sur la planète même.

POLARISEUR EN SPATH D'ISLANDE

EXPÉRIENCE DE FLUORESCENCE [1]

(Académie des Sciences, 17 août 1857.)

Quand on se propose de polariser d'une manière complète un faisceau de lumière blanche, le meilleur moyen connu est de recourir à l'usage du prisme de Nicol; cependant, dès qu'on cherche à opérer sur un faisceau d'un certain volume, de $0^m,04$ à $0^m,05$ de diamètre par exemple, le prisme de Nicol devient dispendieux et difficile à se procurer en raison de la rareté des beaux échantillons de spath.

La coupe adoptée pour la construction du prisme de Nicol entraîne nécessairement une assez grande dépense de matière. Pour que le prisme soit entier, il faut qu'il soit pris dans un canon de spath dont les arêtes longitudinales égalent au moins trois fois l'un des côtés égaux qui terminent les bases. On coupe alors la pièce d'angle en angle obtus par un plan incliné à 88 degrés sur le plan des bases et perpendiculaire au plan de leurs petites diagonales. On polit les deux faces ainsi obtenues, et on les recolle au moyen de baume de Canada.

Quand on dirige un parallélipipède ainsi préparé sur un fond unifor-

1. Voir *Comptes rendus de l'Acad. des Sc.*, t. XLV, p. 238. Une note sur cette question a également été présentée à la Société philomathique le 25 juillet 1857. Voir le journal *l'Institut* et *Procès-verbaux de la Soc. phil.*, 1857, p. 104.

mément éclairé et qu'on regarde à travers la pièce suivant l'axe de figure, on voit se dessiner un champ de polarisation compris entre deux bandes courbes, l'une rouge et l'autre bleue, qui répondent aux directions limites suivant lesquelles se transmettent le rayon ordinaire et le rayon extraordinaire. Ces bandes comprennent un espace angulaire de 22 degrés, ce qui fait du prisme de Nicol un analyseur applicable dans toutes les circonstances où l'inclinaison des rayons que l'on veut observer simultanément ne dépasse pas les 22 degrés.

Mais cette étendue angulaire du champ de polarisation que l'on recherche dans le prisme de Nicol, considéré comme analyseur, ne présente plus le même intérêt quand l'appareil doit jouer simplement le rôle de polariseur; car alors l'action qu'il s'agit de produire ne porte en général que sur un faisceau de lumière à peu près parallèle. En sorte qu'il y aurait avantage en pareille circonstance à augmenter l'étendue des dimensions transversales du prisme, lors même qu'il en résulterait une certaine réduction dans l'étendue du champ angulaire de polarisation.

En réfléchissant aux données de la question, j'ai en effet reconnu qu'on peut modifier dans sa coupe le prisme de Nicol, de manière à en diminuer considérablement la longueur sans nuire aux effets qu'il peut produire en qualité de polariseur.

Je prends donc un parallélipipède de spath dont les arêtes longitudinales égalent seulement les 5/4 de l'un des côtés des bases; je fais passer d'angle en angle obtus une section inclinée à 54° 1/2 sur le plan des bases, et les nouvelles faces étant polies, je remets les deux morceaux dans leur position naturelle *sans les coller* et en ayant soin de réserver entre les nouvelles faces un peu d'espace où l'air persiste et qui, sous l'incidence convenable, détermine la réflexion totale du rayon ordinaire.

En regardant au travers d'un rhombe coupé de la sorte et monté d'ailleurs comme un prisme de Nicol, on retrouve encore l'existence d'un champ angulaire de polarisation; mais l'indice de réfraction de l'air étant considérablement inférieur à ceux des deux rayons que propage le spath, la polarisation complète n'a lieu que dans une étendue d'environ 8 degrés, et le champ qu'elle occupe est compris entre deux bandes rouges.

La nouvelle combinaison ne satisfait donc pas aux conditions nécessaires pour former un bon analyseur; mais quand il s'agit de polariser simplement un faisceau de lumière solaire dont les rayons extrêmes ne sont inclinés entre eux que d'un demi-degré, le prisme à lame d'air avec ses 8 degrés de champ suffit et au delà à polariser tous les éléments d'un pareil faisceau. Cette espèce de polariseur est même, sous quelque rapport, préférable au prisme de Nicol, attendu que la réflexion du rayon ordinaire ayant lieu sous une incidence qui le renvoie presque normalement à l'intersection de deux faces latérales, ce rayon n'a aucune tendance à se réfléchir de nouveau, pour ensuite sortir par la base et se mêler, comme dans le prisme de Nicol, au rayon extraordinaire. Aussi, quand la matière du spath est bien pure et qu'elle n'est traversée ni par des plans de clivage, ni par des lames hémitropiques, l'extinction se produit-elle par un analyseur d'une manière complète sur toute l'étendue de faisceau transmis. Il est à croire que, dans les circonstances où le prisme de Nicol était employé comme polariseur, la nouvelle coupe sera préférée, puisqu'elle produit un effet plus complet, tout en épargnant près des deux tiers de la masse du spath.

Ces essais ayant attiré mon attention sur toutes les particularités qu'on observe dans le prisme de Nicol, j'ai été frappé de trouver les teintes interverties dans la bande de réflexion totale qui correspond à la direction limite de transmissibilité du rayon extraordinaire. Cette interversion provient assurément de ce que, malgré la faible différence des indices moyens de réfraction, le pouvoir dispersif du baume de Canada est plus grand que celui du spath pour la direction limite du rayon extraordinaire. Il suit de là que les indices relatifs des divers rayons simples vont en augmentant du violet au rouge, ce qui explique pourquoi ces différents rayons sont réfléchis totalement dans l'ordre inverse de leurs réfrangibilités absolues.

On peut mettre à profit cette remarque pour se procurer, au moyen du prisme de Nicol, un faisceau exclusivement formé des radiations les plus réfrangibles contenues dans la lumière solaire. Pour cela, il suffit de placer le prisme sur le trajet des faisceaux lumineux et de l'incliner progressivement dans le sens où se produit l'extinction complète; on voit alors le faisceau transmis passer au bleu, puis au violet, et enfin se réduire à un rayonnement presque invisible, mais éminemment propre à développer avec intensité les phénomènes de fluorescence découverts par M. Stokes.

Le sulfate de quinine, le verre d'urane et certains diamants plongés dans ce faisceau prennent aussitôt un très-vif éclat[1].

1. Deux erreurs portant sur des valeurs numériques d'angles et qui existent dans les *C. R. de l'Ac. des Sc.*, ont été rectifiées d'après une note manuscrite de L. Foucault.

ÉLECTRICITÉ

SUR

UN MOYEN DE TRANSMETTRE L'HEURE A DISTANCE

AVEC LE DEGRÉ DE PRÉCISION

NÉCESSAIRE AUX USAGES ASTRONOMIQUES[1].

(Académie des Sciences, 13 septembre 1847.)

Du moment où l'on vit fonctionner un télégraphe électrique on dut comprendre combien il serait facile de transmettre l'heure dans les différents quartiers d'une ville, sur des cadrans qui dépendraient tous d'une horloge type. MM. Steinheil, M. Bain, et dans ces derniers temps M. Paul Garnier, en ont donné la démonstration matérielle et complète.

Mais, suivant les indications de M. Faye, si l'on pense à recourir à quelque moyen analogue pour reproduire dans les différentes parties d'un observatoire la marche d'une pendule type, il faudra que cette transmission s'exécute avec une régularité à laquelle on n'a pas songé jusqu'à présent et dont les constructeurs n'avaient pas à se préoccuper pour l'établissement des appareils télégraphiques ordinaires. Ce n'est pas que l'on tienne, dans le cas qui nous occupe, à l'instantanéité de la transmission; mais il faut

---

1. Un extrait de ce mémoire a été publié dans les *C. R. de l'Ac. des Sc.*, t. XXV, p. 380 et t. LVI, p. 645. Voir *les Mondes*, I, p. 242.

39

que sur le lieu de l'observation on arrive à reproduire le battement de la pendule type avec une fidélité parfaite. Voici comment il me semble possible de satisfaire à cette condition avec un degré de précision qui dépassera, je l'espère, la portée de nos sens.

Je supposerai que dans la pendule principale, construite d'après les principes ordinaires, il existe une pièce très-généralement employée et désignée sous le nom de *fourchette;* cette pièce qui embrasse, en se bifurquant, la tige du pendule, oscille avec lui autour d'un axe horizontal sur lequel on fera arriver le courant fourni par une pile à effet constant. Sur cet axe, on montera, outre les pièces qu'il porte déjà, une barrette métallique fixée transversalement par son milieu et portant à ses extrémités deux petits boutons en platine. Le pendule occupant sa position d'équilibre, on disposera deux ressorts très-flexibles isolés l'un de l'autre, dont les extrémités, garnies en platine, se prolongeront jusqu'à une petite distance des boutons qui viendront les toucher alternativement aussitôt que le pendule se mettra en marche. Les choses étant ainsi disposées, il est facile de maintenir chacun de ces ressorts en communication permanente avec un fil métallique spécial, et de prolonger ces deux fils jusqu'à la station où l'on veut transmettre le battement de la seconde; là ces fils animeront deux électro-aimants placés en regard l'un de l'autre, et en les quittant, l'électricité fera sa rentrée dans l'appareil électro-moteur au moyen d'un fil unique.

Ainsi, pour définir nettement le trajet du fluide, je prends celui-ci au sortir de la pile : il suit une voie simple jusqu'à la pendule, mais à partir de ce point, le trajet se dédouble et c'est la pendule qui opère la distribution et qui oblige l'électricité à prendre alternativement l'une et l'autre voie qui lui est offerte; le trajet reste double jusque par delà des électro-aimants. puis il redevient simple et mène droit à la pile.

Les électro-aimants sont donc aimantés chacun à son tour et pendant la durée d'une seconde. Plaçons entre eux une pièce de fer doux, mobile autour d'une articulation : elle sera sollicitée tantôt d'un côté, tantôt de l'autre. et en limitant sa course par deux obstacles, on l'obligera à produire un battement périodique. qui sera la reproduction et en quelque sorte le retentissement des mouvements exécutés par l'échappement de la pendule régulateur.

Ce mécanisme, facile à comprendre, semble à première vue satisfaire à toutes les données du problème. La distribution de l'électricité s'effectuant par des contacts en métal inoxydable et en dehors de l'échappement, se trouve assurée sans compromettre nullement aucune des pièces les plus délicates de la machine. Les ressorts très-flexibles dans lesquels le courant s'engage interviennent, il est vrai, avec leur élasticité propre, mais on sait que ce genre d'action n'est nullement nuisible à la marche d'un pendule. On peut donc être certain que l'horloge ainsi modifiée n'aura pas à souffrir du concours de l'électricité. Mais il est encore permis de douter que le battement transmis à la station où l'on observe, conserve ce rhythme régulier et tel que l'exige l'oreille exercée des astronomes. La moindre poussière s'interposant sur le point de contact, la moindre efflorescence survenue par suite de la rupture réitérée du courant, un peu d'inertie dans la pièce soumise à l'action des aimants, sont autant de causes de trouble contre lesquelles peut-être il faudra lutter. L'expérience seule en décidera; dans tous les cas, on peut proposer, dès à présent, un système plus complet que celui qui vient d'être décrit et qui aurait précisément l'avantage de conserver dans toute sa pureté le rhythme si connu des pendules à seconde. Conservons le circuit tel qu'il vient d'être établi, ainsi que le mode de distribution du fluide électrique; conservons également les deux électro-aimants, mais réduisons-les à de très-petites dimensions et plaçons-les de chaque côté de la tige d'un pendule appartenant à un appareil chronométrique bien réglé et installé pour servir aux observations; au niveau des électro-aimants, cette tige portera une traverse en fer doux sur laquelle s'exercera l'influence magnétique. Supposons que cette seconde pendule, bien réglée d'ailleurs, soit abandonnée à elle-même : elle subira les influences perturbatrices signalées par M. Faye, et en supposant que, dans le principe, elle ait été mise d'accord avec l'horloge type, elle s'en écartera peu à peu et suivant une loi inconnue; mais si, au contraire, l'horloge type agit incessamment par le moyen des électro-aimants, elle préviendra tout écart sensible et, en définitive, l'astronome observateur aura près de lui une pendule donnant la seconde comme à l'ordinaire et assujettie à fournir une marche régulière à cause du lien électro-dynamique qui l'unit à une autre pendule placée dans des conditions meilleures. Pour assurer la prédominance de la pendule principale, il conviendra d'affaiblir la force motrice de la pendule subordonnée et de modifier son échappement pour le rendre en quelque sorte passif et l'empêcher de restituer, comme d'habitude, au pendule la force nécessaire à l'entretien de son mouvement. Il suffira de changer l'inclinaison des levées pour obtenir ce résultat. Il est évident que ce projet répond du moins aux objections que j'ai moi-même soulevées.

Le battement de la seconde sur le lieu de l'observation ne s'exécute plus sous l'influence immédiate de l'électricité. Il pourra donc survenir des irrégularités dans la distribution de ce fluide sans que ces irrégularités retentissent sur la pendule subordonnée. Il pourrait même arriver que, pendant une ou plusieurs secondes, le courant fût complétement intercepté sans qu'il en résultât aucun désaccord appréciable dans la marche des deux appareils conjugués. Il est évident que cette disposition aurait l'avantage de conserver, en l'améliorant, l'appareil chronométrique qui fonctionne d'habitude à côté de l'astronome observateur; mais on ne peut pas se dissimuler que de très-petites différences persisteraient encore dans la marche des deux appareils conjugués. Quand la pendule auxiliaire tend à prendre sur l'horloge type de l'avance ou du retard, l'électricité intervient pour restreindre considérablement ces écarts sans cependant les rendre absolument nuls. Toutefois, si l'on considère qu'en établissant un pareil système le constructeur pourrait faire varier à son gré et dans des limites très-étendues la grandeur de la force magnétique et la masse du pendule auxiliaire, on entrevoit qu'il serait possible d'arriver à un degré de précision qui, suivant toute probabilité, constituerait un véritable progrès dans l'art de mesurer le temps.

Quant à l'intensité qu'il conviendra de donner au courant, il est clair qu'elle devra être excessivement faible; il est clair que les électro-aimants devront être réduits à de très-petites dimensions, puisqu'il ne s'agit plus que de développer la petite quantité de force nécessaire pour entretenir les vibrations d'un pendule; dès lors il y a bien moins à redouter les efflorescences qui se produisent aux contacts par suite de la rupture du courant direct et du développement du courant induit. L'électromoteur n'ayant à fournir qu'un courant très-faible, pourra sans difficulté agir pendant un laps de temps fort long et avec une constance que favoriserait encore la température uniforme des caves si l'on jugeait convenable de l'y placer. Il est possible que la pile de Young ou celle de Munch, plongée tout simplement dans l'eau ordinaire ou très-faiblement salée, suffise à produire, pendant des mois ou des années, la quantité d'électricité nécessaire ; je n'ai pas encore fait d'expérience à ce sujet.

Tel est le projet que je désirais, sur l'invitation de M. Faye, soumettre à l'Académie; s'il a pour lui quelques chances de réussir, c'est surtout parce qu'il se fonde sur des dispositions qui n'altèrent en rien la composition de ces mécanismes admirables qui fonctionnent déjà d'une manière si remarquable.

J'aurais désiré bien vivement donner, comme dans une autre occasion, la démonstration matérielle de ma pensée; mais des essais de ce genre, l'Académie le comprendra, nécessiteraient des frais auxquels je regrette de ne pouvoir subvenir.

DISTRIBUTEUR POUR HORLOGE ÉLECTRIQUE[1]

(Société Philomathique.)

On a souvent à distribuer, au moyen d'une horloge à rouages, un courant intermittent dans un circuit pour transmettre à distance un mouvement en concordance avec celui du pendule lui-même. C'est ainsi qu'au moyen d'une pendule centrale on arrive à donner l'heure sur des cadrans disséminés dans toutes les directions. Pour l'usage de la vie civile ce genre d'application n'a pas présenté de grandes difficultés, parce que les horloges publiques ne sont pas tenues de marcher avec la dernière précision. Mais, lorsqu'on veut plier au même usage les instruments plus précis connus en horlogerie sous le nom de régulateur, on reconnaît que la distribution électrique est une fonction délicate à remplir et qui, presque toujours, altère la marche des appareils chronométriques. J'ai cependant réussi à faire battre la seconde à un appareil magnétique puissant au moyen d'un nouveau distributeur qui n'a pas réagi d'une manière fâcheuse sur l'horloge de précision employée à le mouvoir.

Ce petit mécanisme consiste essentiellement en deux pièces AB, BC

1. La figure qui accompagne cette note est extraite de l'*Exposé des applications de l'Électricité*, par le comte Th. du Moncel. D'après des renseignements particuliers fournis par M. du Moncel, cette note a été présentée à une séance de la Société philomathique (1858 ou 1859) : nous n'avons pas pu en trouver trace dans les procès-verbaux de cette Société.

(fig. 8), articulées ensemble et figurant une ligne brisée ABC. Des deux extrémités du système, la supérieure s'appuie sur un point fixe et s'y rattache par une partie amincie; l'inférieure, terminée en pointe, repose au fond d'une agate D, creusée d'une cavité conique et portée sur un ressort très-faible DE qui tend à la soulever. Quant à la brisure articulée, elle est reliée au pendule lui-même et participe à son mouvement oscillatoire au moyen d'une mince barrette horizontale BG. Ce mouvement communiqué fait saillir alternativement la brisure d'un côté et de l'autre, en rectifiant

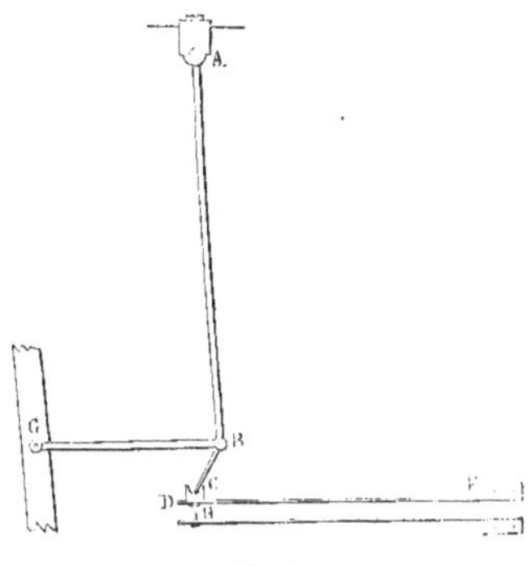

Fig. 8.

dans l'intervalle le système au moment précis où le pendule passe par la verticale; il en résulte que l'agate, toujours pressée contre la pointe qui s'y trouve engagée, s'élève et s'abaisse une fois par chaque oscillation. Dans ce mouvement, elle rencontre une pointe de platine H, et comme elle est aussi doublée du même métal, ce contact ferme le circuit dans lequel on veut distribuer le courant.

Il importe bien de remarquer que la pression qui assure ce contact est à son maximum au moment où le pendule passe par la verticale, c'est-à-dire à l'instant précis où il échappe aux actions perturbatrices. Le pendule, à toute autre phase de son oscillation, est troublé dans son isochronisme par le plus léger contact, et ce contact est d'autant plus nuisible qu'il a lieu à une époque plus rapprochée de celle où le mobile arrive à la limite de son excursion. Or, puisqu'il n'y a pas de distributeur électrique sans contact, il m'a semblé que pour l'établir il fallait profiter du seul instant où le raisonnement lui assigne une moindre influence. C'est là, en effet, ce qui caractérise le nouveau distributeur.

APPAREIL

DESTINÉ

A RENDRE CONSTANTE LA LUMIÈRE

ÉMANANT D'UN CHARBON
PLACÉ ENTRE LES DEUX POLES D'UNE PILE[1]

(Académie des Sciences, 15 janvier 1849.)

Il y a cinq ans, j'ai présenté à l'Académie, en commun avec M. Donné, un appareil qui permet de recourir à la lumière de la pile pour éclairer vivement des menus objets, et pour en obtenir sur un écran une image amplifiée, comparable à celles que fournit le microscope solaire lui-même.

Dans cet appareil, assez difficile à manier et à conduire, la source lumineuse, si puissante du reste, devait être l'objet d'une surveillance continuelle, et elle imposait à l'opérateur une préoccupation nuisible aux expériences qui, à elles seules, réclamaient tous ses soins. Aujourd'hui mon appareil photo-électrique a reçu un complément dont je ne voudrais pas m'exagérer l'importance, mais qui me semble susceptible de le rendre utile à la science.

Les pôles de charbon qui, autrefois, devaient être incessamment rapprochés par l'opérateur lui-même, s'avancent maintenant d'eux-mêmes avec des vitesses qui font respectivement équilibre à l'usure inégale de chacun

---

1. Une note sur le même sujet a été présentée à la Société philomathique le 20 janvier 1849. Voir *C. R. de l'Ac. des Sc.*, t. XXVIII, p. 68 ; *Procès-verbaux de la Soc. phil.* 1849, p. 16.

d'eux; en sorte que, non-seulement ils se maintiennent spontanément à la petite distance la plus propre à exciter une vive lumière, mais qu'en outre le point radieux qu'on veut utiliser conserve une position invariable dans l'espace. Pour en arriver là, j'ai disposé les choses de la manière suivante :

Les deux porte-charbons sont sollicités l'un vers l'autre par des ressorts, mais ils ne peuvent aller à la rencontre l'un de l'autre qu'en faisant défiler un rouage dont le dernier mobile est placé sous la domination d'une détente. C'est ici qu'intervient l'électro-magnétisme : le courant qui illumine l'appareil passe à travers les spires d'un électro-aimant dont l'énergie varie avec l'intensité du courant; cet électro-aimant agit sur un fer doux sollicité d'autre part à s'en éloigner par un ressort antagoniste. Sur ce fer doux mobile est montée la détente qui enraye le rouage ou le laisse défiler à propos, et le sens du mouvement de la détente est tel, qu'elle presse sur le rouage quand le courant se renforce, et qu'elle le délivre quand le courant s'affaiblit. Or, comme précisément le courant se renforce ou s'affaiblit quand la distance interpolaire diminue ou augmente, on comprend que les charbons acquièrent la liberté de se rapprocher au moment même où leur distance vient à s'accroître, et que ce rapprochement ne peut aller jusqu'au contact, parce que l'aimantation croissante qui en résulte leur oppose bientôt un obstacle insurmontable, lequel se lève de lui-même aussitôt que la distance interpolaire s'est accrue de nouveau.

Le rapprochement des charbons est donc intermittent; mais, quand l'appareil est bien réglé, les périodes de repos et d'avancement se succèdent assez rapidement pour qu'elles équivalent à un mouvement de progression continu.

Ce résultat étant obtenu depuis onze mois, je me plaisais à grouper autour de mon nouvel appareil les expériences d'optique les plus brillantes et les plus délicates.

J'ai été interrompu dans ce travail par la nouvelle qu'un appareil analogue venait d'être construit en Angleterre. L'*Illustration anglaise* contient, dans son numéro du 18 novembre 1848, la description d'une lampe électrique pour laquelle l'inventeur, M. W. Edward Staite, a pris un brevet.

Je n'ai donc pas l'intention de contester à M. Staite le mérite d'une idée qu'il a eue en même temps que moi. Mais puisque j'ai, de mon côté, pleinement réalisé un projet que je poursuivais depuis nombre d'années, oserai-je demander à l'Académie qu'une commission veuille bien se transporter aussitôt chez moi pour constater mes résultats, pour prononcer sur l'impossibilité matérielle qu'il y aurait eu pour moi d'improviser en si peu de temps des appareils nombreux et confectionnés pour la plupart entièrement de ma main. C'est le seul moyen qui me reste pour conserver ma juste part d'une invention dont je me réserve de faire ressortir ultérieurement l'utilité dans certaines recherches expérimentales.

Si la commission daigne se rendre à mon laboratoire, je lui soumettrai en même temps une nouvelle disposition de la pile de Bunsen, qui me permet de la mettre en activité et la replacer au repos en moins de cinq minutes. Ainsi, la commission se convaincra, je l'espère, que je suivais une ligne bien déterminée et que, dans ces conjonctures si fâcheuses pour moi. j'ai été victime du désir de ne soumettre à l'Académie qu'un travail complet.

A la suite de cette communication, une commission composée de MM. Dumas et Regnault fut nommée, et dans la séance du 22 janvier 1849. M. Dumas, rapporteur, présentait en son nom le rapport suivant que nous croyons devoir reproduire [1].

« Conformément aux ordres de l'Académie, nous nous sommes rendus, à l'issue de la séance dernière (15 janvier 1849), dans le laboratoire de M. Foucault, pour constater l'état dans lequel se trouvaient les appareils construits par ce physicien pour rendre régulière et permanente la lumière produite par la pile au moyen du charbon.

« Nous avons trouvé chez M. Foucault des piles disposées de façon qu'on puisse, en quelques minutes, les mettre en activité et propres à être mises au repos dans un temps également très-court.

« M. Foucault nous a présenté, en outre, un ancien appareil disposé pour obtenir

1. Voir C. R. de l'Ac. des Sc., t. XXVIII, p. 120.

le rapprochement des charbons par l'action même de la pile et à l'emploi duquel il avait renoncé, ainsi qu'on pouvait facilement le constater par son état actuel.

« En outre, M. Foucault nous a soumis un second appareil plus commode et plus exact, destiné à produire le même effet; c'est celui auquel il s'est arrêté.

« Cet appareil a fonctionné sous nos yeux avec un succès complet. La lumière s'est montrée permanente et égale, autant qu'on peut le souhaiter pour des expériences dans lesquelles la lumière électrique peut remplacer celle du soleil.

« Ainsi, sans prétendre en rien atténuer les droits que peut avoir, de son côté, M. Staite, qui a fait connaître, en Angleterre, l'appareil pour lequel il est breveté dans ce pays, nous croyons pouvoir déclarer à l'Académie, en toute sûreté de conscience, que d'après l'état des appareils que nous avons visités chez M. Foucault, que d'après les pièces et factures d'artistes qu'il a mises entre nos mains, enfin que d'après le témoignage de plusieurs personnes favorablement connues de l'Académie, les procédés imaginés par M. Foucault l'ont été d'une manière originale et indépendante de ceux que M. Staite a inventés de son côté dans le même but. »

Le 4 juin 1849 l'appareil était soumis à l'Académie[1] par L. Foucault, qui profitait de la circonstance pour remercier M. Froment, qui avait construit ce régulateur, de l'aide qu'il lui avait apportée par son talent et ses connaissances spéciales.

1. Voir *C. R. de l'Ac. des Sc.*, t. XXVIII, p. 698.

APPAREILS FIXATEURS DE LA LUMIÈRE ÉLECTRIQUE[1]

(1852.)

On commence déjà à parler de l'éclairage électrique, et les personnes amies du progrès se plaisent à devancer en imagination l'époque où l'électricité, se substituant au gaz carboné, émanera d'un électromoteur central et circulera dans des conducteurs ramifiés pour alimenter, de distance en distance, des foyers de lumière blanche et vive.

Si jamais cette conception se réalise, c'est que l'on aura beaucoup perfectionné ce que l'on possède actuellement : peut-être aussi faudra-t-il qu'on invente quelque chose de nouveau et dont nous n'avons encore aucune idée. Néanmoins, comme la production de la lumière électrique est un fait intéressant en lui-même et comme son usage commence à se répandre dans les fêtes et dans les théâtres, il est convenable de donner, comme annexe à l'article *Éclairage,* la description des appareils qui servent à la produire et à la diriger.

La première expérience de lumière électrique est due à Davy, qui, ayant fait construire la grande pile de la Société royale de Londres, eut l'idée, au commencement du siècle, d'en armer les pôles de deux cônes de charbon et d'opérer la décharge par leurs extrémités ; il vit aussitôt jaillir une lumière d'un éclat supérieur à celui de toute autre lumière artificielle

1. Extrait de l'article *Éclairage électrique* du *Dictionnaire des Arts et Manufactures.*

et comparable à celui du soleil. Persuadé que la combustion du charbon n'était pour rien dans la beauté du phénomène, il plaça les charbons dans le vide et il obtint, en effet, autant de lumière tout en évitant la consomption du charbon par l'oxygène de l'air. Pour rendre ce charbon plus conducteur, il le calcinait à haute température et l'éteignait brusquement dans le mercure.

Pendant bien des années l'expérience fut répétée solennellement dans les cours publics, en suivant exactement les indications de Davy. Elle était nécessairement de courte durée : les piles dont on usait alors ne fournissant pas un courant persistant, et puis les charbons incandescents dégageaient d'abondantes fumées qui en peu d'instants obscurcissaient la paroi des globes destinés à les contenir dans le vide. On en serait sans doute encore au même point si la pile de Grove, modifiée par Bunsen, ne fût venue mettre aux mains des physiciens un courant fort et durable.

La pile de Bunsen parut en 1843, et de ce moment un physicien, M. Léon Foucault, conçut la pensée de tirer parti de la lumière électrique et de l'appliquer au microscope solaire, et généralement à toutes les expériences d'optique qui nécessitaient l'emploi de la lumière solaire.

Au mois d'avril 1844, M. Foucault présenta à l'Académie des sciences, en commun avec le docteur Donné, un appareil appelé microscope photoélectrique, dont les résultats firent alors quelque sensation. La lumière était blanche, vive et d'un éclat assez continu pour permettre d'observer commodément les objets microscopiques. L'amélioration de la source lumineuse était due principalement à la nature et à la forme des charbons dont les pôles de la pile étaient armés. Aux cônes de charbon de bois éteint dans le mercure, M. Foucault avait substitué des baguettes prismatiques carrées de $0^m,002$ ou $0^m,003$ de côté, taillées par le lapidaire dans la masse du graphite dur et peu combustible qui se dépose à la longue sur les parois des cornues où l'on distille la houille pour en obtenir le gaz d'éclairage. En raison de sa conductibilité, de sa densité et de sa lente combustibilité, cette variété de carbone, communément appelée *charbon de gaz*, est jusqu'à présent supérieure à toute autre pour le dégagement de la lumière électrique. Quand il est taillé en longues baguettes suffisamment minces et d'une égale section dans toute leur longueur, le charbon de gaz permet d'opérer assez longtemps à l'air libre, et la lumière qui éclate aux extrémités continue de rayonner sans obstacle dans toutes les directions. Telles sont les conditions qui ont donné à la lumière électrique l'aspect qu'on lui connaît aujourd'hui.

En opérant au contact de l'air on acceptait l'inconvénient de l'usure progressive et inégale des charbons. Aussi l'appareil était-il pourvu des organes nécessaires pour opérer le rapprochement *à la main*. C'était là une fonction assujettissante et délicate à remplir; il était important d'en affranchir l'opérateur et de rendre l'appareil capable de se suffire à lui-même. Quelques personnes ont cru d'abord que ce soin pourrait être confié à un mécanisme indépendant chargé d'opérer ce rapprochement avec une vitesse uniforme et réglée d'avance sur la valeur probable de l'usure à réparer; mais bientôt on s'est aperçu que ce rapport était insaisissable à l'avance et que toujours ce mécanisme auxiliaire marchait trop lentement ou trop vite. Ce qu'il fallait c'était un organe impressionnable au changement de distance survenu entre les charbons polaires et capable d'agir à propos pour contenir ses variations entre deux étroites limites. Après deux années d'un travail assidu, M. Foucault a donné, en janvier 1849, l'appareil suivant qui résout le problème d'une manière satisfaisante.

Cet appareil étant particulièrement destiné aux expériences d'optique, satisfait en outre à la condition de conserver immobile dans l'espace le point radieux que l'on veut utiliser, en sorte que non-seulement les charbons se maintiennent spontanément à la distance la plus propre à exciter une vive lumière, mais qu'en outre ils s'avancent d'eux-mêmes avec des vitesses qui font respectivement équilibre à l'usure inégale de chacun d'eux.

L'appareil, considéré dans son ensemble, est partagé en deux étages par le plancher N N' (fig. 9); l'étage supérieur est habituellement enfermé dans une boîte dont une paroi est enlevée pour laisser en évidence les organes qu'il faut décrire. L'étage inférieur est à jour comme on le voit dans la figure.

Les deux charbons A et A', taillés en baguettes, sont montés horizontalement sur le prolongement l'un de l'autre et portés sur deux chariots B et B' qui roulent dans des coulisses destinées à les empêcher de dévier. L'un d'eux, le chariot B, est affecté au pôle positif et l'autre B' au pôle négatif; ils sont assujettis par construction et au moyen du levier L à se mouvoir ensemble, mais avec des vitesses différentes. Leur genre de solidarité

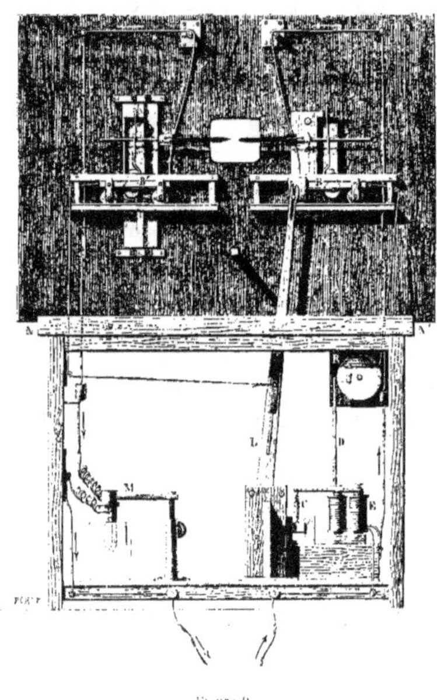

Figure 9.

donne la plus grande vitesse au chariot B, porteur du charbon positif dont la combustion est la plus rapide. En marchant l'un vers l'autre, ils cèdent à l'impulsion de deux ressorts conducteurs P et P', mais ils sont retenus par un système de fils qui les relie à un mouvement d'horlogerie R dont la roue d'échappement, battant sur un arrêt, oblige le tout à rester au repos. Quand l'arrêt est supprimé, le rouage défile et les chariots cheminent avec leurs vitesses respectives. Toute la difficulté se trouve donc ramenée à ceci : supprimer ou rétablir l'arrêt quand la distance interpolaire est trop grande ou convenable. Or cette fonction délicate, qui demande très-peu de force, a été confiée à l'électricité elle-même. Le courant qui illumine l'appareil passe à travers les spires d'un électro-aimant E dont l'énergie varie avec l'intensité du courant ; cet électro-aimant attire un contact reposant sur son arète O et sollicité d'autre part à s'en éloigner par un ressort antagoniste C. Sur ce fer doux est montée la détente D qui enraye le rouage et le laisse défiler à propos, et le sens du mouvement de la détente est tel qu'elle est pressée sur le rouage quand le courant se renforce et qu'elle le délivre quand le courant s'affaiblit. Or, comme précisément le courant se renforce ou s'affaiblit quand la distance interpolaire diminue ou augmente, on comprend que les charbons acquièrent la propriété de se rapprocher au moment même où leur distance vient à s'accroître et que ce rapprochement ne peut aller jusqu'au contact, parce que l'aimantation croissante qui en résulte leur oppose bientôt un obstacle insurmontable, lequel se lève de lui-même aussitôt que la distance interpolaire s'est accrue de nouveau.

Le rapprochement des charbons est donc intermittent ; mais, quand l'appareil est bien réglé, les périodes de repos et d'avancement se succèdent assez rapidement pour qu'elles équivalent à un mouvement de progression continu.

On voit de plus, figuré en M, un modérateur du courant, formé de deux lames de platine, disposées parallèlement à la distance de $0^m,01$ et plongeant plus ou moins, à volonté, dans un liquide conducteur, soit une dissolution de sulfate de potasse.

Tel est l'appareil qui, malgré sa forme embarrassante, a répondu le premier aux exigences d'un service public. Le concours des précautions prises pour assurer la fixité du point lumineux témoigne des préoccupations d'un physicien qui ne s'inquiétait pas encore de satisfaire aux besoins de l'industrie. Néanmoins cet appareil, tel quel, fut adopté au grand Opéra national et employé à produire des effets de scène qui n'ont jamais manqué et ont été goûtés du public.

APPAREIL

RÉGULATEUR DE LA LUMIÈRE ÉLECTRIQUE

A RECUL ET A DÉTENTE ÉQUILIBRÉE [1].

(15 octobre 1863.)

L'appareil qui fait l'objet de ce Mémoire est caractérisé par la propriété de maintenir les charbons polaires à la distance voulue en opérant automatiquement l'avance ou le recul, suivant que cette distance devient accidentellement trop grande ou trop petite.

Le principe de l'appareil consiste à placer les charbons sous l'action de deux rouages respectivement affectés à les faire mouvoir, l'un pour l'avance, l'autre pour le recul.

Les derniers mobiles de ces deux rouages ramenés l'un en face de l'autre sont mis en prise avec la même détente d'électro-aimant qui, s'inclinant d'un côté ou de l'autre, laisse défiler l'un ou l'autre rouage et qui dans la position intermédiaire les tient tous deux enrayés. Mais pour faire en sorte que ces deux rouages mis en mouvement par deux forces distinctes puissent agir sans conflit sur les charbons polaires, on est conduit à recourir au rouage planétaire, si utile en pratique pour faire la somme algébrique de deux mouvements indépendants. Les deux rouages sont donc reliés par

---

1. Mémoire descriptif à l'appui d'une demande de brevet. — Voir *Collection des Brevets*, n° 60460. — Une description de cet appareil, due à l'inventeur, a paru dans le *Dictionnaire des Sciences théoriques, et appliquées* de MM. Privat-Deschanel et Focillon, art. *Lumière électrique*.

un système à roue satellite qui les fait agir isolément et dans leurs sens respectifs.

Cette combinaison, qui semble résoudre le problème du recul, exige pourtant comme complément indispensable que l'on apporte une modification à la détente placée sous l'action de l'électro-aimant.

L'armature en fer doux, disposée comme elle l'est ordinairement en regard de l'électro-aimant, se trouve, à l'égard des forces qui la sollicitent dans un état d'équilibre instable, obligée de se précipiter sur l'un ou l'autre des arrêts qui limitent sa course sans pouvoir jamais séjourner entre eux. Un pareil état de chose aurait amené dans l'appareil à recul une perpétuelle oscillation résultant du fonctionnement alternatif des deux rouages.

Pour éviter cet inconvénient j'ai eu recours au *répartiteur* de M. Robert Houdin, par lequel on rend plus ou moins stable, à volonté, l'équilibre de l'armature. Au lieu d'agir directement sur celle-ci, le ressort antagoniste s'applique à l'extrémité d'une pièce articulée en un point fixe et dont le bord, façonné suivant une courbe particulière, presse en roulant sur un prolongement de l'armature qui représente ainsi un levier de longueur variable. On voit alors l'armature rester flottante entre ses deux arrêts; elle oscille et sa position est à chaque instant l'expression de l'intensité du courant de la pile. Tant que cette intensité conserve la valeur voulue et corrélative de la distance gardée entre les charbons, les rouages sont maintenus au repos tous les deux et ils ne se mettent l'un ou l'autre en marche qu'au moment où le courant devient ou trop fort ou trop faible.

Quand un appareil est alimenté par la machine magnéto-électrique, il arrive qu'une grande quantité de chaleur se développe dans l'électro-aimant. Ce phénomène, qu'on attribue à l'intensité du courant, n'a pas lieu, comme on est porté à le croire, dans les spires mêmes de la bobine, mais bien dans le fer doux qui, par le renversement continuel de l'action magnétique, devient le siége de courants d'induction intenses.

Dans le but d'écarter cette complication à laquelle ne remédie pas l'augmentation de diamètre du fil, j'ai décomposé le fer doux ainsi que l'armature en lames plates juxtaposées et isolées par des feuilles de papier. Par ce moyen les courants d'induction sont, en grande partie, interrompus et l'on n'a plus réellement à compter qu'avec la chaleur dégagée dans les spires.

Tels sont les principes qui constituent la nouveauté de l'appareil dont je vais maintenant donner une description détaillée et conforme aux prescriptions de la loi.

La figure 1 (pl. 7) donne une vue d'ensemble de l'appareil représenté à une échelle réduite[1].

A la partie supérieure on voit les deux charbons engagés dans des mâchoires qui communiquent métalliquement avec la pile; au milieu, le rouage à deux barillets qu'on remonte en b et b' au moment de mettre l'appareil en expérience ; et plus bas l'électro-aimant avec l'armature, le ressort antagoniste et le répartiteur.

Les figures 2 et 3 montrent les détails du rouage et la relation des diverses parties qui concourent à la double fonction de l'avance et du recul.

B est un barillet muni de son ressort intérieur qui commande un premier rouage composé des mobiles c, d, e, f, g ; B′ est un autre barillet qui commande un second rouage composé des mobiles d', e', f' et g'.

Entre ces deux rouages courants est placé le rouage planétaire formé de cinq roues montées concentriquement sur le même axe et d'une double roue satellite dont l'axe est porté sur l'un des rayons d'une des cinq premières roues.

En considérant la figure 3, on voit distinctement la disposition du rouage planétaire.

La roue 1, figure 2, qui a le plus grand diamètre, est indépendante par rapport aux autres ; les roues 2 et 4 sont solidaires entre elles ainsi que les roues 3 et 5. De plus, la roue 1 porte sur un de ses rayons la roue satellite, mobile, à deux dentures dont la plus petite engrène avec la roue 4 et la plus grande avec la roue 5.

1. La disposition primitive de l'appareil tel que l'avait fait construire d'abord L. Foucault, et tel qu'il l'a décrit dans le *Dictionnaire des Sciences,* est celle qui est représentée ci-dessus, fig. 9, p. 320 ; la détente s'y applique sans difficulté en H ; c'est sur les indications de M. Duboscq que la disposition du support et des charbons a été adoptée comme moins encombrante et plus commode dans la pratique.

De cette disposition il résulte que le système 3 et 5 étant fixe, la roue 1, en tournant, communique une partie de son mouvement au système 2 et 4 et l'entraîne dans le même sens; et réciproquement, il en résulte aussi que le système 2 et 4 étant fixe, le système 3 et 5 en tournant fait mouvoir la roue 1 en sens contraire.

Or il faut remarquer que la roue 1 reçoit le mouvement du premier rouage par le mobile c et qu'elle le lui rend par la roue 2 ; que d'autre part la roue 3 engrène directement avec le barillet B' du second rouage. Il suffit donc que l'un ou l'autre de ces rouages défile séparément pour que la roue 1 se mette à tourner dans un sens ou dans l'autre. Comme d'ailleurs cette roue 1 est en relation d'engrenage avec les crémaillères C et C', il en résulte qu'elles avancent ou reculent suivant que la détente K laisse échapper l'un des deux mobiles g ou g'.

On voit ainsi comment s'exerce la double fonction de l'avance et du recul. Mais pour que les deux mouvements se produisent dans des conditions de forces et de vitesses à peu près comparables, il convient de composer le rouage planétaire de manière qu'il fonctionne symétriquement dans les deux sens. On démontre que cette condition sera remplie pourvu que les quatre dentures qui intéressent directement la roue satellite soient nombrées de manière que les roues qui engrènent ensemble fournissent respectivement deux rapports dont le produit soit égal à 2.

Si, par exemple, l'un des rapports est 3/2 et l'autre 4/3, les deux rouages agiront également, et la puissance du recul sera donnée par la différence de la puissance des ressorts.

b, bouton qui sert à remonter le premier rouage affecté au mouvement d'avance; en le faisant tourner, on entraîne solidairement le barillet B et les dentures inégales qui agissent sur les crémaillères C et C'.

Le bouton b agit spécialement sur la denture t, qui tourne à frottement dur sur l'arbre du barillet et permet de mouvoir séparément la crémaillère C'; cette disposition a pour objet de faire monter ou descendre à volonté le point lumineux qui éclate à la solution de continuité des charbons.

b', arbre du ressort moteur du rouage de recul; à mesure qu'on le remonte, un cliquet, figure 1, maintient le ressort armé.

T, bouton de serrage pour recevoir un des pôles de la pile.

Figure 4, perspective du dernier mobile du rouage d'avance; les quatre barrettes taillées en biseau sont en acier trempé, et le volant est en aluminium.

Le dernier mobile du rouage de recul est exactement semblable et symétriquement disposé.

Entre les deux mobiles g, g', figure 2, est placée la détente K, fixée transversalement au sommet de la tige S, figure 1, et assez large pour arrêter en même temps l'un et l'autre mobiles, ou l'un des deux séparément. Cette détente, portée sur l'armature M, figure 1, de l'électro-aimant, est maintenue dans un équilibre stable par le répartiteur à bord curviligne R qui donne attache au ressort à boudin et s'appuie en roulant sur le prolongement de l'armature.

V, vis de tension qui règle le ressort.

T', bouton de serrage qui attend le second pôle de la pile.

En résumé, ce nouveau régulateur de lumière électrique est caractérisé :

1° Par l'emploi de la roue satellite combinée avec deux rouages distincts pour produire l'avance et le recul des charbons;

2° Par l'équilibre stable d'une détente à trois effets, déterminant l'avance, le repos ou le recul, équilibre obtenu au moyen d'un répartiteur à bord curviligne;

3° Par l'emploi d'un électro-aimant à lames multiples, à l'effet de combattre la chaleur d'induction des machines magnéto-électriques.

CERTIFICAT D'ADDITION AU BREVET DU 15 OCTOBRE 1863[1].

(4 novembre 1867.)

Dans le système de régulateur que nous avons décrit au brevet, la disposition adoptée et indiquée ne pouvait servir que pour la transmission d'une seule vitesse toujours la même, et dans la pl. 7 (fig 1 à 4) nous avions indiqué cette transmission pour satisfaire aux conditions exigées par l'action des piles; on voit, en effet, que la vitesse de la crémaillère C. figure 1, est forcément double de celle de la crémaillère motrice C'.

Il est certain que, par une autre disposition, nous aurions pu avec la même facilité transmettre l'action d'une machine électro-magnétique; il aurait suffi pour cela de disposer la transmission de telle sorte que les engrenages fussent de diamètres égaux pour que la vitesse des crémaillères fût égale.

Mais il est évident que nous ne pourrions pas, avec la même transmission, agir indifféremment par une source d'électricité différente, c'est-à-dire par les piles ou par les machines magnéto-électriques.

Cette addition a justement pour objet ce perfectionnement, et nous pouvons maintenant, avec la plus grande facilité, transformer le mode de transmission de mouvement, quelle que soit l'origine de la force, pile ou machine magnéto-électrique.

L'ancienne disposition se voit sur la figure 2, et la figure 5 représente le nouveau système.

Sur une crémaillère mobile C', pouvant se fixer à deux positions distinctes, nous avons disposé deux engrenages, l'un m, l'autre n plus petit.

En faisant varier la position de la crémaillère C', par un moyen, du reste, quelconque, et assujettissant cette crémaillère dans la position que

1. *Loco cit.*, p. 27.

nous lui donnons d'une manière stable, nous arrivons à mettre en prise la roue m avec le mobile p, qui est une roue dentée montée sur le même arbre que la roue dentée q, ou bien le pignon n avec la roue q.

Dans la position représentée figure 5, c'est la roue m qui est en prise avec le mobile p, et, par suite, la transmission du mouvement qui est fourni à cette roue dentée m se transmet à la crémaillère C par l'intermédiaire du mobile p, de la roue q et du pignon r.

Par suite des dimensions adoptées, la vitesse est double, sur la crémaillère C, de celle fournie par la crémaillère C'.

Si, au contraire, nous inversons la position, il y a désembrayage de la roue dentée m, et embrayage du pignon denté n avec la roue q; en conséquence, la transmission s'opère indépendamment du mobile q, et la vitesse de la crémaillère C se trouve la même que celle de la crémaillère C', condition essentielle et qu'il fallait remplir.

DISPOSITION DE LA PILE DE BUNSEN[1]

(Société Philomathique, 12 mai 1849.)

M. Foucault met sous les yeux de la Société une pile de Bunsen disposée de manière à rendre le service plus facile et plus prompt.

La pile est partagée en séries de vingt couples. Dans chaque série, les vases poreux sont rendus solidaires et fixes par des demi-colliers sur un support commun en bois.

Les parties inférieure et supérieure de ces vases poreux ont été imbibées de cire pour les rendre aptes, d'une part, à conserver sans perte une couche liquide de 1 centimètre de hauteur, et d'autre part pour empêcher ce liquide acide de monter par capillarité jusque vers le support.

Tous les vases poreux communiquent entre eux et avec le réservoir commun d'acide sulfurique par des siphons qui posent sur les fonds sans le laisser obstruer, parce que leurs extrémités ont été taillées obliquement ou en sifflet. Entre les vases poreux on a fixé sur la monture en bois des contacts-ressorts mis en communication permanente avec l'élément charbon par des conducteurs en plomb.

Aux zincs cylindriques généralement employés on a substitué des zincs plats dont la monture fendue s'engage dans le contact-ressort.

Par ce moyen tous les vases poreux peuvent être descendus du même coup et plongés dans l'acide nitrique au centre des charbons, et si l'on sup-

1. Voir *Procès-verbaux de la Société Philomathique*, 1849, p. 48; *l'Institut*, nᵒ 803.

pose tous les siphons amorcés à l'avance, l'abaissement du niveau du liquide dans tous les vases poreux à la fois déterminera l'afflux de l'acide étendu contenu en réserve dans le réservoir, et en peu d'instants la pile sera prête à fonctionner. La manœuvre opposée suffit pour la remettre au repos et pour faire rétrograder l'acide vers le réservoir. Dans cette attitude, la partie inférieure et cirée des vases poreux reste engagée dans les charbons et joue le rôle de bouchon en prévenant d'une manière certaine l'évaporation de l'acide nitrique.

L'amorcement des siphons par un liquide acide n'est pas une difficulté. Il s'opère par insufflation et non par aspiration. On remplit à moitié les vases poreux de deux en deux, puis en posant sur leur bord libre un obturateur en liége évidé pour laisser passer les siphons et traversé au centre d'un tube de fort diamètre, on délimite entre la surface du liquide et l'obturateur lui-même un espace à peu près clos dans lequel on fait naître, en soufflant rapidement, un excès de pression qui sollicite l'ascension du liquide dans les deux siphons à la fois.

Toutes les parties qui constituent la pile, sauf les zincs, devant rester perpétuellement en présence, on a assuré l'inaltérabilité des colliers attenant aux vases poreux et aux charbons en les recouvrant d'une épaisse couche de cire.

Les vis elles-mêmes qui établissent les contacts ont été mises à l'abri de l'oxydation, soit parce qu'elles demeurent sous un enduit de cire, soit parce qu'elles sont totalement engagées dans la masse d'un écrou qui les protége.

L'inamovibilité des couples a encore rendu nécessaire de pratiquer à travers les charbons un orifice destiné à introduire l'acide nitrique. Cette opération se fait encore pour chaque couple isolément. On remédiera plus tard à cet inconvénient qui, du reste, est minime, car le liquide où baigne le charbon se renouvelle rarement et s'emploie jusqu'à épuisement complet de l'acide nitrique.

CONDUCTIBILITÉ PROPRE DES LIQUIDES

PILES SANS MÉTAL [1].

(Académie des Sciences, 17 octobre 1853.)

Après avoir découvert la loi générale des décompositions électrolytiques, M. Faraday fut le premier à déclarer qu'elle comportait quelque
restriction dans le cas où les liquides seraient capables de conduire l'électricité sans subir de décomposition. L'illustre savant anglais a même
publié plusieurs faits à l'appui de cette supposition. Depuis lors, la plupart
des physiciens ont soutenu l'opinion contraire; ils se sont accordés à défendre la loi de Faraday contre M. Faraday lui-même, et à la considérer
comme l'expression rigoureuse des faits. C'en est assez pour montrer que
la question n'a pas été résolue; en effet, on ne pourrait encore citer aucune
expérience qui prouve d'une manière décisive que les liquides soient
capables de transmettre l'électricité sans être décomposés; rien non plus
ne démontre qu'ils ne possèdent pas cette faculté à un faible degré. Les
expériences qui ont eu pour résultat de faire passer un courant à travers
un liquide, sans produire de décomposition sensible, ne sont pas concluantes, parce qu'on peut toujours supposer que le produit de la décompo-

1. Voir *C. R. de l'Ac. des Sc.*, t. XXXVII, p. 580; *Bibl. universelle de Genève*, t. XXIV p. 263;
Cosmos, t. III, p. 552.

sition se réduit au fur et à mesure qu'il se forme; d'un autre côté, les essais qui montrent un accord parfait entre les résultats de la décomposition et la quantité d'électricité transmise, ne prouvent pas non plus qu'en opérant avec un courant plus faible, on n'eût pas réussi à le faire passer sans décomposition. La comparaison des dépôts obtenus dans divers électrolytes ne me paraît donc pas susceptible de trancher la question.

Le dernier travail publié à ce sujet est dû à M. Buff. Ce savant, après avoir opéré sur des courants très-faibles et dont l'action fut maintenue constante pendant plusieurs jours de suite, crut devoir conclure que, conformément à la loi de Faraday, la plus petite quantité d'électricité transmise décompose son équivalent du liquide traversé.

Quelques soins que M. Buff ait apportés à ces expériences, je n'ai pu me ranger à l'opinion qu'il exprime; au contraire, en vertu de certaines considérations que je vais énoncer, j'ai persisté à croire avec M. Faraday que les liquides possèdent un pouvoir conducteur propre et indépendant de toute décomposition chimique. La nécessité d'admettre l'existence de cette propriété se présente d'une manière pressante lorsqu'il s'agit de ramener aux principes de l'électrochimie les réactions qui s'opèrent entre les liquides composés.

En effet, si le produit de la combinaison directe conserve le même état physique, les électricités dégagées au premier instant ne peuvent se neutraliser qu'en cheminant à travers tous milieux liquides; il faut donc, ou que la réaction s'arrête sous l'influence contraire des tensions électriques, ou qu'un courant s'établisse sans entraîner de décomposition. Comme en réalité la réaction se poursuit et s'achève, on doit en conclure : 1° que les liquides sont conducteurs à la manière des métaux; 2° que cette conductibilité est sans doute très-faible, car eu égard aux épaisseurs infiniment petites où elle s'exerce, il suffit, pour lever toute difficulté, que cette conductibilité ne soit pas rigoureusement nulle.

Ces réflexions ne me donnaient, il est vrai, aucune idée de la grandeur réelle du phénomène, et il me semblait possible qu'il restât à jamais inaccessible à l'observation; néanmoins j'imaginai l'expérience suivante qui me parut susceptible de la mettre en évidence.

Que l'on prenne deux couples zinc et platine parfaitement identiques, qu'on les réunisse pôle à pôle et qu'on intercale un galvanomètre entre deux des plaques de même sorte, il est clair que dans toute hypothèse et par raison de symétrie, il ne doit se manifester aucun courant, ni dans un sens ni dans l'autre; pour ceux qui n'admettent pas la conductibilité propre du liquide. toute action est suspendue; dans l'hypothèse inverse, il y a dans chaque couple une faible action, mais comme elles sont égales de part et d'autre, le fil conjonctif du galvanomètre ne doit livrer passage à aucun courant. Ceci admis, bornons-nous à rapprocher les plaques de l'un des couples; dans l'hypothèse qui écarte la conductibilité du liquide rien n'est changé; dans l'hypothèse inverse il y a diminution de résistance en faveur de l'autre couple, il doit l'emporter sur le premier; c'est en effet ce qui arrive.

Cette expérience est délicate et demande beaucoup de soin; mais on peut lui donner une autre forme qui en facilite le succès et en rend les résultats beaucoup plus apparents. On monte une pile à colonne, formée de disques de zinc et de cuivre alternativement superposés, et tous séparés les uns des autres par une rondelle de drap imbibée d'un acide. La pile étant terminée à ses extrémités par deux plaques du même métal, il est clair que le système est en équilibre. Cependant pour faire circuler le courant dans un sens déterminé, il suffit de doubler de deux en deux l'épaisseur des rondelles humides. Aussitôt le courant chemine dans le même sens que si les rondelles les plus minces étaient totalement supprimées; elles jouent donc bien réellement le rôle de conducteurs métalliques.

Cette dernière expérience se présente comme un corollaire de la précédente, mais elle offre pour la démonstration un grand avantage en ce qu'elle permet d'accroître indéfiniment la tension du courant et d'amener tout naturellement la compensation des accidents qui compliquent le phénomène principal lors de l'apposition des deux couples.

La démonstration de la conductibilité propre des liquides mène à une autre conséquence non moins remarquable, c'est qu'on peut former des piles sans métal uniquement composées de dissolutions capables d'agir chimiquement sans précipiter les unes par les autres. Non-seulement on arrive très-facilement à mettre de pareils courants en évidence, mais encore je démontre que toutes les fois qu'on superpose régulièrement, dans le même ordre, les trois liquides conducteurs, on produit un courant qui affecte une direction déterminée. Si l'on prend, par exemple, l'acide sulfurique, la potasse et l'eau distillée, on obtient un courant qui assigne à celle-ci le rôle d'un simple conducteur métallique.

Mais pour que l'expérience fût plus démonstrative encore, je tenais à n'employer que deux liquides actifs et séparés par le produit de leur combinaison, comme la potasse, l'acide sulfurique et le sulfate de potasse en dissolution saturée. Pour cela on imbibe de ces différents liquides des rectangles de toile à voile qu'on superpose dans un ordre constant, de manière à former une pile d'une dizaine d'éléments; on la ferme à chaque extrémité par une épaisseur d'eau distillée recouverte d'une lame de platine, et l'on trouve au galvanomètre que le courant chemine de l'acide sulfurique à la potasse immédiatement en contact, à l'inverse de ce qui arrive lorsqu'on emploie un arc conjonctif en platine. C'est qu'en effet le milieu conjonctif est ici la couche mince de sulfate de potasse qui se forme entre l'acide et l'alcali, tandis que l'action chimique porte sur la couche épaisse; là encore c'est la couche mince qui joue le rôle de conducteur métallique.

J'ai même obtenu un courant avec une seule substance avide d'eau comme le chlorure de calcium employé à trois degrés de dilution différents; l'action chimique qui s'accomplit dans ces circonstances est un simple phénomène d'hydratation, cependant le courant est très-appréciable et chemine dans un sens qui semble indiquer que l'eau joue le rôle de base à l'égard du chlorure.

J'ai encore observé le courant résultant de l'action du sulfate de cuivre sur le sulfate de potasse en n'employant que ces deux liquides séparés par le résultat de leur mélange opéré dans le même vase. On a ainsi l'avantage de faire agir deux liquides très-composés et de ne pas compliquer l'expérience des phénomènes d'hydratation qui se produisent avec un alcali et un acide libres. Le sulfate de potasse joue alors naturellement le rôle de base, et le sulfate double, qui s'ajoute à celui de la couche épaisse interposée aux deux liquides actifs, donne un courant qui poursuit ensuite son chemin du sulfate de cuivre au sulfate de potasse à travers la couche mixte résultant de leur mise en contact.

Quand on emploie pour former une pile trois liquides différents, on ne peut plus prévoir dans quel sens le courant doit se diriger, attendu que l'on n'a aucune donnée sur les valeurs respectives de leurs coefficients de conductibilité ; mais comme il est infiniment peu probable que l'équilibre se réalise, il doit arriver, et il arrive effectivement. qu'on observe un courant résultant.

Parmi les liquides propres à former des piles liquides, il faut compter l'eau distillée, car elle agit le plus souvent comme simple conducteur et paraît, en conséquence, posséder, relativement au genre de conductibilité. un coefficient assez fort.

En résumé, je démontre, par l'apposition des piles à métaux, que les liquides employés possèdent une conductibilité propre, et qu'en vertu de cette conductibilité, on peut former des piles sans métal, à grand nombre d'éléments, avec tous les liquides conducteurs qui ne précipitent pas les uns par les autres.

Il me semble encore résulter de ces expériences qu'on ne doit tenir pour vraie la loi de Faraday sur l'équivalent électrique. qu'à la condition de négliger les écarts insensibles qui proviennent de la conductibilité propre des liquides ; qu'enfin ces derniers sont susceptibles de transmettre simultanément deux courants en sens opposés, l'un par voie de décomposition ou de conductibilité chimique, et l'autre par décomposition et par voie de conductibilité propre ou physique.

.

SUR LA

CONDUCTIBILITÉ PHYSIQUE DES LIQUIDES

COURANT PARTIELLEMENT TRANSMIS PAR L'EAU SANS DÉCOMPOSITION[1]

J'ai essayé de démontrer, par une expérience nouvelle, que les liquides composés possèdent généralement une conductibilité propre ou physique, indépendante de leur conductibilité électrolytique ou chimique et qui leur permet de transmettre certaine quantité d'électricité sans subir de décomposition. En vertu de cette conductibilité physique, un couple hydro-électrique ne demeure jamais au repos absolu, et lors même que les piles ne communiquent pas métalliquement le circuit se ferme par le liquide lui-même qui joue alors le rôle d'un conducteur imparfait non décomposable. Prenant, par exemple, pour origine du courant la surface du métal attaqué, j'admets que l'électricité positive suit d'abord sa marche ordinaire à travers le liquide, gagne la lame négative par voie électrolytique, et qu'au lieu d'y rester accumulée à l'état de tension, elle revient ensuite au métal attaqué à travers le liquide en opérant ce retour par voie de conductibilité physique. Tout en s'effectuant à travers le même liquide, l'aller et le retour ne s'opèrent donc pas suivant le même mode de conductibilité; dans un sens l'agent électrique se propage par voie de conductibilité chimique et dans l'autre par voie de conductibilité physique; tout en franchissant le même milieu dans deux directions opposées il ne suit pas moléculairement le même chemin. Telle est la notion nouvelle qu'il importe d'introduire dans la science si l'on veut, comme je l'ai déjà dit, ramener aux principes de l'électrochimie les réactions qui se passent entre liquides composés.

Tout élément hydro-électrique dont les pôles sont maintenus séparés

1. Voir *Bibl. universelle de Genève*, t. XXV, p. 180.

n'en constitue donc pas moins réellement un circuit qui se complète par l'interposition du liquide lui-même, comme il se complète par l'emploi d'un milieu physiquement et sensiblement conducteur. Il en résulte que les tensions apparentes des pôles sont toujours moindres qu'elles ne seraient si le liquide était dépourvu de toute conductibilité physique. Il en résulte aussi que ces tensions sont d'autant plus faibles que le liquide a moins d'épaisseur et permet une circulation plus active. Voilà pourquoi, toutes choses égales d'ailleurs, l'opposition de deux couples donne toujours l'avantage à celui dont les plaques sont les plus écartées. Le phénomène étant très-général, ne reconnaît, selon moi, que cette explication et démontre péremptoirement l'existence d'une conductibilité physique dans les liquides communément employés.

Néanmoins quelques personnes répugnent encore beaucoup à douer les liquides composés d'une propriété qui compromettrait dans sa rigueur la loi électrolytique de M. Faraday; et suivant la judicieuse remarque de M. de La Rive, il importerait de montrer qu'un même courant peut effectivement traverser plusieurs électrolytes sans donner des produits de décomposition proportionnels aux équivalents chimiques.

Si un liquide à décomposer possède les deux sortes de conductibilité, l'une chimique C, l'autre physique c, tout courant dirigé à travers ce milieu se partagera en deux autres dont les intensités seront proportionnelles à C et c. La partie chimiquement transmise agira seule sur l'électrolyte, en sorte que le produit de la décomposition sera réduit dans le rapport de $C + c$ à C.

Or l'expression $\dfrac{C}{C + c}$ est toujours plus petite que l'unité et varie dans le même sens que $\dfrac{C}{c}$.

Il suffit donc d'altérer le rapport $\dfrac{C}{c}$ dans deux électrolytes consécutifs, pour que les produits de décomposition dérogent à la loi de Faraday.

Mes expériences sur les piles sans métal m'avaient déjà désigné l'eau distillée comme possédant une conductibilité physique considérable par rapport à sa conductibilité chimique ; dès lors, j'ai pensé qu'en acidulant cette eau, je ne ferais qu'accroître sa conductibilité chimique sans faire varier notablement la conductibilité physique et que, dans tous les cas, altérant considérablement le rapport $\frac{C}{c}$, je me procurerais deux liquides très-propres à donner, sous l'influence d'un même courant, des produits de décomposition inégaux.

J'ai donc disposé sur le trajet d'un même courant fourni par trois couples de Grove deux voltamètres identiques en tous points, si ce n'est que l'un contenait de l'eau distillée et l'autre une eau aiguisée de $\frac{1}{80}$ d'acide sulfurique. Aussitôt les communications établies, les dégagements ont commencé avec des activités très-inégales et ont persisté aussi longtemps qu'il a été nécessaire pour recueillir du côté de l'eau acidulée 10 centimètres cubes de gaz, et de l'autre 1 centimètre seulement. L'expérience, reproduite plusieurs fois, a toujours donné un résultat en contradiction manifeste avec la loi électrolytique.

Quand on veut rendre le résultat promptement apparent, il est utile de former chaque voltamètre d'un faisceau de lames de platine bien dressées, maintenues à une fraction de millimètre les unes des autres et constituées alternativement par un système de contacts dans des états électriques opposés. L'expérience ainsi produite est prompte, décisive, et dément en quelques minutes ce que l'on croyait savoir de plus assuré relativement aux décompositions électrolytiques.

Si au lieu de conserver deux voltamètres semblables on réduit à deux fils de platine celui qui fonctionne à l'eau acidulée, on établit entre les deux appareils une différence conditionnelle qui est à l'avantage de la conductibilité physique dans l'un et de la conductibilité chimique dans l'autre, et alors le phénomène s'exagère au point que le courant passe au travers de l'eau distillée sans décomposition sensible et produit dans l'autre voltamètre une effervescence entière et soutenue. En opérant de la sorte, j'ai obtenu des quantités de gaz assez considérables et qui se dégageaient en présence de quantités de liquides assez petites pour qu'il ne soit pas possible d'admettre qu'une simple dissolution des produits de la décomposition ait pu m'en imposer.

Il est donc bien prouvé que l'eau pure possède pour l'électricité une conductibilité propre et indépendante de toute décomposition chimique. Il est même probable que ce pouvoir conducteur persiste dans les dissolutions communément employées à former des combinaisons voltaïques. S'il échappe alors aux moyens d'investigation ordinaires, cela tient à l'extrême prédominance de la conductibilité chimique ou à l'énorme valeur du rapport $\frac{C}{c}$.

La méthode d'opposition que j'ai employée pour mettre en évidence ce mode de transmission de l'électricité dans les liquides a précisément pour but de restreindre les phénomènes concomitants de conductibilité chimique et de faire prédominer ceux qui procèdent de la conductibilité physique.

———————

SUR LA

CONDUCTIBILITÉ PHYSIQUE DES LIQUIDES

RÉPONSE A M. BUFF [1].

Les observations présentées par M. Buff sur la manière d'interpréter mon expérience de l'opposition de deux couples me décident à faire connaître une disposition que j'hésitais à décrire par crainte d'insister sur des développements superflus.

Quand on opère sur deux couples seulement, le résultat que j'ai annoncé n'apparaît qu'à travers de nombreuses complications qui tiennent en partie aux circonstances signalées par M. Buff. Mais, quand l'expérience porte à la fois sur un grand nombre de couples alternativement opposés, les complications se compensent et le phénomène principal devient prédominant. On peut d'ailleurs produire cette opposition entre plaques noyées dans le liquide et protégées par des tissus ou des membranes contre une agitation qui, du reste, s'égalise encore et s'atténue autant qu'on veut par la disposition que je vais décrire.

1. Voir *Bibl. universelle de Genève*, t. XXVI, p. 126.

Dans une auge en bois sont disposées, verticalement et à égales distances de 1 centimètre, onze plaques de cuivre *c* (fig. 10) enveloppées de baudruche ou de papier à filtrer. Sur les bords de la cuve pose une traverse en bois portant dix plaques de zinc amalgamé *z* qui viennent s'intercaler parmi les cuivres et pareillement équidistantes de 1 centimètre. Toutes ces plaques, cuivre et zinc, sont séparées et ne communiquent entre elles que par le liquide acidulé que l'on verse dans l'auge et dont le niveau s'élève un peu au-dessus du bord libre des lames de cuivre; les zincs seuls émergent par le prolongement étroit

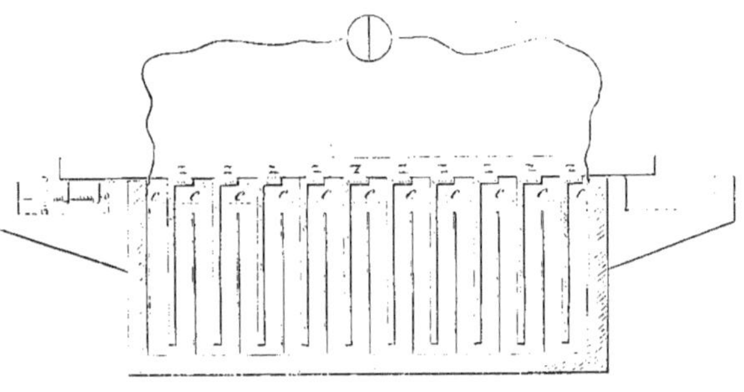

Figure 10.

qui les relie à la traverse en bois. Enfin les deux cuivres extrêmes sont mis en communication par le fil d'un galvanomètre. On reconnaît aisément qu'un pareil système représente vingt couples cuivre et zinc opposés, dix contre dix. Lorsque les zincs occupent les milieux des cellules, l'opposition est parfaite, le galvanomètre reste au zéro; mais dès qu'on imprime un déplacement à la traverse dans un sens ou dans l'autre, les zincs sont tous reportés du même côté; il en résulte que tous les couples qui luttent dans un sens sont affaiblis par la diminution d'épaisseur du liquide, tandis que l'effet inverse est produit sur les dix autres couples; l'équilibre est donc rompu et l'aiguille du galvanomètre l'indique aussitôt, en montrant dans tous les cas un courant sensible dirigé de chaque zinc au plus éloigné des dix cuivres correspondants. Les plus petits mouvements qu'on puisse communiquer à l'appareil produisent leur effet, même en ayant recours à une vis de rappel. Ici l'agitation du liquide n'est plus à craindre, car en supposant qu'elle persiste, elle est du moins rendue égale partout; si enfin elle manquait d'uniformité, les plaques seraient protégées par les membranes ou les tissus dont elles sont enveloppées. On voit, du reste, que l'appareil est disposé de manière à se prêter au retournement.

DE LA

CHALEUR PRODUITE PAR L'INFLUENCE DE L'AIMANT

SUR LES CORPS EN MOUVEMENT[1]

(Académie des Sciences, 17 septembre 1855.)

En 1824, Arago observa le fait remarquable de l'entraînement de l'aiguille aimantée par les corps conducteurs à l'état de mouvement. Le phénomène parut fort singulier; il resta même sans explication jusqu'au jour où M. Faraday annonça l'importante découverte des courants d'induction. Dès lors il fut prouvé que dans l'expérience d'Arago le mouvement fait naître des courants qui, réagissant sur l'aimant, tendent à l'associer au corps mobile et à l'entraîner dans le même sens. On peut dire, d'une manière générale, que l'aimant et le corps conducteur tendent par une influence mutuelle vers le repos relatif.

Si, malgré cette influence, on veut que le mouvement persiste, il faut fournir incessamment un certain travail; la partie mobile semble être pressée par un frein, et ce travail produit nécessairement un effet dynamique que j'ai jugé, suivant les nouvelles doctrines, devoir se retrouver en chaleur.

On arrive à la même conséquence en ayant égard aux courants d'in-

---

1. Voir *C. R. de l'Ac. des Sc.*, t. XLI, p. 450; *Ann. de Ch. et de Ph.* [3], t. XLV, p. 316, et *Cosmos*, t. VII, p. 309.

duction qui se succèdent à l'intérieur du corps en mouvement ; mais cette manière de considérer les choses ne donnerait que très-péniblement une idée de la quantité de chaleur produite, tandis que, en considérant cette chaleur comme due à une transformation de travail, il me parut certain

qu'on produirait aisément, dans une expérience décisive, une élévation sensible de température.

Ayant précisément sous la main tous les éléments nécessaires à une prompte vérification, j'ai procédé comme il suit à l'exécution.

Entre les pôles d'un fort électro-aimant, j'ai partiellement engagé le solide de révolution appartenant à l'appareil rotatif que j'ai nommé *gyroscope* et qui m'a précédemment servi pour des expériences d'une tout autre nature [1]. Ce solide est un tore en bronze relié par un pignon denté à un rouage moteur, et qui, sous l'action de la main armée d'une manivelle, peut ainsi

1. Dans la figure 11 qui représente l'appareil tel qu'il est construit dans le but de reproduire spécialement l'expérience décrite ci-dessus, le tore est remplacé par un disque qui permet de rapprocher davantage les pôles de l'électro-aimant.

prendre une vitesse de 150 à 200 tours par seconde. Pour rendre plus efficace l'action de l'aimant, deux pièces en fer doux surajoutées aux bobines
prolongent les pôles magnétiques et les concentrent au voisinage du corps
tournant.

Quand l'appareil est lancé à toute vitesse, le courant de six couples
Bunsen, dirigé dans l'électro-aimant, éteint le mouvement en quelques
secondes, comme si un frein invisible était appliqué au mobile : c'est l'expérience d'Arago développée par M. Faraday. Mais si alors on pousse à la
manivelle pour restituer à l'appareil le mouvement qu'il a perdu, la résistance qu'on éprouve oblige à fournir un certain travail dont l'équivalent
reparaît et s'accumule effectivement en chaleur à l'intérieur du corps
tournant.

Au moyen d'un thermomètre qui plonge dans la masse, on suit pas à
pas l'élévation progressive de la température. Ayant pris, par exemple,
l'appareil à la température ambiante de 16 degrés centigrades, j'ai vu successivement le thermomètre monter à 20, 25, 30 et 34 degrés ; mais déjà
le phénomène était assez développé pour ne plus réclamer l'emploi des
instruments thermométriques : la chaleur produite était devenue sensible
à la main.

Quelques jours après, la pile était réduite à deux couples, un disque
plat formé de cuivre rouge s'est élevé en deux minutes d'action à la température de 60 degrés.

Si l'expérience semble digne d'intérêt, il sera facile de disposer un appareil pour reproduire, en l'exagérant, le phénomène que je signale. Il n'est
pas douteux que, par une machine convenablement construite et composée
seulement d'aimants permanents, on n'arrive à produire de la sorte des températures élevées, et à mettre sous les yeux du public, assemblé dans les
amphithéâtres, un curieux exemple de la conversion du travail en chaleur.

L'EMPLOI DES APPAREILS D'INDUCTION

EFFETS DES MACHINES MULTIPLES [1]

(Académie des Sciences, 4 février 1856.)

Les machines d'induction, telles que les construit aujourd'hui l'habile artiste M. Ruhmkorff, passent parmi les hommes de science pour avoir atteint le plus haut degré de puissance qu'elles comportent; lorsqu'on veut leur donner des dimensions plus considérables, l'effet ne croît pas proportionnellement, et les organes d'interruption du courant inducteur se détruisent avec une rapidité qui oblige à revenir au modèle consacré par l'usage. Cependant ces sortes d'appareils remplaceraient sans doute avec avantage l'ancienne machine électrique, si l'on parvenait à leur faire produire des effets plus puissants.

Les étincelles qu'on obtient actuellement des machines inductives ne s'élancent guère au delà de 8 à 10 millimètres, et déjà pourtant elles accusent dans le courant d'induction une forte tension, dont le développement dépend de l'intensité du courant inducteur et de la longueur du fil induit; mais ce qui favorise surtout cette haute tension, c'est la cessation plus ou moins brusque du courant inducteur. Or il n'y a pas de moyen connu d'interrompre instantanément un courant qui circule avec intensité dans un

1. Voir *C. R. de l'Ac. des Sc.*, t. XLII, p. 213; *Pr.-verbaux de la Soc. phil.*, 1856, p. 6.

long conducteur métallique. La séparation, quelque rapide qu'elle soit, des pièces contiguës destinées aux contacts, n'a jamais lieu sans production d'une étincelle plus ou moins visible, qui montre que tout courant qu'on voudrait arrêter court est effectivement prolongé pendant quelques instants par un *extra-courant* dirigé dans le même sens. Ces étincelles d'extra-courant sont plus vives, plus durables et plus nuisibles à mesure que le courant interrompu parcourt un plus long circuit, et comme celui-ci se développe nécessairement avec les dimensions de l'appareil, il arrive qu'en cherchant à les accroître on finit par perdre d'un côté ce que l'on gagne de l'autre.

Tel est en réalité l'obstacle qui, malgré l'adjonction du condensateur de M. Fizeau, est venu s'opposer à ce qu'on donnât une plus grande extension au phénomène révélé par l'admirable découverte de M. Faraday.

Cependant, en assimilant les appareils d'induction aux autres sources connues d'électricité dynamique qui toutes sont susceptibles d'être réunies en série et de donner des effets de tension proportionnels au nombre des éléments électromoteurs, j'arrivai à conclure qu'il en serait de même entre plusieurs machines inductives, pourvu qu'elles fussent assujetties à fonctionner d'une manière concordante.

Si, en effet, cette condition était réalisée, chaque machine ayant ses organes propres, tous les courants inducteurs se distribueraient isolément, et les étincelles d'extra-courant, éclatant par hypothèse au même instant, auraient toutes ensemble même durée que si chaque machine fonctionnait seule; l'influence inductive s'exercerait donc simultanément dans tous les appareils sans qu'il y eût réaction croissante et nuisible provenant de l'ensemble des extra-courants.

Toute la difficulté se trouve ainsi ramenée à établir entre plusieurs machines une solidarité qui maintienne entre les phases des courants inducteurs une concordance parfaite. Quand on opère avec deux machines, ce résultat s'obtient d'une manière assez simple en alimentant les deux courants inducteurs par une même pile, et en faisant communiquer métalliquement les interrupteurs électro-magnétiques.

Pour fixer les idées, je suppose que le courant fourni par le pôle positif de la pile pénètre en se bifurquant dans les bobines inductrices; au sortir de celles-ci, les deux rameaux rencontrent les interrupteurs, traversent les points de rupture et se réunissent au delà pour rentrer dans la pile par le pôle négatif. Dans ces circonstances, les deux machines marchent à la fois, mais d'une manière indépendante et sans augmentation notable du résultat final. Si alors on établit une communication entre les deux courants partiels par un fil métallique inséré de part et d'autre en quelque point du fil inducteur situé entre la bobine et la pièce vibrante, l'accord s'établit et le système fonctionne avec la puissance d'une machine double.

Cet accord résulte évidemment de ce que celui des deux marteaux interrupteurs qui, par une cause quelconque, tendrait à prendre l'avance, détermine par son jeu les mêmes périodes d'aimantation dans les deux machines, et que, par suite, il oblige l'autre marteau à le suivre d'assez près pour que leurs mouvements simulent un synchronisme parfait, et qu'il y ait partage de l'étincelle entre les deux points de rupture.

On reconnaît qu'effectivement les tensions ont gagné, car les étincelles du courant induit sont bruyantes, sinueuses et longues de 16 à 18 millimètres.

Si l'on voulait étendre à plusieurs appareils l'expérience qui m'a réussi pour deux, il y aurait encore à compter avec certaine difficulté. D'abord le synchronisme ne pourrait pas s'établir d'une manière aussi simple, et de plus l'isolement des deux bobines formées par l'enroulement du fil inducteur et du fil induit deviendrait insuffisant. Déjà, en opérant avec deux machines, il est nécessaire, pour éviter les pertes, d'établir les communications de telle sorte que les tensions positives et négatives s'accumulent aux extrémités externes et libres des deux fils induits, tandis que les extrémités internes réunies persistent à l'état naturel.

Si l'habile constructeur de qui l'on tient le bel appareil généralement désigné sous son nom, croit pouvoir réaliser un isolement plus parfait, on arrivera sans doute à reculer de plus en plus la limite qui paraissait s'opposer à l'extension progressive des phénomènes d'induction.

MACHINES D'INDUCTION MULTIPLES;

INTERRUPTEUR A MERCURE[1].

(Société philomathique, 19 avril 1856.)

M. L. Foucault a annoncé, dans cette séance, à la Société, qu'en poursuivant ses recherches sur les machines d'induction multiples, il a reconnu qu'il est avantageux de substituer à l'interrupteur ordinaire une lame vibrante en métal plongeant d'une manière intermittente par son extrémité libre, dans un godet de mercure recouvert d'une couche d'alcool ou d'esprit de bois[2]. Ce nouvel interrupteur fournit, toutes choses égales d'ailleurs, des effets comparativement plus intenses; il fonctionne indéfiniment sans altération, et les effets vont croissant proportionnellement avec le nombre des machines réunies. Quatre machines, convenablement isolées et munies d'un interrupteur à mercure, donnent un jet continu d'étincelles à la distance de $0^m,030$ à $0^m,040$.

Quand on éclaire par l'étincelle d'induction la lame vibrante de l'interrupteur, celle-ci apparaît comme si elle était fixe; mais la position qu'elle semble affecter, bien différente de celle qui correspond à la rupture du courant inducteur, dénote qu'il s'écoule un intervalle de temps perceptible entre la rupture du courant inducteur et la décharge du courant induit.

1. Voir *Procés-verbaux de la Soc. phil.*, 1856, p. 31.
2. Voir plus loin la description détaillée de l'interrupteur.

MACHINES D'INDUCTION MULTIPLES[1].

(Société philomathique, 24 mai 1856.)

M. Léon Foucault raconte à la Société la suite de ses recherches sur les appareils d'induction réunis et fonctionnant avec l'interrupteur à mercure. A l'air libre, quatre machines de dimensions ordinaires, alimentées par des couples de Bunsen grand modèle, donnent l'étincelle à la distance de $0^m,07$. L'adjonction d'un condensateur en forme de jarre, dont les armatures agissent dans une étendue superficielle de $0^m,30$ sur $0^m,50$, rend l'étincelle très-vive et très-bruyante et réduit la distance explosive à $0^m,018$. La série des décharges qui se succèdent avec rapidité verse dans la pièce où l'on opère une lumière ambiante dont l'intensité est comparable à celle d'une lampe ordinaire. Bien qu'une pareille source ne possède pas en apparence un éclat excessif, elle agit sur l'organe de la vue comme la lumière des charbons de la pile et produit, quand on la regarde directement, une douloureuse ophthalmie qui se déclare quelques heures après. L'interposition du verre d'urane prévient cet accident, ce qui semble démontrer que l'action physiologique est due surtout aux radiations très-réfrangibles et en partie invisibles qui caractérisent la lumière électrique.

La décharge de quatre appareils traverse aisément un tube de 2 mètres de long dans lequel on fait le vide à la machine pneumatique; une colonne de lumière se développe alors de l'une à l'autre extrémité et présente dans toute son étendue les stratifications qui ont été signalées à l'intérieur de l'œuf électrique.

1. Voir *Procès-verbaux de la Soc. phil.*, 1856, p. 37.

NOTE

SUR

L'EMPLOI DES APPAREILS D'INDUCTION

INTERRUPTEUR A MERCURE [1]

(Académie des Sciences, 7 Juillet 1856.)

Dans la plupart des appareils d'induction, le courant inducteur est rendu intermittent par le jeu d'un interrupteur qui exerce périodiquement un contact entre les extrémités des réophores. Parmi tous les métaux qui ont été mis en usage jusqu'ici pour garnir ces points de contact, le platine est celui qui a le mieux réussi; l'élévation de son point de fusion et son peu de tendance à l'oxydation le désignaient d'ailleurs, préférablement aux métaux usuels, comme devant résister plus longtemps à l'action corrosive de l'étincelle qui éclate à chaque interruption. Toutefois, quand l'appareil fonctionne durant un certain temps, le platine lui-même finit par être attaqué, les surfaces de contact se déforment, se creusent ou s'accroissent aux dépens l'une de l'autre, la texture du métal s'altère et l'interrupteur finit par cesser de fonctionner. Ce fâcheux résultat se déclare plus vite à mesure que l'on opère avec un courant plus fort, et quand celui-ci acquiert une intensité qui dépasse une certaine limite, les pièces de l'interrupteur se soudent au premier contact et refusent tout service.

1. Voir C. R. de l'Ac. des Sc., t. XLIII, p. 44; Cosmos, t. IX, p. 73.

Comme je recherchais les moyens d'accroître les phénomènes d'induction, j'ai rencontré dans cette imperfection des contacts solides une difficulté qui semblait assez grave, et j'ai songé, comme bien d'autres sans doute, à recourir au mercure.

Dès les premiers essais, j'ai reconnu qu'il serait impraticable de distribuer d'une manière suivie un courant intense avec le mercure nu; par ce moyen l'interruption n'est jamais assez subite, la surface du métal s'oxyde en peu d'instants, et elle émet d'abondantes vapeurs qui ne manqueraient pas à la longue d'exercer leur action délétère. J'ai été ainsi conduit à recouvrir le mercure d'une couche d'eau distillée, ou mieux encore d'une couche d'alcool, ce qui remédie en même temps aux divers inconvénients que présentait l'emploi du mercure tout seul. En effet, l'interruption du courant se produit sous l'alcool avec un bruit sec qui dénote un arrêt brusque, elle donne lieu par suite à une forte étincelle d'induction; l'alcool se trouble en peu d'instants, mais il ne cesse pas de condenser d'une manière efficace les vapeurs émises au point de rupture, en même temps qu'il préserve de l'oxydation la surface du mercure. L'appareil continue donc de fonctionner avec régularité, aussi longtemps que la pile est capable d'alimenter le courant inducteur.

Considéré au point de vue mécanique, l'emploi du mercure apporte dans la constitution de l'interrupteur une modification heureuse. La pièce oscillante qu'on désignait du nom de marteau, n'étant plus limitée dans ses excursions par l'obstacle rigide qu'elle rencontrait sur son enclume, a pu être remplacée par une lame élastique qui vibre par son propre ressort sous l'influence d'un électro-aimant; cette lame, recourbée et terminée à son extrémité libre par une pointe en platine, vient fermer une soixantaine de fois par seconde le circuit du courant inducteur, en pénétrant plus ou moins dans le mercure. Le contact qui s'établit alors, malgré sa courte durée, n'en est pas moins parfait, il n'offre par lui-même qu'une résistance négligeable par rapport à celles qui sont disséminées dans l'étendue du même circuit; et comme l'organe élastique vibre en toute liberté, ces contacts se succèdent à des époques régulièrement distribuées dans le temps, ainsi qu'on en juge par la persistance du son rendu qui décèle un appareil en action. La série d'étincelles qui éclatent aux extrémités du fil induit participe au même caractère, et dans le bruit crépitant qu'elle fait entendre, l'oreille retrouve une tonalité distincte et conforme à celle de la lame vibrante.

En même temps qu'il régularise le départ des étincelles d'induction, le nouvel interrupteur, appliqué aux machines actuellement en usage, est propre à en augmenter jusqu'à un certain point la puissance. Généralement il agit de manière à rendre les effets proportionnels aux intensités du courant distribué ; d'où il suit que c'est particulièrement dans l'emploi des forts courants qu'il prend un avantage marqué sur les interrupteurs à contacts solides.

Il y a même imprudence, avec une seule machine de dimension ordinaire, à vouloir forcer, au delà d'une certaine limite, l'intensité du courant inducteur, car on arrive infailliblement à faire crever intérieurement la bobine du fil induit. Mais en réunissant plusieurs machines, la somme des tensions se trouvant partagée entre les divers éléments de cette espèce de batterie, on peut faire agir sur l'ensemble un nombre de couples proportionnel à celui des machines ; ce qui accroît, suivant le même rapport, la distance franchie par l'étincelle entre les deux extrémités de la série induite.

Ce système de réunion s'applique sans difficulté aux excellentes machines de M. Ruhmkorff, pourvu qu'on se borne à les assembler par paire.

On supprime les marteaux que l'on remplace par des conducteurs à demeure, on réunit les deux fils conducteurs à la suite l'un de l'autre, et l'on introduit, dans le circuit, l'interrupteur accompagné du condensateur d'extra-courant. Par précaution, chaque machine doit conserver ses conducteurs de décharge écartés à distance normale ; elles gardent aussi toutes deux leurs commutateurs qui servent à diriger chacune des deux portions du courant, en sens tels que les portions de signes contraires s'accumulent aux extrémités intérieures des deux fils induits ; ceux-ci enfin étant mis en communication, les bouts extérieurs qui restent libres deviennent les deux pôles du système et donnent des étincelles à la distance de $0^m,030$ à $0^m,035$.

La figure 12 représente l'interrupteur à mercure : c et c' sont les deux bobines de l'électro-aimant animé par le courant inducteur, R est la lame vibrante munie d'un fer doux K et d'un appendice recourbé C qui vient plonger par sa pointe en platine dans le mercure du godet V, que l'on achève de remplir avec de l'alcool. Si le courant est supposé s'engager par le fil q, il est conduit par ce fil jusqu'au mercure qui, par son contact avec l'extrémité de la lame plongeante, le transmet à l'électro-aimant ; ce courant gagne ensuite le reste du circuit par le fil q'. Il est clair que, dans ces conditions, la lame doit entrer en vibration et fonctionner comme interrupteur du courant qui la traverse ; p et p' sont deux fils qui, insérés de part et d'autre du point d'interruption, se rendent au conducteur d'extra-courant.

Figure 12.

Quand on veut placer plus de deux machines sous la conduite de l'interrupteur à mercure, il devient nécessaire d'isoler avec un soin particulier les appareils surnuméraires. En effet, relativement aux très-fortes tensions qui se manifestent dans le fil induit au voisinage des extrémités, le fil conducteur qui pénètre dans l'axe des bobines peut être considéré comme un conducteur inerte, et si ce conducteur approche les bobines induites en des points plus ou moins distants de celui où les tensions sont nulles, il offre à la décharge un chemin tout tracé ; il est donc important d'établir dans les machines surnuméraires un isolement absolu entre le fil inducteur et la surface interne de l'hélice induite. Cet isolement s'obtient d'une manière complète en introduisant un tube de verre dans l'espace annulaire qui sépare les deux hélices concentriques. A partir du moment où, par les soins de M. Ruhmkorff, cette condition a été remplie, quatre machines réunies ont donné les tensions qu'on en pouvait attendre, et le flux des étincelles s'est élancé à la distance de $0^m,07$ à $0^m,08$.

Je n'insisterai pas pour le moment sur les effets que l'on peut produire en mettant en usage un appareil aussi puissant, j'ajouterai seulement que l'emploi du condensateur d'induction communiquant aux étincelles un pouvoir éclairant considérable, l'isochronisme qui préside à l'interruption, achève de réaliser pour l'étude des phénomènes périodiques une source intermittente de lumière à éclats équidistants et instantanés.

INSTRUCTION

SUR L'EMPLOI DE L'INTERRUPTEUR A MERCURE.

(Sans date.)

L'interrupteur à mercure remplace avec avantage le marteau distributeur des appareils d'induction en toutes les circonstances où l'on veut employer des courants intenses. Il s'adapte sans difficulté aux machines de M. Ruhmkorff, et il permet de les réunir par paire sans qu'il soit nécessaire d'y apporter aucun changement.

Supposons d'abord, pour plus de simplicité, qu'on fasse l'expérience avec une seule machine : on commence par supprimer le marteau que l'on remplace par un fil à demeure.

Pour compléter le circuit du courant inducteur qui dans l'appareil se termine par deux boutons d'attache, on met l'un d'eux en contact avec l'un des pôles d'une pile formée au plus de six couples de Bunsen ; on relie l'autre bout à l'interrupteur par un fil qui va se rendre en A (fig. 13), et en face, entre le bouton P marqué *pile* et la pile elle-même, on établit une

dernière communication. L'interrupteur présente encore deux boutons, A'
et P', marqués *condensateur*, pour recevoir les fils destinés à conduire l'extra-
courant au condensateur à taffetas gommé qui doit rester en dehors de la
machine et présenter une grande surface.

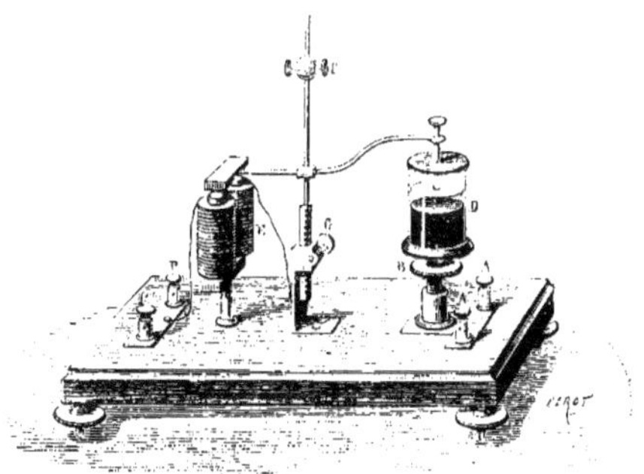

Figure 13.

Tout étant disposé de la sorte, on verse du mercure dans le verre D
jusqu'au tiers de sa hauteur et de l'alcool par-dessus presque autant qu'il
peut en tenir. Ce verre repose sur un support qui s'élève ou s'abaisse à
volonté par le moyen du bouton B : on arrive ainsi à mettre la pointe de la
lame du bouton en contact avec le mercure. Alors on ferme le circuit, l'interrupteur entre aussitôt en mouvement et il exécute une suite de vibrations plus ou moins étendues. Dans le cas où ces vibrations ne présenteraient
pas l'amplitude convenable, on aurait recours à l'action du large bouton G
qui est destiné à faire varier la distance à laquelle l'électro-aimant agit sur
le fer de la lame vibrante. On voit enfin un bouton marqué C qui, étant
desserré, glisse dans sa coulisse et sert à rendre les vibrations plus ou
moins précipitées. Quand l'appareil est bien réglé, il donne un jet d'étincelles à la distance de 0^m,015 à 0^m,018.

Mais en réunissant deux machines on obtient des effets beaucoup plus
saillants. On commence comme précédemment par supprimer les marteaux
pour les remplacer par des conducteurs fixes, après quoi on remet en séries

les fils inducteurs et les fils induits. La réunion des deux fils inducteurs s'opère de la manière la plus simple; les deux machines étant placées côte à côte l'une auprès de l'autre, on fait communiquer ensemble par un fil de cuivre les deux boutons voisins, après quoi les deux boutons extrêmes sont reliés comme précédemment l'un à la pile, l'autre à l'interrupteur. Chaque appareil conserve son commutateur, mais la fonction qu'il faut leur donner se subordonne à la manière dont il faut réunir les fils induits. Chacun de ces fils se termine par deux bouts dont l'un émane de la couche superficielle et l'autre de la couche profonde de la bobine; ce qui fait en tout quatre bouts que pour abréger on nomme les bouts externes et les bouts internes. La condition à remplir pour obtenir des deux machines tout l'effet qu'elles peuvent donner est de réunir ensemble les deux bouts internes et de placer les commutateurs de manière à obtenir dans les deux bobines des effets concordants.

Au reste, il n'y a pas à s'y tromper. Si les commutateurs sont placés de manière à mettre les machines en opposition, les effets sont nuls ou presque nuls et alors en intervertissant le courant inducteur dans l'une quelconque d'entre elles, on rétablit l'accord qui se révèle par l'énergie des effets produits. Deux appareils de Ruhmkorff réunis comme il vient d'être dit supportent douze couples de Bunsen grand modèle et donnent l'étincelle à $0^m,030$ ou $0^m,035$; l'adjonction d'un condensateur dont les armatures communiquent respectivement aux extrémités du fil induit, augmente comme on sait l'éclat des étincelles; avec le concours de deux machines et de l'interrupteur, les effets deviennent tels qu'on ne peut les considérer longtemps sans s'exposer à ressentir quelques heures après les atteintes d'une douloureuse ophthalmie. Il est utile, dans ce cas, de protéger les yeux par l'interposition d'un verre d'urane.

Quatre machines réunies suivant le même système donnent l'étincelle à la distance de $0^m.07$, mais alors il faut modifier la construction des deux bobines extrêmes, afin d'établir entre les deux hélices concentriques du fil inducteur et du fil induit un isolement plus parfait qu'on n'a l'habitude de le faire pour les machines actuelles.

A la suite de ces indications fournies par L. Foucault à différentes reprises, nous croyons devoir les compléter en quelques points sur lesquels nous n'avons trouvé aucun renseignement qu'il ait laissé.

Après avoir construit l'interrupteur décrit précédemment sous deux formes légèrement différentes, L. Foucault adopta une disposition qui est celle qui est maintenant la plus fréquemment employée et dont la description se trouve dans la plupart des ouvrages classiques. Nous reproduisons ci-après des descriptions de l'appareil primitif que nous extrayons du *Traité d'électricité* de J. Gavarret[1] dont l'auteur a fait exécuter les dessins sous les yeux de L. Foucault :

« U U, U' U', (fig. 14) sont deux larges planches de bois entre lesquelles est placé le condensateur d'extra-courant. Pour former ce condensateur, on fait une pile de lames d'étain rectangulaires, en ayant soin de séparer chaque lame métallique de celle qui la précéder et de celle qui la suit par une feuille de taffetas gommé. Les lames d'étain de rang pair

Figure 14.

font saillie sur une des petites faces de la pile, et communiquent toutes entre elles ; les lames d'étain de rang impair font saillie sur la lame opposée, et communiquent aussi toutes entre elles. L'ensemble de ces lames métalliques et de ces feuilles isolantes constitue un condensateur dont une armure est représentée par les lames de rang pair, et la seconde armure par les lames de rang impair. Ce système est logé entre les planches de bois U U, U'U'. Aux extrémités de la planche supérieure UU se trouvent deux colonnettes de bois G, H, traversées par des fils métalliques destinés à faire communiquer les armures du condensateur avec deux points du circuit inducteur. A cet effet, l'un de ces fils communique avec les lames métalliques de rang pair, et l'autre avec les lames de rang impair.

Les diverses pièces de l'interrupteur sont fixées à une planchette de bois I placée sur le condensateur. L est une forte lame de cuivre rouge horizontale et solidement fixée à un support de bois X, qui lui-même fait corps avec la planchette I. Cette lame déborde le support X et se continue par une lame de cuivre rouge R rigide, étroite et recourbée. Sur la partie de la lame L qui déborde le support X, est soudée une tra-

<hr>

1. T. II, p. 340.

verse T de fer doux. A la lame recourbée R sont fixés deux appendices verticaux de platine P, P', dont le bout inférieur est taillé en pointe,

Au-dessous des pointes de platine P, P', sont placés deux verres v, v'; chacun de ces verres contient du mercure et de l'alcool. Quand la lame LR est en repos, les pointes de platine plongent dans l'alcool et ne touchent pas le mercure; mais quand la lame LR est mise en vibration, ces pointes P, P', à la fin de chaque oscillation descendante, viennent plonger dans le mercure. Un fil métallique fait communiquer le mercure du verre v avec le bouton métallique d, qui lui-même communique d'une part avec une des armures du condensateur à travers la colonnette H, et, d'autre part, au moyen du fil M', avec l'une des extrémités de la spirale inductrice de la bobine. Un second fil métallique fait communiquer en h le mercure du verre v' avec le pôle négatif d'un élément de Bunsen V.

Au-dessus de la traverse de fer doux T est disposé un électro-aimant en fer à cheval. Les bobines de cet électro-aimant sont formées par l'enroulement d'un seul fil dont l'un des bouts communique en g avec le pôle positif de l'élément Bunsen V, tandis que l'autre bout communique, en c, avec la lame de cuivre LR et la pointe de platine P'.

Le commutateur N communique d'une part à une pile de Bunsen par les fils O et O', tandis que, d'autre part, l'un des fils M se rend à la bobine où il se joint à la seconde extrémité de la spirale inductrice et l'autre fil Z communique en b, avec la lame de cuivre LR et la pointe de platine P.

Le fil métallique qui traverse la colonnette de bois G vient se fixer en a et établit la communication d'une des armures du condensateur avec la lame de cuivre LR et a pointe de platine P. L'interrupteur est donc, comme à l'ordinaire, placé entre les deux armures du condensateur qui, d'ailleurs, communiquent à travers la spirale inductrice, le commutateur N et la pile elle-même.

Dans ce système, il y a deux circuits voltaïques distincts : le premier comprend le couple V et l'électro-aimant de l'interrupteur. Ce circuit est fermé dans le verre v', au moyen de la lame métallique LP', toutes les fois que la pointe P' est en contact avec la couche de mercure placée au fond de ce verre. Le courant du couple V a une action toute locale; il sert uniquement à faire marcher l'interrupteur et à rendre son jeu indépendant du courant de la pile qui doit traverser la spirale inductrice de la bobine.

Le second circuit, ou celui de la pile, comprend la pile elle-même, le commutateur et l'appareil d'induction. Ce circuit est fermé dans le verre v au moyen de la lame métallique LP toutes les fois que la pointe P plonge dans la couche de mercure placée au fond de ce verre. »

Nous n'insisterons pas sur le fonctionnement de cet appareil dont il est très-facile de se rendre compte.

Nous donnons, d'après le même auteur [1], la description détaillée du mode de communication établie entre quatre bobines de Ruhmkorff disposées en séries lors d'expériences qui furent faites dans l'amphithéâtre de la Faculté de médecine de Paris et qui donnèrent des résultats remarquables comme intensité des effets obtenus :

« Chacune des machines est dépouillée de son interrupteur, de son condensateur et

---

[1] *Loc. cit.*, t. II, p. 314.

de son commutateur : elles fonctionnent toutes à la fois sous l'influence d'un même interrupteur à mercure I I (fig. 15), du même condensateur U U et du même commutateur N ;
l'étendue de la surface du condensateur commun, annexé aux circuits inducteurs, doit
être réglé sur l'intensité du courant inducteur transmis à travers l'ensemble des appareils.

Les fils de la pile O et O' aboutissent au commutateur N ; un couple de Bunsen V
fournit le courant local qui fait marcher l'interrupteur et dont la marche est indiquée
par des flèches empennées.

Les quatre machines composent deux groupes de deux appareils symétriquement
disposés. Des systèmes de communication distincts sont établis entre les extrémités des

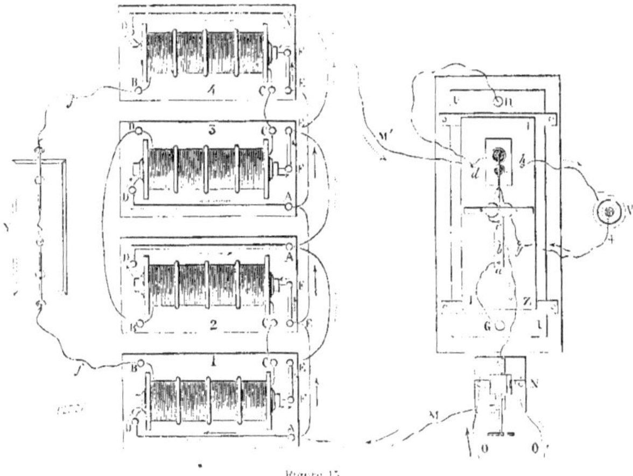

Figure 15.

bobines inductrices et les extrémités des bobines induites. Les spirales inductrices sont
reliées par deux systèmes d'arcs métalliques ; l'un de ces systèmes est pour les courants
qui pénètrent dans des spirales, et l'autre pour les courants qui sortent. La marche des
courants qui pénètrent est indiquée par des flèches pleines, la marche des courants qui
sortent est indiquée par des flèches ponctuées.

On voit à la simple inspection de la figure que le courant arrivant en A se partage
en quatre courants inducteurs distincts et de même intensité, un pour chaque spirale
inductrice. Les spirales inductrices des appareils 1 et 3 sont toutes deux traversées dans
le même sens de D en F ; les spirales inductrices des appareils 2 et 4 sont au contraire
toutes deux traversées de F en D. On se rend facilement compte dès lors que les quatre
spirales induites sont des électro-moteurs distincts, disposés dans un ordre tel que les
deux extrémités homologues de deux spirales contiguës représentent des pôles de signes
contraires. Si donc on réunit par des communications métalliques les colonnes C, C
des appareils 1 et 2, les colonnes B, B des appareils 2 et 3 et les colonnes C, C des appa-

reils 3 et 4, l'ensemble des quatre machines représente une véritable *pile d'induction* et les *pôles* de cette combinaison sont les colonnes B, B de l'appareil 1 et de l'appareil 4.

Dans cette pile de machine d'induction, la somme des tensions se trouve partagée entre les divers éléments électro-moteurs, et dans chacun des appareils associés; la différence des tensions des extrémités de la bobine *induite* conserve les valeurs qu'elle aurait atteinte, si cet appareil avait fonctionné seul sous l'influence du courant *partiel* qui traverse sa spirale inductrice. Il en résulte que sans s'exposer à crever les bobines induites, on peut soumettre cette combinaison à l'action d'un nombre de couples proportionnel à celui des machines dont elle se compose. La différence des tensions des extrémités de la série induite, et la longueur des étincelles qui éclatent entre ses pôles, augmentent nécessairement dans le même rapport.

Avec la série de quatre appareils représentés dans la figure 15, M. L. Foucault emploie habituellement une pile de trente à quarante couples de Bunsen de dimensions ordinaires. Les étincelles échangées à l'air libre par les extrémités de l'excitateur Y ont de $0^m,08$ à $0^m,10$ de longueur ; ces étincelles sont volumineuses, très-éclatantes, et se succèdent avec une telle rapidité, que les branches de l'excitateur paraissent réunies par un trait de feu continu. »

INTERRUPTEUR A DOUBLE EFFET

POUR LES APPAREILS D'INDUCTION[1]

(Société philomathique, 8 août 1857.)

J'ai fait connaître à la Société un interrupteur à mercure et à lame vibrante qui permet d'augmenter considérablement les effets des appareils d'induction. Ces sortes de machines qui, à l'époque où j'ai commencé mes recherches, ne donnaient l'étincelle qu'à la distance de 12 à 15 millimètres, ont pu être réunies, et ont donné entre mes mains un jet continu d'étincelles de 8 centimètres de longueur; depuis lors, les constructeurs d'appareils ont senti la nécessité de réaliser un isolement plus parfait, et aujourd'hui ils obtiennent, en distribuant le courant inducteur au moyen de l'interrupteur à mercure, des effets de plus en plus développés. Les étincelles acquièrent jusqu'à 20 centimètres de long, et la tension est telle qu'on perfore le verre jusqu'à une épaisseur de 8 à 10 millimètres en dirigeant la décharge sur une lame de glace placée entre les deux pôles.

Voyant que l'interrupteur à mercure atteint réellement son but, j'ai cru devoir y apporter un perfectionnement qui permet d'en tirer encore un meilleur parti.

Lorsque l'interrupteur à mercure fonctionne, l'interruption du courant inducteur a lieu par le fait de l'émersion de la pièce vibrante hors du mercure employé à former le circuit, et comme l'émersion dure à peu

1. Voir *Procès-verbaux de la Soc. phil.*, 1857, p. 105.

près autant que l'immersion, il en résulte que la pile chargée de fournir le courant inducteur demeure inactive la moitié du temps. J'ai donc cherché à utiliser ce temps perdu et j'y ai réussi, en faisant de l'interrupteur un instrument à double effet.

Dans la nouvelle disposition, la lame vibrante est disposée de manière à opérer alternativement la distribution par l'une et l'autre extrémité; elle est donc terminée par deux crochets qui plongent de part et d'autre dans les godets à mercure; cette lame vibrante est horizontalement suspendue par une lame élastique qui lui permet d'osciller de part et d'autre de sa position d'équilibre, à peu près comme un fléau de balance; chacun des bras porte un barreau de fer doux placé en regard d'un électro-aimant destiné à perpétuer le mouvement vibratoire. Par cette disposition, les deux branches de l'interrupteur fonctionnent alternativement pour distribuer le même courant et, tous les organes étant répétés en double, l'appareil présente une symétrie parfaite. Pour mettre l'appareil en activité, il faut verser du mercure dans les deux godets jusqu'à ce que la surface libre du liquide approche de très-près l'une et l'autre pointe de distribution. On verse ensuite de l'alcool par-dessus. Les communications étant établies, il suffit de presser sur la pièce vibrante pour la faire plonger dans l'un des godets et pour établir un mouvement vibratoire qui se perpétue de lui-même.

En tenant compte de la description qui vient d'être indiquée, on comprend aisément que chacune des branches de l'interrupteur à double effet agit au service du même courant comme agit la branche unique d'un interrupteur simple; mais comme elles fonctionnent alternativement, elles suppriment le temps perdu et elles n'interrompent le courant inducteur que pendant la durée du temps strictement nécessaire à la manifestation des phénomènes d'induction. Aussi l'interrupteur à double effet donne-t-il dans l'unité de temps un nombre d'étincelles double de celui que fournit l'interrupteur simple, sans qu'il en résulte un affaiblissement sensible dans l'intensité de chaque décharge, considérée isolément. Il en résulte donc que les effets sont sensiblement doubles, ce qui justifie la dénomination que je propose d'affecter un nouvel interrupteur.

INSTRUCTION

SUR L'INTERRUPTEUR DOUBLE A MERCURE.

(Sans date.)

L'interrupteur double à mercure est mis en mouvement par un courant distinct et formé par un élément de pile dont les pôles viennent se rattacher aux deux boutons de contact P. P'. Restent alors quatre autres boutons, deux désignés par P et C et deux autres par P' et C'. L'un des pôle s de la

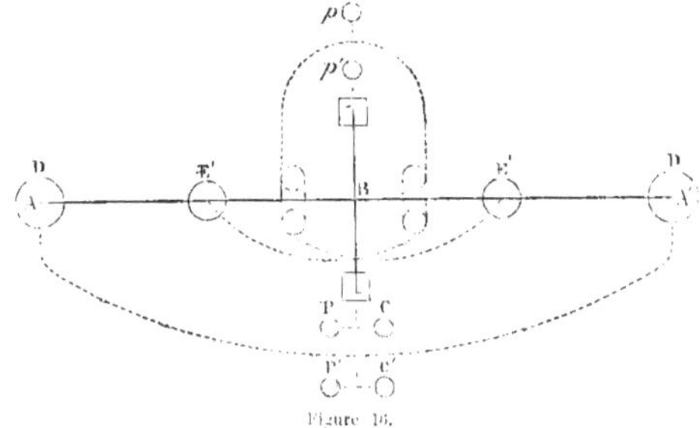

Figure 16.

pile inductrice étant donc relié à l'un des boutons P ou C, l'un des boutons P' ou C' est mis en communication avec le fil inducteur de la bobine dont l'autre extrémité correspond à l'autre pôle de la pile, et les deux boutons disponibles sont mis en communication avec un condensateur Fizeau.

Il y a aussi à considérer quatre godets à mercure D, E, D', E' : les deux plus petits sont destinés au courant moteur et les deux autres au courant inducteur; tous doivent contenir du mercure jusqu'à un niveau voisin de leurs pointes respectives en platine; le réglage s'opère au moyen de petits supports à vis. Dans les deux godets extérieurs destinés au courant inducteur, il est bon d'épaissir le mercure par l'addition d'une certaine quantité d'amalgame pâteux d'argent[1]; par ce moyen on diminue la mobilité du liquide métallique et le réglage en devient plus facile.

Pour être sûr d'avoir bien obtenu le double effet, il convient d'abaisser d'abord l'un des godets à mercure du courant inducteur, afin de laisser l'autre fonctionner tout seul, et quand on a constaté l'effet produit par l'appareil agissant ainsi comme interrupteur simple, on met le second godet

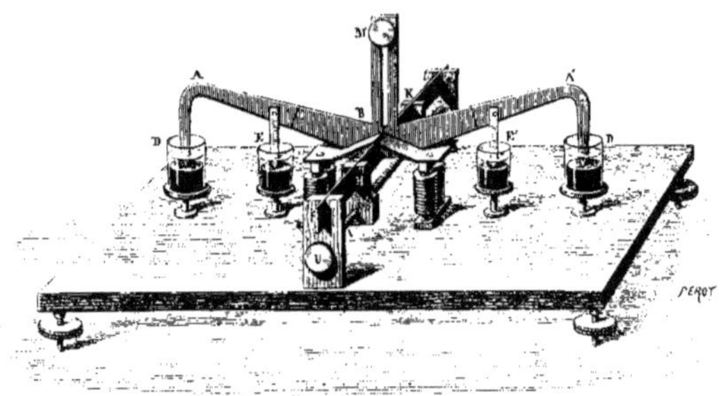

Figure 17.

en prise en élevant le support sur lequel il repose, et l'on voit tout à coup l'effet doubler. Si les niveaux du mercure étaient trop élevés dans les deux verres, il n'y aurait plus interruption et les effets cesseraient complétement. On apprend par tâtonnement à régler les niveaux de manière à obtenir le maximum d'effet. En tout cas, il faut que le mercure soit recouvert d'une forte épaisseur d'alcool ordinaire. L'aiguille fendue qui s'élève verticalement porte une masse courante M, dont la position variable permet de modifier, entre certaines limites, la vitesse du mouvement de vibration.

1. L'emploi de l'amalgame d'argent au lieu de mercure a été indiqué par L. Foucault à la Société philomathique, le 7 novembre 1857. Voir *Pr.-verb. de la Soc. phil.*, 1857, p. 133.

Le dessin reproduit dans la note précédente est copié d'après un dessin inédit de L. Foucault portant pour titre : *Interrupteur à vibrations variables*, et daté d'août 1861. La durée des vibrations dépend non-seulement de la position de la masse M, mais aussi du rapprochement plus ou moins grand des pièces H et K qui pincent le ressort servant de support à la partie mobile ; la distance de ces pièces peut varier sous l'action de la vis à deux filets V V' qui les traverse et que l'on fait mouvoir à l'aide du bouton U.

APPAREILS D'INDUCTION

SONS PRODUITS DANS LES CONDENSATEURS D'EXTRA-COURANT[1]

(Société philomathique, 8 novembre 1856.)

Pour tirer le meilleur parti possible de l'interrupteur à mercure appliqué aux machines d'induction multiples, j'ai été conduit à augmenter considérablement la surface du condensateur destiné à recevoir et à réfléchir l'extra-courant sur lui-même; peu à peu j'en suis venu à employer comme armature une série de lames d'étain dont la surface totale est de 6 mètres carrés. A mesure qu'on développe ainsi les surfaces de condensation, on favorise la production d'un bruit qui n'avait pas encore été signalé et qui est pourtant susceptible d'acquérir une intensité extraordinaire. Chaque fois que l'extra-courant se décharge dans le condensateur, il fait naître un bruit de choc dont l'intensité croît avec l'étendue superficielle des armatures; comme d'ailleurs l'interrupteur à mercure exécute des vibrations isochrones, il en résulte que la succession des bruits dans le condensateur forme un son d'une force et d'une gravité remarquables. Si l'on transporte le condensateur dans une pièce éloignée de celle où fonctionne l'interrupteur, on peut étudier isolément le son qu'il est susceptible de rendre, et qui éclate aussitôt qu'on établit la communication avec le fil d'extra-courant.

1. Voir *Procès-verbaux de la Soc. phil.*, 1856, p. 57.

SUR UN MOYEN

DE

PRÉVENIR LES ÉTINCELLES D'EXTRA-COURANT

DANS LES MOTEURS ÉLECTRIQUES[1]

(Société philomathique, 23 mars 1861.)

Le dernier numéro de la *Bibliothèque de Genève*[2], contient une intéressante dissertation de M. de la Rive sur les machines mises en mouvement par l'électricité dynamique. Dans cette note, M. de la Rive passe en revue les différentes causes qui ont empêché ces appareils de fonctionner sérieusement comme moteurs, et il considère avec raison l'étincelle qui éclate dans les organes de distribution comme un des obstacles les plus difficiles à surmonter. Cependant, ce savant physicien fait connaître une disposition qui a été imaginée par M. Froment et qui aurait pour effet de réduire considérablement la vivacité des étincelles.

Le procédé consiste à diviser constamment le courant moteur entre plusieurs électro-aimants et à renouveler progressivement cette série active de manière que la fraction de courant détournée d'un électro-aimant, soit au même instant dirigée dans une autre. Par cette disposition, il arrive que le courant n'est jamais interrompu, ce qui empêche que l'arc voltaïque

1. Voir *Procès-verbaux de la Soc. phil.*, 1861, p. 44.
2. *Bibliothèque universelle* de Genève, 1861, t. X, p. 154.

propre de la pile ne vienne renforcer l'étincelle aux points de rupture des courants partiels. Mais cette disposition laisse subsister, sans y porter remède, la portion d'étincelle qui est due à l'extra-courant des électro-aimants et qui me paraît encore former la plus grosse part. Le vrai moyen de supprimer cette dernière cause d'étincelles consiste à fermer l'électro-aimant sur lui-même au moment précis où on l'isole de la pile ; la même pièce qui interrompt la communication peut servir à former le pont entre les deux fils adducteurs pour fermer le circuit de l'électro-aimant. Lorsque l'extra-courant se déclare, il trouve à circuler librement dans un circuit métallique non interrompu, et le seul effet qu'il puisse alors produire est d'imprimer à l'aimantation une plus longue durée qu'on utilise aisément dans les machines en donnant de l'avance à la distribution.

Je n'ai pas eu la satisfaction de constater l'expérience de ce nouvel arrangement sur une machine complète, mais j'en ai fait l'expérience sur un interrupteur à lames vibrantes, qui est bien en réalité une sorte de moteur. En supprimant ou en rétablissant une communication placée sur le trajet de l'extra-courant, on pouvait mettre en évidence l'influence de la nouvelle disposition et on constatait que la suppression de l'étincelle au point d'interruption avait aussitôt pour résultat de doubler les excursions de la lame vibrante. Je suis donc porté à croire que par un simple changement apporté dans le système des communications, on améliorerait sensiblement la plupart de nos moteurs électriques. Je pense également que dans l'horlogerie électrique, où il importe d'assurer la conservation d'organes délicats, ce genre de distribution qui supprime l'étincelle pourrait être appliquée avec avantage.

EXPÉRIENCE RELATIVE

AUX

EFFETS DES ACTIONS SECONDAIRES DANS LES PILES

(Sans date.)

Parmi les diverses recherches auxquelles se livra **L.** Foucault sur l'électricité et dont nous n'avons pu retrouver aucune trace dans les mémoires qu'il a publiés ou dans les notes manuscrites qu'il a laissées, nous croyons devoir indiquer d'une manière spéciale la disposition particulière suivante qu'il a imaginée pour expliquer les diverses phases qui peuvent se présenter dans le fonctionnement des piles; cette disposition nous a été signalée par **M. J.** Gavarret, professeur à la Faculté de médecine, qui la tenait de L. Foucault et qui la présente chaque année dans son cours. Nous la décrivons sous sa forme primitive.

Dans un verre à expérience de grandes dimensions A, on verse une dissolution saturée de sulfate de soude (fig. 18); une lame de zinc D est placée horizontalement vers la partie supérieure du liquide et fixée sur le bord du verre par une pince E à laquelle aboutit un fil conducteur. D'autre part, un tube en verre recourbé et élargi à sa partie inférieure en forme de pipe B, contient du mercure dans lequel pénètre un fil de platine qui arrive à travers le tube.

Au commencement de l'expérience, les fils conducteurs sont fixés aux bornes d'un galvanomètre dont le mouvement de l'aiguille indique l'existence d'un courant. On conçoit, en effet, que le zinc est attaqué et donne naissance à du sulfate de zinc en même temps que du sodium se porte sur le mercure qui joue le rôle de pôle positif de la pile. Mais bientôt l'intensité du courant s'affaiblit et s'annule, ce que démontre le retour au zéro de l'aiguille du galvanomètre; c'est qu'à ce moment l'amalgame de sodium agit sur le sulfate de zinc formé avec la même énergie que le zinc sur le sulfate de soude non encore décomposé. Il suffit d'agiter avec une baguette de verre l'amalgame formé et, par suite, de diminuer la richesse superficielle pour voir le courant se mani-

47

fester de nouveau ; mais l'action s'épuise, et, comme il est facile de le concevoir, plus rapidement que la première fois. On peut ainsi renouveler à plusieurs reprises l'action chimique, jusqu'à ce que l'amalgame ait dans toute sa masse une composition telle qu'il équilibre l'action du zinc.

On peut, d'ailleurs, poursuivre l'expérience ainsi qu'il suit : on supprime les communications avec le galvanomètre et l'on réunit les fils conducteurs avec les pôles d'une pile, le pôle négatif de la pile étant relié au mercure de l'élément que l'on étudie. Le courant qui passe alors (et l'action peut être fort courte) produit l'électrolyse du sul-

Fig. 18.

fate de soude et accumule du sodium au pôle négatif, c'est-à-dire dans le mercure : l'amalgame s'enrichit donc encore en sodium. Si l'on vient à cesser l'action de ce courant accessoire et à rétablir les communications avec le galvanomètre, on est averti aussitôt par les déviations de l'aiguille de l'existence d'un courant; ce courant est en sens contraire de celui que l'on avait observé tout d'abord, l'amalgame *riche* de sodium étant le pôle négatif et le zinc le pôle positif; mais l'amalgame s'épuise à la surface et le courant s'affaiblit, puis s'éteint; on peut, dans une certaine mesure, le faire reparaître, en agitant la masse. Enfin après un certain temps, toute action est terminée : l'amalgame de sodium est de nouveau amené à un état tel qu'il fait équilibre au zinc, au point de vue chimique.

Cette expérience constitue, on le voit, un procédé très-élégant pour mettre en évidence l'importance des actions secondaires diverses qui se passent dans les piles à un liquide et dont l'effet est de diminuer et d'annuler le courant qui s'est manifesté tout d'abord, souvent d'une manière énergique.

MÉCANIQUE

SUR

UNE HORLOGE A PENDULE CONIQUE[1]

(Académie des Sciences, 26 juillet 1847.)

La machine que j'ai l'honneur de présenter à l'Académie répond à la nécessité de produire au service des sciences astronomique et physique une espèce particulière de mouvement, un mouvement *uniforme, continu et mesuré*.

Les montres, les pendules et les horloges qui nous étonnent par la régularité de leur marche remplissent parfaitement le but auquel on les destine; mais le mouvement qu'elles communiquent aux aiguilles est bien loin de présenter une véritable continuité. Ces aiguilles, et généralement tous les mobiles qui entrent dans la composition des instruments destinés à la mesure du temps, sont alternativement en repos et en mouvement; et, si l'on a l'habitude de citer la marche des aiguilles d'une montre comme exemple d'un mouvement uniforme, il faut bien remarquer que cette uniformité ne s'applique qu'à la vitesse moyenne du rouage, et qu'elle disparaît aussitôt que l'on considère les mouvements qu'il exécute dans des instants consécutifs et très-courts.

1. *C. R. de l'Ac. des Sc.*, t. XXV, p. 154.

On est loin de considérer comme une imperfection ce caractère d'intermittence qui règne dans les mouvements propres aux appareils d'horlogerie, car dans les conditions ordinaires de la vie, il importe peu de connaître l'heure à moins d'une seconde ou d'une demi-seconde près; et dans les occasions où il est nécessaire de mesurer le temps avec exactitude, le rhythme régulier suivant lequel les mouvements se succèdent est d'un grand secours pour subdiviser mentalement l'intervalle de temps connu qui les sépare. Ainsi l'on voit que, loin de considérer comme nuisibles les changements périodiques de vitesse qui affectent tous les rouages d'un chronomètre, on doit en apprécier l'importance et l'opportunité.

Mais il est des circonstances où, laissant de côté l'application de l'horlogerie à la mesure du temps, on s'attache à imiter, aussi parfaitement que possible, le mouvement de révolution de la voûte du ciel. Là, plus d'intermittence; on observe, au contraire, une continuité, une régularité absolues.

Veut-on, par exemple, diriger le miroir d'un héliostat de manière à fixer un faisceau de lumière solaire, il faudra imprimer à la normale de ce miroir un mouvement, sinon uniforme comme celui du soleil, du moins assez continu pour que le faisceau réfléchi conserve de la stabilité.

Mais on éprouve bien plus impérieusement le besoin d'engendrer, avec une grande perfection, un mouvement de cette espèce, lorsqu'on se propose de retenir un astre dans le champ très-étroit d'une puissante lunette. Il faut alors que le mouvement soit très-régulièrement communiqué à l'instrument, car son pouvoir amplifiant exagérerait les plus petites divergences qui pourraient survenir entre la direction de son axe optique et celle du point considéré dans le ciel.

On a déjà construit, sous le nom de *machines parallactiques*, plusieurs appareils destinés à diriger spontanément des lunettes vers les astres emportés par le mouvement apparent du ciel. Pour communiquer à ces machines le mouvement convenable, on n'a pas cru pouvoir mieux faire que de recourir à une horloge construite d'après les principes ordinaires, à une horloge à échappement, et qui, par conséquent, fournissait un mouvement régulier, mais intermittent; et, comme il était important en conservant la régularité, de détruire l'intermittence au lieu de faire agir directement l'horloge sur la lunette, on s'est vu forcé d'interposer un rouage à ressort spiral et à volant, destiné à effacer plus ou moins complétement les saccades de l'horloge, et à transformer en un mouvement continu le résultat brut d'une série d'impulsions équidistantes et égales.

C'est sur ce principe qu'a été construit l'équatorial de l'Observatoire de Paris. Bien que cette belle machine, sortie des mains de Gambey, ait fonctionné d'une manière satisfaisante, on ne la considère plus aujourd'hui comme représentant la solution définitive de la question. On lui reproche une certaine complication, et au moment d'entreprendre pour l'Observatoire la construction d'une nouvelle machine parallactique de bien plus grandes dimensions, on hésite sur la nature du moteur qu'il convient de lui appliquer.

Dans ces circonstances, j'ai cru que le moment était favorable pour entreprendre et réaliser la construction de la nouvelle machine qui figure en ce moment sur le bureau de l'Académie.

C'est, comme l'on voit, un modèle d'horloge qui donne immédiatement le mouvement uniforme, mesuré et continu; un mouvement, en un mot, directement applicable à la conduite d'une machine parallactique.

Ce résultat a été obtenu en substituant au pendule ordinaire le pendule conique; par là on arrive à supprimer l'échappement, qui, ayant pour effet de mettre périodiquement et momentanément le rouage en communication avec le pendule, engendre de toute nécessité les pulsations dont il vient d'être fait mention. L'échappement supprimé, si l'on remplace le pendule ordinaire par le pendule conique, celui-ci peut être maintenu constamment en relation avec le rouage qui défile d'une manière continue, ainsi qu'on en peut juger par la marche de l'aiguille de seconde, fixée directement sur l'un des axes de la machine.

L'idée du pendule conique est déjà fort ancienne; elle remonte à Huyghens, qui l'appelait *pendule circulaire ou à pirouette:* mais cette idée n'a jamais été, que je sache, l'objet d'aucune application sérieuse et durable. L'oubli dans lequel ce pendule est resté doit être attribué à plusieurs causes.

En premier lieu, le pendule ordinaire appliqué à la mesure du temps atteint si bien et si simplement son but, qu'il était à peu près inutile de chercher mieux.

En second lieu, la suspension du pendule conique paraissait présenter quelque difficulté.

En troisième lieu, il semblait assez difficile aussi de réaliser d'une manière pratique le mécanisme qui dût jouer à l'égard du pendule conique le rôle que joue l'échappement à l'égard du pendule ordinaire. En effet, l'échappement est chargé d'une fonction très-délicate, celle de transmettre du rouage au pendule la petite quantité de force nécessaire à l'entretien de son mouvement, sans influer sur la durée des oscillations et sans limiter leur amplitude.

Ajoutons qu'il se présente pour le pendule conique une difficulté de plus, celle de lui conserver un mouvement parfaitement circulaire.

Par quelques observations préliminaires, j'ai rappelé que l'horlogerie est, en effet, destinée à rendre service à l'astronomie autrement qu'en lui fournissant des instruments pour la mesure du temps. Il me reste à faire connaître le mode de suspension que j'ai adopté pour le pendule conique et à décrire le mécanisme chargé de transmettre le mouvement du rouage au pendule et de lui imprimer une tendance continuelle vers la marche circulaire.

Pour qu'un pendule puisse engendrer par son mouvement une surface conique, il faut et il suffit qu'il puisse osciller autour d'un point dans deux plans rectangulaires.

La suspension de Cardan semble satisfaire à ces conditions, surtout lorsqu'on la compose avec des couteaux ; mais alors sa construction se complique, et des difficultés s'élèvent si on veut la réaliser avec précision. J'ai préféré recourir à un autre mode de suspension que j'ai décrit en détail dans mon Mémoire ; ce mode présente quelque analogie avec la suspension de Cardan, mais il est à la fois plus simple et plus facile à construire.

Le pendule, ainsi suspendu, peut osciller librement autour d'un point bien défini et dans toutes les directions possibles ; il peut, conséquemment, se mouvoir en cercle autour de la verticale abaissée du point de suspen-

sion. Pour concevoir comment le mouvement lui est communiqué, il faut
se représenter le dernier mobile du rouage placé verticalement au-dessus
du point de suspension, et portant à son extrémité inférieure, conservée
libre, une sorte de doigt qui vient presser sur l'extrémité supérieure de la
tige du pendule, laquelle a été prolongée à dessein, afin de pouvoir entrer
en prise.

A la manière dont ce doigt presse sur l'extrémité supérieure de la tige
du pendule, il semble tout d'abord que celui-ci doive abandonner peu à peu
la marche circulaire pour n'y plus revenir. L'expérience montre positivement le contraire; et quand on tient compte d'un genre de frottement très-
particulier qui accompagne nécessairement l'action de ce doigt, on voit
que ce frottement est la cause efficace de la stabilité qu'on observe dans
la marche de la machine. Du reste, pour montrer combien elle est puissante à se régulariser elle-même, il suffit de communiquer au pendule une
impulsion étrangère. Sa marche ainsi troublée, on le voit décrire dans
l'espace, par chacun de ses points, des ellipses plus ou moins allongées ;
en même temps, l'aiguille de seconde accuse, par son mouvement pulsatif,
le trouble survenu dans la marche de l'instrument. Mais peu à peu les
ellipses se dilatent, les saccades de l'aiguille s'apaisent et s'effacent, et, au
bout de quelques minutes, une marche stable et régulière a succédé à ce
désordre d'un moment.

Sans vouloir entrer dans la description de tous les menus détails de
construction qui doivent concourir à rendre cette machine aussi parfaite
que possible, je dois mentionner encore ici la disposition qui a été adoptée
pour mettre le pendule en marche, et pour le recevoir quand son mouvement vient à être suspendu.

La masse du pendule étant constituée par une forte pièce métallique
centrée sur la tige, on comprend que celle-ci puisse se prolonger en dessous en une verge cylindrique d'un petit diamètre et de plusieurs millimètres de longueur.

Quand l'horloge est en marche, cette verge délimite, par son mouvement, un espace circulaire; dans cet espace, on a monté un plateau circulaire dont le centre se trouve situé sur la verticale abaissée du centre des

mouvements du pendule. On peut, du reste, communiquer à la main un mouvement de rotation plus ou moins rapide à ce disque.

Les choses étant ainsi disposées, si la force vient à manquer, le pendule s'arrête; et, au lieu de se rapprocher insensiblement de la verticale, il vient reposer, par le prolongement inférieur de sa tige, sur quelqu'un des points du pourtour du plateau. Par ce moyen, le pendule, même à l'état de repos, dévie toujours de la verticale d'un angle qui est déterminé par le diamètre du plateau. On empêche ainsi que l'extrémité supérieure de la tige ne vienne choquer et fausser l'axe délicat du dernier pignon.

En outre, la machine étant remontée, ce plateau offre encore la facilité de lancer le pendule circulairement, et d'une manière beaucoup plus sûre qu'on ne pourrait le faire à la main. Il suffit de faire tourner ce plateau avec une vitesse graduellement croissante, pour qu'à un moment donné on voie le pendule abandonner son bord et continuer de lui-même à marcher circulairement. Comme, suivant toutes probabilités, il y aura avantage à donner au pendule un poids considérable, il était important de trouver un moyen simple de le lancer d'emblée circulairement; car autrement, en raison de sa masse, il aurait employé à se régulariser spontanément un temps plus ou moins long, ce qui eût nui singulièrement aux applications auxquelles on le destine.

Comparaison du nouveau pendule avec celui d'Huyghens,
dit pendule circulaire ou à pirouette.

Il me reste à signaler en quoi la nouvelle machine diffère essentiellement de celle imaginée par Huyghens, vers l'année 1673, et qui, de l'aveu même de son auteur, n'a jamais fonctionné d'une manière satisfaisante.

Huyghens plaçait également dans la verticale l'axe du dernier mobile de on rouage. Cet axe, tournant librement sur ses deux pivots, dépassait en longueur celui du pendule lui-même, et devait être assez fort pour en supporter tout le poids. Le pendule n'était pas attaché directement à cet axe, mais bien au bord libre d'une lame qu'il portait sur le côté, et dont le profil figurait une développée de la parabole. Pour aller se rendre à son point d'attache, la tige du pendule, qui n'était autre qu'un fil ou qu'une lame flexible, passait à travers une fente verticale pratiquée dans l'axe.

Dans son mouvement de rotation, l'axe entraînait le pendule, qui, par l'effet de la force centrifuge, s'éloignait plus ou moins de la verticale, en décrivant un arc de parabole ; sa longueur réelle, comptée à partir du point où sa tige se dégageait entre les bords de la fente, variait ainsi dans les proportions voulues pour obtenir l'isochronisme.

Cette construction ingénieuse, comparée à celle que nous proposons aujourd'hui, présente des différences fondamentales. Le pendule, pesant de tout son poids sur l'axe qui lui communiquait le mouvement, devait être assez léger. Son poids étant peu considérable, ses oscillations étaient très-étendues ; et, pour conserver l'isochronisme, il fallait faire varier la longueur réelle du pendule, en faisant enrouler ou dérouler sa tige flexible sur une développée de parabole. Enfin, et ce qui rapproche assez ce pendule du régulateur à force centrifuge, c'est que sa masse tourne une fois sur elle-même, en même temps qu'elle opère une révolution autour de la verticale.

En recourant à une disposition toute différente, j'ai eu principalement pour but, tout en changeant la nature de son mouvement, de conserver au pendule ses attributs ordinaires et consacrés par une longue expérience, c'est-à-dire que j'ai tenu à respecter son poids, son indépendance et l'amplitude modérée de ses oscillations. Je me suis également astreint à conserver au dernier mobile du rouage la délicatesse, la légèreté et la liberté de mouvement qu'on rencontre ordinairement dans la roue d'échappement.

Je désire sincèrement que cette machine soit soumise à toutes les épreuves qu'on voudra bien lui faire subir, afin qu'on arrive à juger si elle est capable ou non de figurer un jour parmi les inventions utiles à la science.

DÉMONSTRATION PHYSIQUE

DU

MOUVEMENT DE ROTATION DE LA TERRE

AU MOYEN DU PENDULE[1]

(Académie des Sciences, 3 février 1851.)

Les observations si nombreuses et si importantes dont le pendule a été l'objet, sont surtout relatives à la durée des oscillations; celles que je me propose de faire connaître à l'Académie ont principalement porté sur la direction du plan d'oscillation qui, se déplaçant graduellement d'orient en occident, fournit un signe sensible du mouvement diurne du globe terrestre[2]. Afin d'arriver à justifier cette interprétation d'un résultat constant, je ferai abstraction du mouvement de translation de la terre, qui est sans influence sur le phénomène que je veux mettre en évidence, et je supposerai que l'observateur se transporte au pôle pour y établir un pendule réduit à sa plus grande simplicité, c'est-à-dire un pendule composé d'une masse pesante, homogène et sphérique, suspendue par un fil flexible à un point absolument fixe : je supposerai même tout d'abord que ce point de suspension est exactement sur le prolongement de l'axe de

1. Voir *C. R. de l'Ac. des Sc.*, t. XXXII, p. 135.

2. Une note manuscrite de L. Foucault, retrouvée dans ses papiers, contient les indications suivantes qui font connaître la date exacte à laquelle a réussi l'expérience décrite dans ce travail :

Vendred.. de 1 heure à 2 : première expérience, résultat favorable; le fil casse.

Mercredi, 8 janvier, 2 heures du matin : le pendule a tourné dans le sens du mouvement diurne de la sphère céleste.

rotation du globe et que les pièces solides qui le supportent ne participent pas au mouvement diurne. Si dans ces circonstances on éloigne de sa position d'équilibre la masse du pendule et si on l'abandonne à l'action de la pesanteur sans lui communiquer aucune impulsion latérale, son centre de gravité repassera par la verticale, et en vertu de la vitesse acquise, il s'élèvera de l'autre côté de la verticale à une hauteur presque égale à celle d'où il est parti. Parvenu en ce point, sa vitesse expire, change de signe, et le ramène, en le faisant passer encore par la verticale, un peu au-dessous de son point de départ. Ainsi l'on provoque un mouvement oscillatoire de la masse pendulaire suivant un arc de cercle dont le plan est nettement déterminé et auquel l'inertie de la matière assure une position invariable dans l'espace. Si donc ces oscillations se perpétuent pendant un certain temps, le mouvement de la terre, qui ne cesse de tourner d'occident en orient, deviendra sensible par le contraste de l'immobilité du plan d'oscillation dont la trace sur le sol semblera animée d'un mouvement conforme au mouvement apparent de la sphère céleste; et si les oscillations pouvaient se perpétuer pendant vingt-quatre heures, la trace de leur plan exécuterait dans le même temps une révolution entière autour de la projection verticale du point de suspension.

Telles sont les conditions idéales dans lesquelles le mouvement de rotation du globe deviendrait évidemment accessible à l'observation. Mais, en réalité, on est matériellement obligé de prendre un point d'appui sur un sol mouvant; les pièces rigides où s'attache l'extrémité supérieure du fil du pendule ne peuvent être soustraites au mouvement diurne et l'on pourrait craindre, à première vue, que ce mouvement communiqué au fil et à la masse pendulaire n'altérât la direction du plan d'oscillation. Toutefois, la théorie ne montre pas là une difficulté sérieuse, et, de son côté, l'expérience m'a montré que, pourvu que le fil soit rond et homogène, on peut le faire tourner assez rapidement sur lui-même dans un sens ou dans l'autre sans influer sensiblement sur la position du plan d'oscillation, en sorte que l'expérience telle que je viens de la décrire doit réussir au pôle dans toute sa pureté[1].

1. L'indépendance du plan d'oscillation et du point de suspension peut être rendue évidente par

Mais quand on descend vers nos latitudes, le phénomène se complique d'un élément assez difficile à apprécier et sur lequel je souhaite bien vivement d'attirer l'attention des géomètres.

A mesure que l'on approche de l'équateur, le plan de l'horizon prend sur l'axe de la terre une position de plus en plus oblique, et la verticale, au lieu de tourner sur elle-même comme au pôle, décrit un cône de plus en plus ouvert; il en résulte un ralentissement dans le mouvement relatif du plan d'oscillation, mouvement qui s'annule à l'équateur pour changer de sens dans l'autre hémisphère. Pour déterminer la loi suivant laquelle varie ce mouvement sous les diverses latitudes, il faut recourir soit à l'analyse, soit à des considérations mécaniques et géométriques que ne comporte pas l'étendue restreinte de cette note; je dois donc me borner à énoncer que les deux méthodes s'accordent, en négligeant certains phénomènes secondaires, à montrer le déplacement angulaire du plan d'oscillation comme devant être égal au mouvement angulaire de la terre dans le même temps multiplié par le sinus de la latitude. Je me suis donc mis à l'œuvre avec confiance, et en opérant de la manière suivante, j'ai constaté dans son sens et dans sa grandeur probable la réalité du phénomène prévu.

Au sommet de la voûte d'une cave on a solidement scellé une forte pièce en fonte qui doit donner un point d'appui au fil de suspension, lequel se dégage du sein d'une petite masse d'acier trempé dont la surface libre est parfaitement horizontale. Ce fil est d'acier, fortement écroui par l'action même de la filière, son diamètre varie entre $\frac{6}{10}$ et $\frac{11}{10}$ de millimètre, il se développe sur une longueur de 2 mètres et porte à son extrémité inférieure une sphère de laiton rodée et polie qui de plus a été martelée de façon à ce que son centre de gravité coïncide avec son centre de figure. Cette sphère pèse 5 kilogrammes, et elle porte un prolongement aigu qui semble faire suite au fil suspenseur.

une expérience qui m'a mis sur la voie et qui est très-facile à répéter. Après avoir fixé sur l'arbre d'un tour et dans la direction de l'axe une verge d'acier ronde et flexible, on la met en vibration en l'écartant de sa position d'équilibre et en l'abandonnant à elle-même. Ainsi l'on détermine un plan d'oscillation qui, par la persistance des impressions visuelles, se trouve nettement dessiné dans l'espace. Or on remarque qu'en faisant tourner à la main l'arbre qui sert de support à cette verge vibrante, on n'entraîne pas le plan de vibration.

Quand on veut procéder à l'expérience, on commence par annuler la torsion du fil et par faire évanouir les oscillations tournantes de la sphère ; puis, pour l'écarter de sa position d'équilibre, on l'embrasse dans une anse de fil organique dont l'extrémité libre est attachée à un point fixe pris sur la muraille, à une faible hauteur au-dessus du sol. On dispose arbitrairement, par la longueur donnée à ce fil, de l'écart du pendule et de la grandeur des oscillations qu'on veut lui imprimer. Généralement, dans mes expériences, ces oscillations comprenaient, à l'origine, un arc de 15 à 20 degrés. Avant de passer outre, il est nécessaire d'amortir, par un obstacle que l'on retire peu à peu, le mouvement oscillatoire que le pendule exécute encore sous la dépendance des deux fils. Puis, dès qu'on est parvenu à l'amener au repos, on brûle le fil organique en quelque point de sa longueur ; sa ténacité venant alors à faire défaut, il se rompt, l'anse qui circonscrivait la sphère tombe à terre, et le pendule obéissant à la seule force de la gravité, entre en marche et fournit une longue suite d'oscillations dont le plan ne tarde pas à éprouver un déplacement sensible. Au bout d'une demi-heure, ce déplacement est tel qu'il saute au yeux. Mais il est plus intéressant de suivre le phénomène de près, afin de s'assurer de la continuité de l'effet. Pour cela, on se sert d'une pointe verticale, d'une sorte de style monté sur un support, que l'on place à terre, de manière à ce que dans son mouvement de va-et-vient le prolongement appendiculaire du pendule vienne par son extrémité raser la pointe fixe. En moins d'une minute l'exacte coïncidence des deux pointes cesse de se reproduire, la pointe oscillante se déplaçant constamment vers la gauche de l'observateur, ce qui indique que la déviation du plan d'oscillation a lieu dans le sens même de la composante horizontale du mouvement apparent de la sphère céleste. La grandeur moyenne de ce mouvement, rapportée au temps qu'il emploie à se produire, montre, conformément aux indications de la théorie, que sous nos latitudes, la trace horizontale du plan d'oscillation ne fait pas un tour entier dans les vingt-quatre heures.

Je dois à l'obligeance de M. Arago et au zèle intelligent de notre habile constructeur, M. Froment, qui m'a si activement secondé dans l'exécution de ce travail, d'avoir pu déjà reproduire l'expérience sur une plus grande échelle. Profitant de la hauteur de la salle de la méridienne à l'Observatoire, j'ai pu donner au fil du pendule une longueur de 11 mètres. L'oscillation est devenue à la fois plus lente et plus étendue, en sorte qu'entre deux retours consécutifs du pendule, au point de repère, on constate manifestement une déviation sensible sur la gauche.

Je présenterai en terminant une dernière remarque :

C'est que les faits observés dans les circonstances où je me suis placé concordent parfaitement avec les résultats énoncés par Poisson dans un Mémoire très-remarquable lu devant l'Académie le lundi 13 novembre 1837. Dans ce Mémoire, Poisson, traitant du mouvement des projectiles dans l'air en ayant égard au mouvement diurne de la terre, trouve par le calcul que, sous nos latitudes, les projectiles lancés vers un point quelconque de l'horizon éprouvent une déviation qui a lieu constamment vers la droite de l'observateur, placé au point de départ et tourné vers la trajectoire. Il m'a semblé que la masse du pendule peut être assimilée à un projectile qui dévie vers la droite quand il s'éloigne de l'observateur et qui nécessairement dévie en sens inverse en retournant vers son point de départ : ce qui conduit au déplacement progressif du plan moyen d'oscillation et en indique le sens. Toutefois le pendule présente l'avantage d'accumuler les effets et de les faire passer du domaine de la théorie dans celui de l'observation.

———

LETTRE

SUR LA

LOI A LAQUELLE OBÉIT LA DÉVIATION DU PENDULE[1].

Monsieur,

Je suis bien charmé d'apprendre que vous avez réussi à observer à Lille, comme on le fait à Paris, la déviation spontanée du plan d'oscillation

---

1. Nous avons trouvé dans les papiers de L. Foucault le brouillon de cette lettre, dont nous n'avons pu déterminer le destinataire, et qu'il nous a paru intéressant de faire connaître.

du pendule. Vous me demandez par quelles considérations je suis arrivé à découvrir la loi du sinus de la latitude ; c'est presque une confidence à vous faire, monsieur, et je ne sais si elle ne me nuira pas dans votre esprit. Si je ne l'ai pas encore publiée, j'en ai déjà un peu parlé et je me suis aperçu qu'elle n'allait pas à tout le monde.

Je commence par poser effrontément un postulatum tel que celui-ci : Quand la verticale, toujours comprise dans le plan d'oscillation change de direction dans l'espace, les positions successives du plan d'oscillation, sont déterminées par la condition de faire entre elles des angles minima. Autrement dit et en langue vulgaire : lorsque la verticale sort du plan d'impulsion primitive, le plan d'oscillation la suit en restant aussi parallèle que possible.

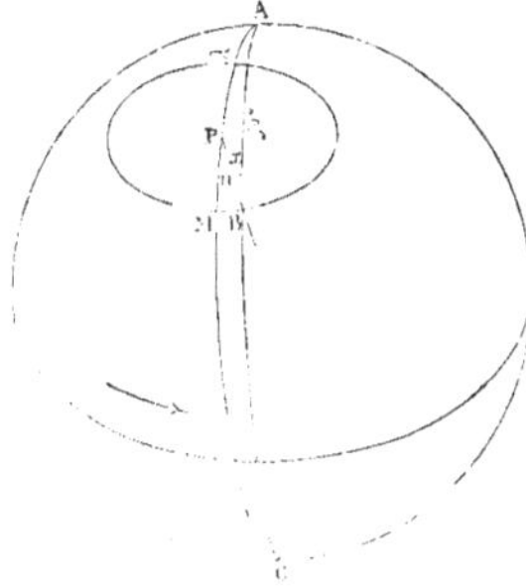

Figure 19.

Partant de là, on prend une sphère représentant la terre (fig. 19), on marque les pôles, l'équateur et un cercle de latitude quelconque ; en un point M de ce cercle, on fait passer un cercle méridien A C, et en ce point M, on établit un pendule que l'on lance dans le plan même du méridien A C. La terre, qui tourne d'occident en orient, entraîne le point M et le transporte en B ; mais d'une part elle transporte la trace du méridien P M en P B, et d'autre part elle déplace le plan d'oscillation qui ne cesse d'être assujetti, à la double condition de contenir toujours la verticale et de faire avec le plan d'impulsion primitive l'angle minimum ; par là, on est conduit à représenter sa trace par l'élément d'un grand cercle passant en B et coupant le cercle méridien AC de part et d'autre à 90 degrés de distance ; cette trace coupe le méridien PB suivant un angle de déviation x, facile à évaluer. En effet, le triangle PAB est un triangle sphérique dans lequel on connaît un angle supplémentaire de l'angle n et un côté égal à 90 degrés. Si on appelle λ le côté opposé à l'angle x, la relation connue entre les sinus des angles et les sinus des côtés donne :

$$\text{Sin } x = \sin n. \text{ Sin } \lambda.$$

Mais comme l'angle doit être infiniment petit, λ devient égal à la latitude et les sinus se confondent avec les arcs, ce qui permet d'écrire en toute région.

$$x = n \sin \lambda.$$

Voilà, monsieur, comment j'ai vu la loi ; il est bien entendu que je n'ai nullement la prétention d'imposer cette démonstration ; elle a seulement l'avantage, quand la construction est faite à la surface convexe d'une véritable sphère, elle a, dis-je, l'avantage de parler directement aux yeux et de montrer en toute évidence comment le phénomène s'annule à l'équateur et change de signe dans l'autre hémisphère.

Faites-en, monsieur, tel usage qu'il vous plaira et veuillez me croire très-touché de l'intérêt que vous daignez porter à mon dernier travail, etc.

L'EXPÉRIENCE RELATIVE AU MOUVEMENT DE LA TERRE [1]

(Sans date.)

Le mouvement de la terre sur elle-même est ici rendu évident au moyen d'un grand pendule dont le fil attaché au sommet de la coupole descend jusqu'au niveau de la rampe et porte à son extrémité inférieure une boule formée d'une enveloppe en cuivre renfermant une masse de plomb qui la remplit complétement. Le fil a 67 mètres de long ; son diamètre est de 1 millimètre $\frac{4}{10}$. La boule pèse 28 kilogrammes et produit, quand on en charge le fil, un allongement permanent de 5 à 6 centimètres. Elle porte inférieurement un prolongement pointu implanté suivant la direction du fil et qui sert à observer la marche de l'appareil. Quand il est au repos, le pendule marque le point de centre commun à la table et au grand cercle de bois qui l'entoure. Ce cercle n'a pas moins de 6 mètres de diamètre. Il est divisé extérieurement en 360 degrés et chaque degré en quatre parties. Sur la table on a tracé des cercles plus petits et des divisions correspondant à celles du grand cercle en bois.

On lance le pendule dans toute direction, à volonté, et pour bien voir

---

[1]. Cette note ne paraît pas avoir été publiée. Nous reproduisons, dans les extraits des feuilletons scientifiques de L. Foucault, l'article qu'il a publié sur le même sujet dans le *Journal des Débats* du 31 mars 1851.

comment il marche, on place sur le rebord du cercle en buis deux bancs de sable humide, fraîchement moulés. Ils sont alignés suivant la course du pendule. Celui-ci pratique, en passant sur chacun d'eux, une première brèche qui s'agrandit de plus en plus tant que les oscillations dépassent le cercle en bois. L'agrandissement de la brèche a toujours lieu vers la gauche de la personne qui regarde vers le centre comme si le plan d'oscillation tournait de droite à gauche ; mais comme on est sûr que ce plan ne tourne pas autour de la verticale, il faut bien que ce soit la terre qui tourne de gauche à droite, c'est-à-dire dans le sens des flèches tracées sur le plancher.

La montre à la main, on voit que, à Paris, la déviation est de un degré en cinq minutes, à raison d'un tour entier en trente heures ; mais au pôle il ne faudrait que vingt-quatre heures. A l'équateur, il n'y a pas de déviation du tout, mais plus loin encore, c'est-à-dire dans l'autre hémisphère, la déviation a lieu en sens inverse.

Ce pendule, le plus grand qui ait été construit jusqu'ici, donne une oscillation de huit secondes ; il lui faut seize secondes pour aller et venir. Quoique ces oscillations diminuent d'amplitude assez rapidement, au bout de cinq à six heures, elles sont encore assez grandes pour permettre d'observer la déviation qui est alors de 60 à 70 degrés.

Quoique la terre en tournant entraîne le point d'attache avec le monument, le fil n'éprouve aucune torsion, attendu que la boule obéit à ce mouvement sans entraîner pour cela le plan d'oscillation.

Avant d'être répétée avec ces grandes dimensions, l'expérience avait déjà réussi en petit ; mais le président de la république en ayant eu connaissance a voulu, dans sa sollicitude pour la science, qu'elle fût ainsi magnifiquement reproduite au Panthéon.

DONNÉES NUMÉRIQUES

RELATIVES A L'EXPÉRIENCE EXÉCUTÉE AU PANTHÉON.

Latitude du Panthéon . . . . 48° 50′ 49″
Sinus λ 0,7529543
Logarithme du sinus 9.87676865
Longueur du pendule à seconde, temps moyen . . 0ᵐ,9938267
Logarithme. . . . . $\overline{1}$.99734
Longueur du pendule au Panthéon. 67ᵐ
Logarithme. 1.8260748

Déviation apparente en un jour sidéral :

$$360 \sin \lambda = 274°,06355 = 271° 3′ 48″,8.$$

Déviation en une heure sidérale :

$$15° \sin \lambda = 11°,29431 = 11° 17′ 39″,5.$$

en une seconde :

$$11″,29431$$

Durée du temps nécessaire pour faire le tour entier :

$$t = \frac{24^h}{\sin \lambda} = 31^h 87443 = 31^h,52^m,27^s,9 \text{ temps sidéral,}$$

ou

$$31^h,7874 = 31^h,47^m 14^s,6 \text{ temps moyen.}$$

Durée calculée de l'oscillation :

$$0 = \sqrt{\frac{l}{L}} = \sqrt{\frac{67}{0,9938267}} = 8^s,21 \text{ temps moyen,}$$

ou

$$\frac{821}{99,727} = 8^s,233 \text{ temps sidéral.}$$

le rapport du temps moyen au temps sidéral étant

$$1 : 0,99727.$$

Déviation pendant la durée de chaque oscillation :

$$8,233 \times 15'' \sin \lambda = 92''99 = 1',32'',99.$$

Le cercle du Panthéon ayant 18 mètres de circonférence, le pendule avance à chaque retour ou à chaque oscillation double de

$$\frac{2 \times 92.99 \times 18000}{360 \times 60 \times 60} = 2,3 \text{ millimètres.}$$

APPAREIL

POUR

ENTRETENIR LE MOUVEMENT DU PENDULE[1]

(1855.)

Dans la belle expérience imaginée par M. Foucault, où l'invariabilité du plan d'oscillation d'un pendule donne la démonstration de la rotation de la terre, l'amplitude des mouvements du pendule diminue peu à peu à cause de la résistance de l'air. M. Foucault a trouvé un moyen très-ingénieux de conserver indéfiniment cette amplitude sans influer en rien sur la direction du plan d'oscillation, en se servant de l'attraction exercée par un électro-aimant sur la sphère qui se meut sous l'action de la pesanteur. Cette application de l'électro-magnétisme a ceci de remarquable qu'elle présente le premier exemple d'un commutateur fonctionnant sans qu'il y ait contact entre la partie fixe de l'appareil et celle qui est en mouvement.

Les planches 9 et 10 représentent les dispositions adoptées par M. Foucault.

Un électro-aimant E, placé exactement sur la verticale du point de suspension du pendule, repose sur un ressort R soutenu par la plaque A B. Une tige verticale, fixée à l'électro-aimant, passe à travers le ressort et se

---

1. Nous n'avons pu trouver de cette disposition aucune description faite par L. Foucault; la description suivante est empruntée au *Traité d'électricité théorique et appliquée*, par A. de La Rive, t. III, p. 475, Paris, 1858, auquel l'inventeur renvoyait dans une notice sur ses travaux scientifiques.

L'appareil décrit ci-après a fonctionné à l'Exposition universelle de 1855.

termine par un crochet *o*, dans lequel s'engage le levier *a p*, équilibré par le poids *p* et portant un contact *a*, qui peut venir toucher la pièce *b*, dont une vis sert à régler la hauteur. Un levier coudé, que tend à soulever le ressort R′, porte une armature *e* placée au-dessus d'un second électro-aimant E′, plus petit que E et disposé sur la même verticale; *c* et *d* constituent un contact semblable à celui du premier levier. La tige *e c* se termine par une came qui s'appuie sur les dents d'une roue *r*, laquelle engrène avec le pignon d'une seconde roue *r′*, qui communique son mouvement à un petit volant *v*. De chacun des pôles de la pile partent deux fils, de manière à former deux circuits complets et indépendants qui constituent, l'un l'électro-aimant supérieur, et l'autre, l'électro-aimant inférieur.

La sphère S qui se meut sous l'action de la pesanteur est en cuivre et contient un cylindre de fer doux, dont l'axe est le prolongement du fil de suspension.

Supposons le pendule à l'extrémité de sa course : le ressort R, légèrement comprimé par le poids de l'électro-aimant, permet au contact *a b* de s'établir; il en résulte que le courant passe dans E′, que l'armature *e* est attirée, le contact *c d* établi, et que, par conséquent, le courant circule dans E. Quand le fil du pendule arrive près de la verticale, le cylindre de fer doux placé dans l'intérieur de la sphère se trouvant à proximité de l'électro-aimant, est attiré, et le pendule reçoit l'impulsion qui conserve l'amplitude de ses oscillations. Il faut remarquer que cette impulsion lui est toujours donnée dans le plan où il se meut, puisque ce plan passe toujours par la verticale du point de suspension sur laquelle se trouve aussi le centre d'action de l'électro-aimant E et celui de l'électro-aimant E′, dont la force attractive, si elle n'est pas négligeable, est du moins ainsi sans influence sur la direction du plan d'oscillation.

Voici maintenant comment l'aimantation cesse du moment où le pendule a dépassé la verticale, et où par conséquent l'attraction magnétique s'opposerait à son mouvement. La figure représente l'appareil dans l'instant où la sphère se trouve au-dessus de E; celui-ci, qu'un très-faible effort suffit pour soulever à cause de l'élasticité du ressort, est attiré verticalement par le fer doux, s'élève de quelques millimètres et soulève le levier *a p*, ce qui interrompt le contact $a\,b$; l'électro-aimant E′ cessant d'être aimanté, le ressort R′ soulève le levier coudé, le contact $c\,d$ est interrompu et le courant ne peut plus circuler dans l'électro-aimant E. Mais il était important de disposer les choses de telle manière que le courant ne pût se rétablir dans E avant que la sphère ne fût en dehors de son champ magnétique. Or, dès que le pendule a dépassé la verticale, l'électro-aimant retombe, et E′, de nouveau aimanté, attire son armature ; mais la came f, arrêtée par les dents de la roue r, ne permet au levier que de descendre d'un mouvement lent et régulier qui est réglé par le volant v, en sorte que le contact $c\,d$ ne se rétablit qu'au bout d'un certain temps, lorsque la sphère du pendule est hors du champ magnétique de l'électro-aimant.

L'EXPÉRIENCE DE LA VERGE VIBRANTE[1]

(Société Philomathique, 2 août 1851.)

Le jour où M. Foucault a produit son expérience sur le pendule appliqué à rendre sensible la rotation de la terre, il a formulé en même temps un principe nouveau de mécanique qui consiste dans la fixité du plan d'oscillation. En vertu de ce principe, qui n'est qu'une conséquence de l'unité de la matière, un pendule attaché à un point fixe par un fil sans épaisseur et mis en oscillation dans un plan vertical, doit continuer à osciller dans le même plan pourvu qu'aucune force étrangère à la pesanteur ne vienne agir sur lui. Dans le cas où le point est entraîné d'un mouvement uniforme sans changement de direction de la verticale dans l'espace, les choses continuent à se passer conformément au principe de la fixité du plan d'oscillation, pourvu que le pendule ait été lancé dans un plan supposé entraîné parallèlement à lui-même avec le point d'attache d'un mouvement commun. Enfin, dans le cas le plus compliqué, c'est-à-dire lorsqu'il y a en même temps transport du point d'attache et changement de direction de la verticale, le principe est encore sauvé, pourvu que le plan dans lequel le pendule a été lancé soit supposé entraîné dans le changement de direction de la verticale qu'il doit toujours contenir, mais

1 Voir *Procès-verbaux de la Soc. phil.*, 1851, p. 58.

sans jamais tourner autour de cette même verticale. Ainsi cette fixité du plan d'oscillation n'est pas une fixité absolue, mais un refus de prendre aucun mouvement de rotation autour de la verticale. Le principe, ainsi compris, mène tout droit à l'explication de la déviation apparente du plan d'oscillation sous l'influence du mouvement de la terre, et à l'évaluation de sa vitesse angulaire, qui doit être, comme on sait, proportionnelle au sinus de la latitude du lieu où l'on observe.

Mais les théoriciens savants en mécanique ne nous concèdent la fixité du plan d'oscillation qu'autant que la masse pendulaire est suspendue à un fil sans épaisseur, à une ligne géométrique inextensible. Du moment où vous prenez un fil véritable ayant son élasticité et sa rigidité propres, il n'est plus évident pour personne que le plan d'oscillation se conservera malgré la rotation du point de suspension. Et d'abord il est démontré cependant par les expériences les plus nombreuses et les plus universellement répétées qu'il n'y a pas entraînement complet par le point d'attache, puisque la déviation a été observée en tout pays ; mais, de plus, nous allons faire connaître par un nouveau genre d'expériences tentées par M. Foucault quelle est la véritable part d'influence que l'on doit attribuer au fil physique chargé de représenter le fil géométrique de la mécanique rationnelle. Nous arriverons à cette singulière conséquence que, si par malheur on n'avait pu se procurer un fil assez parfait pour attacher le pendule du Panthéon, il restait, comme ressource dernière et infaillible, à faire tourner le point d'attache, c'est-à-dire à exagérer précisément cette condition naturelle qui embarrasse encore la plupart des esprits.

Ce qui a été dit de la fixité du plan d'oscillation du pendule s'applique également à tout plan de vibration de la matière agitée par une force quelconque ; ainsi à la pesanteur qui ramène le pendule dans la direction de la verticale, on peut substituer la force d'élasticité propre à une tige rigide et élastique. Une pareille tige, solidement montée sur un support massif par une de ses extrémités, peut être infléchie dans un plan quelconque passant par sa direction au repos, et abandonnée subitement à elle-même, s'animer d'un mouvement vibratoire qui détermine un plan de vibration, lequel, sous certaines réserves, jouit de la fixité du plan d'oscillation ; et.

en effet, la matière dont est formée la tige est inerte comme celle qui constitue la masse du pendule, et puisque cette fixité est une conséquence de l'inertie, pourquoi cette conséquence n'apparaîtrait-elle pas dans l'un comme dans l'autre cas? Il y a pourtant à signaler entre les deux expériences une différence importante, c'est que dans le pendule la masse oscillante est prédominante, et le fil relativement assez fin pour que sa réaction, s'il y en a une au point d'attache, soit très-amoindrie; dans la verge vibrante, au contraire, la masse est très-petite, le fil au point d'attache est relativement très-gros, puisque c'est la tige elle-même; et s'il résulte de sa solidarité avec le support une influence quelconque, elle doit se manifester plus rapidement par le trouble qu'elle apporte dans les effets de l'inertie : raison de plus pour s'adresser à une verge vibrante quand on désire étudier expérimentalement l'influence d'un point d'attache.

Prenons donc un fil d'acier de 2 millimètres de diamètre et à peu près rond, tel que celui que l'on trouve dans le commerce; laissons-lui une longueur de 2 décimètres, et montons-le solidement par une de ses extrémités sur une barre massive qui puisse elle-même s'ajuster sur l'axe d'un tour. Nous considérerons la projection du mouvement de l'extrémité de la verge d'acier implantée perpendiculairement au centre d'une face A B, sur laquelle on peut supposer tracés différents diamètres servant à déterminer la position de certains plans que nous aurons à considérer en particulier.

L'appareil étant monté sur le tour, la verge se trouve placée dans la direction de l'axe, qui est elle-même, du reste, tout à fait arbitraire. On commence par serrer les coussinets pour immobiliser l'arbre du tour qui, pendant toute la première partie de la démonstration, joue uniquement le rôle de support; on met alors la verge en vibration en l'écartant de sa position naturelle dans une direction quelconque pour l'abandonner ensuite brusquement à elle-même, et en dépit du principe de la fixité du plan d'oscillation, on observe quatre-vingt-dix-neuf fois sur cent que la verge, au lieu de garder un plan fixe de vibration, dessine dans l'espace par quelque point brillant de son extrémité une courbe elliptique incessamment changeante. Ce n'est qu'en variant au hasard la direction de l'impulsion pre-

mière qu'on finit par trouver un sens suivant lequel les vibrations continuent à s'exécuter jusqu'à leur amortissement complet. Quand on a trouvé
cette direction L L' (fig. 20), on peut être sûr d'en trouver immédiatement
une autre M M', qui lui est perpendiculaire et suivant laquelle les choses
se passent de même sorte.

Il va sans dire que ces deux directions ou plutôt ces deux plans passant
par l'axe, et déterminés par les traces L L', M M', occupent des situations
fixes dans l'appareil même, et que celui-ci venant à changer de position,
les plans se déplaceront avec lui, de manière à donner toujours les mêmes
tracées sur la face A B. Afin de faciliter l'exposé des faits qui vont se
grouper autour de ces deux plans rectangulaires que nous aurons souvent
à citer, nous les nommerons plans de vibration stable.

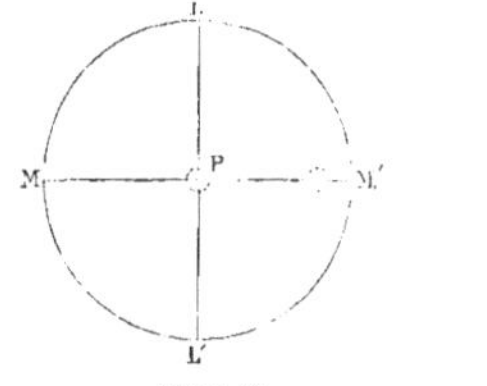

Figure 20.

Figure 21.

Ainsi, voilà qui est bien établi : quand une fois on a déterminé par le
tâtonnement les directions rectangulaires L L', M M' suivant lesquelles il
faut écarter la verge pour que les vibrations restent planes, on peut changer
à volonté la position de l'appareil, et quelle que soit la position absolue
dans l'espace des lignes L L', M M', elles indiqueront toujours les plans de
vibration stables et les deux sens suivant lesquels on sera certain d'exciter
des vibrations assujetties à garder leur rectitude et leur direction. On
sera également certain, en excitant les vibrations en dehors de ces plans,
d'assister à leur déformation et de les voir tracer dans l'espace une série
de figures qui se succèdent toujours dans un ordre déterminé.

Pour bien saisir la loi de ces évolutions de la figure tracée par l'extrémité de la verge, il faut se mettre en observation dans le prolongement de

la tige d'acier; alors on voit la figure tracée par son extrémité se projeter
sur la face A B et prendre successivement diverses positions relativement
aux lignes L L' et M M'.

Faisons donc abstraction de l'installation matérielle de l'appareil et
ne considérons plus que la face A B traversée par les deux diamètres L L'
et M M' dont la signification a été suffisamment définie, et sur cette figure
projetons les diverses trajectoires du point P, extrémité de la verge, considérées instantanément aux diverses phases du phénomène.

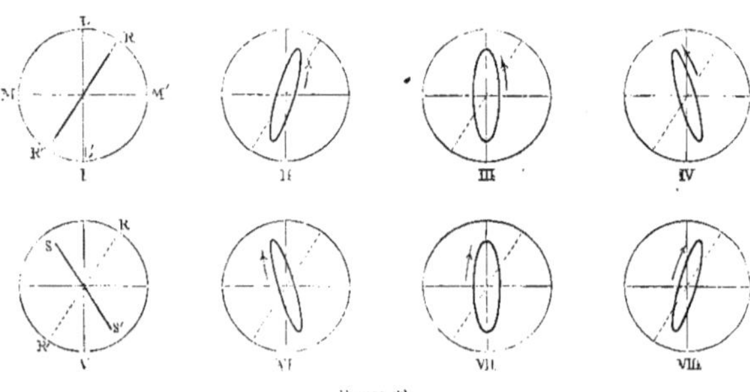

Figure 22.

A l'état de repos, le point P occupe le centre; si on l'écarte de sa position d'équilibre suivant la ligne L L' ou suivant la ligne M M', il décrit,
abandonné à lui-même, une série de vibrations planes et décroissantes qui
continuent à s'effectuer, comme nous l'avons dit, suivant l'une ou l'autre
ligne (fig. 20).

Mais si l'écart est produit suivant une direction quelconque R P (fig. 21),
la verge aussitôt abandonnée à elle-même trace par son extrémité la série
de figures suivantes ; c'est-à-dire qu'aussitôt rendue libre, la tige entre en
vibration. Mais le mouvement vibratoire se déforme aussitôt et le point P
au lieu de continuer à osciller suivant la ligne R R' (fig. 22) se met à
tracer une ellipse qui va se dilatant au fur et à mesure que son grand axe se
rapproche du plan de vibration stable L L' le plus voisin; dans ce déplacement progressif le grand axe de l'ellipse finit par se superposer à L L' (III)
et alors l'ellipse est à son maximum de dilatation. Cependant le grand axe

continue à se mouvoir dans le même sens, mais l'ellipse s'aplatit de plus
en plus jusqu'à donner une droite S S' (V) symétriquement placée à R R' de
l'autre côté du plan de vibration stable. A partir de ce moment les choses
se passent comme si la verge avait été lancée suivant S S', c'est-à-dire que
de nouveau l'ellipse se reforme et se dilate jusqu'à ce que son grand axe
repasse par L L' (VII) pour le dépasser ensuite jusqu'à ce que ce nouvel aplatissement ramène la vibration plane dans le plan d'impulsion primitive.

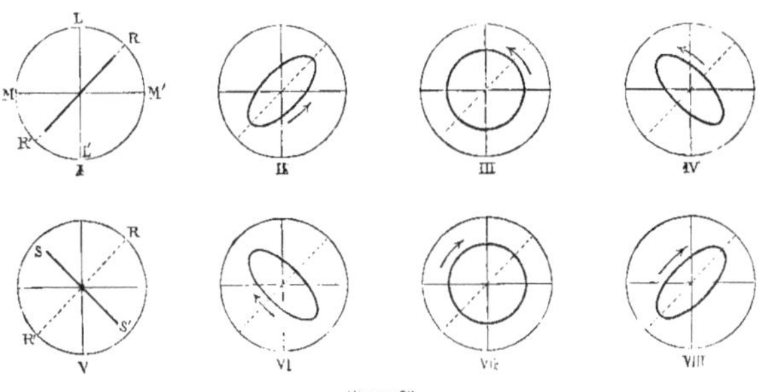

Figure 23.

On remarque en même temps que pendant le transport du grand axe
de R R' en S S' l'ellipse étant parcourue par le mobile P dans un sens indiqué par les flèches, ce sens s'intervertit pendant la période qui correspond
au retour du grand axe de S S' en R R'.

Si au lieu de solliciter l'écart primitif dans une direction quelconque
on choisit l'une des deux directions particulières inclinées à 45 degrés sur
les plans de vibration stable (fig. 23), la trajectoire du point P devient encore
très-promptement elliptique, mais alors son grand axe étant également éloigné du plan L L' et du plan M M', il n'y a pas de raison pour qu'il aille rejoindre
l'un plutôt que l'autre ; aussi l'on remarque que ce grand axe demeure
immobile, il diminue seulement en même temps que l'autre axe augmente ;
et tous deux continuant à varier chacun dans le même sens, il arrive nécessairement un instant où ils présentent la même grandeur. En cet instant
très-court l'oscillation est absolument circulaire et l'on constate à l'œil que

le point P décrit un cercle parfait ; puis l'évolution continue et l'ellipse s'aplatissant de nouveau finit par se confondre avec une droite perpendiculaire à celle qui représente l'impulsion primitive. La série des figures ci-jointes représente le phénomène dans le cas particulier que nous venons de signaler (fig. 23).

Écartée d'abord suivant R R', la verge entre en vibration et donne presque aussitôt une ellipse qui se dilate sur place comme le n° II, devient circulaire (III), s'aplatit de nouveau (IV) et devient rectiligne (V), en croisant rectangulairement la direction d'impulsion primitive ; repasse enfin par les états représentés en (VI, VII, VIII) pour reprendre (I) la direction RR'. Tant que dure le mouvement vibratoire, les mêmes déformations se reproduisent périodiquement et impriment la même série d'aspects à la figure progressivement décroissante tracée dans l'espace par l'extrémité de la tige d'acier.

Nous ne doutons pas que tous ceux qui voudront répéter l'expérience ne réussissent avec la plus grande facilité à constater par eux-mêmes la symétrie parfaite qui donne un attrait singulier à ce genre de phénomène. Quand ils auront monté, conformément à nos indications, un fil d'acier sur le tour, lorsqu'en le faisant vibrer dans toutes sortes de directions, ils auront su discerner les plans d'oscillation stable et leur rapporter les évolutions des trajectoires changeantes, ils seront parfaitement préparés, comme doit l'être également le lecteur, à saisir le contraste qui va résulter, dans les effets produits, de la simple rotation du point d'attache.

Desserrons donc maintenant les coussinets qui enrayaient l'arbre du tour, rendons-lui la mobilité et le pied sur la pédale, communiquons-lui un mouvement de rotation. Si la verge est bien centrée elle tournera sur place comme on doit s'y attendre, mais de plus on pourra, tandis qu'elle tourne ainsi, la mettre en vibration dans un plan quelconque avec la certitude que ce plan de vibration sera gardé sans être entraîné par le mouvement de l'arbre qui la porte. Plus l'arbre tourne vite et plus le résultat est assuré. Une vitesse de deux ou trois tours par seconde suffit généralement à assurer cette fixité du plan de vibration. Il n'y a plus alors à considérer de plan de vibration stable, et quelle que soit la direction suivant laquelle vous agissez, vous voyez les vibrations conserver et leur rectitude et leur orientation première.

Ce n'est pas tout : la rotation de l'arbre a non-seulement pour effet de protéger l'oscillation plane contre les déformations et de la fixer dans sa direction première, mais elle agit encore de même sur une oscillation de forme quelconque, elliptique ou circulaire.

Pour s'en assurer, le moyen est bien simple. On met la verge en vibration tandis que l'arbre est au repos, mais on se tient tout prêt à le faire marcher à un moment donné. Suivant ce qui a été dit précédemment, la figure visible de la verge vibrante suit le cours ordinaire de ses évolutions, à moins qu'on n'ait agi par hasard dans un plan de vibration stable, ce qui est toujours plus facile à éviter qu'à rechercher ; or, tandis que cette figure va toujours changeant de forme entre deux limites extrêmes, on peut à un moment quelconque mettre le tour en marche ; aussitôt l'on voit persister l'espèce de vibration qui a été surprise par le mouvement du tour. Du moment où l'arbre se met à rouler sur ses coussinets, la vibration, quelle qu'elle soit, plane, circulaire ou elliptique, tournant à droite ou à gauche, se trouve subitement affranchie de l'influence qui lui imprime une série de métamorphoses pendant la fixité du support. Arrêtez le tour, les déformations reparaissent. Mettez-le de nouveau en mouvement, la vibration est fixée de nouveau dans une forme et une direction qui n'ont aucun rapport avec les précédentes. Quand on veut fixer l'oscillation circulaire, il faut profiter de ce qui a été dit plus haut, il faut lancer la verge dans un plan oblique à 45 degrés sur les plans de vibration stable ; dans ce cas particulier les déformations successives de la figure du mouvement vibratoire amènent forcément le cercle que l'on rend permanent en mettant le tour en marche au moment même où le cercle apparaît.

Quand on a un tour sous la main, on a bien plus tôt fait de reproduire les phénomènes que de les énoncer, et nous ne doutons pas qu'ils ne soient très-promptement vérifiés de toutes parts. D'ailleurs la théorie s'en accommode assez bien et le temps n'est pas loin où ils ne sembleront même plus curieux. Nous avons cru devoir les soumettre dans toute leur nouveauté à nos lecteurs qui les apprécieront pour ce qu'ils valent en eux-mêmes et surtout pour les rapports qui les rattachent à l'expérience du pendule.

Voyez maintenant à quoi se réduit l'influence du fil d'acier qui supportait la masse suspendue sous le dôme du Panthéon. En supposant que ce fil ait eu quelque part aux déformations elliptiques qu'on observait quelquefois dans les oscillations de ce vaste pendule, on aurait pu l'éliminer momentanément en opérant dans le plan d'oscillation stable ; bien plus, on aurait pu l'éliminer complétement en faisant tourner le point d'attache comme dans l'expérience de la verge vibrante. Ainsi se trouve justifiée, malgré sa forme paradoxale, l'assertion que nous avons émise au début de cet article, à savoir, que la rotation du point de suspension, loin de porter obstacle à l'expérience du pendule, pourrait dans le cas échéant offrir une dernière ressource pour lutter victorieusement contre les influences perturbatrices d'un fil réagissant par défaut de symétrie ou d'homogénéité.

MÉMOIRE

SUR

LE MOUVEMENT DE LA TERRE DÉMONTRÉ

PAR LA ROTATION D'UN CORPS [1]

(Académie des Sciences, 27 septembre 1852.)

Dans un précédent mémoire, j'ai montré qu'en vertu de l'inertie, le plan d'oscillation du pendule libre est assujetti à garder relativement à la verticale une position invariable, et j'ai appliqué cette propriété à la démonstration expérimentale du mouvement de la terre sur son axe. Le phénomène sensible qui apparaît dans cette expérience est une déviation relative du plan d'oscillation rapporté à un plan vertical quelconque solidaire avec la terre. Cette déviation est un mouvement angulaire égal et de signe contraire au mouvement de la terre multiplié par le sinus de la latitude où l'on opère.

Cette loi, qu'aucune observation sérieuse n'est venue infirmer, implique une réduction de la déviation à partir du pôle où elle est totale jusqu'à l'équateur où elle devient nulle; et sa variation progressive en présence d'une rotation réellement constante montre assez clairement que la fixité du plan d'oscillation ne doit être prise dans un sens absolu qu'au pôle

---

1. Voir *C. R. de l'Ac. des Sc.*, t. XXXV, p. 421.

seulement, et que dans toute autre situation à la surface du globe elle est seulement relative à la verticale dont la direction change incessamment dans l'espace.

C'est faute d'avoir compris dans son acception véritable la fixité du plan d'oscillation, que beaucoup de personnes se sont fait de la déviation une idée inexacte et ont méconnu la valeur de son uniformité.

Il est pourtant bien évident que le plan d'oscillation physiquement astreint à contenir toujours la verticale du lieu ne peut pas conserver une direction invariable dans l'espace absolu tandis que cette verticale elle-même se meut incessamment sur la surface d'un cône droit à base circulaire.

Mais si au plan d'oscillation du pendule on substitue le plan de rotation d'un corps librement suspendu par son centre de gravité et tournant autour d'un de ses axes principaux, on a à considérer un plan physiquement défini et qui possède réellement une fixité de direction absolue. C'est pour réaliser cette conception et en obtenir de nouveaux signes de la rotation de la terre que j'ai composé et fait exécuter l'appareil que je puis mettre dès aujourd'hui sous les yeux de l'Académie.

Le corps que j'ai choisi préférablement à tout autre pour lui communiquer un mouvement de rotation rapide et durable est un tore circulaire en bronze monté à l'intérieur d'un cercle métallique dont un diamètre est figuré par l'axe d'acier qui traverse le mobile; le diamètre perpendiculaire est représenté par les tranchants de deux couteaux implantés dans le même alignement sur le contour extérieur du même cercle. Les couteaux sont dirigés de telle sorte que les tranchants regardant en bas, le plan du cercle et l'axe du tore y compris soient horizontalement situés. C'est dans cette position et après avoir imprimé au mobile une grande vitesse qu'on introduit le système dans un cercle extérieur où les couteaux trouvent à reposer sur des plans horizontaux. Ce second cercle est suspendu à un fil vertical sans torsion et guidé en même temps par des pivots qui préviennent tout mouvement oscillatoire.

Si l'axe du tore est très-mobile sur ses tourillons, si son cercle enveloppant est soutenu par ses couteaux dans un état d'équilibre indifférent, si le fil qui supporte le tore est réellement sans torsion, il est clair que le tore jouit lui-même d'une entière liberté et qu'il peut pirouetter en tous sens autour de son centre de gravité. Telle est en effet la mobilité de ces différentes pièces dans l'appareil construit par M. Froment, qu'elles s'agitent au moindre souffle et qu'il faut quelque précaution pour les amener sans vitesse dans une position déterminée. Toutefois cette extrême mobilité qui témoigne de l'habileté du constructeur n'apparaît qu'autant que le corps révolutif reste en repos. Car dès que le tore est mis en mouvement et déposé en sa place, le système tout entier se consolide dans l'espace avec une énergie remarquable. Dans cet état, le corps ne peut plus participer au mouvement diurne qui anime notre globe; et en effet, bien que son axe, en raison de sa brièveté, semble conserver sa direction première relativement aux objets terrestres, il suffit d'approcher un microscope pour constater un mouvement apparent uniforme et continu qui lui fait suivre exactement le mouvement de la sphère céleste. Cet axe se meut relativement à l'axe du monde comme une lunette parallactique que l'on aurait pointée dans la même direction sur le ciel. Et comme on dispose arbitrairement de la direction primitive de cet axe dans tous les azimuts autour de la verticale, on peut à volonté donner aux déviations observées toutes les valeurs comprises entre celle de la déviation totale et celle réduite par le sinus de la latitude. Quand à l'origine on place l'axe dans le premier vertical, on a une déviation parallèle au plan de l'équateur et qui augmente proportionnellement au temps à raison d'un tour entier en vingt-quatre heures.

Quand, au contraire, on part du plan du méridien, la déviation se fait suivant les premiers éléments d'un cône semblable au cône tangent au parallèle terrestre.

Toutefois, cette manière d'observer n'est pas celle que j'ai définitivement adoptée; profitant de la construction de l'instrument qui permet de décomposer la déviation en deux mouvements partagés entre les deux cercles qui supportent le tore, j'ai préféré observer isolément la composante horizontale qui seule déplace un cercle extérieur mobile autour de la suspension verticale.

Comme l'observation ne peut être prolongée au delà de huit ou dix minutes, il arrive que pourvu qu'à l'origine l'axe de rotation soit horizontalement dirigé, la déviation observée sur le cercle vertical prend une valeur indépendante de l'azimut où l'on est placé ; cette valeur est précisément celle qui est donnée par la loi du sinus de la latitude. Pour s'en convaincre, il suffit d'assimiler la marche de l'axe de rotation à celle d'une ligne menée vers une étoile quelconque passant à l'horizon. Or il est facile de démontrer qu'à tout instant les mouvements en azimut de toutes les étoiles observées très-près de l'horizon sont sensiblement égaux entre eux et mesurés par le mouvement de la terre compté en sens inverse et multiplié par le sinus de la latitude.

Si donc, au lieu de viser sur l'axe même du corps tournant, on dirige le microscope sur le cercle des mouvements horizontaux, on doit s'attendre, dans les premiers instants qui suivent la mise en train, à les voir se déplacer conformément à la loi énoncée. Cette loi, il est vrai, ne s'applique en toute rigueur qu'à une déviation infiniment petite, mais au bout de cinq minutes l'erreur commise est encore fort petite et insaisissable à ce genre d'expérimentation. Si d'ailleurs on tenait à élever la méthode à un degré supérieur d'approximation, il suffirait d'exécuter, dans deux directions rectangulaires, deux observations de même durée et de prendre la moyenne ; comme alors les erreurs se produisent en sens inverses, elles s'élimineraient en grande partie et le résidu persistant deviendrait tout à fait négligeable en raison de son extrême petitesse.

On est donc par là complétement affranchi de la nécessité d'opérer dans un azimut déterminé, on est seulement astreint à partir du plan horizontal ; aussi pour satisfaire à cette indication a-t-on monté au centre du tore une glace parallèle au plan de rotation et qui, avec le concours d'une mire et d'une lunette à niveau, permet de satisfaire très-promptement à cette dernière indication.

Lors donc qu'on opère avec toutes les précautions requises que je ne puis indiquer dans cette note, quel que soit le sens de la rotation imprimée au mobile, on obtient à coup sûr avec une déviation dans le sens voulu un nouveau signe de la rotation de la terre, et on l'obtient avec un instrument réduit à de petites dimensions, aisément transportable, et qui donne l'image du mouvement continu de la terre elle-même. Vous n'avez plus seulement sous les yeux, comme avec le pendule, le déplacement progressif d'un plan idéal plus ou moins bien défini par la trajectoire d'une masse oscillante, vous possédez des pièces matérielles réellement soustraites à l'entraînement du mouvement diurne; et c'est, je crois, un *desideratum* qu'un des plus illustres membres de cette académie, M. Poinsot, signalait dans la science, même après avoir connu l'expérience du pendule.

PHÉNOMÈNES D'ORIENTATION DES CORPS TOURNANTS

ENTRAÎNÉS PAR UN AXE FIXE A LA SURFACE DE LA TERRE

NOUVEAUX SIGNES SENSIBLES DU MOUVEMENT DIURNE [1]

(Académie des Sciences, 27 septembre 1852.)

Quand un corps tournant sur un de ses axes principaux est librement
suspendu par son centre de gravité, il donne à la surface de la terre les
déviations apparentes que nous avons étudiées dans le mémoire précédent.
Mais, si au lieu de laisser ce corps libre de pirouetter en tous sens, on assu-
jettit son axe de rotation à ne pouvoir tourner qu'autour d'un axe fixe à
la surface de la terre, on fait naître une force qui tend à ramener son axe
de rotation dans la direction la plus voisine de celle de l'axe du monde et
à disposer les deux rotations dans le même sens. Ces évolutions des corps
tournants donnent ainsi de nouveaux signes très-prompts et très-apparents
du mouvement de la terre.

Pour procéder méthodiquement dans l'exposé de ces faits et pour arriver
à les éclairer par de simples considérations empruntées à la mécanique et
à la géométrie, j'examinerai d'abord le cas où le corps tournant autour de
son axe propre est en même temps assujetti sur un axe vertical autour
duquel il est libre de se mouvoir en même temps. Je supposerai qu'à l'ori-

1. Voir *C. R. de l'Ac. des Sc.*, t. XXXV, p. 424.

gine le corps ait son axe dirigé de l'est à l'ouest et qu'il tourne de droite à gauche, pour l'observateur qui le voit devant lui, ayant lui-même la face tournée vers l'orient[1].

Dans cette situation le mobile est non-seulement animé de sa vitesse initiale, mais il ressent encore l'influence de la composante de la rotation diurne autour de la méridienne du lieu qui agit à la façon d'un couple accélérateur dont l'axe est dirigé suivant cette méridienne. Or ce couple très-petit par rapport à celui qui anime le mobile ne s'en compose pas moins avec ce dernier de la manière suivante.

Si l'on se conforme aux représentations enseignées par M. Poinsot, le couple d'impulsion du corps a son axe qui vise vers l'occident; celui qui provient de la rotation de la terre a son axe qui vise au midi, et l'axe du couple résultant, compris dans le plan des deux autres et donné par la construction du parallélogramme, incline tant soit peu de l'occident au midi. Il en résulte qu'à l'axe principal sur lequel le corps a été primitivement lancé se substituent une suite d'axes instantanés de rotation occupant successivement des positions différentes dans le corps et dans l'espace, et qui s'en vont gagnant peu à peu le plan du méridien. En même temps que ce déplacement a lieu, le moment du couple terrestre diminue de valeur, et enfin il s'annule au moment précis où l'axe instantané toujours voisin de l'axe principal atteint le plan du méridien. Mais en vertu de cette nouvelle vitesse acquise qui a modifié le mouvement du corps, ce plan est bientôt dépassé; alors le petit couple terrestre reparaît en sens inverse; son action rapproche l'axe instantané de l'axe principal, retarde en même temps le mouvement qui les emporte tous deux hors du plan méridien, et quand ils coïncident, ils ont atteint tous deux le maximum de leur excursion. Mais le couple terrestre continuant d'agir les sépare de nouveau et les ramène vers le méridien qu'ils dépassent encore, et ainsi de suite.

Il en résulte, en définitive, que l'axe principal qui est le seul observable

1. Pour que cette indication soit conforme à la représentation du couple ci-après spécifié, il faut que le corps tourne de droite à gauche, *par-dessous,* ou que l'observateur ait la face tournée vers l'occident. (C. M. G.).

s'anime d'un mouvement oscillatoire très-lent autour du méridien où il finirait par se fixer si la rotation persistait assez longtemps.

Le plan du méridien est donc le seul dans lequel l'axe de rotation se trouve en équilibre; mais il y peut être conduit par deux chemins différents : l'un qui amène le mobile tournant parallèlement à la composante de la rotation terrestre considérée autour de la méridienne, chemin qu'il prend spontanément, et l'autre qui amènerait le mobile tournant en sens inverse. Dans ces deux conditions le couple terrestre s'annule; mais. il faut bien le remarquer, dans la première tout écart fait reparaître le couple affecté du signe convenable pour rétablir l'équilibre; tandis que dans l'autre. le moindre écart fait renaître ce même couple avec le signe contraire : dans la première position l'équilibre est stable, dans la seconde il y a encore équilibre, mais il est instable.

Donc tout corps tournant autour d'un axe libre de se diriger sans sortir du plan horizontal fournit un nouveau signe de la rotation de la terre; car cette rotation développe une force d'orientation qui sollicite l'axe du corps vers le méridien et dispose le corps à tourner dans le même sens que la terre.

Donc sans le secours d'aucune observation astronomique la rotation d'un corps à la surface de la terre suffit à faire reconnaître le plan du méridien.

Le méridien étant actuellement connu, je vais disposer l'axe du mobile dans ce plan avec liberté de s'y mouvoir sans pouvoir en sortir; c'est-à-dire que tout en tournant sur son axe ordinaire, le corps pourra s'incliner comme une lunette méridienne autour d'une ligne horizontale prise dans le premier vertical.

A l'origine je dirige cet axe horizontalement et je fais encore tourner le mobile de droite à gauche pour l'observateur regardant au nord [1] : autrement dit l'axe du couple qui l'anime vise au midi. Mais à peine abandonné dans cette position l'appareil ressent l'influence du mouvement de la terre autour de l'axe du monde.

En effet. si l'on applique au cas actuel le même raisonnement que j'ai développé pour le cas précédent. on trouve à considérer un couple terrestre qui incline graduellement l'axe de rotation et ne devient inactif qu'à

---

1. Il faut faire ici une correction semblable à celle que nous avons indiquée à la page précédente.

l'instant où l'inclinaison donne une direction parallèle à l'axe du monde. Quand on lance le tore dans l'autre sens, l'inclinaison commence aussi en sens inverse, et si la construction de l'instrument le permet elle s'accomplit en entier jusqu'au point de ramener l'axe et la rotation du mobile parallèles à ceux de la terre.

Donc tout corps tournant autour d'un axe libre de se diriger sans sortir du méridien jouit de la propriété de s'orienter parallèlement à l'axe du monde et de manière à tourner dans le même sens que la terre.

Le résultat de cette expérience doit encore compter pour un nouveau signe de la rotation du globe ; ainsi que la précédente elle réussit assez bien pour que je puisse espérer qu'elle sera répétée. Ce n'est pas que je propose de déterminer de la sorte la position exacte de l'axe du monde, mais dès qu'on s'est appliqué à rechercher toutes les conséquences mécaniques de ce fait : la terre tourne sur elle-même, il m'a semblé que parmi ces conséquences l'une des plus curieuses à constater expérimentalement était cette propriété d'orientation que la théorie indique dans les corps animés sous nos yeux d'un mouvement de rotation.

Cette tendance remarquable de l'axe de rotation vers une direction définie ne laisse pas que de présenter avec la propriété fondamentale de l'aiguille aimantée une certaine ressemblance extérieure qui est d'autant plus frappante que généralement la position d'équilibre autour de laquelle oscille le nouvel instrument est oblique sur l'horizon, ce qui permet de mettre la force directrice en évidence en opérant soit dans le plan horizontal comme on le fait avec la boussole de déclinaison, soit dans un plan vertical comme on le fait aussi avec la boussole d'inclinaison.

L'appareil spécialement destiné à mettre en évidence et à mesurer approximativement la déviation d'un corps tournant en toute liberté peut servir également à produire et à observer les phénomènes d'orientation que je viens d'énoncer et de décrire. Comme tous ces phénomènes dépendent du mouvement de la terre et en sont des manifestations variées, je propose de nommer *gyroscope* l'instrument unique qui m'a servi à les constater.

INFLUENCE

DU

MOUVEMENT DE LA TERRE SUR LA TOUPIE

SON INCLINAISON DANS LE PLAN DU MÉRIDIEN

ET SA PROGRESSION D'OCCIDENT EN ORIENT SUR UN PLAN HORIZONTAL [1]

(Sans date.)

On a cru jusqu'ici que la toupie, qui se tient sur sa pointe en vertu du mouvement de rotation, tend encore à se redresser de manière à tourner exactement autour de la verticale du lieu. On a même proposé pour la marine un instrument fondé sur ce principe, et qui devait donner un horizon artificiel au moyen d'une toupie armée d'un miroir plan monté perpendiculairement à l'axe. Cependant, si on a égard au mouvement de la terre, on trouve que la position d'équilibre d'une toupie en mouvement n'est pas celle où son axe concorde avec la verticale, mais qu'elle correspond à une certaine ligne oblique contenue dans le plan du méridien et qui penche vers le midi ou vers le nord suivant que la toupie tourne à droite ou à gauche. Il est impossible de donner la valeur de cet angle qui mesure l'inclinaison de la toupie en mouvement, attendu que cet angle varie avec la forme, la masse

---

1. Cette note, retrouvée dans les manuscrits de L. Foucault, faisait suite aux minutes des deux mémoires précédents : elle n'a pas été publiée, à notre connaissance.

et la vitesse de rotation de l'appareil. Tout ce qu'on peut dire, c'est qu'il augmente avec la rapidité du mouvement, avec le moment d'inertie du système et avec l'abaissement de son centre de gravité au-dessous du point d'appui. Prévenu par le raisonnement que telles étaient les circonstances favorables à la manifestation de ce nouveau signe du mouvement de la terre, j'ai fait construire un toton à réflexion que j'ai mis en observation de la manière suivante :

Une glace parallèle et circulaire, montée perpendiculairement sur un axe d'acier terminé par une pointe mousse constitue un toton que l'on met en mouvement à la manière des toupies d'Allemagne. Quand l'appareil est lancé, on s'en sert comme d'un plan horizontal pour réfléchir une mire dans l'axe d'une lunette dirigée dans le plan vertical. Si l'appareil est animé d'un mouvement de précession qui fasse osciller l'image hors du champ, on le redresse en agissant sur son axe conformément aux indications de la théorie comme pour précipiter son mouvement conique. Avec un peu d'habitude, on arrive ainsi très-promptement à restreindre tellement les oscillations de l'image qu'on détermine aisément sa position moyenne. Cela fait, on substitue au toton la surface d'un bain de mercure, et du changement de position de l'image on déduit le sens et l'amplitude de l'inclinaison. Avec les appareils dont je me suis servi, l'angle d'inclinaison s'est produit sensiblement dans le sens voulu et il a acquis dans les plus grandes vitesses la valeur de.....

Puisque, en effet, la toupie s'incline dans le plan du méridien et dans le sens favorable au parallélisme des rotations, il devait en résulter une conséquence inévitable : la toupie étant placée sur un plan parfaitement horizontal, le point de contact de son extrémité sur ce plan ne se trouve pas exactement sur l'axe de rotation, et son excentricité donne naissance à un petit cercle d'engrènement naturel en vertu duquel la toupie doit se transporter parallèlement à elle-même d'occident en orient, quel que soit le sens de la rotation du mobile. Pour vérifier cette dernière conséquence qui fournit encore un nouveau signe du mouvement de la terre, j'ai fait abandonner le toton sur un plan de glace parfaitement horizontal et j'ai vu en effet la toupie cheminer constamment vers l'orient avec une vitesse de....

Ces différents phénomènes offerts par la toupie sont évidemment sous la dépendance de la composante de la rotation terrestre qu'on peut appeler la rotation équatoriale, parce que, à l'équateur, elle devient totale. Il en résulte que c'est à l'équateur qu'ils doivent acquérir la plus grande intensité, tandis qu'ils s'évanouiraient aux pôles et laisseraient la toupie se comporter comme sur une terre en repos.

SUR QUELQUES EXPÉRIENCES

TENDANT A DÉMONTRER

LA TENDANCE DES ROTATIONS AU PARALLÉLISME[1]

(Académie des Sciences, 26 octobre 1852.)

On peut énoncer ainsi le principe qui m'a servi de guide dans mes recherches sur l'*orientation* et sur l'*inclinaison* des corps tournants :

Quand un corps tourne autour d'un axe principal et qu'une force ou un système de forces tend à produire une rotation nouvelle non parallèle à la première, l'effet résultant est un déplacement de l'axe de rotation primitive qui se dirige vers l'axe de rotation nouvelle par le chemin favorable au parallélisme des deux rotations.

Dans les phénomènes d'orientation et d'inclinaison, la rotation nouvelle et communiquée est une composante variable du couple terrestre. Mais en combinant artificiellement deux rotations ensemble, on peut varier à l'infini les expériences propres à démontrer le principe précédent; je n'en citerai que deux.

Que l'on prenne un corps animé d'un mouvement de rotation très-

---

1. Un extrait de cette note a été publié dans les *Comptes rendus de l'Acad. des Sc.*, t. XXXV, p. 602.

rapide tel que le tore que j'ai choisi comme présentant un grand moment d'inertie sous une petite surface, et qu'on le fasse reposer sur un point fixe par un autre point quelconque pris sur le prolongement de son axe horizontalement situé, on aura à considérer à chaque instant : 1° le couple qui anime le corps et dont l'axe passe au point d'appui ; 2_0 un couple dû à la pesanteur et dont l'axe horizontal, que j'appellerai axe de chute, est perpendiculaire à l'axe de rotation primitive. Puisque ces deux axes sont dans le plan horizontal, le déplacement aura lieu dans ce plan ; mais comme l'axe de chute est essentiellement perpendiculaire sur l'autre, il en résulte que celui-ci ne saurait l'atteindre. En conséquence, le corps circule sans tomber autour du point d'appui et d'autant plus lentement que sa rotation est plus rapide.

Cette expérience n'est en réalité que l'exagération du phénomène de précession ; mais elle est tellement saillante, elle contredit si directement les prévisions habituelles de nos sens, que j'ai cru devoir la produire à l'appui de la tendance des rotations au parallélisme.

La seconde expérience dont je vais parler, quoique moins frappante que la première, me semble aussi démonstrative.

Elle consiste à suspendre le corps tournant par les extrémités de son axe à deux fils inextensibles réunis à une suspension formée par un fil sans torsion. Si le centre de gravité de l'appareil est abandonné sans vitesse dans la direction de la verticale, le corps s'oriente sous l'influence du changement de direction de cette verticale dans l'espace ; mais si on le lance à la manière d'un pendule conique, l'action de la terre disparaît et le corps circule en maintenant son axe propre constamment dirigé sur la verticale abaissée du point de suspension. Quand on intervertit le sens de l'oscillation conique, l'axe du corps se retourne bout pour bout et continue à manœuvrer de la même manière. Dans tous les cas les deux fils sont inégalement tendus, et le fil intérieur ou le plus voisin de la verticale supporte toujours la plus forte charge.

Cette expérience est encore assez curieuse, et l'explication en est simple : à chaque instant le corps oscillant comme pendule conique tourne, indépendamment de sa rotation propre autour d'un axe extérieur, perpendiculaire au fil unique, contenu dans le plan de ce fil et de la verticale et passant par le point de suspension. Or c'est précisément cet axe, dont la direction est continuellement changeante, qui règle à chaque instant celle du corps tournant.

INSTRUCTION

SUR LES EXPÉRIENCES DU GYROSCOPE

(Sans date.)

Le gyroscope (Pl. 11 et 12), considéré dans son ensemble, se compose :

1° D'un rouage moteur (fig. 2 et 3, pl. 11) ;

2° D'un mobile tournant ou gyroscope proprement dit ;

3° D'un pied ou support pour recevoir le mobile en action (fig. 1) ;

4° D'un microscope à pied articulé.

Les expériences à faire sur le mouvement de la terre sont au nombre de trois : la déviation, l'orientation et l'inclinaison.

L'expérience de la déviation est analogue à celle du pendule ; elle montre le mouvement de la terre par le contraste de la fixité de direction de l'axe de rotation avec la mobilité angulaire des objets terrestres. Pour faire l'expérience de la déviation, il faut commencer par équilibrer le gyroscope a en l'observant à l'état de repos, à la place qu'il doit occuper sur le support. La pièce du support destinée à recevoir le gyroscope est un cercle de bronze $d\,d'$ suspendu à un fil de soie et guidé par des tourillons et un pivot.

Le cercle est ainsi rendu mobile autour d'un de ses diamètres que l'on place dans la direction verticale au moyen de vis calantes $y\,y'$, et d'un niveau à bulle d'air posé sur la plate-forme où le constructeur a gravé son nom. Ce cercle présente encore à signaler deux échancrures $e\,e'$ placées suivant un diamètre horizontal et au niveau de ces échancrures, deux fourchettes $f\,f'$, destinées à recevoir et à guider les couteaux du gyroscope. Ces fourchettes, que l'on lève ou abaisse à volonté en agissant sur les chevilles saillantes $h\,h'$ dont sont armés leurs prolongements inférieurs, laissent déposer le gyroscope exactement à la place qu'il doit occuper.

Quatre masses courantes $u\,u'\,v\,v'$, montées sur le cercle qui supporte l'axe du tore, servent alors à amener le gyroscope à l'état d'équilibre indifférent, ou du moins à lui laisser très-peu de stabilité sur le tranchant des couteaux.

Pour que le mobile soit également libre autour de la verticale, on le soulève au moyen du fil dont on annule la torsion en agissant sur le bouton de suspension m ou sur l'écrou par lequel il prend appui sur le tube évidé n.

Le gyroscope ayant ainsi acquis toute liberté de se mouvoir autour de son centre de gravité, on lui imprime la rotation qui doit fixer sa position dans l'espace. On l'enlève donc pour le mettre en relation avec le rouage moteur (fig. 2 et 3, pl. 11). Une fois mis en place, on ferme les verrous $s\,s's''\,s'''$ qui l'empêchent de s'échapper, et l'on agit sur la manivelle r jusqu'au point de lui communiquer une vitesse d'environ un tour par seconde. Pendant que le rouage continue de tourner par la vitesse acquise, on ouvre les verrous, on enlève le gyroscope et on le remet en place au moyen des fourchettes qui servent de poseurs.

Si l'appareil a été bien équilibré et si l'axe de rotation a été abandonné en position horizontale, la déviation se produit aussitôt. Pour l'observer, l'on peut employer deux moyens différents, l'aiguille et le microscope. L'aiguille, longue de 30 à 40 centimètres, se place à frottement sur le prolongement du pivot inférieur de l'axe vertical, son extrémité est repérée sur l'une des divisions de l'arc de cercle en carton que l'on met à la main en position convenable, et peu à peu l'on voit cette aiguille dévier vers la gauche de l'observateur placé en dehors de l'arc et tourné vers l'instrument.

Le microscope, qui grandit les distances, rend le mouvement aussitôt visible; on le dirige sur de fines divisions, représentant les dixièmes de degrés, tracées sur une saillie k à l'extérieur du cercle vertical, et si l'on a égard à la direction de la lumière et à la disposition d'un miroir éclairant dont le microscope est pourvu en arrière des lentilles, on peut disposer les choses de manière à rendre les divisions et le mouvement relatif parfaitement visibles. Seulement, comme le microscope renverse les images, ce mouvement apparent est interverti.

On n'est bien sûr d'avoir observé la vraie déviation qu'après l'avoir vue se produire dans le même sens malgré le renversement du mouvement de rotation imprimé au gyroscope.

L'inclinaison et l'orientation diffèrent essentiellement de l'expérience précédente et sont fondées sur le principe de la concordance des rotations dont il convient de donner d'abord une démonstration expérimentale.

On met en place une tablette tournante qui se monte sur l'une des boîtes de l'instrument; sur cette tablette, on pose un support en acajou qui, au sommet de chaque montant, porte une plaque d'acier entaillée; puis, ayant imprimé un mouvement de rotation peu rapide au gyroscope, on engage les tourillons du cercle dans les entailles des deux plaques d'acier. Ainsi placé, le gyroscope, préalablement équilibré, garde indifféremment toute position possible autour des tourillons. Mais si l'on fait tourner la tablette dans un sens ou dans l'autre, aussitôt le gyroscope s'incline, et, après quelques oscillations, l'axe de rotation se fixe dans la verticale, c'est-à-dire dans une direction parallèle à celle de l'axe de rotation du support; de plus, on constate que les deux rotations, celle du tore et celle imprimée à la tablette, deviennent concordantes. Pour confirmation, on fait tourner la tablette en sens inverse, ce qui oblige le gyroscope à culbuter, de manière que l'axe se retourne bout pour bout.

Appliquant ce principe au mouvement de la terre, on met en évidence les phénomènes de l'inclinaison et de l'orientation.

Pour l'étude de l'inclinaison, le gyroscope a peut aussi prendre place sur le support $d\,d'$ en reposant par le tranchant des couteaux $j\,j'$ sur les surfaces d'acier poli i disposées à cet effet. Les couteaux étant dirigés de l'est à l'ouest, l'axe du corps est libre de se mouvoir dans le plan du méridien. Au moyen des masses courantes, on l'amène avec soin dans un état d'équilibre indifférent; maintenant, au moyen du rouage, on le fait tourner rapidement d'occident en orient, suivant le sens de la composante du mouvement de la terre projetée sur le premier vertical; le mobile étant remis en place, s'inclinera de manière à simuler la position de la terre dans l'espace et à se mettre en concordance avec elle pour la position de l'axe et pour le sens de la rotation. Si le gyroscope tourne en sens contraire, l'inclinaison commence également en sens opposé ; mais elle est bientôt limitée par la construction des couteaux, qui ne permet pas à l'évolution de s'accomplir entièrement.

L'expérience de l'orientation consiste à suspendre l'axe du corps tournant comme l'aiguille d'une boussole de déclinaison, et montrer que dans ces conditions il tend à se placer dans le plan du méridien.

On prend le gyroscope, on engage les collets de l'anneau dans les échancrures ff' du cercle vertical de support. Dans cette situation, l'axe du tore au repos est indifférent à toute position qu'on lui donne dans le plan horizontal dont il ne saurait sortir; l'instrument étant calé, le fil sans torsion et le pivot inférieur soulagé du poids du mobile et des anneaux, l'appareil jouit d'une extrême mobilité. On imprime alors au tore une vitesse, on le remet en place, et on l'abandonne à l'action de la terre. Bientôt l'influence directrice devient manifeste, et l'on voit le gyroscope osciller de part et d'autre du plan du méridien. De plus, on constate qu'en passant par sa position d'équilibre, le mobile tourne en concordance avec la composante efficace du mouvement de la terre.

Cette théorie de la concordance des rotations conduit à une conséquence qui se vérifie par une expérience curieuse.

On arme d'un crochet le prolongement de l'axe du gyroscope a, et lui ayant communiqué une grande vitesse, on pose l'extrémité du crochet dans une capsule d'acier qui forme le sommet d'un support, puis l'axe étant tant soit peu relevé au-dessus de la direction horizontale, on le lâche, en obéissant doucement au mouvement de précession qui tend à se produire, bien différent de ce qu'il serait au repos, le gyroscope, abandonné ainsi dans une position qui place sa masse entière en dehors du point d'appui, se soutient en surplomb et circule lentement autour du support. A mesure que la rotation diminue de vitesse, cette translation devient plus rapide et finirait par compromettre la stabilité du système si l'on ne se hâtait de mettre fin à l'expérience.

Ces diverses expériences ne réussissent qu'autant que le mobile tourne exactement autour d'un axe principal; on arrive à remplir cette condition en distribuant convenablement les masses des vis plongeantes qui pénètrent dans l'épaisseur du tore. L'appareil est à cet égard livré tout réglé, et il est expressément recommandé aux expérimentateurs de ne point troubler un état d'équilibre qu'ils auraient peine à reproduire.

SUR UN HÉLIOSTAT NOUVEAU[1]

(Académie des sciences, 18 mars 1862.)

J'ai l'honneur de présenter à l'Académie un nouvel héliostat que je viens de construire d'après les indications qui m'ont été fournies par M. Léon Foucault. Cet instrument a spécialement pour objet d'exécuter dans les conditions d'une extrême stabilité les fonctions nécessaires pour diriger d'une manière précise des miroirs de très-grande dimension. L'héliostat, tel qu'on l'a construit jusqu'à ce jour pour les besoins de la physique, n'agissait utilement que sur un faisceau lumineux de 6 à 8 centimètres de diamètre ; du reste, on n'exigeait pas que le rayon réfléchi gardât une direction absolument fixe, et pourvu que les écarts restassent contenus dans les limites de l'angle solaire, les expériences se poursuivaient avec régularité.

Aujourd'hui, pour les démonstrations de l'enseignement public comme pour les applications variées de l'astronomie et de la photographie, il devient indispensable d'opérer sur une plus grande quantité de lumière, de recueillir de larges faisceaux et de les fixer aussi exactement que possible dans une direction déterminée.

De tous les héliostats connus, le plus élégant et le plus facile à mettre en position, celui qui résout le problème de la manière la plus générale et

1. Note présentée par M. Duboscq. Voir *C. R. de l'Acad. des Sc.*, t. LIV, p. 648.

la plus élégante est sans contredit l'héliostat de M. Silbermann. En plaçant
son miroir au centre des mouvements et en prenant ses points d'appui sur
deux arcs extérieurs et concentriques, M. Silbermann a donné à son héliostat
la propriété de passer dans bien des positions inabordables à tous les autres
instruments du même genre. Mais ces avantages, que tout le monde a
sentis, n'ont pas pu se concilier avec la nécessité de supporter et de faire
mouvoir un puissant miroir.

Il fallait donc recourir à une autre disposition. Dans le nouvel instrument que je mets sous les yeux de l'Académie, le miroir métallique, qui
n'a pas moins de 30 centimètres de longueur sur 45 de large, a pour
support une colonne verticale sur laquelle il repose par l'intermédiaire
d'un disque qui rappelle en tout point le miroir circulaire de l'héliostat de
S'Gravesande. En effet, ce disque est suspendu par deux tourillons diamé-
tralement opposés, et il est mis en mouvement par l'action d'une aiguille
horaire sur une tige normale fixée à son revers. Ce miroir, appliqué sur
ce disque et qui le déborde de tous côtés, peut tourner dans son propre
plan autour de leur centre commun ; et comme il importe qu'à tout instant
sa plus grande dimension coïncide avec le plan de réflexion, on satisfait à
cette condition en prolongeant en arrière l'aiguille directrice et en engageant sa deuxième extrémité dans une coulisse fixée au revers du miroir
suivant le sens de sa plus grande longueur. L'aiguille directrice, la queue
normale du disque et la coulisse du miroir forment ainsi un triangle rectangle incessamment compris dans le plan de réflexion et dont l'hypoténuse
a une longueur invariable. L'aiguille directrice représente le rayon incident,
et le rayon réfléchi est figuré par la ligne même qui passe par le point de
croisement de l'aiguille avec l'axe horaire et par le centre du disque ; cette
ligne est égale aux deux moitiés de l'aiguille et partage le triangle rectangle
en deux triangles isocèles égaux.

Le *centre principal* de l'instrument est le point où l'aiguille conductrice
du miroir croise l'axe horaire qui lui donne le mouvement. Pour disposer à
volonté de la direction du rayon réfléchi, il suffit de faire mouvoir sphéri-
quement le centre du disque autour de ce point central. Dans ce but,
on prend comme centre fixe de tous les mouvements un autre point situé

plus bas dans la projection verticale du centre principal; on rattache à ce point la base de la colonne du miroir par une bielle de longueur invariable, et en vertu du parallélogramme ainsi formé, on peut déplacer la colonne en tous sens et par ce moyen diriger le rayon réfléchi sans altérer la distance des centres.

Le reste de l'instrument ne présente rien de particulier. L'axe horaire est mis en mouvement par un rouage d'horlogerie; son inclinaison fixe est adaptée à une localité donnée; en cela on a suivi l'usage des constructeurs des instruments astronomiques, qui ne se croient pas obligés d'établir des équatoriaux à latitude variable. L'aiguille directrice du miroir se met à la déclinaison du jour au moyen d'un demi-cercle gradué, armé d'une pinnule et monté sur un centre réel.

Pour mettre l'instrument en position, la marche à suivre est exactement celle qui a été recommandée à l'occasion de l'héliostat de M. Silbermann. Des quatre conditions à remplir, qui consistent à mettre l'instrument dans le méridien et à la latitude du lieu, à l'heure et à la déclinaison du jour, il suffit que deux quelconques soient primitivement satisfaites pour qu'on puisse généralement remplir les deux autres en s'aidant de la pinnule montée parallèlement à l'aiguille directrice.

En résumé, on voit que le nouvel instrument est caractérisé par deux particularités qui, dans les héliostats déjà connus, ne se rencontraient qu'à l'exclusion l'une de l'autre. En premier lieu, le miroir pose d'aplomb sur une colonne verticale inflexible capable de supporter un poids considérable; en second lieu, le miroir de forme allongée s'oriente spontanément suivant le plan de réflexion, de manière à se projeter dans le sens favorable au faisceau réfléchi.

NOTE

SUR UN GRAND HÉLIOSTAT[1]

(Société de Photographie, 21 novembre 1862.)

J'ai l'honneur de mettre sous vos yeux un nouvel héliostat dont le miroir me paraît de dimension à satisfaire à toutes les exigences de l'amplification photographique. Qu'est-ce qu'un héliostat? C'est un porte-lumière qui marche tout seul. Ici, le miroir, qui n'a pas moins de 80 centimètres sur 40, est relié à un mécanisme qui se charge pendant toute la durée du jour de le mouvoir peu à peu, de manière à faire la part du mouvement apparent du soleil et à réfléchir dans une direction invariable la lumière qu'il nous envoie.

Le soleil a, comme vous savez, une marche qui varie sans cesse dans les différents pays et aux différentes époques de l'année. Un héliostat complet devant à la rigueur, comme celui que l'on doit à M. Silbermann, faire face à toutes les éventualités du problème, il devrait fonctionner sous toutes les latitudes, en toute saison, et renvoyer au gré de l'opérateur le rayon réfléchi dans une direction quelconque. Je n'ai pas cru qu'il fût nécessaire de traiter la question d'une manière aussi générale. J'ai supposé que cette machine, installée à poste fixe, ne ferait jamais partie du matériel de voyage

---

1. Voir *Bulletin de la Soc. de Phot.*, 1862, p. 286. Une note sur le même sujet a été présentée à l'Académie des Sciences, par M. Duboscq, le 20 octobre 1862. Voir *Compte Rendu de l'Acad. des Sc.*, t. LV, p. 644.

et j'ai écarté la complication des latitudes variables. J'ai admis également
que dans vos expériences le faisceau de lumière solaire gardait à peu de
chose près une direction horizontale et j'ai limité son inclinaison disponible à la petite étendue qui suffit amplement aux nécessités du centrage
et à l'ajustement des appareils optiques.

Ainsi réduit à ses éléments essentiels, l'appareil se compose : 1° d'un
miroir libre de se mouvoir en tous sens autour de son centre et solidement porté sur une colonne verticale ;

2° D'une horloge , réglée par l'échappement et le pendule du métronome ;

3° D'un axe horaire, incliné parallèlement à l'axe du monde ;

4° D'une aiguille directrice, montée sur un arc de déclinaison et
articulée avec la tige normale du miroir.

Le premier soin pour poser l'héliostat est de caler la table au
moyen du niveau et de placer l'axe moteur *à peu près* dans le plan du méridien. On cherche sur l'arc de déclinaison la date du jour qu'on amène
en face de l'index, et on met le cadran *à peu près* à l'heure. Dans cette
position approchée, on voit alors un filet de lumière solaire qui passe à
travers la pinnule et va former image sur la plaque opposée où deux traits
gravés se coupent à angle droit. Pour donner à l'héliostat sa position
exacte, il ne reste plus qu'à ramener l'image sur le point de croisement ;
pour cela on combine le mouvement de l'instrument tout entier sur son
pivot central avec celui du cadran horaire. On met enfin l'horloge en
marche et on serre la pince qui met le cadran en prise avec le rouage. Veut-on
maintenant aligner son faisceau dans une direction déterminée, on fait
tourner le pignon qui déplace la colonne et les rayons réfléchis sont
obligés de suivre la direction de la ligne qui passe par le centre des
mouvements du miroir et par le milieu de l'aiguille directrice.

On comprend aisément pourquoi le miroir a une forme allongée. Pour
renvoyer horizontalement le soleil dans nos habitations, il faut toujours
recourir à une réflexion plus ou moins oblique ; il était nécessaire de faire
la part de l'inclinaison qui réduit dans une forte proportion la projection
de la surface réfléchissante. Mais il ne suffisait pas de donner au miroir

cette forme allongée, il fallait encore qu'il pût de lui-même s'orienter dans le plan de réflexion ; c'est pour cela qu'il tourne sur des galets et qu'il se relie à l'aiguille directrice par une coulisse fixée parallèlement au revers du cadre.

Toutes ces conditions qu'il fallait remplir ont été parfaitement comprises par M. Duboscq. Cette grande machine fonctionne comme un instrument de précision. En la mettant à exécution, M. Duboscq a trouvé l'occasion d'y apporter le perfectionnement d'un ressort dissimulé dans la colonne du miroir et qui l'aide à franchir les positions difficiles qu'on ne rencontre pas dans la pratique, mais qui n'auraient pas manqué de donner prise à la critique. C'est une amélioration, que j'apprécie vivement, et qui donnerait une haute idée du sens pratique de l'artiste, si nous n'avions eu déjà tant de fois l'occasion de nous faire à cet égard une opinion bien motivée.

DESCRIPTION DE L'HÉLIOSTAT[1]

PREMIER MODÈLE.

Le miroir M (fig. 24) de forme allongée repose sur une colonne verticale V à fourchette par l'intermédiaire d'un plateau circulaire P sur lequel il tourne à frottement doux autour de leur centre commun. Ce disque P est suspendu par deux tourillons aux extrémités des deux bras de la fourche et il porte à son revers une tige normale C′N par laquelle le mouvement lui est communiqué. Un rouage moteur est contenu dans la boîte cylindrique B et fait mouvoir à raison d'un tour en vingt-quatre heures un axe horaire X X′ incliné, suivant la latitude du lieu. Cet axe contenu à l'intérieur du tube T porte à son extrémité supérieure un centre sur lequel est monté un demi-cercle D qui comprend l'arc des déclinaisons solaires. Le plan de cet arc suit le mouvement de l'axe avec lequel on le rend solidaire au moyen d'une vis de serrage. Parallèlement au diamètre de ce demi-cercle, règne une tige d'acier, sorte d'aiguille motrice qui, par une de ses extrémités N, s'articule avec la tige normale et dont l'autre extrémité N′, s'engage dans une coulisse fixée au revers du miroir dans un plan passant par les tourillons du disque. L'aiguille motrice, la tige normale et la coulisse du miroir forment un triangle rectangle sur lequel repose la théorie de l'instrument.

La colonne V, qui supporte le miroir est susceptible de recevoir deux mouvements différents : un mouvement de translation et un mouvement d'abaissement ou d'élévation ; mais, quelle que soit sa position, il est néces-

---

1. Mémoire à l'appui d'une demande de brevet (17 mars 1862) et d'une demande d'addition 18 octobre 1862). — Voir *Collection des Brevets*, n° 48,900.

saire que le milieu C' de la droite qui forme l'axe des tourillons du disque se tienne à une distance invariable du point C de l'axe horaire situé sur le centre de l'arc de déclinaison.

Pour remplir cette condition, on prend comme centre de mouvement

Fig. 24.

un axe vertical A situé dans la projection du point C et fixé au centre d'un cercle denté qui constitue la base de l'appareil. Sur ce cercle repose, comme une sorte d'alidade, une large bande métallique qui, par l'action d'un pignon R circule autour de l'axe A, entraînant la colonne V dont le pied monté à coulisse est reliée à l'axe par une bielle articulée LL'. L'axe de la colonne est formé par une arbre cylindrique en fer, solidement rivé sur la plaque de fond; à sa partie inférieure, cet arbre est fileté en pas de vis pour recevoir un large écrou moleté, sur lequel repose le pied de la colonne creuse qui, par ce moyen, monte et descend dans une étendue suffisante pour l'usage.

De la combinaison des deux mouvements produits par le pignon et par l'écrou, il résulte que le point de la colonne situé au niveau de l'insertion L' de la bielle se meut sur une zone sphérique centrée sur le point de l'axe A correspondant à l'autre extrémité L de cette bielle. Comme ces deux points L L' sont astreints à garder respectivement avec les points C et C' des distances égales et invariables, le système de ces quatre points forme un parallélogramme qui oblige le point C' à se mouvoir également sur une zone sphérique centrée sur C; en d'autres termes, quelles que soient les positions données à la colonne, le point C' est assujetti à garder, à partir du point C, une distance égale à L L'.

Théorie et usage du nouvel héliostat. — La théorie de ce nouvel instrument est à peu de chose près la même que celle de l'héliostat de S'Gravesande : l'axe moteur X étant placé dans le méridien du lieu, on met le cercle qui porte l'aiguille motrice à la déclinaison du jour, puis on l'amène dans le plan horaire actuellement occupé par le soleil; ces conditions remplies, l'aiguille motrice vise droit au soleil et continue de le suivre pendant toute la journée. Cette aiguille représente donc à tout instant la direction changeante des rayons incidents. Une partie de ces rayons tombent sur le miroir; il s'agit de montrer que par leur réflexion, ces rayons ne cesseront pas de prendre la direction de la droite fixe C C'.

En effet, par construction, la longueur C N de l'aiguille est égale à C C'; au contraire C' N est variable, mais le triangle C C' N est toujours isocèle et compris dans le plan de réflexion et comme le côté variable C' N, est formé par la normale au miroir, ce dernier occupe la position voulue pour réfléchir le rayon suivant C C'; car, 1° il est perpendiculaire au plan de réflexion, et 2° sa normale est parallèle à la bissectrice de l'angle formé par les directions croisées du rayon incident et du rayon réfléchi. Ainsi il est démontré que, pendant toute la durée du jour, les rayons réfléchis sur le plan mouvant du miroir prendront la direction fixe C C'.

Mais l'instrument exécute encore une autre fonction : outre qu'il dispose le plan réflecteur sous l'incidence voulue, il oriente le miroir dans ce même plan de manière que, dans les positions obliques où il se projette habituellement, la réflexion qu'il subit porte exclusivement sur sa plus grande longueur. C'est pour remplir cette condition que le miroir qui est plus long que large a été rendu mobile sur le plan du disque qui le supporte. Dès lors, en prolongeant l'aiguille motrice au delà du point C, et en engageant la deuxième extrémité dans la coulisse, menée parallèlement au grand diamètre du miroir, on est assuré de le maintenir orienté dans la direction utile. Cette dernière particularité, combinée avec la condition de faire porter le miroir sur un support vertical, constitue la nouveauté et l'avantage de la nouvelle disposition en ce qu'elle permet de donner au miroir un poids et des dimensions considérables sans compromettre le jeu du mécanisme destiné à le faire mouvoir avec précision. Aucun des héliostats précédemment décrits ne jouissant à beaucoup près de cet ensemble de propriétés, il m'a semblé qu'en les réunissant dans un même instrument j'obtenais un résultat nouveau qu'il était intéresssant de signaler.

Pour faciliter la pose de l'instrument comme pour le surveiller dans sa marche, j'ai conservé l'usage de la pinnule fixée parallèlement à l'aiguille motrice; mais au lieu de monter tout l'instrument sur une plate-forme tournante qu'on jugeait nécessaire pour rechercher le méridien, je le fais reposer directement sur des vis calantes, combinées avec une vis centrale sur laquelle il pivote au moment de la pose et qui, en se relevant, le laisse reprendre son assiette normale.

DEUXIÈME MODÈLE.

HÉLIOSTAT DE GRANDES DIMENSIONS.

Ce modèle est conforme, comme description générale, à l'appareil précédemment décrit; il en diffère seulement, indépendamment des grandes dimensions du miroir ($0^m,80$ sur $0^m,40$), par les détails suivants :

La colonne V (pl. 43) qui porte le miroir, au lieu d'être montée à coulisse sur l'alidade qui la transporte autour du centre, est fixée directement sur cette alidade. Le mécanisme primitif avait été imaginé en vue de permettre de varier l'inclinaison du rayon réfléchi ; on a pu le supprimer parce que, dans la pratique, cette inclinaison est toujours très-faible. On profite alors de l'espace rendu libre, pour y établir le demi-cercle denté D, sur lequel engrène le pignon P qui sert à transporter le miroir et à diriger le rayon réfléchi à droite et à gauche du plan du méridien.

Le moteur a dû être approprié aux dimensions de l'appareil, il consiste en un rouage à cinq mobiles réglé par le pendule et l'échappement du métronome et qui reçoit le mouvement d'un ressort d'acier, représentant une force motrice d'environ 6 kilogrammètres. Ce rouage marche six heures et il est contenu tout entier à l'intérieur de la boîte B. Le mouvement se transmet par un pignon O à la roue H dont le limbe est divisé en heures et minutes.

Quelle que soit l'énergie du moteur et la perfection d'exécution, on reconnaît aisément qu'il y a des positions où l'amplification du mouvement crée d'énormes résistances. Cette imperfection qui subsistait dans le premier appareil a complétement disparu par l'addition d'un ressort spiral R (fig. 2 pl. 13) fixé d'une part à la partie fixe de la colonne et d'autre part à la partie mobile qui supporte le miroir. Ce ressort est armé, une fois pour toutes, de manière à agir sur les pièces qu'il entraîne dans le sens du mouvement du ciel. Par la considération des espaces relativement parcourables aux différentes positions de l'appareil, on s'assure aisément que ce ressort ainsi placé vient en aide au rouage moteur dans les circonstances précises où la force viendrait à manquer. Par ce moyen l'appareil passe également bien dans toutes les positions usuelles[1].

Il faut ajouter enfin que le grand miroir repose sur trois galets équidistants G G, montés sur le contour du cercle sous-jacent et dont l'établissement a été nécessité par le poids du miroir.

1. L'idée de l'emploi de ce ressort auxiliaire fut indiqué à L. Foucault par M. Duboscq, l'habile constructeur qui avait établi déjà, avec un soin extrême, le premier modèle d'héliostat.

SIDÉROSTAT

M. Foucault, on le sait, a fait construire par M. Duboscq, en 1863, un nouvel héliostat susceptible de comporter de grandes dimensions. Ce qu'on ne sait pas, c'est qu'il avait, en améliorant encore les conditions de stabilité de cet instrument, appliqué son idée à la construction d'un appareil astronomique, le *sidérostat* [2]. Pour le décrire sommairement, j'ai eu recours à mes souvenirs, aux souvenirs de quelques amis de M. Foucault, et enfin au magnifique modèle en bois construit aux frais de notre confrère et conservé par M. Eichens, l'habile et consciencieux artiste qui lui a prêté dans bien des circonstances un si précieux concours.

La disposition habituelle des instruments astronomiques, lunettes ou télescopes, ne permet pas d'y adapter aisément des appareils nécessaires à l'étude des propriétés de la lumière des astres (photométrie, photographie, polarisation, spectroscopie). De plus, l'instabilité des équatoriaux devient très-grande lorsqu'on y adapte des appareils souvent lourds et excentriques qui dérangent l'équilibre.

Le sidérostat a pour but d'éviter ces inconvénients et de permettre à l'astronome d'observer la lumière des astres exactement comme le physi-

---

1. Extrait d'une note lue à l'Académie des sciences par M. H. Sainte-Claire Deville, le 2 mars 1868. *Comptes rendus de l'Acad. des Sc.*, t. LXVI. p. 387. Aucune note de L. Foucault relative à cet instrument n'a pu être retrouvée.

2. Il semble que depuis longtemps L. Foucault s'occupait de cette idée, car il existe dans les papiers qu'il a laissés plusieurs croquis portant la date de *novembre 1861*, et portant le titre *Sidérostat*.

cien étudie la lumière du soleil dans la chambre obscure, en employant à ces recherches des instruments qui se trouvent dans les cabinets de physique, et sans avoir à en changer ni la forme ni la disposition.

Le sidérostat se compose essentiellement : 1° d'un miroir plan argenté, mû par une horloge, de manière à renvoyer dans une direction horizontale constante les rayons de l'astre que l'on veut observer; 2° d'un appareil objectif fixe, réflecteur ou réfracteur, qui concentre ces rayons en un foyer[1]. Ce foyer se trouve à l'orifice d'une chambre obscure qui peut être chauffée au besoin, et dans laquelle l'astronome se livre à son aise, sans fatigue et sans souffrance, à toutes les expériences et à toutes les mesures qu'il désire exécuter. Des manettes lui donnent le moyen d'agir sur le miroir et d'en changer à volonté la direction.

Si le miroir plan reste immobile, cet appareil peut être employé comme un équatorial aux mesures des positions relatives des astres. C'est aussi le véritable instrument pour la construction des cartes célestes, et M. Wolf s'est mis en mesure d'y adapter un appareil au moyen duquel l'astronome obtiendrait immédiatement la reproduction des constellations célestes.

M. Foucault avait associé M. Wolf à la conception d'un projet de sidérostat à construire à l'Observatoire. Il s'était réservé le miroir et son mouvement : M. Wolf avait fait le projet du télescope horizontal et de la chambre noire.

Ce projet n'ayant pas été mis à exécution. M. Foucault prit le parti de construire chez lui le premier sidérostat. Il disposa pour le recevoir le second étage de la maison de la rue d'Assas (appartenant à sa mère), converti en chambre obscure avec ses dépendances. Un modèle de miroir fut exécuté pour lui par M. Eichens, avec l'ensemble des dispositions nécessaires pour modifier l'angle horaire et la déclinaison. Notre malheureux confrère a été frappé le jour même où se terminaient ces préparatifs.

---

1. La fixité de l'appareil objectif présente cet avantage considérable d'éliminer toute influence des flexions du miroir ou des lentilles, flexions impossibles à empêcher complètement lorsque ces verres ont à prendre diverses positions dans l'espace. Il est vrai qu'il reste la flexion du miroir plan; mais rien ne limite l'épaisseur du miroir, puisqu'il est porté par des axes excessivement courts.

L'astronomie physique en France ne peut disposer d'appareils aussi parfaits que ceux qui sont possédés par les étrangers. Avec le sidérostat, notre pays prenait immédiatement l'avance : telle était l'opinion de M. Foucault; elle détermina la résolution qu'il ne put accomplir.

Une des applications les plus intéressantes du sidérostat était celle qu'en voulait faire M. Foucault à l'étude permanente du soleil. Dans une des salles les plus fréquentées d'un observatoire, il voulait disposer un appareil donnant sur un écran quadrillé une image fixe et amplifiée du soleil. L'apparition et la forme de taches, le passage d'un astéroïde sur le disque solaire, auraient été un sujet d'études continuelles faites, sans danger pour les yeux, par toutes les personnes que leurs occupations amènent sans cesse à traverser cette salle.

Dans la photographie du soleil, M. Foucault voulait employer, avec le sidérostat, un objectif de très-long foyer achromatisé pour les rayons chimiques. Un second miroir presque normal au faisceau réfracté recevait celui-ci à une distance égale à la moitié de sa longueur focale et ramenait l'image à se former sur la paroi antérieure de la chambre noire auprès de l'objectif même. L'observateur se trouvait ainsi à portée de l'image et du miroir mobile, malgré la grandeur de la distance focale de l'objectif.

On voit comment l'étude du sidérostat avait été poussée par notre confrère jusque dans ses derniers détails, et combien il est à regretter que cet appareil n'ait pu être réalisé dans le cabinet de la rue d'Assas.

SUR UN

RÉGULATEUR ISOCHRONE DU MOUVEMENT UNIFORME[1]

(23 août 1862.)

Ce mémoire a spécialement pour objet d'établir d'une manière rigoureuse les conditions d'isochronisme du pendule conique pour en faire le régulateur naturel des machines motrices.

L'application déjà ancienne du pendule aux horloges offre le plus parfait exemple du rôle que peut jouer un pareil mobile associé à un mécanisme moteur. Le pendule une fois lancé et livré à lui-même rentrerait bientôt dans le repos; de son côté, le rouage, s'il agissait seul, prendrait une vitesse variable et indéterminée; mais, associés l'un à l'autre, le rouage et le pendule forment un système dont le mouvement se perpétue avec une régularité qui le rend spécialement propre à la mesure du temps.

Le mouvement des horloges réglées par le pendule ordinaire est nécessairement intermittent, et le système d'échappement qui en modère la vitesse devient inapplicable dès que l'on veut produire un mouvement continu; de là est venue la pensée de recourir au pendule conique dans les circonstances où l'on se propose de régler une machine qui doit se mouvoir uniformément; mais, comparé au pendule ordinaire, le pendule conique, oscillant circulairement, présente une infériorité très-grande provenant de l'accélération qu'il subit dans les grandes amplitudes. Théoriquement, l'iso-

1. Notes manuscrites de l'auteur. — Voir aussi *Collection des Brevets,* n° 60,642.

chronisme n'a lieu qu'à la limite des petites oscillations, et, par le fait, cette limite reste beaucoup trop restreinte pour qu'on puisse utilement en tirer parti.

Huyghens, qui le premier appliqua le pendule aux horloges, indiqua pour le pendule conique une disposition qui devait remédier aux variations de vitesse. La condition essentielle pour que le pendule conique conserve une durée de révolution constante et indépendante de l'angle d'écart, c'est que la distance verticale entre le point de suspension et le centre de masse demeure invariable; or, si l'on suppose ce centre assujetti à se mouvoir sur un paraboloïde de révolution centré sur l'axe de suspension, comme dans la parabole la sous-normale est constante, la condition posée se trouve exactement remplie. La masse du pendule était donc suspendue à une lame flexible appliquée sur une développée qui tournait avec l'axe; dès lors, la lame de suspension, se déroulant plus ou moins, obligeait le centre de masse à se maintenir à la surface du paraboloïde. Cet appareil, analogue au pendule cycloïdal, en avait tous les défauts, et fut également abandonné.

En 1847, Pecqueur, attaquant la question par un autre côté, voulut réaliser l'invariabilité de la distance verticale en allongeant la tige de suspension proportionnellement à la sécante de l'angle d'écart. En conséquence, il composa cette tige avec des tubes et des ressorts-hélices tellement combinés que, la masse une fois suspendue, la *longueur* réelle de cette tige complexe fût égale à l'*allongement* total des ressorts. Cette condition une fois remplie, la force centrifuge développée dans les grandes amplitudes produisait sur les ressorts un surcroît d'extension qui, dans l'hypothèse la plus probable sur l'élasticité, devait maintenir la masse, quelle que fût sa vitesse, dans un même plan horizontal. C'était là une ingénieuse conception, mais elle ne tenait pas compte de l'imperfection des ressorts qui, soumis à l'influence d'une tension continue, s'allongent progressivement et ne permettaient pas d'assigner au pendule une longueur définie.

Depuis bien des années, Watt avait régularisé, jusqu'à un certain point, la marche des machines à vapeur au moyen de son modérateur, qui n'est qu'une extension du pendule circulaire, mais qui, ayant à fonctionner sous de grands angles, manque essentiellement de la propriété d'isochronisme.

Dans ces derniers temps (1860), MM. Farcot et fils en ont très-ingénieusement modifié la construction de manière à corriger son défaut d'isochronisme dans des limites acceptables pour les applications industrielles. En croisant les deux bras qui supportent les masses ainsi que les deux côtés du parallélogramme qui les relient au manchon mobile le long de l'axe, ils ont déterminé un angle de stabilité pour la vitesse de révolution de part et d'autre duquel cette vitesse tend également à s'accélérer. Cet angle de vitesse maxima correspond à l'inclinaison des bras où leur extrémité décrit l'élément osculateur à la parabole d'Huyghens. Mais comme cette approximation était encore insuffisante, MM. Farcot ont eu l'idée d'agir sur les masses en mouvement au moyen d'un contre-poids fixé à l'extrémité d'un levier coudé et dont l'autre bras, façonné suivant une courbe particulière, appuie sur un galet solidairement uni avec le manchon. Le tout constitue une solution empirique qui a donné de bons résultats, mais qui ne procède pas d'un principe rigoureux et qui ne saurait dépasser un certain degré de précision.

La construction que je vais décrire repose, au contraire, sur l'exactitude d'un principe qui n'est pas contestable et qui permet au besoin de communiquer au pendule circulaire le degré de précision d'un appareil chronométrique.

THÉORIE ET DESCRIPTION DU MODÉRATEUR ISOCHRONE À FORCE CENTRIFUGE.

Comme point de départ, j'adopte, à peu de chose près, le modérateur de Watt (fig. 1, pl. 16), et je le mets en relation avec un mécanisme qui a spécialement pour fonction de maintenir la vitesse constante dans toutes les positions du système.

L'arbre vertical SB donne attache aux deux bras SM, SM', suspendus en un même point et qui portent à leur extrémité les masses M et M'. Au milieu des deux bras s'articulent les extrémités des deux côtés égaux qui complètent le parallélogramme, et dont les autres extrémités s'articulent ensemble en un même point D avec le manchon qui glisse le long de l'axe et se termine inférieurement par un rebord saillant.

Maintenant énumérons les organes qui concourent à produire l'isochronisme.

Si à partir du point S (fig. 1), centre de suspension des bras, on prend sur l'arbre une longueur égale à deux des côtés du parallélogramme augmentée de la distance CD, on détermine un point B correspondant à la limite géométrique des excursions du bord inférieur du manchon. Ce point ainsi déterminé on en fait un centre de mouvement pour le rayon OB. D'un autre côté, on prend en F un second point fixe autour duquel se meut un levier coudé $AE\mu$. Par son extrémité supérieure, ce levier s'articule avec une barrette AC, qui, par son milieu, est reliée à la tige OB.

La barrette AC a une longueur quelconque que, pour plus de simplicité, on suppose dans la figure égale à SM; et de son mode d'articulation il résulte que tandis que son extrémité A marche suivant une direction sensiblement horizontale, l'autre extrémité C se meut suivant une direction sensiblement verticale. Or cette extrémité C est armée d'un bouton qui s'appuie de bas en haut sur le rebord du manchon. Enfin à la partie inférieure du levier coudé se trouve fixée une masse μ dont le poids et la position se déterminent de manière à exercer en A et suivant AC une pression égale à $P\cos\varphi$, P étant le poids des deux masses réunies M M', et φ l'angle de la barrette AC avec l'horizontale AB. Ces conditions étant remplies, le système aura une vitesse de révolution qui, au lieu de s'accélérer avec l'écartement des masses comme dans le modérateur de Watt, gardera, ainsi que je vais le démontrer, une vitesse constante pour toutes les valeurs de l'angle α.

De même que le simple pendule circulaire, le modérateur de Watt, ayant ses deux bras suspendus en un même point, accomplit sa révolution entière dans un temps qui a pour expression :

$$t = 2\,\pi\,\sqrt{\frac{l\cos\alpha}{g}},$$

t, le temps de la révolution, dépend donc de l'angle α; mais si le dénominateur g était aussi multiplié par cos α, la formule se réduirait à

$$t = 2 \pi \sqrt{\frac{l}{g}},$$

et dans ce cas, t étant indépendant de α, l'isochronisme serait réalisé.

Or, multiplier g par cos α, cela revient en pratique à agir verticalement sur les masses avec une force :

(1) $\qquad\qquad\qquad\qquad$ P $(1 - \cos \alpha)$.

Il ne reste plus qu'à démontrer qu'en effet le mécanisme précédemment décrit amène identiquement ce résultat.

Pour aider à la démonstration, réduisons l'appareil à ses éléments géométriques, et conservons dans la nouvelle figure les mêmes lettres que précédemment (fig. 2).

Prenons A C = B S = S M = l; nommons φ l'angle B A C, A B devient $l \cos \varphi$.

Continuons d'appeler P le poids total des masses M et M'.

Les côtés du parallélogramme étant tous égaux à $\frac{1}{2} l$, les trois points M, M', C, restent contenus dans un même plan horizontal, quelle que soit la position du système; il en résulte qu'une force appliquée en C et agissant de bas en haut se transmet tout entière aux masses M et M'.

Supposons maintenant qu'une force P égale au poids des masses et appliquée sur la droite A C agisse suivant la direction même de cette droite, la force décomposée par la résistance qu'elle éprouve perpendiculairement à l'axe B S donne une composante verticale ascendante égale à P sin φ.

Mais $l \sin \varphi$ = B C = $l(1 - \cos \alpha)$, donc P sin φ = P $(1 - \cos \alpha)$. Telle est la force qui sollicite verticalement le point C, et qui, agissant pareillement sur les masses M et M', satisfait à la condition (1) nécessaire pour réaliser l'isochronisme.

Mais pour que la droite A C soit sollicitée par une force constante P

et suivant la direction variable A C, il faut évidemment que le point A soit
sollicité dans la direction constante A B par la force variable P cos φ.

Si la droite A C avait une longueur n différente de l, on trouverait de
même que la force appliquée en A devrait avoir pour valeur P $\frac{n}{l}$ cos φ.

Ainsi quelle que soit la longueur de la droite A C, il faut que la force
appliquée au pied de cette droite et perpendiculairement à l'axe soit égale
au poids des masses multiplié par la projection horizontale de cette
droite rapportée à la longueur des bras.

Dans l'exécution représentée figure 1, cette pression est communiquée
par le levier coudé A F μ, qui transmet une partie variable du poids fixé
sur le bras oblique; il reste à déterminer la longueur du levier et la valeur
du poids.

Inclinons les bras du modérateur sous l'angle de 45°, qui sera dans
l'application la position la plus favorable à la fonction du régulateur
(fig. 1); prenons sur la verticale du point A un point fixe F à une distance
arbitraire A F. et de ce point menons une droite en B. nous aurons un
angle $\omega = $ A F B qui détermine l'inclinaison à donner au bras oblique F μ;
enfin l' et l'' étant les longueurs des deux bras F A et F μ du levier coudé,
fixons en μ une masse d'un poids égal à $\dfrac{P}{\sin \omega} \dfrac{l'}{l''}$ cos φ, la pression horizontale transmise en A aura évidemment pour valeur P cos φ.

Mais il faut encore justifier le choix de l'angle ω, qui a précisément
pour but de faire que, dans les changements de position du système, la
composante transmise en A par le bras vertical conserve sensiblement
cette valeur variable P cos φ.

Cherchons donc la valeur à donner à l'angle x de l'inclinaison de F μ
sur le prolongement de F A, pour que la composante utile du poids μ varie
comme la distance A B. Cette condition s'exprime en posant :

$$\frac{d \omega}{\operatorname{tang} \omega} = \frac{d \sin x}{\sin x} = \frac{d x}{\operatorname{tang} x}$$

Mais, puisque A F et F μ sont solidaires,

$$d \omega = d x \text{ et par suite } x = \omega.$$

Ainsi, à la condition d'incliner le bras F μ. suivant l'angle ω, et de donner au poids et aux bras de levier les valeurs ci-dessus déterminées, ce poids, agissant par l'intermédiaire du système articulé, communique finalement aux masses M et M' une pression ascendante qui a précisément la valeur voulue :

$$(1) \qquad P (1 - \cos \alpha).$$

Toutefois ce résultat n'est obtenu rigoureusement qu'à la limite des variations de l'angle ω. et qu'autant que l'arc décrit par le point A peut être confondu avec l'horizontale A B; mais s'il y a là une cause d'erreur elle est extrêmement petite et peut devenir moindre que toute valeur sensible.

Elles sont les données sur lesquelles on peut s'appuyer pour arriver d'une manière certaine à faire du modérateur de Watt un appareil réellement isochrone et directement applicable à la régularisation du mouvement des machines et des moteurs industriels. En effet, quand le modérateur de Watt a été modifié comme il vient d'être dit, il constitue un indicateur très-précis des moindres variations de force qui agissent sur lui, et pour en faire le régulateur d'une machine quelconque, il suffit de mettre le système articulé en relation avec les organes capables de réprimer la puissance ou la résistance. On peut l'employer également à diriger une horloge. ou une machine à vapeur, ou un moteur mécanique de quelque nature qu'il soit.

SUR LES APPAREILS RÉGULATEURS DE VITESSE[1]

CONDITIONS GÉNÉRALES D'ISOCHRONISME.

L'objet de ce mémoire est de faire connaître un certain nombre d'appareils propres à régler la vitesse des moteurs mécaniques. Ils fonctionnent tous en vertu de la force centrifuge développée par le mouvement de rotation et, malgré la diversité des dispositions, ils sont tous doués de l'isochronisme ou de la propriété d'exécuter leur révolution dans le même temps et indépendamment des variations d'amplitude des aires décrites par les masses en mouvement.

Le point de départ des dispositions que j'aurai successivement à décrire est le pendule régulateur normal ayant ses deux bras suspendus à un seul point pris sur l'arbre et articulés en leur milieu avec un coulant mobile par deux bielles de longueur égale à la moitié des bras.

Quand ce pendule est mis en mouvement de rotation sur son axe, ses bras s'inclinent plus ou moins sous l'angle variable z, et l'on a pour la durée de sa révolution :

$$(1) \qquad t = 2\pi \sqrt{\frac{l \cos \alpha}{g}}$$

expression dans laquelle la longueur des bras est représentée par l et où l'on ne tient compte que de la matière des boules.

1. Voir *C. R. de l'Ac. des Sc.*, t. LVII, p. 738. — *Collection des Brevets*, n°s 60,642 et additions. Ces notes, extraites de publications faites à diverses époques, sont classées par ordre de matières et non par ordre chronologique.

Remplaçant g par sa valeur $\dfrac{P}{M}$ cette formule devient :

$$(2) \qquad t = 2\pi\sqrt{\dfrac{l\,M\,\cos\alpha}{P}}$$

et l'on voit ainsi plus clairement comment interviennent respectivement la masse et le poids.

En effet, la formule est vraie quel que soit $\dfrac{P}{M}$ dont la valeur diffère de g dès que l'on vient à tenir compte des masses centrées sur l'axe et non représentées par M : P est alors la résultante des forces verticales qui sollicitent les masses M soumises en même temps à la force centrifuge.

La condition d'isochronisme serait que t fût constant; mais pour que t devînt constant il faudrait que P fût multiplié par $\cos\alpha$; on aurait alors, quel que soit α pour la durée constante de révolution.

$$t = 2\pi\sqrt{\dfrac{l\,M}{P}}$$

Ainsi la condition d'isochronisme du pendule régulateur normal est que, au lieu d'une force constante P égale au poids des boules agissant verticalement sur la masse même des boules M. on ait une force variable $p = P\cos\alpha$; en d'autres termes. il faut qu'au poids constant des boules on substitue une force verticale et proportionnelle en intensité à la distance verticale du centre des masses au point de suspension.

Les boules ont par elles-mêmes un poids invariable ; mais comme les deux bras sont reliés à un coulant mobile sur l'axe par deux tiges égales à $\frac{1}{2}l$ qui complètent un losange articulé, on peut, tout en faisant tourner le système. exercer sur ce coulant ou manchon une pression variable qui. dans les diverses positions du système, se compose avec le poids des boules de manière à former une résultante précisément égale à $P\cos\alpha$. Cette force, égale au poids des boules quand les bras sont relevés à 90°. devient nulle quand les bras pendent et se confondent avec l'axe, et sa valeur est en fonction de l'angle d'écart

$$f = P\,(1 - \cos\alpha).$$

Telle est donc la force qui, appliquée verticalement de bas en haut sur le coulant mobile, rendra le pendule régulateur rigoureusement isochrone dans toutes les positions possibles, en lui conservant pour la durée de révolution la valeur limite $t = 2\pi\sqrt{\dfrac{l}{g}}$.

Je vais donner l'expression générale des conditions d'isochronisme, puis, en cherchant à interpréter les formules et à les traduire en organes réels, on en verra découler tout naturellement la raison des différentes dispositions qui se prêtent le mieux aux applications industrielles.

Tant qu'on ne considère dans le pendule régulateur que le poids et l'inertie des boules, les formules (1) et (2) sont absolument équivalentes ; mais du moment où l'on vient à tenir compte de l'influence des parties articulées, le rapport $\dfrac{P}{M}$ cesse d'être égal à g, et pour avoir la durée du temps de la révolution il devient nécessaire de recourir à la formule (2)

$$t = 2\pi\sqrt{\frac{l\,M\cos\alpha}{P}}$$

dans laquelle M représente les masses soumises à la force centrifuge, et P la somme des poids constants agissant sur ces masses.

De même que le régulateur normal, un pareil système deviendra isochrone, pourvu qu'au poids constant P agissant sur M, on substitue la force variable $p = P\cos\alpha$, ce qui donne comme précédemment, pour la durée constante de révolution, la valeur limite.

$$t = 2\pi\sqrt{\frac{l\,M}{P}}$$

Mais puisqu'on peut varier à volonté le poids du coulant mobile, P est arbitraire et la condition de l'isochronisme considéré indépendamment de la valeur de t se réduit uniquement à ce que, au lieu d'une force constante agissant verticalement sur M, on ait une force variable et proportionnelle à la distance verticale du centre des masses au point de suspension.

Supposons donc qu'on exerce sur le manchon une pression f uniformément variée avec la hauteur h, de telle sorte qu'au niveau même du point de suspension où h est nulle, cette force fasse équilibre à la résultante P des poids du système, exercée sur M. pour aller en diminuant au-dessous de ce point; quel que soit d'ailleurs le coefficient A de sa variation, l'isochronisme sera réalisé.

Cette force ainsi définie a pour expression

$$f = P (A h - 1)$$

et en nommant h_0, la valeur de h pour $f = 0$.

$$f = A P (h - h_0) = \frac{P (h - h_0)}{h_0}$$

Or, quand on fait mouvoir le manchon suivant la longueur de l'axe. on a pour le travail de cette force :

$$\int_{h_0}^{h} f\, dh = \int_{h_0}^{h} P \frac{(h - h_0)}{h_0}\, dh = \frac{P}{2 h_0} \overline{h - h_0}^{2}$$

Si donc on emploie pour fournir ce travail un contre-poids constant égal à P, il est nécessaire que sa chute soit égale à $\frac{\overline{(h_0 - h)}^{2}}{2 h_0}$ ou, en d'autres termes, qu'elle soit proportionnelle au *carré* de la distance du manchon au point de l'axe où l'action de ce contre-poids est nulle.

Il est utile de remarquer ici que cette loi des espaces solidairement parcourus de part et d'autre ressort du calcul sans qu'on ait à tenir compte de la construction du mécanisme employé à transmettre l'effort du contre-poids. On peut en effet recourir a différentes combinaisons que j'examinerai par la suite. et qui n'offrent plus d'autre intérêt que celui de savoir jusqu'à quel degré de précision elles satisfont à cette loi des espaces qui constitue à vrai dire la condition précise de l'isochronisme.

Quand le manchon occupe la position h_0. l'action du contre-poids est nulle et la durée de révolution est alors donnée par la formule (2) en fonction de l'angle α; mais comme on a $l \cos \alpha = h_0 \frac{1}{A}$, cette durée de révolution, qui, par le fait de l'isochronisme, s'étend à toutes les amplitudes, est finalement donnée par la formule

$$t = 2\pi\sqrt{\frac{M}{A\,P}}$$

qui ne contient plus l, et dans laquelle M représente les masses soumises à la force centrifuge, A le coefficient de variation de la force f, et P la somme des poids exercés sur les masses : toutes quantités constantes qui déterminent la vitesse et résument les conditions essentielles de l'isochronisme.

Étant donc donné un pendule régulateur de longueur quelconque, on peut donc toujours lui imprimer avec l'isochronisme une vitesse de révolution quelconque en lui associant un contre-poids dont la chute s'accélère uniformément avec la hauteur des masses en mouvement.

Au lieu de la force f, si l'on considère la résultante variable p de l'ensemble des poids et contre-poids du système exercé sur le manchon, comme on a

$$p = M\,P\,h$$

on trouve pour le travail de p

$$\int_{h_0}^{h} p\,dh = A\,p\,\frac{h^2}{2}$$

ce qui donne l'expression la plus simple des conditions générales d'isochronisme du pendule régulateur, à savoir, que le travail de la résultante de tous les poids du système soit proportionnel au carré de la hauteur du manchon, à partir du point de suspension.

Quand on a reconnu la généralité des principes que je viens d'exposer, on arrive aisément à imaginer un grand nombre d'appareils qui satisfont théoriquement aux conditions prescrites, mais l'industrie veut des combinaisons simples et des organes faciles à construire. J'ai donc cru utile d'exclure toute complication, et dans les dispositions que je propose, je me suis systématiquement astreint, à l'exemple de Watt, à n'employer que des leviers ou des bielles articulés pour transmettre l'effort du contre-poids compensateur. On verra que, malgré ces restrictions, on peut, suivant le cas qui se présente, graduer la précision et la pousser au delà de toute limite utilement prescrite.

La disposition la plus simple consiste à prendre un point fixe F en dehors de l'axe (fig. 3) et d'articuler en ce point un levier coudé à *angle droit*, dont l'un des bras s'engage dans la rigole du manchon C, et dont l'autre bras porte un contre-poids μ déterminé de manière que l'effort exercé sur le manchon varie comme le veut la formule $f = P (\Lambda h - 1)$, en considérant que P égale la somme des poids construits exercés sur les boules, y compris celui du manchon, et que Λ égale $\frac{1}{h_0}$, h_0 étant la valeur de h pour $f = o$. Évidemment cette condition ne peut être satisfaite qu'à la limite d'inclinaison du levier coudé; mais, en pratique, cet angle d'inclinaison ω peut s'étendre jusqu'au point où cesserait d'être sensiblement vraie la formule

$$\frac{\sin^2 \omega}{2} = 1 - \cos \omega$$

qui, à la limite, exprime sensiblement la relation des déplacements en hauteur du contre-poids et du manchon.

Quoique très-simple, cette disposition présente l'inconvénient de prendre son point fixe à une trop grande distance de l'axe, et de ne pas accompagner le manchon en ligne droite.

En ramenant le point fixe en B (fig. 4), en prenant un second point fixe en F, et en introduisant deux tiges articulées AF et AC, on oblige le point C à cheminer en ligne droite, et l'on transmet au manchon une action qui, pour les grands écarts, comporte la même erreur que dans le cas précédent.

Mais si l'on admet le système articulé AFCB (fig. 1), il vaut mieux placer le contre-poids sur le levier coudé A F μ, car la précision devient d'un ordre plus élevé.

On retombe alors sur une disposition analogue à celle qui a été décrite précédemment, et qui n'en diffère que par la position arbitraire du point B.

qui, au lieu de se fixer à la limite inférieure des excursions du manchon, est relevé à un niveau quelconque au-dessus de cette limite. Cette modification a dans la pratique industrielle une certaine importance qui résulte de ce que dans les excursions du manchon le point C passe également au-dessus et au-dessous du point B. En conséquence, l'angle B A C n'atteint jamais la même valeur que si les excursions avaient lieu tout entières du même côté; on en profite pour donner au système articulé des dimensions moindres, et pour réduire d'autant la valeur du contre-poids. Il y a donc bénéfice évident à relever la ligne A B au-dessus du niveau correspondant à la limite inférieure des excursions du manchon. Pour des raisons que je dirai plus loin, la hauteur à laquelle il convient de fixer le point B est celle qui correspond au niveau de la rigole du manchon, les bras étant inclinés à 45 degrés.

La hauteur du point B étant ainsi déterminée, j'ai encore reconnu qu'il y avait intérêt à le placer à une certaine distance y de l'axe (fig. 5), de manière à permettre d'éviter le manchon sans recourir à des formes contournées et coûteuses. Mais alors pour que le point C continue de se mouvoir parallèlement à l'axe, il est nécessaire d'articuler le rayon B O en un point de A C, situé à une distance x du milieu de cette droite; on détermine cette valeur de x par la formule

$$x = \frac{1}{4}\frac{ry}{r+y}$$

dans laquelle r est la moitié de A C.

L'appareil étant ainsi disposé, il ne reste plus qu'à déterminer le moment du contre-poids μ. Or il s'agit encore ici d'exercer au point C une force variable $f = P(Ah - 1)$, laquelle force est nulle lorsque C se trouve au niveau de B, auquel cas le sommet supérieur du losange articulé se trouve au-dessous du point de suspension, à une distance $h_0 = \frac{1}{A}$, c'est-à-dire que cette force doit croître uniformément à partir du niveau B, de façon que, à une distance h_0, en dessus ou en dessous, elle soit, en valeur absolue, égale à P. On a déjà montré que cette condition sera remplie pourvu qu'on exerce au point A et suivant AB une pression P cos $\varphi \frac{l'}{h_0}$, l' étant la longueur de AC.

Si donc le bras oblique F μ du levier coudé est incliné sous l'angle φ, il faudra qu'on ait pour la composante du poids μ transmise en A

$$\mu \sin \omega \frac{l''}{l'''} = \text{P} \cos \varphi \frac{l'}{h_0}.$$

l'' et l''' étant la longueur des deux bras du levier AF et Fμ. Quant à la valeur de l'angle φ, elle est bien celle qu'indique le tracé de la figure, car c'est la seule pour laquelle la variation différentielle du levier soit la même que celle de l cos φ.

——————— —

DÉTAILS PRATIQUES

SUR L'APPLICATION DE L'ISOCHRONISME

AU PENDULE RÉGULATEUR DE LA MACHINE A VAPEUR.

Lorsqu'on cherche à appliquer rigoureusement le principe de l'isochronisme au régulateur des machines à vapeur, on rencontre des difficultés qui proviennent surtout de l'imperfection de la valve, de l'intermittence de la force motrice, de la grandeur des masses en mouvement et des défauts de transmission.

Tous ces obstacles dont les influences se confondent ont déjà fait échouer bien des recherches, et ce n'est qu'en les discutant séparément à la lumière d'un principe nettement défini que l'on peut arriver à s'en rendre maître.

L'idée de compenser le défaut d'isochronisme par l'adjonction d'un contre-poids est déjà fort ancienne; mais il est constamment arrivé qu'en voulant forcer son influence on communiquait au régulateur une instabilité qui avait pour conséquence d'amener dans la machine une variation périodique de vitesse. Cet accident semble se montrer d'une manière si fatale, que beaucoup d'ingénieurs ont fini par le considérer comme une conséquence nécessaire et inévitable de l'espèce d'équilibre indifférent qui résulte de l'isochronisation du régulateur. J'aurais sans doute partagé moi-même cette erreur si les circonstances ne m'avaient conduit à faire mes premiers essais sur de simples rouages, où décidément j'avais réussi à atteindre et à dépasser l'isochronisme sans voir survenir l'inconvénient d'une vitesse périodique. J'arrivais donc à ce résultat remarquable de régler un petit moteur de telle sorte que la vitesse augmentait uniformément pour une diminution progressive de la résistance et réciproquement. Ayant acquis la conviction que la variation fonctionnelle du pendule régulateur peut être intervertie, j'ai dû persister à considérer comme un simple accident ces alternatives de vitesses qui tendent à se produire dans la marche des machines à vapeur. L'expérience est venue prouver que j'étais dans le vrai, en sorte qu'aujourd'hui je me trouve en mesure de discuter les causes multiples qui provoquent l'établissement des vitesses périodiques, et par suite je puis consigner ici les renseignements utiles pour parvenir à éviter cet écueil.

En principe, il est rigoureusement impossible d'empêcher que les variations de la puissance motrice ou de la résistance n'amènent dans la machine une variation temporaire de vitesse; mais il est également vrai de dire que l'on peut arbitrairement restreindre ces variations dans des limites déterminées.

Telle est, en effet, dans son acception propre, la véritable signification du difficile problème de la régularisation du mouvement des machines.

Puisqu'il est impossible d'empêcher les variations temporaires de vitesse, le côté pratique du problème est d'empêcher que ces variations ne dégénèrent en vitesse périodique. Mais le phénomène de la période reconnaît plusieurs causes, et pour procéder par ordre, je vais les examiner successivement en indiquant le moyen de les combattre.

La première cause devant laquelle tant d'inventeurs ont échoué, c'est l'inégalité d'isochronisme aux différentes hauteurs du manchon. Quand un contre-poids intervient empiriquement pour égaliser un régulateur dont les proportions ne sont pas géométriquement définies par la suspension unique des bras et par l'égalité des côtés du quadrilatère articulé, on commence par lui donner une valeur insuffisante qui produit relativement un excellent effet, puis on augmente la charge, et, finalement, on réalise l'isochronisme pour un point déterminé de la course du manchon; mais en dessus et en dessous de ce point l'isochronisme est faussé en deux sens opposés. Si d'un côté il pèche par excès, de l'autre c'est par défaut. Si donc le régulateur est en équilibre stable au-dessous de ce point, en dessus il sera instable ou réciproquement, et quand la machine sera en action, le régulateur fonctionnera comme ces mauvaises balances qui sont paresseuses d'un côté et folles de l'autre.

Voilà, à propos du régulateur, ce que j'appelle l'inégalité d'isochronisme; c'est en réalité l'influence du second terme de la loi des pressions à exercer sur le manchon, terme qui, dans les combinaisons empiriques, ne s'annule pas en même temps que le premier.

Quand, au contraire, une construction est susceptible de fournir l'isochronisme rigoureux, ce second terme est rigoureusement nul, c'est-à-dire que pour toute valeur des contre-poids la vitesse angulaire est toujours, comme dans le régulateur normal (mais à une constante près), en raison inverse de la racine carrée de la distance du point articulé sur le manchon au point de suspension.

Dans les conditions d'isochronisme partiel, on trouve comme expression générale de la vitesse angulaire du régulateur

$$V = \frac{1}{t} = \frac{1}{2\pi} \sqrt{\frac{g}{l\,n} + \frac{g\,(n-1)}{l\,n\,\cos\alpha}}$$

n étant un coefficient qui pour l'isochronisme absolu est égal à 1 et qui devient plus grand ou plus petit que l'unité, suivant que la force variable est plus petite ou plus grande que celle désignée précédemment (page 439) par P $(1 - \cos\alpha)$, ou, en d'autres termes, suivant que le mouvement du contre-poids est inférieur ou supérieur à celui qui produit exactement l'isochronisme.

Les diverses constructions que j'ai données précédemment tendent toutes vers la solution exacte avec un degré de précision qui ne dépend que de la dimension des organes. Soit donc que l'on s'en serve pour approcher, pour atteindre ou pour dépasser l'isochronisme, elles constituent des appareils qui dans toute l'étendue de la course du manchon reconnaissent, à un coefficient près, la même loi de stabilité que le pendule régulateur normal. C'est là un caractère distinctif que je signale et que je définis par l'expression d'*égalité d'isochronisme*. Dans l'application, cette égalité d'isochronisme a une valeur pratique en ce qu'elle constitue un des éléments de stabilité du système. Elle offre, en outre, l'avantage de laisser à l'ingénieur la faculté de varier l'isochronisme à son gré.

En effet, dans les circonstances diverses où le pendule régulateur est appelé à fonctionner, la variété des cas exigera tantôt une grande régularité, comme dans les filatures, tantôt une grande stabilité, comme dans les scieries et dans les usines à laminoirs où le travail est très-variable, et il importe que, sans rien changer dans la construction, on puisse sacrifier au besoin l'extrême précision à la stabilité ou l'extrême stabilité à la précision. Quand on est assuré d'avance de l'égalité d'isochronisme, on disposera l'appareil pour l'une ou pour l'autre spécialité en variant simplement le mouvement des contre-poids.

En résumé, l'égalité d'isochronisme, qui est un des caractères du nouveau régulateur, est en même temps un élément de stabilité et une facilité d'adaptation aux divers usages.

Une autre cause d'instabilité, que l'on rencontre encore dans la pratique, consiste principalement dans les défauts de transmission du mouvement de la machine au régulateur. Supposons un régulateur faisant 1 tour par seconde et compensé assez exactement pour agir sous une variation de $\frac{1}{60}$ de la vitesse, si le temps perdu dans les engrenages est de $\frac{1}{60}$ de tour et que la machine vienne à perdre $\frac{1}{60}$ de sa vitesse normale, il est clair qu'il s'écoulera une seconde avant que le régulateur ressente l'effet, et quand il ouvrira la valve, il l'ouvrira trop tard et de plus il l'ouvrira trop longtemps, car à cause de ce même temps perdu il ne ressentira l'accélération qu'un certain temps après qu'elle sera survenue. On voit ainsi comment une variation périodique de vitesse est la conséquence nécessaire d'un défaut de solidarité entre la machine et le régulateur. L'élasticité ou le défaut de tension d'une courroie employée à commander le régulateur, donne lieu au même résultat et généralement l'élasticité ou le défaut de tension des courroies de toute la série des transmissions qui distribuent la force motrice est une cause d'altération périodique de vitesse d'autant plus à redouter que la quantité de force vive du matériel en mouvement est plus grande par rapport au travail actuel. Si donc on veut approcher de très-près l'isochronisme absolu, il faut éviter les courroies horizontales à longue portée, les tendre fortement et réduire autant que possible le temps perdu dans les engrenages. Si enfin l'engrenage est donné avec du temps perdu et qu'il faille l'accepter tel quel, il reste un moyen certain d'en éviter l'effet, c'est d'appliquer sur l'arbre du régulateur un frein que l'on serre à point de manière à maintenir les engrenages en tension et en contact permanent.

En résumé, tout défaut de solidarité entre le régulateur et la machine, y compris les masses qu'elle met en mouvement, est une cause de variation périodique de la vitesse du système.

Une troisième difficulté qui se présente lorsqu'on veut compléter l'isochronisme du régulateur appliqué à la machine à vapeur provient de l'intermittence de la force motrice qui entretient le système en mouvement. Cette intermittence de la force motrice imprime nécessairement à la vitesse du système une variation dont la période coïncide avec celle des coups de piston. Dans ces conditions, un régulateur bien équilibré aura aussi un mouvement périodique des bras, une sorte de pulsation qui se transmettra à la valve; d'où il suit que, même dans le cours du régime régulier, l'admission de vapeur par la valve est perpétuellement et inutilement modifiée. Tant que ces mouvements ne dépassent pas une certaine étendue, leur influence est plutôt favorable en mettant dans tout le mécanisme une mobilité qui élimine les résistances passives, mais quand ils s'exagèrent au point de représenter une fraction notable du mouvement disponible entre les deux positions extrêmes de la valve, la fonction se trouve compromise par des cahots accidentels qui n'ont aucune relation avec le besoin actuel. La vitesse moyenne peut n'être pas sensiblement altérée, mais le rhythme est troublé dans sa régularité et l'oreille cesse d'être pleinement satisfaite. Cet inconvénient se produit surtout dans les machines à marche lente, lorsque la vitesse du régulateur est plus grande que celle de la machine elle-même. Il faut, dans ce cas, se garder de charger le manchon comme la mode s'en est répandue dans ces derniers temps, et répartir la masse sur les boules. On ralentira par ce moyen la vitesse du régulateur et l'on modérera ses excursions sans rien perdre du pouvoir réglant.

En général, pour qu'un régulateur ait le degré de promptitude suffisant sans trop accuser les coups de piston, il convient de lui donner la même vitesse que celle de la machine. Il importe, en outre, de le faire fonctionner sous l'angle moyen de 45 degrés.

Il existe encore une autre cause d'instabilité qui tend également à produire la vitesse périodique, c'est l'inertie des boules estimée parallèlement à l'axe de rotation du régulateur; mais comme cette inertie ne peut être éliminée qu'en remplaçant la gravité par l'élasticité de ressorts à masse négligeable, je renvoie le lecteur à un autre chapitre où il trouvera la description du régulateur à ressort complétement à l'abri des effets de l'inertie.

Je profite cependant de l'occasion pour signaler l'inconvénient du levier en charge (fig. 6), employé pour accélérer la rotation du pendule et généralement de toute combinaison ayant pour objet de produire cette accélération par l'amplification du parcours de masses additionnelles dont l'inertie augmente avec le carré de leur propre vitesse.

Une autre cause d'instabilité dont il sera parlé plus loin consiste dans les conditions d'établissement de la valve et de sa mise en relation avec le régulateur.

Résumé des détails pratiques. — L'instabilité du régulateur est un danger et non une conséquence nécessaire de l'isochronisme.

L'instabilité n'altère pas la vitesse moyenne de la machine, mais elle détermine l'établissement d'une variation périodique de marche absolument inacceptable dans les applications industrielles. L'instabilité procède de plusieurs causes qui ordinairement se combinent ensemble et sont assez difficiles à démêler.

La première cause à signaler est due à l'inégalité d'isochronisme. Cette inégalité résulte nécessairement de l'application empirique d'un contre-poids à tout régulateur qui s'écarte plus ou moins du type que je désigne par l'expression de pendule régulateur normal (point de suspension unique pour les bras, articulation unique pour les côtés additionnels, égalité des côtés du quadrilatère articulé).

Cette inégalité consiste en ce que l'isochronisme n'est réalisé que pour un point de la course du manchon; il en résulte nécessairement que le pendule n'a plus d'équilibre possible en dessus ou en dessous de ce point. Les diverses combinaisons décrites au brevet échappent à cet inconvénient parce qu'elles réalisent l'isochronisme dans toute l'étendue de la course du manchon.

L'égalité d'isochronisme est une condition de stabilité en ce qu'elle rend possible l'équilibre du pendule dans toute l'étendue de la course du manchon; mais elle fournit encore le moyen de faire varier à volonté la sensibilité du régulateur par le seul déplacement d'un contre-poids sur sa tige.

Une seconde cause d'instabilité provient du temps perdu dans les engrenages ou de l'élasticité de courroies légères ou mal tendues. Je recommande de tendre les courroies, de leur donner l'épaisseur voulue, et pour supprimer le temps perdu des engrenages, j'indique d'appliquer un frein modérément serré sur l'arbre du régulateur.

Comme troisième cause d'instabilité je signale un défaut de proportion entre la vitesse de la machine et celle du régulateur, et je conseille de disposer de la charge du manchon et de la longueur des bras, de manière à ramener à peu près ces deux vitesses à l'égalité. C'est pour moi la seule valeur pratique de cette surcharge appliquée au manchon d'une disposition dont on a tant abusé dans ces derniers temps.

DU POUVOIR RÉGLANT ET DE SON TRAVAIL TOTAL.

Dans chaque position du pendule régulateur, il y a un rapport variable entre le changement de vitesse et la pression correspondante qui se transmet verticalement sur le manchon; mais à mesure que ce changement devient plus petit, ce rapport tend vers une limite déterminée que je désigne sous le nom de *pouvoir réglant*.

Dans le régulateur normal la vitesse angulaire et le poids agissant sur les masses ont entre eux une relation qui est de la forme $V = C \sqrt{P}$, d'où il suit qu'à la limite des changements de vitesse on a $\frac{dV}{V} = \frac{dP}{2\,P}$, et comme cette relation est indépendante de la hauteur du manchon variable avec l'angle d'écart, on en conclut que dans le régulateur normal le pouvoir réglant $\frac{2\,dV}{V}$ est constant. Il est vrai que la vitesse varie d'un point à un autre de la course du manchon; mais en chaque point une même variation de vitesse détermine la même pression statique verticale.

Mais quand le pendule régulateur est devenu isochrone par l'accession de la force variable $f = P\,(A\,h - 1)$, résultante verticale qui agit sur les masses aux différentes hauteurs du manchon $p = A\,P\,h$, on a alors entre la vitesse angulaire et la résultante variable p, une relation qui est de la forme $V = C \sqrt{p}$ et qui donne comme pouvoir réglant $\frac{dp}{p} = \frac{2\,dV}{V}$, lequel, rapporté au poids constant des boules, devient

$$\frac{dp}{p} = A\,h\,\frac{2\,dV}{V}.$$

Ainsi, dans le régulateur isochrone la vitesse est constante, mais le pouvoir réglant varie comme la hauteur du manchon, à compter du point de suspension.

En pratique on restreint ces excursions du manchon entre deux limites correspondant à deux hauteurs arbitraires h_m et h_n. Lorsque par une variation de vitesse dV le manchon passe continuement de l'une à l'autre limite, la somme des produits des pouvoirs réglants par le chemin parcouru dh représente un travail total infiniment petit par rapport au travail de P, mais qui doit être supérieur au travail résistant de la valve à mouvoir. La valeur limite de ce travail total infiniment petit est

$$dT = \int_{h_0}^{h_m} A\,P\,dh\,\frac{2\,dV}{V} - A\,P\,(h_m^2 - h_n^2)\,\frac{dV}{V}$$

Cette expression n'est rigoureuse qu'à la limite des petites variations de vitesse ; mais en pratique elle représente assez exactement le travail disponible dans un régulateur qui, sous l'influence d'une variation donnée de la vitesse, passe de l'une à l'autre de ces positions extrêmes. Pour qu'il fonctionne effectivement, il faut que ce travail soit au moins égal à celui que consomme la valve dans l'hypothèse d'une répartition convenable des résistances. Si cette répartition n'est pas convenablement faite, il faut augmenter la puissance du régulateur de manière à le mettre en rapport avec la résistance maximum ; c'est donc, en définitive, augmenter l'effet utile du régulateur que de répartir avec soin et d'une manière aussi exacte que possible la résistance de la valve suivant le pouvoir réglant.

DES MOYENS DE RALENTIR LE POUVOIR RÉGULATEUR.

J'ai montré précédemment que, pour les machines à un seul cylindre, il y avait utilité à donner au régulateur la même vitesse qu'à la machine elle-même. Dans le plus grand nombre des cas, ce précepte conduit à accélérer le pendule par une surcharge appliquée au manchon ; mais quelquefois il arrive, comme dans les anciennes machines, que pour se conformer à leur lenteur de marche, il faudrait non-seulement décharger le manchon, mais encore lui attribuer un poids négatif. On est ainsi conduit à appliquer un contre-poids fixe p' sur un levier rectiligne et au delà d'un point fixe.

On peut, en effet, compter que si l'on a F p' = F C (fig. 7), le poids p' est à déduire sur le poids des boules M et M', et que si l'on fait varier F p', la pression constante exercée en C varie dans le même rapport; d'où il suit qu'en disposant d'une charge positive et directe sur le manchon, ou d'une charge agissant négativement par un levier rectiligne, on peut communiquer arbitrairement au pendule régulateur une vitesse de révolution quelconque et conforme à celle de la machine.

Mais il est bien évident que l'action du contre-poids p' n'est rigoureusement assimilable à une diminution de poids opérée sur les boules, qu'autant que les bras articulés en un même point, ainsi que les bielles du manchon, forment ensemble un quadrilatère équilatéral ou losange parfait, car autrement le mouvement des contre-poids en hauteur ne serait pas proportionnel à celui des boules.

Or cette disposition des bras et des bielles qui seule permet de considérer les boules comme partiellement et rigoureusement contre-balancés dans toutes les positions par le poids p', est également la seule à se prêter à la transmission de la force capable d'opérer l'isochronisme.

Considérons donc le système représenté (fig. 8) comme un régulateur normal dans lequel le poids P est réduit dans le rapport du poids des boules à ce même poids diminué du contre-poids p' et appliquons (fig. 8) le contre-poids compensateur p, nous aurons, par ce moyen, un pendule régulateur isochrone à marche aussi lente que l'on voudra.

Puis enfin réunissant les deux contre-poids en un seul p'', on aura le pendule isochrone retardé et ramené à la plus grande simplicité (fig. 9). Que si maintenant on cherche à se rendre compte comment un pareil système rentre dans le principe général qui domine le brevet, on reconnaîtra aisément que l'isochronisme dépend encore de la condition que le travail des poids et contre-poids du système soit proportionnel au carré de l'espace parcouru par le point articulé du manchon à compter du point de suspension.

Si l'on a bien compris l'objet que nous avons en vue en discutant cette disposition, on doit en conclure qu'elle n'a de raison d'être que dans les cas très-rares où il importe de diminuer la vitesse naturelle du pendule. Charger le manchon et couder à angle obtus le levier du contre-poids, sont deux manières d'agir en sens opposé sur la vitesse du pendule, et c'est faire une chose qui n'aurait pas sa raison d'être que de les associer dans un même appareil, car c'est agir contradictoirement sur la vitesse en introduisant dans le système des masses dont les poids se détruisent et dont les inerties s'ajoutent au détriment de la fonction.

D'après ce qui vient d'être dit sur la manière de considérer l'action du contre-poids à levier coudé suivant un angle obtus, rien n'est plus simple que de calculer directement et sans tâtonnement la valeur du contre-poids et l'angle du levier.

On commence par affecter une composante μ' au retardement du pendule, puis on détermine l'autre composante μ de manière qu'elle exerce sur le manchon une force variable :

$$f = \frac{(P - \mu)(h - h_0)}{h_0}$$

P étant le poids des boules, h la hauteur variable du manchon au-dessous du point de suspension h_0, la hauteur particulière où l'action du contre-poids est nulle; on représente ces contre-poids par leurs centres de gravité sur les bras rectangulaires de leurs leviers respectifs et on en déduit le centre résultant dont la position détermine la direction du levier oblique F μ''; enfin on prend $\mu' = \mu + \mu'$.

On voit ainsi combien tout devient simple du moment où les bras et les bielles donnent un losange parfait. J'en puis citer encore un exemple en donnant une autre solution du retardement du régulateur isochrone.

Dans la disposition que je viens de décrire, le levier compensateur ne cesse pas d'exercer sur le manchon une pression qui peut amener une rapide usure. On évitera cet inconvénient en revenant au levier perpendiculaire (fig. 10), et en équilibrant les boules par des masses m, m' fixées au-dessus de la suspension sur des prolongements ajoutés aux bras. Il ne reste plus alors pour réaliser l'isochronisme qu'à calculer le poids μ de manière à exercer sur le manchon la force variable :

$$f = \frac{(P - P')}{h_0}(h - h')$$

P et P′ étant les poids des grosses et des petites boules, cette combinaison aura sur la précédente un avantage marqué qui provient de ce que l'inertie des masses équilibrantes s'obtient par leur propre force centrifuge.

En résumé, dans les cas très-rares où l'on a à reproduire en même temps le retard et l'isochronisme du pendule régulateur normal, on peut recourir à un levier coudé à angle obtus, chargé d'un contre-poids qui est la résultante de deux autres poids calculés séparément. L'un est pour produire rigoureusement une diminution constante du poids des boules et l'autre pour exercer approximativement sur le manchon les variations de pression nécessaires à l'isochronisme.

Mais si l'on prend le parti d'équilibrer directement les boules sur les bras, on peut revenir purement et simplement aux combinaisons déjà décrites.

RÉGULATEUR A VITESSE VARIABLE

ET A ISOCHRONISME PARTIEL ARBITRAIRE.

Après avoir démontré qu'on peut obtenir de bien des manières différentes l'isochronisme des appareils régulateurs à force centrifuge, j'ai encore à faire voir qu'on peut à volonté varier la vitesse sans troubler l'isochronisme et qu'on peut également altérer plus ou moins l'isochronisme dans un sens ou dans l'autre sans changer la vitesse moyenne, le tout au moyen d'un seul contre-poids.

Quand le pendule régulateur normal a été rendu isochrone par l'accession d'une force variable fournie par un contre-poids, on peut se demander à quelle condition on en changera la vitesse sans troubler l'isochronisme.

Si, par hypothèse, le système représenté ici (fig. 11) est isochrone, cela revient à dire, comme il a été précédemment démontré, que la résultante p des poids et contre-poids exercée au sommet inférieur du losange articulé est dans les positions variées du système constamment proportionnel à la distance h de ce point au point de suspension. Or, si l'on veut changer la vitesse en gardant l'isochronisme, il faut ajouter ou retrancher à cette résultante p une force variable p' également proportionnelle à h.

En montant solidairement (fig. 12) avec le levier coudé C F μ un troisième bras F L chargé d'un contre-poids μ', on aura évidemment le moyen d'agir sur la durée de révolution.

Mais dès lors le problème consiste à déterminer l'inclinaison de telle sorte que la composante efficace de ce nouveau contre-poids éprouve, à la limite des écarts, une variation proportionnelle à celle de h.

Pour cela, je prends sur l'axe un point S' situé à la distance h_o, au-dessus de C, et je mène la droite S' F, faisant ainsi avec C F un angle que j'appelle ω; puis sous ce même angle ω avec la ligne F μ, je mène la droite F L et je dis que sa direction est précisément celle qui convient un troisième bras pour recevoir un contre-poids sans troubler l'isochronisme.

En effet, on voit par les triangles semblables F C S' et F μ' D que pour es petites variations de ω la composante μ' D varie proportionnellement avec h, et cela quelle que soit la position du contre-poids μ' en dessus ou en dessous du point fixe. Si donc on déplace ce contre-poids le long du troisième bras figuré par F L, on pourra faire varier d'une manière certaine la vitesse du pendule sans altérer l'isochronisme.

Dans cette manœuvre, il y a lieu de se demander ce que devient le centre de gravité de μ et μ', et si l'on en fait le tracé (fig. 13), on s'aperçoit qu'il chemine sur une droite E L' parallèle au troisième bras F L. On peut donc réunir les deux contre-poids en un seul (fig. 13), à la condition de le faire mouvoir sur une tige inclinée à l'angle ω et qui passe à la distance voulue du centre de mouvement.

Si, de plus, cette tige est montée de manière qu'on puisse faire varier la distance verticale F E (fig. 14), où elle passe au-dessus du point fixe, on pourra altérer l'isochronisme dans un sens ou dans l'autre sans faire changer la vitesse moyenne. En effet, par ce changement de distance on agit absolument de même que si les contre-poids étant restés distincts, on déplaçait le long de sa tige le contre-poids μ spécialement affecté à l'isochronisation du système des boules.

En résumé, on arrive donc ainsi, et par un seul contre-poids, à faire fonctionner le régulateur en variant à volonté la durée de révolution et en plaçant l'appareil dans des conditions arbitraires d'isochronisme partiel.

———

SUR UN MOYEN DE VARIER EN TOUTE PROPORTION

LA VITESSE DU PENDULE RÉGULATEUR [1].

Après avoir indiqué, pour les différents cas qui peuvent se présenter, les moyens à employer pour subordonner la vitesse du régulateur à celle de la machine à régler, j'essaierai encore de montrer qu'il existe une disposition qui résout la question d'une manière générale et continue par le seul déplacement des masses sur les bras.

Imaginons que les extrémités inférieures des bras soient réunies sur un manchon mobile (fig. 15), puis, que ces bras soient reliés en leur milieu avec les côtés qui complètent un losange articulé et suspendu en S sur l'arbre. Si l'on fait abstraction de la matière répartie dans les pièces du système et qu'on applique des masses en M et M', l'appareil, en tournant, se comportera évidemment comme un régulateur ordinaire qui aurait pour

[1]. Voir aussi *C. R. de l'Acad. des Sc.*, t. LXI, p. 278, avec un *erratum* dans le *Certificat d'addition* du 6 septembre 1865.

longueur de bras le côté *l* du losange articulé ; on aurait donc pour la durée de révolution :

$$t = 2\pi \sqrt{\frac{l\cos\alpha}{g}}$$

Si maintenant on transporte les masses à l'extrémité supérieure des bras (fig. 16), le système sera dans un état d'équilibre indifférent qui ne comporte pas la moindre vitesse de rotation ; on aura donc pour la durée de rotation

$$t = \infty$$

Concentrons alors les deux masses sur le manchon (fig. 17), et nous trouverons qu'aucune vitesse finie ne peut amener l'équilibre, ce qui donne pour la durée de révolution :

$$t = 0$$

Mais en donnant aux masses des positions intermédiaires (fig. 18), on aura pour la durée de révolution des valeurs correspondantes et susceptibles de passer par tous les états de grandeur. Mettons donc les masses en M dans une position quelconque et appelons *x* la distance comprise entre le centre des masses et le milieu des bras. On remarque alors que cette longueur *x*, ajoutée aux bras, augmente d'autant la force centrifuge, tandis qu'elle diminue la composante efficace de la pesanteur en restreignant l'étendue de l'espace verticalement parcourable. Si d'ailleurs on compte positivement les *x* de bas en haut, on trouve que pour toutes les positions des masses sur les bras la formule ordinaire, modifiée comme il suit, donne généralement la durée de révolution :

$$t = 2\pi(l-x)\sqrt{\frac{\cos\alpha}{g(l+x)}}$$

Le facteur qui vient modifier la valeur de *t* ne change pas la forme de l'expression, en sorte que le système conserve toutes les propriétés du régulateur normal et notamment celle de s'isochroniser par l'ascension d'une force uniformément variable avec la hauteur du manchon ; en sorte que, un pareil système peut, sous toutes les dimensions possibles, prendre toute vitesse de révolution donnée et garder cette même vitesse dans toutes les positions et pour toutes les valeurs de x. En pratique, on tirera certainement parti de cette propriété dans les circonstances où l'on manque de la place qui serait nécessaire pour installer un régulateur à marche lente.

En introduisant dans la formule ci-dessus la masse et le poids des boules M et en appliquant sur le manchon (fig. 19), une force variable à partir du point h_0, on a pour l'expression de cette force :

$$f = \frac{P \, (l + x) \, (h - h_0)}{2 \, l \, h_0}$$

et pour la durée constante de révolution :

$$t = 2 \pi (l - x) \sqrt{\frac{M \, h_0}{P \, (l + x)}}$$

J'ajoute que par la variation du contre-poids, ce système de régulateur est susceptible de passer, comme l'appareil normal, par tous les états d'isochronisme partiel. On trouve alors comme expression générale de la durée de révolution :

$$t = 2 \pi (l - x) \sqrt{\frac{M \, h_0 \, h}{P \, (l + x) \, [n \, h + (1 - n)]}}$$

formule dans laquelle n diffère en plus ou en moins de l'unité suivant que le contre-poids s'écarte par excès ou par défaut de la valeur correspondante à l'isochronisme complet.

En résumé, si l'on prend pour type de régulateur la disposition déjà décrite au sujet du régulateur à ressorts et qu'on se réserve la faculté de déplacer les masses sur les bras, on disposera d'un appareil susceptible de marcher à toutes les vitesses et dans tous les états d'isochronisme partiel.

NOTE RELATIVE

AU MOUVEMENT D'UN POINT MATÉRIEL

OSCILLANT CIRCULAIREMENT SUR DIFFÉRENTES SURFACES DE RÉVOLUTION

ENGENDRÉES PAR LES SECTIONS CONIQUES[1].

(20 septembre 1865.)

Si on prend une sphère de rayon R et qu'on fasse osciller circulairement un mobile à sa surface, on a pour la durée de révolution

$$t = 2\pi \sqrt{\frac{R}{g}\cos\alpha}$$

α étant l'angle du diamètre vertical de la sphère et du rayon passant par le mobile.

Faisant $R\cos\alpha = h$, on a :

$$t = 2\pi \sqrt{\frac{h}{g}}$$

le rayon de la sphère disparaît et il devient évident que la durée de révolution ne dépend que de la hauteur h du mobile au-dessous du plan horizontal passant par le centre.

Mais si, à la sphère on substitue la figure engendrée par la révolution d'une ellipse autour de son axe vertical a, on trouve pour le temps d'une révolution complète :

$$t = 2\pi \frac{b}{a} \sqrt{\frac{h}{g}}$$

1. Note lue au *Bureau des Longitudes*. — Voir aussi *C.-R. de l'Ac. des Sc.*, t. LXI, p. 515.

expression qui répond au cas d'un ellipsoïde allongé ou aplati suivant que a est plus grand ou plus petit que b.

D'un autre côté, si on prend la surface engendrée par la révolution d'une hyperbole équilatère tournant autour de l'un ou de l'autre de ses axes verticalement situé, on trouve comme pour la sphère

$$t = 2\,\pi \sqrt{\frac{h}{g}}$$

h étant compté positivement au-dessus et à partir du plan horizontal passant par le centre.

Puis, si l'on donne à la courbe génératrice des axes inégaux a et b, on trouve comme précédemment :

$$t = 2\,\pi \frac{b}{a} \sqrt{\frac{h}{g}}$$

et comme les quantités a et b n'interviennent que par leur rapport et indépendamment de leurs valeurs absolues, on peut faire $\frac{b}{a} = m$, ce qui donne :

$$t = 2\,\pi\, m \sqrt{\frac{h}{g}}$$

expression qui fait abstraction des dimensions de l'hyperboloïde et qui convient aussi bien à la surface limite du cône asymptotique.

On peut donc avancer d'une manière générale que lorsqu'un point matériel est assujetti à osciller circulairement sur une surface engendrée par la révolution d'une section conique autour de l'un de ses axes verticalement situé, on a pour le temps d'une oscillation complète et dans tous les cas une expression qui est de la forme

$$t = k \sqrt{h}$$

Quant au paraboloïde de révolution, il se présente naturellement comme établissant une transition entre les deux séries de surface que je viens de considérer.

RÉGULATEUR ISOCHRONE A VITESSE VARIABLE.

La durée de révolution du pendule régulateur est donnée par la formule déjà citée

$$t = 2\,\pi\,\sqrt{\frac{l\,\cos\alpha}{g}}$$

Supposons maintenant qu'on équilibre (fig. 20) les boules MM' par d'autres boules mm' égales, fixées sur des prolongements de même longueur que celle des bras. Si en même temps on charge le manchon d'un poids égal à celui des quatre boules, rien ne sera changé dans la marche du système, car si la force centrifuge est doublée par l'adjonction des nouvelles boules, l'action de la pesanteur sera également doublée par la charge ajoutée au manchon.

Mais si cette surcharge n'est pas égale au poids des boules, il faudra que le rapport de ces poids entre dans la formule. Nommons donc P_b les poids des quatre boules et P_m le poids du manchon, on aura généralement la durée de révolution en posant

$$t = 2\,\pi\,\sqrt{\frac{l\,P_b\,\cos\alpha}{g\,P_m}}$$

Appliquant à cette formule le raisonnement déjà invoqué dans le brevet principal, on voit que pour obtenir l'isochronisme, ou pour rendre t constant, au lieu du poids constant P_m agissant sur le manchon, il suffirait d'appliquer une force variable $p = P_m \cos\alpha$, dès lors on aurait pour durée de révolution la valeur constante

$$t = 2\,\pi\,\sqrt{\frac{l\,P_b}{g\,P_m}}$$

Or, pour appliquer au manchon cette force variable p, il suffit de recourir au système articulé déjà décrit (page 437), avec cette précaution de placer le point fixe B à la hauteur du manchon qui correspond à la valeur de $\alpha = 90°$; dès lors le système sera rendu isochrone, quelle que soit la valeur du contre-poids μ, et la vitesse $\frac{1}{t}$ variera proportionnellement avec la racine carrée du mouvement de ce contre-poids.

La figure 21 représente la disposition qu'il convient d'adopter. Les lettres A, B, C, F, O, α, ω, μ, conservent la même signification que dans le brevet principal. B V est un levier solidaire avec B O et qui reste disponible pour utiliser l'effet du régulateur.

Avec ce système de régulateur, je pourrais à volonté changer la vitesse que je voudrais avoir pour la machine ; il me suffira, en effet, de changer la position du poids μ sur son levier, et je pourrai d'avance graduer le levier pour marquer la position de ce poids pour chaque vitesse que l'on voudra obtenir et que l'on obtiendra avec un isochronisme parfait tant que le poids μ restera dans la position qu'on lui aura donnée.

RÉGULATEUR ISOCHRONE

ET INDÉPENDANT DES VARIATIONS DE LA PESANTEUR.

Dans l'appareil précédemment décrit, l'isochronisme provient de ce que le contre-poids y exerce, par l'intermédiaire du levier coudé, une pression sur A sensiblement dirigée suivant A B et proportionnelle à cette même distance. Si donc on supprime ce contre-poids et qu'on le remplace par un ressort qui agisse sur le levier A F, on trouvera dans la loi de l'élasticité une cause de variation susceptible de s'adapter à la fonction. En effet, pourvu que le ressort appliqué sur A F (fig. 22) se trouve détendu quand A F s'incline suivant F B, l'isochronisme en résultera et la vitesse de révolution $\frac{1}{t}$ sera proportionnelle à la racine carrée de l'élasticité propre du ressort. On arrive ainsi à réaliser un système de régulateur qui fonctionne indépendamment de la pesanteur et qui répond pleinement aux besoins de la navigation.

La figure 22 suffit à donner une idée claire sur la manière de disposer les organes constituants de ce nouveau régulateur. Le ressort RT prend point d'appui en T, exerce traction en R et se trouve détendu quand son extrémité mobile est ramenée en R'.

APPLICATION DES RESSORTS EN REMPLACEMENT DU CONTRE-POIDS

DESTINÉ A ISOCHRONISER LE PENDULE RÉGULATEUR NORMAL.

Dans la combinaison que j'ai recommandée comme étant la meilleure pour communiquer l'isochronisme au pendule régulateur, le contre-poids μ agit par l'intermédiaire d'un système articulé qui exige deux points fixes. En remplaçant, comme je vais l'indiquer, l'action du contre-poids par la force élastique d'un système de ressorts, on arrive à supprimer le levier coudé et à ne conserver que le seul point fixe qui donne appui au levier de la brimbale. On s'interdit alors de profiter du changement de signe de la force accessoire, ce qui oblige d'une part à abaisser le point zéro où cette force devient nulle au-dessous de la limite inférieure des excursions du manchon, et, d'autre part, à excentrer le point fixe à une distance de l'axe égale à la longueur naturelle des ressorts détendus.

Le régulateur est alors disposé comme dans la figure 23; F est le point fixe qui devient en même temps le centre de mouvement du levier de la brimbale et le point d'attache des ressorts de tension.

AC est la barrette oblique : son extrémité A est tirée par les ressorts et son autre extrémité C est guidée par le manchon; de plus elle est articulée en O avec le prolongement du levier de la brimbale.

La figure 24 montre en projection horizontale les ressorts, la barrette et le mobile articulé qui comprend le levier de la brimbale.

On règle l'élasticité des ressorts par la condition que pour un allongement égal à la longueur l' de la barrette AC, ils exercent à eux deux une traction égale à $P\,\dfrac{l}{l'}$, P étant le poids des deux boules réunies, l la longueur des bras, et les côtés du losange articulé étant égaux chacun à $\frac{1}{2}\,l$. Cependant, pour éviter l'instabilité du régulateur, il convient, en pratique, de rester un peu en dessous de cette limite qui correspond à l'isochronisme complet.

Lorsque le point fixe se trouve placé hors de l'axe à une distance y, le point d'articulation de la barrette AC s'éloigne du milieu de cette droite à une distance x dont la distance est

$$x = \frac{r\,y}{4\,r + y}$$

r étant la moitié de la droite AC; si donc y est lui-même égal à r il vient :

$$x = \frac{r^2}{5\,r}$$

et faisant $AC = 1$, on a finalement $x = \frac{1}{10}$.

En résumé, il est établi dans cette note qu'en acceptant le ressort hélice on peut réaliser l'isochronisme en ne gardant qu'un seul point fixe et en supprimant le levier coudé.

Et si l'on cherche comment cette combinaison se rattache à l'objet du brevet, on reconnaît encore que le *travail* des ressorts est proportionnel au *carré* du mouvement du manchon.

RÉGULATEUR A EFFET IMMÉDIAT.

J'ai été conduit à me demander si le pendule régulateur, même avec les modifications que je lui ai apportées pour lui communiquer l'isochronisme, pourrait faire face aux circonstances dans lesquelles se produisent des variations brusques de la puissance motrice ou du travail résistant. Je me suis alors aperçu que, tout en conservant l'isochronisme proprement dit, l'appareil devient de plus en plus tardif à mesure qu'il s'éloigne de la position où les bras sont inclinés à 45 degrés. On peut même donner de cette inertie progressive une expression simple, en disant qu'elle est proportionnelle à la cosécante du double de l'angle d'écart α.

Or, comme, d'autre part, le pouvoir réglant diminue avec le cosinus de cet angle, on voit qu'il y a deux raisons pour éviter de faire fonctionner l'appareil sous des amplitudes voisines de 0 ou de 90 degrés.

Dans les cas les plus ordinaires où l'on emploie le pendule régulateur, les deux inconvénients que je signale ne commencent à se manifester que bien au delà de l'angle de 45 degrés; mais il y a des circonstances particulières où il devient très-important de rendre le régulateur aussi promptement efficace que possible :

1° Lorsque le matériel mis en mouvement par la machine à régler est animé d'une force vive relativement grande par rapport au travail actuel ;

2° Lorsque le travail varie brusquement, à l'exemple de ce qui arrive dans les bateaux à vapeur, quand l'hélice vient à émerger par le tangage.

Pour ces applications spéciales on ne saurait trop s'appliquer à rendre le régulateur aussi prompt que possible.

La principale cause qui rend tous les régulateurs plus ou moins tardifs provient de ce que les masses soumises à la force centrifuge n'obéissent à cette force qu'en subissant en même temps un déplacement dans le sens perpendiculaire; c'est même cette dernière composante du mouvement des masses qu'on utilise pour agir sur les organes destinés à réprimer la force motrice.

Mais si telle est véritablement la principale cause de l'inertie des régulateurs, il y a pour la faire disparaître un moyen qui consiste à obliger les masses à se mouvoir dans le plan même de la force centrifuge; cette condition une fois remplie, les masses ne sont plus rappelées par leur poids vers le centre du mouvement, et pour compléter l'appareil il devient nécessaire d'y introduire des ressorts qui luttent contre la force centrifuge.

En partant de ce principe, on arrive à composer un régulateur que je vais décrire et qui joint à la promptitude d'action la propriété de rester inaccessible aux variations de la pesanteur.

Considérons le pendule régulateur normal et supposons qu'on intervertisse le point de suspension et le sommet mobile du losange articulé, le point de suspension se trouve en S (fig. 25), et le sommet articulé avec le manchon se trouve reporté en C. Par cette disposition, les boules, en s'écartant ou en se rapprochant de l'axe, restent toujours dans le plan MM'; il en résulte qu'au moindre mouvement de rotation imprimé au système, les boules s'écartent et se rendent à la limite extrême d'excursion possible.

Mais si les boules sont ramenées l'une vers l'autre par des ressorts (fig. 25 et 26), l'appareil fonctionnera comme régulateur et il deviendra isochrone à la condition que les ressorts se trouvent détendus quand leurs extrémités mobiles sont ramenées en face de l'axe.

Pour déterminer la durée de révolution, on aura recours à la formule

$$t = 2\pi \sqrt{M\frac{r}{f}}$$

dans laquelle M est la masse des boules, r leur distance à l'axe et f la force d'élasticité qui les ramène au centre. Cette durée t sera exprimée en secondes de temps, pourvu qu'on prenne pour les valeurs de M le poids des boules estimé en kilogrammes et divisé par la gravité, pourvu également que r soit évalué en mètres et f en kilogrammes.

D'après la formule ci-dessus, la condition d'isochronisme est évidemment d'avoir $\frac{r}{f}$ constant, et le moyen de la réaliser est d'attacher les ressorts de manière qu'ils soient détendus pour les positions des boules supposées ramenées au centre; car si l'on admet que les ressorts s'allongent proportionnellement à la tension, $\frac{r}{f}$ sera constant.

Le rapport $\frac{r}{f}$ est l'inverse de ce qu'on peut appeler le coefficient d'élasticité du système des ressorts. Si donc on fait $\frac{r}{f} = \frac{1}{C}$, la formule devient :

$$t = 2\pi \sqrt{\frac{M}{C}}$$

dans laquelle on voit clairement comment la raideur des ressorts doit être proportionnée à la grandeur des masses en mouvement.

Il importe de rappeler que la condition d'isochronisme du régulateur décrit page 445 est que la chute ou le *travail* des poids du système soit proportionnel au *carré* de l'espace parcouru par le point articulé du manchon à partir du point de suspension ; or, dans la nouvelle disposition où les poids sont remplacés par des ressorts, ce sont eux qui fournissent le travail ; et la condition d'isochronisme est encore formulée d'une manière précise, en disant qu'elle exige que le *travail* des ressorts soit proportionnel au carré de l'espace parcouru par l'articulation du manchon à partir du point de suspension.

On peut donner à l'appareil la disposition représentée figure 27 qui peut être avantageuse dans certains cas ; elle sert à montrer ici, par le renversement des organes, que la pesanteur n'a pas d'action sur le régulateur qui pourrait être utilisé dans la marine.

En obligeant les masses à se mouvoir dans un plan et en cherchant dans l'élasticité des ressorts la force qui doit ramener ces masses vers la position d'équilibre, j'ai été conduit à réaliser d'emblée les conditions d'isochronisme. Si donc l'industrie n'oppose pas à l'emploi des ressorts une répugnance absolue, il est possible qu'elle profite d'une disposition qui réunit d'une manière inespérée les qualités qu'on recherche dans un régulateur de machines.

Outre son extrême simplicité, le régulateur à ressorts a, en effet, certaines qualités que je crois à propos d'énumérer ici.

Quand l'écartement des masses est, dans toute position, égal à l'allongement des ressorts et qu'on néglige les poids des organes articulés, on trouve que le système est complétement isochrone. Mais, comme je l'ai dit au chapitre des *Détails pratiques,* il importe de pouvoir s'écarter à volonté de cette limite théorique et de fonctionner dans des conditions arbitraires d'isochronisme partiel.

Disons d'abord comment on réalise l'isochronisme absolu :

Le régulateur représenté figure 25 est instable à cause du poids des manchons qui luttent contre les ressorts quand les boules s'écartent. Le régulateur représenté figure 27 a un excès sensible de stabilité à cause du poids du manchon qui vient en aide aux ressorts dans les grandes amplitudes. Mais ces deux appareils deviendront absolument équivalents si l'on déplace les boules en les éloignant du point C sur les bielles de manière à équilibrer le poids du manchon et des pièces articulées. Si d'ailleurs l'écartement des masses est égal à l'allongement des ressorts, les deux appareils seront exactement isochrones.

Il existe un autre moyen d'agir sur la stabilité, c'est de changer le zéro des ressorts de manière que leur allongement soit plus grand ou plus petit que l'écartement des masses; mais ce procédé complique la loi des vitesses et ne permet plus d'appliquer la formule de l'isochronisme partiel.

J'ai enfin à mettre en évidence une dernière propriété qui, dans bien des circonstances, doit faciliter l'application du régulateur à ressorts : c'est la faculté qu'on a de pouvoir le faire marcher à toutes sortes de vitesses.

Dans le chapitre relatif aux *Détails pratiques*, on a vu qu'il est urgent de subordonner la vitesse du régulateur à celle de la machine. Quand il s'agit de machines à grandes vitesses, on a la ressource d'accélérer le régulateur par la surcharge du manchon; mais quand la machine est lente, on est conduit à soulager le manchon au détriment du pouvoir réglant, ou bien à augmenter la longueur des bras dans des proportions qui peuvent devenir inacceptables. Avec le régulateur à ressorts cet embarras disparaît, car la vitesse ne dépend plus aucunement de la longueur des bras; elle est déterminée par le rapport des masses à l'élasticité des ressorts. On pourra donc toujours, dans un emplacement déterminé, loger un régulateur marchant à une vitesse donnée.

C'est peut-être ici le cas d'établir l'importante distinction qu'il faut faire entre la *promptitude* et la *sensibilité* des appareils régulateurs, car, autrement, on ne comprendrait pas comment le régulateur à ressorts, qui, en toutes circonstances, se recommande par sa promptitude, peut encore, dans certains cas, devenir utile par la faculté qu'on a de modérer la sensibilité.

La **promptitude**, considérée dans un régulateur, est la propriété de s'influencer *aussitôt* que survient un changement de vitesse; la sensibilité consiste dans l'*étendue* des mouvements qu'exécute le pendule, à partir du moment où il commence à accuser le changement de régime. Un régulateur peut donc manquer de promptitude et pécher par un excès de sensibilité, ou inversement. La sensibilité doit être subordonnée à la marche de la machine. Quant à la promptitude, elle est toujours à l'avantage du régulateur.

SUR LES

CAS SINGULIERS OU L'ON PEUT SÉPARER LES POINTS

DE SUSPENSION.

Dans tout ce qui précède, j'ai fait de la réunion des points de suspension sur l'axe du régulateur une des conditions essentielles de l'isochronisme; cependant il existe deux cas que je vais citer où cette condition est en quelque sorte étrangère à la question.

L'un des cas est celui qui se rapporte à la disposition du régulateur à ressort précédemment décrit. En effet, dans ce système de régulateur l'une des conditions à remplir est de guider les masses de manière qu'elles soient assujetties à se mouvoir dans un plan perpendiculaire à l'axe. Ce résultat a été obtenu en se fondant sur les propriétés cinématiques du triangle rectangle SCB (fig. 27), dont l'hypoténuse CM est guidée par son extrémité C suivant un des côtés qui comprennent l'angle droit et dont le milieu est maintenu à une distance constante du sommet de cet angle; il en résulte que le lieu des points qui peuvent être occupés par M est une droite formant l'autre côté de l'angle droit.

Or, il en serait encore de même si les points S et C étaient écartés à égale distance de l'axe (fig. 28). La seule conséquence de cette nouvelle disposition serait un changement dans la loi du pouvoir réglant qui, pour la position où les bras deviennent parallèles, change signe en passant par l'infini. Ce serait en pratique une conséquence fâcheuse, mais qui n'empêcherait pas l'isochronisme de subsister, à la condition que l'allongement des ressorts fût égal à l'écartement des masses.

Mais il y a un autre cas à signaler où l'on peut encore séparer les points de suspension sans troubler en rien les lois du pendule régulateur, c'est celui qui se rapporte au système dans lequel les boules sont équilibrées par des masses fixées sur des prolongements ajoutés aux bras.

Supposons donc les bras supendus en deux points S et S' (fig. 29), placés à égale distance de part et d'autre de l'axe; prolongeons les bras au-dessus de ces points et chargeons-les de quatre masses équilibrées deux à deux, puis suspendons le manchon à des bielles articulées formant avec les bras et les traverses T et T' un hexagone symétrique.

En appelant P le poids des quatre boules, P' le poids du manchon, l la longueur des bras à partir des points de suspension et α leur degré d'obliquité, on aura pour la durée de révolution :

$$t = 2\pi \sqrt{\frac{l\cos\alpha}{g}\cdot\frac{P}{P'}}$$

ou, en désignant par M la masse totale des quatre boules,

$$t = 2\pi \sqrt{\frac{l\,M\cos\alpha}{P'}}$$

On arrive ainsi à une formule indépendante de la distance même des points de suspension et qui est identiquement la même que celle du pendule régulateur normal; ce qui démontre que cette combinaison jouit absolument des mêmes propriétés. Si donc on avait quelque motif pour vouloir séparer les points de suspension, le seul moyen qui permît de le faire sans altérer les conditions essentielles de l'isochronisme, serait d'équilibrer les boules, afin d'annuler leur poids sans changer les effets qui procèdent de leur masse.

Voilà ce que nous enseigne la réapparition de la formule ci-dessus, et cela est d'autant plus remarquable qu'elle met en évidence la possibilité de séparer les points de suspension dans le seul cas peut-être où les constructeurs se soient avisés de les réunir; ce qui montre une fois de plus ce que la théorie laissait à désirer sur ce sujet.

RÉGULATEUR A RESSORTS

DIRECTEMENT ATTACHÉS SUR LES BRAS.

Il est donc établi que, les boules une fois équilibrées, la séparation des points de suspension n'apporte aucune complication dans l'expression des lois du pendule régulateur. Quelle que soit la distance de ces points, rien n'est changé, ni dans la durée de révolution, ni dans les conditions d'isochronisme, ni dans la grandeur du pouvoir réglant; c'est là une particularité remarquable dont je me propose de tirer parti pour l'établissement d'un nouveau régulateur à ressorts.

Je suppose les bras suspendus aux extrémités d'une traverse T (fig. 30) de longueur arbitraire et chargés à leurs extrémités de boules équilibrées; je suspens le manchon par des bielles de telle sorte que le système articulé forme un hexagone à traverses égales et à quatre côtés complémentaires égaux. J'ajoute aux masses un excès de poids pour que le système soit en équilibre dans toutes les positions et j'attache sur les bras des ressorts en hélice dont la longueur naturelle soit égale à celle des traverses du manchon et des points de suspension. Si alors on met en rotation un pareil système, je dis qu'il aura l'isochronisme d'emblée.

En effet, dans les différentes positions des bras la résultante des forces centrifuges est proportionnelle au sinus de l'angle z, mais d'un autre côté les ressorts ayant une longueur naturelle égale à celle de la traverse. leur allongement et, par suite, la traction exercée en sens contraire de la force centrifuge sont aussi proportionnels à sin α. Donc dans toutes les positions du système et pour une certaine vitesse de rotation, il y aura équilibre entre les deux forces.

En suivant les conséquences de ce raisonnement, on arrive à déterminer ainsi la durée de révolution :

$$t = 2\pi\sqrt{M\,\frac{r-T}{f}\,\frac{l}{l'}}$$

expression dans laquelle M est la somme des masses portées sur chaque bras, r la distance à l'axe du point d'attache des ressorts, T la demi-longueur de la traverse, f la force des ressorts évaluée en kilogrammes, l la longueur des bras, et l' la longueur comprise entre le point de suspension et le point d'attache.

Si donc on varie simplement le point d'attache des ressorts, on agira sur la vitesse dans des limites très-étendues.

Quand on compare ce régulateur à celui qui a été décrit page 472, on trouve qu'il présente dans sa composition des différences qui, en pratique, pourraient offrir, suivant les cas, des avantages particuliers.

Dans le nouveau régulateur les ressorts sont attachés de part et d'autre sur les bras sans qu'ils aient besoin de prendre point d'appui sur un appendice tournant solidairement avec l'arbre; les masses constamment équilibrées permettent d'incliner l'arbre dans toute direction sans qu'il en résulte aucune variation, aucune pression sur l'arbre qui nuise à la mobilité du manchon. Ce sont là des avantages réels sur le premier régulateur à ressort. mais en revanche celui-ci a pour la promptitude une supériorité qui tient à ce que les masses n'ont pas à subir de déplacement parallèle à l'axe; j'ajoute, au détriment du nouveau régulateur, que les masses équilibrantes, ayant à s'éviter en se croisant au niveau de l'axe, doivent être rejetées sur le côté à une petite distance qui altère la symétrie et la correction du dessin. Pour moi, j'en conclus que l'un et l'autre sont appelés à rendre des services dans des circonstances plus ou moins favorables aux applications de leurs propriétés respectives.

Il est à remarquer que, malgré la séparation des points de suspension, l'isochronisme du nouveau régulateur est lié, aussi bien que dans le premier, à la condition que le *travail* des ressorts soit proportionnel au *carré* du mouvement du manchon à partir des points de suspension, ou, en d'autres termes, que la pression transmise sur le manchon soit uniformément croissante avec la distance aux points de suspension.

RÉGULATEUR HORIZONTAL A DEUX MASSES

ET A RESSORTS DIRECTEMENT ATTACHÉS SUR LES BRAS.

Quand on place horizontalement le régulateur à points de suspension séparés, on forme un système en équilibre (fig. 31), sans qu'il soit nécessaire de prolonger les bras pour y fixer des contre-poids.

De plus, on peut rendre le système isochrone en attachant les ressorts de manière qu'ils aient une tension nulle pour la position particulière des bras où les masses se superposeraient en coïncidence avec l'arbre. On trouve facilement la longueur des ressorts ainsi détendus en déterminant, ainsi qu'il est indiqué en SD et $S'D$, les positions fictives des bras dans le cas où les masses se superposeraient sur l'axe en D; les ressorts prennent alors une longueur RR' qui dépend de la position choisie pour les points d'attache.

Si alors on articule les bielles du manchon au centre des masses et qu'on leur donne même longueur qu'aux bras, elles pourraient fournir des points d'attache pour d'autres ressorts $R''R'''$, et l'appareil ramené à la forme la plus simple présentera en même temps une symétrie parfaite.

RÉGULATEUR A PLAN FIXE

ET A RESSORTS DIRECTEMENT ATTACHÉS SUR LES BRAS.

J'ai étudié, à diverses reprises, l'influence de la *longueur réduite* des ressorts dont j'ai proposé l'emploi pour les régulateurs ; dans le régulateur à plan fixe précédemment décrit, j'ai considéré comme indispensable d'attacher les ressorts sur des appendices spéciaux, dans le but de faire agir sur les masses une force élastique qui s'accrût dans la même proportion que la force centrifuge.

En employant des ressorts dépourvus de tension initiale, on devait nécessairement avoir une longueur d'appendice égale à celle des ressorts détendus. Mais, à mesure que les ressorts prennent de la tension initiale, on peut diminuer les appendices de tout l'excès des ressorts fermés sur leur longueur fictivement réduite à zéro-tension.

On arrive ainsi à concevoir la possibilité de les supprimer complétement et d'attacher directement les ressorts d'une masse sur l'autre. Outre que l'appareil en serait simplifié, on aurait encore l'avantage de rétablir dans l'action des ressorts une symétrie que la disposition actuelle ne comporte pas.

Cette amélioration m'a semblé tellement désirable que j'ai cherché à la réaliser sans avoir des ressorts dont la longueur réduite fût absolument nulle. L'appareil, il est vrai, n'est plus rigoureusement isochrone, mais les écarts de vitesse qui, en principe, existent encore, sont, dans l'application, complétement négligeables.

Considérons le régulateur à plan fixe (fig. 32), avec son point de suspension en S ; ne mettons plus d'appendices tournants et attachons les ressorts directement de masse en masse en des points O et O′ placés hors des centres des disques.

Pour déterminer quelle sera la marche d'un pareil système, il faut

— 481 —

considérer : 1° l'angle θ formé par les bras avec la droite qui passe par le point d'attache des ressorts et par le point articulé D des bras et du manchon; 2° la longueur réduite des ressorts. $rr' = c$. déduite de leur tension initiale et de leur allongement pour un accroissement de charge déterminé.

Dans les diverses positions qu'il peut prendre. le régulateur fournira un nombre de tours qui dépend dans chaque position du rapport entre l'action des ressorts et le diamètre du cercle décrit par les masses M. En désignant par k un coefficient qui résume la combinaison de toutes les quantités constantes et indépendantes des ressorts on aura l'expression de tours en fonction de l'angle d'écart et en pesant.

$$n = k \sqrt{2 \sin(\alpha + \theta - c)\, [1 - tg\,\theta\, tg\,\alpha]\, \sin\alpha}$$

D'un autre côté on a pour la hauteur de manchon :

$$h = l\,[1 - \cos\alpha]$$

Si donc on prend pour abscisses les hauteurs du manchon et pour ordonnées les vitesses correspondantes. on aura la représentation graphique de la marche du régulateur.

En construisant la courbe point par point. d'après un certain nombre de valeurs calculées. on trouve qu'elle affecte la forme représentée figure 33, laquelle montre clairement que, dans la partie moyenne de la course, la vitesse passe par un maximum où elle est sensiblement constante.

Mais si l'on veut obtenir une marche encore plus exacte. il y a un moyen très-simple d'arriver à un plus haut degré d'approximation. Ce moyen consiste à abaisser les masses au-dessous du point de suspension.

Pour faire comprendre comment on peut. en pratique, tirer un excellent parti de ce moyen de compensation. il suffit de montrer que l'abaissement des masses au-dessous du point de suspension tend à produire dans la distribution des vitesses une variation inverse de celle qui provient de la combinaison de l'extrémité de l'attache des ressorts et de la valeur précise de leur longueur réduite.

Lorsque les masses sont abaissées au-dessous du point de suspension (fig. 34), leur centre de gravité se trouve cinématiquement assujetti à se mouvoir à la surface d'un ellipsoïde plus ou moins aplati. Or, on a démontré que, dans ce cas, le régulateur abandonné à la seule influence de la gravité suit exactement la loi du pendule conique (page 466). On a donc pour représenter sa marche et en suivant la même notation que ci-dessus :

$$n = k' \sqrt{\frac{1}{\cos \alpha}}$$

k' étant un coefficient constant qui comprend l'expression des masses.

Rapportant ces vitesses à la position du manchon,

$$h = l\,(1 - \cos \alpha)$$

on peut également tracer la courbe des vitesses du régulateur fonctionnant sous la seule influence de la gravité. On trouve aussi une courbe qui a la forme représentée figure 35.

Si donc on combine l'action des ressorts avec celle de la gravité (fig. 36), on pourra s'arranger de manière à obtenir une marche qui ait pour représentation une courbe résultante présentant un point d'inflexion.

Cette courbe sera celle représentée figure 37, où l'on voit que la partie moyenne se confond, à peu de chose près, avec la droite horizontale qui représente l'isochronisme parfait[1].

On peut donc attacher directement les ressorts de masse en masse, pourvu qu'on prenne le point d'attache à une certaine distance en dehors de la direction des bras; on a ainsi trois constantes dont on peut disposer pour obtenir approximativement l'isochronisme dans la partie moyenne de la course du manchon.

De ces trois constantes il y en a deux qui sont explicitement dési-

---

1. En nommant F la force élastique des ressorts pour un allongement égal à l'unité, m la masse des disques, P leur poids, e le double du côté du losange articulé, a l'abaissement des masses, α et θ les angles déjà définis, on a dans ce système pour la durée de révolution,

$$t = 2\pi \sqrt{\frac{m \sin \alpha\,(l + a)^2}{2\,F\,\tfrac{1}{2}(l + a)\sin(\alpha + \theta) - c\,(1 - tg\,\theta\,tg\,\alpha)\,(l + a) + Pa\,tg\,\alpha}}$$

gnées dans les formules ci-dessus par les lettres θ et c; θ est l'angle d'excentricité du point d'attache des ressorts (fig. 36), et c est la longueur réduite des ressorts à zéro tension. La troisième constante implicitement comprise dans k' est l'abaissement a des masses au-dessous du point de suspension.

Le problème étant ainsi posé, rien n'est plus facile, en s'aidant des constructions graphiques, que de reconnaître la part d'influence qui appartient à chacune des trois constantes.

On reconnaîtra également que cette combinaison admet une infinité de solutions, parmi lesquelles un constructeur intelligent saura choisir la combinaison qui convient le mieux dans un cas donné.

Mais, de ces trois constantes, la plus délicate à manier et à déterminer dans sa valeur précise est assurément celle que j'ai désignée sous le nom de longueur réduite des ressorts.

En considérant la figure 36 on se rend très-bien compte de ce que devient le régulateur à ressort en lui appliquant les principes qui viennent d'être exposés.

Supposons que les ressorts, par l'effet de leur tension initiale, aient une longueur réduite égale au tiers de leur plus petite longueur réelle; cela étant, il est évident que les ressorts attachés au centre des masses ne donneraient pas un régulateur isochrone, car dans les petites amplitudes leur force élastique diminuerait plus vite que la force centrifuge.

Mais on compense en partie cet inconvénient en reculant le point d'attache sur le bord des disques; par ce moyen, on gagne l'espace nécessaire pour loger la longueur réduite des ressorts, mais on altère la marche du régulateur en produisant un ralentissement qui ne se manifeste que dans les grandes amplitudes; puis finalement on combat cette dernière imperfection en abaissant les masses au-dessous du point de suspension; correction qui n'est pas encore tout à fait rigoureuse, mais qui décidément suffit amplement aux besoins de la pratique.

Si le régulateur était placé dans la position inverse, le manchon en bas, cette dernière correction s'obtiendrait encore, soit par le poids du manchon lui-même, soit par l'abaissement des masses au-dessous du point de suspension, car, dans ce cas encore, leurs centres seraient assujettis à se mouvoir sur un ellipsoïde de révolution.

RÉGULATEURS A MANCHON FILETÉ.

Les perfectionnements décrits dans la présente note ont pour objet spécial l'application du régulateur isochrone à la machine à vapeur et au moyen de prévenir les vitesses périodiques.

Lorsqu'on installe sur une machine à vapeur un régulateur complétement isochrone, il arrive presque nécessairement que la machine se met en régime de vitesse périodique, de telle sorte qu'elle prend une vitesse tantôt plus grande, tantôt plus petite que celle qui correspond à l'équilibre du régulateur.

Cet accident peut tenir à plusieurs causes qui, dans la pratique, se combinent ensemble et compromettent fort souvent le succès des applications.

A la suite de nombreuses observations, je suis arrivé à connaître que, de toutes les causes qui tendent à faire varier périodiquement la vitesse d'une machine, celle qui est à la fois la plus commune et la plus difficile à combattre consiste dans l'exagération de la masse du volant.

Certainement le volant est utile pour passer les points morts et pour atténuer l'intermittence des coups de piston ; mais en exagérant ses dimensions, on arrive forcément à établir un équilibre de plus en plus tardif entre la vitesse de la machine et le travail fourni par la vapeur.

Or, comme le régulateur est influencé par la vitesse et non par la quantité de force motrice actuellement développée dans le cylindre, il arrive un moment où l'effet transmis à la valve agit à contre-sens.

Mais si, au lieu d'agir sur la valve en vertu d'un excès déterminé de vitesse, le régulateur est disposé de manière à intervenir. en vertu de la variation plus ou moins rapide de la vitesse. on comprend que l'effet se produira en temps voulu. car la variation de la vitesse est l'expression actuelle de la force accélératrice qu'il s'agit de régler.

Tout revient donc à disposer le régulateur de manière à le faire agir en vertu des accélérations plutôt que par l'effet des vitesses accomplies.

Le moyen est très-simple : il consiste à commander le régulateur par le manchon de manière à faire réagir sur ce dernier une force dirigée suivant l'axe et proportionnelle à l'accélération.

Supposons dans le régulateur à ressorts (fig. 38) que la traverse de suspension S soit rendue folle sur son arbre A, et concevons, d'autre part, que l'arbre A et le manchon M soient filetés d'un pas très-allongé. Dans ces conditions, l'arbre A en tournant entraînera le manchon qui communiquera le mouvement au régulateur ; mais au moment de l'accélération, le manchon sera soulevé par la réaction de la force empruntée à la rotation de l'arbre, et du même coup on verra les masses s'écarter et la valve fonctionner dans le sens d'une diminution de l'admission de vapeur.

Quand surviendra une cause de ralentissement, les mêmes effets se produiront en sens contraires, en sorte que. dans tous les cas, la valve sera ramenée à la position voulue avant que l'accélération positive ou négative ait produit d'écart susceptible de dégénérer en vitesse périodique.

Lorsque décidément la machine a repris son régime normal. la résistance passive au point de suspension suffit à conduire le régulateur qui rentre alors dans les conditions d'équilibre ordinaire.

Il va sans dire que l'hélice devra être dextrorsum ou sinistrorsum suivant que le régulateur devra tourner dans un sens ou dans l'autre, et, dans tous les cas, le sens de l'inclinaison du pas sera déterminé par la condition que l'accroissement de la vitesse conspire avec la vitesse elle-même à augmenter l'écartement des masses.

Quant au degré d'inclinaison du pas, il dépendra évidemment du rapport entre le travail moyen de la machine et la force vive du volant ainsi que du rapport entre la vitesse de la machine et celle du régulateur.

On reconnaît facilement que l'inclinaison du filet de l'hélice a pour effet de diminuer la sensibilité du régulateur et de le rendre comparable dans sa manière d'agir à un régulateur plus grand et animé d'une moindre vitesse. D'où l'on peut tirer, par réciproque, la conclusion suivante : qu'en inclinant de plus en plus le pas de l'hélice on peut, sur une machine donnée, appliquer un régulateur de plus en plus petit animé d'une vitesse de plus en plus grande. Ainsi se trouve résolu ce problème posé depuis si long-temps, à savoir : Régler une machine lente par un régulateur isochrone et à grande vitesse.

Le principe qui sert de base à ce perfectionnement est applicable à tous les régulateurs à force centrifuge.

Pour la rigueur de l'exposition, j'ai dû choisir parmi les combinaisons les plus simples celle qui réalise le plus correctement les conditions d'iso-chronisme ; mais il est facile de voir que ce système de transmission s'ap-plique à toute combinaison qui, dans les applications, menace de mettre la machine en état permanent de vitesse périodique.

Régulateur à manchon fileté et à volant de masse. — Généralement ce moyen de transmission par le manchon fileté suffit à donner au régulateur la sta-bilité nécessaire au maintien d'une vitesse uniforme. Cependant, en pré-sence du préjugé qui porte encore beaucoup de constructeurs à donner au volant de la machine des proportions exagérées, j'ai senti la nécessité de me réserver une dernière ressource qui vient encore augmenter l'efficacité du nouveau système. En surmontant le régulateur (fig. 39) d'un volant de masse plus ou moins développé, on augmente à volonté le moment d'inertie et par suite on fait prédominer arbitrairement la fonction d'accélération sur la fonction de vitesse. En combinant la grandeur de la masse avec l'incli-naison du pas on peut donc, suivant les cas, augmenter la sensibilité du régulateur ou favoriser sa stabilité. La position de ce volant est actuel-lement indiquée par la condition de se mouvoir solidairement avec le plan des masses réglantes.

Régulateur à manchon fileté et à ressorts directement attachés sur les masses. — La figure 40 rappelle le type moyen du régulateur le plus généralement employé. Dans les applications, ce régulateur présente le défaut d'avoir une vitesse très-variable et qui s'accroît de plus en plus à mesure que les masses s'élèvent et s'écartent. Cependant, comme ce modèle est très-adopté, que la construction en est simple et peu coûteuse, j'ai pensé qu'il y avait intérêt à s'en rapprocher le plus possible, en cherchant toutefois à lui communiquer les qualités qui lui manquent absolument. Son défaut le plus grave est cette variation de vitesse qui est directement contraire à la fonction d'un régulateur.

Pour le corriger, sinon pour l'annuler en principe, j'ai imaginé de faire agir sur les masses des ressorts transversaux, attachés en des points situés en dehors de la direction des bras.

Quand on vient à analyser, comme nous l'avons fait précédemment, les effets produits par cette combinaison, on reconnaît que l'action des ressorts, en se composant avec le poids des masses, a pour effet d'augmenter généralement la vitesse du régulateur. Mais si l'on s'impose la condition de donner aux ressorts une tension initiale suffisante, on arrive à obtenir que l'accroissement de vitesse porte particulièrement sur les petites amplitudes, d'où résulte une tendance marquée vers l'isochronisme. On peut même arriver à ce résultat : que la courbe des vitesses rapportée aux différentes hauteurs occupées par le manchon présente un point d'inflexion correspondant à la partie moyenne de la course. Si de plus la tangente en ce point est parallèle à l'axe qui figure les hauteurs du manchon, il n'est guère possible de distinguer dans les effets produits en quoi ce genre d'approximation diffère de l'isochronisme rigoureux.

On peut donc, en adoptant ce genre de correction, communiquer au régulateur vulgaire un isochronisme approximatif qui suffit amplement aux besoins de la pratique, et si la vitesse est suffisamment grande, on peut, sans amener d'erreur sensible, séparer les points articulaires des bras et des bielles, ce qui diminue les frais de construction.

Mais comme par ce moyen la vitesse du régulateur se trouve considérablement augmentée, on est certain, en l'appliquant sur la plupart des machines, de les mettre en régime de vitesse périodique.

L'application du manchon fileté et du mode de suspension qui l'accompagne est donc le complément indispensable du système de correction fondé sur l'emploi des ressorts transversaux. Le régulateur ordinaire ainsi modifié acquiert alors toutes les qualités nécessaires aux applications industrielles. Les frais de construction sont à peine augmentés, mais l'appareil devient beaucoup plus puissant, l'isochronisme est suffisamment approché et la stabilité est complétement assurée.

SUR

UN MOYEN DE RÉGLER LA SENSIBILITÉ DU RÉGULATEUR.

En cherchant à satisfaire à la condition favorable que la machine et le régulateur aient la même vitesse, on se trouve conduit, dans le cas de machines à marche lente, à donner au régulateur des proportions qui deviennent de plus en plus difficiles à accepter.

J'ai dû rechercher s'il n'y aurait pas moyen de laisser, dans tous les cas et au minimum, une vitesse de soixante tours au régulateur, quitte à recourir pour modérer sa sensibilité à quelque nouvel artifice.

Le moyen qui s'est d'abord présenté à mon esprit consiste à rattacher au levier de brimballe qui s'engage dans la rigole du manchon une sorte de pince à coussinets embrassant l'arbre du régulateur et développant par son frottement une résistance capable de ralentir les évolutions du manchon sans toutefois l'empêcher d'obéir, à chaque instant et dans une certaine mesure, à la résultante actuelle des forces verticales. En effet, quelle que soit la pression des mors de cette pince, par cela seul que l'arbre tourne entre les deux coussinets, ces derniers obéiraient avec le temps à la plus petite force exercée parallélement à l'arbre.

Le principe consiste donc à introduire un frottement retardateur d'une valeur arbitraire et à l'éliminer dans la suite du temps par un mouvement relatif des parties frottantes.

Mais pour tirer de ce principe le meilleur parti possible, il faut pouvoir disposer à son gré de la vitesse relative des parties frottantes ; on arrive ainsi à comprendre l'utilité de la disposition suivante, qui est applicable aussi bien aux grandes machines qu'aux instruments chronoscopiques de haute précision.

L'arbre A du régulateur (pl. 18, fig. 8 et 9) est enveloppé d'un canon C qui s'élève jusqu'à la région occupée par le manchon M ; de plus celui-ci est garni intérieurement d'un tube-ressort fendu T, qui presse et qui frotte à la surface extérieure du canon ; enfin le canon et l'arbre sont mis en communication de mouvement par un système de roues dentées R, R', R'', R''', qui leur donne, l'un par rapport à l'autre, un mouvement relatif aussi lent qu'on veut, soit, par exemple, $\frac{1}{10}$ de la vitesse absolue du régulateur.

Ceci admis, on voit que, pendant la marche du régulateur, ce mouvement s'effectue perpendiculairement à la direction des forces qui sollicitent le manchon à monter ou à descendre ; il en résulte que ces forces, quelque petites qu'elles soient, doivent être obéies dans la suite du temps.

En introduisant ainsi dans le régulateur de machine un frottement plus ou moins énergique entre le manchon et le canon tournant, on peut modérer à son gré la sensibilité du régulateur et neutraliser les effets d'inertie qui compromettent si souvent la fonction.

Dans le régulateur de rouages d'horlogerie on se gardera bien d'introduire un pareil frottement, mais on utilisera la vitesse différentielle du canon tournant pour détruire l'influence d'un reste d'adhérence qui, s'exerçant entre l'arbre et le manchon, pourrait empêcher le système de fonctionner rigoureusement comme corps libre.

Ce procédé pourrait donc suppléer à l'emploi des galets dont j'ai souvent garni le manchon dans les applications aux instruments de précision.

Le principe de la composition des deux mouvements rectangulaires dont l'un s'effectue à la faveur de l'autre trouve ainsi son application dans des conditions aussi différentes que possible, et il est assurément remarquable de voir un même expédient qui intervient dans les grandes machines pour modérer la sensibilité du régulateur et qui est également désigné dans la fine mécanique pour atteindre aux dernières limites de la perfection du mouvement uniforme.

DISPOSITIONS PRATIQUES

PRINCIPAUX MODÈLES DE RÉGULATEURS[1]

RÉGULATEUR A CONTRE-POIDS[2].

Les figures représentent un ensemble de l'appareil avec les formes réelles qu'il convient de donner aux différents organes.

Le régulateur est monté dans une arcade en fonte (pl. 17, fig. 1). L'arbre vertical A porte supérieurement un axe transverse S où sont suspendus les deux bras largement bifurqués en fourchette (fig. 3) à leurs extrémités supérieures.

Cette manière d'attacher les bras constitue une suspension nouvelle et spéciale qui permet de supprimer les arcs-guides ordinairement employés, et qui, en même temps, représente une des conditions essentielles de l'isochronisme.

Aux tiers inférieurs des bras sont attachées les bielles qui soutiennent le manchon ; elles sont doublées (fig. 2) pour se réunir en un même point M, formant ainsi une articulation analogue à celle des bras et pareillement

---

1. Les dispositions ont été classées en réunissant d'abord tous les modèles destinés à agir sur un moteur, machine à vapeur, ou autre ; puis ensuite les appareils qui produisent une variation de travail résistant susceptible d'amener l'isochronisme.

2. Certificat d'addition (24 août 1864) au *Brevet* du 23 août 1862.

essentielle à l'isochronisme ; ces bielles forment avec les bras un losange articulé dans lequel l'égalité des quatre côtés constitue encore une des conditions essentielles de l'isochronisme.

D est un axe horizontal soutenu à ses deux extrémités par deux piliers F, F'. Cet axe est le centre de mouvement des pièces J et K calées solidairement de manière à former un levier coudé dont le bras oblique J porte un contre-poids μ, et dont l'autre bras, redressé plus ou moins verticalement, se termine en fourchette. Cette fourchette supporte l'extrémité d'une autre pièce Q, également en fourchette, qui suspend un anneau engagé dans la rigole du manchon.

E est un autre axe horizontalement porté entre les piliers B, B' qui font saillie de l'autre côté de l'arcade. Il porte un levier I qui contourne l'arbre et se termine par une cheville qui s'engage dans un trou percé dans l'épaisseur de la pièce Q.

R, R' sont deux roues d'angle qui communiquent à l'arbre le mouvement de rotation.

La figure 4 fait voir sous un autre aspect la relation des diverses parties désignées par les mêmes lettres ; elle montre que le régulateur fonctionne sous l'angle moyen de 45° et que le maximum de l'angle d'écart est de 15° de part et d'autre. Elle fait voir aussi que le contre-poids, dont l'action est nulle pour la position des bras inclinés à 45°, agit sur le manchon en deux sens opposés suivant que celui-ci s'élève ou s'abaisse à partir de la position moyenne. Elle montre enfin comment on utilise les mouvements du manchon pour agir sur la valve ou papillon qui modère l'admission de la vapeur [1].

1. La forme ordinaire de la valve ou papillon, constituée par une plaque elliptique venant obturer plus ou moins complétement le tuyau d'arrivée de vapeur, paraissait à L. Foucault un organe défectueux, d'une exécution difficile : il proposa de la remplacer par une valve rectangulaire tournant dans une boîte en fonte spéciale, sorte de cadre également rectangulaire intercalé sur le parcours du tuyau d'arrivée de vapeur.

De même, la valve tournante à ouvertures multiples, telle que l'employait M. Flaud, fut modifié par L. Foucault : dans l'un des deux plateaux il substituait, à celui des bords rectilignes qui fonctionne pour produire l'occlusion, un bord curviligne taillé de manière à retarder progressivement la diminution de la section d'ouverture libre. (Certificat d'addition, pris le 25 septembre 1863 au Brevet du 23 août 1862.)

Les constructeurs se sont fait un précepte de *partager*, comme ils disent, l'obliquité des leviers de transmission, ce qui est un parfait moyen de respecter l'inégalité vicieuse entre la puissance (pouvoir réglant du modérateur qui diminue à mesure que le manchon s'élève) et la résistance provenant de ce que la pression exercée sur le papillon, ainsi que les frottements sur les tourillons qui en sont la conséquence, devient maximum au moment de la fermeture complète.

Je m'attache à faire tout autrement et à disposer les leviers de manière à faire varier les longueurs de bras dans le sens convenable pour rétablir l'équilibre entre la puissance du régulateur et la résistance de la valve. Au lieu de la disposition (fig. 5) exclusivement consacrée par l'usage, j'adopte à dessein la disposition représentée figure 6, dans laquelle la projection du levier R va en diminuant de R à R cos φ, tandis que celle de V va en augmentant de V cos φ à V. Comme d'ailleurs on peut changer les inclinaisons extrêmes des leviers (fig. 6), la longueur et la direction de la brimbale, on peut augmenter ou diminuer en toute proportion cette variation des rapports des projections efficaces des leviers de transmission.

En même temps que cette disposition favorise l'équilibre entre la puissance et la résistance, elle a encore l'avantage de ralentir progressivement la fermeture de la valve à mesure qu'elle approche de l'occlusion complète.

RÉGULATEUR MIXTE[1].

J'ai montré qu'on peut réaliser rigoureusement l'isochronisme du régulateur normal par le moyen de ressorts-hélices qui agissent horizontalement sur l'extrémité de la barrette employée dans les précédentes combinaisons à transmettre au manchon l'action variée du contre-poids.

1. Certificat d'addition (24 août 1864) au *Brevet* du 23 août 1862.

En attendant les figures 7, 8 et 9 de la planche 47, on peut voir comment cette combinaison se ramène à des organes faciles à construire.

L'arbre A du régulateur est enfilé dans l'axe d'une colonne en fonte P P (fig. 8) qui lui sert de base; à son extrémité supérieure, terminée par un axe transverse (fig. 7 et 8), sont suspendus les deux bras qui forment avec les bielles du manchon (fig. 8) un losange parfait.

M est le manchon avec son anneau engagé dans une virole et saisi (fig. 8) entre les branches de la pièce bifurquée E F.

Par son milieu la pièce E F est articulée de telle sorte que dans les mouvements qu'elle exécute en suivant le manchon, ce point milieu est maintenu à une distance constante de l'axe B B (fig. 8); il en résulte que l'extrémité E ne peut se mouvoir que dans la direction E G.

En G se trouvent des crochets portés par un appendice de la colonne et à ces crochets s'attachent des ressorts R, R, qui, d'autre part, agissent en tirant sur E; les ressorts détendus ont une longueur précisément égale à B G, leur allongement est égal à E B, et à cette condition la pression transmise en F sur le manchon est, dans toute position, proportionnelle à B F; T est la transmission à roues d'angle.

Lors donc que le régulateur vient à tourner sous l'action des roues d'angle, les boules s'écartent, se soulèvent plus ou moins et se trouvent soutenues en partie, de manière à resserrer leur révolution dans un temps qui reste indépendant de l'angle de l'écart.

Pour mettre l'appareil en relation avec la valve de vapeur on utilise le le levier L, dont l'extension varie avec la hauteur du manchon.

RÉGULATEUR A PLAN FIXE[1].

Cet appareil est représenté dans les figures 10, 11 et 12 de la planche 17.

Sur l'arbre A est fixée une pièce qui porte tout le système et dont la forme ne sera bien comprise qu'en la considérant dans les trois figures.

Elle est formée d'une traverse T T recourbée à ses extrémités S S et sur laquelle sont implantés deux appendices excentriques *a, a*, recourbés en crochets pour l'attache des ressorts. La pièce est d'un seul morceau et elle tourne solidairement avec l'arbre.

Aux extrémités S, S, recourbées de cette pièce viennent s'articuler deux bielles fourchues qui, vues de champ dans la figure 10, forment les côtés inférieurs d'un losange articulé et qui, dans la figure 11, apparaissent avec l'écartement réel de leurs branches. D'autre part, ces fourches s'articulent avec le milieu B des bras qui se bifurquent (fig. 11) à leur extrémité inférieure pour se réunir sur le manchon M et complètent ainsi le parallélogramme losange.

A l'autre extrémité des bras sont fixées les masses D qui ont la forme de disques aplatis (fig. 12). Cette forme combinée avec l'écartement des fourches permet de livrer passage aux ressorts R qui ainsi se développent le plus près possible de l'axe.

Ces ressorts sont terminés de part et d'autre par des boucles, dont l'une s'attache simplement au crochet de l'appendice (fig. 10), et dont l'autre s'engage dans la gorge d'un œillet *o* enfilé comme une petite poulie sur un bout d'axe implanté au centre de chacun des disques (fig. 12).

La vitesse de rotation dépendra généralement, comme il a été dit, du rapport des masses à la raideur des ressorts, et la condition d'isochronisme sera d'autant mieux satisfaite qu'on aura mis plus de soin à régler la longueur des ressorts détendus d'après celle des appendices tournants.

1. Certificat d'addition (24 avril 1865) au *Brevet* du 23 août 1862.

On voit par cette description que, malgré l'introduction des ressorts, ce nouveau régulateur conserve tous les caractères d'une évidente simplicité ; c'est là une des conditions nécessaires du succès industriel, mais elle ne suffirait pas pour déterminer la préférence s'il n'y avait encore à faire valoir un ensemble de propriétés qui sont tout à l'avantage du nouvel appareil.

Ce régulateur à ressort, que l'on peut nommer *régulateur à plan fixe,* se recommande par un ensemble de propriétés qu'il possède à l'exclusion de tout autre système actuellement connu (page 480).

RÉGULATEUR A CONTRE-POIDS TOURNANTS[1].

On voit figures 1, 2 et 3, pl. 18, le régulateur à contre-poids tournants représenté dans ses proportions vraies.

Au sommet de l'arbre A est fixée une traverse T largement bifurquée de part et d'autre (fig. 1, 2), et donnant attache en S et S′ aux deux bras qui portent les boules. Au-dessus des points de suspension S et S′ les bras se prolongent pour recevoir les contre-poids P et P′.

M est le manchon qui fait corps avec une traverse T′ égale à T. Cette traverse est suspendue à deux bielles b et b' qui forment avec des longueurs égales B et B′ interceptées sur les bras et avec les traverses T et T′ un hexagone symétrique par rapport à l'axe et au diamètre variable O O′.

Pour une certaine valeur des contre-poids un pareil système à l'état de repos se trouve en équilibre indifférent dans toutes les positions. Et si l'on met l'appareil en rotation sur son axe on trouve que la résultante des forces centrifuges croît avec l'écartement des boules à partir d'une certaine position où le système se trouve en équilibre instable.

[1]. Certificat d'addition (24 avril 1865) au *Brevet* du 23 août 1862.

Quand le manchon a peu de poids, cette position diffère peu de celle où les bras sont parallèles à l'arbre ; mais dans cette position quelle qu'elle soit, les points articulaires O et O′ se trouvent à une distance qui pour l'isochronisme parfait doit être la mesure exacte de la longueur des ressorts détendus. En supposant, comme dans l'exposé théorique, le manchon non pesant, cette distance est rigoureusement égale à celle des points S et S′.

Les ressorts R agissent de part et d'autre sur les bras et leur attache se fait aux deux extrémités par des boucles terminales engagées dans des œillets aux extrémités O, O′ de la broche articulaire (fig. 1).

Ce dernier régulateur, quoique moins parfait que le précédent, peut cependant offrir dans l'application des avantages qui proviennent d'une remarquable économie de construction alliée à d'autres qualités qui ne sont pas sans importance : isochronisme plus ou moins parfait et variable à volonté ; vitesse arbitraire et indépendante de la longueur des bras ; inertie nuisible des masses réduites à moitié de ce qu'elles sont dans le régulateur ordinaire ; symétrie parfaite dans l'action des ressorts et indifférence complète à la direction de l'arbre et aux variations relatives de la pesanteur.

———————

RÉGULATEUR A MANCHON FILETÉ[1].

Cet appareil a été conçu de manière à réaliser une sorte de compromis entre la rigueur des principes et les exigences d'une application industrielle.

Il représente dans sa simplicité le résumé d'une longue série d'études éclairées par la théorie et secondées par une observation attentive des faits.

---

1. *Brevet* du 6 décembre 1865 et Certificat d'addition du 9 janvier 1866.

— 498 —

La figure 4, pl. 18, est un dessin d'ensemble.

A est l'arbre du régulateur; c'est lui qu'on met en communication de mouvement avec la machine au moyen de poulies ou de roues dentées. Cet arbre est fileté hélicoïdalement dans une partie de sa hauteur correspondant à la course du manchon. La partie supérieure de cet arbre est engagée dans la suspension S, qu'il traverse et qui repose librement sur son extrémité.

La suspension S, folle sur l'axe, porte divers appendices latéraux : deux sont verticaux et descendent de part et d'autre de l'axe ; ils donnent attache en O à deux bielles en forme de fourche B, B′ dont les extrémités inférieures sont ainsi astreintes à se mouvoir dans un même plan avec l'axe.

Ces bielles sont articulées d'autre part au milieu des tiges b, b' qui, par une extrémité, s'articulent aux oreilles du manchon en c, et qui, à leur extrémité supérieure, portent les disques D.

Chaque disque porte d'un côté un appendice saillant sur lequel vient se fixer l'extrémité d'un ressort R dont l'autre extrémité est passée dans un appendice vertical d'une traverse X qui, avec la traverse X′ située de l'autre côté de l'arbre où elle joue un rôle analogue, complète les quatre pièces que nous avons signalées comme portées par la suspension S.

M est le manchon fileté intérieurement d'un pas concordant avec celui de l'arbre ; il en résulte que l'écartement des masses ne peut varier, ainsi que la hauteur du manchon, qu'en obligeant le régulateur à tourner d'un certain angle par rapport à l'arbre.

Le sens du filetage doit être combiné avec celui de la rotation du régulateur, de manière que, par le fait de l'accroissement de la vitesse, la réaction exercée sur le manchon, suivant la direction de l'axe, tende à produire l'écartement des masses, et que l'action inverse ait lieu par le fait du ralentissement.

Les deux ressorts attachés aux masses agissent de telle sorte que la vitesse s'accroit plus dans les petites oscillations que dans les grandes ; d'où il suit qu'en augmentant la vitesse du régulateur on le fait tendre vers l'isochronisme. Pour cela, il faut que les ressorts aient une certaine tension initiale qui, dans l'état de relâchement, maintient les spires appliquées les unes contre les autres. Ce résultat s'obtient par la manière dont on procède à l'enroulement du fil de laiton sur le mandrin.

RÉGULATEUR A MANCHON FILETÉ

ET RESSORTS DIRECTEMENT ATTACHÉS SUR LES MASSES.

La figure 10 représente ce régulateur réduit à une échelle qui n'empêche pas de saisir les proportions des diverses parties.

A est l'arbre du régulateur; c'est lui qu'on met en communication de mouvement avec la machine au moyen de poulies ou de roues dentées. Cet arbre est fileté hélicoïdalement dans une partie de sa hauteur correspondante à la course du manchon. A sa partie supérieure, cet arbre est pourvu d'un épaulement saillant sur lequel repose à frottement libre la pièce de suspension qui donne attache aux bras.

La suspension S est percée d'un trou cylindrique, correctement alésé, et dans lequel s'engage librement la partie qui termine l'extrémité supérieure de l'arbre. Le corps de cette suspension représenté, en plan figure 7, est surmonté d'une sorte de lanterne qui fait corps avec elle et dont le sommet repose directement sur le bout de l'arbre; cette suspension est façonnée de manière à s'articuler avec les bras en deux points distincts o et o′ que l'on a soin de tenir aussi rapprochés que possible.

Les bras B et B′ sont terminés supérieurement par une partie transversale qui, en s'articulant avec la suspension, les maintient dans un même plan avec l'arbre; à l'extrémité inférieure, ils sont chargés l'un et l'autre d'un disque massif D et D′ qui constituent les masses réglantes.

Les disques D et D′ portent chacun un appendice destiné à donner attache à des ressorts transversaux.

b et *b'* sont des bielles qui s'articulent par une extrémité avec les bras et par l'autre avec les oreilles du manchon aux points *c* et *c'* ; de même que les bras, les bielles se terminent par des parties transversales qui, en s'articulant avec le manchon, les maintient dans le plan de l'arbre.

M est le manchon fileté intérieurement d'un pas concordant avec celui de l'arbre ; il en résulte que l'écartement des disques ne peut varier, ainsi que la hauteur du manchon, qu'en obligeant le régulateur à tourner d'un certain angle par rapport à l'arbre.

R est un ressort hélice tendu de masse en masse ; un ressort semblable est symétriquement disposé de l'autre côté des masses. Par la manière dont ces ressorts agissent, la vitesse du régulateur acquiert un accroissement plus considérable dans les petites que dans les grandes amplitudes ; d'où il suit que, en augmentant de vitesse, le régulateur tend vers l'isochronisme. Pour cela il faut que les ressorts aient une tension initiale considérable qui leur assigne à 0 tension une longueur fictive beaucoup moindre que leur longueur réelle. Ce résultat s'obtient par la manière dont on procède à l'enroulement du fil de laiton sur le mandrin qui détermine le calibre intérieur.

Les ressorts sont terminés à leurs extrémités par des boucles qui s'engagent de part et d'autre dans la gorge de petites poulies ou œillets dont les axes sont fixés sur les appendices des disques figure 10.

Le tout constitue une combinaison qui semble réunir les principales qualités d'un bon régulateur de machine. Par les ressorts on obtient une précision de marche qui coïncide avec l'augmentation du pouvoir réglant, et, de plus, on arrive par le jeu du manchon fileté à un degré de stabilité inconnu jusqu'ici.

ROUAGE MOTEUR A MOUVEMENT CONTINU

ET A VITESSE CONSTANTE

POUR LES OPÉRATIONS D'ASTRONOMIE ET DE CHRONOGRAPHIE[1]

Ce rouage moteur est destiné à produire un travail extérieur ; la force motrice est variable et le travail aussi, et pourtant il faut que, malgré les variations de l'une et de l'autre, la machine conserve une marche uniforme. Il est donc nécessaire de faire intervenir une résistance auxiliaire également variable, toujours prête à consommer la force motrice en excès. Dans le nouvel appareil cette résistance variable est fournie par un ventilateur de petite dimension V (fig. 1, pl. 19) dont les orifices s'ouvrent et se ferment par l'action même du modérateur ; et les choses sont disposées de manière que cette fonction s'accomplisse sans exercer de réaction sensible ou capable de troubler l'isochronisme de l'appareil régulateur. Il y a même dans la disposition de ce dernier un détail de construction qui a pour effet d'éliminer l'influence des résistances passives et de lui restituer sensiblement les conditions d'un corps libre. Ce dernier perfectionnement sera traité à part.

Un puissant ressort moteur enfermé dans son barillet B communique par une série d'engrenages la force motrice au modérateur ; mais au delà le rouage se prolonge de manière à faire tourner à la vitesse de 30 à 35 tours par seconde la roue à ailettes du ventilateur contenue dans la boîte cylindrique V. Cette boîte est percée à jour de 12 ouvertures équidistantes (fig. 2 et 3) qui alternent avec des parties pleines de même étendue ; elle est recouverte d'une enveloppe extérieure suspendue sur un pivot central et percée d'un même nombre d'ouvertures. Il suffit donc que cette enveloppe fasse sur elle-même $\frac{1}{24}$ de tour pour que, du même coup.

1. *Brevet* du 23 août 1862.

tous les orifices soient ouverts ou fermés, pour que la circulation de l'air soit libre ou interceptée.

Une mince traverse T (fig. 4), fixée près du pivot central, établit la communication avec la branche verticale du levier coudé annexé au modérateur, et par ce moyen les changements de position dus aux moindres variations de la force motrice sont aussitôt suivis d'un changement correspondant du travail résistant. Tant que les ouvertures du ventilateur ne sont ni complétement ouvertes ni complétement fermées, la résistance qu'il oppose au mouvement demeure subordonnée aux évolutions du modérateur, et comme celui-ci possède l'isochronisme, il faut que la machine et tous les mobiles qui en dépendent partagent cette nécessité du mouvement uniforme.

Jusqu'ici j'ai fait abstraction des résistances passives inhérentes au mode de construction du modérateur de Watt, ainsi que de celles qui se sont introduites avec les organes qui lui donnent l'isochronisme.

Ces résistances ont cependant une influence qui n'est pas négligeable et qui deviendrait prédominante à mesure que l'on supprime les autres causes d'erreur.

Si donc on ne parvenait pas à les écarter, le seul bénéfice de la nouvelle construction serait d'assurer à la machine une vitesse moyenne dont elle s'écarterait sans cesse plus ou moins, et jusqu'à concurrence des variations correspondantes à l'influence de ces résistances. Heureusement il est possible de supprimer cette imperfection, et le moyen consiste dans la configuration de la surface qui termine inférieurement le rebord de la douille articulée au parallélogramme. Ce rebord de douille est ondulé à deux périodes entières (fig. 4 et 5), de manière à passer deux fois et alternativement en dessus et en dessous du plan qui coïnciderait avec la surface de révolution. Cette surface, en glissant au-dessus de la cheville C (fig. 4), qui presse sur elle, fait naître dans toutes les parties du système un mouvement alternatif, par suite duquel chacune des pièces qui le composent oscillant autour de sa position moyenne, transmet intégralement dans la moyenne du temps les plus petites forces qui la sollicitent. Pour produire son effet, il n'est pas nécessaire que l'ondulation soit très-prononcée.

Dans le rouage en question il n'y a pas plus de $\frac{1}{8}$ de millimètre entre le creux et la figure saillante de l'onde. Le résultat est bon, et, malgré les variations de la puissance du ressort et les inégalités du travail extérieur, le rouage fournit du commencement jusqu'à la fin une vitesse qui ne varie pas de la cinq-millième partie de sa valeur. Le principe théoriquement certain est donc aussi jugé dans sa valeur pratique.

———————

RÉGULATEUR A AILETTES

APPLICABLE AUX ROUAGES D'HORLOGERIE [1].

J'ai décrit antérieurement une combinaison du régulateur isochrone à contre-poids et d'un ventilateur qui s'applique avec avantage aux rouages d'horlogerie, pour la production du mouvement uniforme.

Mais depuis l'époque où j'ai imaginé cette disposition, j'ai reconnu que dans les circonstances qui ne requièrent pas une extrême précision le régulateur à ressort résout la question d'une manière bien plus simple.

Le régulateur à ressorts a été décrit en principe dans un Mémoire précédent (page 495), et pour l'adapter à l'application des ailettes spéciales des rouages moteurs à vitesse constante, il suffit d'y apporter quelques modifications que je vais indiquer ici.

Le régulateur à ressorts, précédemment décrit, est caractérisé par l'interversion du point de suspension et du lieu occupé par le manchon. Cette interversion a pour effet d'assujettir les masses à se mouvoir dans le plan même du point de suspension et, par conséquent, d'établir un équilibre qui ne peut être troublé ni par les mouvements imprimés au système, ni par les changements de direction de l'axe. Les masses ainsi soustraites aux effets de la pesanteur sont sollicitées vers l'axe par des ressorts-hélice qui

---

1. Certificat d'addition (17 novembre 1864) au *Brevet* du 23 août 1862.

prennent leur point fixe sur des appendices, tournant solidairement avec l'arbre.

Pour faire d'un pareil système un bon régulateur de rouage, il suffit d'augmenter dans une certaine mesure la vitesse de rotation par la raideur des ressorts et d'étaler les masses en surfaces pour développer une résistance dans l'air, qui devra croître avec l'amplitude du cercle orbitaire décrit par le centre de gravité. On disposera donc les parties de la manière suivante :

Deux plaques de métal découpées en formes d'ailettes sont articulées par leur étroite extrémité sur un manchon M (fig. 9. Pl. 19), qui se meut librement suivant la longueur de l'arbre ; ces plaques seront tout à la fois les ailettes, les masses et les bras du régulateur. Comme masse, elles ont leur centre de gravité en C. Comme longueur de bras, elles mesurent la distance C M. Au milieu de cette longueur s'articulent les bielles de suspension O S. L'articulation S a lieu sur une traverse faisant corps avec l'arbre, et qui porte deux appendices pour l'attache des ressorts.

Comme cette traverse a une forme assez difficile à comprendre, on l'a représentée sous deux aspects différents, ainsi que les bielles qui suspendent les plaques. Ces bielles sont contournées de manière à entrer l'une dans l'autre, et à s'articuler suivant une même droite avec la traverse de suspension, puis elles reviennent en s'arrondissant regagner le plan des lames, l'une d'un côté, et l'autre du côté opposé ; cette inflexion a pour objet de réserver l'espace nécessaire au passage des ressorts.

Les ressorts sont au nombre de deux, et ils sont disposés de chaque côté, comme l'indique la figure qui représente l'appareil en plan. La condition à remplir pour que l'appareil exécute toutes ses révolutions dans le même temps, est que la longueur des ressorts détendus soit égale à celle de l'appendice tournant ; quant à la vitesse de révolution, elle dépend, comme il a été dit ci-dessus (page 472) du rapport des masses à la racine carrée de l'élasticité des ressorts.

D'après cela, pour varier la vitesse, on peut, à volonté, changer les ressorts ou modifier la masse des ailettes ; mais comme il importait, en outre, de pouvoir agir sur l'appareil en marche, on a dû mettre le manchon en prise avec un levier coudé I, dont l'un des bras, à longueur variable, est sollicité par un ressort. Mais comme il faut éviter que cette nouvelle force ne vienne troubler l'isochronisme, on a placé ce bras de levier sous une inclinaison telle que la force communiquée au manchon fût assujettie à varier proportionnellement avec la diagonale du losange articulé, parallèle à l'axe, condition qui est sensiblement satisfaite pour une certaine inclinaison relative des deux bras du levier, et qui se maintient sensiblement aux différentes positions du point d'attache.

Un régulateur ainsi construit répond à la double condition d'avoir une vitesse de révolution propre et de déterminer par ses changements de position le rétablissement d'un équilibre constant entre le travail moteur et le travail résistant. La constance dans la durée de révolution est la propriété du régulateur à ressort; quant à la variation du travail dépensé, elle résulte de la ventilation opérée par les lames, et dont l'énergie augmente avec l'étendue du cercle décrit. Il est à présumer que ce régulateur, en raison de son extrême simplicité, trouvera son application dans les diverses circonstances où l'on a déjà cherché à produire le mouvement uniforme.

RÉGULATEUR A AILETTES ET A CONTRE-POIDS[1].

On peut combiner, dans un régulateur, les masses ailettes avec des contre-poids, de manière à exclure l'emploi des ressorts et à éviter l'influence des changements qu'ils peuvent subir avec le temps.

S (fig. 11. Pl. 19) est une suspension où sont attachées deux petites bielles, articulées avec des ailettes dont les fourches viennent se réunir sur un manchon pesant. Un pareil système mis en mouvement de rotation est susceptible de prendre une très-grande vitesse et de produire une venti-

1. Certificat d'addition (17 novembre 1864, au *Brevet* du 23 août 1862.

lation énergique. De plus, il suit exactement les lois du régulateur ordinaire. et il subit les mêmes variations avec l'angle d'écart. Si donc on lui applique le système de levier et de contre-poids déjà décrit. on pourra le rendre isochrone et l'appliquer aux usages de haute précision.

La vitesse de rotation et, par suite, la quantité de travail dépensé dans l'air ambiant dépendent du rapport des masses des ailettes au poids du manchon. En supposant ces masses M concentrées en leur centre de gravité, en prenant pour l la distance de ce centre C au point articulé sur le manchon, et pour P le poids total de ce dernier diminué de l'action du contre-poids régleur, on a. suivant le tracé de la figure, pour la durée des révolutions, la valeur constante :

$$ t = 2\pi\sqrt{l\frac{M}{P}} $$

Dans l'application aux rouages d'horlogerie, on peut disposer du rapport $\frac{M}{P}$ de telle sorte que le système prenne une vitesse de 5 à 10 tours par seconde, ce qui. dans les dimensions de la figure ci-jointe[1], représente une dépense qui peut s'élever jusqu'à trente kilogrammètres dans une heure. C'est là une force motrice considérable, maintenue comme en réserve et toujours prête à se déplacer et à réagir contre l'obstacle qui tendrait à s'opposer au mouvement de la machine. Tant que la résistance ne donne pas lieu à une consommation de travail supérieure à la réserve dépensée par le régulateur. la vitesse se maintient sensiblement la même et n'a à subir en toute rigueur que des variations temporaires absolument insignifiantes et qui signalent la période de transition correspondante au changement de régime.

---

1. Le dessin, fig. 11. Pl. 19, est la réduction aux $\frac{1}{3}$ du dessin original.

RÉGULATEUR A FROTTEMENT[1].

Au lieu de chercher dans l'air une résistance variable pour faire équilibre à la force motrice, on peut se proposer de recourir à un frottement entre corps solides. Dans les combinaisons qui ont été proposées jusqu'ici, ce frottement avait le grand inconvénient d'exercer une réaction qui troublait la marche du régulateur. Je vais montrer qu'en adoptant le système de régulateur à ressorts décrit page 477 on peut introduire un frottement qui se gradue par l'action même des ressorts, et qui ne peut également réagir sur le régulateur.

Si l'on considère (fig. 11. Pl. 18) le système articulé suspendu en S, on reconnaît tous les éléments du régulateur à ressorts; seulement, au lieu d'attacher les ressorts sur une partie rigide tournant tout d'une pièce avec l'arbre, on prend les points d'attache sur des leviers articulés aux extrémités de la traverse, on prolonge ces leviers et on les arme de frottoirs qui, par l'action des ressorts, s'appliquent sur une surface cylindrique centrée sur l'arbre. En fait, les ressorts fonctionnent comme si les leviers ne faisaient qu'un avec la traverse, car l'articulation qui mobilise ces leviers ne sert qu'à transmettre une pression qui se gradue sans nécessiter aucun mouvement appréciable. Pour assurer le centrage de la surface frottée, on peut la monter à frottement libre sur l'arbre, et, pour la maintenir au repos, réserver une saillie qui vienne butter sur un obstacle.

On peut encore se proposer de faire en sorte que les frottoirs n'entrent en action que pour un certain écart que l'on déterminerait arbitrairement. Pour cela, on tend entre les deux frottoirs un ressort dont l'élasticité est constante et qui ne peut résister aux autres ressorts que jusqu'à concurrence d'une égale tension. Cet état d'équilibre correspond à un certain écartement des masses et marque la limite à laquelle le régulateur commence à entrer réellement en action.

1. Certificat d'addition (17 novembre 1864) au *Brevet* du 23 août 1862.

Je ne pense pas qu'en principe l'action d'un frottoir sur une paroi rigide puisse être considérée comme aussi correcte et aussi continûment graduée que celle qu'exercent des ailettes se mouvant dans l'air, mais la combinaison que je viens de décrire offre pourtant ceci de bien curieux, c'est de mettre en jeu un frottement qui, sans exercer aucune réaction sur la fonction propre du régulateur, fait naître une résistance d'une incomparable énergie et qui n'a de limites que dans la résistance des matériaux.

RÉGULATEUR A AILETTES SANS MANCHON.

Ce régulateur est formé par deux ailettes pendantes B, B' (fig. 7 et 8. Pl. 19) suspendues aux extrémités d'une traverse A A' fixée sur l'arbre D et entraînée dans son mouvement de rotation. Les deux ailettes sont sollicitées l'une vers l'autre par des ressorts à spirale R, attachés l'un d'un côté, le second de l'autre côté en un point situé vers le milieu de la longueur. Les ressorts sont, du reste, terminés par des boucles embrassant des anneaux I d'acier à tranchant intérieur, lesquels s'engagent sur des couteaux boutonnés également en acier.

Puis, pour maintenir entre les deux ailettes une solidarité de position à peu près symétrique, on les a reliées entre elles par une bielle E E' oblique et légère qui les oblige à s'écarter et à se rapprocher en même temps[1]. Cette bielle est fixée d'un bout sur l'une des ailettes, en dessous du point de suspension et de l'autre sur les bras des leviers L formant prolongement des ailettes au-dessus du point de suspension.

1. Dans un système imaginé antérieurement les deux ailettes étaient indépendantes (fig. 6.) : la bielle n'existait pas et les ressorts reliaient chaque ailette à l'extrémité d'une traverse horizontale tournant solidairement avec l'axe, comme dans le régulateur à plan fixe; mais les résultats obtenus ne parurent pas suffisants à L. Foucault pour les appareils de grande précision.

Sans les ressorts, on voit que les deux ailettes seraient pendues verticalement et oscilleraient au moindre écart comme deux pendules librement suspendus; mais les ressorts étant mis en place, les ailettes sont ramenées vers l'axe et y demeurent fortement appuyées, à moins que l'appareil ne soit soumis à un mouvement de rotation assez rapide pour développer une force centrifuge qui fasse équilibre à l'élasticité des ressorts ou qui la surmonte.

Lorsque cet équilibre entre les forces centrifuges et l'élasticité des ressorts a lieu pour une vitesse déterminée indifféremment à toute distance de l'axe ou pour toute longueur des ressorts plus ou moins détendus, on dit que le système est isochrone et l'on est assuré de voir le régulateur prendre et garder la même vitesse pour toute espèce de position.

La condition à remplir pour mettre le régulateur en état d'isochronisme plus ou moins parfait, c'est que les ressorts se trouvent complétement détendus pour une distance du point d'attache correspondante à l'annulation de la résultante des forces centrifuges, ou, en d'autres termes, il faut à très-peu près que les longueurs réduites des ressorts à zéro-tension soit égale à la distance entre ces points d'attache pour la position où les centres résultant des forces centrifuges seraient fictivement ramenés sur l'axe.

Si donc le régulateur est associé à un rouage qui lui communique le mouvement tout en exécutant un travail au dehors, les ailes s'écartent jusqu'à dépenser par ventilation dans l'air tout l'excès disponible de la force motrice, et si le travail exécuté vient à changer de valeur le régulateur changera de position de manière que son travail propre de ventilation reste complémentaire de l'autre, et que la somme de tous ces travaux soit équivalente à la force motrice dépensée dans le même temps.

Le régulateur étant isochrone, ces changements de régime auront lieu sans changement permanent de vitesse, et les variations temporaires seront d'autant plus abrégées qu'il tournera lui-même plus vite et qu'il aura moins de masse. A cet effet, on donne de préférence au régulateur une vitesse de douze à quinze tours par seconde et l'on construit en aluminium la traverse A, la bielle oblique E et les deux bras de levier F et L prolongeant ces dernières au delà du point de suspension. Pour bien déterminer le centre des forces centrifuges, on garnit la partie élargie des ailettes de disques de cuivre C, C' fixés sur l'aluminium. Deux petites boules de cuivre M, M' se vissent sur les bras L F des leviers prolongés et forment de petites masses destinées à faciliter le réglage définitif de l'appareil. On comprend qu'en les approchant ou en les éloignant des centres de suspension on modifie l'effet des forces centrifuges et on produit ainsi des changements dans une petite mesure.

Cette disposition du régulateur est spécialement destinée aux applications à la chronographie.

RENSEIGNEMENTS PRATIQUES

SUR L'EMPLOI DU RESSORT HÉLICE[1].

Dans un certain nombre de modèles de régulateurs, la force qui est opposée à la force centrifuge est empruntée à des ressorts à boudin ou ressorts hélices. Le métal qui convient le mieux pour former ces ressorts est le laiton en fil fortement écroui au moment de l'enroulement par des passages réitérés à travers la filière.

La force des ressorts ou l'inverse de leur allongement par kilogramme de charge dépend de la grosseur du fil, du diamètre et du nombre des spires ; elle est sensiblement proportionnelle au cube du diamètre du fil, en raison inverse du diamètre des spires, ainsi que du nombre de ces spires[2].

---

1. Certificats d'addition du 24 avril 1865 et du 9 janvier 1866 aux *Brevets* du 23 août 1862 et du 6 décembre 1865.

2. La force des ressorts a été étudiée expérimentalement par L. Foucault sur un grand nombre de ressorts ; les chiffres qu'il a trouvés ainsi ne présentent pas d'ailleurs un intérêt suffisant pour qu'on ait cru devoir les publier.

On a ainsi trois éléments à faire varier et qui permettent toujours de composer un ressort conforme aux conditions prescrites.

Toutes les fois que l'emploi du ressort hélice a été indiqué dans le cours de ces notes, on a eu bien soin de définir la longueur du ressort détendu qu'il convient d'employer, et de la rapporter à quelqu'une des données principales de l'appareil à construire. Par ce moyen on est toujours sûr de pouvoir tomber directement, sans tâtonnement aucun, sur les conditions d'isochronisme, ou de s'en écarter arbitrairement dans un sens ou dans l'autre. Mais, pour éviter toute méprise, il est important de ne pas confondre la longueur matérielle avec la longueur réduite d'un ressort réellement détendu. Quand un ressort hélice, abandonné à lui-même, laisse voir du jour entre les torons de spire, on est sûr que sa tension est nulle et l'on peut prendre directement sa longueur naturelle en mesurant la distance comprise entre les deux extrémités ; mais quand le ressort a été enroulé dans un état de tension initiale qui tient les spires appliquées les unes contre les autres, il faut recourir à une petite opération pour reconnaître la longueur qu'il prendrait si les spires, en se pénétrant les unes les autres, pouvaient librement obéir à leur élasticité.

Cette longueur fictive d'un ressort qui tend à rentrer en lui-même joue, pour l'établissement des conditions d'isochronisme, le même rôle que la longueur naturelle des ressorts dépourvus de tension initiale et, pour la déterminer, on n'a qu'à procéder de la manière suivante :

On charge le ressort du poids justement nécessaire pour faire équilibre à sa tension initiale, ce qu'on reconnaît à ce que les spires sont sur le point de s'écarter les unes des autres ; puis on double ce poids et l'on mesure l'allongement qui en résulte ; la longueur ainsi observée est à retrancher de la longueur matérielle du ressort non chargé, pour en déduire la longueur fictive qui correspond à l'absence de tension. Cette *longueur réduite* des ressorts à tension initiale est de tout point assimilable à la longueur des ressorts sans tension.

Théoriquement, il est indifférent d'employer des ressorts avec ou sans tension initiale ; mais, dans la pratique, il y a un certain intérêt à façonner les ressorts de manière à leur communiquer une tension initiale aussi grande que possible. En effet, plus on diminue la longueur des ressorts à zéro-tension, et plus ils deviennent faciles à introduire dans les mécanismes.

— · —— —

DÉTAILS PRATIQUES

SUR LA CONSTRUCTION DES RESSORTS HÉLICES.

Il importe de pouvoir produire, dans un ressort hélice, la tension initiale qui a été définie plus haut ; pour obtenir ce résultat, j'ai recours au procédé de fabrication suivant :

L'état de tension initiale ne peut être obtenu avec des ressorts hélices en acier trempé, attendu qu'il disparaît par le recuit qui précède nécessairement la trempe. C'est là une des raisons pour lesquelles j'emploie de préférence les fils en laiton qui se récrouissent de plus en plus par des passages réitérés à travers la filière.

En étudiant attentivement les circonstances qui accompagnent l'enroulement des ressorts, j'ai reconnu que le plus sûr moyen de leur communiquer une forte tension initiale est d'imprimer au fil sortant de la filière et immédiatement avant l'enroulement une courbure perpendiculaire au plan même des spires et dont la concavité soit tournée du côté de la partie du ressort déjà formé. On est ainsi conduit à donner à la filière une forte inclinaison sur la direction de l'axe du mandrin qui détermine le calibre du ressort.

Les choses sont alors disposées de la manière suivante : je suppose que le fil a déjà été enroulé une ou plusieurs fois, uniquement pour obtenir un commencement de récrouissage. Ce ressort (fig. 25) est enfilé dans une broche B prenant point d'appui sur un support qui conduit la filière F. Le bout du fil déroulé et aminci est engagé dans le trou qui doit lui faire subir une nouvelle réduction de diamètre; au delà le fil s'enroule sur le mandrin M qui est monté sur un tour et mis en mouvement par un toc T. A mesure que l'enroulement s'opère, on *conduit à la main*, en V, le chariot qui porte la filière, et pour que ce mouvement soit exécuté avec précision on arme le support d'une aiguille indicatrice A que l'on s'applique à maintenir en contact avec le dernier tour de spire formé.

Par ce moyen, toutes les parties du fil déroulé par l'appel du mandrin qui tourne sur lui-même cheminent au sortir de la filière suivant une

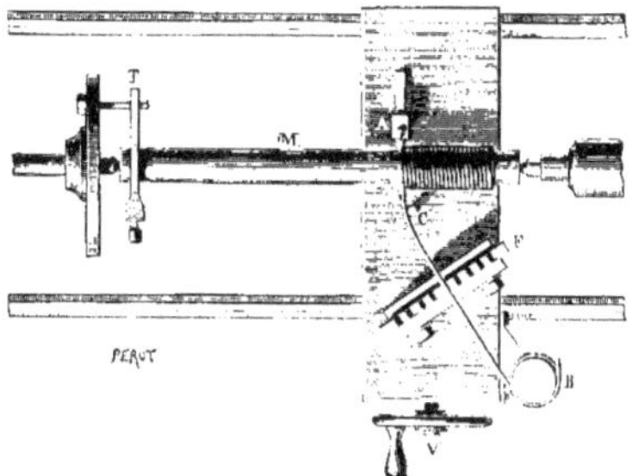

Fig. 25.

courbure constante qui se transporte parallèlement à elle-même, et c'est en subissant cette inflexion constante que le fil contracte l'état de ressort qui maintient les spires appliquées les unes contre les autres.

Quant à la nécessité de conduire le support à la main par un engrenage indépendant des transmissions qui agissent sur le mandrin, elle résulte de l'absence de relation simple entre les deux vitesses et de la variété infinie des rapports à établir entre elles. On peut, suivant les cas, varier l'inclinaison de la filière et le retard du chariot, et l'on constate qu'en opérant dans des conditions identiques on arrive à coup sûr à des résultats semblables.

Une circonstance dont l'influence est peu connue et qui tend à augmenter la tension du ressort sur lui-même consiste à produire l'enroulement définitif en faisant passer le fil dans la filière directrice à travers le dernier trou qu'il a déjà franchi; le récrouissage et la tension s'opèrent ainsi par deux opérations distinctes, et l'on est sûr que l'une ne nuira pas à l'autre.

En inclinant la filière de 30 à 40° sur la direction du mandrin, on arrive à produire des ressorts dans un état de tension inconnu jusqu'ici, et quand le diamètre du fil ne dépasse pas $\frac{1}{12}$ du diamètre des spires, on réussit à réaliser le ressort hélice ayant une longueur réduite nulle ou négative.

Quand on veut exagérer les choses, et pousser à outrance l'application du principe, on fixe sur le support une sorte de buttoir C, avec ou sans galet, qui exagère la courbure du fil sans qu'il cesse de traverser normalement la filière.

Ce qu'il y a de mieux pour une fabrication courante, c'est d'obtenir le ressort d'emblée dans l'état de tension qui convient à l'application qu'on en veut faire; mais quand cette tension a été exagérée, il est facile de la ramener à la valeur voulue : on attache par une de ses extrémités le ressort à un point fixe et on exerce sur l'autre extrémité une tension capable de dépasser plus ou moins la limite d'élasticité. On éprouve ensuite le ressort en mesurant sa longueur sous deux charges différentes, et l'allongement étant considéré comme proportionnel à la charge, on peut calculer la tension initiale du ressort et sa longueur réduite.

ROUAGE COMMUTATEUR A SYSTÈMES SATELLITES [1]

Il s'agit d'un rouage commutateur, à systèmes satellites, qui se trouve
en relation constante avec le moteur à régler, et j'utilise ce système pour
transmettre l'action de mon modérateur à force centrifuge, soit à la vanne
d'admission de l'eau dans le cas ou le moteur est hydraulique, soit à la
valve d'arrivée de vapeur, dans le cas d'une puissante machine à vapeur.

Le dessin annexé permettra de se rendre facilement compte des dispositions spéciales que j'ai combinées et qui sont représentées fig. 12. Pl. 19
en perspective.

Le rouage se compose de deux systèmes satellites composés chacun
de la même manière, de telle sorte que la description de l'un des systèmes
est la description de l'autre ; j'ai eu soin d'indiquer dans la figure 12 les
pièces correspondantes de chaque système par les mêmes lettres, seulement les unes sont des lettres simples et les autres des lettres primées.

Chacun des deux systèmes se compose :

1° D'une roue E ou E′ folle sur l'axe I J (ou I′ J′) et portant un manchon dans lequel tourne librement l'axe des deux roues fixes B et D (ou
B′ et D′) ;

2° D'un pignon A (ou A′) qui est en relation avec les rouages extérieurs à l'appareil et qui engrène avec la roue B (ou B′) ;

1. Certificat d'addition (28 août 1867) au *Brevet* du 6 décembre 1865.

3° D'un pignon G (ou G') fixé ainsi qu'une roue à cheville H (ou H') sur un même manchon lequel est fixé sur l'arbre I J (ou I' J') ; le pignon G (ou G') engrène avec la roue D (ou D').

Les deux systèmes sont réunis parce que la roue à cheville H engrène avec la roue folle E' et la roue à cheville H', avec la roue folle E.

Les palettes K, K' d'une ancre d'arrêt et commandée par le régulateur à l'aide du levier L, peuvent à volonté s'engager dans les chevilles de la roue H, ou dans celles de la roue H', ou bien même se tenir en dehors de ces deux roues.

Le rouage étant ainsi disposé constitue deux séries d'engrenages ou trains pouvant fonctionner indépendamment l'un de l'autre.

L'un des systèmes ou trains se trouve formé par les mobiles A B D — G H E' — D' B' A' ;

L'autre par les mobiles A B D — E H' G' — D' B' A'.

Il est facile de se rendre compte que pour une même rotation directe du pignon A le mouvement transmis par le premier train au pignon A' sera égal et de sens contraire à celui que transmet le second.

En effet, si nous supposons que l'ancre fixe la roue à cheville H' et par suite la roue E, le mouvement de rotation directe imprimé au pignon A fournira un mouvement direct à la roue H, d'où il résultera que le mouvement sera inverse pour E' et par conséquent pour A'.

Si, au contraire, H et par conséquent E' sont rendus immobiles (fig. 12), le même mouvement direct de A donnera à E un mouvement inverse et par conséquent la rotation de H' G' A' sera directe, et comme les rapports des nombres de dents sont les mêmes dans les deux trains, le mouvement direct de A aura la même vitesse que le mouvement inverse donné par le premier train.

Si les deux trains fonctionnent en même temps, la rotation de A' sera nulle.

La rotation de A' transmettra dès lors, sous l'influence du régulateur agissant en L, le mouvement dans un sens convenable soit à une vanne d'admission de l'eau, soit à une valve d'arrivée de vapeur.

EXTRAITS

DES

FEUILLETONS SCIENTIFIQUES

DU *JOURNAL DES DÉBATS*

VITESSES RELATIVES

DE LA LUMIÈRE DANS L'AIR ET DANS L'EAU[1]

(Lettre au Rédacteur, 30 avril 1850.)

Monsieur,

Je n'attendrai pas l'expiration de la quinzaine pour vous rendre compte du principal événement de la séance que l'Académie des sciences a tenue aujourd'hui. On savait que M. Arago devait parler et continuer de raconter ses belles recherches de polarisation et de photométrie; l'affluence était grande, et l'Académie comptait dans son sein un associé étranger et deux membres correspondants. M. David Brewster, lord Brougham et M. de La Rive, de Genève. Mais ce à quoi l'on ne s'attendait pas, c'est que M. Arago devait rappeler un des plus beaux projets qu'ait enfantés le génie d'un savant, et déclarer qu'après l'avoir conçu il laissait à la jeune génération le soin et l'honneur de le mettre à exécution. Ce projet, il en a été plus d'une fois question ici : il consistait à décider, au moyen d'un miroir tournant, si la lumière se meut plus vite ou dans l'air, ou dans l'eau, et à chercher dans le résultat probable de cette expérience la confirmation de la théorie aujourd'hui en faveur pour expliquer l'ensemble des phénomènes lumineux. Jugez, monsieur, de l'émotion avec laquelle je dus écouter cette généreuse déclaration

---

1. Voir page 173.

moi qui tenais depuis quelques jours [1] entre mes mains la solution expérimentale de ce grand problème! Néanmoins j'ai cru convenable de différer jusqu'à la séance prochaine la lecture du Mémoire où j'ai consigné mes résultats. En attendant, monsieur, permettez-moi de vous énoncer en peu de mots ce que j'ai observé.

La lumière emploie plus de temps à parcourir le même chemin dans l'eau que dans l'air, et la durée de son parcours dans ces deux milieux différents est accusée par une déviation du rayon qui se réfléchit à un moment donné sur un miroir tournant avec une grande rapidité.

Toutes choses égales d'ailleurs, les déviations se sont montrées sensiblement proportionnelles aux indices de réfraction de l'air et de l'eau.

Il n'est pas possible de conserver le moindre doute sur la réalité de ces résultats : ils ont été obtenus de deux manières différentes.

Les deux déviations ont d'abord été observées successivement et trouvées inégales pour une même vitesse de rotation du miroir. Puis elles ont été vues simultanément, ce qui rendait encore l'observation plus certaine. Permettez-moi de m'en tenir, pour le moment, à l'expression un peu technique de ces nouveaux résultats. Quand les colonnes du feuilleton seront libres, j'entrerai dans les développements nécessaires pour rendre ces propositions plus intelligibles à vos lecteurs.

Recevez, monsieur, etc.

1. Une feuille trouvée dans les papiers de L. Foucault porte à la suite les deux indications suivantes écrites de sa main :

Dimanche 17 février 1850, le rayon a dévié.

Samedi 27 avril 1850, à une heure, il est constaté que la lumière va plus vite dans l'air que dans l'eau : à quatre heures, quatre personnes en sont témoins.

DÉMONSTRATION EXPÉRIMENTALE

DU MOUVEMENT DE ROTATION DE LA TERRE [1]

(31 mai 1851.)

La notion du mouvement de rotation de la terre est aujourd'hui tellement répandue, elle a si victorieusement passé du domaine de la science dans celui des idées vulgaires, qu'il pourra sembler superflu de chercher à en donner une preuve nouvelle. Cependant, si l'on considère que les principaux arguments à l'appui de ce mouvement sont tirés de l'observation des phénomènes célestes, on accordera peut-être encore quelque attention au résultat d'une expérience qui permet de conclure à la rotation de la terre par l'inspection d'un phénomène produit à domicile et sans jeter un coup d'œil sur le ciel. De même que, en pleine mer, à perte de vue du rivage, le pilote, les yeux fixés sur le compas, prend connaissance des changements de direction accidentellement imprimés au navire, de même l'habitant de la terre peut se créer, au moyen du pendule, une sorte de boussole arbitrairement orientée dans l'espace absolu, et dont le mouvement apparent lui révèle le mouvement réel du globe qui le supporte. Quand l'aiguille aimantée, qui ne cesse de viser vers le nord, a l'air de tourner dans un sens ou dans l'autre, on en conclut que c'est le navire qui vire de bord en sens opposé.

En voyant tout à l'heure le plan d'oscillation d'un pendule libre dévier constamment dans un sens déterminé, nous conclurons également, en présence de ce plan qui ne doit pas tourner, que c'est nous qui tournons en sens contraire. Sur ce point donc, nous serons encore une fois obligés de redresser par le raisonnement le témoignage de nos sens.

En mettant le pendule en branle, nous commencerons par établir, en nous fondant

1. Voir page 378.

sur une propriété essentielle de la matière, sur l'inertie, que le plan déterminé par les oscillations ne peut tourner autour de la verticale; et si, contrairement aux lois de la mécanique les plus absolues, il nous semble s'animer d'un mouvement de rotation conforme à celui de la sphère céleste, nous lutterons contre l'apparence et nous nous appliquerons à nous-mêmes, au sol, aux objets environnants, ce mouvement en sens contraire.

Toutefois, il faut bien le reconnaître, si l'expérience nouvelle paraît aujourd'hui concluante, décisive, on doit en savoir gré au progrès du temps. Entre les mains de Copernic, de Galilée, cette expérience n'eût été qu'un embarras de plus, par la difficulté qu'il y aurait eu alors de saisir le lien qui, pour nous, plus avancés en mécanique, la rattache au mouvement de la terre. C'est donc bien plutôt une conséquence de ce mouvement qu'une preuve à l'appui d'une vérité incontestée que nous voulons produire ici; car si, par impossible, il se trouvait encore des personnes entêtées à faire tourner le soleil autour de la terre, il est certain que, pour ces esprits prévenus, la déviation spontanée du plan oscillatoire d'un pendule resterait sans portée. Mais, considérée comme une simple vérification, cette expérience a du moins pour elle l'avantage d'une exécution facile, d'une réussite assurée. Le phénomène se développe avec calme, il est fatal, irrésistible comme la cause supérieure qui le produit. On sent, en le voyant naître et grandir, qu'il n'est pas au pouvoir de l'expérimentateur d'en hâter ni d'en retarder la manifestation. Tout homme mis en présence du fait, converti ou non aux idées régnantes, demeure quelques instants pensif et silencieux, et généralement il se retire emportant par devers lui un sentiment plus pressant et plus vif de notre incessante mobilité dans l'espace.

Comme nous l'avons déjà dit, l'observation porte sur la marche du pendule, l'un des plus précieux instruments de la physique, l'une des plus belles conceptions de Galilée.

Le pendule simple est une abstraction pure, une création de l'esprit impossible à réaliser matériellement; on le suppose formé d'une molécule pesante suspendue à un fil flexible, inextensible et sans pesanteur, attaché supérieurement à un point fixe, et destiné à maintenir une distance constante entre ce point fixe et la molécule. La flexibilité parfaite du fil au point d'attache permet à la molécule de se mouvoir sur la surface d'une sphère ayant le fil pour rayon et le point fixe pour centre. Dans la pratique, on approche autant que possible des conditions du pendule simple, en figurant la molécule pesante par une sphère métallique très-dense, et le fil mathématique par le fil le plus ténu qui puisse résister à la rupture. Muni d'un pareil pendule, le physicien vérifie, à très-peu près, les lois que la mécanique indique comme devant représenter la marche du pendule simple. C'est ainsi que ce pendule physique, écarté de la verticale de deux ou trois degrés et abandonné à lui-même, passe et repasse par cette verticale en décrivant de part et d'autre une longue série d'oscillations décroissantes en amplitude, mais dont les durées restent sensiblement les mêmes, depuis les plus grandes jusqu'aux plus petites.

Cette propriété fondamentale du pendule, découverte par Galilée, désignée sous le nom d'isochronisme, a été depuis plus de deux siècles l'objet d'observations innombrables, et Huyghens, en appliquant le pendule aux horloges, en a fait l'instrument le plus précieux pour la mesure du temps. Mais en s'emparant du pendule, l'horlogerie lui a fait subir une modification qui masquait une autre propriété remarquable, celle dont nous venons de tirer parti, celle enfin de garder fidèlement son plan d'impulsion primitive. En appliquant le pendule aux horloges, on a trouvé commode de le suspendre, non plus par un fil, mais au moyen d'un couteau ou d'une lame qui l'astreint à exécuter sa digression dans un plan déterminé par construction et orienté fixement par rapport aux pièces immobiles de la machine, d'où il suit que le pendule des horlogers n'oscille plus librement autour d'un point sur une surface de sphère, mais bien suivant un arc et autour d'un axe fixe.

Pour mettre en évidence le mouvement de la terre, il a fallu rompre cette solidarité du plan d'oscillation avec le point d'attache et revenir au pendule libre; il a fallu délivrer l'admirable instrument de Galilée des liens qui l'attachent habituellement à la terre et lui rendre avec son indépendance originelle, ses relations naturelles avec l'espace absolu.

Une sphère bien ronde, suspendue à un point fixe par un fil métallique aussi fin, aussi homogène, aussi exactement cylindrique que possible, tel est jusqu'à présent, dans toute sa simplicité galiléenne, l'instrument le plus propre à donner à l'homme un signe sensible de la rotation du globe qu'il habite. Dès qu'il entre en mouvement, ce pendule appartient en quelque sorte aux espaces célestes, et s'il tient encore par un point à la terre, ce n'est que pour demeurer sous les yeux du spectateur et lui laisser un témoignage de sa propre mobilité.

Il est d'ailleurs facile de prouver, par expérience, jusqu'à quel point on peut compter sur l'indépendance du plan d'oscillation.

Avant de s'en prendre au mouvement de la terre, qui par sa lenteur même oblige de recourir à des appareils assez développés, installons sur une table, que l'on fera mouvoir à volonté, un petit pendule : une balle de plomb suspendue à un fil. La chambre où nous opérons sera pour nous l'univers; le meuble représentera la terre. Le pendule, attaché à un support, fonctionnera au-dessus d'un cercle traversé par différents diamètres dont le point d'intersection corresponde à la direction du pendule au repos. Le pendule, le support et le cercle forment un tout solidaire, un appareil complet, que nous plaçons d'abord au centre de la table. On saisit alors la balle de plomb; on l'écarte de sa position d'équilibre en suivant la direction d'un des diamètres du cercle, puis on l'abandonne à elle-même pour se mettre en observation. Qu'arrive-t-il alors? La chose du monde la plus simple et la plus évidente. Aussitôt devenu libre, le pendule s'élance vers le point du centre, le dépasse en vertu de sa vitesse acquise, y revient encore, passe et repasse, jusqu'à l'expiration de son mouvement au-dessus de ce centre, en oscillant dans un plan invariable dans la direction du diamètre suivant lequel a eu lieu l'écart primitif. Que l'on cherche à prendre ses points de repère en dehors de la table, sur les murs de la chambre, on conclura également à l'immobilité du plan d'oscillation. Mais si, tandis que le pendule fonctionne, on vient à faire tourner doucement, sans secousses, la table sur elle-même, quelles seront les relations du plan d'oscillation soit avec les objets pris en dehors de ce meuble, soit avec des rayons du cercle divisé? Vous tous qui n'avez pas encore fait l'expérience, quelle serait votre réponse à pareille question? Ne vous semble-t-il pas, à première vue, que le plan d'oscillation, entraîné par le mouvement de la table, va changer de direction dans la chambre, en conservant la même position relative sur son cercle divisé? Erreur profonde! c'est justement tout le contraire qui arrive. Le plan d'oscillation n'est pas un objet matériel; il n'appartient ni au support ni à la table, il appartient à l'espace, à l'espace absolu. Le mouvement communiqué aux objets matériels qui environnent le pendule change leurs rapports avec son plan d'oscillation, d'où il résulte que la rotation de la table a simplement pour effet de faire passer successivement les différents diamètres du cercle divisé sous le plan d'oscillation, qui demeure invariable.

Ceci bien établi, il est nécessaire d'aborder l'expérience dans des circonstances un peu plus compliquées. Tant que l'appareil est au centre de la table et que celle-ci se borne à tourner sur elle-même, le plan d'oscillation reste absolument fixe. Mais si l'on place l'appareil sur le bord de la table tandis qu'elle se meut autour de son centre de figure, la verticale du pendule, qui doit toujours être comprise dans le plan d'oscillation, devient excentrique, et par suite elle est matériellement assujettie à un mouvement de translation qui était nul dans le cas précédent. Ce mouvement entraîne le plan d'oscillation, et l'on ne peut plus compter sur sa fixité absolue. Est-ce à dire qu'il va perdre sa fixité d'orientation? Nullement. Il suit la verticale dans son déplacement, cela est vrai, mais sa direction ne change pas. Si, à l'origine, il était parallèle à l'un des murs de la chambre, il lui reste parallèle tout en se plaçant successivement à des distances variables. Ainsi ferait une boussole que vous transporteriez de ci et de là : le pivot entraîne l'aiguille, mais l'aiguille ne tourne pas. Pour le plan d'oscillation, le point de suspension est le pivot; il entraîne le plan d'oscillation parallèlement à lui-même; il ne saurait le faire dévier. Or, tandis que la table tourne sur son axe fictif emportant l'appareil pendulaire placé hors du centre, elle imprime un mouvement de translation commun au plan d'oscillation et au cercle divisé; de plus, elle communique à celui-ci un mouvement angulaire auquel résiste le plan d'oscillation. On peut donc négliger le mouvement commun de translation, et l'on retombe alors dans le cas précédent, où l'on n'avait qu'à considérer le contraste de l'immobilité du plan d'oscillation et de la rotation du cercle autour de son centre. On pourrait introduire encore dans l'expérience un surcroît de complication qui ne serait pas sans analogie avec la complication des mouvements des corps célestes. On pourrait, en même temps qu'on fait tourner la table sur elle-même, la faire circuler autour de la chambre. Dans ce cas, le point de suspension décrirait dans l'espace une courbe sinueuse, sans porter atteinte au parallélisme du plan d'oscillation.

Jusqu'ici l'observateur est placé en dehors du petit théâtre où se manifestent les déplacements relatifs du plan d'oscillation et des repères sous-jacents, et par là il acquiert expérimentalement la notion de l'invariabilité de ce plan. En cela le témoignage de ses sens reste parfaitement d'accord avec les résultats qu'on aurait pu produire, *a priori*, des principes de la mécanique rationnelle. Mais si le théâtre de l'expérience s'agrandit au point d'englober l'expérimentateur lui-même, si au lieu de s'appliquer uniquement à la table le mouvement de rotation emporte la maison tout entière, oh! alors les appa-rences deviennent tout à fait inverses. C'est le plan d'oscillation qui semble se dévier par rapport aux objets réellement mobiles qui l'environnent. A plus forte raison si c'est la terre elle-même qui tourne dans l'espace, l'illusion sera-t-elle complète; et voilà pour-quoi un pendule libre, dès qu'il oscille, soit au fond d'une cave, soit dans la salle de la méridienne de l'Observatoire, soit sous la belle coupole du Panthéon, voilà pourquoi le pendule, par sa tendance à garder son plan d'impulsion primitive, dessine en présence de l'observateur une série de trajectoires illusoirement inclinées les unes sur les autres. Que si, par la force du raisonnement, nous parvenons à triompher de ces apparences, il faudra bien en conclure que c'est la terre et nous-mêmes qui tournons en sens inverse.

Mais, dira-t-on, le globe de la terre, sensiblement sphérique, peut-il être comparé dans son mouvement de rotation à cette table plate que vous faites manœuvrer au milieu d'un salon? Il faut l'avouer, la comparaison ne peut être soutenue comme exacte qu'autant qu'on suppose le pendule installé au pôle même de la terre ou sur une région tellement voisine, qu'il n'y ait pas lieu à se préoccuper de la courbure de la terre. Dès qu'on s'éloigne notablement du pôle, il survient une complication provenant de ce que la verticale inclinée sur l'axe du monde décrit en vingt-quatre heures une surface conique et change incessamment de direction dans l'espace. Changeant ainsi de direc-tion, elle entraîne le plan d'oscillation qui la contient toujours et qui dès lors ne peut plus, comme dans les expériences en petit, rester parallèle à elle-même. Faut-il pour cela abandonner la partie, se jeter à corps perdu dans l'analyse pure, renoncer à pénétrer par la vue directe de l'esprit dans l'intimité du phénomène? Nous ne le pen-sons pas.

Prenons une sphère, marquons-y deux pôles opposés, traçons un cercle de latitude représentant celui qui passe par Paris. En un petit point de ce cercle imaginons un petit pendule battant dans le plan du méridien : du moment où le globe vient à tourner, la verticale s'incline en dehors du plan d'impulsion primitive; dès lors le plan d'oscillation change, mais l'inertie de la matière est toujours là qui ne perd pas ses droits, elle réduit au minimum l'angle qui mesure l'inclinaison du plan d'oscillation, considéré dans deux positions successives correspondant à deux directions infiniment voisines de la verticale. Guidé par ces considérations, on est conduit à construire sur un cercle de latitude quelconque une série de petites lignes sensiblement parallèles les unes aux autres, représentant les traces du plan d'oscillation dans ses positions diverses, et en comparant leurs directions avec les différents méridiens qu'elles croisent, on trouve :

1° Que pour un observateur attaché au sol, la déviation du plan d'oscillation a lieu en sens inverse du mouvement de la terre;

2° Que le mouvement d'oscillation, égal sur le pôle au mouvement de la terre, se ralentit à mesure qu'on approche de l'équateur où il devient nul, et qu'il a lieu en sens opposé dans les deux hémisphères;

3° Que la vitesse angulaire du plan d'oscillation est égale à celle de la terre, multipliée par le sinus de la latitude du lieu où l'on opère; d'où il résulte que cette vitesse est uniforme, et que le plan d'impulsion primitive est réellement arbitraire.

Nous donnons avec confiance ces indications théoriques auxquelles on arrive de tout côté, soit qu'en suivant M. Binet, qui s'y est avancé le premier, on prenne la voie de l'analyse, considérée par les uns comme étant la plus sûre, soit qu'à la manière de M. Liouville et de M. Poinsot, on se laisse guider par des considérations empruntées à la mécanique et la géométrie.

Au reste, ces diverses conséquences ne s'appliquent qu'au pendule simple, qu'à l'être de raison que tout d'abord nous avons défini géométriquement; encore faut-il que ses oscillations soient réduites à des amplitudes infiniment petites. En passant de la théorie à l'expérience le physicien doit s'attendre à des mécomptes; et, dans le cas présent, il devait s'estimer très-heureux s'il parvenait avec un pendule matériel à obtenir une déviation non équivoque dans le sens prévu. Quant à nous, l'entreprise nous semblait tellement téméraire, qu'avant de l'aborder de front nous avons voulu nous assurer, par une expérience préliminaire, de l'indépendance du plan d'oscillation dans des circonstances où l'on peut conclure du petit au grand, aussi bien dans le temps que dans l'espace.

Une verge d'acier sensiblement ronde étant fixée sur l'arbre d'un tour dans le prolongement même de l'axe était mise en vibration dans un plan quelconque qui était nettement accusé dans l'espace par la persistance des impressions visuelles. Tandis qu'elle vibrait encore, on faisait tourner à la main l'arbre qui lui servait de support, et l'on constatait que, bien que la verge tournât elle-même, le plan de vibration résistait à l'entraînement d'une manière manifeste.

Bien que la verge fût courte et les vibrations peu persistantes, l'expérience parut très-concluante, attendu qu'en quelques secondes le nombre des oscillations, déjà considérable, représentait une épreuve de bien plus longue durée sur le pendule. Toutes réflexions faites, il n'y avait plus qu'à se préoccuper des moyens de construire un pendule réellement libre. Pour qui n'a plus à redouter que des difficultés d'exécution, fallût-il compter sur des prodiges, M. Froment est là, dont le talent accompli n'es jamais resté en défaut devant un problème nettement posé. Les conditions mécaniques à remplir dans cette circonstance étaient clairement définies : fixité absolue du point de suspension, symétrie parfaite de l'appareil dans toutes ses parties. M. Froment a su les réaliser d'une manière admirable et procurer au physicien qui s'est confié à lui la confirmation complète et rapide de l'idée préconçue.

L'appareil qui a le premier fonctionné utilement n'avait pas plus de 2 mètres de haut ; il consistait en une sphère de laiton pesant 5 kilogrammes, suspendue par un fil d'acier à un support en fonte solidement scellé au sommet de la voûte d'une cave. On mettait le pendule en marche dans une direction quelconque en saisissant la boule dans une anse de fil combustible, en la maintenant écartée de sa position d'équilibre jusqu'à ce que le système rentrât dans le repos ; puis on mettait le feu au fil, qui, par ce moyen, rompu sans secousse, laissait le pendule osciller dans un plan bien déterminé. Une demi-heure plus tard, ce plan avait tellement changé de direction qu'on s'en apercevait au premier coup d'œil. Répétée une multitude de fois dans des directions variées, l'expérience a toujours donné le même résultat. Le plan a constamment dévié ; et même il a toujours tourné autour de la verticale dans un sens tel, que dans ses retours successifs au-devant de l'observateur, la boule se portait de plus en plus vers la gauche. Si parfois des irrégularités entachaient les résultats, elles portaient seulement sur la grandeur, jamais sur le sens de la déviation. qui toujours semblait entraîner le plan d'oscillation d'un mouvement apparent conforme à celui de la voûte céleste. Il était évident qu'on opérait sur une trop faible hauteur. En effet, le même appareil transporté à l'Observatoire, installé avec l'autorisation de M. Arago dans la salle de la méridienne et suspendu à 11 mètres de fil, prit aussitôt une marche beaucoup plus régulière, beaucoup plus apparente. Partout où l'on pourra disposer librement, sans restriction, d'une hauteur de 10 à 12 mètres, on sera à même d'étudier sérieusement et à fond l'influence de la rotation de la terre sur la marche du pendule.

Mais sous les voûtes élevées de certains édifices le phénomène devait prendre une splendeur magnifique. Nous avons trouvé dans le Panthéon un emplacement merveilleusement approprié à l'installation d'un pendule gigantesque ; nous avons trouvé pareillement dans l'administration les dispositions les plus favorables à l'exécution du progrès que suggérait la vue de cette immense coupole. Sur une simple description du projet d'expérience, sur l'énoncé des résultats probables qu'elle fournirait à la science et qu'elle mettrait sous les yeux de tout le monde, le Président de la République résolut que la chose serait faite, et avec la rapidité de l'éclair sa haute protection réagissant jusqu'au dernier degré de l'échelle administrative, on vit, en moins de quinze jours, se dresser les appareils qu'il nous reste à décrire.

Au sommet de la coupole, ornée par les peintures de Gros, se trouvait un tampon, une sorte de couvercle qui, une fois enlevé, a laissé béante une ouverture circulaire d'un mètre et demi de diamètre. On a commencé par jeter en travers, d'un bord à l'autre, comme un pont d'une seule pièce, un fort madrier en sapin de 0^m,40 d'équarrissage, et l'on a comblé par un plancher l'espace resté libre de chaque côté. Au milieu du madrier, on a percé un trou évasé par le bas dont l'axe se confond avec celui du dôme. C'est par ce trou que passe le fil attaché aux pièces métalliques posées sur la face supérieure du madrier. Tandis qu'on travaillait activement à consolider ainsi le point d'attache, on prenait possession de l'espace circulaire occupé sur le sol par la mosaïque et circonscrit par la rampe d'acajou. Pour se mettre en garde contre les accidents qui auraient pu résulter de la rupture du fil et du choc de la masse qu'il supporte, on recouvrait la mosaïque d'un plancher, et sur ce plancher on déposait une couche de terre épaisse d'une vingtaine de centimètres. En même temps on élevait, à peu près à la hauteur de la rampe, un cercle en bois de 6 mètres de diamètre divisé en degrés et quarts de degré et centré sur la verticale passant par le point de suspension. D'autre part, on repoussait dans une forte plaque de laiton deux calottes hémisphériques; on les réunissait par une soudure équatoriale et, en y coulant du plomb, on formait un globe très-dense qui, sous un diamètre de 0^m,18, pèse 28 kilogrammes. Ce globe, armé d'un prolongement aigu, a été attaché à l'extrémité libre d'un fil métallique, qui, sous l'influence de l'effort exercé par un poids si considérable, s'est allongé une fois pour toutes de 5 à 6 centimètres. Ainsi constitué, le pendule a été mis en branle avec les précautions déjà indiquées, et après une oscillation double de seize secondes de durée, on l'a vu revenir à 2 millimètres et demi environ à gauche du point de départ. Le même effet continuant à se produire à chaque oscillation, la déviation va grandissant toujours proportionnellement au temps, et s'évalue clairement sur le cercle gradué tant que le mobile, armé de sa pointe, continue à dépasser de part et d'autre les moteurs mobiles sur la division; mais quand les oscillations diminuent d'amplitude, le phénomène devient moins facile à observer : c'est pourquoi l'on a placé au milieu du cercle une table d'une étendue beaucoup moindre, dont la surface horizontale est traversée par une série de diamètres s'entre-coupant les uns les autres sous l'angle de cinq degrés. Par ce moyen, le plan des oscillations, quelque petites qu'elles soient, peut être suivi dans son mouvement apparent pendant cinq ou six heures.

Pendant le premier quart d'heure qui suit l'impulsion première, nous avons trouvé commode pour l'évidence de la démonstration, de déposer sur le pourtour du cercle de petits monticules de sable fin dans lesquels le pendule pratique, à son premier passage, une brèche qui s'agrandit progressivement aux passages successifs et laisse ainsi une trace matérielle du mouvement de la terre estimé parallèlement à l'horizon pendant la durée de l'expérience.

Jusqu'à présent l'appareil n'a encore fonctionné que pour la démonstration ; à notre avis c'est déjà beaucoup, car à la vue de ce public éclairé venant spontanément s'accouder sur la rampe intérieure du Panthéon, il est évident que nous ne serons pas seul à profiter de la faveur qui nous a été faite, à la reconnaître et à l'apprécier dignement.

Mais, en outre, la science y gagnera plus qu'on ne pouvait s'y attendre. Sous ces grandes dimensions, l'appareil présente des qualités qu'on tenterait vainement de lui communiquer en le construisant en petit avec tous les soins imaginables. Déjà la régularité de sa marche promet les résultats les plus concluants ; on recueillera des nombres qui, comparés avec les prévisions de la théorie, permettront d'apprécier jusqu'à quel point ce pendule véritable se rapproche ou diffère du système abstrait désigné sous le nom de pendule simple. Le travail analytique et profond de M. Binet, les remarques nettes et vives de M. Liouville et les aperçus ingénieux de M. Poinsot nous font un devoir de continuer notre œuvre avec persévérance.

Assurément nous n'y manquerons pas.

MOUVEMENT DE LA TERRE

DÉMONTRÉ PAR LA ROTATION D'UN CORPS[1]

(Lettre au Rédacteur, 22 septembre 1852.)

Monsieur,

Permettez-moi de vous communiquer quelques nouveaux résultats d'expériences que je poursuis depuis un certain temps et qui fournissent encore quelques preuves physiques du mouvement de la terre.

En cherchant à découvrir de nouveaux signes de ce grand phénomène, j'ai raisonné sur le plan de rotation d'un corps qui tourne, comme je l'avais fait précédemment sur le plan d'oscillation du pendule.

Il m'a semblé qu'un corps tournant autour d'un axe principal et librement suspendu par son centre de gravité devait tout aussi bien qu'un pendule mis en branle résister à l'entraînement de la rotation du globe. Un appareil que j'ai fait construire sur cette donnée a, en effet, fourni du mouvement de la terre le nouveau signe que je cherchais. Fixement orienté dans l'espace absolu, l'axe du corps tournant, examiné au microscope, semble rétrograder lentement d'orient en occident et chemine d'une manière continue dans le champ de l'instrument, comme l'image des corps célestes au foyer de la lunette.

J'ai, de plus, reconnu par expérience dans les corps tournant sur eux-mêmes une propriété singulière que le raisonnement m'avait désignée d'avance; je veux parler d'une force d'orientation qui tend à diriger l'axe du corps parallèlement à celui de la terre et à disposer en même temps les deux rotations dans le même sens.

Cette force d'orientation se manifeste toutes les fois que l'axe du corps tournant

1. Voir page 401.

est maintenu dans un plan fixe avec la terre, tout en conservant la liberté de se diriger dans ce plan.

Cette nouvelle propriété des corps tournants donne du mouvement de la terre des signes très-apparents et qui rappellent jusqu'à un certain point les évolutions de l'aiguille aimantée.

Opère-t-on dans le plan horizontal, l'axe du corps se dirige vers le nord et l'appareil fonctionne à la manière de la boussole de déclinaison. Opère-t-on dans un plan vertical quelconque, l'axe de rotation s'incline et figure, en se rapprochant de la direction de l'axe terrestre, l'aiguille qui manœuvre dans les boussoles d'inclinaison.

Depuis quatre mois, tous ces faits sont pour moi hors de doute, et pour en faire part à l'Académie des sciences j'attendais paisiblement l'expiration des vacances et le retour d'une époque plus favorable à la présentation d'un assez long travail. Mais ayant appris qu'un savant des plus honorables allait s'engager dans la voie que j'avais suivie, j'ai cru devoir, monsieur, sans tarder d'un seul jour, préciser devant vous et devant le public les faits acquis par mes efforts à cette partie de la science.

Veuillez agréer, etc.

(1ᵉʳ octobre 1852.)

Nous avons publié dans le numéro du 22 septembre une lettre au rédacteur contenant l'exposé sommaire de quelques expériences nouvelles sur le mouvement de rotation de la terre. L'obligation où nous étions alors de dire beaucoup de choses en peu de mots a dû nous rendre presque inintelligible aux personnes qui n'ont pas fait de la mécanique l'objet de leurs préoccupations habituelles. Il ne s'agissait pas alors d'entreprendre une démonstration, il fallait tout simplement consigner des faits et écarter jusqu'à l'imminence d'une discussion de priorité. Dieu soit loué, le but a été rempli! La présentation du travail complet a eu lieu sans encombre devant l'Académie; les expériences ont été reproduites devant les spectateurs compétents, et nous pouvons en toute sécurité raconter les opérations nouvelles qui, de concert avec le pendule, confirment la théorie déjà si solide de la rotation du globe.

Personne assurément ne conteste aujourd'hui la déviation apparente offerte par le pendule, et il en est bien peu qui refusent de considérer cette déviation comme un signe irrécusable du mouvement de la terre; mais quand il s'agit d'interpréter l'expérience, des difficultés se présentent encore à l'esprit de beaucoup de gens pour qui la fixité du plan d'oscillation est restée un mystère. Puisque le point d'attache voyage avec la surface de la terre, puisque la verticale du lieu où l'on opère s'incline à tout moment dans l'espace, comment le plan d'oscillation peut-il rester fixe ou seulement conserver sa direction initiale? Voilà la pierre d'achoppement de tous ceux qui, sans tenir compte de la décomposition des mouvements de rotation, entrent de confiance dans le domaine de la mécanique et pensent s'y diriger avec les lumières du simple bon sens. L'erreur ou l'insuffisance de vue tient à ce qu'on prend dans un sens absolu cette fixité de plan qui est seulement relative à la verticale du lieu. C'est faute d'avoir compris dans son acception véritable la fixité du plan d'oscillation que beaucoup de personnes se sont fait de la déviation du pendule une idée inexacte et ont méconnu sa valeur et son uniformité.

Mais si dans l'expérimentation on remplace le plan de vibration du pendule par le plan de rotation d'un corps librement suspendu par son centre de gravité, on fait disparaître l'embarras de cette fixité relative, et l'on n'a plus à considérer qu'un plan physiquement défini et qui jouit réellement d'une fixité de direction absolue. Si, au moment où on le met en rotation, ce corps vise par son axe sur une étoile du ciel pendant tout le temps que durera le mouvement, cet axe restera dirigé vers le même point du firmament, et cela en vertu de l'inertie de la matière ou par cette bonne raison qu'il est incapable de se déplacer, de se désorienter tout seul. Si donc on fait choix d'une bonne étoile ou si l'on vise sur un des points du ciel qui ont l'air de se mouvoir le plus vite, l'axe de rotation examiné avec attention participera au même déplacement apparent et donnera du mouvement de la terre un signe manifeste. Il ne faudrait pas, par exemple, pointer dans la direction qui mène à l'étoile polaire, car cette étoile n'ayant pas de mouvement apparent, l'instrument se comporterait de même. Il faut, au contraire, viser dans la direction perpendiculaire, afin d'obtenir l'effet le plus marqué.

Peu nous importe donc d'habiter les pôles ou l'équateur pour vérifier la rotation de la terre à l'aide du plan de rotation. La seule indication à suivre exactement est de soustraire le corps qui tourne à la pesanteur, de le supporter par son centre de gravité sans agir autrement sur lui, sans lui imposer aucun lien qui le rattache à la terre ; il faut en faire plus qu'une planète, il faut en faire un petit astre isolé, perdu en quelque sorte dans les espaces et dégagé de toute action perturbatrice.

Mais où trouver, s'il vous plaît, un constructeur disposé à accepter une pareille commande? C'était à désespérer du succès si nous n'eussions connu dès longtemps M. Froment, dont la main sûre et légère a déjà réalisé tant de merveilles. « Veuillez monter sur un axe d'acier une couronne de bronze, avons-nous dit à cet artiste incomparable ; faites qu'il puisse tourner vivement à l'intérieur d'un cercle reposant par des couteaux sur un second cercle extérieur, qui lui-même sera suspendu à un fil sans torsion ; armez tout le système de contre-poids à vis pour obtenir un équilibre parfait, et si véritablement la terre tourne, on le verra bien au microscope. » Après huit mois de surveillance assidue, nous sommes entré en possession d'un appareil si parfait, que, malgré leurs masses, les pièces qui le composent se meuvent au moindre souffle les unes sur les autres.

Cependant cette extrême mobilité que l'on constate avec admiration disparait aussitôt que la couronne de bronze se met à tourner; car alors, en vertu de la fixité du plan de rotation, le système tout entier se consolide dans l'espace avec une énergie véritablement surprenante. Dans cet état, le corps tournant cesse de participer au mouvement diurne qui anime notre globe, et, en effet, bien que son axe, en raison de sa brièveté, semble conserver sa direction première relativement aux objets terrestres, il suffit d'en approcher le microscope pour constater un mouvement apparent, uniforme et continu qui lui fait suivre exactement le mouvement de la sphère céleste. Ainsi l'on obtient avec une déviation de nouvelle espèce un nouveau signe de la rotation de la terre, et on l'obtient avec un instrument réduit à de petites dimensions, aisément transportable et qui donne l'image du mouvement continu de la terre elle-même. Vous n'avez plus seulement sous les yeux, comme avec le pendule, le déplacement progressif d'un plan idéal plus ou moins bien défini par la trajectoire d'une masse oscillante; vous possédez des pièces matérielles réellement soustraites à l'entraînement du mouvement diurne et qui ne retombent sous la commune loi qu'après l'amortissement de la vitesse du mobile.

Il nous reste maintenant à décrire des phénomènes d'un autre ordre qui sont plus promptement visibles qu'aucun de ceux déjà connus. Ces phénomènes manifestent dans les corps tournant à la surface de la terre une force d'orientation qu'on n'avait pas aperçue et qui pourtant ressort en toute évidence de l'admirable théorie de la composition des couples telle que l'a créée M. Poinsot. Le système d'expérimentation à suivre dans cette seconde série d'expériences consiste à supprimer le jeu d'une des articulations qui laissent à la couronne ou mieux au *tore* de bronze son entière liberté autour du centre de gravité.

On doit comprendre au peu que nous avons dit de la construction de l'appareil que ce tore est soutenu par une sorte de suspension de Cardan analogue à celle qui supporte les montres marines et les compas des navires, avec cette seule différence que les deux cercles concentriques, au lieu de se trouver dans le même plan, sont dans leur position moyenne perpendiculaires l'un sur l'autre. L'un d'eux joue autour du diamètre horizontal représenté par les deux tranchants de deux couteaux alignés avec précision, et l'autre est mobile autour d'un diamètre vertical représenté par une suspension à fil sans torsion.

Supprimons le jeu des couteaux, et l'axe du corps tournant est assujetti dans le plan horizontal, où il peut s'orienter à la manière de la boussole ordinaire, dite de déclinaison, ou bien enrayons la suspension à fil, et les couteaux, redevenus libres, permettent au même axe de s'incliner seulement dans un plan vertical arbitrairement choisi. Or, quand on opère successivement dans ces deux conditions, voici les faits qui se produisent de la manière la plus nette et la plus décisive : supporté par la suspension verticale, le mobile, tournant avec vitesse, se montre aussitôt, sollicité par une force directrice qui tend à ramener son axe dans le plan du méridien, c'est-à-dire dans ce plan qui contient l'étoile polaire et le soleil à midi, ou, ce qui intéresse plus directement le phénomène, dans le plan qui contient l'axe du monde ; et quand il a atteint sa position d'équilibre, le corps tourne dans le même sens que la terre, c'est-à-dire d'occident en orient.

On peut donc par ce moyen retrouver à peu près son méridien sans jeter un regard sur le ciel. On peut faire plus encore, car, ce méridien étant connu, on réussit par une expérience analogue à reconnaître l'inclinaison de l'axe du monde. Pour cela, on enraye la suspension à fil, on remet les couteaux en fonction en disposant leurs tranchants perpendiculairement au méridien, on lance enfin le mobile et on observe. Bientôt l'axe s'incline dans un sens ou dans l'autre, et quand il a pris une position définie, on trouve que son axe vise, en effet, aux pôles du monde et que sa rotation est conforme pour le sens à celle de la terre.

Ce ne sont plus là des faits microscopiques ; ce sont des évolutions tout aussi manifestes que celles d'une aiguille faiblement aimantée. Nous devons écarter jusqu'à la supposition d'une méprise ou d'une illusion fâcheuse, car, encore une fois, c'est le raisonnement qui nous a conduit et nous a dicté les observations à faire et les dispositions à adopter.

Au reste, l'appareil comporte en lui-même plusieurs sortes de vérifications : l'une des plus simples et des plus convaincantes consiste à accélérer artificiellement et aussi peu qu'on voudra la composante efficace du mouvement que la terre communique à l'instrument par son pied ; aussitôt les phénomènes d'orientation sont surexcités sans changer de nature.

Nous devrions peut-être faire actuellement un petit bout de théorie et donner, comme on dit, la raison du fait ; mais de peur de nous laisser entraîner, nous nous bornerons à exprimer un principe très-général et très-propre à guider l'esprit dans la prévision des phénomènes complexes qui dépendent des mouvement de rotation.

Quand un corps tourne autour d'un axe principal et qu'aucune force étrangère ne vient agir sur lui, il y a, comme nous l'avons dit au commencement, fixité absolue du plan de rotation. Mais quand une force ou un système de force tend à produire une nouvelle rotation non parallèle à la première, l'effet résultant est un déplacement progressif de l'axe de rotation primitive qui se dirige vers l'axe de rotation nouvelle par le chemin qui tend à les rendre toutes deux parallèles.

Armé de ce principe, qui n'est peut-être pas très-conforme aux règles de l'étiquette mathématique, vous arrivez à vous rendre compte des phénomènes grands et petits qui relèvent de la rotation des corps. Vous expliquez aussi bien la précession des équinoxes et les pirouettes d'un toton sur le marbre d'une commode. Vous vous rendez compte des réactions singulières que l'on éprouve en agitant à la main un corps qui tourne avec vitesse; vous arrivez à prévoir dans la marche d'un convoi de chemin de fer sur une ligne courbe une cause de déraillement qui s'ajoute à la force centrifuge et qui tend à faire chavirer en dehors toutes les roues animées d'un mouvement de rotation si rapide; vous annoncez, contrairement à l'opinion admise, que la toupie dont on a voulu faire, par l'addition d'un miroir, un horizon artificiel, ne tend pas exactement vers la position verticale, qu'elle penche au midi ou au nord, suivant qu'elle tourne à droite ou à gauche, et que, dans tous les cas, sur un plan parfaitement horizontal, elle s'avance lentement vers l'orient, etc.; de sorte que, pour démontrer expérimentalement le mouvement de la terre parmi tant de phénomènes, on n'aura bientôt plus que l'embarras du choix.

En attendant, il faut s'en tenir au positif; on peut considérer comme définitivement acquis à l'étude expérimentale du mouvement diurne la déviation apparente du plan de rotation et les phénomènes d'orientation qui décèlent la direction de l'axe du monde. Comme tous ces faits dépendent de la rotation de la terre et en sont des manifestations variées, nous proposons de nommer *gyroscope* l'instrument unique qui a servi à les constater.

ÉCLIPSE TOTALE DU 18 JUILLET 1860[1]

(1er septembre 1860.)

Malgré les appréhensions que faisait concevoir l'état exceptionnel de la saison d'été, l'éclipse totale du 18 juillet s'est montrée dans toute sa splendeur en Espagne et en Algérie. Les savants, les amateurs, les curieux de tous les pays qui se sont distribués le long du parcours de l'ombre n'ont à regretter ni les dépenses qu'ils ont faites, ni les fatigues qu'ils se sont imposées pour assister à un spectacle si fugitif, si grandiose et si rare. Au moment solennel, la moindre couche de nuage suspendue dans l'atmosphère eût suffi pour paralyser tant de généreux efforts. Mais l'époque de l'année, mais l'heure du jour désignée à l'avance, ainsi que la situation géographique des contrées privilégiées où l'éclipse allait se montrer au complet, offraient aux intéressés un ensemble de probabilités favorables qui, sans équivaloir à la certitude, devait les décider à se mettre en campagne. Pour secouer toute hésitation, pour apprécier ce que valait une occasion pareille, il suffirait de jeter les yeux sur le tableau des éclipses futures. Dès l'année prochaine, au 31 décembre, il y aura une éclipse totale, mais elle n'aura qu'une très-courte durée et elle ne sera visible que dans l'Atlantique, aux îles du cap Vert et dans le désert de Sahara ; après quoi, il faut attendre jusqu'en 1870 pour guetter également pendant l'hiver une éclipse totale en Espagne et en Algérie. En 1887 et en 1896 ce sera pour le mois d'août, puis en 1900 aura lieu la dernière éclipse totale du siècle. C'est donc un spectacle dont la nature est avare. Ceux qui en ont joui doivent s'estimer heureux, ils

---

1. L'éclipse totale du 18 juillet 1860 fut observée en Espagne par une commission envoyée par le Ministre de l'instruction publique et composée de MM. Le Verrier, Yvon Villarceau, Chacornac et L. Foucault. Ce dernier était spécialement chargé d'étudier la couronne et de faire des expériences de photométrie photographique. Deux télescopes du système de L. Foucault furent emportés pour effectuer les mesures : ils étaient montés équatorialement et munis de micromètres particuliers, d'un emploi rapide, imaginés par M. Villarceau. — Voir le rapport adressé par M. Le Verrier sur l'observation de l'éclipse du 18 juillet. *Moniteur universel,* 20 juillet 1860.

doivent aussi se faire un cas de conscience de rassembler leurs souvenirs et de communiquer fidèlement leurs impressions à tant d'autres qui n'ont pas eu le même sort.

Les éclipses de soleil sont toujours goûtées du public comme portant témoignage de l'exactitude des prédictions astronomiques. Quelques jours à l'avance, on lit dans le journal qu'à telle heure précise le disque du soleil commencera à s'entamer par l'empiétement du corps opaque de la lune; que l'échancrure ira en augmentant jusqu'à un certain point, puis qu'elle diminuera pour s'effacer complétement à une heure également précisée à l'avance. Malgré l'incertitude des tables, les choses se passent correctement à quelques secondes près. Si l'éclipse est considérable il survient un abaissement sensible de la lumière du jour, qui ne laisse pas de produire une certaine impression, et chaque fois que l'événement se renouvelle, l'astronomie conquiert dans le public de nouveaux partisans. Sans attacher énormément d'importance à cette vérification, les astronomes restent fidèlement à leur poste; ils observent, comme on dit, les contacts; ils notent les instants précis où ils se produisent, et ils constatent entre la théorie et l'observation des écarts minimes qui échappent nécessairement au public. Mais quand l'éclipse est totale, c'est-à-dire dans les circonstances fort rares où la lune, agrandie par sa proximité du centre de la terre, vient à passer exactement au devant du soleil, celui-ci disparaît totalement pendant quelques instants, l'illumination atmosphérique se supprime en majeure partie, une nuit exceptionnelle règne aux alentours du soleil et permet d'explorer les régions de l'espace qui sont habituellement noyées dans l'éclat du jour. Cette phase ne dure que peu de temps, quatre minutes au plus, et, pour la bien employer, le mieux est de se partager la besogne, afin de ne laisser à chacun que peu de chose à faire.

Pour observer la dernière éclipse, l'expédition française était allée s'établir, comme on sait, sur le flanc de Moncayo, à la station dite du Sanctuaire, où la prévoyance du gouvernement espagnol lui a prodigué les précieuses ressources de l'hospitalité la plus attentive. Deux ou trois jours d'avance tous les instruments étaient en bon ordre, et chacun se sentait dispos et bien armé pour la circonstance. Mais les montagnes ont la fâcheuse propriété de condenser les brouillards, et tandis que le soleil brillait dans la plaine, on voyait souvent le Moncayo garder son bandeau de nuages. Cette tendance bien connue des vapeurs à séjourner au-dessus du Sanctuaire a décidé l'expédition à se partager et à descendre en partie dans la plaine pour y improviser un observatoire composé d'instruments portatifs[1]. En fait, à l'heure de l'éclipse, le beau temps est devenu à peu près général; le Moncayo s'est découvert, et les astronomes qui y sont restés ont pu profiter de leurs grands instruments.

Au reste, il ne s'agit plus, au bout de cinq semaines, de raconter l'histoire de telle

[1]. MM. Le Verrier et L. Foucault, accompagnés d'un convoi considérable, descendirent dans la plaine et s'installèrent près du cimetière de Tarazona.

ou telle expédition ; ce qu'il importe, c'est de prendre acte des faits acquis et de constater si les observateurs, prévenus de longue date, ont su s'organiser de manière à employer fructueusement les quelques instants où le corps même du soleil a complétement disparu.

On imagine bien à peu près comment les choses se passent jusqu'au moment où s'évanouit le dernier rayon de soleil direct :

La lune, qui plane invisible dans les espaces célestes, s'avance d'un pas lent et uniforme ; elle empiète sur le disque solaire, et l'on voit naître une échancrure qui va grandissant de plus en plus. Ceux qui observent au moyen d'instruments grossissants, avec la précaution indispensable d'obscurcir les images au moyen d'un verre noir, distinguent en même temps les inégalités du contour de la lune et les taches dont la surface du soleil est presque toujours parsemée. A la manière dont ces détails disparaissent successivement et sans déformation sous l'obstacle qui s'avance, on juge que la lune est dépourvue d'atmosphère, ou plutôt que, s'il en existe une, elle est tellement rare qu'elle n'exerce aucune action sensible sur la direction des rayons qui la traversent. Peu à peu l'étendue visible du soleil diminue et elle se réduit à la figure d'un croissant de plus en plus aminci. Au moment où il va disparaître, l'intensité du jour tombe à vue d'œil comme si un rideau se tirait sur toute la nature, et pendant les derniers instants des ombres vagues et diversement configurées circulent sur le sol dans la direction du vent régnant.

Ce phénomène a échappé à presque tous les astronomes, qui, absorbés dans leurs observations, n'avaient pas le loisir de regarder autour d'eux ce qui se passait en dehors du champ de leurs lunettes. Mais les amateurs et les simples curieux, qui n'avaient que leurs deux yeux pour voir, ont été frappés de l'apparition de ces ombres serpentantes dont la mobilité leur semblait une preuve palpable du déplacement de la lune dans l'espace. Quand on songe qu'en réalité l'ombre de l'éclipse se transportait à la surface du globe avec une vitesse de près de 1,000 mètres par seconde, il semble peu croyable qu'un mouvement si rapide ait pu produire une impression sensible aux yeux de ceux qui avaient le regard fixé sur des objets rapprochés. Les ombres qu'on a vues courir sur le sol étaient simplement dues aux mouvements de l'atmosphère dont les couches d'inégales densités agissaient par interférence sur les minces filets de lumière émis par l'extrême bord de l'astre. En pareille circonstance, les dernières parties visibles du soleil se comportent, en vertu de leur extrême petitesse angulaire, comme une étoile qui scintille. En Espagne le soleil était trop élevé au-dessus de l'horizon pour que cette scintillation produisît autre chose que des ombres ou des variations d'éclat ; mais aux extrémités de la ligne centrale, c'est-à-dire dans les localités pour lesquelles l'éclipse a eu lieu près du lever ou du coucher du soleil, les rayons, ayant à traverser une plus grande épaisseur d'atmosphère, ont dû en être influencés au point de donner de vives couleurs, comme celles qui ont été vues à Perpignan lors de l'éclipse de 1842. C'est un phénomène de pure optique physique, qui n'a rien à démêler avec l'astronomie et qui ne commence à se produire qu'aux limites de notre atmosphère.

Enfin ces derniers rayons vacillants s'éteignent et la scène change brusquement. La lune, dont le bord ne se dessinait franchement que dans l'étendue correspondant à la concavité du croissant solaire, apparaît tout entière d'un noir absolu et s'entoure d'une belle auréole d'un blanc pur dont la douce clarté trahit encore la présence d'un ardent foyer de lumière. A l'œil nu, on distingue des traînées lumineuses qui vont en divergeant dans tous les sens comme les rayons d'une gloire, et dont l'intensité graduellement décroissante se perd insensiblement dans le fond ardoisé du ciel. Çà et là se montrent Jupiter, Vénus et des étoiles de première grandeur. L'obscurité incomplète qui règne alors est tempérée par l'éclat argenté de la couronne, et surtout par les reflets atmosphériques qui, répercutés de tous les points de l'horizon, semblent un crépuscule circulaire orné de tous les feux d'un beau soleil couchant. Entre le zénith, où le ciel est d'un gris foncé, et les assises horizontales de la voûte atmosphérique où rampent des teintes ardentes et cuivrées, se succèdent avec une admirable gradation toutes les teintes imaginables dont la résultante communique aux objets terrestres un aspect indéfinissable. On voudrait, à la vue d'un si imposant spectacle, dominer l'émotion dont on est oppressé, suspendre le cours du temps et concentrer toutes les forces de l'attention sur la scène grandiose dont les phases se succèdent avec une effrayante rapidité.

Mais déjà trois minutes se sont écoulées, l'auréole blanchit en un point où l'on s'attend à voir poindre le soleil ; effectivement, l'éclair d'un premier rayon annonce la fin de la crise et le retour des choses à l'ordre accoutumé ! Du moment où chacun a retrouvé son ombre, le phénomène perd aux yeux du public presque tout son prestige, et tandis qu'on repasse par les mêmes phases qui, dans la période ascendante, excitaient un si vif intérêt, on voit l'assistance se dissoudre, retourner à ses occupations, laissant aux seuls astronomes le soin de clore la séance et de déterminer l'instant précis où la lune cesse de faire impression sur le disque du soleil.

Cette courte durée de l'éclipse totale était parfaitement prévue. On savait que dans les endroits le plus favorablement situés, c'est-à-dire le long de la ligne centrale du parcours de l'ombre en Espagne, elle ne se prolongerait pas au delà de trois minutes et demie. A Tarazona, où s'était réfugiée une partie de l'expédition française, marchant au-devant du beau temps, à la suite de MM. Le Verrier et Novella, la période d'occultation complète a duré trois minutes quatorze secondes.

Pendant ce temps, les astronomes se sont bien préservés de la tentation de regarder ce qui se passait ici-bas sur la terre ; ils avaient pour mission d'appliquer leurs instruments d'optique à l'examen des particularités qui ne se montrent que par la disparition complète du soleil. Cet astre, que nous voyons à la distance de plus de 30 millions de lieues, ne nous apparaît, dans les circonstances ordinaires, qu'à travers notre propre atmosphère, qui s'interpose comme un voile vivement éclairé. Ce voile atmosphérique, qui pendant le jour nous dérobe la vue des étoiles, peut également nous cacher l'existence de corps qui ne s'éloigneraient jamais du soleil. Cela est si vrai, que les planètes elles-mêmes, que l'on retrouve en plein jour au moyen des lunettes, finissent par s'effacer dans la clarté atmosphérique aussitôt que leur marche les amène à se projeter dans le ciel au voisinage du soleil. Mais quand la lune vient faire écran, cette lumière atmosphérique est supprimée et permet à nos instruments de sonder l'espace jusqu'au plus proche voisinage de la surface incandescente de l'astre. Or, qu'a-t-on vu aussitôt que notre ciel terrestre a été assombri? On a vu à l'œil nu se dessiner l'auréole lumineuse, et, de plus, on a aperçu même à travers les moindres lunettes des appendices rougeâtres de formes variées et irrégulièrement distribuées sur le contour noir et opaque de la lune. De plus, au moment qui a suivi la disparition du soleil et dans le point où le croissant est éteint, les forts instruments ont permis de constater la présence fugitive d'un ruban vivement coloré en rose qui, à la fin de l'obscurité totale, a reparu sur le bord opposé, précédant et annonçant l'émersion comme il avait suivi l'immersion complète.

Tels sont les faits qui ont été vus à peu près par tout le monde et sur lesquels on discute depuis que le beau phénomène est tombé pour jamais dans l'abîme du passé.

Que sont ces appendices rougeâtres qui, nettement observés dès l'année 1842, lors de l'éclipse totale visible à Perpignan, n'ont pas manqué de reparaître dans les trois occasions qui se sont présentées depuis? Que penser aussi de cette auréole et des rayons qui la traversent? Sont-ce des illusions d'optique qu'il faut expliquer ou des réalités dont il faut définir la nature, la grandeur et la position dans l'espace?

L'auréole bien plus anciennement connue et plus apparente que les appendices colorés qui l'accompagnent, a présenté en Espagne un éclat et des dimensions qui n'avaient jamais été signalés. Sous ce climat méridional de l'Aragon, et à la hauteur où se trouvait le soleil au-dessus de l'horizon, l'auréole ne perdait sans doute que fort peu de son intensité absolue; et tandis qu'au foyer de la chambre noire elle impressionnait presque instantanément les substances photogéniques, l'œil pouvait la suivre sur le fond du ciel jusqu'à une distance égale à une fois et demie le diamètre solaire. L'expédition française a rapporté des plaques de verre collodionnées sur lesquelles l'auréole a laissé des traces d'impression qui ont varié en durée d'un quart de seconde à une minute; les images engendrées par les temps les plus courts se réduisent à une circonférence de cercle embrassant le corps obscur de la lune et offrant dans la direction sud-est des inégalités constamment reproduites. Dans les autres images, l'étendue de la couronne augmente avec la durée d'exposition à la chambre noire, et alors on voit se dessiner le beau rayon divergent qui a été généralement remarqué, et qui, prolongé dans le sens rétrograde, aboutit précisément aux anfractuosités du bord lunaire. Cette observation, qui repose sur l'existence de pièces authentiques et inaltérables, est favorable à l'opinion qui ferait jouer à la diffraction le principal rôle dans la formation de l'auréole. Mais, d'un autre côté, si cette couronne lumineuse était un phénomène de diffraction pure, elle ne présenterait aucune trace sensible de polarisation. Et pourtant, il semble bien établi, par les observations de M. Prazmowski, qu'à une certaine distance du bord la lumière s'est montrée fortement et symétriquement polarisée dans des plans qui passent tous par le centre de la lune. M. Prazmowski avait pris d'avance ses dispositions ; de Varsovie, où il réside habituellement en qualité d'astronome de l'Observatoire, il a traversé l'Europe pour se rendre à Briviesca, en Espagne, apportant une lunette à polariscope spécialement disposée pour l'analyse de la couronne. Il n'y a donc pas à douter de résultats qui ont été recueillis dans de bonnes conditions. Ils ne sont pas de nature à faire écarter de la discussion la part qui revient nécessairement à la diffraction ; mais ils suffisent pour montrer que, suivant toute probabilité, il existe quelque part sur le trajet des rayons lumineux un milieu qui trouble la transparence absolue de l'espace.

A l'égard des appendices rougeâtres généralement désignés sous le nom de protubérances, les renseignements recueillis de tous les points du parcours de l'ombre s'accordent à les faire considérer comme des objets réels, comme des dépendances matérielles du soleil situées à l'extérieur de sa surface incandescente et à une distance assez faible pour que, dans les circonstances ordinaires, elles soient complétement masquées par la lumière du jour. Ces protubérances se ressemblent entre elles comme un nuage ressemble à un autre nuage ; mais il semble peu probable qu'elles conservent une figure permanente ; elles se distribuent irrégulièrement et indistinctement sur tous les points du contour du soleil. Quelquefois la matière dont elles sont formées se rassemble en masse complétement détachée du corps de l'astre : alors on dirait un nuage de feu suspendu dans une atmosphère transparente. Le 18 juillet, on a vu un de ces nuages de forme oblongue et sinueuse flotter à une minute du soleil, vers un point de la circonférence situé entre le zénith et le pôle. M. Le Verrier a donné au *Moniteur* les détails de cette apparition remarquable, et quand on a su par les journaux anglais que ce nuage isolé avait laissé sa trace sur les images photographiques de M. Warren de La Rue, on a pu reconnaître que la description de M. Le Verrier s'y appliquait en toute exactitude.

A peu de distance de ce nuage, c'est-à-dire au pôle même, s'élevait, comme un buisson ardent, une protubérance qui pour les dimensions était entre toutes assurément la plus remarquable. Sa position la faisait échapper aux changements de hauteur qu'elle aurait certainement subis si elle se fût montrée dans la région équatoriale ; mais, tout en conservant sensiblement les mêmes dimensions, elle parut animée d'un mouvement relatif qui l'entraînait en sens inverse du mouvement de la lune. C'est là un fait d'une haute importance, parce qu'il prouve que décidément les protubérances font partie intégrante du soleil; on tenait à le constater d'une manière positive, et dans ce but on avait fait des préparatifs qui n'ont pas été perdus. Deux des télescopes qui ont été portés au Moncayo se trouvaient pourvus de micromètres oculaires qui ont été imaginés pour la circonstance par M. Villarceau, et au moyen desquels on pouvait relever pour ainsi dire à tâtons soit les changements de grandeur, soit les angles de position, par lesquels passeraient les protubérances. MM. Villarceau et Chacornac ont donc constaté et mesuré chacun séparément ce déplacement relatif à la protubérance solaire qui restait manifestement indépendante du mouvement de la lune et qui, par conséquent, était fixement attaché au soleil. On doit en dire autant de la substance rose vif du ruban incandescent qui a suivi de si près l'immersion et qui a précédé de quelques secondes l'émersion des parties équatoriales du bord du soleil. Cette substance est évidemment de la même nature que celle des protubérances, et comme elle apparaît indifféremment en tout point où les bords des deux astres se projettent tangentiellement l'un sur l'autre, il faut en conclure qu'elle environne le soleil de toutes parts sous une épaisseur à peu près égale à la deux-centième partie de son diamètre et que dans certains points et sous certaines influences qui nous sont inconnues cette matière s'accumule et se configure en grandes masses, de manière à former ce que l'on a appelé tour à tour des nuages, des montagnes et des protubérances.

L'existence de ces corps est donc bien constatée, et malgré l'opposition de quelques savants qui forment aujourd'hui la petite minorité, on est généralement disposé à croire qu'en tout temps le corps radieux du soleil est enveloppé d'une couche de cette substance nuageuse qui modère son éclat et ralentit sans doute son refroidissement. Sans la présence de cette couche absorbante, on serait d'ailleurs bien embarrassé d'expliquer pourquoi l'intensité du soleil va en décroissant vers les bords. Si, au contraire, on admet une enveloppe absorbante, rien n'est plus simple, car les rayons qui nous viennent des bords de l'astre, ayant à traverser obliquement cette enveloppe, doivent en être d'autant plus affaiblis. Si, de plus, la substance nuageuse participe, en raison du voisinage, aux révolutions dont la surface incandescente qu'elle recouvre est vraisemblablement le théâtre, on ne s'étonnera pas que son épaisseur varie d'un point à un autre dans des limites très-étendues, et que pour nous autres qui observons le soleil à travers ces variations d'épaisseur, ces amoncellements, ces surcharges locales et changeantes se traduisent par des accidents de lumière semblables à ceux qu'on désigne sous le nom de taches, de pénombres et de facules.

Sans doute, on est encore loin de se former une idée précise de la nature de ces nuages. Ce qu'on sait de positif sur leur compte, c'est qu'ils sont doués d'une certaine transparence; c'est qu'à la distance où nous les observons, ils présentent des formes définies, des contours limités qui ne sauraient appartenir à un gaz parfait; c'est qu'enfin ils émettent une lumière d'un rose vif non polarisée sans qu'on puisse affirmer si, comme de véritables flammes, ils brillent d'une lumière propre ou s'ils diffusent en la colorant la lumière empruntée au soleil.

Si jamais on désire sincèrement pénétrer le mystère de la constitution physique, il faudra profiter de l'occasion d'une éclipse totale pour établir dans une station bien choisie des instruments du plus haut pouvoir optique. Déjà M. Chacornac, armé d'un télescope de 0^m,40 de diamètre, a pu voir au Moncayo, dans la conflagration de la protubérance solaire, des détails qui certainement ont échappé aux observateurs moins bien armés que lui. Sans abuser des grossissements, sans être assuré d'avoir fait rendre à l'instrument tout ce qu'il pouvait donner, il a vu la substance rose de l'appendice lumineux se partager en langues de feu projetées les unes sur les autres et terminées par des sommets brusquement rabattus dans un sens et dans l'autre. M. Chacornac s'est hâté le jour même, et pour ainsi dire séance tenante, de rendre ses impressions par un dessin qu'on ne peut considérer sans vivement regretter de n'en avoir vu autant par soi-même.

Déjà les relations d'éclipse sont presque innombrables, et dans l'impossibilité de citer nominalement tous les observateurs qui ont payé leur tribut, nous avons dû nous borner à raconter les faits les mieux établis. En somme, l'astronomie physique a fait une bonne campagne : les instants étaient rigoureusement comptés ; mais les travailleurs étaient en grand nombre, et ils ont recueilli des données qui pourront bien ne pas assouvir la curiosité humaine, mais qui, soumises à la discussion et envisagées sous toutes les faces par tant d'esprits divers, ne manqueront pas d'augmenter la somme de nos connaissances sur la constitution du système solaire. Dans une autre occasion, les idées étant mieux arrêtées, les appareils mieux disposés d'avance, la photographie ayant aussi réalisé de nouveaux progrès, les observations seront plus fructueuses encore, et tant de questions que nous agitons aujourd'hui finiront par trouver leur solution. Mais en admettant qu'un jour la science se rendît entièrement maîtresse du sujet, que tout ce qui nous échappe encore fût par elle complétement expliqué, l'aspect que revêt la nature, au moment suprême d'une éclipse totale de soleil, n'en restera pas moins l'un des plus beaux spectacles qui puisse sortir de l'ordre naturel des choses pour s'offrir à l'admiration des hommes.

DOCUMENTS ANNEXES

EXPLICATION DES PLANCHES

A la suite des pages qui précèdent et qui contiennent seulement les mémoires écrits par L. Foucault, ou tout au plus des documents qu'il avait directement inspirés, nous croyons devoir joindre, avec l'explication des planches dont quelques-unes n'ont été que mentionnées dans le texte, des indications complémentaires qui nous ont été fournies par diverses personnes depuis le commencement de cette publication et qui sur certains points pourront être utiles à divers égards. La nature même de cette annexe explique le manque d'homogénéité que l'on y voit et que nous n'avons pu parvenir à éviter : nous n'osons espérer avoir réuni tous les renseignements désirables, encore que nous nous soyons adressé à un grand nombre de savants et d'amis de L. Foucault; mais nous croyons pouvoir affirmer l'exactitude de toutes les indications qui suivent.

DAGUERRÉOTYPE (Pl. I).

La figure 1 représente une image daguerrienne du soleil obtenue par MM. Fizeau et Foucault. On lit à ce sujet dans l'*Astronomie populaire* d'Arago (t. II, p. 169 :

« Deux physiciens très-distingués, MM. Fizeau et Foucault, en recevant, à ma prière, sur des plaques daguerriennes l'impression très-rapide du disque du soleil, ont vérifié par la photographie les résultats auxquels je suis arrivé par la photométrie. La figure 163 représente fidèlement l'image photographique du soleil qu'ils obtinrent en 1845; cette image très-remarquable montre parfaitement le léger excès d'intensité lumineuse du centre sur les bords. MM. Fizeau et Foucault ont, en outre, eu le bonheur de saisir les images des deux groupes de taches qu'on aperçoit dans la figure avec tous leurs détails. »

Les figures 2 et 3 reproduisent des images daguerriennes prises en commun avec M. Fizeau à l'obligeance de qui nous devons d'avoir pu les reproduire et qui se rapportent à la question des intensités relatives des bords et du centre du soleil. Dans la figure 2 les images successives du soleil, prises pendant des temps de pose très-variable, présentaient toutes un décroissement sur les bords. La figure 3 reproduit les images d'un disque de carton blanc placé au soleil et dont les dimensions et la distance avaient été déterminées de manière à donner une image comparable en grandeur à celles du soleil. On voit que, dans ces deux épreuves qui correspondent à des temps de pose très-différents, le disque présente en tous les points une égale intensité (page 97).

La figure 4 est la reproduction d'une épreuve daguerrienne qui a été présentée à l'Institut le 3 août 1846 : elle a été obtenue en impressionnant à point une plaque iodée et bromée, puis à faire tomber à sa surface un spectre de manière à mettre en évidence les actions sur la couche sensible des rayons diversement réfrangibles (page 27).

La figure 5 est la reproduction d'une épreuve daguerrienne obtenue en opérant comme nous venons de l'indiquer, mais en employant un spectre cannelé pour agir sur la plaque sensible. Dans ces deux épreuves la partie noire qui existe vers la partie moyenne du spectre ne correspond pas à une action négative des rayons, mais représente au contraire une partie *solarisée*, une partie où l'action a été très-énergique.

La figure 6 est la reproduction d'un certain nombre de diagrammes par lesquels L. Foucault a indiqué dans ses notes les intensités d'action positive et négative des rayons de diverse réfrangibilité dans des circonstances variables et sur des substances différentes : la seule différence qui ait été apportée consiste en ce que, pour plus de netteté et conformément aux conventions généralement adoptées, les différences d'action positive et négative sont manifestées par la situation de la courbe au-dessus ou au-dessous de la ligne horizontale qui passe par son origine. L. Foucault avait indiqué toutes les courbes au-dessus et un petit signe + ou — rappelait la nature de l'action. Toutes les courbes indiquées dans le mémoire inédit, insérées page 19, sont reproduites, sauf celles qui ne figurent pas sur le cahier de notes où elles ont été relevées, à savoir: nᵒˢ II, 4 et nᵒˢ III, 4.

MICROSCOPE PHOTO-ÉLECTRIQUE (Pl. 2).

Cette planche est la reproduction, à la disposition des figures près, de celle qui a paru dans le *Bulletin de la Société d'encouragement*, 1845. — La description de cet appareil ayant été donnée très-complétement, page 72, il est inutile d'insister davantage. Nous croyons devoir rappeler cependant que c'est avec cet appareil que L. Foucault a, pour la première fois, obtenu l'image des charbons pendant la production de l'arc voltaïque et qu'il a réalisé la projection de quelques phénomènes relatifs à la lumière polarisée.

INTERFÉRENCES DES RAYONS LUMINEUX ET CALORIFIQUES (Pl. 3).

Les figures 1, 2, 3 et 4 nous ont été obligeamment fournies par M. Fizeau : elles sont reproduites d'après des calques pris sur les dessins du mémoire qui avait été présenté à l'Académie par MM. H. Fizeau et L. Foucault, le 27 septembre 1847 : le mémoire fut remis à M. Babinet désigné pour faire un rapport, il n'a jamais été rapporté à l'Académie et a été perdu. Cette circonstance explique que les indications de la fig. 3, relativement aux intensités des bandes qui devraient correspondre aux intensités calorifiques, n'aient pas pu être nettement conservées.

La figure 5 représente les divers thermomètres qui ont été essayés : ces instruments, qui sont actuellement entre les mains de M. J. Regnauld, professeur à la Faculté de médecine de Paris, sont peut-être en réalité plus fins, plus délicats que le dessin ne semblerait l'indiquer. Les traits figurés sur les diverses tiges et qui, sur les thermomètres, sont marqués seulement par un petit point à l'encre font connaître les intervalles correspondant à des variations de température de 1°. Le thermomètre 1 a sans doute été cassé dans les expériences préliminaires; il ne figure pas, si ce n'est par une place en blanc, sur un croquis de la main de L. Foucault, représentant la grandeur des appareils et l'étendue du degré dans chacun d'eux. Le thermomètre n° 2 est fait avec de l'éther, les thermomètres n°s 3, 4 et 5 sont construits avec de l'alcool, c'est le dernier qui a servi aux expériences (voir le Mémoire, page 137).

Les figures 6, 6 *bis* et 7 se rapportent à un système de miroirs de Fresnel, construits par L. Foucault, et qui appartient maintenant à M. Regnauld. Cet appareil établi avec des éléments très-simples a cependant permis de faire des recherches délicates.

La figure 6 est la vue de face; la figure 6 *bis* une coupe verticale suivant g f du plan, et la figure 7 est une coupe horizontale par le milieu de l'appareil. Dans ces figures les mêmes lettres indiquent les mêmes parties.

Les miroirs sont montés sur une planchette en bois aa' bb' portée par une tige verticale c d fixée sur un pied en bois S qui supporte tout l'appareil. Cette planchette, vers l'une de ses extrémités, est percée d'une ouverture circulaire e devant laquelle est placé le premier miroir mm'; une petite tige métallique f terminée par un anneau est fixée perpendiculairement derrière le miroir à l'aide d'une goutte de soudure; dans l'anneau passe l'extrémité d'un fil métallique g h formant ressort, dont l'autre extrémité s'implante dans la planchette a b, et qui tend à ramener le miroir en arrière en l'appuyant sur les pointes de trois vis u, v, v' passant également dans la planchette et susceptibles par leur mouvement de faire varier dans certaines limites l'inclinaison du miroir m m'. Le second miroir n n' est porté à l'extrémité d'une mince planchette i k relié au support principal a b par deux vis à bois l l' qui lui laissent un certain jeu; l'assemblage n'étant pas parfaitement rigide, un ressort p q fixé en q tend à éloigner l'extrémité i et le miroir n n' de la planchette en les portant en avant; mais on peut les ramener en arrière à l'aide des vis s et t. On voit que les mouvements du miroir n n' sont plus limités que ceux du miroir n, n, u, et c'est celui-ci que l'on doit dès lors régler en dernier lieu.

La figure que nous avons donnée dans le texte (page 129) est prise à peu près textuellement du *Traité d'optique physique* de Billet; nous n'avons trouvé aucun dessin ou croquis accompagnant la note que nous avons publiée; cette figure est d'ailleurs en parfaite concordance avec le texte.

DÉTERMINATION DE LA VITESSE DE LA LUMIÈRE (Pl. 4 et 5).

La planche 4 est la reproduction de la planche que L. Foucault avait jointe à la thèse pour le doctorat ès sciences physiques qu'il a soutenue le 25 avril 1853 (voir page

185); les diverses figures que contient cette planche sont suffisamment expliquées dans le mémoire pour qu'il ne soit pas nécessaire d'y revenir.

La planche 5 contient quelques détails sur la disposition pratique de l'expérience, telle qu'elle a été réalisée par L. Foucault, sous la dernière forme qu'il lui a donnée pour la détermination de la valeur numérique de la vitesse de la lumière. La fig. 1 indique la marche générale des rayons et la situation effective des organes. Le rayon lumineux dirigé par un héliostat pénètre dans la chambre noire par l'ouverture a; il traverse une mire graduée b, une lame de glace e inclinée à 45°, et va tomber sur le miroir tournant c; passant ensuite à travers l'objectif achromatique d il arrive sur le miroir concave m_1 et de là successivement sur les miroirs m_2, m_3, m_4 et m_5 qui satisfont aux conditions indiquées dans le mémoire : le rayon revient alors en suivant un chemin inverse, et après s'être réfléchi sur le miroir tournant c, il arrive sur la lame de glace où une partie se réfléchit, passe sur le bord de la roue dentée f et pénètre dans un microscope g, muni d'un micromètre h, où l'observateur place son œil pour observer ou mesurer la déviation de l'image.

Disons tout d'abord que la disposition adoptée par la figure 1 est conforme à la description que L. Foucault a donnée de l'expérience (voir page 219); mais que, dans les dessins minutes qui ont servi à l'exécution de l'appareil et qui ont été mis obligeamment à notre disposition par M. Dumoulin-Froment, la lentille achromatique d n'occupe pas la place qui a été représentée, mais qu'elle est située sur le trajet du rayon incident entre e et c.

Cette figure 1 représente la disposition finale dans laquelle L. Foucault, cherchant à obtenir une déviation constante de 0ᵐᵐ,7, faisait varier la distance de la mire au miroir tournant : on voit que le système composé de la mire b, de la lame de glace e, de la roue dentée f, du rouage chronométrique qui la met en mouvement et du microscope g, est porté sur un chariot A B qui se déplace parallèlement à lui-même, son déplacement étant facilité et guidé par les roues C, C', D et D' qui se meuvent sur des rails.

Les figures 2, 3, 4 et 5 de la planche 5 donnent les détails du miroir tournant c qui est porté sur un plateau E muni de vis calantes : la figure 2 montre une coupe longitudinale, la figure 4 une coupe transversale et la figure 5 le plan du support du miroir et de la turbine, la turbine étant supposée enlevée. (Ces figures sont faites à l'échelle de moitié de grandeur naturelle.) La figure 3 est la coupe du miroir et de sa monture.

On voit facilement le tube d'arrivée de l'air comprimé t muni d'un robinet z, ainsi que les ouvertures par lesquelles cet air s'échappe pour passer dans la turbine t qu'il fait tourner. Il résulte d'une note présentée à l'Académie des sciences le 9 février 1863 [1], que le tracé des aubes a été méthodiquement déterminé par M. Girard, l'ingénieur

---

1. Voir *C. R. de l'Ac. des Sc.*, t. LVI, p. 258.

bien connu par ses recherches sur l'hydraulique : cette turbine fonctionnait parfaitement. Il est facile de se rendre compte également de la disposition de l'axe et de ses supports x, y ainsi que celle de la masse n et des vis qu'elle contient et qui constituent le *compensateur d'inertie*.

Quant au miroir m il est enchâssé dans un anneau d'acier p qui est partie intégrante de l'axe et qui est taraudé vers ses deux bases : des viroles à vis permettent et de fixer la position du miroir et de maintenir celui-ci dans la direction qu'on lui a assignée. La figure 6 représente deux miroirs adossés comme il est dit page 216, de telle sorte que la réflexion se produit à chaque demi-révolution du miroir. Mais, au moins dans les dernières expériences, il n'y avait qu'un miroir argenté sur une face et noirci sur l'autre : la face argentée était en dehors et le faisceau lumineux ne pénétrait pas ainsi à travers la glace. Il n'y avait réflexion qu'après une révolution complète de l'axe et du miroir.

La figure 6 donne l'apparence que l'on observe en regardant au microscope lorsque le miroir est immobile et que la roue f ne tourne pas : les dents de la roue cessent d'être visibles lorsque la roue tourne seule ou lorsque son mouvement de rotation n'est pas en parfaite concordance avec la rotation du miroir tournant ; elles deviennent également nettes lorsque la concordance est atteinte, mais alors l'image de la mire est déviée et n'occupe plus le milieu du champ du microscope : le déplacement de l'image est évalué à l'aide du déplacement du réticule obtenu par le micromètre, et celui-ci, dans chaque série d'expériences, était mesuré absolument en le comparant à l'image de la mire (le miroir tournant étant immobile) qui était formée de divisions égales à $0^{mm},1$ et qui servait ainsi d'étalon de mesure.

***

TÉLESCOPES.— MIROIRS PARABOLIQUES ET MIROIR PLAN.

MÉTHODE DES RETOUCHES LOCALES (Pl. 6).

Nous croyons devoir joindre aux mémoires publiés par L. Foucault, sur les questions qui se rattachent au sujet des retouches locales, les notes suivantes qui ont été présentées à l'Académie des sciences par M. Ad. Martin, qui avait aidé L. Foucault dans la mise en pratique de ces méthodes.

***

SUR LA CONSTRUCTION DU PLAN OPTIQUE [1].

En rédigeant la Note qui précède, L. Foucault ne voulait que s'assurer la priorité de la méthode qu'il employait, dans le cas où un travail analogue serait venu à se produire. Aussi n'a-t-il donné qu'un résumé très-succinct de cette méthode sans s'occuper en aucune manière de l'interprétation des apparences que présente l'image de la source lumineuse observée par réflexion oblique à l'aide de la lunette lorsque la surface (qui est de révolution par la manière même dont elle est engendrée) est convexe ou concave, au lieu d'être plane.

C'est par cette étude que nous commencerons, avant de donner les quelques perfectionnements qui ont été apportés à la méthode ci-dessus décrite; mais nous rappellerons d'abord, en quelques mots, les données qui ont permis à Foucault de résoudre le problème.

Lorsqu'on veut étudier la formation des images par réflexion ou par réfraction, on est amené, pour simplifier le problème, à ne considérer que le cas où des rayons émanant d'un point rencontrent les surfaces réfléchissantes ou réfringentes suivant une direction presque normale, c'est-à-dire sous un angle d'incidence tel, que le cube de son sinus puisse être négligé par rapport aux autres quantités qui entrent dans le calcul. La théorie peut alors donner des résultats parfaitement nets et que vérifie l'expérience.

Mais, quand la condition précédente n'est pas remplie, les rayons ne convergent pas tous vers un même foyer, ils se coupent en des points successifs, dont le lieu, connu sous le nom de *surfaces caustiques*, a fourni aux mathématiciens le sujet de travaux nombreux et généralement remarquables par leur élégance, mais qui étaient restés à peu près sans autre application que de montrer la valeur des observations dues à l'emploi de surfaces trop étendues pour la production d'images nettes.

Entre les mains de L. Foucault la question s'est complétement modifiée. Il a compris qu'il fallait d'abord se rendre compte, expérimentalement, de la nature de la caustique engendrée par l'action des surfaces qui ont mission de produire les images, et modifier ensuite ces surfaces de manière à réduire ces caustiques a un point unique, autant que cela est possible.

1. Note présentée à l'Académie des sciences, le 29 novembre 1869. Voir *C. R. de l'Ac. des Sc.*, t. LXIX.

Il substituait à la combinaison des surfaces idéales, que doit admettre le calcul et et qui ne sont jamais réalisées, celle des surfaces réelles qu'a pu donner le travail de l'artiste, et il a ouvert ainsi une voie toute nouvelle à la construction d'instruments d'optique parfaits.

Dans son mémoire sur la construction des télescopes en verre argenté, il a indiqué comment, après avoir réalisé une petite source lumineuse d'une étendue comparable à un point, il a pu, à l'aide du microscope, analyser les diverses sections des caustiques produites par la réflexion sur une surface donnée; puis, par un second procédé, comparer les images d'un même objet formées par les diverses parties de la surface réfléchissante; et enfin, comment, par l'interposition du bord d'un écran devant une partie du faisceau, il retrouvait, dans l'apparence qu'il a nommée *solide différentiel*, les points de la surface auxquels appartenaient les points masqués de la caustique.

Dans son mémoire, L. Foucault traitait une question spéciale, et il ne s'est pas appesanti sur l'extension que l'on peut donner à ses méthodes; et même, dans les applications qu'il en a pu faire ultérieurement à l'étude de l'homogénéité des milieux, aux objectifs de lunettes et au miroir plan, il ne se servait de la connaissance du solide différentiel que pour le guider dans la correction à faire subir aux surfaces optiques, laissant ainsi de côté ce qui, dans la question, se présentait avec un caractère plus particulièrement mathématique. Il est nécessaire, en faisant connaître la Note laissée par lui sur la construction du miroir plan, et pour rendre sa publication profitable à la science, de procéder d'une manière analogue à celle qui lui a permis d'établir le principe même de ses méthodes.

Nous allons chercher quelles sont les caustiques que forment les rayons émanant d'un point S lorsqu'ils se réfléchissent obliquement sur une portion limitée de sphère AB, et nous étudierons les apparences optiques que présente leur observation.

Pour cela, nous partagerons ces rayons en deux groupes :

1° Ceux qui appartiennent à un même plan méridien, tel que celui de la figure 26, sont réfléchis dans ce même plan et forment la caustique MF.

Fig. 26.

2° Ceux qui subissent la réflexion sur un même parallèle, par exemple sur celui de AA', dont A est la trace, se coupent tous en D; ceux qui la subissent en BB' se coupent en E, et ainsi de suite : la caustique des rayons réfléchis sur la série des parallèles se confond ainsi avec l'axe CF.

Dès lors, dans le plan de la figure, les portions de la caustique sont ab et DE, et les deux surfaces caustiques qui conviennent à la surface AB (que, pour plus de simplicité, nous supposerons limitée aux deux parallèles AA', BB' (figure 27), passant par A et B d'une part, et de l'autre à deux méridiens AB, A'B', peu inclinés sur celui de la figure)

Fig. 27.

seront donc d'abord la surface en forme de trapèze terminée, en a et b, aux petits cercles de la surface caustique passant par ces points, et, d'ailleurs, aux plans des méridiens qui limitent également la surface AB.

La seconde surface caustique se confond avec la portion d'axe DE.

Il résulte de ce qui précède, que si l'on fait mouvoir un microscope faible dans la direction du rayon central du faisceau, en avançant vers le miroir, on verra d'abord la ligne lumineuse DE, qui, appartenant à l'axe, est contenue dans le plan de réflexion, c'est-à-dire dans celui qui contient à la fois le point lumineux, le centre de la sphère et le milieu de la surface ; puis en se rapprochant du miroir, la surface de la caustique $a\,b$ se projettera à peu près suivant un petit cercle perpendiculaire au plan de la réflexion et la demi-netteté que présentera cette petite ligne lumineuse se conservera pendant que l'on fera subir au microscope un déplacement assez notable (égal à $a\,b$).

Il est à remarquer que la première surface caustique se présentant en projection, et la seconde formant une ligne droite, ces apparences ne sont que peu dépendantes de la forme de la petite portion de surface réfléchissante et resteront sensiblement les mêmes si, au lieu de la limiter aux plans et parallèles que nous avons indiqués, on lui conserve le contour circulaire qu'on lui donne ordinairement.

Les phénomènes que nous venons d'indiquer sont, en effet, ceux qui se présentent à l'observation, mais ils sont rendus encore plus sensibles si, au lieu d'un simple point lumineux, on place en S une série de petits points lumineux égaux, équidistants et disposé suivant deux lignes, l'une située dans le plan de la réflexion et l'autre dans une direction perpendiculaire.

Le plan focal du microscope d'observation étant en DE, tous les points lumineux de la ligne située dans le plan de la réflexion donnent naissance à autant de petites lignes lumineuses situées dans le même plan, et qui, étant dans le prolongement l'une de l'autre, se rejoignent pour former une ligne lumineuse continue, tandis que les points de l'autre ligne perpendiculaire donnent de petites lignes parallèles l'une à l'autre, qui, conservant la même distance que les points, restent ainsi séparées (fig. 28).

Fig. 28.

Le foyer du microscope se portant de a en b, ce sont les points de la ligne perpendiculaire au plan de la réflexion qui donnent naissance à de petits traits lumineux qui se rejoignent, tandis que ceux de la ligne située dans le plan de la réflexion restent parallèles et séparés.

On peut inversement employer des points noirs se détachant sur un fond blanc, et ce genre de test a déjà été employé pour constater des effets optiques qui tiennent aussi à l'obliquité des surfaces.

Nous avons supposé que les caustiques étaient directement accessibles à l'aide du microscope ; mais si le rayon de courbure de la surface était trop grand par rapport aux dimensions de celle-ci, on arriverait difficilement à réaliser l'expérience. On peut alors se servir d'une lunette munie d'un oculaire mobile à l'aide d'une crémaillère, et on visera la surface dans la direction du rayon réfléchi, et la lunette donnera successivement, pour des ajustements convenables, les images nettes des lignes caustiques à observer, bien qu'elles soient virtuelles dans le cas qui nous occupe.

Si nous revenons à l'observation des caustiques d'un seul point lumineux à l'aide du microscope, nous remarquerons que les phénomènes gagneront en netteté, si nous réduisons les dimensions de la surface AB, en lui conservant le même bord A, par exemple. On arrive alors à avoir en a une petite ligne suffisamment nette, et dont la mise au foyer ne présente pas la même indécision que lorsque l'étendue de A B est plus grande, et DE est plus net également.

Ces deux circonstances permettent de mesurer assez facilement la distance a D de ces sortes de foyers, dans le plan de la réflexion et dans le plan qui lui est perpendiculaire ; cela est utile dans la pratique.

On trouve alors par expérience, ce qui se voit d'ailleurs facilement sur la figure, que, pour une même position du point S, la distance a D augmente en même temps que l'inclinaison de SA sur l'axe, et ceci permettra de reconnaître, pour une obliquité suffisante, si la surface sur laquelle a eu lieu la réflexion présente une trace de courbure.

On voit enfin que, la position du point S changeant, la caustique change de forme, et que, pour une même inclinaison, la distance a D prendra des valeurs différentes.

Les phénomènes produits par la réflexion oblique sur une surface sphérique étant ainsi connus d'une manière générale, si on veut les rendre susceptibles de mesure, il suffit de rappeler les propriétés sur lesquelles est basée la construction des caustiques par points. Elles montrent qu'indépendamment du changement de direction des rayons qui la subissent, la réflexion oblique a pour effet de réduire dans le plan méridien le rayon de courbure dans le rapport de 1 au cosinus de l'angle i d'inclinaison des rayons sur la normale, et de l'accroître dans le rapport de cos i à 1 dans le plan perpendiculaire.

Le miroir plan de 35 centimètres, dont la construction est décrite par L. Foucault, était destiné, ainsi qu'il le dit, à la collimation des objectifs par eux-mêmes. Il se réservait de reprendre la question lorsqu'il devrait construire un autre miroir destiné au *sidérostat*, dont l'emploi exige que les images soient parfaites avec des grossissements quelquefois considérables et sous des incidences souvent très-obliques.

Le miroir du sidérostat qui sera bientôt présenté à l'Académie a 30 centimètres de diamètre, et, sous quelque incidence qu'il réfléchisse les rayons venant d'une étoile, l'image observée à l'aide d'une lunette de 16 centimètres de diamètre, grossissant environ 300 fois, et sous une incidence d'à peu près 50 degrés avec la normale, est aussi parfaite que celle que donne l'observation directe avec la même lunette.

La marche que j'ai suivie pour arriver à ce résultat est identique à celle qui est indiquée dans la Note de L. Foucault, et il n'y a de différence que dans les procédés d'examen, qui sont semblables à ceux décrits dans le mémoire sur la construction des télescopes.

Un point lumineux formé par une petite ouverture circulaire percée dans une plaque fixée devant la flamme d'une lampe, ou devant son image obtenue à l'aide d'une forte lentille, est installé à 18 mètres environ d'une lunette dont l'objectif a été tout d'abord reconnu bien aplanétique et achromatique pour cette distance.

Le miroir supporté verticalement est placé sur le trajet des rayons lumineux, sous un angle tel que le cône des rayons réfléchis couvre entièrement la surface de l'objectif de la lunette (ce qu'on reconnaît en s'assurant, à l'aide d'une loupe, que l'anneau oculaire ou cercle de Ramsden est complet). Faisant alors mouvoir l'oculaire, on examine si l'image du point lumineux est nette et bien circulaire, et si en deçà et au delà du foyer elle ne se transforme pas en ellipse. Cette condition étant remplie, la surface est plane. Si elle était convexe ou concave, les phénomènes étudiés plus haut se manifesteraient, et on dirigerait le travail de correction en conséquence.

Un second test était employé concurremment avec le premier. C'était un quadrillé tracé sur verre argenté, et dont les traits, placés les uns dans le plan de la réflexion, les autres dans le plan perpendiculaire, étaient distants de 1 millimètre.

Si la surface réfléchissante était bien plane, les traits croisés apparaissaient en même temps avec une grande netteté au foyer de la lunette. Dans le cas contraire, la mise au point était différente pour les traits croisés. Le jeu de l'oculaire en deçà et au delà du foyer donne une grande sensibilité à ce mode d'examen.

La lunette employée dans ces expériences donnait un grossissement de 120 fois environ et recevait le faisceau sous un angle d'à peu près 12 degrés avec la surface.

Ce premier procédé renseigne bien sur la qualité de l'image que donnera la réflexion sur le plan, mais il ne montre pas les portions du miroir dont l'action est en désaccord avec le reste de la surface. Il faut, pour les connaître, recourir au troisième procédé décrit dans le mémoire sur les télescopes.

Après avoir étudié le *solide différentiel* que donne l'objectif de la lunette lorsqu'on vise directement sur le point lumineux à cette même distance de 18 mètres, on cherche si ce solide n'est pas modifié par la réflexion sur le miroir, et, si la lunette est bien aplanétique, ce solide est à peu près annulé dans les deux cas. Quoi qu'il en soit, la forme qu'il représente renseigne l'opérateur sur les points de la surface qui doivent subir l'action des retouches locales.

La nullité du solide différentiel n'indique pas autre chose que la concordance des actions des diverses parties de la surface : elle n'implique en aucune façon sa planité, mais celle-ci est assurée par l'examen à l'aide du premier procédé.

SUR LA MÉTHODE SUIVIE PAR LÉON FOUCAULT

POUR RECONNAITRE SI LA SURFACE D'UN MIROIR EST RIGOUREUSEMENT PARABOLIQUE[1].

Dans le Mémoire sur la construction des télescopes en verre argenté, inséré dans le cinquième volume des *Annales de l'Observatoire impérial*, L. Foucault a exposé la méthode qu'il suivait alors pour transformer en paraboloïde la surface du miroir qu'il avait amenée à la figure d'un ellipsoïde de révolution. Ses travaux ultérieurs l'ayant conduit à la modifier, je crois utile de publier celle qu'il lui a substituée et de donner quelques indications théoriques sans lesquelles elle ne pourrait être comprise. Je dois d'ailleurs supposer que le lecteur a sous les yeux le Mémoire cité.

1. Note présentée à l'Académie des sciences, le 21 février 1870. Voir *C. R. de l'Ac. des Sc.*, t. LXX, p. 389.

Si, devant un miroir rigoureusement parabolique, on place un point lumineux au voisinage du centre de courbure correspondant au sommet, les rayons qui en émanent viennent, après leur réflexion à la surface, se couper en des points successifs dont l'ensemble constitue une caustique analogue à celle représentée dans la *fig.* 11 du Mémoire cité, et qui, pour une position du point lumineux très-voisine du centre de courbure, devient facile à construire à l'aide de la développée de la parabole. En plaçant l'œil dans des conditions telles qu'il reçoive le faisceau réfléchi entier sur la pupille, ce qui fait paraître le miroir uniformément éclairé (p. 7, 2ᵉ paragraphe), et faisant mouvoir un écran à bords rectilignes transversalement au faisceau réfléchi, de droite à gauche par exemple, et en avant du sommet de la caustique, on intercepte successivement les rayons qui viennent des bords de droite du miroir, tandis que si l'écran est en arrière du sommet de la caustique, vers l'observateur, les rayons interceptés seront ceux qui viennent des bords de gauche.

On voit donc que la concordance entre la marche de l'écran et celle de l'extinction annonce que les rayons éteints n'étaient pas encore arrivés à converger avec ceux qui les avoisinent, et que la marche inverse de l'écran et de l'extinction qu'il produit indique que la convergence est dépassée et que ces rayons divergent. Appliquons ceci à l'effet produit par l'écran marchant transversalement de droite à gauche, d'abord au sommet de la caustique, puis successivement dans des plans qui s'éloignent de plus en plus du miroir.

Au sommet de la caustique, l'écran rencontre d'abord les rayons qui, venant du bord de droite du miroir dont le rayon de courbure est un peu plus grand que celui du centre, convergent tardivement ; il les arrête ; la surface s'assombrit donc vers la droite, et, comme au voisinage du sommet, les rayons qui viennent du centre sont en concordance à peu près parfaite, on verra au centre du faisceau une étendue paraissant à peu

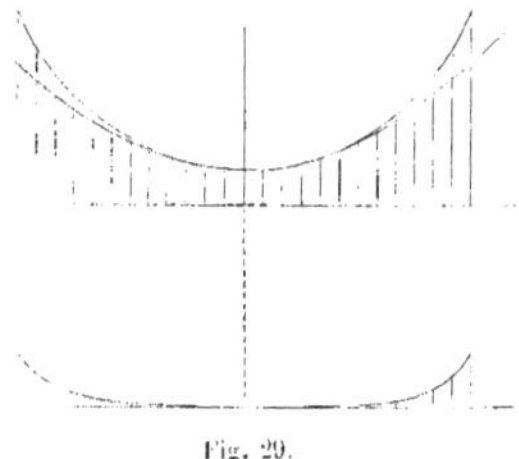

Fig. 29.

près uniformément éclairée, et qui, ainsi que cela a été expliqué dans ce cas (p. 8, ligne 2), s'assombrira d'une manière égale en tous ses points avant de subir l'extinction complète. L'aspect qui se produira à l'œil en ce moment sera donc celui d'un plateau à bords renversés, dont la section s'obtient par la construction ordinaire du solide que Foucault a appelé *solide différentiel*, et qui, dans ce cas, est donné par la différence entre les ordonnées de la surface parabolique en observation et celle de l'ellipsoïde osculateur au sommet, dont les foyers sont : l'un le point lumineux et l'autre le point de l'axe coupé par l'écran.

La production de l'apparence du plateau donne donc la position du foyer des rayons réfléchis par la partie centrale du miroir.

Si maintenant on dispose l'écran dans un plan plus reculé vers l'observateur, il donne d'abord l'apparence représentée dans la *fig.* 14 du Mémoire cité ; puis, dans une station plus éloignée en s'' par exemple, au delà du point s' où il cesse de rencontrer des rayons qui n'ont pas encore convergé, il coupe d'abord la caustique dans la région

Fig. 30.

de droite et arrête par conséquent les rayons qui viennent de la gauche du miroir au point de celui-ci, où se réfléchissent les rayons qui viennent se couper en a. L'écran, continuant à se mouvoir dans le même plan s'', éteindra successivement tous les rayons, et lorsqu'il arrivera en a', il ne laissera plus passer que quelques rayons qui formeront l'apparence d'une tache blanche sur la droite du miroir. Ces rayons ont subi la réflexion au lieu même où se produit la tache blanche.

L. Foucault cherchait la position s'' de l'écran qui produit l'extinction dernière, sur les bords mêmes du miroir. Cette distance, qui est liée à la différence des rayons de courbure aux bords et au centre du miroir, c'est-à-dire à la forme de celui-ci, avait été déterminée avec soin par lui pour les diverses grandeurs de miroirs, et par des mesures nombreuses. Il l'appelait la *mesure de parabolicité*.

Pour les miroirs qu'il a construits, le diamètre était le sixième du foyer ou le douzième du rayon de courbure ; ces miroirs étaient donc semblables, et la mesure de parabolicité était proportionnelle au diamètre du verre, et dans les expériences où il employait toujours le même point lumineux de $\frac{1}{5}$ de millimètre environ de diamètre, cette mesure était égale à sept fois (à très peu près) la flèche des bords du miroir.

Un autre moyen de mesure lui servait concurremment avec le précédent : il était fondé sur l'emploi du microscope oculaire, avec lequel il recevait le faisceau de rayons réfléchis.

Lorsque le foyer de ce microscope est placé en s au sommet de la caustique, on a une image bien nette du point lumineux et des petites irrégularités qui peuvent se trouver sur le contour de celui-ci ; cette image est entourée d'une auréole d'aberration qui va en se fondant vers les bords, et qui est due aux rayons marginaux qui convergent tardivement. Si l'on recule le microscope vers soi, jusqu'à ce que son foyer soit en s', au point de croisement des rayons des bords, avant leur convergence avec les rayons centraux qui commencent à diverger, tous les rayons passent alors dans l'anneau s', et, sans donner d'image proprement dite, produisent en ce point l'apparence d'un cercle dépourvu d'aberration et à bords bien déterminés. Puis, au delà, les rayons coupent l'axe, et l'image se perce au centre en s''', d'un point relativement obscur, qui s'élargit en reculant encore le microscope.

Ce phénomène, qui se produit d'une manière bien nette, permet de constater la valeur de la courbure des bords : si la source lumineuse était un point mathématique, la distance ss''' serait précisément égale au double de la flèche ou abscisse du bord du miroir, et si la surface est bien parabolique, en limitant son étendue par des diaphragmes de grandeur convenable, on doit trouver que la distance ss''', qui varie avec chaque grandeur de diaphragme, est proportionnelle au carré de l'ouverture de celui-ci.

L. Foucault ne s'est pas borné à l'observation précédente, faite au centre de courbure, il a aussi déterminé la mesure de parabolicité relative à d'autres stations du point lumineux. Un miroir qui, étudié sur les étoiles, avait justifié de la perfection de sa surface, lui servait alors à trouver les valeurs numériques de la parabolicité par l'emploi de l'écran à bords rectilignes.

La recherche à l'aide du microscope de la distance ss''' se fait ici très-facilement, en considérant que, au point où se perce l'image du point lumineux, on est au foyer annulaire des bords, et que, pour trouver cette position, il suffit de résoudre le problème suivant : *La position de la parabole et du point lumineux L situé sur son axe restant fixes, chercher les foyers conjugués L' des ellipses successives qui, ayant le même axe que la parabole, sont tangentes à celle-ci en des points qui, partant du sommet, s'éloignent de plus en plus de lui.*

Celui de ces points L' pour lequel l'image se perce est celui pour lequel le contact de l'ellipse et de la parabole a lieu sur le bord même du miroir.

Les résultats que donne le calcul dans la résolution du problème précédent sont parfaitement d'accord avec les nombres que fournissent des miroirs qui, étudiés sur le ciel ou par collimation avec d'autres miroirs identiques, amenés à la même mesure de parabolicité étudiée au centre de courbure, donnent les meilleurs signes de perfection.

Il y a lieu de remarquer que cette recherche de la parabolicité est plutôt un guide à consulter qu'un but à atteindre effectivement, l'influence des oculaires se faisant toujours sentir dans l'image définitive. Quand on a obtenu une surface qui approche de cette forme théorique, il y a encore lieu d'associer le miroir à l'oculaire comme Foucault l'a indiqué et constamment mis en pratique.

Enfin, il a imaginé une méthode à laquelle il a donné le nom d'*autocollimation*, et qui lui permettait de s'assurer de la perfection d'une lunette destinée aux observations astronomiques : je la décrirai rapidement, et je donnerai les modifications que j'ai dû lui faire subir pour l'appliquer à l'étude des miroirs paraboliques.

Ce sera l'objet d'une prochaine Communication.

<hr>

MÉTHODE D'AUTOCOLLIMATION DE L. FOUCAULT

SON APPLICATION A L'ÉTUDE DES MIROIRS PARABOLIQUES[1].

Les procédés d'examen décrits dans la précédente communication permettent de reconnaître la position du foyer qui serait donné par chacun des éléments de la surface d'un miroir dans les conditions indiquées, d'en déduire la courbure en chaque point, et, par suite, de s'assurer si un miroir a atteint la forme parabolique ; mais ils ne peuvent aisément être mis en pratique que par des observateurs assez habitués aux travaux de cette nature pour pouvoir tirer des déductions certaines des apparences qui se présentent à eux. Il y avait lieu de chercher un procédé d'observation plus direct. Il se présentait dans l'emploi d'un collimateur parfait, ou mieux encore dans l'application de la méthode que Foucault a nommée *méthode d'autocollimation* et à laquelle il fait allusion dans la dernière phrase de sa Note sur le plan optique. Il l'avait imaginée pour se guider dans la construction des lunettes astronomiques sans recourir à l'observation sur le ciel que les circonstances atmosphériques rendent si rarement praticables. Elle lui offrait, toujours à sa portée, un point lumineux qui lui envoyait des rayons parallèles comme s'il eût été

1. Note présentée à l'Académie des sciences le 23 février 1870. Voir *C. R. de l'Ac. des Sc.*, t. LXX, p. 446.

réellement situé à l'infini. On sait d'ailleurs que cette méthode lui a permis d'obtenir des résultats d'une rare perfection.

La disposition employée est semblable à celle qui sert à la détermination du nadir à l'aide du bain de mercure. Un point lumineux est placé au foyer principal de l'objectif qu'on se propose d'étudier et près de son axe, le faisceau de rayons parallèles auquel son action donne naissance est reçu presque normalement par un miroir argenté aussi parfaitement plan qu'il est possible de l'obtenir; les rayons reviennent donc sensiblement sur eux-mêmes et, réfractés de nouveau par l'objectif, convergent vers un point très-voisin de la source lumineuse dont ils donnent l'image. Si l'objectif est parfait, les rayons qu'il a rendus rigoureusement parallèles sans aberration par sa première action, revenus vers lui dans les mêmes conditions et subissant de nouveau son action, donnent un point unique de convergence. L'emploi des procédés d'analyse du faisceau lumineux par le microscope et le bord d'un petit écran constate cet état de perfection que nous avons admis. Mais si l'objectif est entaché d'aberration de sphéricité, par exemple, les rayons deux fois réfractés engendrent une caustique dont l'étude permet de reconnaître les régions de l'objectif sur lesquelles doit porter le travail des retouches qu'il y a lieu d'exécuter.

Il faut remarquer que chaque petit pinceau élémentaire rencontre la surface de l'objectif *presque exactement au même point à l'aller et au retour*, de telle sorte que la caustique définitive est engendrée par l'action deux fois répétée de la même portion de surface sur les mêmes rayons, ce qui augmente la sensibilité et la sûreté de la méthode.

J'ai pu appliquer, avec les mêmes avantages, l'autocollimation à l'étude des miroirs de télescopes pour m'assurer, *d'une manière directe*, de la perfection de l'état de parabolicité de leur surface. Pour cela, un point lumineux étant placé au foyer principal de ce miroir, je dispose un plan argenté et percé d'une ouverture centrale dans une position telle, que les rayons qui émanent de la source, passant à travers l'ouverture de ce plan, puissent librement atteindre tous les points de la surface du miroir à étudier. L'action de celui-ci les rend parallèles, et, réfléchis presque normalement par le plan, ils reviennent subir de nouveau la réflexion sur le miroir qui les fait converger en un point voisin de la source; l'analyse du faisceau réfléchi se fait alors avec facilité. La réalisation de cette expérience demande quelque soin pour le centrage des surfaces d'abord, et ensuite pour la détermination de la distance à laquelle il convient de placer le miroir plan, afin que le faisceau ne soit, en aucune manière, entamé par lui, soit à l'aller, soit au retour. S'il en était autrement, la surface ne pourrait être étudiée dans toute son étendue, et le faisceau qui subit deux fois la réflexion presque normale sur le verre non argenté du miroir à étudier, serait trop peu lumineux pour permettre un examen sérieux.

Lorsqu'on a égard aux conditions qui précèdent, on se trouve en présence d'un faisceau lumineux qui doit avoir un sommet unique, la caustique doit être réduite à un point, ce que l'examen à l'aide du microscope ou de l'écran permet de constater ; et si ce résultat n'a pas été complétement obtenu, les mêmes moyens permettent de reconnaître la nature du travail à effectuer pour amener les apparences à être celles qui conviennent à une surface parabolique parfaite.

EXPÉRIENCE

SUR L'ACTION EXERCÉE PAR LE MOUVEMENT DE LA TERRE

SUR LES PHÉNOMÈNES LUMINEUX.

Nous avons trouvé dans les papiers de L. Foucault les lignes suivantes, qui sont le commencement d'une note ou d'un mémoire dont l'objet ne nous était pas connu, et qui par elles-mêmes ne présentaient pas assez d'intérêt pour figurer dans le cours de cet ouvrage. M. A. Cornu, professeur à l'École polytechnique, qui avait été en relations intimes avec L. Foucault et à qui nous avons montré ces lignes, s'est rappelé une conversation qu'il avait eue avec ce savant et dont il nous a donné la substance que nous reproduisons ci-dessous, quelque incomplète qu'elle soit ; nous donnons d'abord le texte de L. Foucault :

« Dans toutes les expériences qui ont été proposées jusqu'ici pour comparer le
« mouvement de la terre avec la vitesse de la lumière, on découvre après coup des
« causes de compensation qui rendent le phénomène insensible. En sorte que le résultat
« négatif peut recevoir deux explications différentes, l'une fondée sur les causes de
« compensation et l'autre qui se tire tout naturellement de la supposition que tous les
« phénomènes se passent entre milieux placés dans les conditions du repos relatif.

« Mais s'il était possible d'instituer une expérience à l'abri des causes de compen-
« sation, cette expérience porterait conclusion lors même que le résultat en serait
« franchement négatif. Or, voici le cas qui s'est présenté à mon esprit :

« Les milieux transparents employés à réfléchir la lumière sont caractérisés par
« l'angle de polarisation maximum qui est en relation définie avec l'indice de réfraction.

« Dans l'état de repos les angles observés sont les angles réels, mais si l'on fait
« intervenir le mouvement planétaire et qu'on adopte l'hypothèse de Fresnel, on trouve
« que les angles réels sont changés et que les angles apparents restent sensiblement les
« mêmes.

« On reconnaît effectivement que dans aucune circonstance le mouvement de la
« terre ne déplace l'image au foyer des lunettes. Pour ce qui est de l'état de polarisation,
« comme l'action du milieu dépend des angles réels, il semble au premier abord qu'il
« devrait y avoir une influence sensible sur les rayons réfléchis et réfractés. Mais, en
« restant fidèle à l'hypothèse de Fresnel, on trouve qu'il existe une cause de compen-
« sation qui détruit l'effet de la variation d'incidence : elle provient de ce que la vitesse
« de la lumière dans le milieu absolu diminue en même temps que l'incidence à la
« surface d'entrée. Si donc on observait un phénomène sensible, le résultat serait en
« désaccord avec l'hypothèse de Fresnel. »

« Si maintenant on examine ce qui en revient au rayon réfléchi on trouve un ré-
« sultat bien différent. »

Voici, d'après M. A. Cornu, l'idée de l'expérience qui paraît se rapporter aux lignes
précédentes :

On sait que l'angle de polarisation, par réflexion sur une surface transparente, varie
avec l'indice de réfraction des radiations employées pour satisfaire à la loi de Brewster,
$tang\ 1 = n$. Il en résulte un phénomène bien connu de ceux qui ont déterminé l'angle
de polarisation moyen d'un faisceau de lumière blanche en éteignant le faisceau réfléchi
par le passage à travers un prisme de Nicol convenablement orienté : l'extinction n'a
pas lieu pour toutes les couleurs simultanément ; il en résulte une frange irisée sur
laquelle les pointés sont très-incertains.

On peut rendre, paraît-il, les pointés beaucoup plus exacts en achromatisant la
frange, c'est-à-dire en supprimant l'irisation de ses bords. On y parvient à l'aide d'un
prisme d'angle convenable calculé pour ramener au parallélisme les directions que la
dispersion sépare angulairement. Par raison de symétrie on peut faire porter la correction
moitié sur le faisceau incident, moitié sur le faisceau réfléchi, à l'aide de deux prismes
d'angle moitié moindre.

L'appareil était destiné à observer la variation hypothétique de l'indice de réfraction avec la direction du mouvement de la terre : un dispositif que L. Foucault n'a pas
indiqué à M. Cornu lui permettait de mettre en évidence un *dépointement* de la frange
égal à quelques secondes d'arc.

Le résultat de l'observation fut négatif, paraît-il, bien que la sensibilité de l'appareil
fût très-supérieure à la quantité à mesurer.

APPAREIL RÉGULATEUR DE LA LUMIÈRE ÉLECTRIQUE

A RECUL ET A DÉTENTE ÉQUILIBRÉE (Pl. 7).

Le mémoire principal (page 322) donne une description suffisamment complète de l'appareil (fig. 1 à 4) ainsi que de la modification représentée figure 5 pour qu'il soit nécessaire d'insister davantage. Nous dirons seulement que la figure 1 représente 'élévation de l'appareil à l'échelle de 2 5, les figures 2 à 5 sont de grandeur naturelle ; la figure 2 représente une vue du mécanisme, la paroi antérieure étant supposée enlevée, la figure 3 est une vue par-dessous. Nous croyons devoir faire remarquer en outre que que pour plus de commodité dans la disposition des engrenages, le mobile d n'est pas en relation directe avec le mobile c, mais que l'effet produit est le même puisqu'ils engrènent l'un et l'autre avec la même roue 2. Ajoutons que l'axe satellite non désigné spécialement dans le mémoire est représenté en h h et que les deux roues qu'il porte sont numérotées 6 et 7 engrenant respectivement avec 4 et 5.

La figure 6 de la planche 7 est la reproduction d'un croquis trouvé dans les papiers de L. Foucault et qui, d'après M. Duboscq, est une seconde solution du problème résolu par l'appareil reproduit en détail par les figures que nous venons de citer. L. Foucault aurait proposé à M. Duboscq, au moment d'étudier le détail de la construction, deux dessins sommaires dont l'un a été adopté et dont l'autre est celui que représente la figure 7. Voici comme il nous paraît que doit être interprété ce croquis qui, à la netteté des traits près, a été reproduit avec la plus grande fidélité.

Un poids P est fixé à une corde enroulée sur le tambour a qui engrène en A avec le mobile b par l'intermédiaire duquel le mouvement produit par la chute du poids se transmet successivement aux mobiles c et d, tant que la rotation de ce dernier mobile n'est pas empêché, comme nous allons le dire : une crémaillère reliée à a ou un fil monté sur le tambour se mouvra donc dans le sens que détermine pour la rotation de *a* la descente du poids P. D'autre part, E est un barillet assez puissant qui, lorsque le ressort se débande, tourne dans le sens de la flèche. Le mouvement se transmet aux divers mobiles *f*, *g*, *h* et, par suite, à la roue H. L'axe commun des deux roues *h* et H n'est pas fixe : il est monté sur une pièce *i k l* constituant un levier coudé, mobile autour du point *g* ; lorsque cette pièce occupe la position indiquée par la figure, la roue H n'engrène pas avec le pignon *d* ; au contraire il y a engrènement lorsque la pièce *k l* venant à se déplacer sous l'action de bascule de *i k* le point *l* se relève ; dans ce cas, si rien ne s'y oppose, le mouvement du mobile *h* est communiqué à *d* et, comme il est de sens contraire et que l'action du barillet est plus puissante que celle du poids P, les divers mobiles *d*, *c*, *b*, *a* se meuvent dans le sens opposé aux flèches : il y aura donc recul des pièces en relation avec *a*, si le mouvement que nous avons indiqué lorsque *d* était libre constituait une avance.

Il faut maintenant montrer comment, suivant les cas, l'appareil aurait pu rester en équilibre, produire l'avance ou le recul suivant la force du courant. c'est-à-dire suivant l'éloignement des charbons. Nous croyons que l'explication suivante peut faire comprendre ce fonctionnement. Le levier *k i* aurait été rattaché comme la tige S dans la figure 1 à l'armature de l'électro-aimant de manière à être entraîné dans un sens ou dans l'autre suivant l'énergie du courant : la pièce *i* étant portée vers la droite, les roues *d* et H ne peuvent engrener, c'est le cas de la figure ; cette dernière porte un doigt *q* qui vient buter contre un arrêt fixe porté par la platine de l'appareil et empêche les mobiles *h*, *g*, *f*, E de défiler ; le mouvement du système *a*, *b*, *c*, *d* est possible au contraire. Si la pièce *k i* se rapproche de la verticale, la partie *k l* se rapprochera de l'horizontale et fera mouvoir le système articulé *m n o p* ayant un point fixe en *o*, la pièce *n o p* étant rigide ; par suite de ce mouvement le doigt *p* entrera dans les échancrures de la roue D et empêchera cette roue et par suite le mobile *d* d'obéir à l'action du poids P. On conçoit que d'ailleurs le mouvement qui a commencé à mettre en prise *p* et D puisse être assez faible pour que H et *d* n'aenit pas engrené et que le doigt *q* n'ait pas été rendu libre ; le système sera tout entier au repos. Mais si le mouvement de *k i* se continue vers la gauche, *k h* se relevant le doigt *q* sera dégagé, la roue H entrera en prise avec le pignon *d*, et si la liaison entre *d* et D est faite par l'intermédiaire d'un encliquetage, le mouvement de H sera communiqué au mobile *d* malgré l'action du doigt *p* sur la roue D, et les mobiles *d*, *c*, *b* et *a* prendront un mouvement inverse du précédent et qui durera tant que ne se déplacera pas en sens inverse la tige *k l* sous l'action d'une variation inverse dans l'intensité du courant.

APPAREIL A MOUVEMENT DE ROTATION CONTINU

ET

A MOUVEMENT DE TRANSLATION ALTERNATIF (Pl. 8.)

Nous ignorons complétement quelle était la destination de cet appareil dont M. J. Regnauld, professeur à la faculté de médecine de Paris, possède le modèle construit sous la direction de L. Foucault: nous n'avons rien trouvé qui pût s'y rapporter dans les papiers de celui-ci et nous avons fait, auprès des personnes que nous espérions pouvoir nous donner quelques renseignements spéciaux, d'inutiles recherches. Dans l'incertitude, nous en donnons la description après celle des appareils de lumière électrique à cause d'une certaine ressemblance avec la dernière disposition dont nous avons parlé en ce qui concerne le changement de direction de mouvement.

Indiquons d'abord le fonctionnement général de l'appareil, nous ferons connaître ensuite la combinaison qui permet d'atteindre le but proposé. Les diverses figures de la planche 8 se rapportent à cet appareil : les figures 1, 2 et 3 représentent l'instrument à demi-grandeur: les figures 6 à 8 donnent, de grandeur naturelle, la représentation des divers organes : dans ces diverses figures, les mêmes lettres se rapportent aux mêmes parties.

La roue T qui est folle sur son axe recevant un mouvement de rotation continu d'un moteur quelconque, la tige AB prend également un mouvement de rotation continu en même temps qu'un mouvement de translation parallèle à son axe, de telle sorte que chacun de ses points décrit une hélice : cette tige est terminée supérieurement par une virole C qui devait porter la pièce, l'outil pour la mise en jeu duquel cet appareil a été construit. De plus, lorsque la tige AB s'est déplacée d'une certaine quantité dans l'un ou l'autre sens, le mouvement de translation est automatiquement renversé et, la rotation ayant toujours lieu dans le même sens, la virole C reçoit ainsi un mouvement rectiligne alternatif. D'ailleurs l'étendue de la course peut être limitée à volonté, comme, aussi, l'on peut établir des rapports variables entre les vitesses de translation et de rotation.

La roue motrice T, folle sur son axe, engrène avec la roue S lui communiquant ainsi un mouvement de rotation continu auquel participe le cylindre cannelé F monté sur l'axe de la roue S et solidaire avec celle-ci : les cannelures ont un profil de dents d'engrenage, et, en effet, le cylindre engrène avec la roue E montée sur un axe parallèle qui n'est autre que la tige AB : celle-ci est mobile et peut glisser le long de son axe, guidée dans son mouvement par les ouvertures circulaires pratiquées dans les platines X X' et Y Y', et dans lesquelles elle est passée. Quelle que soit sa hauteur, la roue E continuera à recevoir le mouvement de rotation par l'intermédiaire du cylindre F de manière à tourner dans le même sens que la roue T.

Indiquons maintenant le dispositif qui communique à la tige AB son mouvement de translation : au-dessus de la roue E, la tige AB porte deux collets C et C' entre lesquels est engagée une fourchette DD' munie d'un galet destiné à diminuer le frottement; cette fourchette est placée à l'extrémité d'une tige reliée à un cadre mobile autour d'un axe horizontal N N' dont nous supposerons la position invariable jusqu'à nouvel ordre; cette même tige porte en I (fig. 7) un écrou dans lequel est engagée une vis qui règne sur la hauteur de l'arbre H H, arbre qui a le même axe géométrique que la roue T, mais qui est indépendant de celle-ci. Cet arbre, comme nous allons le dire, tourne par suite de la rotation du cylindre cannelé F et, suivant que la rotation s'effectue dans un sens ou dans l'autre, l'écrou I est entraîné également dans un sens ou dans l'autre. Mais le mouvement de translation de l'écrou étant communiqué à la tige dont il est solidaire et par suite à la fourchette DD', les collets CC' et, par suite, la tige AB et la virole participent également à ce mouvement. Le sens du déplacement de ces diverses pièces est le même que celui du déplacement de l'écrou I ; mais le chemin parcouru est plus considérable.

Étudions maintenant le mode de transmission du mouvement du cylindre cannelé F à la vis H H' et le dispositif employé pour faire changer le sens de la rotation de celle-ci. A la partie inférieure, le cylindre cannelé F engrène avec la roue U ; l'axe de cette roue n'est pas fixe, mais il est porté par l'un des bras d'un levier coudé *abc* dont le point fixe coïncide avec l'axe du cylindre cannelé F : le second bras de ce levier *bc* (fig. 4, 5 et 8) supporte une roue V qui est de même diamètre que U et engrène constamment avec cette dernière ; le levier est commandé par la tige *a de* dont nous exposerons tout à l'heure le fonctionnement. Lorsque le levier coudé est dans la position représentée figure 4 et figure 8, le mouvement de rotation du cylindre cannelé F est communiqué à la vis H par l'intermédiaire de la seule roue U et la vis tourne alors dans le même sens que le cylindre cannelé. Mais si, par suite de l'action de la tige *ad*, le levier coudé est déplacé et amené à la position de la figure 5, le mouvement du cylindre cannelé F est transmis à la vis H par les deux roues U et V : comme elles sont de même diamètre, les vitesses angulaires de F et de H sont dans le même rapport que précédemment. mais les rotations s'effectuent en sens contraires.

Le changement de position du levier coudé amène ainsi le changement de sens de la rotation de la vis H et par suite le changement de sens du mouvement de translation de l'écrou I et de la tige A B; mais, d'autre part, c'est le mouvement de translation qui commande le déplacement du levier coudé de la manière suivante : l'extrémité e de la tige $a\,d\,e$ est articulée avec une branche d'un levier à trois bras $efgh$ pouvant tourner autour du point fixe f. L'extrémité h, par l'intermédiaire de la bielle $h\,i$, est reliée à un ressort ik qui maintient le levier dans chacune des positions extrêmes qu'il peut occuper jusqu'à ce qu'une action directement appliquée en g le fasse passer à l'autre position. Cette action est transmise par la tige $l\,l'$ qui est guidée d'autre part dans la platine X X' et dans laquelle elle passe; sur cette tige, deux vis de pression m, m' permettent de fixer à diverses hauteurs des taquets mobiles n, n'. Un doigt K, porté par le cadre mobile qui est relié à l'écrou I, se meut entre les taquets et peut venir les toucher dans son mouvemen et presser sur eux assez fortement pour les entraîner malgré l'action du ressort ik. On peut alors comprendre l'action de ces pièces : supposons que, par suite de la rotation de la vis H, l'écrou I descende entraînant dans son mouvement la tige A B, le cadre mobile et le doigt K qui y est fixé : lorsque ce mouvement aura été continué pendant un certain temps, ce doigt viendra appuyer sur le taquet inférieur n', et, continuant à descendre, le forcera également à s'abaisser entraînant la tige $l\,l'$; au moment où la pression sera suffisante pour vaincre l'action du ressort ik la tige $l\,l'$ s'abaissera, le bras fe du levier triple se déplacera entraînant la tige ea, et celle-ci agissant sur le levier coudé abc fera changer le mode d'engrènement des roues U et V et, par suite, le sens de rotation de la vis. Aussitôt le mouvement de l'écrou deviendra ascendant ainsi que celui de toutes les pièces qui y sont reliées, cadre mobile et tige A B, jusqu'à ce que le doigt K vienne rencontrer le taquet supérieur n et que le même effet se reproduise en sens contraire. La distance des deux taquets n et n' limite par suite l'étendue du déplacement de la tige A B dans l'un et l'autre sens.

Nous avons dit enfin que l'on pouvait faire varier le rapport des vitesses de translation et de rotation de la tige A B. La vitesse de rotation de A B, ainsi que celle de la vis, dépend uniquement de celle de la roue motrice T, les transmissions se faisant par des parties invariables; quant à la vitesse de translation, elle dépend de celle de l'écrou I et de leurs distances respectives à l'axe de rotation du cadre mobile. La translation de l'écrou est liée invariablement à la vitesse de la roue motrice T, mais les distances peuvent varier, l'axe du cadre pouvant se déplacer. Ce cadre L L M M' porte en effet sur chacun des deux côtés L M et L'M' une coulisse dans laquelle passe un bouton N, N'; mais ces boutons sont eux-mêmes portés par deux bielles N O, N'O' tournant avec l'axe O O' qui se meut entre des coussinets fixés sur la plaque métallique sur laquelle repose le système entier; les bielles N P O, N'P'O' sont elles-mêmes mues par la pièce deux fois recourbée P Q P'Q' que l'on pouvait sans aucun doute fixer à telle position que l'on voulait en plaçant le bouton R dans un cran d'arrêt dont il ne reste pas trace. Ajoutons que ce bouton est taraudé et peut par suite se déplacer le long de la tige filetée, de telle sorte que le bouton étant dans le cran d'arrêt il était possible, sans interrompre la marche de la machine, d'agir sur la position des points N et N' et par suite de modifier le rapport des vitesses de translation et de rotation de la tige A B.

Ajoutons que des ressorts placés en diverses positions et sur lesquels il n'est pas nécessaire d'insister assurent la fixité momentanée de diverses pièces mobiles.

On voit que cet appareil répond bien à des indications diverses et dont l'énoncé que nous avons donné au début est assez complexe; nous n'avons pu deviner à quel usage ces conditions peuvent être utiles. Ajoutons que nous ignorons même quelle devait être la véritable position de cet appareil; il est placé aujourd'hui comme il est représenté dans la planche 8; mais des trous pratiqués dans la plaque métallique qui supporte le tout permettent de supposer qu'il avait une autre situation, soit que la tige A B fût alors horizontale, soit qu'elle fût verticale, mais la virole C étant alors placée à la partie inférieure.

La figure 1 représente une vue de face de l'appareil; la figure 2 est l'élévation latérale, et la figure 3 est une vue par-dessus, la virole C étant supposée enlevée.

La figure 6 montre le détail d'élévation latérale de la communication de mouvement de la roue motrice T à la tige A B par l'intermédiaire du pignon S et du cylindre cannelé F.

La figure 7 est une coupe horizontale faite au-dessous du collier C' et montrant la communication du mouvement de translation à la tige B par l'intermédiaire de l'écrou I et de la fourchette D D'.

Enfin la figure 8 représente une coupe horizontale faite au-dessus du levier triple $e\,g\,i$ et donnant la disposition de la transmission variable du mouvement du cylindre cannelé F à la vis H : les figures 4 et 5 permettent de suivre les deux états extrêmes qu'il y a à considérer.

INTERRUPTEUR A MERCURE.

M. Lissajous, à qui nous devons plusieurs renseignements intéressants sur les travaux de L. Foucault, nous a dit que celui-ci se proposait d'appliquer un interrupteur double à l'étude de diverses questions se rattachant à l'induction : il nous a indiqué, et M. Worms de Romilly nous a fourni d'autre part la même indication, une disposition qu'il a appliquée, mais sur laquelle nous n'avons trouvé aucun autre renseignement. Les deux interrupteurs étaient placés d'un même côté du centre d'oscillation, mais le plus éloigné était porté par un ressort et, par suite de la flexion, entrait dans le mercure et en sortait plus tard que celui qui était fixé directement à la tige rigide. On faisait varier la différence de phase en allongeant ou en raccourcissant le ressort, qui pouvait être arrêté à tel point qu'il paraissait convenable sur la tige rigide.

Pour évaluer le retard, la différence de phase qui s'établissait, les deux interrupteurs étaient reliés par un système de bielles articulées telles qu'un point de l'une décrivait des courbes analogues aux figures acoustiques de Lissajous; en plaçant en ce point une perle métallique sur laquelle tombait un faisceau de lumière, on voyait se dessiner une courbe lumineuse dont la forme faisait connaître la différence de phase.

Nous ignorons si des expériences suivies ont été faites et si même l'appareil a été construit complétement : nous n'avons rien pu trouver sur cette question dans les papiers de L. Foucault.

DÉMONSTRATION DU MOUVEMENT DE ROTATION DE LA TERRE

AU MOYEN DU PENDULE.

Les divers mémoires que nous avons publiés donnent des détails assez circonstanciés sur l'expérience du pendule telle qu'elle a été faite au Panthéon. Nous n'avons pas trouvé d'indications particulières dans les papiers de L. Foucault ; mais nous devons à M. Lissajous de pouvoir indiquer un mode de suspension qui lui paraît se rapporter à cette mémorable expérience (fig. 31). Sur un épais plateau en chêne fixé au-dessus de

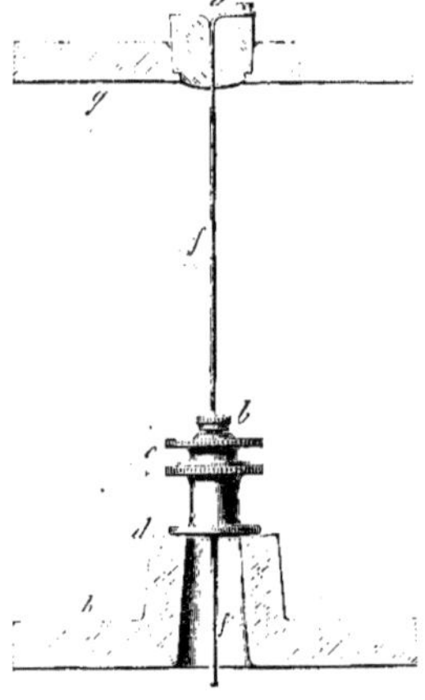

Fig. 31.

la voûte du dôme on fixait une plaque d'acier g à l'aide de vis passant dans quatre trous disposés à cet effet ; cette plaque présente au centre une ouverture dans laquelle on introduit un bouchon de suspension a qui s'y adapte exactement. Ce bouchon est une filière dans laquelle passe un fil d'acier de $0^m,00128$ de diamètre, dont l'extrémité qui n'a pas traversé la filière est fixée à l'aide d'une vis. Le fil f a une longueur de 0^m12 environ et, à son extrémité inférieure, il porte une garniture à vis b à laquelle s'adaptait une autre pièce portant la seconde partie du fil de suspension dont le diamètre atteignait $0^m,00178$.

D'après M. Lissajous, ce fil flexible qui devait offrir la même résistance à la flexion dans tous les sens était retouché localement par L. Foucault qui n'a laissé aucune indication à ce sujet.

La rupture du fil de suspension se produisit une fois à la partie supérieure ; le fil descendit en tournoyant de cette hauteur de 67 mètres et il eût pu occasionner des accidents ; il fallut d'ailleurs rétablir à nouveau la suspension. Pour éviter qu'un pareil fait pût se reproduire, L. Foucault fit établir un parachute dont nous avons trouvé les éléments chez M. Dumoulin-Froment qui a bien voulu les mettre à notre disposition.

Au-dessous de la plaque d'acier ci-dessus décrite et suspendue par trois brides se trouve une autre plaque h percée d'une ouverture circulaire dont le diamètre est plus grand que la plus grande course que puisse faire le fil de suspension à cette faible distance du point d'attache. Le fil suspenseur f est rattaché à la tige d'acier f par une garniture en bronze c portant un écrou dans lequel pénètre le bouchon à vis b décrit plus haut et présentant une base plus large que l'ouverture circulaire d; cette garniture est placée à 1 ou 2 millimètres du support et ne gêne en rien l'oscillation du pendule. Mais si la rupture se produit, elle doit avoir lieu dans la partie supérieure du fil d'acier de suspension f dont le diamètre est le plus faible et qui se trouve le plus fatigué par les flexions auxquelles il est soumis ; dès lors le système tout entier est arrêté dans sa chute au moment où la garniture arrive au contact du support et avant qu'il ait pu prendre assez de vitesse pour qu'un arrêt brusque soit susceptible d'amener la rupture du fil principal.

Nous n'avons pu savoir d'ailleurs si cette disposition simple a produit l'effet que l'on pouvait en attendre, car nous n'avons entendu parler que de la rupture qui décida L. Foucault à faire établir ce système.

L'expérience du Panthéon a été répétée, au mois de mai 1851, dans la cathédrale de Reims, par M. Maumené qui l'a reproduite en juin 1863 dans la cathédrale d'Amiens. M. Maumené a bien voulu nous communiquer les renseignements suivants sur ses expériences dont la première surtout, à cause de sa date et des indications qui avaient été fournies par L. Foucault, est particulièrement intéressante.

Le fil de suspension avait à Reims une longueur de 40 mètres environ ; il était constitué par une corde de piano en acier ; la masse du pendule était une sphère de plomb de $19^{kg},8$. L'amplitude des oscillations atteignait au départ $6^m,50$ et dès la première oscillation le déplacement, évalué à l'aide de monticules de sable, comme cela avait lieu au Panthéon, était appréciable (plus de 1 millimètre).

Le fil de suspension n'avait pas été choisi d'une manière spéciale et n'avait subi aucune retouche; mais, sur les indications de L. Foucault (qui, paraît-il, avait employé ce système au Panthéon), ce fil fut, pendant une semaine environ, soumis à des oscillations dans toutes les directions; le travail moléculaire résultant de ces oscillations forcées dans tous les azimuts paraît avoir donné au fil une grande symétrie au point de vue de l'élasticité. Le mode de suspension était fort simple : il consistait en deux mâchoires verticales présentant chacune une rainure, et entre lesquelles le fil était pincé et serré à l'aide de vis de pression. La masse pesante avait été obtenue par un procédé très-ingénieux : du plomb pur (25 kilogrammes environ) ayant été amené à la fusion fut versé dans un ballon en verre que l'on venait de placer dans un bain de sable chauffé au rouge; une tige de fer avait été placée suivant l'axe du col; l'opération réussit parfaitement, et après le refroidissement qui dura fort longtemps, on trouva une masse à très-peu près sphérique à laquelle on donna la forme définitive en la mettant sur le tour.

Ces diverses pièces existent encore en la possession de M. Maumené, qui a bien voulu se mettre à notre disposition pour nous fournir les explications que nous venons de résumer[1].

Ajoutons que la grandeur de la déviation a été trouvée conforme, dans ces deux séries d'expériences, à ce qu'indiquait la loi énoncée par L. Foucault.

L'expérience du pendule fut répétée lors de l'Exposition de 1855. Dans le but de faire durer l'expérience plus longtemps et de permettre à un plus grand nombre de personnes de voir nettement la déviation du plan d'oscillation, sans qu'il fût nécessaire de lancer le pendule à plusieurs reprises dans une même journée, L. Foucault imagina un appareil destiné à entretenir ce mouvement, dont il a été donné déjà (page 389) une description abrégée et que nous décrivons d'une manière plus complète ci-après.

———————

ENTRETENEUR ÉLECTRIQUE

DU MOUVEMENT DU PENDULE (Pl. 9 et 10).

En cours de publication, et après avoir donné le texte de la description de cet appareil d'après le *Traité* de de La Rive, nous avons eu connaissance d'un modèle plus complet dont nous avons fait reproduire les dessins. Nous donnons ci-dessous le dessin schématique de l'appareil primitif en renvoyant, pour l'explication, au texte inséré ci-dessus (page 389).

1. Pour la description pittoresque des expériences de M. Maumené on peut se reporter aux journaux suivants : *la Concorde, journal de la Champagne,* 21 mai 1851; le *Mémorial d'Amiens,* 10 mai 1868; et le *Journal d'Amiens.* 1er et 2 juin 1868.

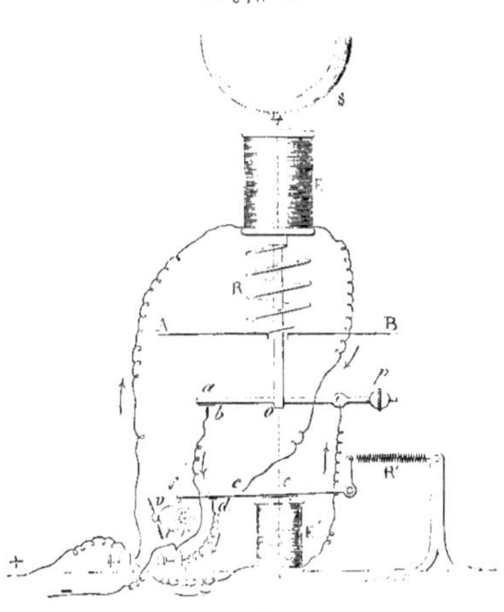

Fig. 32.

Nous allons maintenant décrire l'appareil représenté dans son ensemble dans la planche 9 et dont la planche 10 fait connaître les principaux détails, et nous en expliquerons le fonctionnement.

L'appareil comprend deux électro-aimants placés sur la même verticale : l'un d'eux E′ est fixe et repose sur la base de l'appareil; l'autre E repose sur un ressort R dont une extrémité s'appuie sur le cercle A B de l'appareil par l'intermédiaire de la garniture à vis C, qui permet le réglage de la tension du ressort R. Le mouvement de cet électro-aimant est guidé verticalement par des galets G placés sur un bâti porté par les colonnes D; la course est limitée inférieurement par une vis F contre laquelle bute un taquet fixé à l'électro-aimant E. Cet électro-aimant porte une tige métallique I qui prolonge inférieurement son noyau jusqu'au-dessous du cercle A B et qui est guidé par la bielle L; de plus une lame métallique circulaire M percée en son centre pour livrer passage à la tige I est placée au-dessous de l'électro-aimant par l'intermédiaire d'un support isolant N : cette lame est affaiblie vers son point d'attache de manière à pouvoir osciller avec facilité.

La tige I porte vers sa partie inférieure une lame de ressort a a′ qui repose sur un corps isolant (dans ces planches les corps isolants sont caractérisés par des hachures verticales équidistantes); lorsque l'électro-aimant E descend avec la tige I, cette lame vient toucher une vis b fixée à la colonne H par l'intermédiaire d'une lame d'ivoire ; cette vis est en communication par un fil avec la poupée b′, et d'autre part un fil réunit la lame mobile *a a'* au point fixe *c* auquel aboutit le fil de l'électro-aimant E'. Une pièce métallique doublement recourbée P, dont on voit le détail dans les figures 6 et 8 de la planche 10, est fixée à l'extrémité inférieure de la tige I : elle se termine par une vis *d*.

Deux leviers mobiles sont placés au-dessus de l'électro-aimant E'; leurs axes de rotation sont placés suivant la même droite *x x'*, mais ils sont indépendants. Le premier, équilibré par le contre-poids Q, est mis en mouvement par la tige I qui le soulève par l'intermédiaire de la vis *d* venant s'appuyer sur la palette *e*; il redescend sous l'action de son propre poids lorsque rien ne s'y oppose, et alors la palette *e'* vient s'appuyer sur la borne métallique *f*. Le second levier, qui est représenté en perspective figure 9, planche 10, est soumis à l'action du ressort R' qui tend à le relever; il est arrêté dans son mouvement ascendant par le taquet S. D'autre part, lorsque le courant passe dans l'électro-aimant E', celui-ci attire la plaque de fer doux T qui est reliée au levier et qui tend à faire descendre celui-ci; mais cette action est réglée et ralentie par la disposition suivante: un doigt termine le levier U et s'engage dans une roue à rochets, qui, par l'intermédiaire de roues dentées et de pignons fait tourner un volant V qui crée une résistance par sa rotation dans l'air, résistance réglée à l'avance. Ajoutons que la plaque T porte latéralement une broche Y contre laquelle s'appuie le levier précédent qui peut dès lors monter indépendamment de celui-ci, mais qui ne saurait descendre plus vite.

Indiquons maintenant l'ordre des communications électriques. Le pôle positif de la pile aboutit à la borne *g*; de celle-ci partent deux conducteurs : l'un *g i* amène l'électricité dans l'électro-aimant E', l'autre arrive à la poupée *k* d'où un fil enroulé en hélice conduit le courant en *l* dans le fil de l'électro-aimant E; l'autre extrémité de ce dernier fil est en communication avec le noyau, et par suite le courant entré en *l* sortira finalement à la vis *d*.

Deux autres fils *m n*, *m'n'* sont fixés à l'électro-aimant : le fil *m'n'* commence à la borne *m'* qui communique invariablement avec le point *c* et par suite avec l'électro-aimant E', et finit à la lame isolée *n'*; l'autre va de la pièce symétrique *n* à la borne *m* : cette pièce *n* est en contact métallique avec la lame M qui au repos s'appuie sur la vis isolée O, mais qui, lorsqu'elle est attirée, vient s'appliquer contre *n'* et par suite permet le passage du courant de *n'* en *n*.

Enfin, les trois poupées *b'*, *f* et *m* sont reliées par des conducteurs à la borne *h* où l'on adapte le fil aboutissant au pôle négatif de la pile.

Trois courants distincts peuvent exister dans cet appareil; nous allons les indiquer en signalant en même temps les conditions dans lesquelles ils peuvent avoir lieu.

Le premier 1 suit le trajet *g k l*, passe dans le fil de l'électro qu'il rend actif, suit la tige I, sort par la vis *d*, traverse le levier *e e'*, arrive à la borne *f* d'où il se rend en *h* et à la pile. Pour qu'il puisse se produire, il faut qu'il y ait contact en *d e* et en *e'f*, ce qui ne peut avoir lieu si le levier est soulevé suffisamment par la vis *d*, ou si celle-ci étant redescendue il reste maintenu par la broche Y de l'autre levier.

Le second 2 et le troisième courant 3 passent par le conducteur gi, traversent ensemble l'électro E' pour sortir en c; le second courant 2 suit le fil ca', la lame $a'a$ jusqu'à la vis b et de là se rend à la borne extrême h par le fil bb' et le conducteur $b'h$. Il peut exister s'il y a contact entre la lame aa' et la vis b, c'est-à-dire si l'électro-aimant E est à la limite inférieure de sa course.

Le troisième courant 3 passe de c en m' et de là en n' à la surface de l'électro-aimant E; il traverse la lame M, sort en n, suit le fil nm et se rend à la borne h. Il ne peut exister que si la lame M est attirée par l'électro E, c'est-à-dire que si celui-ci est en action.

L'électro-aimant E est en action lorsque passe le courant 1 seulement; l'électro-aimant E' est aimanté sous l'influence soit du courant 2, soit du courant 3.

Supposons maintenant que le système fonctionne pendant que le pendule oscille et considérons-le un instant avant que celui-ci arrive à la verticale : l'électro E est à sa position inférieure, le courant 1 passe, l'électro E est aimanté et attire le pendule; les courants 2 et 3 passent à la fois, l'électro E' maintient la plaque de fer doux au contact malgré l'action du ressort R'.

Le pendule arrive à la verticale : par suite de son noyau de fer doux il agit sur l'électro E qu'il attire et soulève, le courant 1 cesse immédiatement de passer, l'électro E cesse d'être aimanté, il n'agira donc pas sur le pendule pendant la période ascendante de son oscillation. En même temps le courant 3 ne passe plus, puisque la lame M n'est plus attirée, et pendant que l'électro E est soulevé le courant 2 ne passe pas, puisque le courant a été rompu en ab; l'électro E' cesse d'agir et le ressort antagoniste R' soulève le levier UU'.

Presque aussitôt l'électro-aimant retombe ; par suite le contact ab est rétabli, et l'électro-aimant E' attirant le levier UU', celui-ci tend à descendre; mais à cause du volant V ce mouvement est assez lent pour qu'il ne soit terminé que lorsque le pendule commence sa demi-oscillation descendante; pendant ce mouvement le levier Qc doit suivre le mouvement de UU' et par suite le courant 1 ne peut s'établir. L'électro E ne commence donc à attirer le pendule que lorsque celui-ci a entamé son oscillation descendante, ce qui est une condition essentielle.

De cette étude de la marche des courants il résulte que la lame élastique aa' et le cercle métallique M agissent l'une et l'autre comme rhéotomes, et que de leur action dépend celle de l'électro E'. Il semble au premier abord que l'un de ces deux organes est inutile et que, comme dans le modèle primitif, la lame aa' peut suffire. Nous n'avons pu obtenir de renseignements précis sur le rôle de la lame M qui paraît presque certainement avoir été ajoutée après coup; il serait possible que son action fût seulement d'empêcher la cessation brusque du courant dans E' lors du soulèvement de la lame aa' par la tige I : l'action du magnétisme rémanent étant de prolonger un peu le contact de la lame M après la cessation du courant en E, le levier UU' ne pourrait pas obéir aussi rapidement à l'action du ressort antagoniste.

D'autre part, chacun des deux rhéotomes suffisant pour faire fonctionner l'appareil (nous avons pu le vérifier grâce à l'obligeance de M. G. Tresca), peut-être n'y a-t-il là qu'une garantie pour assurer que le contact pourra passer dans l'électro E, même lorsque, pour une raison quelconque, le contact ne serait pas bon à la partie inférieure. Nous n'avons pu trouver nulle part trace du but que s'est proposé L. Foucault par cette disposition complexe.

La figure 1 de la planche 9 est une élévation latérale de l'appareil; la figure 2 représente une coupe horizontale faite au-dessous de la base AB en supposant enlevées la tige I et les diverses pièces mobiles P, L, aa' qui s'y rattachent.

La figure 1 de la planche 10 montre par côté le détail de la plaque M et des contacts métalliques que l'on voit d'autre part figures 2 et 3. La forme exacte de la lame est indiquée figure 4. La figure 6 montre schématiquement la lame élastique aa' et le contact b ainsi que la pièce P dont on voit le plan figure 8, et la bielle L qui guide le mouvement dont le plan est indiqué figure 7. Enfin la figure 9 montre en perspective l'armature de l'électro-aimant E' ainsi que les pièces qui y sont reliées.

GYROSCOPE (Pl. 11 et 12).

Nous n'avons aucune indication spéciale à ajouter à ce qui se trouve expliqué dans les mémoires originaux (page 406), et nous devons nous borner à donner l'explication des planches 11 et 12.

Dans ces planches les mêmes lettres représentent les mêmes parties de l'appareil.

a, tore en bronze ou gyroscope proprement dit.

bb', cercle qui sert de support au tore.

c, c', tourillons fixés à ce cercle.

dd', cercle vertical sur lequel repose le cercle cc'.

e, e', échancrures pratiquées dans le cercle dd' aux extrémités du diamètre horizontal.

f, f', fourchettes qui servent à caler les couteaux j, j' fixés au cercle bb' et qui sont mues à l'aide des chevilles saillantes h, h'.

g, demi-cercle vertical fixe servant de support à l'appareil.

i, i, plans d'acier horizontaux montés dans les échancrures e, e', et sur lesquels peuvent s'appuyer les couteaux d'acier j,j', fixés au cercle bb' par les tourillons c et c'.

k, pièces portant des divisions en dixièmes de degré.

k_1, k'_1, pièces entaillées vissées invariablement sur le cercle dd' et permettant de le fixer en le rendant solidaire du cercle g par l'intermédiaire de la came excentrique l portée par le cercle g.

m, bouton de suspension du fil supportant le gyroscope.

n, tube évidé dans lequel passe le fil de suspension.

o, crochet auquel est attaché le fil de suspension.

p p', collets dans lesquels passent les extrémités de l'axe vertical du cercle dd' : le collet p est muni d'une vis qui lui permet de produire un serrage suffisant pour empêcher la rotation du cercle d d'.

q, q', écrous servant à fixer l'axe du gyroscope a.

r, pignon monté sur cet axe et qui lui communique un rapide mouvement de rotation quand, le système étant fixé sur le rouage moteur, on met celui-ci en action à l'aide de la manivelle x.

s, s', s'', s''', verrous servant à maintenir le gyroscope sur le rouage moteur pendant qu'on fait tourner celui-ci.

t, t', supports de fer de b b' pendant que l'on communique au gyroscope le mouvement de rotation.

u u', v v', vis plongeantes servant à amener le gyroscope à l'état d'équilibre indifférent autour de l'axe jj'.

Planche 11.

Fig. 1. — Élévation de l'appareil tout monté.

Fig. 2. — Vue par-dessus du rouage moteur.

Fig. 3. — Élévation du rouage moteur, les deux verrous antérieurs s'' et s''' étant supposés enlevés.

Planche 12.

Fig. 1. — Extrémité supérieure du tube de suspension.

Fig. 2 et 3. — Collier servant à fixer le tourillon supérieur du cercle vertical d d' : fig. 2, vue par-dessus; fig. 3, vue de côté.

Fig. 4 et 5. — Partie du cercle d d' montrant la disposition des échancrures latérales e, des fourchettes f, du plan d'acier i, de l'arc divisé k et de la pièce entaillée k_1 : fig. 4, vue latérale extérieure; fig. 5, vue de face.

Fig. 6. — Coupe du tore ou gyroscope proprement dit.

Fig. 7. — Vue par-dessus du tore et du cercle b qui lui sert de support direct.

Fig. 8. — Vue de côté du tourillon c et du couteau j fixés au cercle b.

Fig. 9. — Vis plongeantes.

Fig. 10. — Coupe horizontale du tube évidé n qui sert de support au fil de suspension.

Fig. 11, 12. — Partie du cercle d montrant la disposition des fourchettes f et de la pièce entaillée k'_1; fig. 11, vue latérale intérieure; fig. 12, vue de face.

Fig. 13, 14 et 15. — Partie du support *g* montrant la disposition de la came excentrique *l* et ses relations avec la pièce entaillée *k'*; fig. 13, vue de face; fig. 14, coupe horizontale; fig. 15, vue latérale intérieure.

Fig. 16. — Microscope monté sur un support pour observer les divisions tracées sur la pièce *k'*. Ce microscope, que l'on doit approcher très-près de l'arc gradué, présente une disposition spéciale pour produire l'éclairement des divisions; le corps de l'appareil est entaillé latéralement et donne passage à un faisceau lumineux qui se réfléchit sur un miroir *z* incliné et percé en son centre, pour donner un passage aux rayons qui doivent former l'image de la mire dans le microscope.

HÉLIOSTAT (Pl. 13).

Le grand modèle d'héliostat que représente la planche 13 diffère assez peu du modèle décrit précédemment (page 427) pour qu'il ne soit pas nécessaire d'en donner une description détaillée et qu'il suffise de donner une explication sommaire des figures.

La figure 1 représente une élévation latérale de l'ensemble de l'héliostat ; la figure 3 représente la partie principale du plan. Le miroir M, dont on voit la demi-projection (fig. 6), est porté au sommet d'une colonne V terminée en fourche S à sa partie supérieure ; il repose sur un disque Q par l'intermédiaire de trois galets G : le disque Q est mobile autour de tourillons et le mouvement lui est communiqué par la tige normale FF. Un rouage moteur contenu dans le bâti B, par l'intermédiaire d'un pignon et de la roue d'angle H, fait tourner l'axe XX qui porte le cercle de déclinaison AA auquel est liée la tige NN' qui d'une part, à l'aide d'un manchon, entraîne la tige FF et dont l'autre extrémité glissant dans la coulisse E (que l'on voit par-dessus dans la figure 3), maintient la grande dimension du miroir dans le plan d'incidence. Le cercle de déclinaison tourne autour du point C et peut être fixé dans la position convenable à l'aide de la vis de serrage d; on voit, dans la figure 4, l'autre face de ce cercle et l'on y distingue en a le trou circulaire dont l'image doit se faire à la croisée du réticule b pour que l'appareil soit bien orienté.

La colonne V qui porte le miroir est portée sur une pièce mobile glissant sur un arc métallique et tournant autour de l'axe vertical I : le mouvement est communiqué à cet ensemble par l'intermédiaire du cercle denté D et du pignon P : un niveau sphérique K permet de s'assurer de l'horizontalité de la base de l'héliostat.

Les figures 2 et 2 *bis* montrent à une grande échelle le détail de la colonne qui sert de support : la tige centrale T est invariablement fixée sur la base; la fourche S est portée par un manchon V centré sur cette tige et pouvant tourner autour de son axe lorsqu'elle y est sollicitée par l'action de la tige normale FF. Ce manchon repose sur un cylindre taraudé L qui est en prise avec la vis taillée à la base de la tige T, de telle sorte que, en faisant tourner ce cylindre L dans un sens ou dans l'autre, on fait monter ou descendre de petites quantités la fourchette S et le centre du miroir. Enfin, à la partie supérieure, on voit en R le ressort bandé dont l'action, ainsi qu'il est expliqué au mémoire, aide à l'appareil à franchir les passages difficiles.

SIDÉROSTAT (Pl. 14 et 15).

L'idée qui avait conduit L. Foucault à construire le sidérostat a été signalée précédemment (page 432) et il n'y a pas lieu d'y revenir; nous devons seulement ici nous borner à donner quelques détails sur l'appareil tel qu'il a été construit par M. Eichens et qu'il a été décrit par M. C. Wolf dans les *Annales scientifiques de l'École normale supérieure* [1].

Le principe géométrique est le même que celui du grand héliostat; mais, destiné à l'observation des astres entre le pôle et l'horizon sud, l'instrument, à l'inverse des héliostats, renvoie les rayons du nord au sud dans le plan du méridien; aussi le miroir est-il placé à l'extrémité inférieure de l'axe horaire.

La direction du rayon réfléchi, qui est donnée par la ligne qui joint l'extrémité de l'axe horaire au milieu de l'axe horizontal autour duquel tourne le miroir, est inclinée à 10° au-dessous de l'horizontale, dans le but de permettre l'observation des astres très-voisins de l'horizon sud, par-dessus la lunette qui doit être jointe au sidérostat.

L'appareil présente à considérer, indépendamment de son support, trois éléments essentiels : le miroir et sa monture, l'axe polaire, et le mécanisme qui établit la liaison de cet axe avec le miroir, enfin le moteur et le régulateur.

Les planches 14 et 15 représentent l'appareil et les détails divers qui s'y rattachent, ainsi qu'il suit :

Pl. 14. — Fig. 1, élévation latérale; fig. 2, vue de face du miroir et coupe verticale du support; fig. 3, coupe du miroir.

Pl. 15. — Fig. 1, élévation de la tête de l'axe polaire; fig. 2, vue par-dessus de la transmission de mouvement; fig. 3, coupe et élévation latérales de l'axe polaire, montrant le mouvement de rappel du cercle de déclinaison; fig. 4, vue de face de la fourchette directrice; fig. 5, vue par-dessus du cercle de déclinaison et de la transmission de mouvement; fig. 6, plan général du support du sidérostat.

Dans ces diverses figures, les mêmes lettres se rapportent aux mêmes objets.

L'appareil repose sur un socle en fonte porté par trois vis calantes U. U' U''', avec deux niveaux rectangulaires et mouvement de réglage en azimut. le galet sur lequel s'appuie l'une des vis étant muni d'une coulisse mobile à l'aide d'une vis à tête. X X est un support en fonte mobile autour d'un axe vertical et dont la rotation est facilitée par

---

[1]. 2ᵉ série, t. I, p. 51. — Voir aussi *C. R. de l'Académie des sciences*, t. LXIX, page 1221.

l'interposition de trois galets G qui roulent en tournant entre la base et le plateau P. A l'autre extrémité se trouve le moteur au-dessus duquel est une pièce horizontale F F portée par trois colonnes O et sur laquelle est fixée la monture qui porte l'axe polaire.

M est le miroir de $0^m,30$ de diamètre sur $0^m,05$ d'épaisseur ; il a été fondu à Saint-Gobain et travaillé par M. Ad. Martin ; il est fixé dans le barillet Q à l'aide de trois taquets extérieurs t contre lesquels l'appuie un ressort à trois branches h. Le miroir est porté par l'axe horizontal $x.e$ au sommet du montant N : la queue directrice est solidement fixée à la partie inférieure de ce barillet, elle est constituée par un tube creux.

L'axe horaire X X', en acier, est maintenu dans une position invariable dans des coussinets fixés aux montants TT ; cet axe se prolonge par une pièce en bronze g qui fait corps avec lui et qui sert de support au cercle de déclinaison dd qui est réduit à un peu plus de la moitié pour ne pas gêner le miroir dans son mouvement ; il porte, suivant un diamètre, à l'aide de deux colliers j, la queue l de la fourchette directrice en aluminium f qui va guider la tige directrice du miroir S. La liaison de ces deux pièces se fait à l'aide du manchon m que l'on a fait assez long, mais dont la surface frottante est réduite à deux colliers conservés à ses extrémités.

Le cercle de déclinaison est divisé en tiers de degré et porte un vernier e qui donne la minute. A la partie supérieure, l'axe horaire porte un cercle H H divisé en 24 heures, concentriquement auquel tourne un cercle alidade V V sur lequel se trouvent deux verniers donnant les 2 secondes de temps ; ce cercle est monté sur un manchon mobile autour de l'axe dont on fixe la position à l'aide d'un bras I qui est maintenu entre deux vis butantes : on peut régler les verniers de manière à faire marquer 0^h 0^m 0^s au cercle horaire lorsque la réflexion se fait dans le plan du méridien. Le mouvement du moteur R est communiqué par une tige verticale et par l'intermédiaire de roues d'angle et d'une vis sans fin à la roue K : sur l'arbre de celle-ci est monté un pignon a_1, de 18 dents, qui engrène avec une roue A_1, de 200 dents, folle sur l'axe, mais pouvant être rendue solidaire du cercle horaire H à l'aide de la pince P : lorsque celle-ci est serrée, le mouvement du moteur est donc transmis à l'axe horaire et par suite au cercle de déclinaison. Diverses autres roues existent encore, folles sur l'axe ; nous en indiquerons l'usage plus loin.

Le rouage R qui communique le mouvement à l'axe est placé sous une cage à parois de glace dans le pied même de l'instrument : il est mis en mouvement par un poids qui descend dans un puits à travers un trou percé dans le pilier de pierre sur lequel repose les idérostat ; le mouvement est rendu uniforme à l'aide d'un régulateur à ailettes et à contre-poids de L. Foucault (page 505), qui avait été appliqué antérieurement par M. Eichens à divers équatoriaux et qui donne un mouvement d'une régularité parfaite : nous avons dit plus haut comment le mouvement de ce rouage était communiqué à l'axe horaire.

Il était nécessaire pour l'usage du sidérostat de disposer de moyens de rappel pour faire varier de petites quantités l'angle horaire ou la distance polaire, sans arrêter la marche du rouage d'horlogerie. Ce résultat a été obtenu par l'emploi d'un rouage satellite que l'on voit en élévation en n, p (fig. 1, pl. 14), et qui est semblable à celui que M. Eichens adapte depuis longtemps aux équatoriaux. Ce rouage est mû à l'aide d'une manette g dont la poignée est à portée de l'observateur.

Il fallait, d'autre part, produire, à l'aide d'une manette immobile, un mouvement de rappel du cercle de déclinaison placé à l'extrémité d'un axe mobile, sans altérer le mouvement de cet axe. L. Foucault avait indiqué que la solution devait en être cherchée dans l'emploi d'un rouage satellite, mais il n'avait donné ni laissé aucune explication du système qu'il comptait appliquer. La disposition imaginée et appliquée par M. Eichens est indiquée figure 1, planche 14, et figure 3, planche 15 : dans la coupe (fig. 3, pl. 15) les pièces qui sont solidaires sont indiquées par des hachures dirigées dans le même sens et celles qui sont indépendantes présentent des hachures en sens contraire. Nous n'avons pas à insister sur le fonctionnement de ce dispositif qui satisfait aux conditions imposées et nous nous bornerons à indiquer les données numériques qui permettent de se rendre compte des effets qu'il produit.

a, pignon de 18 dents ; a_1, pignon, monté sur le même arbre, 20 dents.

A_1, roue de 200 dents ; A, roue de 200 dents.

Le rouage satellite entraîné par la roue A est porté par l'axe mobile YY : il existe entre les roues qui sont en prise les relations suivantes : $B = 5b$ et $C = \frac{1}{4}c$. La roue C est solidaire de D qui reçoit son mouvement de la roue E (fig. 1, pl. 14) qui, par l'intermédiaire de roues d'angle et d'arbres de diverses directions, est mue par l'observateur à l'aide de la manette u. Le mouvement transmis par le système satellite à la roue B entraîne un manchon en bronze qui entoure l'axe XX' et se termine par la roue d'angle r ; le déplacement de cette roue est transmis au cercle de déclinaison par l'intermédiaire de la roue d'angle r, du pignon i et de la denture h qui est taillée sur le bord du cercle.

APPAREILS RÉGULATEURS DE VITESSE
(Pl. 16, 17. 18 et 19).

La question des appareils régulateurs de vitesse, sous les diverses formes qu'il a imaginées, est la seule sur laquelle L. Foucault ait donné de nombreuses descriptions écrites que nous avons retrouvées dans ses papiers : mémoires aux Sociétés savantes, brevets en France et à l'étranger, les documents étaient multiples. Mais nous ne pouvions songer à publier le tout : les doubles emplois eussent été nombreux, des dispositions acceptées à une époque par L. Foucault sont modifiées par lui peu après; il fallait faire un choix. Il était nécessaire, de plus, de mettre dans les notes admises un certain ordre autre que l'ordre chronologique; après une étude sérieuse de la question et après avoir pris l'avis de personnes compétentes, au premier rang desquelles nous devons placer M. Rolland, le savant directeur général des Manufactures de l'État, nous avons établi la classification suivante :

L'étude théorique des dispositions proposées par L. Foucault devait précéder les descriptions pratiques des modèles construits; cette étude théorique pouvait elle-même présenter une certaine méthode; c'est ainsi que nous avons commencé par réunir les diverses notes qui se rapportent aux régulateurs dans lesquels on emploie seulement des contre-poids; viennent ensuite ceux dans lesquels à l'action des contre-poids se joint l'action de ressorts, puis les régulateurs où les ressorts sont seuls employés; enfin nous avons placé en dernier lieu les régulateurs à manchon fileté, *régulateurs d'accélération*, comme les appelait L. Foucault. Disons aussi que pour chaque genre d'appareil nous avons joint à la description et à la théorie les notes qui s'y rapportaient directement.

La description des modèles, des dispositions pratiques a été également subdivisée; nous avons adopté la classification suivante :

I. Régulateurs destinés à agir sur le moteur de manière à obtenir l'isochronisme par la variation du travail moteur.

II. Régulateurs créant un travail résistant, variable et susceptible de conserver l'isochronisme malgré les variations des résistances. Dans ces deux groupes nous avons également décrit d'abord les régulateurs à contre-poids, pour arriver aux ressorts, etc.

III. Enfin nous avons ajouté deux notes sur l'emploi et la construction des ressorts hélices, notes qui complétaient utilement la description pratique des appareils eux-mêmes.

Les descriptions données par l'auteur sont assez claires pour qu'il n'y ait pas lieu d'insister davantage. Nous nous bornons à dire que le régulateur représenté figures 9 et 10, planche 19, qui est employé usuellement, par exemple pour régler le mouvement des cylindres sur lesquels se fait l'enregistrement de phénomènes physiologiques ou autres, a été simplifié en ce que la tige coudée et le ressort n'existent pas. Les variations de travail résistant sont faibles dans ce cas et le travail de ventilation variable avec l'écartement des ailettes suffit pour assurer l'isochronisme.

TABLE ANALYTIQUE

TABLE DES MATIÈRES

ÉLECTRICITÉ.

MÉCANIQUE.

EXTRAIT DES FEUILLETONS SCIENTIFIQUES DU *JOURNAL DES DÉBATS*.

DOCUMENTS ANNEXES. — EXPLICATION DES PLANCHES.

PARIS. — Impr. J. CLAYE. — A. QUANTIN et Cᵉ, rue Saint-Benoît.

9 782329 598185